Gestaltungsmodell eines Informationssicherheits-managementsystems für produzierende Unternehmen in Industrie-4.0-Umgebungen

Design Model of an Information Security Management System for Manufacturing Companies in Industrie 4.0 Environments

Von der Fakultät für Maschinenwesen
der Rheinisch-Westfälischen Technischen Hochschule Aachen
zur Erlangung des akademischen Grades eines
Doktors der Ingenieurwissenschaften
genehmigte Dissertation

vorgelegt von

Jacques Engländer

Berichter/in:

Univ.-Prof. Dr.-Ing. Dipl.-Wirt. Ing. Günther Schuh
apl. Prof. Dr.-Ing. Volker Stich

Tag der mündlichen Prüfung: 02. November 2023

SCHRIFTENREIHE RATIONALISIERUNG

Jacques Engländer

Gestaltungsmodell eines Informationssicherheits-managementsystems für produzierende Unternehmen in Industrie-4.0-Umgebungen

Herausgeber:
Prof. Dr.-Ing. Dipl.-Wirt. Ing. G. Schuh

Band 190

an der
RWTH Aachen

Bibliografische Information der Deutschen Nationalbibliothek
Die Deutsche Nationalbibliothek verzeichnet diese Publikation in der Deutschen Nationalbibliografie; detaillierte bibliografische Daten sind im Internet über https://portal.dnb.de abrufbar.

Jacques Engländer:

Gestaltungsmodell eines Informationssicherheitsmanagementsystems für produzierende Unternehmen in Industrie-4.0-Umgebungen

1. Auflage, 2023

Gedruckt auf holz- und säurefreiem Papier, 100% chlorfrei gebleicht.

Wissenschaftsverlag des Instituts für Industriekommunikation und Fachmedien
an der RWTH Aachen
Steinbachstr. 25, 52074 Aachen
Internet: www.apprimus-verlag.de, E-Mail: info@apprimus-verlag.de

Druck: CPI Druckdienstleistungen GmbH, Ferdinand-Jühlke-Straße 7 I 99095 Erfurt

ISBN 978-3-98555-185-9

D 82 (Diss. RWTH Aachen University, 2023)

Für Anna,
die das Herz der Welt hört,
und mir beigebracht hat, ein offenes Ohr zu haben.

Für Leo.

Danksagung

Promotion – das ist ein großes Wort und klingt erst einmal nach jeder Menge Arbeit. Doch noch viel größer erschien mir die ständige Begleiterin namens Ungewissheit. *Ungewissheit* darüber, ob das, was ich tue, in die richtige Richtung führt – *Ungewissheit* darüber, ob ich denen, die ich liebe, durch meine Abwesenheit zu viel zumute – *Ungewissheit* auch darüber, wie lange das Ganze wohl noch dauern wird. Und letztlich die *Ungewissheit* darüber, ob ich im Nachhinein zu dem Entschluss kommen werde, dass sich die Mühen und unzähligen Stunden gelohnt haben. Ich habe den Promotionsprozess für mich irgendwann als kontinuierliches Abwägen zwischen Freizeit und Fortschritt verstanden. Nur durch Einzelfallentscheidungen mit Blick auf das große Ganze ist es mir gelungen, eine verträgliche Balance zu finden.

Für die Fälle, in denen ich entschieden habe: „Heute disse ich“, sind Begleiter auf dem Weg unerlässlich. Daher möchte ich vorab dem gesamten Bereich IM am FIR inklusive der ehemaligen Kolleginnen und Kollegen danken. Ohne das Gefühl, nicht allein auf dem Promotions-Boot sitzen zu müssen, wäre die Fahrt wohl eher zu einer Odyssee geworden. Im Besonderen möchte ich Jan Hicking, Lars Frehen, Christian Hocken, Jörg Hoffmann, Martin Bleider, Violett Zeller, Martin Bremer, Max-Ferdinand Stroh und Lucas Wenger danken. Darüber hinaus gilt mein Dank Martin Bülskämper, Anna Majchrzak, Philipp Schlemmer und Cansu Kanak. Ihr habt euch die Zeit genommen, Ideen und Konzepte kritisch zu hinterfragen. Damit habt ihr in gleichem Maße zum Erfolg der Arbeit beigetragen.

Was die Promotion wohl besonders macht, ist die Tatsache, dass es mir ermöglicht wurde, in einem innovativen, kollaborativen und industrienahen Umfeld zu arbeiten. Ohne inspirierende Personen, die einem auch Ansporn sind gegenüber großen Herausforderungen, wäre die Erstellung kaum denkbar gewesen. Daher danke ich meinem Doktorvater und Direktor des FIR, Prof. Dr. Günther Schuh sowie Prof. Dr. Volker Stich, die mir die Möglichkeit gegeben haben, Teil dessen zu sein und mich auf meinem Promotionsweg stets unterstützt haben.

Letztlich möchte ich mich bei meinen Eltern, meinem Bruder und meinen wunderbaren Freunden bedanken. Ihr bereichert mich jeden Tag. Auch dir, Leo, danke ich. Seitdem ich wusste, dass ich einen Sohn erwarte, fiel es mir plötzlich viel leichter, mich morgens um 06:00 Uhr bis zum Arbeitsbeginn an den Schreibtisch zu setzen. Mein größter Dank und meine größte Bewunderung gelten jedoch meiner Frau Anna. Ohne deine unermüdliche Fähigkeit, mir Motivation und Gewissheit zu spenden, wäre mir es nicht möglich gewesen, das hier durchzuziehen.

Aachen, im November 2023 Jacques Engländer

Vorbemerkung

Alle verwendeten Markennamen wurden aus Gründen der einfachen Lesbarkeit ohne Copyright- oder Trademarke-Zeichen dargestellt. Die Rechte liegen bei den jeweiligen Eigentümern. Der Autor steht in keiner Beziehung zu den aufgezählten Unternehmen und deren Produkten, sie werden jeweils nur als Beispiele bekannter Marken dargestellt.

Ebenfalls wurde aus Gründen der Lesbarkeit auf eine gendergerechte Schreibweise von Personengruppen verzichtet. Alle Personenbezeichnungen beziehen sich ungeachtet ihrer grammatikalischen Form in gleicher Weise auf alle Geschlechter.

Zusammenfassung

Im Rahmen der vierten industriellen Revolution intensivieren produzierende Unternehmen ihre Aktivitäten zur Digitalisierung und entwickeln damit Industrie-4.0-Umgebungen. Sie erhoffen sich Wettbewerbsvorteile sowie eine bessere Beherrschung ihres dynamischen und komplexen Umfelds. Durch die zunehmende Digitalisierung und den steigenden Grad der Vernetzung von Maschinen und Anlagen, Informationssystemen, aber auch Geschäftsprozessen, steigt gleichzeitig das potenzielle Risiko, dem ein Unternehmen in Bezug auf seine Informationssicherheit ausgesetzt ist. Denn das Ziel der Informationssicherheit ist der Schutz vor diesen Risiken in Form von Bedrohungen bzw. Gefahren. Um die Informationssicherheit in Industrie-4.0-Umgebungen zu erhöhen, müssen die Schutzziele Vertraulichkeit, Verfügbarkeit und Integrität adressiert und durch einen kontinuierlichen Verbesserungsprozess, unterstützt durch ein Informationssicherheitsmanagementsystem, sichergestellt werden. Besonders kleine und mittlere Unternehmen sowie der deutsche Mittelstand stehen bei der Absicherung ihrer Industrie-4.0-Umgebungen allerdings vor Herausforderungen, die durch die zur Verfügung stehenden Standards und Rahmenwerke zum Aufbau eines solchen Managementsystems nicht ausreichend adressiert werden. Es fehlt an einem effizienten und pragmatischen Ansatz, der auch ohne umfangreiches fachliches Know-how und externe Unterstützung umgesetzt werden kann und mit dem ein ausreichend hohes Sicherheitslevel erreicht wird.

Das sich hieraus ergebende Ziel dieser Arbeit ist die Entwicklung eines Vorgehensmodells, mit dem produzierende Unternehmen basierend auf ihren spezifischen Rahmenbedingungen und unter Berücksichtigung einer Aufwand-Nutzen-Betrachtung ein Informationssicherheitsmanagementsystem aufbauen und implementieren können. Diesem Vorgehensmodell liegt das Pareto-Prinzip zugrunde, mit dem das Managementsystem einen maximalen Nutzen und damit eine maximale Informationssicherheit bei minimalem Aufwand im Unternehmen erzielen soll. Dazu werden Anforderungen abgeleitet und bei dessen Entwicklung berücksichtigt. Unternehmen werden damit in die Lage versetzt, selbstständig Informationssicherheitsschwachstellen und damit potenzielle Risiken in ihren Industrie-4.0-Umgebungen zu identifizieren. Gleichzeitig werden ihnen geeignete Gegenmaßnahmen aufgezeigt, die mit der Umsetzung des Managementsystems implementiert werden können.

Um dieses Ziel zu erreichen, wird zunächst ein Referenzmodell zur Beschreibung von Industrie-4.0-Umgebungen entwickelt. Mit diesem Modell ist der Anwender in der Lage, Schwachstellen in Bezug auf die Informationssicherheit in den betrachteten Industrie-4.0-Umgebungen zu identifizieren. Weiterhin wird ein einfach anwendbarer Bewertungskatalog entwickelt, mit dem Maßnahmen in Abhängigkeit ihrer Wirkung auf bestimmte Schwachstellen bewertet und priorisiert werden können. Diese Wirkung wird zuvor in Form von Wirkzusammenhängen erläutert. Das unternehmensspezifisch anwendbare Vorgehensmodell subsummiert die vorangegangen Teilergebnisse und ermöglicht dem Unternehmen einen systematischen sowie strategischen Aufbau eines Informationssicherheitsmanagementsystems. Das Vorgehensmodell wurde in zwei Fallstudien angewandt, kritisch reflektiert und erfolgreich validiert.

Summary

As part of the fourth industrial revolution, manufacturing companies are intensifying their digitization activities and thus developing Industrie 4.0 environments. They hope to gain competitive advantages and better control of their dynamic and complex environment. Increasing digitization and the rising degree of networking of machines and plants, information systems, and also business processes are simultaneously increasing the potential risk to which a company is exposed in terms of its information security. This is because the goal of information security is to protect against these risks in the form of threats or hazards. To increase information security in Industrie 4.0 environments, the protection goals of confidentiality, availability and integrity must be addressed and ensured through a continuous improvement process supported by an information security management system. However, small and medium-sized enterprises in particular face challenges in securing their Industrie 4.0 environments that are not adequately addressed by the standards and frameworks available for setting up such a management system. There is a lack of an efficient and pragmatic approach that can be implemented without extensive technical know-how and external support and that achieves a sufficiently high level of security.

The resulting goal of this thesis is the development of a procedure model with which manufacturing companies can build up and implement an information security management system based on their specific framework conditions and depending on a cost-benefit analysis. This procedure model is based on the Pareto principle, with which a management system should achieve maximum benefit and thus maximum information security with minimum effort in the company. To this end, requirements are derived and considered during its development. Companies are thus enabled to independently identify information security vulnerabilities and thus potential risks in their Industrie 4.0 environments. At the same time, they are shown suitable countermeasures that can be implemented with the implementation of the management system.

To achieve this goal, a reference model is first developed to describe Industrie 4.0 environments. With this model, the user can identify vulnerabilities with respect to information security in the considered Industrie 4.0 environments. Furthermore, an easy-to-use evaluation catalogue is developed with which measures can be evaluated and prioritized depending on their effect on specific vulnerabilities. This effect is explained beforehand in the form of cause-effect relationships. The procedure model, which can be applied specifically to a company, subsumes the previous partial results, and enables the company to develop an information security management system systematically and strategically. The procedure model developed was applied, critically reflected upon and successfully validated in two case studies.

Inhaltsübersicht

Inhaltsverzeichnis

Abbildungsverzeichnis

Tabellenverzeichnis

Abkürzungsverzeichnis

AE	Anforderungserweiterung
ANA	Aufwand-Nutzen-Analyse
AGV	Automated Guided Vehicles
API	Application Programming Interface
autom.	automatisch
BDSG	Bundesdatenschutzgesetz
BKA	Bundeskriminalamt
BMBF	Bundesministerium für Bildung und Forschung
BMM	Business Motivation Model
BMWi	Bundesministerium für Wirtschaft und Klimaschutz
BSI	Bundesamt für Sicherheit in der Informationstechnik
BYOD	Bring your own device
C2M2	Cybersecurity Capability Maturity Model
CAD	Computer-Aided Design
CEO	Chief Executive Officer
CIA	Confidentiality, Integrity, Availability
CIM	Computer-Integrated Manufacturing
CISO	Chief Information Security Officer
CMfg	Cloud-Manufacturing
CMMI	Capability Maturity Model Integration
CNC	Computerized Numerical Control
CobiT	Control Objectives for Information and Related Technology
CP(P)S	Cyber-Physische (Produktions-)Systeme
CRM	Customer Relationship Management
CSF	Cyber Security Framework
CVE	Common Vulnerabilities and Exposures
CVSS	Common Vulnerability Scoring System
CWE	Common Weakness Enumeration
(D)DoS	(Distributed) Denial of Service
DevOps	Development and Operations
DFD	Datenflussdiagramm
DHCP	Dynamic Host Configuration Protocol
DIM	Digitalisierungs- und Informationsmanagement

DIN	Deutsches Institut für Normung
DKE	Deutsche Kommission Elektrotechnik Elektronik Informationstechnik
DMARC	Domain-based Message Authentication, Reporting and Conformance
DNS	Domain Name System
DSGVO	Datenschutz-Grundverordnung
EAM	Enterprise Architecture Management
ENISA	European Union Agency for Cybersecurity
ERP	Enterprise Resource Planning
FIR	Forschungsinstitut für Rationalisierung
FISMA	Federal Information Security Management Act
GA	Grundanforderung
GOM	Grundsätze ordnungsgemäßer Modellierung
HMI	Human-Machine-Interface
HTTPS	Hypertext Transfer Protocol Secure
I3RM	Industrial Internet Integrated Reference Model
I40U	Industrie-4.0-Umgebungen
IACS	Industrial Automation and Control Systems
IC4F	Industrial Communication for Factories
ICS	Industrial Control Systems
ID	Identifikator
IEC	International Electrotechnical Commission
IfM	Institut für Mittelstandsforschung
IGs	Implementierungsgruppen
IIA	Industrial Internet Consortium
(I)IoT	(Industrial) Internet of Things
IIRA	Industrial Internet Reference Architecture
IIS	Industrial Internet Systems
IKT	Informations- und Kommunikationstechnologien
IM	Informationsmanagement
InS	Informationssystem
IP	Internet Protocol
IP	Intellectual Property
IS	Informationssicherheit
ISM	Informationssicherheitsmanagement

ISMS	Informationssicherheitsmanagementsystem
ISO	International Organization for Standardization
IT	Information Technology
KI	Künstliche Intelligenz
KMU	Kleine und mittlere Unternehmen
KRITIS	Kritische Infrastrukturen
LIMS	Labor-Informations- und Management-System
MA	Mitarbeitende
MES	Manufacturing Execution System
MFA	Multi-Faktor-Authentisierung
NIST	National Institute of Standards and Technology
NVD	National Vulnerability Databse
OCTAVE	Operationally Critical Threat, Asset, and Vulnerability Evaluation
OEM	Original Equipment Manufacturer
OPC-UA	Open Platform Communications-Unified Architecture
OSI	Open System Interconnection
OT	Operational Technology
PDCA	Plan - Do - Check - Act
PERA	Purdue Enterprise Reference Architecture
PIN	Personal Identification Number
PLM	Product Lifecycle Management
RAMI 4.0	Referenzarchitekturmodell Industrie 4.0
RFID	Radio-Frequency Identification
ROI	Return on Investment
ROSI	Return on Security Investment
RTU	Remote Terminal Unit
RWTH	Rheinisch Westfälisch Technische Hochschule
SA	Systemanforderung
SANS	SysAdmin, Audit, Network, Security
SCADA	Supervisory Control and Data Acquisition
SFD	Shopfloor Digitalisation
SFTP	Secure File Transfer Protocol
SIEM	Security Information and Event Management
SL	Sicherheitslevel

SLA	Service Level Agreement
SME	Small and medium-sized enterprises
SP	Special Publications
SPS	Speicherprogrammierbare Steuerungen
SQL	Structured Query Language
SSE-CMM	System Security Engineering Capability Maturity Model
SSH	Secure Shell
SSL	Secure Sockets Layer
TISAX	Trusted Information Security Assessment Exchange
TLS	Transport Layer Security
TMT	Threat Modeling Tool
U.S.	United States
UML	Unified Modeling Language
USB	Universal Serial Bus
VDA	Verband der Automobilindustrie
VDE	Verband der Elektrotechnik Elektronik Informationstechnik e. V.
VDI	Verein Deutscher Ingenieure
VDMA	Verband Deutscher Maschinen- und Anlagenbau
VPN	Virtual Private Network
XaaS	Everything(X)-as-a-Service

1 EINLEITUNG

> *„Natürlich gibt es sie [Budgetplanung], aber sie ist nach meiner beruflichen Erfahrung eine glorreiche Ausnahme! In den meisten Unternehmen läuft es nach dem Motto: "Wenn wir es brauchen, machen wir es"."*
>
> - GESCHÄFTSFÜHRER EINES KLEINEN UNTERNEHMENS (s. HEIDT ET AL. 2019, S. 1295)

1.1 Ausgangssituation und Problemstellung

Die zunehmende Digitalisierung und Vernetzung in Unternehmen ermöglichen neue digitale Produkte, Geschäftsmodelle und Prozesse (s. SCHUH ET AL. 2022, S. 3). Eine Großzahl von Unternehmen befindet sich heute in einem fundamentalen Wandel hin zu digital vernetzen Unternehmen der Zukunft, für die die Bedürfnisse ihrer Kunden den Dreh- und Angelpunkt aller Aktivitäten darstellen (s. HOFMANN ET AL. 2020, S. 43) und einen entscheidenden Wettbewerbsvorteil garantieren (s. HICKING ET AL. 2020, S. 5). In der Vergangenheit wurde nur bedingt über Unternehmensgrenzen hinweg gedacht. Heute jedoch sind Unternehmen, die Anwendungsfälle von Industrie 4.0 umsetzen, durch eine stärkere interne und externe Vernetzung geprägt (s. KIESEL ET AL. 2021, S. 442).

Eine nicht beabsichtigte Nebenwirkung dieser Entwicklung stellen die an Anzahl und Intensität zunehmenden Risiken von Cyberkriminalität gegen Unternehmen dar (s. DREIßIGACKER ET AL. 2020, S. 13; s. KLAIBER ET AL. 2017, S. 100; s. LOMEN 2017, S. 113; s. SCHUH ET AL. 2020b, S. 587; BMI 2020, S. 1). In Studien gegen zwar nur rund zwei Drittel (65,0 %) der Unternehmen in Deutschland an, mindestens einmal Opfer eines Cyber-Angriffs gewesen zu sein (s. DREIßIGACKER ET AL. 2020, S. 101f.), allerdings ist hier von einer deutlich höheren Dunkelziffer (sog. Dunkelfeld) auszugehen (s. BUNDESKRIMINALAMT 2022, S. 4). Trotz dieser zahlreichen Vorfälle im industriellen Umfeld treiben diese Unternehmen ihre Digitalisierung und Vernetzung voran. Insbesondere durch die Umsetzung von Industrie 4.0 und dem Voranschreiten der IT/OT-Konvergenz, also der Verschmelzung klassischer *Information Technology* (ERP, CRM, ...) mit der produktionsnahen *Operational Technology* (SPS, SCADA, ...), entstehen neue Sicherheitsrisiken. (s. MANTRAVADI ET AL. 2020, S. 200305f.; HÄNISCH U. ROGGE 2017, S. 93ff.)

Allein durch die COVID-19-Pandemie konnte im Zeitraum von März bis Mai 2020 eine Steigerung von Scam- und Malware-Angriffen um 600 % registriert werden. Angreifer nutzten dazu die Unsicherheit der betroffenen Personen aus. (s. GALLAGHER U. BRANDT 2020)

Google bestätigte, im April 2020 täglich schätzungsweise rund 18 Millionen schadhafte E-Mails an Unternehmen mit Bezug zu COVID-19 geblockt zu haben (s. KUMARAN U. LUGANI 2020). Dies bekräftigt die Wichtigkeit, die Kontrolle über Informationen und die Absicherung wichtiger Infrastruktur sicherzustellen (s. LALLIE ET AL. 2020b, S. 13).

Die steigende Anzahl der Cyber-Angriffe spiegelt allerdings nur die externe Betrachtung wider. Eine interne Betrachtung in den Unternehmen offenbart große Missstände im Umgang mit dem Management der Informationssicherheit, um den Cyber-Angriffen zu begegnen (s. ALI ET AL. 2021, S. 2f.; HEIDT ET AL. 2019, S. 1289). Produzierenden und insbesondere kleinen und mittleren Unternehmen (KMU) fehlt es häufig zum einen an dem Bewusstsein, dass Informationssicherheit entscheidend für das Bestehen des Unternehmens sein kann (s. OZKAN U. SPRUIT 2019, S. 61). Zum anderen mangelt es häufig schlicht an Know-how und Budget, um die relevanten technischen, organisatorischen und kulturellen bzw. personellen Maßnahmen auszuwählen, priorisieren und umzusetzen sowie ihre Wirkungszusammenhänge zu kennen und zu verstehen (s. MÜLLER 2018, S. 204ff.). Zwar ist erkennbar, dass dem Thema managementseitig immer mehr Aufmerksamkeit geschenkt wird, es mangelt aber häufig an ganzheitlichen Herangehensweisen (s. DONG ET AL. 2021, S. 6; HASAN ET AL. 2021, S. 11; OZKAN U. SPRUIT 2019, S. 61; vgl. MÜLLER 2018, S. 17; GERCKE 2017, S. 31f.).

> *„Wenn Sie mit Ihrer Cybersicherheit langsam vorankommen, bewegen Sie sich relativ gesehen rückwärts".* (s. KANNUS U. MELLIN 2018, S. 8)

Sofern diese offenkundigen Missstände in Unternehmen nicht behoben werden, ist davon auszugehen, dass jene Unternehmen erhöhten Risiken ausgesetzt sein werden. Denn unbekannte Sicherheitslücken machen es einfach, Systeme zu kompromittieren. (s. GOELZ 2021)

Eine steigende IT-Komplexität, die zunehmende Anbindung von Maschinen und Anlagen, deren stärkere Vernetzung, neue Verbindungen und Schnittstellen und der Einsatz von Datenplattformen eröffnen zusätzliche Problemfelder (s. HOFFMANN 2018, S. 1ff.). Insbesondere prototypische Umsetzungen in Industrie-4.0-Umgebungen, sogenannte Piloten, erweisen sich häufig als unsicher, werden allerdings erst dann abgesichert, wenn Schwachstellen bereits zu Problemen geführt haben (s. TIEDEMANN 2021, S. 86). Schwachstellen in solchen Umgebungen ermitteln und kontinuierlich evaluieren zu können, ist für viele KMU eine große Herausforderung, die sie häufig nicht allein bewältigen können (s. HEUTMANN ET AL. 2021, S. 180). Ebenso kritisch zu betrachten ist der Umgang mit Informationssicherheitsmaßnahmen, die die identifizierten Schwachstellen adressieren sollen. Da Wirkungszusammenhänge zwischen Schwachstellen und Maßnahmen ohne tiefgreifendes Know-how nicht erklärt werden können (s. ABOLHASSAN 2017a, S. 130), werden Maßnahmen nur unzureichend umgesetzt oder sind gar überdimensioniert (s. BSI 2021a, S. 48).

KMU stehen vor der zusätzlichen Herausforderung, dass ihre Nachfrage nicht durch die marktseitigen Angebote gedeckt wird (s. JOHANNSEN U. KANT 2020, S. 1061). Es existieren zwar zahlreiche Standards, wie etwa der BSI-IT-Grundschutz oder die ISO/IEC 27001, diese verfehlen allerdings die realen Herausforderungen, die sich bspw. durch limitierte Ressourcen ergeben, und zeigen darüber hinaus keinen konkreten Handlungspfad zur Absicherung des Unternehmens auf (s. HEIDT ET AL. 2019, S. 1299; WIESNER 2019, S. 1). Der erforderliche Aufwand zur Umsetzung eines solches Standards ist für KMU nicht zu rechtfertigen (s. Abbildung 1-1). Zusätzlich sollen Informationssicherheitsmanagementsysteme (ISMS) bei der unternehmensspezifischen Bestimmung und Realisierung der Ziel-Informationssicherheit unterstützen, fokussieren aber nur selten ihre Praxistauglichkeit (s. ANTUNES ET AL. 2021, S. 222f.; MÜLLER 2018, S. 17). Konkret bedeutet dies, dass KMU heute nicht dabei unterstützt werden, spezifisch und ohne Vorwissen kritische Schwachstellen auf Basis ihrer Gegebenheiten abzuleiten und dafür geeignete Gegenmaßnahmen effizient zu bestimmen (s. ENGLÄNDER U. HEIMES 2020, S. 49). Laut GAYCKEN U. HUGHES wird sich diese Situation in absehbarer Zeit nicht verbessern (s. GAYCKEN ET AL. 2015, S. 2). Darüber hinaus lassen sich viele bestehende Ansätze durch übermäßige Technologiefokussierung, unzureichende Standardisierung und fehlende Lebenszyklusorientierung charakterisieren (s. MÜLLER 2018, S. 17ff.). Auf der anderen Seite schaffen Ansätze wie die Umsetzung von Top-10-Maßnahmen basierend auf Umfragen oder die Ad-hoc-Umsetzung von Maßnahmen ohne strategische und systematische

Verankerung kein ausreichendes Sicherheitslevel. Das in dieser Arbeit entwickelte Vorgehensmodell zur Umsetzung eines Informationssicherheitsmanagementsystems positioniert sich daher zwischen diesen beiden Extremen aus Aufwand und erreichbarem Sicherheitslevel[1].

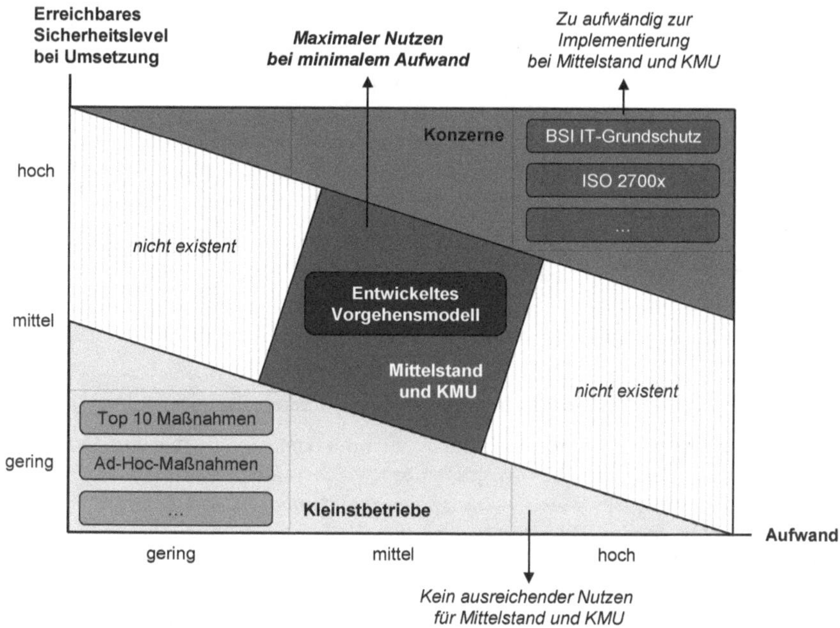

Abbildung 1-1: Positionierung des entwickelten Vorgehensmodells in Bezug auf Aufwand und erreichbares Sicherheitslevel (eigene Darstellung)

Es bleibt festzuhalten, dass KMU und der Mittelstand beim Management ihrer Informationssicherheit unterstützt werden müssen. Es mangelt an anwendbaren Vorgehensmodellen zur Bestimmung der unternehmensspezifischen Informationssicherheit, der Bestimmung von Schwachstellen und dem Ableiten notwendiger Gegenmaßnahmen. Für die Erhöhung der Informationssicherheit bedarf es daher einer effizienten und pragmatischen Herangehensweise hinsichtlich des Umgangs mit Informationssicherheit.

1.2 Zielsetzung und Forschungsfrage

Die vorlegende Untersuchung adressiert die Lösungsfindung der zuvor geschilderten Problemstellung. Sie dient dem Ziel, den Umgang mit Informationssicherheit in KMU auch ohne tiefgreifendes fachliches Know-how und mit beschränkten Ressourcen zu verbessern. Der Nutzen ergibt sich aus der Unterstützung bei der Erkennung von Implikationen relevanter Informationssicherheitsaspekte durch die Einführung von Industrie-4.0-Umgebungen und der

[1] Eine detaillierte Betrachtung der zugrundeliegenden Anforderungen an eine effiziente und pragmatische Herangehensweise findet sich in Kapitel 3.5.2

Schaffung einer besseren Argumentationsgrundlage zur Einführung notwendiger Maßnahmen gegenüber der Geschäftsführung. Das Ergebnis der Dissertationsschrift stellt ein (1) Gestaltungs- bzw. Vorgehensmodell dar, welches es KMU ermöglicht, (2) eine effiziente Bestimmung relevanter Bedrohungen und Schwachstellen auf Basis ihrer Industrie-4.0-Umgebung durchzuführen und (3) passende Maßnahmen abzuleiten. Dazu dient (4) die Erklärung von Wirkungszusammenhängen, die zusätzlich dem Aufbau von Wissen in den anwendenden KMU zugutekommt. Der Adressatenkreis umfasst IT-Leiter bzw. Verantwortliche für Informationssicherheit, die IT-Abteilung im Unternehmen sowie die Leitung der Produktion und der Digitalisierung. Der Neuheitsgrad besteht in der Entwicklung eines Vorgehensmodells zum effizienten und pragmatischen Aufbau eines Informationssicherheitsmanagementsystems und der Befähigung zur eigenständigen Identifikation von Schwachstellen und Maßnahmen durch KMU.

Aus den geschilderten Problemstellungen sowie der Zielsetzung des Dissertationsvorhabens ergibt sich folgende Forschungsfrage:

> *„Wie kann ein Gestaltungsmodell zur effizienten Absicherung der Informationssicherheit für Industrie-4.0-Umgebungen in produzierenden Unternehmen ermittelt werden?"*

Zur Beantwortung werden die folgenden Forschungsunterfragen beantwortet:

- *Wie können Industrie-4.0-Umgebungen produzierender Unternehmen vor dem Hintergrund ihrer Informationssicherheitsschwachstellen beschrieben werden?*
- *Wie lassen sich die relevantesten Maßnahmen zur Informationssicherheit im Kontext produzierender Unternehmen ermitteln und beschreiben?*
- *Welche Wirkungszusammenhänge lassen sich für die identifizierten Schwachstellen und ermittelten Maßnahmen erklären?*
- *Wie lässt sich auf Basis der identifizierten Wirkungszusammenhänge ein Gestaltungsmodell für ein ISMS zur effizienten Ermittlung der notwendigen Informationssicherheit in produzierenden Unternehmen ermitteln?*

1.3 Wissenschaftlicher Bezugsrahmen

Der wissenschaftliche Bezugsrahmen der vorliegenden Untersuchung lässt sich auf Basis der zuvor beschriebenen Zielsetzung herleiten. Dazu erfolgt die wissenschaftstheoretische Einordnung in Anlehnung an die von ULLRICH U. HILL aufgezeigte Unterscheidung, da sich diese durchgesetzt hat, obwohl eine einheitliche und allgemeingültige Erklärung der Zusammenhänge nicht existiert (s. ZELEWSKI 2008, S. 3) und erst diese Einordnung eine spezifische Bearbeitung des Themas erlaubt (s. ULRICH U. HILL 1976a, S. 304).

Grundsätzlich lässt sich die Wissenschaftstheorie in die metaphysischen Wissenschaften (Theologie und Teile der Philosophie) sowie die nicht-metaphysischen Wissenschaften unterteilen (s. WEBER ET AL. 2018, S. 24). Ferner lässt sich die nicht-metaphysische Wissenschaft in Formal-, Struktur- und Realwissenschaften unterteilen. Wo die Formalwissenschaften die Konstruktion wissenschaftlicher Sprachsysteme sowie der Sprache und Zeichen als solche behandelt, um so logische Vorgehensweisen zu beschreiben (s. ULRICH U. HILL 1976a, S. 305), ohne Anspruch auf Realitätsbezug zu besitzen und nur auf ihre *„logische Wahrheit [hin] überprüfbar [zu] sein"* (s. ZELEWSKI 2008, S. 3), befassen sich die Strukturwissenschaften mit Strukturen realer und formaler Objekte, wie beispielsweise die System- und Problemtheorie. Letztlich haben Realwissenschaften die *„Beschaffenheit der realen Welt zum Gegenstand"* (s. HELFRICH 2016, S. 5). Das bedeutet, dass die Aussagen faktisch prüfbar sind, wofür häufig

Formalwissenschaften, insbesondere die Mathematik, herangezogen werden (s. WEBER ET AL. 2018, S. 24). Im allgemeinen Sprachgebrauch werden Formalwissenschaften als „analytische Wissenschaften“ und Realwissenschaften als „Erfahrungswissenschaften“ bezeichnet (s. HELFRICH 2016, S. 4f.).

Die Realwissenschaften lassen sich weiterhin hinsichtlich ihres Wissenschaftsziels unterscheiden. Die Grundlagenwissenschaften verfolgen ein theoretisches, die angewandten Handlungswissenschaften ein pragmatisches Wissenschaftsziel. Ferner unterscheiden sich also die Aufgaben der Wissenschaften durch die Erforschung empirischer Wirklichkeitsausschnitte, wie in den Naturwissenschaften, sowie durch die Analyse menschlicher Handlungsalternativen, wie in den Kultur-, Geistes- und Sozialwissenschaften. (s. ULRICH U. HILL 1976a, S. 305; WEBER ET AL. 2018, S. 24f.; HELFRICH 2016, S. 4f.)

Die Realwissenschaften umfassen die Bildung von Beschreibungs-, Erklärungs- und Gestaltungsmodellen, die im vorliegenden Dissertationsvorhaben Anwendung finden werden. Des Weiteren dient die Untersuchung der Bearbeitung interdisziplinärer Fragestellungen und berührt daher die Ingenieurwissenschaften, die Betriebswirtschaftslehre und die Wirtschaftsinformatik. Durch ihr pragmatisches Wissenschaftsziel lassen sich sowohl die Ingenieurwissenschaften, die technisch orientierte Objekte untersuchen, als auch die Betriebswirtschaftslehre, die die Modellbildung anwendungsorientierter Handlungsempfehlungen verfolgt, in die angewandten Handlungswissenschaften einordnen (s. ULRICH U. HILL 1976a, S. 305; HELFRICH 2016, S. 6f.). Auch, wenn allgemein die Auffassung vertreten wird, dass die Wirtschaftsinformatik eine eigenständige und interdisziplinäre Wissenschaft darstellt (s. WEBER ET AL. 2018, S. 489), lässt sie sich aufgrund der Kombination aus Betriebswirtschaftslehre und Informatik sowie ihres pragmatischen Wissenschaftsziels ebenfalls den angewandten Handlungswissenschaften zuordnen (s. LEHNER ET AL. 2008, S. 17ff.; DEINDL 2013a, S. 5).

Die beschriebene Systematik sowie die Einordnung der vorliegenden Untersuchung werden zusammenfassend in Abbildung 1-2 illustriert. Da die Zielsetzung dieses Dissertationsvorhabens die Entwicklung eines Gestaltungsmodells und somit von Handlungsempfehlungen umfasst, ist sie den angewandten Handlungswissenschaften zuzuordnen. Genauer werden durch die Beschreibung von Industrie-4.0-Umgebungen mitsamt ihrer Komponenten und Informationssystemen, die Ermittlung ihrer relevanten Schwachstellen und die Ableitung relevanter Informationssicherheitsmaßnahmen unter Berücksichtigung betriebswirtschaftlicher Aspekte alle drei genannten Disziplinen behandelt.

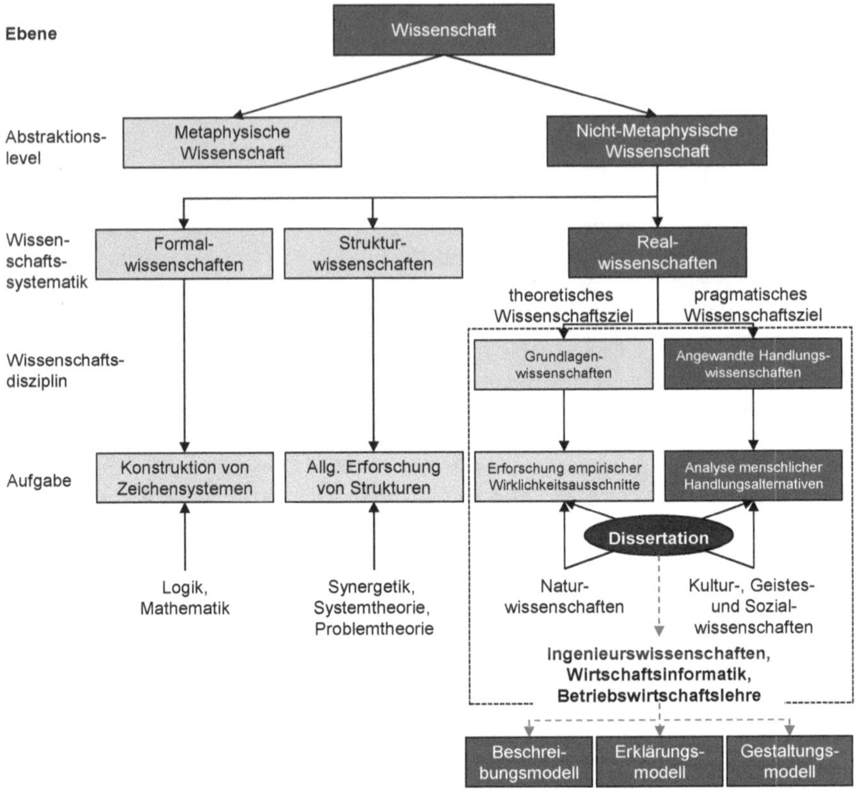

Abbildung 1-2: Wissenschaftssystematik (eigene Darstellung i. A. a. ULRICH U. HILL 1976a, S. 305; WILDE U. HESS 2007, S. 280; DEINDL 2013a, S. 6; WEBER ET AL. 2018, S. 24; ZELLER 2018, S. 9)

1.4 Forschungskonzeption

Zur Lösung der in Kapitel 1.1 und 1.2 skizzierten Problemstellung wird die Forschungskonzeption vor dem Hintergrund des pragmatischen Wissenschaftsziels ausgewählt. Die Forschungslogik ergibt sich dabei aus der Zuordnung zu diesem Wissenschaftsziel. Das pragmatische Wissenschaftsziel entspricht einer *operationsanalytischen Forschungslogik*, im Vergleich zum theoretischen Wissenschaftsziel mit *realanalytischer Wissenschaftskonzeption*. Während bei der operationsanalytischen Forschungslogik Begründungszusammenhänge auf Basis von Ziel-Mittel-Beziehungen gesucht werden, die ihrerseits auf den Ergebnissen der realanalytischen Forschungslogik aufgebaut werden können, wird in jener Grundlagenwissen entwickelt, um bestimmte Beobachtungen und Ereignisse erklären zu können. Deswegen sind beide Konstrukte als ergänzend und nicht als subsituierend zu verstehen. (s. HILL ET AL. 1994, S. 34f.; OEDEKOVEN 2011, S. 6)

Neben der Einordnung der Forschungslogik existieren verschiedene Ansätze, welche die Zielerreichung und den Erkenntnisprozess unterstützen bzw. sicherstellen sollen. Grundsätzlich kann hier zwischen einem *induktiv-empirischen* und einem *deduktiv-theoriekritischen Erkenntnisweg* unterschieden werden (s. BORCHERT ET AL. 2004, S. 2). Die Induktion[2] beschreibt den Ansatz, bei dem spezielle Beobachtungen verallgemeinert werden und so eine allgemeingültige Theorie ergeben. Diese Aussage wird meist auf die Aussage von ARISTOTELES zurückgeführt, für den die Induktion „das Schließen vom Besonderen auf das Allgemeine zum Zweck des Erkenntnisgewinns" bedeutet (s. ESSLER 1973, S. 10).

Aufgrund des allgemein bekannten Problems der Induktion, dass eine grundsätzliche Anspruchsgrundlage fehlt, um spezielle Gegebenheiten, seien es noch so große empirische Studien, zu einem allgemeingültigen Umstand abstrahieren zu können, gilt dieser nur, solange sie falsifiziert worden ist. Somit handelt es sich in den Realwissenschaften um eine beschränkte Induktion mit Falsifikation (s. OEDEKOVEN 2011, S. 6; BORCHERT ET AL. 2004, S. 10f.).

Die Deduktion[3] hingegen leitet aus allgemeingültigen Theorien spezielles Wissen ab. Im Gegensatz zur Induktion steht der Beobachter einer Theorie kritisch gegenüber (s. POPPER 1935, S. 5) und nutzt seine Erfahrungen nicht als Baustein, sondern als Prüfstein (s. BORCHERT ET AL. 2004, S. 12). Als Nachteil der Deduktion ergibt sich die Tatsache, dass sich Experimente zur Verifikation aufgestellter Hypothesen gegebenenfalls als ungeeignet herausstellen und somit zu falschen Schlussfolgerungen führen können (s. BORCHERT ET AL. 2004, S. 12).

Da das vorliegende Dissertationsvorhaben sowohl auf empirisch-induktive (Aufbau der Beschreibungsmodelle) als auch auf analytisch-deduktive (Herleitung des Erklärungsmodells und Konstruktion des Gestaltungsmodells) Forschungsaktivitäten zurückgreift, wird der systemtheoretische Ansatz nach ULRICH gewählt (s. ULRICH U. HILL 1976a, S. 308f.). Dieser widmet sich sowohl der Theorie als auch der Praxis, ist durch seinen interdisziplinären Ansatz sowie seine Offenheit charakterisiert und wird um terminologisch-deskriptive Forschungsaktivitäten ergänzt, um ein einheitliches Begriffsverständnis der zu beschreibenden Objekte zu schaffen (s. ULRICH U. HILL 1976b, S. 347f.). Die Vorteile des systemtheoretischen Ansatzes nach ULRICH lassen sich wie folgt durch drei Funktionen zusammenfassen (s. ULRICH U. HILL 1976a, S. 308):

- Terminologische Funktion: Zurverfügungstellung eines abstrakten und interdisziplinären Begriffssystems, welches nicht durch Vorurteile oder A-priori-Annahmen über die Wirklichkeit geprägt ist.
- Heuristische Funktion: Zurverfügungstellung von Strukturelementen, die eine Entdeckung neuer Aspekte und Zusammenhänge ermöglicht.
- Integrationsfunktion: Integration verschiedenster Einflussfaktoren und Variablen aus verschiedenen Disziplinen.

Der Forschungsprozess wird im Rahmen dieses Dissertationsvorhabens als iterativer Lernprozess (s. KUBICEK 1976, S. 14) ausgelegt (s. Abbildung 1-3). Hinter diesem liegt das Prinzip des wachsenden Verständnisses der Realität von KUBICEK. Den Ausgangspunkt stellt die Bildung eines Begriffssystems dar. Dazu dienen persönliche Erfahrungen des Autors sowie sein theoretisches Vorwissen, erworben durch die Mitarbeit und Leitung einer Vielzahl von Forschungs- und Beratungsprojekten im Bereich Informationsmanagement des FIR an der RWTH Aachen. Ergänzt werden diese beiden Aspekte um die strukturierte Literaturanalyse (auch

[2] Wortzusammensetzung aus den lateinischen Begriffen *inductivus* = „zur Annahme geeignet, zur Voraussetzung geeignet" und *inducere* = „hinführen" (s. BORCHERT ET AL. 2004, S. 10).
[3] Vom lateinischen *deductio* = „Hinführung, Weiterführung" (s. BORCHERT ET AL. 2004, S. 12).

Desk-Research genannt, s. Kapitel 5.2.1) zu vorhandenen Quellen des Themengebiets (s. DÜNNEBACKE 2016, S. 13). Der Erkenntnisgewinn speist sich dabei aus der Sammlung von Daten, dem ein Realisierungsversuch und eine Realitätsanalyse vorausgeht. Die Durchführung von Interviews, Gesprächen, Diskussionen und Workshops mit Experten und die Anwendung in Forschungs- und Beratungsprojekten dient der ständigen Entwicklung und Überprüfung des Vorgehens.

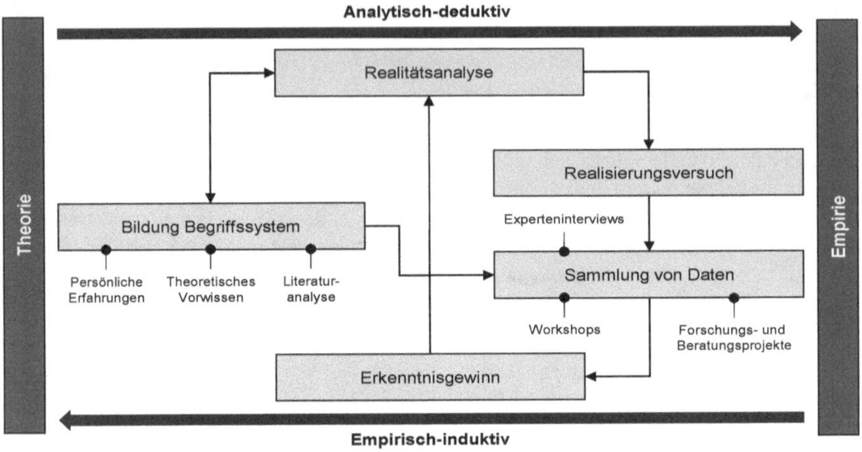

Abbildung 1-3: Forschungsprozess (eigene Darstellung i. A. a. ULRICH U. HILL 1976b, S. 348; KUBICEK 1976, S. 14ff.; NIENKE 2018, S. 11)

Die vorliegende Dissertationsschrift bildet den durchgeführten und zu einem gewissen Punkt festgehaltenen Forschungsprozess ab. Sie stellt durch die enge Verknüpfung von Theorie und Empirie einen Ansatz zur partizipativen Aktionsforschung dar (s. WILDE U. HESS 2007, S. 282).

1.5 Aufbau der Untersuchung

Es lässt sich festhalten, dass die vorliegende Dissertationsschrift das Ziel verfolgt, ein Vorgehensmodell zum effizienten Umgang mit Informationssicherheit zu entwickeln. Sie ist den angewandten Handlungswissenschaften zuzuordnen und baut insbesondere auf den Erkenntnissen von ULLRICH U. HILL auf. Der Aufbau (s. Abbildung 1-4) orientiert sich an dem verbreiteten Vorgehen bei angewandten Wissenschaften nach LEHNER ET AL. und ULRICH (s. LEHNER ET AL. 2008, S. 23; ULRICH 1981, S. 20).

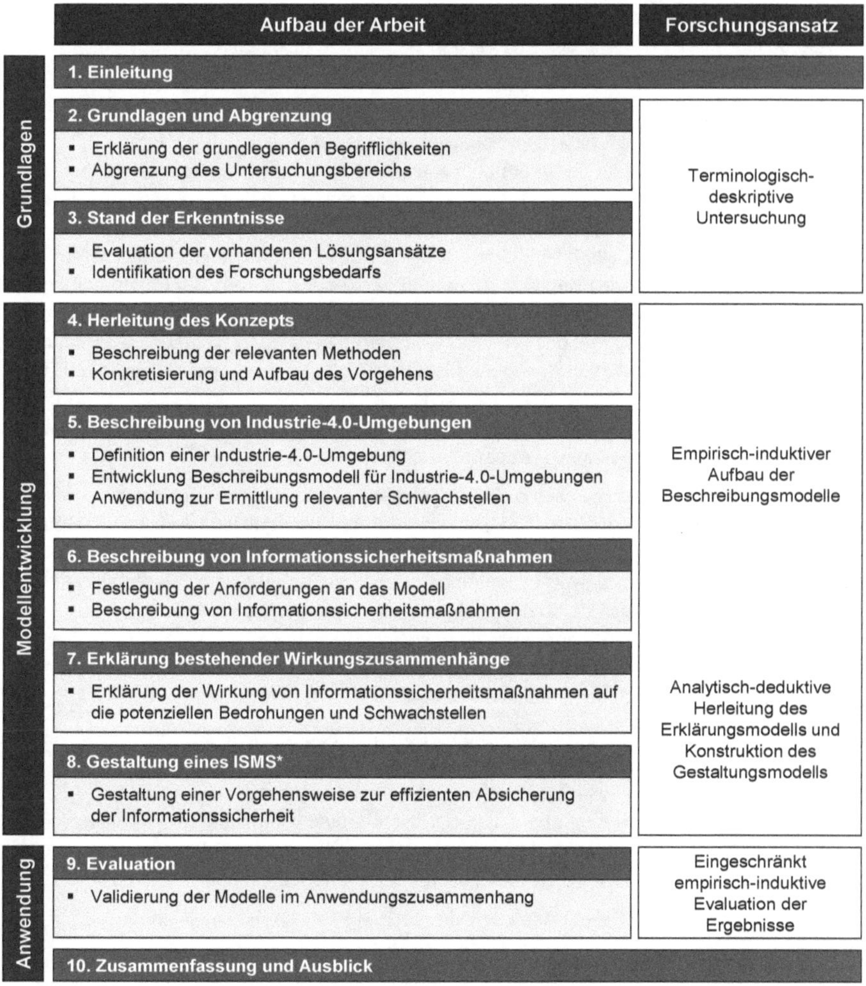

*ISMS: Informationssicherheitsmanagementsystem

Abbildung 1-4: Aufbau der Untersuchung und angewendete Forschungsaktivitäten (eigene Darstellung)

Abbildung 1-4 kann entnommen werden, dass sich die Untersuchung in 10 Kapitel unterteilt, die im Folgenden kurz dargestellt und hinsichtlich ihrer angewendeten Forschungsansätze eingeordnet werden.

Kapitel 1 leitet in die Untersuchung ein. Die Ausgangssituation stellt als praktische Problemstellung den Rahmen einer angewandten Wissenschaft dar. Die beschriebene Zielsetzung mit ihren Forschungsfragen dient in der vorliegenden Untersuchung als Lösungsansatz. Diese wurden zunächst auf Basis von Projekterfahrungen identifiziert und im späteren Verlauf als

Vorbereitung auf das Dissertationsvorhaben mit Experten und durch Nutzung bestehender Literaturquellen reflektiert sowie auf eine für den Untersuchungsbereich allgemeingültige Problemstellung abstrahiert.

Kapitel 2 dient der Schaffung eines einheitlichen Verständnisses der verwendeten Begrifflichkeiten und stellt demgemäß eine terminologisch-deskriptive Tätigkeit dar. Gerade in den Bereichen der Industrie 4.0 und der Informationssicherheit ist ein einheitliches Verständnis nicht immer gegeben, da für beide Begrifflichkeiten die unterschiedlichsten Definitionen existieren. Diese Tatsache wird noch verstärkt, wenn deutsche und angelsächsische Definitionen voneinander abgegrenzt werden müssen. Schließlich wird der Untersuchungsbereich in Kapitel 2 abgegrenzt. Ferner behandelt Kapitel 3 den Stand der Technik in Form der Beschreibung von Industrie-4.0-Umgebungen, der Identifikation von sicherheitskritischen Schwachstellen und der Beschreibung von Informationssicherheitsmaßnahmen. Das Kapitel dient der Evaluation bestehender Lösungsansätze in Bezug auf die aufgezeigte Problem- und Zielstellung. Daraus leiten sich die Forschungslücke, der spezifische Forschungsbedarf sowie konkrete Anforderungen ab, die einen Einfluss auf die Entwicklung des Gestaltungsmodells hat. Hier wird ebenfalls ein terminologisch-deskriptiver Ansatz gewählt.

In Kapitel 4 werden relevante Methoden vorgestellt, die im Rahmen der Untersuchung zur Problemlösung verwendet werden. Weiterhin werden der konkretisierte Aufbau der Untersuchung und die Vorgehensweise erläutert. Die Anwendung der Methoden führt in Kapitel 5 zur Beschreibung von Industrie-4.0-Umgebungen und zeigt relevante Bedrohungen und Schwachstellen auf, die sich durch deren Umsetzung ergeben. Die Modellentwicklung erfolgt empirisch-induktiv. Kapitel 6 wiederum widmet sich der Festlegung von Anforderungen an das und die Entwicklung des Beschreibungsmodells für Informationssicherheitsmaßnahmen und folgt ebenfalls einem empirisch-induktiven Ansatz.

Die Herleitung zur Erklärung von Wirkungszusammenhängen zwischen Informationssicherheitsmaßnahmen und potenziellen Schwachstellen in Industrie-4.0-Umgebungen erfolgt analytisch-deduktiv in Kapitel 7. In Kapitel 8 wird das Gestaltungsmodell zur effizienten Absicherung der Informationssicherheit ebenfalls analytisch-deduktiv konstruiert. Die Evaluation der entwickelten Modelle im Anwendungszusammenhang in Kapitel 9 erfolgt, wie im Vorfeld beschrieben, eingeschränkt empirisch-deduktiv durch Expertengespräche.

In Kapitel 10 werden die Ergebnisse der Untersuchung kritisch reflektiert und zusammengefasst. Abschließend wird ein Ausblick auf den weiteren Forschungsbedarf gegeben.

2 Grundlagen und Abgrenzung der Untersuchung

Dieses Kapitel legt die Grundlagen für ein einheitliches Verständnis der verwendeten Begrifflichkeiten und definiert grundlegende Terminologien. Somit leistet das Kapitel seinen Beitrag, indem dem Leser notwendiges Wissen vermittelt wird, um dem Aufbau der Untersuchung folgen zu können. In den Kapiteln 2.1 bis 2.4 werden die Begriffsdefinitionen Digitalisierungs- und Informationsmanagement, produzierende Unternehmen, Industrie 4.0 und Informationssicherheit aufgeführt. Weiterhin werden diese im Detail erklärt. Letztlich dient Kapitel 2.5 der Abgrenzung und der Präzisierung des Untersuchungsbereichs. Für die Bestimmung des Untersuchungsbereichs sind die vier zuvor genannten Begriffsdefinitionen von zentraler Bedeutung. So wird sichergestellt, dass über den Untersuchungsbereich keine Missverständnisse entstehen. In der vorliegenden Dissertationsschrift werden feststellende (Digitalisierungs- und Informationsmanagement, produzierende Unternehmen), also allgemein anerkannte Definitionen, sowie festzusetzende Definitionen (Informationssicherheit, Industrie 4.0) erläutert, die die Verwendung eines speziellen Begriffs bestimmen (s. PAWŁOWSKI 1980, S. 18f.).

2.1 Digitalisierungs- und Informationsmanagement

Dieses Kapitel umfasst begriffliche Grundlagen im Kontext des Digitalisierungs- und Informationsmanagements (DIM). Dadurch wird die Frage beantwortet, wie das Informationssicherheitsmanagement in das DIM zu integrieren ist (s. Kapitel 2.1.1). Aufbauend darauf werden die Begriffe IT-Komplexität (s. Kapitel 2.1.2) und IT-Strategie (s. Kapitel 2.1.3) erläutert, bevor abschließend auf die Rolle der IT-Abteilung eingegangen wird (s. Kapitel 2.1.4).

2.1.1 Informationen und deren Management

Daten, Informationen, Wissen – sie bilden die Grundlage unternehmerischer Entscheidungen. Über ihren Wert besteht heute kein Zweifel mehr, wohl aber Uneinigkeit über ihre Definition. Um die Begriffe in der vorliegenden Untersuchung zielgerichtet einzusetzen, werden sie im Folgenden voneinander abgegrenzt.

Der Zusammenhang des Tripels wird im allgemeinen Sprachgebrauch wie auch in der Wirtschaftsinformatik häufig anhand der *Wissenspyramide* dargestellt (s.

Abbildung 2-1), die ihren Ursprung in der Beschreibung durch AAMODT & NYGARD hat und mit der Zeit um verschiedene weitere Elemente bspw. durch FUCHS-KITTOWSKI ergänzt wurde (s. AAMODT U. NYGÅRD 1995, S. 198; FUCHS-KITTOWSKI 2005, S. 21f.). Grundlegend für die Einordnung in der Wissenspyramide, also die Unterscheidung der Elemente, ist ihr Formalisierungsgrad, welcher sich aus der Semiotik ergibt. Sie wird als Zeichen- und Bedeutungslehre verstanden, beschäftigt sich mit ebendiesen und legt Regeln fest.

Die vier Ebenen, die im Rahmen der Semiotik beschrieben werden, umfassen Syntaktik, Sigmatik, Semantik und Pragmatik. Die Syntaktik beschreibt eine bestimmte Abfolge von Zeichen, die dadurch zu Daten werden. Durch die Sigmatik bekommen Daten eine Bezeichnung zugewiesen. Durch die Semantik erhalten die Daten ihre kontextuelle Bedeutung, wodurch sie zu Informationen aufgewertet werden. Letztlich ergänzt die Pragmatik diese Bedeutung um den Verwender der Informationen, weswegen hier von Wissen gesprochen wird. Abschließend geht aus dem erworbenen Wissen eine Entscheidung hervor, aus der dann eine Aktion abgeleitet wird. (s. BERTHEL 1975, S. 1869)

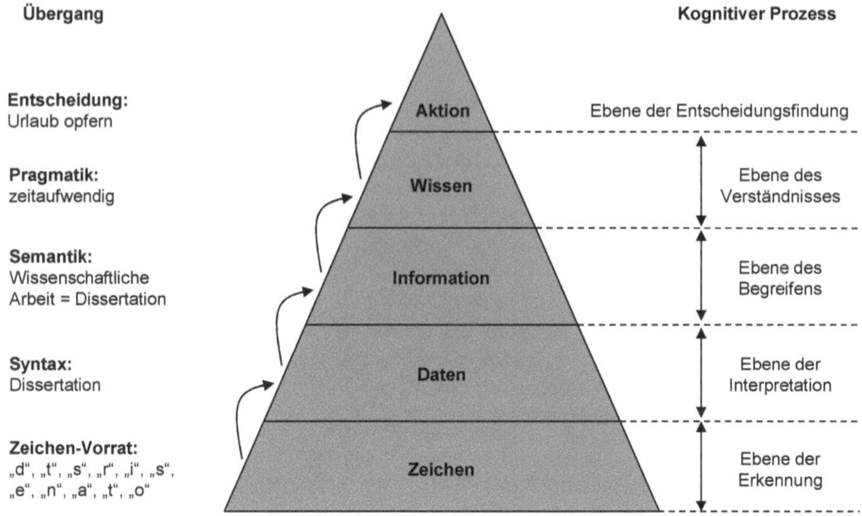

Abbildung 2-1: Wissenspyramide (eigene Darstellung i. A. a. FUCHS-KITTOWSKI 2005, S. 21; AAMODT U. NYGÅRD 1995, S. 198)

Der kognitive Prozess bildet somit im übertragenen Sinne den Entscheidungsfindungs- sowie Informationsprozess als Geschäftsprozess ab. In Anlehnung an LEVITAN entspricht dieser der klassischen Bedarfserfüllung (s. LEVITAN 1982, S. 48) und wird auch als *Lebenszyklusmodell der Informationsproduktion* bezeichnet. Den Ausgangspunkt stellt der Bedarf eines spezifischen Verwenders dar. Entwicklungs-, Forschungs- und Sammlungsaktivitäten führen zu einer Informationsgrundlage. Diese wird verifiziert und durch den intellektuellen sowie physischen (gegebenen) Zugang zur Informationsressource. Diese Ressource gilt es in Analogie zu klassischen Ressourcen zu warten bzw. zu pflegen. Sofern die Information den Bedarf des Verwenders deckt, spricht man von einer aktiven Ressource, weil sie an den Verwender verteilt wird. Sofern die Information jedoch ohne ursprünglichen Bedarf genutzt wird, spricht man von einer passiven Ressource. (s. PICOT ET AL. 2008, S. 155f.)

Diese Ausführung soll verdeutlichen, dass eine Information insbesondere dann einen Wert besitzt, wenn sie aufbereitet der Erfüllung eines bestimmten Bedarfs dient. Aus betriebswirtschaftlicher Perspektive werden Informationen daher als zweckorientiertes Wissen zur Grundlage für die Vorbereitung betrieblicher Entscheidungen verstanden (s. HOFFMANN 2018, S. 14; WITTMANN 1959, S. 14; SCHULTE-ZURHAUSEN 2010, S. 70). Aus rein systemtheoretischer Sicht kann die Information neben Materie und Energie als dritte Elementargröße angesehen werden. Von größerer Bedeutung ist die Information als Produktions- oder Wettbewerbsfaktor sowie ökonomisches Gut. Bereits WILD postulierte in den 1970er Jahren, dass Informationen als Produktionsfaktoren eine zentrale Rolle in der Erstellung von Sachgütern und Dienstleistungen einnehmen (s. WILD 1970, S. 218ff.).

Durch den verbreiteten Einsatz von Informationssystemen (InS) und von Informations- und Kommunikationstechnik (IKT[4]) steigt auch die Generierung und Speicherung von Daten und Informationen in Unternehmen. Häufig werden Daten auch als das Öl des 21. Jahrhunderts bezeichnet. Um den Einsatz dieser Daten und Informationen effizient zu gestalten und die Verfügbarkeit sowie eine ausreichende Qualität sicherzustellen, bedarf es des Informationsmanagements (IM). IM umfasst Planungs-, Steuerungs- und Kontrollaufgaben, um die Unternehmensziele zu erreichen. (s. KRCMAR 2015, S. 1) Somit stellt IM das zentrale Bindeglied zwischen IT-technischer Unterstützung eines Unternehmens und dessen Wertschöpfungsprozessen dar. Die enge Zusammenarbeit zwischen den Geschäftsbereichen und der IT-Abteilung in einem Unternehmen rückt vermehrt in den Betrachtungsbereich des IM, weswegen in diesem Kontext auch häufig auch von *Business-IT-Alignment*, also der Ausrichtung der IT an den Geschäftsprozessen, gesprochen wird. Dies untermauert auch folgende Aussage von VARIAN (2004):

„Information Technology does not matter, Information Management does."

Die Aussage geht unter anderem auf die Diskussion um die Produktivitätssteigerung durch die Informationsverarbeitung zurück, das sogenannte *Produktivitätsparadoxon*[5]. Es besagt, dass die Nutzung von IT keinen positiven Einfluss auf die Steigerung der Produktivität im Unternehmen hat, obwohl kein Unternehmen im 21. Jahrhundert auf den Einsatz von IT verzichten würde. Da ein direkter Nutzen der IT schwer zu belegen ist, verwendet man im Allgemeinen den Begriff *IT-Wertbeitrag*, der über eine strategische Einflussnahme der IT auf Geschäftsprozesse realisiert wird (s. Abbildung 2-2). Die Unternehmensstrategie bedingt das Geschäftsmodell und „alignt" das Informationsmanagement, welches wiederum die Unternehmensstrategie ermöglicht. Das Geschäftsmodell bestimmt die Geschäftsprozesse, die einen direkten Wertbeitrag zum Unternehmenserfolg liefern. InS, IT und Informationen werden durch das IM geplant, gesteuert und kontrolliert. Sie beeinflussen das Geschäftsmodell und ermöglichen die Geschäftsprozesse.

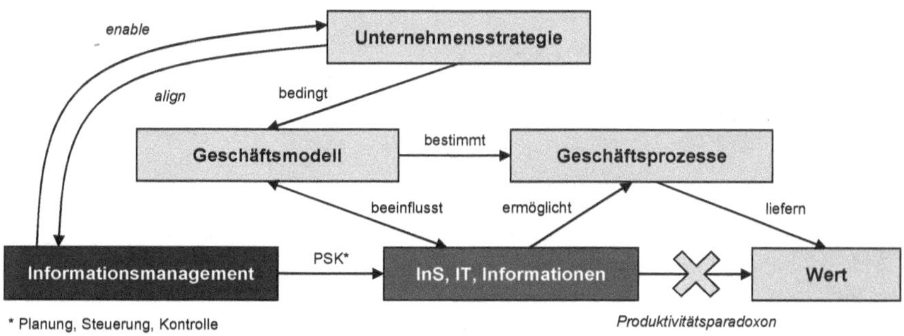

Abbildung 2-2: Einfluss des Informationsmanagements auf den Unternehmenserfolg (eigene Darstellung i. A. a. WIGAND ET AL. 1998, S. 159; KRCMAR 2015, S. S. 93, 477)

[4] Im Folgenden vereinfachend als IT (Informationstechnologie) bezeichnet.
[5] Aussage von SOLOW (1987, S. 36): *„You can see computer age everywhere but in the productivity statistics".*

Durch die Aufgabe der Erreichung der Unternehmensziele nimmt das IM mehr und mehr eine tragende Rolle in Unternehmen ein. Im Einzelnen werden verschiedene Aufgaben (s. DEINDL 2013b, S. 18) des IMs unterschieden, die sich nach HEINRICH ET AL. dem strategischen, administrativen oder operativen Management zuordnen lassen (s. HEINRICH ET AL. 2014, S. 32ff.). Strategische Aufgaben umfassen solche, die den Charakter von Information als wesentlichen Erfolgsfaktor und kritischen Wettbewerbsfaktor widerspiegeln. Administrative Aufgaben umfassen insbesondere die Schaffung von Verfügbarkeit zur Systemnutzung durch den Benutzer. Letztlich umfassen operative Aufgaben solche, die die Informationsbereitstellung für die Benutzer sicherstellen. Das Informationssicherheitsmanagement, auf das unter anderem in Kapitel 2.4.3 näher eingegangen wird, lässt sich als Querschnittsthema auffassen (vgl. HICKING ET AL. 2020, S. 16f.). Es umfasst Teilaufgaben aller drei genannten Ebenen.

Das heutige Informationsmanagement ist eng mit dem Begriff Digitalisierungsmanagement verzahnt. Letzteres umfasst weitere Aufgaben und trägt dadurch der fortschreitenden und ganzheitlichen digitalen Transformation von Unternehmen Rechnung. Die beiden Begriffe sind erstmals im Ordnungsrahmen Digitalisierungs- und Informationsmanagement nach SCHUH ET AL. zusammengefasst (s. ZELLER U. SEELMANN 2022, S. 28). In Abbildung 2-3 sind die entsprechenden Aufgaben dargestellt.

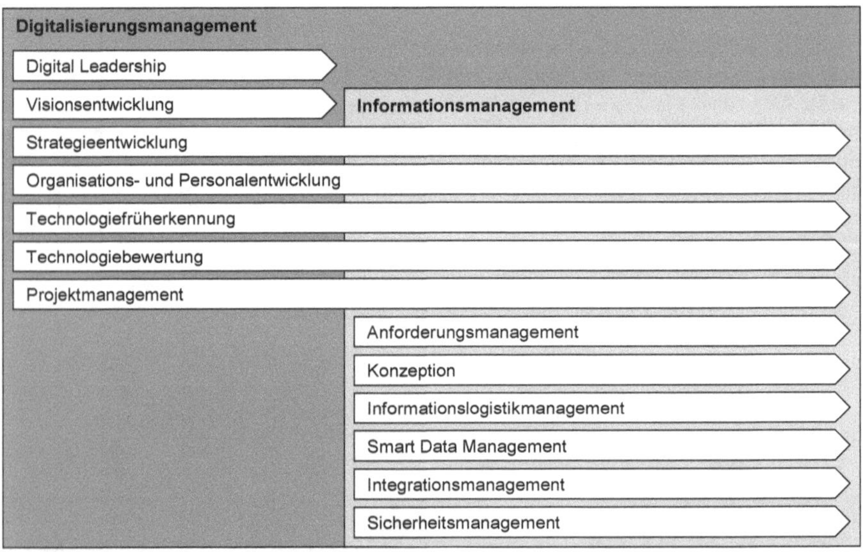

Abbildung 2-3: Aufgaben des Digitalisierungs- und Informationsmanagements (eigene Darstellung i. A. a. ZELLER U. SEELMANN 2022, S. 34)

Nutzung der begrifflichen Grundlagen in dieser Arbeit

In der vorliegenden Untersuchung stellen die Begriffe Digitalisierungs- und Informationsmanagement das zusammenhängende und übergeordnete Konstrukt dar, in welches das Informationssicherheitsmanagement eingeordnet wird. Der Arbeit liegt zusätzlich das Verständnis zugrunde, dass letzteres niemals losgelöst bestehen sollte, sondern immer in das Digitalisierungs- und Informationsmanagement einzubetten ist.

2.1.2 IT-Komplexität

Der allgemeine Begriff *Komplexität* wurde bereits früh und ausführlich diskutiert und manifestierte sich durch Forschungen auf dem Gebiet der Komplexitätstheorie in den 60er Jahren. Im Zusammenhang mit IT entsteht allerdings erst seit diesem Jahrzehnt vermehrt Fachliteratur dazu. Durch die zunehmende Vernetzung und Verbreitung von IT steigt auch deren Komplexität (im Einzelnen und im Wechselspiel) in Unternehmen (s. SCHUH ET AL. 2019, S. 105). Die Beherrschung der IT-Komplexität wird Teil und zentrale Herausforderung des heutigen Digitalisierungs- und Informationsmanagements (s. WENGER ET AL. 2022, S. 165f.; BREMER ET AL. 2020, S. 4; HOFFMANN 2018, S. 35). Nach SCHUH ET AL. kann die IT-Komplexität in die Dimensionen *Interdependente Vielfalt, Hohe Dynamik und Diffuse Wahrnehmung* unterteilt werden (s. SCHUH ET AL. 2017A, S. 61). Die Vielfalt ergibt sich durch die unterschiedlichen Elemente wie Applikationen, Daten und Schnittstellen. Die Dynamik spiegelt die schnelle Entwicklung von Technologien und Anforderungen wider. Eine diffuse Wahrnehmung der Informationslandschaft entsteht, wenn die ersten beiden Dimensionen stark ausgeprägt sind; dies führt dazu, dass Entscheidungen häufig ohne fundierte Grundlage getroffen werden. Aspekte, die einen Einfluss auf die Dimensionen haben, werden als Treiber der IT-Komplexität bezeichnet. Diese reichen von einer fehlenden strategischen Ausrichtung der IT-Abteilung über Gesetzgebungen und Regularien und die Zunahme von Cloudanbindungen bis hin zu Intelligenten Produkten (vgl. HICKING 2020, S. 13ff.), technologischen Innovationen und Cyber-physischen Produktionssystemen (s. Kapitel 2.3)

Für zahlreiche Unternehmen stellt sich die Frage, wie die IT-Komplexität sich in Zukunft verändern wird und wie die Unternehmen diese beherrschen können, um Industrie 4.0 erfolgreich umzusetzen. An dieser Stelle ist es wichtig, dass Grundverständnis von IT-Komplexität im Rahmen produzierender Unternehmen zu verdeutlichen:

„IT-Komplexität ist per se nicht schlecht." (BREMER ET AL. 2020, S. 4)

Gemeint ist, dass Unternehmen durch ihre Struktur eine bestimmte Geschäftskomplexität aufweisen. Klassische kleine und mittleres Unternehmen mit niedriger Produktvarianz weisen eine geringere Geschäftskomplexität auf als Großunternehmen mit über 1.000 und mehr Produktvarianten. Da durch die Komplexität der Unternehmen in der Regel auch die IT-Unterstützung zunimmt, bedeutet dies im Umkehrschluss, dass auch die IT-Komplexität zunimmt. Somit ergibt sich ein Zielkorridor zwischen Geschäftskomplexität und IT-Komplexität, um effizient operieren zu können und die nicht-wertschöpfende IT-Komplexität zu minimieren (s. Abbildung 2-4). Eine zu geringe IT-Komplexität führt dazu, dass Anforderungen des Geschäfts ggf. nicht erfüllt werden können. Etwa setzt das Ziel der Realisierung einer Losgröße von 1 eine automatisierte Auftragsplanung und somit eine Vernetzung unterschiedlicher Informationssysteme voraus. Auf der anderen Seite führt eine zu hohe IT-Komplexität im Vergleich zur Geschäftskomplexität zu einer Verschwendung von Ressourcen und dem Aufkommen von Mehraufwänden. Dies trifft häufig dann auf, wenn keine Harmonisierung der Informationssystemlandschaft vorliegt, Systeme und Applikationen also nicht aufeinander abgestimmt sind und technische Schnittstellen zwischen den Systemen nicht existieren, wodurch der manuelle Aufwand steigt. (s. BREMER ET AL. 2020, S. 4f.)

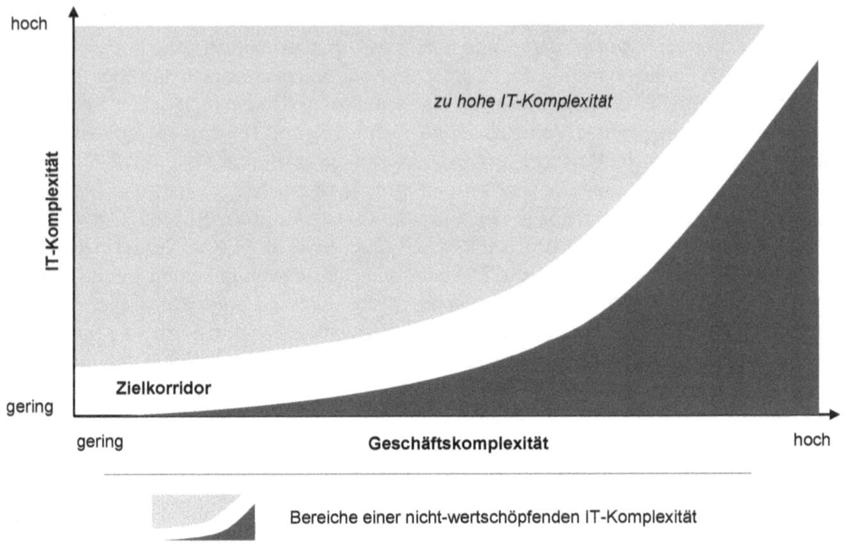

Abbildung 2-4: Positionierung im Spannungsfeld zwischen IT- und Geschäftskomplexität (eigene Darstellung i. A. a. BREMER ET AL. 2020, S. 5)

Relevanz für die vorliegende Untersuchung

Da die Informationssicherheit selbst das Maß der IT- und Geschäftskomplexität beeinflusst und in der Regel steigen lässt, ist es relevant, zu verstehen, wie mit ihnen umgegangen werden kann und welche Auswirkungen sie auf das Unternehmen haben. Um nun der IT-Komplexität im Unternehmen zu begegnen, existieren Ansätze und verschiedene Managementaktivtäten, auf die im Folgenden nicht im Detail eingegangen werden soll. In der Literatur wird häufig der Umgang mit Technologien, Prozessen und einer Standardisierung thematisiert. Daneben existieren zahlreiche Handlungsempfehlungen, Vorgehens- und Architekturmodelle sowie Messmethoden. (s. GRUBER ET AL. 2017, S. 1610)

2.1.3 IT-Strategie

Ein strukturierter Prozess für das Management der in Kapitel 2.1.2 beschriebenen IT-Komplexität ist unerlässlich. Es gilt zu planen, wie Aufgaben orchestriert und durchgeführt werden sollen. Dies zeichnet die Strategieplanung als Aufgabe des Digitalisierungs- und Informationsmanagements aus. Die regelmäßige Durchführung der Planung ergibt bereits den niedrigsten Formalisierungsgrad einer IT-Strategie (vgl. HOFFMANN 2018, S. 36). Die Bedeutung einer IT-Strategie nimmt durch die Bedeutung des Informationsmanagements zu (s. BLEIDER U. HOFFMANN 2019, S. 9).

Ein mögliches Vorgehen zur Gestaltung einer IT-Strategie ist in Abbildung 2-5 beschrieben. Als Inputfaktoren dienen das eigene Unternehmensumfeld mit der Unternehmensstrategie und den Zielen der Unternehmung (s. Business-IT-Alignment in Kapitel 2.1.1) sowie das IT-Umfeld, welches durch den aktuellen Ist-Zustand repräsentiert wird. Ergänzend muss das externe Umfeld (Märkte, Produkte und Technologien) betrachtet werden. Nach der Definition des Betrachtungsbereichs erfolgt die Analyse der Ist-Situation. Daraus lassen sich Ziele ableiten, die zur

Formulierung der IT-Strategie genutzt werden. Die Maßnahmenplanung wird in die Operationalisierung bzw. Implementierung der IT-Strategie überführt. Die Bildung der IT-Strategie ist als kontinuierlicher Verbesserungsprozess zu verstehen, weswegen eine Überwachung und Optimierung durchgeführt werden. Den Output stellen die Teilstrategien bezogen auf das Digitalisierungs- und Informationsmanagement (DIM), die Informationssysteme sowie die Informations- und Kommunikationstechnologie dar. Die zukünftige Informationssystemlandschaft entscheidet darüber, wie das IT-Projektportfolio abgeleitet werden sollte.

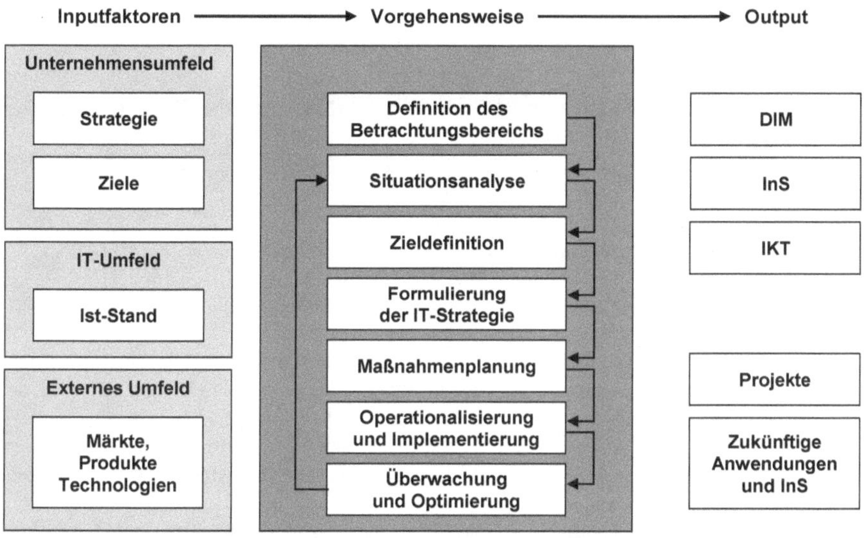

Abbildung 2-5: Gestaltung einer IT-Strategie (eigene Darstellung i. A. a. WARD U. PEPPARD 2002, S. 154; HOFMANN U. SCHMIDT 2010, S. 25; HOFFMANN 2018, S. 36)

Es ist anzumerken, dass eine (formalisierte) IT-Strategie in vielen produzierenden Unternehmen, insbesondere in KMU, noch unüblich ist (s. LEIMEISTER 2015, S. 189). Dies spiegelt sich auch im Umgang mit Informationssicherheit wider, bei dem es häufig an einer strategischen und zielgerichteten Herangehensweise fehlt (s. Kapitel 1.1).

Relevanz für die vorliegende Untersuchung

Ein Informationssicherheitsmanagementsystem aufzubauen, sollte stets als strategischer Prozess verstanden werden, damit dieses nachhaltig im Unternehmen verankert werden kann. Im Rahmen eines solchen Strategieprozesses muss auch die IT-Strategie untersucht werden, aus der sich die Informationssicherheitsstrategie und damit das Informationssicherheitsmanagementsystem ableiten lassen.

2.1.4 Rolle der IT-Abteilung

Im Folgenden wird die Rolle der IT-Abteilung im Rahmen des Digitalisierungs- und Informationsmanagements beschrieben, denn eine IT-Strategie allein kann nicht nachhaltig zum Geschäftserfolg beitragen. Vielmehr gilt es vor dem Hintergrund des Business-IT-Alignments, die Fachbereiche des Unternehmens hinsichtlich ihrer Effektivität und Effizienz zu unterstützen (s.

ENGLÄNDER U. GÖTZEN 2020, S. 28). So kann beispielsweise verhindert werden, dass Fachbereiche autonom agieren und ohne Kenntnis der IT-Abteilung sogenannte Schatten- IT[6] einführen, deren Nutzung sich häufig als sicherheitskritisch erweist (s. SILIC U. BACK 2014, S. 3).

Wie die IT-Abteilungen diesen Prozess unterstützt und begleitet und welche Rolle sie bei der Umsetzung der IT-Strategie spielt, hängt damit zusammen, welche Kompetenzen sie innehat. IT-Abteilungen können grundlegend durch vier *Organisationstypen* beschrieben werden (s. Tabelle 2-1).

Tabelle 2-1: Organisationsform und Rolle der IT-Abteilung (eigene Darstellung i. A. a. ZELLER ET AL. 2016, S. 102; HANSCHKE 2016, S. 184; MCFARLAN ET AL. 1983)

Organisationstyp	Partnerfunktion	Charakteristikum
Typ A	Technologiepartner	IT-Abteilung ist Kostenfaktor
Typ B	Prozesspartner	IT-Abteilung leistet Wertbeitrag
Typ C	Geschäftspartner	IT-Abteilung leistet Strategiebeitrag
Typ D	Erfolgspartner	IT-Abteilung leistet Erfolgsbeitrag

Als Technologiepartner kommt der IT-Abteilung eine geringe Bedeutung zu, da sie lediglich interner Lieferant von IT-Produkten ist und Endgeräte bereitstellt. Als Prozesspartner pflegt, betreibt und entwickelt sie die IT-Infrastruktur weiter. Durch die Unterstützung des Kerngeschäfts und elementarer Geschäftsprozesse leistet sie einen Wertbeitrag. Sofern das Ziel der IT-Abteilung die Schaffung einer leistungsfähigen Informationsinfrastruktur ist, stellt jene einen Geschäftspartner dar. Durch Standardisierung der IT-Unterstützung in Geschäftsprozessen optimiert sie das Business und leistet einen Strategiebeitrag. Zuletzt handelt es sich bei einer IT-Abteilung um einen Erfolgspartner, wenn die Erreichung und Realisierung von Wettbewerbsvorteilen durch die IT-Abteilung unterstützt oder gar erst ermöglicht wird. Durch eine nachhaltige IT-Infrastruktur, die eine schnelle Anpassung von Geschäftsprozessen zulässt, ergibt sich ein Erfolgsbeitrag. (s. HOFFMANN 2018, S. 38)

Es zeigt sich, dass die Aufteilung der Organisationstypen einen Transformationsprozess darstellt. Zunehmend finden sich IT-Abteilungen in „höherwertigen" Typen wieder bzw. setzen sich als Ziel, diese durch die Umsetzung der IT-Strategie zu erreichen. Letztlich gilt aber auch hier, dass die Ausrichtung der IT-Abteilung zum Unternehmen passen muss, wodurch sich die Notwendigkeit einer optimalen Positionierung der IT-Abteilung in Abhängigkeit der Unternehmensausrichtung ergibt (s. FLEXERA 2020, S. 2).

Relevanz für die vorliegende Untersuchung

Die IT-Abteilung (oder zumindest die IT-Verantwortlichen) nimmt durch die Hauptverantwortlichkeit großen Einfluss auf den Erfolg und die Effizienz des zu etablierenden Informationssicherheitsmanagementsystems. Die positiven (wie auch negativen) Auswirkungen, die durch

---

[6] Unter Schatten-IT (auch Business-managed IT, s. KOPPER ET AL. 2018, S. 2f.) wird jede Software wie auch Hardware verstanden, die eigenmächtig von Fachbereichen in Unternehmen neben der offiziellen Infrastruktur eingesetzt oder entwickelt wird, ohne die IT-Abteilung zu informieren (s. KOPPER ET AL. 2017, S. 98).

eine gute (oder weniger gute) Zusammenarbeit zwischen IT-Abteilung und Fachbereichen entstehen, müssen verstanden werden, um daraus Rückschlüsse auf ein zielgerichtetes Business-IT-Alignment ziehen zu können.

2.2 Produzierende Unternehmen

Dem Begriff Unternehmen wird im Rahmen der Dissertationsschrift folgende Definition zugrunde gelegt (s. THOMMEN ET AL. 2017, S. 7):

„[...] Ein Unternehmen kann als ein offenes, dynamisches, komplexes, autonomes, marktgerichtetes produktives und soziales System charakterisiert werden."

Die Offenheit nimmt Bezug auf die Tatsache, dass ein Unternehmen mit seiner Umwelt in einer vielschichtigen Beziehung steht und sich mit jener austauscht. Unternehmen sind dynamisch, weil sie sich an diese Umwelt anpassen müssen, um weiterhin am Markt bestehen zu bleiben. Ihre Komplexität entsteht durch die Vielzahl ihrer unterschiedlichen Komponenten und Wechselwirkungen. Die Autonomie beschreibt, dass Unternehmen eigenständig im Markt agieren können, auch wenn ihnen gewisse Rahmenbedingungen durch den Staat und weitere Entitäten auferlegt werden. Weiterhin sind sie marktgerichtet produktiv, weil sie das Ziel verfolgen, existierende Bedürfnisse zu befriedigen. Der soziale Charakter wird ihnen zugeschrieben, da Menschen als Individuen das Verhalten des Unternehmens beeinflussen und das Unternehmen damit die Umwelt beeinflusst.

Industriell produzierende Unternehmen lassen sich gemäß der Volkswirtschaftslehre in den *sekundären Sektor* einordnen. Zur genaueren Klassifikation existieren dedizierte Modelle, bspw. die Systematik der Wirtschaftszweige in der europäischen Union NACE Rev.2 (EUROPÄISCHE KOMMISSION 2008). Danach lassen sich produzierende Unternehmen dadurch charakterisieren, dass bestimmte Ressourcen bzw. Rohstoffe als Inputgüter zählen, diese weiterverarbeitet und veredelt werden und dadurch Outputgüter darstellen.

Produzierende Unternehmen stellen eine *Wirtschaftseinheit* dar, deren Abgrenzung nach bestimmten Systematiken zwar vorgenommen werden kann, es aber einer genaueren Definition bedarf, um sie als Gestaltungselemente betrachten zu können. Dazu existieren verschiedene Ordnungsrahmen zur systematischen Beschreibung von Unternehmen. Im Folgenden wird auf das neue *St. Galler Management-Modell* nach RÜEGG-STÜRM U. GRAND eingegangen (s. Abbildung 2-6). Es baut auf dem Modell von ULRICH U. KRIEG (1974) aus den 1970er Jahren auf und erweitert insbesondere die organisatorische Sicht. Die Notwendigkeit zur Weiterentwicklung ergibt sich aus der Veränderung des Managements in der Praxis wie auch in der Theorie (s. SCHUH U. KAMPKER 2011, S. 52). Das St. Galler Management-Modell dient dazu, die wesentlichen und generischen Handlungsfelder der Unternehmenslenkung zu beschreiben. Die Unternehmensrealität wird hierbei durch interne wie externe Faktoren aufgespannt (s. SCHWEGLER 2009, S. 105f.). Die folgenden sechs zentralen Dimensionen werden unterschieden (s. RÜEGG-STÜRM U. GRAND 2014, S. 44f.):

- Umweltsphären: Die Umweltsphären Gesellschaft, Natur, Technologie und Wirtschaft setzen die unternehmerischen Tätigkeiten in einen umspannenden Kontext. Sie generieren die dynamische Veränderung, die auf Unternehmen wirkt.
- Anspruchsgruppen: Anspruchsgruppen sind Menschen, Organisationen oder Institutionen sowie weitere Gruppen, die das Unternehmen entweder beeinflussen oder durch dieses beeinflusst werden.

- Interaktionsthemen: Austauschbeziehungen zwischen den Anspruchsgruppen und einem Unternehmen werden als Interaktionsthemen beschrieben. Unterschieden wird zwischen personenbezogenen Interaktionen (Anliegen / Interessen bzw. Normen / Werte) sowie objektbezogenen Interaktionen (Ressourcen). Die Interaktionsthemen können als aktives Bemühen des Unternehmens aufgefasst werden (s. CAPAUL U. STEINGRUBER 2013, S. 8).
- Ordnungsmomente: Die Ordnungsmomente Strategie, Struktur und Kultur bilden eine Ordnung für das Unternehmen. Wertschöpfungsaktivitäten und organisatorische Alltagsgeschehen können so besser beschrieben werden.
- Prozesse: Die wertschöpfenden Aktivitäten eines Unternehmens laufen in Prozessen ab. Sie werden in Management-, Geschäfts- und Unterstützungsprozesse unterteilt.
- Entwicklungsmodi: Die Entwicklungsmodi nehmen Bezug auf die Veränderlichkeit einer Unternehmung. Sie gilt es so zu gestalten, dass die langfristige Wettbewerbsfähigkeit des Unternehmens sichergestellt wird.

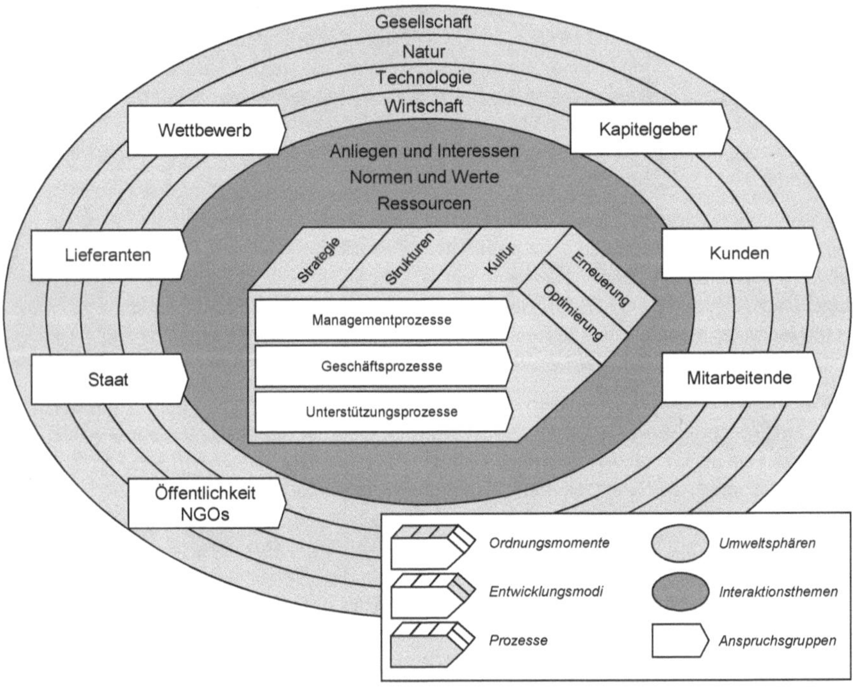

Abbildung 2-6: Das neue St. Galler Management-Modell (eigene Darstellung i. A. a. RÜEGG-STÜRM U. GRAND 2014, S. 45)

Durch die generische Gestaltung des Modells und die damit verbundene Anwendbarkeit auf eine Vielzahl von Unternehmen kann es zwar auch auf produzierende Unternehmen angewandt werden, allerdings besitzt es keine ausreichende Aussagekraft bzw. keinen Tiefgang in der Beschreibung. Ergänzend wird daher auf den Ordnungsrahmen *Produktion und Management* (s. Abbildung 2-7) von SCHUH U. KAMPKER eingegangen (s. SCHUH U. KAMPER 2011, S. 55ff.). In diesem Modell werden die innerbetrieblichen Fragestellungen (die drei Seiten des

Würfels) ergänzt bzw. angepasst und in die Unternehmensentwicklung, -struktur und -prozesse unterteilt.

Ziel der *Unternehmensentwicklung* es ist, auf Basis einer definierten Strategie und eines kontinuierlichen Controllings den laufenden Betrieb sicherzustellen, zu optimieren und bei Bedarf zu erneuern. Die *Unternehmensstruktur* ergibt sich aus den notwendigen Elementen zur Leistungserbringung, namentlich der Aufbauorganisation, den Ressourcen und Informationssystemen sowie der Kultur im Unternehmen. Die *Unternehmensprozesse* nutzen diese Elemente und generieren die Wertschöpfung des Unternehmens. Ergänzt werden die Teilprozesse des Modells nach SCHUH U. KAMPKER um das Digitalisierungs- und Informationsmanagement nach SCHUH ET AL. und das Informationssicherheitsmanagement als integrale Bestandteile.

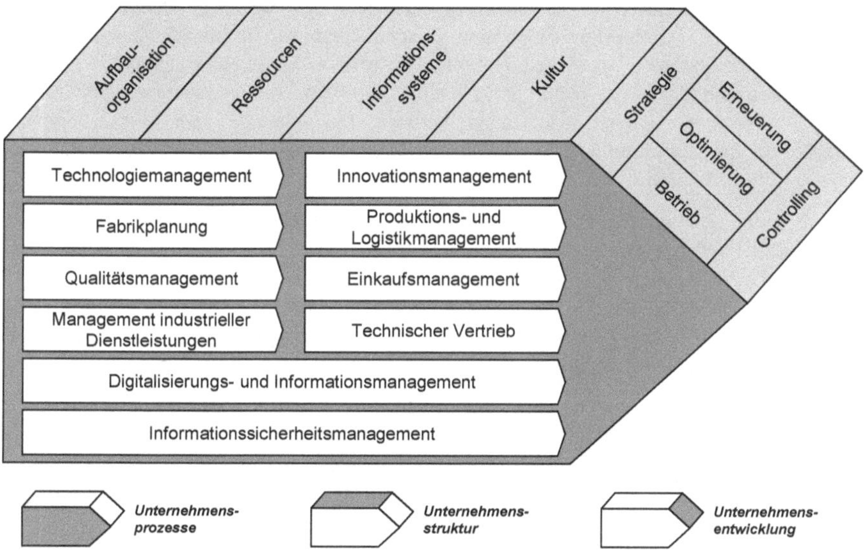

Abbildung 2-7: Ordnungsrahmen Produktion und Management (eigene Darstellung i. A. a. SCHUH U. KAMPKER 2011, S. 56; ZELLER U. SEELMANN 2022, S. 28)

Relevanz für die vorliegende Untersuchung

Für diese Untersuchung ist insbesondere das Verständnis des betriebswirtschaftlichen Aufbaus und Ablaufs eines produzierenden Unternehmens relevant. Daher ist immer auch das Umfeld eines produzierenden Unternehmens zu betrachten.

2.3 Industrie 4.0

Dieses Kapitel behandelt die Begriffsdefinition von Industrie 4.0, um im späteren Verlauf der Untersuchung konkrete Methoden für diese Domäne ableiten zu können (s. Kapitel 2.3.1). Anschließend werden die konstituierenden Paradigmen (s. Kapitel 2.3.2) sowie der Reifegrad von Industrie 4.0 beschrieben (s. Kapitel 2.3.3).

2.3.1 Begriffsdefinition

Die vierte industrielle Revolution[7] wird seit dem Jahr 2011 mit dem Begriff *Industrie 4.0* assoziiert. Die Vision hinter Industrie 4.0 beschreibt einen neuen Umgang und neue Möglichkeiten einer wirtschaftlichen Produktion. Sie ist geprägt durch eine durchgängige Digitalisierung sowie eine stärkere inner- wie überbetriebliche Vernetzung. (s. SCHUH ET AL. 2020a, S. 5; BACHLECHNER ET AL. 2016, S. 12)

Fortschritte in der Sensortechnik, in der Informations- und Kommunikationstechnik sowie deren systematischer Kombination zu sogenannten *cyber-physischen Systemen*[8] führen dazu (s. LASSING ET AL. 2018, S. 3), dass digitale Infrastrukturen heute schon in zunehmendem Maße die industriellen Prozesse beeinflussen und in fast allen Bereichen unverzichtbar sind (s. BACHLECHNER ET AL. 2016, S. 17). Durch die Einbindung des *Internet of Things*[9] (IoT) in die gesamte Wertschöpfungskette werden neue Geschäftsmodelle und Dienstleistungen ermöglicht. Eine durchgängige Informationsverarbeitung erlaubt die Ausschöpfung von Optimierungspotenzialen für die Produktion (s. SCHLICK ET AL. 2014, S. 59). Bevor im folgenden Abschnitt auf die genaue Begriffsdefinition von Industrie 4.0 eingegangen wird, werden vorab die Gesetze der Digitalisierung nach ZUBOFF dargestellt, die generisch im Kontext von Industrie 4.0 sind (ZUBOFF 1988):

- 1. Gesetz: Alles, was digitalisiert und in Informationen verwandelt werden kann, wird digitalisiert und in Informationen verwandelt.[10]
- 2. Gesetz: Was automatisiert werden kann, wird automatisiert.
- 3. Gesetz: Jede Technologie, die zum Zwecke der Überwachung und Kontrolle nutzbar gemacht werden kann, wird, was immer auch ihr ursprünglicher Zweck war, zum Zwecke der Überwachung und Kontrolle nutzbar gemacht.

Es haben sich zahlreiche und teils stark abweichende Definitionen für den Begriff Industrie 4.0 herausgebildet. Global gesehen erschwert die Tatsache, dass Industrie 4.0 teilweise auch als Internet of Things oder Cyber-Physical Systems bezeichnet wird (vgl. ACETO ET AL. 2019, S. 3468f.), die Abgrenzung des Begriffs. Der Verein Deutscher Ingenieure (VDI) definiert Industrie 4.0 wie folgt:

> *„Im industriellen Kontext bezeichnet der Begriff Industrie 4.0 die Verbindung der digitalen Welt des Internets mit den konventionellen Prozessen und Diensten der produzierenden Wirtschaft. Es handelt sich dabei um die horizontale und vertikale Vernetzung entlang der Wertschöpfungskette mit Verlagerung der Steuerung von oben nach unten.“*
> (SCHIEBEK ET AL. 2017, S. 18)

---

[7] (i) Einführung mechanischer Produktionsanlagen mithilfe von Dampfkraft im 18. Jahrhundert, (ii) Einführung arbeitsteiliger Massenproduktion mithilfe elektrischer Energie im 19. Jahrhundert, (iii) erste digitale Revolution durch den Einsatz neuer Informations- und Kommunikationstechnologien ab Mitte des 20. Jahrhunderts (s. LASSING ET AL. 2018, S. 3; REINHART U. ZÜLKE 2017, S. XXXI).

[8] CPS, oder auch CPPS für cyber-physische (Produktions-)Systeme, sind dadurch gekennzeichnet, dass sich Systeme und Subsysteme derart und selbstständig vernetzen, dass eine Schwarmintelligenz entsteht (s. VESELOVAC U. KLOCKE 2014, S. 126). Meistens handelt es sich um kleine mit Sensoren und Aktoren ausgestatte Mini-Computer, die dann in Materialien, Gegenstände, Geräte und Maschinenteile eingebettet werden. Sie kommunizieren über das Netzwerk (s. LASSING ET AL. 2018, S. 3).

[9] Vernetzung von Gegenständen und Geräten, um diese zu „smartifizieren“, also Intelligent zu machen.

[10] Aufgrund der aktuellen Entwicklungen ist zu ergänzen: „Alles, was zur Vernetzung eingesetzt werden kann, wird zur Vernetzung eingesetzt.“ (s. OBERMAIER 2019, S. 16).

Jedoch beschränkt sich Industrie 4.0 nicht nur auf technologische Aspekte, denn vier Gestaltungsfelder sind gleichermaßen bedeutend: Ressourcen, Informationssysteme, Organisation und Kultur (s. SCHUH ET AL. 2020a, S. 5; ACETO ET AL. 2019, S. 3467). Daher ist häufig auch von der digitalen Transformation die Rede. Der Begriff *Transformation* impliziert eine prozessbezogene Sicht auf die beschriebenen Sachverhalte, denn sie beschreibt (im politischen Sinne) den grundlegenden Wechsel von politischen Regimen, gesellschaftlichen Ordnungen und wirtschaftlichen Systemen (s. MERKEL 2010, S. 18). Im Kontext von Industrie 4.0 wird der Begriff deswegen auch für technologiegetriebene Veränderungsprozesse verwendet, weil zu erwarten ist, dass Industrie 4.0 in den kommenden Jahrzehnten weitreichende sozioökonomische Auswirkungen mit sich bringt (s. SCHIEBEK ET AL. 2017, S. 17).

Nutzung der begrifflichen Grundlagen in dieser Arbeit

In der vorliegenden Untersuchung wird das Begriffsverständnis des VDI übernommen. Daraus lässt sich ableiten, dass eine für diese Dissertationsschrift zentrale Industrie-4.0-Umgebung eine solche Umgebung darstellt, in der Industrie-4.0-Anwendungsfälle von Industrieunternehmen zur Erfüllung ihrer Geschäftsprozesse genutzt werden. (s. SCHMITZ 2018, S. 21) Eine explizite Definition erfolgt in Kapitel 5.1.

2.3.2 Paradigmen von Industrie 4.0

Industrie 4.0 kann anhand zentraler Paradigmen beschrieben werden, die im Gegensatz zu traditionellen Produktionsansätzen grundsätzlich veränderte Denkweisen aufzeigen. Ziel muss es sein, sie mit geeigneten Maßnahmen und Programmen in Einklang zu bringen, um das volle Potenzial von Industrie 4.0 ausschöpfen zu können. (s. SCHLICK ET AL. 2014, S. 58f.; SIEPMANN U. GRAEF 2016, S. 37ff.).

Eine vertikale bzw. horizontale Integration beschreibt die Vernetzung von Systemen, Komponenten bzw. Akteuren entlang verschiedener Hierarchieebenen. Dazu dienen Schnittstellen zum Datenaustausch, die ein einheitliches und durchgängiges Gesamtsystem erlauben. Der Austausch von Informationen ist dabei bidirektional, also sowohl vorwärts- als auch rückwärtsgerichtet. Bei einer vertikalen Integration werden unternehmensinterne Informationssysteme miteinander vernetzt, von der Sensor- bis zur Unternehmensführungsebene. Die horizontale Integration hingegen beschreibt die Vernetzung über die Unternehmensgrenze hinweg mit Kunden, Lieferanten sowie externen Dienstleistern. So können Daten und Informationen in Echtzeit synchronisiert werden, um Wettbewerbsvorteile zu generieren. (s. SCHUH ET AL. 2020a, S. 30; DILLINGER ET AL. 2021, S. 641f.)

Die dezentrale Intelligenz bildet die Voraussetzung für die dezentrale Steuerung von Produktionsprozessen und wird als Fähigkeit von Produktionsmitteln bzw. -anlagen verstanden, relevante Informationen an das dezentrale Steuerungssystem weiterzugeben. Die Informationen sollten dabei individuell und ortsunabhängig sein. (s. KLOTZ 2020, S. 856)

Eine dezentrale Steuerung beschreibt, wie Entscheidungen im Produktionsprozess getroffen werden. Klassischerweise werden diese zentral formuliert. Bei einer dezentralen Steuerung hingegen werden die Entscheidungen direkt von den dezentralen Systemen getroffen, die wiederum miteinander verbunden sind. Das hat einen positiven Einfluss auf die Flexibilität innerhalb der Produktion. (vgl. STACH ET AL. 2021, S. 619f.)

Bei einem durchgängig digitalen Engineering ist der gesamte physische Produktionsprozess digital abgebildet. Die physische und die digitale Welt greifen hier möglichst eng ineinander.

Es umfasst darüber hinaus Lebenszyklen von Produkten und Produktionsmitteln innerhalb eines Unternehmens (s. SCHUH ET AL. 2020a, S. 43; SIEPMANN U. GRAEF 2016, S. 29).

Letztlich stellen die ersten vier genannten Paradigmen die Voraussetzung für cyber-physische Produktionssysteme dar, welche aus zunächst unabhängigen cyber-physischen Systemen zusammengesetzt sind (s. PANTFÖRDER ET AL. 2014, S. 146). Bei CPPS vernetzen sich Subsysteme selbstständig untereinander, um so eine Schwarmintelligenz aufzubauen (s. VESELOVAC U. KLOCKE 2014, S. 126).

Durch die Realisierung bzw. Berücksichtigung der Paradigmen wird es für Unternehmen möglich, agile Strukturen aufzubauen. Eine hohe Agilität befähigt sie dazu, schnell auf sich verändernde Rahmenbedingungen und Ereignisse reagieren und Gegenmaßnahmen ableiten zu können. Dazu zählt bspw. der Ausfall einer Produktionsanlage oder neue Anforderungen an ein Produkt. Ohne die Realisierung der genannten Paradigmen kommt es zu einer Verzögerung bei der Einleitung von Gegenmaßnahmen. Agile Unternehmen sind in der Lage, diese Verzögerungen, auch Latenzzeiten genannt, zu reduzieren. (s. SCHUH ET AL. 2020a, S. 12)

In Abbildung 2-8 ist ein solcher Anpassungsprozess vor und nach der Realisierung von Industrie 4.0 dargestellt. Die Handlungsfelder A-D zeigen exemplarische Maßnahmen auf, mit denen man die jeweiligen Latenzzeiten verringern und den Nutzen erhöhen kann.

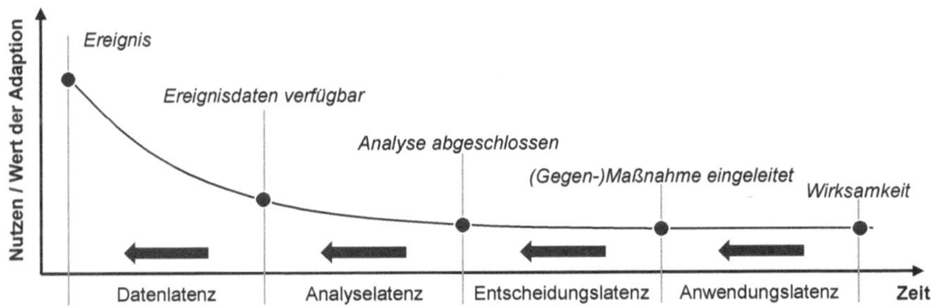

Abbildung 2-8: Anpassungsprozess im Unternehmen (s. SCHUH ET AL. 2020a, S. 12; HACKATHOM 2003, S. 3; ZUR MÜHLEN U. SHAPIRO 2010, S. 147)

Relevanz für die vorliegende Untersuchung

In dieser Arbeit wird angenommen, dass die beschriebenen Paradigmen einzelne Dimensionen oder auch Denkweisen darstellen, die Einfluss auf die Informationssicherheit nehmen. Sie sind weniger Bestandteil einer konkreter Zielbestimmungen oder einer Umsetzungsplanung.

2.3.3 Reifegrad

Industrie 4.0 stellt kein Phänomen dar, welches entweder umgesetzt ist oder nicht. Vielmehr ist Industrie 4.0 durch einen multidimensionalen und reifegradbasierten Charakter zu beschreiben. In diesem Zusammenhang stellen Reifegradmodelle wie der *Industrie 4.0 Maturity Index* hilfreiche Werkzeuge dar, um ein besseres Verständnis über Industrie 4.0 sowie den eigenen Status quo bzw. den Zielzustand zu erhalten. Allgemeinhin wird ein Reifegradmodell als spezielles *Kompetenzmodell* verstanden, „das unterschiedliche Reifegrade definiert, um beurteilen zu können, inwieweit ein Kompetenzobjekt die für eine Klasse von Kompetenzobjekten allgemeingültig definierten qualitativen Anforderungen erfüllt." (s. AHLEMANN ET AL. 2005, S. 15).

SCHUH ET AL. beschreiben den Pfad der Industrie-4.0-Transformation zum vollständig agilen Unternehmen anhand von vier (*sechs*) Etappenzielen: *Computerisierung* und *Konnektivität* (Industrie 3.0), Sichtbarkeit – „Was passiert?", Transparenz – „Warum passiert es?", Prognosefähigkeit – „Was wird passieren?" sowie Adaptierbarkeit – „Wie kann autonom regiert werden?". Mit der Erreichung einer jeden weiteren Reifegradstufe erhöht sich der Nutzen bzw. Geschäftswert von Industrie 4.0. (s. SCHUH ET AL. 2020a, S. 17ff.)

Relevanz für die vorliegende Untersuchung

Da jede Stufe mit zusätzlichen Investitionskosten und notwendigem Fachwissen verbunden ist, sollte es nicht das Ziel eines jeden Unternehmens sein, die höchste Stufe zu erreichen. Vielmehr müssen Rahmenbedingungen und Unternehmenstypologie in Einklang gebracht werden, um das unternehmensspezifische Optimum zu identifizieren. (s. ENGLÄNDER ET AL. 2019, S. 119)

Dieser Sachverhalt überträgt sich auch auf die Informationssicherheit. Eine weniger weit entwickelte Industrie-4.0-Umgebung muss in der Regel nicht so weitreichend abgesichert werden wie eine voll-automatisierte Industrie-4.0-Umgebung mit hohem Geschäftswert.

2.4 Informationssicherheit

> *„If you try to make your systems foolproof, there is always one more fool who is more inventive than you"*
>
> 23-jähriger Hacker namens JUHAN (s. MITNICK U. SIMON 2005, S. 139)

Die Informationssicherheit stellt den primären Bestandteil dieser Untersuchung dar. Nach einer umfangreichen Begriffsdefinition (s. Kapitel 2.4.1) wird auf den Wandel der Informationssicherheit durch Industrie 4.0 eingegangen (s. Kapitel 2.4.2). Anschließend wird das Management der Informationssicherheit thematisiert (s. Kapitel 2.4.3). Zuletzt werden die beiden Begriffe (Informationssicherheits-)Schwachstellen und (Informationssicherheits-)Maßnahmen im Detail beschrieben, weil sie zentrale Hauptbestandteile der zu entwickelnden Methoden darstellen (s. Kapitel 2.4.4).

2.4.1 Begriffsdefinition

Die Informationssicherheit (*engl. information security*) stellt im Kontext dieser Untersuchung den wichtigsten Begriff dar. Sie verfolgt das Ziel, „Informationen jeglicher Art und Herkunft zu schützen." (s. BSI 2017a, S. 8). Nach §3542 des Bundesrechts der Vereinigten Staaten wird der Begriff „*information security*" wie folgt definiert:

> *"The protection of information and information systems from unauthorized access, use, disclosure, disruption, modification, or destruction in order to provide –*
>
> - *Integrity (Integrität), which means guarding against improper information modification or destruction, and includes ensuring information nonrepudiation and authenticity;*
> - *Confidentiality (Vertraulichkeit), which means preserving authorized restrictions on access and disclosure, including means for protecting personal privacy and proprietary information; and*
> - *Availability (Verfügbarkeit), which means ensuring timely and reliable access to and use of information.".* (s. 44 U.S.C. Sec 3542U)

Neben diesen drei klassischen Grundwerten, auch Schutzziele genannt, haben sich weitere Anforderungen an die Informationssicherheit herausgebildet, bspw. *Authentizität, Verbindlichkeit, Zuverlässigkeit, Resilienz oder Nichtabstreitbarkeit.*[11] (s. BSI 2017a, S. 8)

Die Informationssicherheit subsummiert weitere und häufig genutzte Begriffe. Sie sollen im Folgenden erläutert und gegeneinander abgegrenzt werden.

Die IT-Sicherheit (*engl. IT-Security*) hingegen stellt einen Teilbereich der Informationssicherheit dar, da sie nur Informationen und Daten aus Informationssystemen umfasst (s. LUBER U. SCHMITZ 2018). Häufig werden die beiden Begriffe jedoch synonym verwendet, was aus praxisorientierter Sicht keine große Problemstellung darstellt, da allgemein unter Informations- bzw. IT-Sicherheit die Abwesenheit von Risiken verstanden wird.

Abweichend davon umfasst OT-Security (*Operational Technology*; dt. Betriebstechnik) sowohl Hard- wie auch Software, die einen starken Bezug zu physischen Elementen in der Produktion besitzen, der auch als *Shopfloor* bezeichnet wird. Gemeint sind also (digitalisierte) Maschinen und Anlagen, deren Steuerungen und industrielle Kontrollsysteme. (s. ENGLÄNDER ET AL. 2022, S. 378f.)

Zusätzlich davon abzugrenzen ist der Begriff *Safety* (zu Deutsch ebenfalls Sicherheit), der in diesem Zusammenhang jedoch die *Betriebssicherheit* bezeichnet, also den Schutz vor unbeabsichtigten Vorfällen (bspw. Unfall an einer Maschine) (s. KRCMAR 2015, S. 523f.).

Cyber-Sicherheit (engl. *Cybersecurity*) vergrößert das klassische Aktionsfeld von IT-Sicherheit und Informationssicherheit, indem es auf den gesamten Cyber-Raum[12] vergrößert wird (s. HANSCHKE 2020, S. 3). Ein einheitliches Begriffsverständnis liegt jedoch nicht vor[13]. Somit würden bspw. auch Cloud-Infrastrukturen und mobile Endgeräte berücksichtigt werden. Der Begriff bezieht sich darüber hinaus auf die Handlungen eines jeden Akteurs im Internet, also auch auf die von Privatpersonen, und ist damit nicht so stark auf Organisationen und Unternehmen fokussiert.

Letztlich umfasst der Begriff Datenschutz (auch Datensicherheit; *engl. Privacy*) den Schutz personenbezogener Daten vor Missbrauch durch Dritte. Ziel des Datenschutzes ist es, das Grundrecht auf *informationelle Selbstbestimmung* (s. HANSCHKE 2020, S. 3), also die Kontrolle einer natürlichen Person über die Weitergabe von Daten, die sie selbst betreffen, zu bewahren (s. ECKERT 2006, S. 5). In Deutschland existiert seit dem Inkrafttreten der Datenschutz-Grundverordnung (DSGVO) eine klare Gesetzeslage.

In Abbildung 2-9 ist eine Übersicht zur Abgrenzung der einzelnen im Vorfeld genannten Begriffe dargestellt. Sie dient dem besseren Verständnis und ist weniger als vollumfängliche Begriffsdefinition und -abgrenzung zu verstehen.

---

[11] Mehr dazu in Kapitel 2.4.3.

[12] Cyber-Raum (auch *Cyberspace*): „Der Cyber-Raum ist der virtuelle Raum aller weltweit auf Datenebene vernetzten bzw. vernetzbaren informationstechnischen Systeme. Dem Cyber-Raum liegt als öffentlich zugänglichem Verbindungsnetz das Internet zugrunde, welches durch beliebige andere Datennetze erweitert werden kann." (BSI 2020b).

[13] Eine aktuelle Umfrage bei Sicherheitsexperten hat für den Begriff ein unterschiedliches Stimmungsbild ergeben. Die Meinungen reichen vom „Treffen technologischer Vorsichtsmaßnahmen" bis hin zur „Verknüpfung aller Sicherheitsaspekte". (vgl. WILTSCHECK 2020).

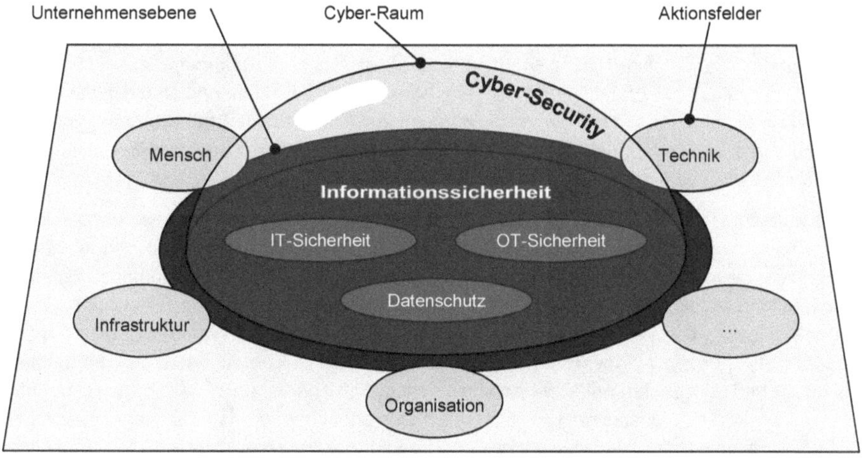

Abbildung 2-9: Abgrenzung der Begrifflichkeiten (eigene Darstellung i. A. a. ZBINDEN 2021[14])

Nutzung der begrifflichen Grundlagen in dieser Untersuchung

Zusammenfassend ist festzuhalten, dass es keine einheitliche und vor allem keine allgemeingültige Definition des Begriffs „Informationssicherheit“ gibt. Daher wird der Kern der verschiedenen Definitionen der Informationssicherheit in den Fokus dieser Untersuchung gerückt: die Sicherstellung der Integrität, Vertraulichkeit und Verfügbarkeit von Informationen (s. S. 25).

Wichtig für die vorliegende Untersuchung ist eine saubere Abgrenzung der einzelnen Begrifflichkeiten, um die zugrundeliegende Forschungsfrage angemessen beantworten zu können. Dazu wurden die Begriffe in diesem Kapitel im Einzelnen erläutern und in Abbildung 2-9 graphisch gegenübergestellt. Es wird deutlich, dass Informationssicherheit die Begriffe „IT-Sicherheit“, „OT-Sicherheit“ und „Datenschutz“ umfasst, diese jedoch voneinander getrennt betrachtet werden. Letztlich erweitert der Cyber-Raum die Informationssicherheit zum weitgefasstesten, aber auch zumindest im deutschsprachigen Raum am wenigsten definierten Begriff „Cyber-Sicherheit“.

Ferner wird darauf verzichtet, vereinheitlichend von Informationssicherheit zu sprechen. Viel mehr werden die Begriffe dem jeweiligen Kontext sowie der zugrundeliegenden Quelle entsprechend angewandt.

2.4.2 Wandel der Informationssicherheit durch Industrie 4.0

Durch den Wandel der produzierenden Unternehmen, bedingt durch Industrie 4.0, ergibt sich eine Notwendigkeit zum Umdenken in der Informationssicherheit. Die zunehmend digitalisierten Geschäftsmodelle und -prozesse sowie Produkte erzeugen eine nie dagewesene Vernetzung mit einhergehender Komplexitätssteigerung dadurch, dass die Zahl der Schnittstellen und das Volumen des Informationsaustauschs steigen. (s. ENGLÄNDER ET AL. 2022, S. 374ff.)

---

[14] https://www.infosec.ch/beratung/cybersecurity (Link zuletzt geprüft: 19.06.2022)

Die Verschmelzung der IT-Systeme im Unternehmen mit den bisher isolierten OT-Systemen wird als IT-/OT-Konvergenz bezeichnet und verstärkt diesen Trend. Die klassische Trennung der IT und OT, auch als *air gap* bzw. Silos bezeichnet, löst sich zunehmend auf (s. BERGHEL 2015, S. 65). Ziel bzw. Effekt der Konvergenz ist es, durch die Anbindung eine digitale Durchgängigkeit zu schaffen, mit der die Wertschöpfung im Unternehmen erhöht werden kann. Das Ergebnis sind Maschinen und Anlagen bzw. OT-Komponenten, die quasi jederzeit verfügbar und ansprechbar sind.

Die Unterschiede von IT und OT lassen sich anhand der Dimensionen (Anwendungs-)Umgebung, Technologie, Design-Haltung, Lebenszyklus, Priorität und Regularien beschreiben. Die Umgebung beschreibt den physischen Einsatzort der IT bzw. OT. IT-Komponenten befinden sich häufig in klimatisierten und staubgeschützten Bereichen, wohingegen OT-Systeme in der Produktionsumgebung angesiedelt sind. Sie sind äußeren Einflüssen wie Schmutz und Staub ausgesetzt. In Bezug auf die Technologie zeigt sich, dass IT-Komponenten zum einen standardisiert und zum anderen flexibel anpassbar sind. OT-Komponenten sind häufig proprietär und lassen kaum Anpassungen zu. Durch die Designhaltung werden die unterschiedlichen Sichtweisen von Software-Entwicklern und Produkt-Ingenieuren auf hinsichtlich derselben Komponente bzw. desselben Systems deutlich. (s. FLUCHS 2020)

Durch die unterschiedlichen Lebenszyklen von IT (3 – 5 Jahre) und OT (mehrere Jahrzehnte) ergeben sich für diese unterschiedliche Sicherheitsstrategien. Die Folge ist eine Dichotomie aus Sicherheit und Verfügbarkeit, welche häufig in diversen Herausforderungen wie der Vernachlässigung des Patch-Managements mündet (s. TSCHERSICH 2017, S. 116) und die Oberfläche potenzieller Angriffe vergrößert (s. ENGLÄNDER U. HEIMES 2020, S. 49; WU ET AL. 2018, S. 1). Die Priorität spiegelt die gegensätzlichen Zielgrößen der Effizienz (bei IT) und der Verfügbarkeit (bei OT) wider (s. ENGLÄNDER ET AL. 2022, S. 378; HÄNISCH U. ROGGE 2017, S. 94). Letztlich gelten unterschiedliche Regularien, gesetzliche Anforderungen und Richtlinien an IT und OT. Eine Zusammenfassung der Eigenschaften von IT und OT sowie der Einfluss auf OT in Zusammenhang mit der Informationssicherheit sind in Abbildung 2-10 dargestellt.

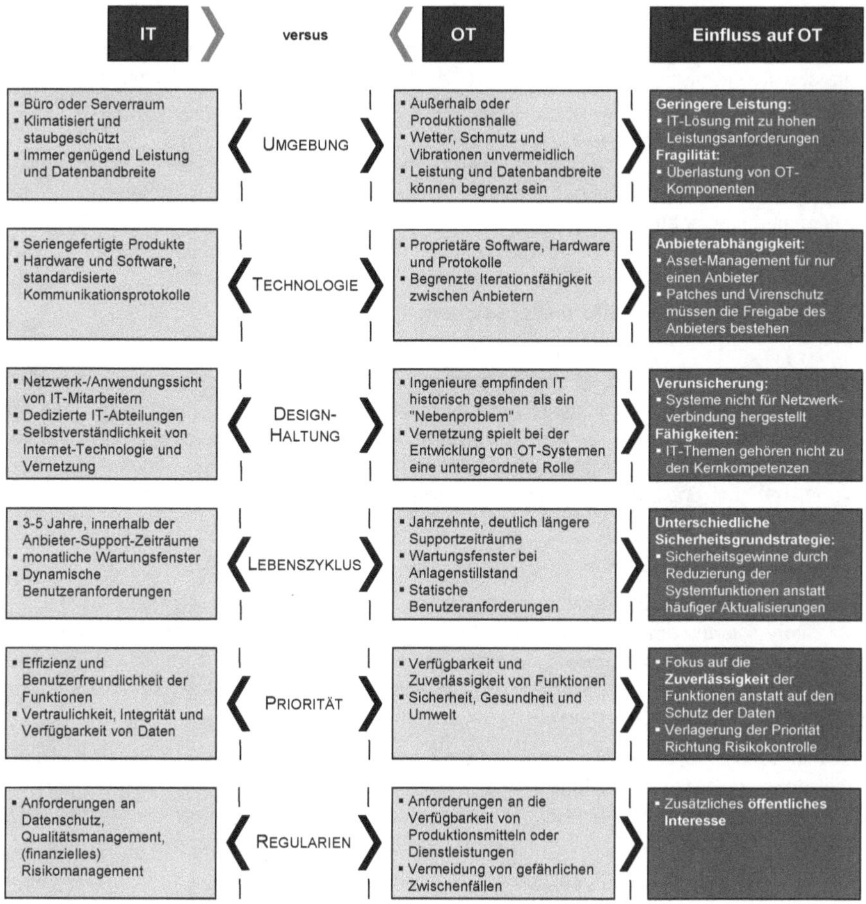

Abbildung 2-10: IT-/OT-Konvergenz und Informationssicherheit (eigene Darstellung i. A. a. FLUCHS 2020; ENGLÄNDER ET AL. 2022, S. 378)

Lebenszyklus von Industrie-4.0-Umgebungen

Dem vorherigen Kapitel lässt sich entnehmen, dass der Lebenszyklus eines Systems einen Einfluss auf die Informationssicherheit dieses Systems hat. Zum einen können Schwachstellen bei einer Lebenszyklusbetrachtung rechtzeitig adressiert und mitigiert werden, zum anderen können Schwachstellen in jeder Lebenszyklusphase auftreten. Eine gesonderte Betrachtung hilft hier ebenfalls, die Schwachstellen zu mitigieren und Maßnahmen abzuleiten (s. CSA 2017, S. 6ff.). Verallgemeinernd umfasst der Lebenszyklus eines Systems die Phasen (Projekt-)Initiierung oder Definition, Anforderungsanalyse, Beschaffung, Design und Entwicklung, Implementierung und Test, Betrieb und Wartung sowie Ablösung (s. CSA 2017, S. 15ff.). Dem Lebenszyklus eines Systems, in dieser Untersuchung genauer einer Industrie-4.0-Umgebung, kommt eine hohe Relevanz zu. Die einzelnen Phasen dienen zur Einordnung von Schwachstellen in das Beschreibungsmodell (s. Kapitel 5.3.1) und werden dort im Detail beschrieben (s. S. 115).

Relevanz für die vorliegende Untersuchung

Zusammenfassend kann festgehalten werden, dass eine Anpassung der bestehenden OT-Infrastruktur in Unternehmen an die neuen Gegebenheiten nur schwer vorgenommen werden kann (s. HÄNISCH U. ROGGE 2017, S. 94). Prinzipien wie *Security-by-Design* werden daher zunehmend wichtiger (s. ABOLHASSAN 2017b, S. 6). Gemeint ist eine Software- und Hardware-Sicherheit über den gesamten Lebenszyklus von Systemen hinweg. In dieser Untersuchung werden jene Industrie-4.0-Umgebungen (I40U) fokussiert, die sich in der Lebenszyklusphase Betrieb und Instandhaltung befinden. Die weiteren Lebenszyklusphasen werden nicht im Detail, sondern als jeweils ein Element behandelt.

2.4.3 Management der Informationssicherheit

Zur Realisierung der Informationssicherheit im Unternehmen bedarf es eines methodisch unterstützten Informationssicherheitsmanagements (ISM). Diese methodische Unterstützung nennt sich Informationssicherheitsmanagementsystem (ISMS). Die Ausprägungen eines solchen ISMS variieren stark je nach Umsetzung. Aus wissenschaftlicher Perspektive werden ISMS häufig aus einer Entwicklungssicht betrachtet. Das Praxisproblem ist allerdings in der täglichen Umsetzung begründet und genießt wissenschaftlich nur geringe Aufmerksamkeit. (s. NEITZEL 2015, S. 4)

Ein ISMS wird wie folgt definiert:

> *„Ein Informationssicherheitsmanagementsystem [...] verfolgt eine ganzheitliche, koordinierte Betrachtung der Risiken in der Informationssicherheit eines Unternehmens, um eine umfassende Sammlung von Maßnahmen zur Informationssicherheit im Rahmen eines einheitlichen Managementsystems einführen zu können.“*
> (DIN ISO/IEC 27002, S. 8)

Es wird deutlich, dass es sich beim ISM um einen kontinuierlichen Prozess handelt. Es gilt, geeignete Prozesse, Verantwortlichkeiten, Verfahren, Methoden, Ressourcen und Hilfsmittel sowie eine angemessene Aufbauorganisation festzulegen und umzusetzen. (s. MÜLLER 2018, S. 199)

Neben der Absicherung dient ein ISMS dazu, eine fristgerechte Erfüllung der Gesetzesanforderungen und Normen zu erreichen. Weitere Vorteile liegen in der Absicherung von Haftungsrisiken, der Vermeidung von Datenpannen, einer sicheren Digitalisierung sowie der Gewinnung eines Mehrwerts aus Daten. (s. HANSCHKE 2020, S. 57)

ISMS bestehen aus mehreren Phasen sowie Bausteinen. Auch hier existiert keine einheitliche Meinung darüber, wie der Aufbau eines ISMS genau gestaltet sein sollte. Grundsätzlich akzeptiert ist hingegen die Meinung, dass ein ISMS in Anlehnung an den PDCA-Zyklus[15] beschrieben werden kann. Nach ISO 27001 ist der Lebenszyklus eines ISMS entsprechend einem PDCA-Zyklus in die Phasen Organisation, Führung, Planung, Unterstützung, Betrieb, Bewertung und Verbesserung unterteilt (s. DIN EN ISO/IEC 27001: 2017-06, S. 6ff.).

Zahlreiche Rahmenwerke nutzen diese Grundstruktur. Als Beispiel soll an dieser Stelle auf das Konzept nach MÜLLER eingegangen werden. Er entwickelt in einer umfassenden Arbeit

---

[15] Plan-Do-Check-Act-Zyklus, auch Demingkreis, nach WILLIAM E. DEMING.

und auf Praxiserfahrung beruhend eine gesamtheitliche Struktur für ISMS und nennt sie Sicherheitspyramide. Sie besteht aus sieben Ebenen sowie drei Dimensionen und beinhaltet einen Regelkreis sowie einen Sicherheitsmanagementprozess. Als ganzheitlicher Ansatz betrachtet dieses Konzept das Sicherheits-, Kontinuitäts- sowie Risikomanagement gleichermaßen. Die Sicherheitspyramide ist in Abbildung 2-11 dargestellt. (s. MÜLLER 2018, S. 220ff.)

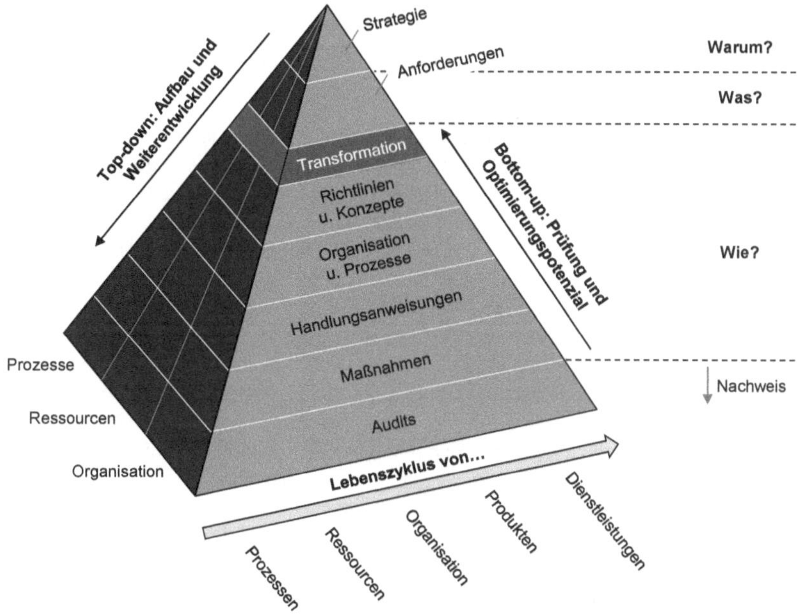

Abbildung 2-11: Sicherheitspyramide nach MÜLLER (eigene Darstellung i. A. a. MÜLLER 2018, S. 222; s. HANSCHKE 2020, S. 61)

Die erste Dimension stellt die der Sicherheitshierarchie (Ebenen eines ISMS) dar. Gemeint sind die Strategie, Anforderungen, (der Transformationsprozess,) Richtlinien und Konzepte, Organisation und Prozesse, Handlungsanweisungen und Maßnahmen in Bezug auf die Informationssicherheit sowie Audits. Als Top-down-Aufbau ergeben sich die Ausgestaltungen der unteren Ebenen aus den darüber liegenden. Den Ausgangspunkt stellt also die Sicherheitsstrategie dar, die sich aus der Unternehmensstrategie ableiten lässt. Aus einer Bottom-up-Perspektive ergeben die unteren Ebenen Optimierungspotenzial für die darüber liegenden.

Die zweite Dimension wird durch die Elemente Prozesse, Ressourcen und Organisation aufgespannt. Ressourcen beinhalten in diesem Zusammenhang sowohl Technologien wie Personal bzw. Menschen. Letztlich behandelt die dritte Dimension die einzelnen Phasen im Lebenszyklus[16] von diesen Prozessen, Ressourcen, der Organisation sowie der Produkte und

---

[16] Gemeint ist der Lebenszyklus des Untersuchungsgegenstands, hier bspw. einer Industrie-4.0-Umgebung. Der Lebenszyklus des ISMS ist nicht gemeint.

Dienstleistungen, die das Unternehmen erstellt bzw. anbietet. Der genannte Regelkreis sowie der Sicherheitsmanagementprozess umrahmen die Sicherheitspyramide.

Der Aufbau sowie die Darstellung nach MÜLLER zeigen, dass die Planung und Durchführung eines ISMS großen Spielraum bieten. Deswegen und der Tatsache geschuldet, dass bestehende Rahmenwerke und Standards häufig zu komplex und zu umfangreich für KMU sind (s. Kapitel 3.2-3.5 sowie JOHANNSEN U. KANT 2020, S. 1061; TALABIS U. MARTIN 2013, S. 27), beschäftigen sich wissenschaftliche Arbeiten vermehrt mit Erfolgsfaktoren zur Umsetzung für solche Systeme (s. bspw. ZAMMANI U. RAZALI 2016, S. 911).

Schutzziele und Sicherheitsniveau

Allen Informationssicherheitsmanagementsystemen gemein ist jedoch das Ziel, die in Kapitel 2.4.1 genannten Schutzziele sicherzustellen. Die Sicherstellung ist dabei vollumfänglich und für alle gleichermaßen zu erfüllen. Im Kontext dieser Dissertationsschrift ist die Gegebenheit der Schutzziele gerade in produzierenden Unternehmen höchst relevant. Der Integrität kommt eine entscheidende Rolle zu, da sie aussagt, dass Daten und Informationen vollständig und unverändert vorliegen müssen (s. WIESNER 2019, S. 5). Neben Kontrollstrukturen zur Nutzung der Informationen müssen operative Rechte, wie Lese- oder Schreibberechtigungen, klar und geregelt administriert werden. Mögliche Manipulationen sind somit einfacher zu kontrollieren und ggf. nachzuvollziehen. Unter Vertraulichkeit wird in diesem Kontext der Schutz vor unbefugter Preisgabe an Dritte verstanden, sodass nur berechtigte Personen Zugriff auf bestimmte Informationen haben. Um dies zu gewährleisten, werden informationssichere Systeme benötigt, welche die Berechtigungen und Kontrollen definieren, sodass nur berechtigten Subjekten der Zugriff auf Informationen ermöglicht wird. Zum effektiven Nutzen der Informationen kommt das dritte Schutzziel zum Tragen. Ihre Verfügbarkeit muss gewährleistet werden. Dies bedeutet, dass dem Benutzenden Funktionen von IT-Systemen, Dienstleistungen oder auch reine Informationen zum geforderten Zeitpunkt zur Verfügung stehen müssen. Maßnahmen wie die Einführung von Verfügbarkeitsquoten oder das Nachverfolgen effektiver Ausfallzeiten stellen Ansätze für die Überprüfung der Verfügbarkeit dar.

Neben diesen „klassischen“ Schutzzielen, die (Grund-)Anforderungen an die Informationen im Unternehmen stellen, ergeben sich weitere Anforderungen. HOLTHAUS unterscheidet zwischen einer technischen, ökonomischen und sozialen Ebene:

Tabelle 2-2: Anforderungen an Informationen (s. HOLTHAUS 2000, S. 36f.; ECKERT 2006, S. 6ff.)

Technische Ebene	**Vertraulichkeit** (*confidentiality*) Schutz von vertraulichen Informationen vor Weitergabe an Dritte.
	(Interne) Integrität (*integrity*) Richtigkeit und Vollständigkeit von Informationen.
	Verfügbarkeit (*availability*) Verfügbarkeit eine Information zum Zeitpunkt der Nutzung.
Ökonomische Ebene	**Effektivität** (*effectiveness*) Relevanz und Sachbezogenheit im Geschäftsprozess.
	Effizienz (*efficiency*) Informationsbereitstellung bei optimaler Ressourcennutzung.
	Zuverlässigkeit (*reliability*) Angemessene Informationsbereitstellung für die Entscheidungsfindung.

Soziale Ebene	**Beabsichtigte Verwendung** (*intended usage*) Pragmatische Relevanz der Information durch menschliche Interaktion.
	Ordnungsmäßigkeit (*compliance*) Erfüllung von Gesetzen, Regularien und vertraglichen Bestimmungen.
	Verbindlichkeit (*obligation*) Persönlicher Bezugsrahmen durch Informationsaustausch.
	Externe Integrität (*content authenticity*) Zusammenhang einer Information mit der Realität.
	Anonymität (*anonymity*) Einhaltung der Privatsphäre bei Informationsaustausch.

Diese Anforderungen verstehen sich als explizite Anforderungen an Informationen im Unternehmen und lassen sich somit auch mit Ausnahme der Effektivität und Effizienz auf die Informationssysteme im Unternehmen übertragen. Bei Nichterfüllung einer oder mehrerer Anforderungen ergibt sich in Bezug auf diese ein spezifisches Risiko, auf welches im weiteren Verlauf eingegangen wird. (s. HOLTHAUS 2000, S. 37)

Aus pragmatischer und praktischer Sicht lässt sich festhalten, dass keine der Anforderungen vollumfänglich und vollständig erfüllt werden kann, denn: vollständige Sicherheit ist nicht möglich. Verstärkt wird dies durch die Tatsache, dass durch die Subjektivität der Sicherheit verschiedene, im Widerspruch stehende, Ansprüche entstehen. So stehen beispielsweise die Vertraulichkeitsanforderungen häufig im Widerspruch zum Verfügbarkeitsanspruch. Nur durch eine klare Regelung des Eigentümers der Information (*Eigentümerprinzip*, das eine klare Zuordnung einer Information zu genau einer dafür verantwortlichen Person sicherstellt) kann erreicht werden, dass beide Anforderungen erfüllt sind. (s. HOLTHAUS 2000, S. 38) Ziel muss es also sein, das jeweilige Maß in Bezug zu realistischen Gegebenheiten zu maximieren. Die Rede ist vom *Sicherheitsniveau*, welches unternehmensspezifisch hinreichend erfüllt sein sollte (s. HANSCHKE 2020, S. 4). Diese, an das *Pareto-Prinzip* angelehnte, Bestimmung des Sicherheitsniveaus und somit auch der Auslegung des Informationssicherheitsmanagements sowie der Ableitung erforderlicher Maßnahmen zur Realisierung der Informationssicherheit, spielt im weiteren Verlauf der vorliegenden Untersuchung eine zentrale Rolle.

Abschließend ist dieser Zusammenhang in Abbildung 2-12 qualitativ dargestellt. Bei sehr hohem bis hohem Restrisiko ist das Informationssicherheitsmanagement als grob fahrlässig bzw. fahrlässig zu bezeichnen. Mindestens sollte das Standard-Sicherheitsniveau erreicht werden. Hier ist von einem hinreichend hohen Sicherheitsniveau für die meisten Informationen auszugehen. Das betriebswirtschaftlich optimale Sicherheitsniveau ergibt sich aus dem Schnittpunkt der Kurven „Schadensausmaß“ und „Maßnahmekosten“. In dem umliegenden Bereich steht eine Risikobehandlung im Fokus. Der (subjektive) Punkt, an dem das Restrisiko hingenommen wird, wird als Risikoakzeptanz bezeichnet und variiert je nach Entscheider. Ab dort tritt das Vorfallmanagement in den Vordergrund. (s. HANSCHKE 2020, S. 4f.)

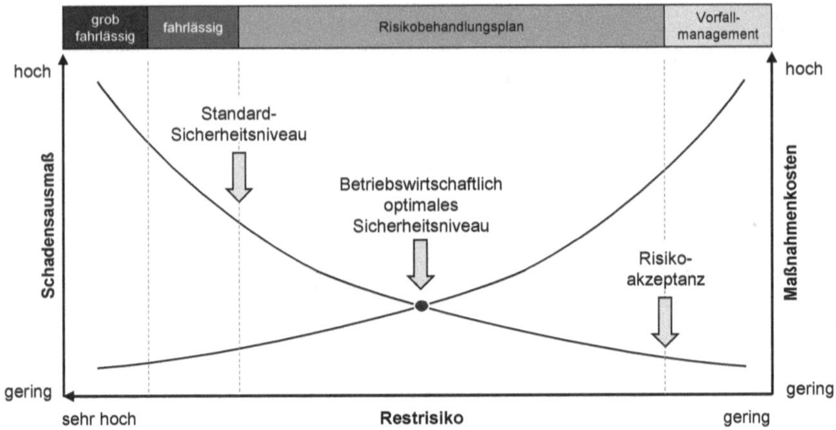

Abbildung 2-12: Optimales Sicherheitsniveau (eigene Darstellung i. A. a. HANSCHKE 2020, S. 4)

Relevanz für die vorliegende Untersuchung

Das Verständnis über ein effizientes und pragmatisches Informationssicherheitsmanagement ist für die Ausgestaltung eines Vorgehensmodells zum Aufbau eines solches elementar. Daher müssen die Bestandteile, Elemente und Leitprinzipien des Managements der Informationssicherheit bekannt und bewusst sein.

2.4.4 Schwachstellen und Maßnahmen

Bisher wurden die Begriffe „Schwachstellen", „Risiko", „Bedrohungen" und „Maßnahmen" ohne vorherige Definition verwendet. Aufgrund ihrer Relevanz für die Ermittlung des optimalen Sicherheitsniveaus wird im Folgenden kurz auf diese und ihre Unterschiede eingegangen. Ihr Zusammenhang ist in vereinfachter Form in einer *Ontologie* in Abbildung 2-13 dargestellt.

Bedrohung (auch Gefahr; engl. *Threat*)

Manipulation durch Mitarbeiter

Eine Bedrohung stellt jegliches Ereignis dar, welches *„einen Schaden in Bezug auf die Unternehmenswerte (Assets), Operationen bzw. Prozesse oder das Personal einer Organisation hervorrufen kann*". (s. SOWA 2017, S. 41)

Schwachstelle (auch Verwundbarkeit; engl. *Vulnerability* oder *Weakness*)

Fehlende Zugriffsrechte

Schwachstellen in Systemen, Prozessen, Technologie oder beim Personal können ausgenutzt werden, um einen Vorfall hervorzurufen (s. SOWA 2017, S. 42). Des Weiteren können sie unentdeckt bleiben oder entdeckt werden. (s. HOLTHAUS 2000, S. 40f.)

Gefährdung (engl. *Exposure*)

Ausfall der Produktion

Eine Gefährdung ergibt sich aus der Kombination einer Schwachstelle mit einer Bedrohung. Sie ist jedoch ungleich einem Risiko, welches eine gewichtete Vorhersage des Ereignisses beinhaltet.

Risiko (engl. *Risk* bzw. *Hazard*)

Hohes Risiko und großer Schaden

Das Risiko wird als Produkt aus Eintrittswahrscheinlichkeit des Ereignisses und des damit verbundenen Ausmaßes berechnet. Grundsätzlich kann ein solches Ereignis negativ (Gefahr) oder positiv (Chance) sein. Ein Risiko liegt vor, wenn

- eine potenzielle Schwachstelle existiert und
- eine Bedrohung gegeben ist, die durch eine Schwachstelle einen Schaden verursachen kann. (s. SOWA 2017, S. 42)

Angriff(-svektor) (auch Attacke; engl. *Attack* (*vector*))

Verstellen der Maschinenparameter

Ein Angriff stellt das Ausnutzen einer Schwachstelle seitens Angreifer (*Hacker*) dar. Dabei beschreibt der Angriffsvektor die konkretisierte Form des Angriffs, also auf welche Art und Weise der Angriff durchgeführt wird. (s. SYED 2020, S. 2)

Maßnahme (engl. (*Counter*)*Measure* oder *Control*)

Zugriffsrechte und -kontrollen

Als Maßnahme werden alle Aktivitäten (technisch, organisatorisch, personell etc.) verstanden, die präventiv oder postventiv gegen eine Gefährdung bzw. einen Angriff eingesetzt bzw. umgesetzt werden (s. ROMEIKE 2018, S. 75). Sie leisten einen wichtigen Beitrag zur Risikominimierung.

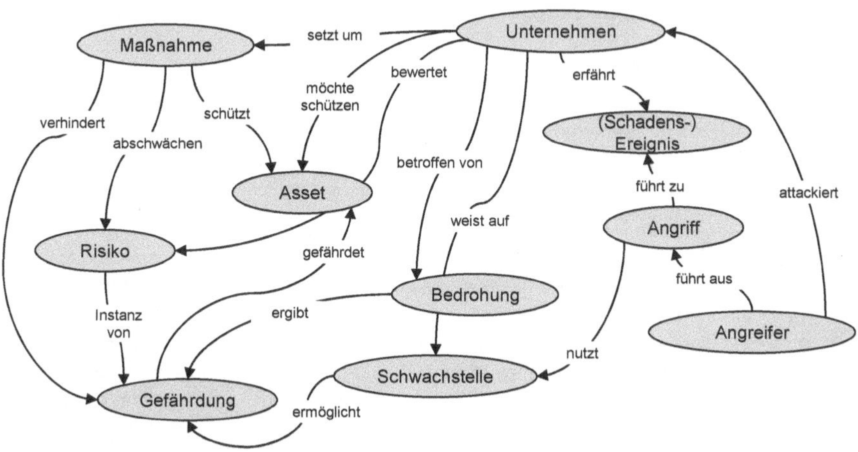

Abbildung 2-13: Informationssicherheits-Ontologie (eigene Darstellung i. A. a. SIKOS 2019, S. 7; VOROBIEV U. BEKMAMEDOVA 2007, S. 868)

2.5 Abgrenzung und Präzisierung des Untersuchungsbereichs

Um die Bearbeitbarkeit des Themas und der Fragestellung zu gewährleisten, müssen Teile der Realität ausgegrenzt werden (s. MALONE U. CROWSTON 1994, S. 100). Die der Untersuchung zugrundeliegende Systemtheorie (Kapitel 4.2.1) basiert auf diesem Ansatz. Der Untersuchungsbereich wird deswegen auf Basis der vorherigen Unterkapitel, der darin verwendeten

Begriffe sowie des Themenbereichs festgelegt und präzisiert. In Tabelle 2-3 ist dieser dargestellt und die für die vorliegende Untersuchung relevanten Bereiche sind gekennzeichnet. Die einzelnen Merkmale der Modellentwicklung und Anwendung werden im Nachgang beschrieben.

Tabelle 2-3: Abgrenzung des Untersuchungsbereichs (eigene Darstellung)

	Merkmal (Quelle)	Ausprägungen						
Modellentw.	Modellierungszweck (s. LEHNER ET AL. 2008)	Beschreibung	Erklärung	Gestaltung	Sonstige Modelle			
Modellentw.	Modellumfang (s. BECKER ET AL. 2002)	Perspektivenmodell (elementares Modell)	Unternehmensklassenmodell	Funktionsbereichsmodell				
Modellentw.	Methodensicht (s. WILDE U. HESS 2007)	Untersuchungsgegenstand	Instrument					
Modellentw.	Evaluation (s. FETTKE U. LOOS 2004b)	formal	Fallstudien	reale Nutzung				
Anwendung	Anwendungsdomäne (s. WÖHE ET AL. 2016)	Produzierende Unternehmen	Dienstleistungen	sonstige				
Anwendung	Lebenszyklusphase einer I40U (s. CSA 2017)	Initiierung	Anforderungsanaly.	Beschaffung	Design u. Entwicklung	Implementierung / Test	Betrieb und Instandhalt.	Entsorgung
Anwendung	Phasen eines ISMS (s. DIN ISO/IEC 27001)	Organisation	Führung	Planung	Unterstützung	Betrieb	Bewertung	Verbesserung
Anwendung	Ebenen eines ISMS (s. HANSCHKE 2020; MÜLLER 2018)	Strategie	Anforderungen	Richtlinien / Konzepte	Organis. / Prozesse	Handlungsanweisung	Maßnahmen	Audits
Anwendung	Unternehmensgröße (s. IFM BONN 2020)	Mikrounternehmen	KMU	Großunternehmen				

Legende behandelt | teilweise behandelt | nicht behandelt

2.5.1 Modellentwicklung

Für die Modellentwicklung ist entscheidend, welche Zielstellungen die zu entwickelnden Modelle adressieren bzw. verfolgen. Jene wird aufgespannt durch die Dimensionen „Modellzweck", „Modellumfang", „Methodensicht" und „Evaluation", die im Folgenden beschrieben und vor dem Hintergrund der vorliegenden Untersuchung spezifiziert werden.

Modellierungszweck: Im Rahmen der vorliegenden Dissertationsschrift werden mehrere Modelle entwickelt. Zur Einordnung dieser Modelle wird in Abhängigkeit ihrer Zielsetzung sowie ihres Zwecks nach Beschreibungs-, Erklärungs- sowie Gestaltungsfunktion unterschieden (s. LEHNER ET AL. 2008, S. 30ff.). Zur Schaffung, Transparenz und Verständlichkeit gegenüber dem Anwendenden der zu entwickelnden Modelle werden Schwachstellen und Maßnahmen der Informationssicherheit beschrieben. Deren Wirkungszusammenhang wird anschließend erklärt. Letztlich dient die Gestaltung eines Vorgehensmodells zur nachträglichen Anwendung durch den Leser.

Modellumfang: In Ergänzung zur inhaltlichen Breite dient der Modellumfang zur Ableitung von Anforderungen an die Modelle. Die Perspektive beschreibt dabei den Anwendenden des Modells. Die Unternehmensklassen helfen dabei, auf Unternehmensebene Anforderungen abzuleiten, wohingegen Funktionsbereichsmodelle dies auf Prozessebene unterstützen. (s. BECKER ET AL. 2002, S. 37f.) Als Modelle mit Fokus auf KMU steht der Anwendende im Zentrum. Die Eingrenzung auf produzierende Unternehmen und somit auf die Produktion mit Industrie-4.0-Schwerpunkt ergibt eine teilweise Eingrenzung.

Methodensicht: In der Wirtschaftsinformatik ist der Methodenbegriff doppelt belegt. Einerseits durch einen Untersuchungsgegenstand (Methoden der Informationssystemgestaltung, auch

Entwicklungsmethoden), andererseits als Instrument der Erkenntnisgewinnung. (s. WILDE U. HESS 2007, S. 281) In dieser Untersuchung sind beide Aspekte relevant, da Modelle entwickelt werden, die in der Anwendung in Unternehmen als Instrument eingesetzt werden.

Evaluation: Um dem Qualitätsanspruch der Modelle (s. FETTKE U. LOOS 2004b, S. 1f.) gerecht zu werden, werden diese formal, durch reduzierte Fallstudien in Form von Experteninterviews und durch eine reale Nutzung bei produzierenden Unternehmen evaluiert. Nach FETTKE U. LOOS ist dies ein häufig vernachlässigter, aber wichtiger Prozessschritt in der Modellentwicklung. Darüber hinaus werden die Modelle formal nach den Grundsätzen ordnungsgemäßer Modellierung entwickelt (s. BECKER ET AL. 2002, S. 147f.).

2.5.2 Modellanwendung

Im Gegensatz zur Modellentwicklung lässt die Modellanwendung eine Beschreibung der Nutzung der Modelle zu. Der spezifizierte Anwendungsbereich stellt den in der Untersuchung relevanten Betrachtungsbereich dar und wird durch die Dimensionen „Anwendungsdomäne", „Lebenszyklusphase einer Industrie-4.0-Umgebung", „Phasen eines ISMS", „Ebenen eines ISMS" und „Unternehmensgröße" aufgespannt.

Anwendungsdomäne: WÖHE ET AL. unterscheiden zwischen produzierenden, Dienstleistungs- und sonstigen Unternehmen (s. WÖHE ET AL. 2016, S. 31). Der Fokus in dieser Untersuchung liegt auf Industrie-4.0-Umgebungen und somit auf Unternehmen des produzierenden Gewerbes, die in Kapitel 2.2 beschrieben worden sind.

Lebenszyklusphase einer Industrie-4.0-Umgebung: Der Lebenszyklus zeigt den zeitlichen Verlauf eines Systems auf (s. EHRLENSPIEL 2009, S. 193; CSA 2017, S. 6; ALPAR ET AL. 2014, S. 315). Ein solches System wird durch eine Industrie-4.0-Umgebung repräsentiert, die in Kapitel 2.4.2 kurz beschrieben wurde und in Kapitel 5 weiter definiert wird. Der Fokus dieser Untersuchung liegt auf dem Betrieb und der Instandhaltung von Industrie-4.0-Umgebungen. Die weiteren Phasen werden in einer verkürzten Form betrachtet.

Phasen eines ISMS: Die Beschreibung der Phasen eines ISMS dienen dem Management der Informationssicherheit (s. Kapitel 2.4.3). Die DIN ISO/IEC 27001 beschreibt sieben Phasen eines ISMS (s. DIN ISO/IEC 27001). Fokussiert werden die Planung sowie der Betrieb und die Bewertung. Die Organisationsphase wird durch die Anforderung nach einer hohen Anwendbarkeit der Modelle tangiert, die Verbesserungsphase durch die systematische Verankerung.

Ebenen eines ISMS: Nach HANSCHKE (s. HANSCHKE 2020, S. 61) sowie MÜLLER (s. MÜLLER 2018, S. 222) können verschiedene Ebenen des Informationssicherheitsmanagements unterschieden werden (s. Kapitel 2.4.3). Als Anwendungsinstrument adressieren die Modelle insbesondere Richtlinien und Konzepte, Handlungsanweisungen sowie Maßnahmen. Die (Informationssicherheits-)Strategie des Unternehmens lässt sich auf Basis des Gestaltungsmodells ableiten.

Unternehmensgröße: Aufgrund ihrer besonderen Situation fokussiert die vorliegende Dissertationsschrift die Unternehmen, die sich der Gruppe der KMU bzw. den Mittelstandsunternehmen zuordnen lassen (s. Kapitel 3.5). Großunternehmen werden nicht adressiert, da sie grundsätzlich andere Voraussetzungen aufweisen und anderen Herausforderungen gegenüberstehen. Die Gruppe der Mikro- bzw. Kleinstunternehmen kann zwar von den Modellen profitieren, sie wird jedoch nicht explizit bei der Entwicklung berücksichtigt. (s. IFM BONN 2020).

3 STAND DER ERKENNTNISSE

Dieses Kapitel dient dazu, relevante Arbeiten vor dem Hintergrund des Untersuchungsbereichs aus Kapitel 2.5 zu untersuchen. Ziel ist es, Lücken inhaltlicher sowie methodischer Art aufzuzeigen, die sich durch den Vergleich der Zielstellung und der dieser Untersuchung zugrundeliegenden Forschungsfrage (Kapitel 1.1) mit den zu untersuchenden Arbeiten ergeben. Vorhandene Vorkenntnisse dienen daraufhin als Basis für die Ausarbeitung der Modelle.

Im Einzelnen werden dazu fünf Untersuchungskriterien betrachtet. Die Ausgangslage des zu entwickelnden Gestaltungsmodells stellen Industrie-4.0-Umgebungen dar. Deren Beschreibung erfolgt grundsätzlich anhand von Referenzmodellen (inhaltlich) oder als Instrument (methodisch) (s. Kapitel 3.1). Aus diesen Industrie-4.0-Umgebungen ergeben sich bestimmte sicherheitskritische Schwachstellen, weswegen im Anschluss Ansätze zur Identifikation und Analyse von Schwachstellen untersucht werden (s. Kapitel 3.2). Als Antwort auf die ermittelten Schwachstellen dienen Informationssicherheitsmaßnahmen. Ansätze zur Beschreibung dieser Maßnahmen schaffen ein notwendiges Grundverständnis (s. Kapitel 3.3). Da diese Untersuchung eine effiziente und pragmatische Herangehensweise zur Realisierung der Informationssicherheit verfolgt, werden Methoden beschrieben, die sich auf die Bestimmung relevanter Maßnahmen im Sinne einer optimalen Kosten-Nutzen-Betrachtung fokussieren (s. Kapitel 3.3.3). Anschließend werden mit der Zielstellung vergleichbare Ansätze untersucht, in denen die vorangegangenen Ansätze münden und die die Realisierung der Informationssicherheit in produzierenden Unternehmen verfolgen (s. Kapitel 3.4). Um der besonderen Relevanz von kleinen und mittleren Unternehmen in dieser Untersuchung Rechnung zu tragen, werden der Stand zur Informationssicherheit in diesen beschrieben sowie Anforderungen an eine effiziente und pragmatische ISMS-Umsetzung abgeleitet (s. Kapitel 3.5). Zum Abschluss erfolgt ein Zwischenfazit durch die Gegenüberstellung in einer Bewertungsübersicht und die Ableitung des Forschungsbedarfs (s. Kapitel 3.5).

3.1 Beschreibung von Industrie-4.0-Umgebungen

In diesem Kapitel werden Vorarbeiten zur Beschreibung von Industrie-4.0-Umgebungen untersucht. Als Grundlage zur Beschreibung dienen Referenzarchitekturmodelle. Als Referenzmodell bzw. Referenzarchitektur wird eine Beschreibung verstanden, die allgemein genutzt wird, als zweckmäßig anerkannt wird und Empfehlungscharakter besitzt (s. DIN SPEC 91345, S. 8). Daneben werden im Verlauf des Kapitels auch Methoden und Templates zur Beschreibung von Industrie-4.0-Umgebungen vorgestellt.

3.1.1 Referenzmodelle von Industrie-4.0-Umgebungen

Als Umgebung, in der Industrie-4.0-Anwendungsfälle umgesetzt werden (s. Kapitel 5.1), müssen zur Beschreibung solcher Umgebungen nicht nur rein technische, sondern auch soziotechnische sowie organisationale Aspekte berücksichtigt werden. Dies hat zur Folge, dass der Untersuchungsbereich weit aufgespannt wird, was zahlreiche Definitionen, Ansätze und Methoden mit sich bringt. Breit angelegte Studien mit 100 bis 430 untersuchten Quellen zeigen ein ähnliches Bild auf (s. RAPTIS ET AL. 2019; CHEN ET AL. 2018; XU ET AL. 2018; LU U. DA XU 2019) und belegen, dass sich bisher kein Ansatz als Standard etabliert hat (s. CHEN ET AL. 2018, S. 6506) oder durch den Paradigmenwechsel veraltet ist (s. RAPTIS ET AL. 2019, S. 97054). Allerdings lässt sich feststellen, dass die meisten Ansätze hierarchie-, komponenten-

und ebenenbasierte (engl. *layer*) Architekturen anführen. Aktuelle Modelle umfassen häufig drei bis sieben Ebenen (s. LU U. DA XU 2019, S. 2104; MEUDT ET AL. 2017, S. 2).

DIN SPEC 91345 – Referenzarchitekturmodell Industrie 4.0 (RAMI4.0)

Die DIN SPEC 91345 ist für die Strukturierung des Begriffs Industrie 4.0 von großer Bedeutung, denn sie stellt eines der ersten Referenzarchitekturmodelle dar. Neben einer einführenden Begriffsdefinition beschreibt die Norm insbesondere verschiedene *Assets*[17] und ihre Eigenschaften. Unterschieden wird grundsätzlich nach der *Objektwelt*, in der sich die Assets befinden können. Die Informationswelt stellt die abstrakte und immaterielle Landschaft dar, die physische Welt hingegen beheimatet materielle Assets. Beispiele für Assets sind Anlagen und deren Bestandteile, Baugruppen, Teilsysteme oder Dienste und Konzepte. Einzelne Assets können auch zu größeren Assets zusammengefasst werden. Dies ist notwendig, um die datentechnische (virtuelle) Abbildung eines Assets der physischen Welt in die Informationswelt zu ermöglichen. (s. DIN SPEC 91345, S. 9)

Für bestimmte Anwendungsfälle genügt es, eine ganze Anlage als ein Asset zu betrachten, wenn bspw. nur der aktuelle Status (aus / standby / an / laufend) der Maschine zu Auswertungszwecken benötigt wird. Um aber Anwendungsfälle wie *Predictive Maintenance* umzusetzen, bedarf es kleinteiligerer Informationen über einzelne Assets wie Motoren, Laufbänder etc., damit Aussagen über den Gesamtzustand der Maschine getroffen werden können. Diese Abstraktionsfähigkeit eines Assets auf Basis der erforderlichen Granularität ist ein zentraler Aspekt, warum es eines Referenzarchitekturmodells bedarf. Im Rahmen der vorliegenden Untersuchung ist daher das Architekturmodell RAMI von großer Bedeutung. Als Schichtenmodell stellt es komplexe Zusammenhänge in einer einfachen Darstellung anhand verschiedener Achsen dar (s. Abbildung 3-1).

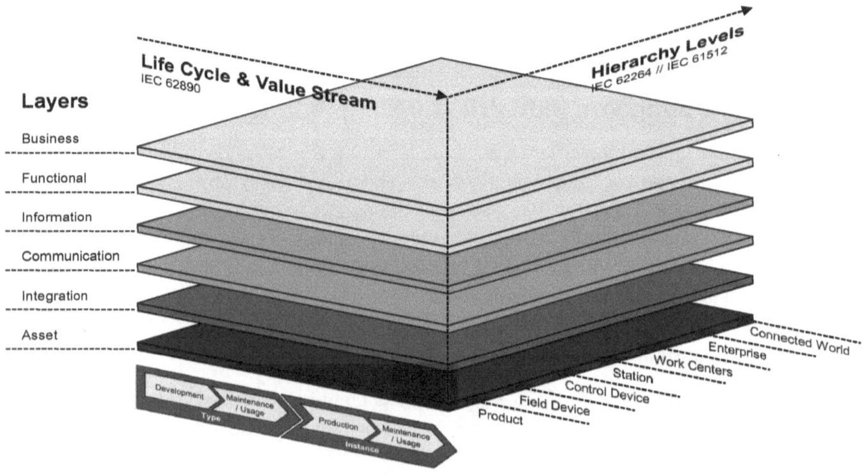

Abbildung 3-1: Referenzarchitekturmodell Industrie 4.0 (RAMI4.0) (eigene Darstellung i. A. a. DIN SPEC 91345, S. 19)

[17] (Im-)Materieller Gegenstand von Wert für eine Organisation (s. DIN 2016a, S. 6)

Die Architektur-Achse (*Layers*) bildet ab, auf welcher Ebene die für das Asset relevanten Informationen anzutreffen sind. Die Lebenslauf-Achse (*Life Cycle & Value Stream*) hingegen stellt des Lebenslaufs eines Assets über die Zeit dar. Der Hierarchie-Achse (*Hierarchy Levels*) wird die Zuweisung funktionaler Modelle zu einzelnen Ebenen entnommen. (s. DIN SPEC 91345, S. 19)

Die strukturellen Eigenschaften und der Aufbau von Industrie-4.0-Systemen[18] und somit der von Assets und Asset-Kombinationen lässt sich anhand von sechs Architekturschichten beschreiben. Von ihrem Aufbau her sind die Schichten lose gekoppelt zu betrachten, wobei eine Interaktion immer nur zwischen zwei benachbarten Schichten erfolgt. Um vom Asset-Layer zum Business-Layer zu gelangen, muss eine Interaktion also durchgereicht werden. Weiterhin ist zu beachten, dass nicht alle Schichten mit Inhalt gefüllt sein müssen. (s. DIN SPEC 91345, S. 20)

Der *Business-Layer* beschreibt die übergeordnete geschäftliche Sicht. Dazu zählen organisatorische Rahmenbedingungen, die Modellierung von Regeln für das Industrie-4.0-System, eine Abbildung von Geschäftsmodellen und den daraus abgeleiteten Gesamtprozessen sowie das Empfangen von Ereignissen für die Weiterschaltung eines Prozesses. Darunter liegt der *Functional-Layer*, der Funktionen (fachliche Funktionalitäten) eines Assets im Industrie-4.0-System beschreibt. Laufzeit- und Modellierungsumgebungen für bestimmte Services und Plattformen für die horizontale Integration verschiedener Funktionen sind Beispiele für diesen Layer. Der *Information-Layer* beschreibt die Daten, die von den Funktionalitäten der Assets genutzt, erzeugt bzw. modifiziert werden. Gemeint sind sowohl formale Beschreibungen von Modellen und Regeln als auch konkrete Methoden zur Bereitstellung und Verarbeitung von Daten. Im *Communication-Layer* wird der Industrie-4.0-konforme[19] Zugriff auf Informationen und Funktionen eines Assets von anderen Assets beschrieben. Der *Integration-Layer* repräsentiert den Übergang zwischen der physischen Welt und der Informationswelt. Er wird durch die notwendige Infrastruktur (Ressource) sowie Eigenschaften und prozessnahe Funktionen eines Assets aufgespannt. Damit gehören bspw. Mensch-Maschine-Schnittstellen (engl. *Human-Machine-Interface, HMI*) und Ressourcen wie Hardware zu dieser Ebene. Die unterste Ebene stellt den *Asset-Layer* dar, in dem die Realität widergespiegelt wird. Er besteht demnach aus der Gesamtheit real existierender Assets und Menschen sowie den Schnittstellen zur Integrationsschicht. (s. DIN SPEC 91345, S. 20ff.)

Industrial Internet Reference Architecture

Ein weiteres Referenzmodell ist die *Industrial Internet Reference Architecture* (IIRA) des IIC. Ähnlich wie bei RAMI werden Systeme beschrieben, die im IIRA als *Industrial Internet Systems* (IIS) bezeichnet werden. Sie stellen Ende-zu-Ende-Anwendungssysteme zur Erfüllung industrieller Aufgaben dar (s. HEIDRICH U. LEO 2016, S. 16).

Die Beschreibung des Gesamtsystems erfolgt beim IIRA auf Basis der Konstrukte *Viewpoints* (Sichten), *Concerns* (Belange) und *Stakeholder* (Interessensvertreter). Somit ist die Anwendbarkeit des Modells etwas weiter gefasst als bei RAMI, da ebenfalls Zweck und Anwender des

---

[18] Industrie-4.0-Systeme (auch IIoT-Systeme) unterscheiden sich insofern von Industrie-4.0-Umgebungen, als dass mehrere, miteinander interagierende Systeme in einer Umgebung beinhaltet sein können.
[19] Die Industrie-4.0-Konformität bezeichnet im Allgemeinen das Vorhandensein von Funktionen und Standards sowie die Erfüllung von Anforderungen wie Robustheit, Vollständigkeit oder Echtzeitfähigkeit (s. VDI/VDE-GESELLSCHAFT 2014, S. 1).

Systems direkt integriert werden. Vor dem Hintergrund der Untersuchung sind insbesondere die vier Sichten *Business* (betriebswirtschaftliche Belange zum Aufbau eines IIS), *Usage* (Nutzung eines IIS), *Functional* (Funktion eines IIS) und *Implementation* (benötigte Technologien und Komponenten zur Umsetzung eines IIS) von Relevanz. Die Belange können als Querschnittsthemen verstanden werden, zu denen etwa *Safety*, *Security* oder auch das Datenmanagement gehören (s. IIC 2019, S. 15f.; HEIDRICH U. LEO 2016, S. 17).

Zwischenfazit zu RAMI4.0 und IIRA

In der Praxis zeigt sich zwar der Nutzen von RAMI 4.0 und IIRA in ihrer Anwendung als Ordnungsschemata, allerdings besteht weiterhin Optimierungsbedarf. So werden etwa die Aspekte *Security*- oder *Resilience-by-Design* nicht berücksichtigt und der hohe Grad der Abstraktion kann hinderlich bei der konkreten Umsetzung von Anwendungsfällen sein (s. AUTONOMIK INDUSTRIE 4.0 2016, S. 11). In Bezug auf RAMI zeigt sich außerdem, dass es nur eingeschränkt genutzt werden kann, weil bspw. die Bestimmung eigener Fähigkeiten für das Digitalisierungs- und Informationsmanagement nicht unterstützt wird (s. HÜBNER 2017, S. 85). Die aktuelle enge Zusammenarbeit zwischen den Herausgebern der Referenzmodelle zeigt auf, dass bestehende Herausforderungen nur adressiert werden können, indem die beiden (und weitere) Modelle zusammengeführt und vereinheitlicht werden (s. SCHULZ 2019, S. 49).

DIN EN 62264-1 – Automatisierungspyramide

Ein weiteres relevantes Referenzmodell ist die Norm DIN EN 62264-1. Sie definiert die Integration von Unternehmensführungs- und Leitsystemen und ist somit weniger asset-, sondern mehr prozessgetrieben. Sie basiert auf ISA-95-Spezifikationen, ihr liegt das Unternehmensmodell nach PERA (*Purdue Enterprise Reference Architecture*) zugrunde. Die Norm dient als relevanter Standard zur Definition der Automatisierungspyramide, welche eng mit den zuvor genannten Modellen und Ebenen zusammenhängt. Sie hat sich aus der *CIM-Pyramide* entwickelt, die in den 1970er Jahren entwickelt wurde (s. SIEPMANN U. GRAEF 2016, S. 49). Die heute vorherrschende und klassische Form hat sich in den letzten Jahrzehnten durch das Wegfallen und Hinzukommen von Ebenen manifestiert[20]. Das Modell nach SIEPMANN (s. Abbildung 3-2) soll im Folgenden aufgrund seines hohen Detaillierungsgrads und seiner Übereinstimmung mit anderen Modellen genauer betrachtet werden (s. MEUDT ET AL. 2017, S. 5).

[20] Siehe MEUDT ET AL. 2017, S. 3f. für einen umfassenden Vergleich von 25 Modellen.

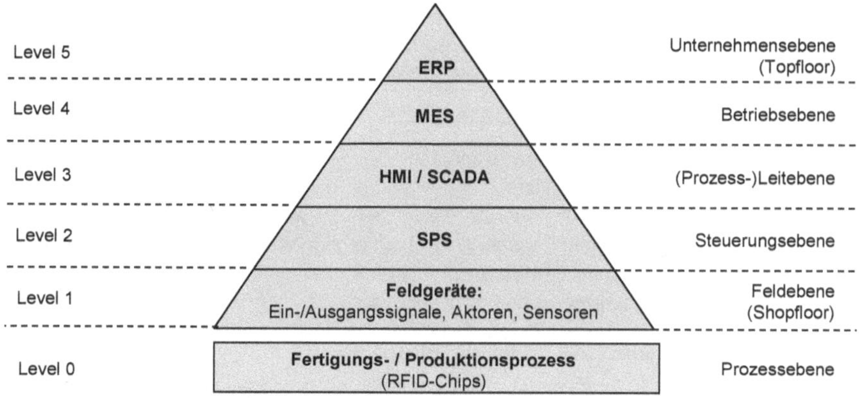

Abbildung 3-2: Klassische Automatisierungspyramide nach SIEPMANN (eigene Darstellung i. A. a. s. SIEPMANN U. GRAEF 2016, S. 49)

Nach MEUDT ET AL. umfasst die Prozessebene (in anderen Modellen häufig nicht genannt) den Fertigungs- bzw. Produktionsprozess und stellt relevante Informationen zu den Produkten und Produktionsschritten bereit. Über der Prozessebene liegt die Feldebene, die den Shopfloor darstellt. In ihr werden Informationen in Form von Ein- (Sensoren) und Ausgangssignalen (Aktoren) verarbeitet. Die Steuerungsebene benötigt diese Informationen, um die Maschinen und Anlagen über eine SPS (Speicherprogrammierbare Steuerung) dezentral zu organisieren. Auf der (Prozess-)Leitebene werden dem Nutzenden die Informationen mittels einer Mensch-Maschine-Schnittstelle zum Bedienen bzw. Beobachten bereitgestellt. In Ebene vier, der Betriebsebene, übernimmt ein MES die Aufgabe des Bindeglieds zwischen Maschinensteuerung und Unternehmensebene. Zu den klassischen Aufgaben gehören etwa die Produktionsfeinplanung und eine Produktionsdatenerfassung. Letztlich stellt die Unternehmensebene (Topfloor) die oberste Ebene dar. Sie wird durch ein ERP-System repräsentiert, das die Produktionsgrobplanung und die Disposition übernimmt. (s. MEUDT ET AL. 2017, S. 6)

Es ist anzumerken, dass der Paradigmenwechsel durch Industrie 4.0 und andere evolutionäre Weiterentwicklungen dazu führen, dass die Automatisierungspyramide fortwährend an Bedeutung verliert und sich sukzessive auflöst (s. GÖLZER 2016, S. 40). Nichtsdestotrotz wird sie noch häufig zur Strukturierung von Problemen und Ansätzen herangezogen und ist in der Industrie weit verbreitet.

Zur Ergänzung und um der Tatsache Rechnung zu tragen, dass der Mensch als Akteur in einer Industrie-4.0-Umgebung vor dem Hintergrund sicherheitskritischer Faktoren von zentraler Bedeutung ist, wird an dieser Stelle auf das OSI-Modell eingegangen. OSI steht für *Open System Interconnection Model*, welches ein Referenzmodell für Netzwerkprotokolle darstellt. Seinen Ursprung hat das Modell bereits Ende der 1970er und in den frühen 1980er Jahren. Zweck des Modells ist die Bereitstellung einer einheitlichen Basis für die Entwicklung von Systemverbindungen und deren Kommunikation (s. ISO/IEC 7498, S. 1). Die sieben Ebenen des OSI-Modells sind *Physical* (Bitübertragung), *Data Link* (Sicherung), *Network* (Vermittlung), *Transport* (Transport), *Session* (Sitzung), *Presentation* (Darstellung) und *Application* (Anwendung). Informelle Weiterentwicklungen des OSI-Modells umfassen weitere Ebenen, um den Menschen in den Fokus zu rücken. Gemeinhin ist vom Layer 8 (*Individual*) die Rede, welcher ursprünglich als Aprilscherz veröffentlicht wurde (s. BRESSEN 1998). Weitere zwei Layer sind *Organization* (Organisation) und *Government* (Staat) (s. FARQUHAR 2010).

Zwischenfazit zur Automatisierungspyramide und OSI

Die beiden Ansätze der klassischen Automatisierungspyramide und des OSI-Schichten-Modells stellen allgemeingültige Referenzarchitekturen dar, die auf verschiedene Branchen angewandt und für verschiedene Einsatzzwecke genutzt werden können. Jedoch fehlt es ihnen sowohl an einer zeitlichen Dimension als auch an der Möglichkeit, die Interaktion eines Menschen mit der Umgebung zu beschreiben. Daher wird eine konkrete Anwendung bzw. Anpassung der Modelle in dieser Arbeit nicht vollzogen.

Weitere Referenzmodelle bzw. relevante Teilaspekte

Die bisher genannten Referenzmodelle wurden aufgrund ihrer Relevanz detailliert beschrieben. Bei den folgenden Referenzmodellen wird lediglich auf die relevanten Unterschiede[21] zu den bisherigen Modellen eingegangen.

Die Arbeit von NOKIA fokussiert (I)IoT-Systeme vor dem Hintergrund ihrer Informationssicherheitsschwachstellen. Die Autoren konstatieren, dass (I)IoT-Systeme dazu neigen, komplex und heterogen zu sein, weil sie verschiedene Layer, Technologien, Einsatzorte, Hersteller, APIs etc. aufweisen (s. NOKIA 2018, S. 6). Um die ebenfalls komplexe Schwachstellenlandschaft zu strukturieren, die sich durch den Einsatz solcher (I)IoT-Systeme ergibt, werden sieben Layer definiert: *physical*, *Smart IoT Devices, Local Wireless Connection*, *Gateways*, *networks*, *application server in the Cloud* und *application*. Smart-IoT-Devices stellen eine Spezifizierung von Sensoren und Aktoren dar, die in ihrer Funktionalität höherwertig sind. Weil sie (und Gateways) häufig über eine direkte Verbindung zu Netzwerkkomponenten oder zum Internet verfügen, sind sie aus sicherheitskritischer Sicht anfälliger als reine Sensoren und Aktoren (s. BSI 2018a, S. 21). Die Besonderheiten von IoT-Devices übertragen sich auch auf den Layer *local wireless connection*. Die begrenzten Ressourcen auf IoT-Devices und deren simple Entwicklung führen dazu, dass üblicherweise Non-IP-Protokolle verwendet werden und keine Angriffspräventionsmaßnahmen vorhanden sind (s. BSI 2018a, S. 21; NOKIA 2018, S. 7). Somit sind sie für Angreifer leicht auszunutzen. Letztlich findet eine Spezifizierung des Speicherorts bzw. der Laufzeitumgebung von den bereits genannten Applikationen (Application-Layer) statt, indem diese in der Cloud verortet werden (vgl. CHEN ET AL. 2018, S. 6507). Es zeigt sich, dass Cloud-Anbieter zunehmend ein beliebtes Ziel von Angriffen darstellen, da das Eindringen in die Infrastruktur zeitgleich einen Zugriff auf zahlreiche Kunden des Anbieters verspricht (s. EL-SOFANY 2020, S. 206). **Dem Ansatz mangelt es vor dem Hintergrund der zu beantwortenden Forschungsfrage ebenfalls an einer zeitlichen Dimension sowie der konkreten Betrachtung menschlicher Interaktion mit Systemen. Nichtsdestotrotz stellen die verschiedenen Ebenen geeignete Elemente dar, um komplexe Schwachstellenlandschaften zu beschreiben.**

GUTH ET AL. beschreiben in ihrem Paper eine IoT-Referenzarchitektur, die auf einem Vergleich unterschiedlicher IoT-Plattformen basiert. Im Mittelpunkt der Architektur steht die *IoT Integra-*

[21] Jeweils **fett** hervorgehoben.

tion Middleware, deren grundsätzliches Ziel die Verknüpfung verschiedener Systeme ist. Solche Middlewares weisen teils umfangreiche Bündelungen verschiedener Funktionalitäten in einem Informationssystem auf. Dazu zählen bspw. Datenempfang, -verarbeitung und -weitergabe sowie Geräte- oder Nutzerverwaltung (s. GUTH ET AL. 2016, S. 2), aber auch das Sichern und die Analyse von Daten können Bestandteil einer Middleware sein (s. PELINO U. HEWITT 2016, S. 5). **Die Arbeit ergänzt bestehende Modelle um eine konkrete Integrationsschicht, ermöglicht jedoch nicht die Betrachtung einer zeitlichen Unterscheidung zwischen Planung, Aufbau, Betrieb und Abbau eines Systems, was für die Unterscheidung von Informationssicherheitsschwachstellen elementar ist.**

Industrie-4.0-Umgebungen und deren Anwendungsfälle sollen ihrer Natur nach zwar hochautomatisiert sein, allerdings ist eine Interaktion mit Menschen spätestens bei der Entscheidungsfindung notwendig. CHEN ET AL. beschreiben daher den *Terminal Layer*. Er steht stellvertretend für Komponenten wie mobile Endgeräte und Desktop-PCs, die eine Interaktion mit den Nutzenden ermöglichen. (s. CHEN ET AL. 2018, S. 6514) Der Layer stellt demnach eine Zwischenschicht zwischen dem *Human Layer* und dem *Application Layer* dar. **Zwar betrachtet die Arbeit somit die menschliche Interaktion mit Systemen, allerdings fehlt eine zeitliche Betrachtung von Systemen.**

TAO ET AL. entwickeln in ihrem Paper eine Architektur für Cloud-Manufacturing-Systems (CMfg Systems), die eine Verknüpfung bestehender Produktionsansätze mit neuen Technologien wie Cloud-Computing adressiert (s. TAO ET AL. 2011, S. 1971). Es ergeben sich sieben Layer, von denen sich insbesondere der *Resource virtualization layer* von den vorherigen Arbeiten abhebt. Er umfasst die Virtualisierung und Kapselung realer Komponenten wie Maschinen und Anlagen sowie deren Fähigkeiten (s. TAO ET AL. 2011, S. 1972). Die Virtualisierung ist als Prozess zu verstehen, der ein ausreichend genaues Abbild der Realität schaffen soll, um diese digitale Abbildung für Simulations- und Optimierungszwecke zu nutzen (s. RESCHKE 2016, S. 84). Für eine Industrie-4.0-Konformität und Interoperabilität einzelner Anwendungsfälle in einem Gesamtsystem ist eine solche Virtualisierungsschicht notwendig. Darüber hinaus stellen die Layer *Enterprise Cooperation Application*, *Portal* und *Core Cloud Service* Spezifikationen bereits genannter Layer dar (s. TAO ET AL. 2011, S. 1972). **Der Ansatz fokussiert einen primär cloudorientierten Ansatz, in dem klassische Architekturen bestehender Produktionssysteme, die gerade in kleinen und mittleren Unternehmen weit verbreitet sind, nur unzureichend detailliert beschrieben werden können.**

In Bezug auf produzierende Unternehmen existieren spezielle Referenzarchitekturen, die für diese Untersuchung eine hohe Relevanz aufweisen. Das *Internet of Production* wurde auf Basis der beiden Konzepte „MindSphere – Siemens Cloud for Industry" und „Schichtenmodell digitaler Infrastrukturen" für einen effizienten Änderungsprozess innerhalb der Produktion entwickelt (s. SCHUH ET AL. 2017B, S. 120). Neben vier Ebenen umfasst es die drei Phasen Entwicklung, Produktion sowie die Anwendung. Durch die Betrachtung der Phasen und die Umsetzung der Referenzarchitektur soll es ermöglicht werden, Informationen nicht nur vorwärtsgerichtet durch das Unternehmen zu leiten, sondern auch rückwärtsgerichtet. Ein durchgängig digitales Engineering ermöglicht einen effizienteren Umgang mit Änderungswünschen entlang des Gesamtprozesses. Auf der untersten Ebene finden sich Rohdaten und Applikationssysteme. Die darüber liegende *Middleware+*[22] organisiert den Datenzugriff auf die untere Ebene. Die beiden oberen Ebenen sind Smart Data und Smart Expert. Smart Data umfasst Funktionen der Datenanalyse sowie der Modellierung und Virtualisierung von Daten. (s. SCHUH ET AL. 2017B, S. 121f.) Die Ebene Smart Expert ist vergleichbar mit einer Kombination aus Application- und Terminal- bzw. Human-Layer. **Bezugnehmend auf die der Untersuchung zugrundeliegenden Forschungsfrage mangelt es dem Modell an einer Beschreibung der Zusammenhänge und Übergänge der einzelnen Schichten, durch die sich eine Vielzahl von Schwachstellen beschreiben und verorten lassen.**

Die *Open Industry 4.0 Alliance* hat sich der Aufgabe verschrieben, die existierenden unterschiedlichen Standards und Ansätze für Industrie 4.0 in einem ganzheitlichen Framework zu integrieren und die Umsetzung dessen offen zur Verfügung zu stellen. Beschrieben werden sechs technisch-orientierte Ebenen, von denen vier im engeren Betrachtungsbereich der Allianz liegen: *Open Edge Connectivity* (Anbindungsstandards wie OPC-UA, IO-Link, ...), *Open Edge Computing* (Hardware und containerisierte Services), *Open Operator Cloud Platform* (Applikationsschicht mitsamt konfigurierbaren Apps) und *Common Cloud Central* (zentrale Verwaltungsinstanz mit Repositories und Katalogen) (s. OPEN INDUSTRY 4.0 ALLIANCE 2019a, S. 15). **Dadurch, dass die Referenzarchitektur erst noch umgesetzt und von einer Vielzahl von Unternehmen genutzt werden muss, stellt sie zum jetzigen Zeitpunkt eine Orientierungshilfe, jedoch keine anwendbare Blaupause dar.**

Zwischenfazit zu Ansätzen zur Beschreibung von Industrie-4.0-Umgebungen

Als Zwischenfazit ergibt sich die Tatsache, dass Referenzarchitekturen zur Beschreibung von Industrie-4.0-Umgebungen ((I)IoT-Systeme, CMfg-Systeme, ...) zwar existieren, es im Allgemeinen aber die Herausforderung gibt, zwischen einem notwendigen Abstraktionslevel und einer ausreichenden Genauigkeit zu unterscheiden (s. EMPL U. PERNUL 2021, S. 5). Daraus lassen sich relevante Implikationen für das zu entwickelnde Beschreibungsmodell dieser Untersuchung ableiten. Die beschriebenen Ansätze kommen zunehmend an ihre Grenzen, um für die Entwicklungen durch Industrie 4.0 adäquat anwendbar zu sein. **Es lässt sich festhalten, dass kein bestehender internationaler Standard über eine geeignete Referenzarchitektur zur Anwendung in Industrie-4.0-Umgebungen verfügt**. (s. FILKINS 2018, S. 19; EMPL U. PERNUL 2021, S. 1f.)

3.1.2 Methoden und Templates zur Beschreibung von Industrie-4.0-Umgebungen

Neben den Referenzmodellen und -architekturen existieren konkrete Methoden und Templates, um Industrie-4.0-Umgebungen zu beschreiben. Templates dienen als Ergänzung zu den Referenzmodellen, um eine genauere Spezifikation zu ermöglichen, wohingegen mehrschrittige Methoden sowohl Referenzmodelle als auch Templates nutzen.

In der deutschen „Normungsroadmap Industrie 4.0", die in Zusammenarbeit des DIN und der DKE entstanden ist, wird die Bedeutung einer genauen Beschreibung von Usecases (Anwendungsfällen) thematisiert. Sie werden definiert als eine *„skalierbare, agile Technik zur Entwicklung von Anforderungen, mit denen die inkrementelle Systementwicklung gesteuert werden*

[22] Der Zusatz „+" für die Middleware beschreibt deren zusätzliche Funktionen gegenüber einer klassischen Middleware.

kann" (s. DIN U. DKE 2020, S. 24). Unterschiedliche Verständnisse eines Usecase haben dazu geführt, dass die aktuelle Version der Normungsroadmap drei Kategorien von Usecases unterscheidet (s. DIN U. DKE 2020, S. 24):

- Business-Szenarien (geschäftliche Beschreibung),
- Usecases (technische Beschreibung),
- Praxisbeispiele (Beschreibung eines konkreten Lösungsansatzes).

Die unterschiedlichen Sichtweisen auf dieselbe Sache haben sich ebenfalls in Form von Templates durch Normen und Standards manifestiert. In Abbildung 3-3 ist eine Gegenüberstellung drei zentraler Normen dargestellt.

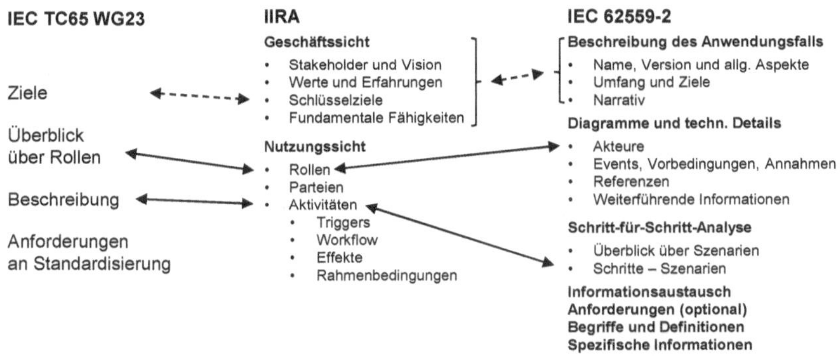

Abbildung 3-3: Gegenüberstellung von Templates und Normen (eigene Darstellung i. A. a. DIN U. DKE 2020, S. 28)

Die unterschiedlichen Aspekte der Templates sollen dazu beitragen, (I)IoT-Systeme der produzierenden Industrie zu beschreiben bzw. zu entwickeln. Das IIRA-Template stellt eine Verfeinerung des IEC-TC65 WG23-Templates dar, die IEC 62559-2 wiederum eine Verfeinerung des IIRA-Templates. Es hat sich gezeigt, dass die Templates nach IIRA bzw. IEC 62559-2 zu mächtig sind, um in produzierenden Unternehmen Anwendung zu finden. Daher wird eine Anwendung des IEC-TC65 WG23-Templates empfohlen (s. DIN U. DKE 2020, S. 27). Andere Templates wie das der *smartFactory*^{KL} basieren ebenfalls auf einer eher oberflächlichen Beschreibung. Darin erfolgen eine Einordnung eines Moduls (Teil eines Gesamtsystems) zu einem Layer bzw. zu einer Klasse (IT-System, Maschinen und Anlagen, ...) sowie Spezifikationen zu Funktionalität, Kommunikation, mechanischen Eigenschaften, Versorgung und Interaktion des Moduls. (s. KOLBERG ET AL. 2018, S. 11)

Methoden und Templates zur Beschreibung und Entwicklung von Industrie-4.0-Umgebungen weisen häufig Parallelen zu Entwicklungsansätzen wie dem *V-Modell* auf (s. ABRAMOVICI 2018, S. 6). Ausgehend von einer Anforderungsanalyse (Bestimmung der Rahmenbedingungen) erfolgt die Definition des Systementwurfs (Auswahl eines Referenzarchitekturmodells), welcher im Nachgang spezifiziert und ausgearbeitet wird, um abschließend eine (Gesamt-)Systemintegration durchzuführen (s. VDI 2206, S. 29).

Der im Projekt Forschungsprojekt IC4F entwickelte Ansatz lehnt sich in ähnlicher Art und Weise an das V-Modell an. Die sechs zentralen Schritte bzw. Bausteine des Modells sind Abbildung 3-4 zu entnehmen. Zu Beginn erfolgt die Auswahl einer geeigneten Referenzarchitektur auf Basis verschiedener Sichten. Sie wird im Anschluss konzeptionell an den Usecase bzw.

das Unternehmen angepasst und dient im Anschluss dazu, einzelne Funktionsbausteine zu verorten. Im Anschluss werden Lösungskonzepte unter der Implementierungsperspektive ausgearbeitet. Es folgt die reale Implementierung. Eine ganzheitliche Betrachtung erfährt die Vorgehensweise, indem nach der Implementierung Feedback eingeholt, der Systementwurf angepasst und eine Best-Practice-Sammlung erstellt werden. Sogenannte *Design-Muster* dienen als Vorlage für weitere umzusetzende Anwendungsfälle. (s. IC4F 2018, S. 20ff.)

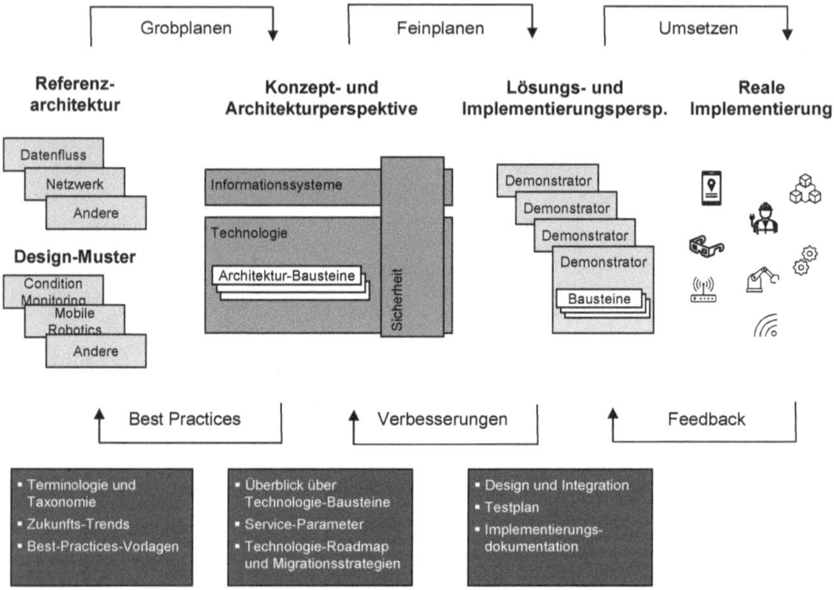

Abbildung 3-4: Vorgehensweise für die Implementierung von Industrie-4.0-Usecases (eigene Darstellung i. A. a. IC4F 2018, S. 22)

Zwischenfazit

Durch die aufgezeigten Templates und die Vorgehensweise nach IC4F wird ersichtlich, dass die Beschreibung von Industrie-4.0-Umgebungen nicht trivial ist. Über Referenzarchitekturen, verschiedene Perspektiven bzw. Sichten, Bausteine sowie Best Practices sollen diese beschreibbar gemacht werden, indem das Maß der Komplexität reduziert wird. Diese Erkenntnis ist eine wichtige Implikationen auf das zu entwickelnde Beschreibungsmodell, um den Anforderungen nach Pragmatismus und Effizienz gerecht werden zu können.

3.2 Ansätze zur Identifikation von Schwachstellen

Ein zentraler Schritt beim Umgang mit Informationssicherheit und dem Aufbau eines Informationssicherheitsmanagementsystems (ISMS) ist die Bestimmung potenzieller Schwachstellen und der damit verbundenen Bedrohungen und Angriffsvektoren. Wie in Kapitel 2.4.4 bereits beschrieben wurde, entsteht durch das reine Vorhandensein einer Schwachstelle noch kein konkretes Risiko. Erst in Verbindung mit einer Eintrittswahrscheinlichkeit eines Angriffs und in Kombination mit einem konkreten Asset können Schwachstellen bewertet werden. Diese Bewertung ist dann Teil des Risikomanagements, auf welches in Kapitel 3.4 näher eingegangen wird. Schwachstellen unterscheiden sich in ihrer Charakteristik teils stark voneinander. Sie reichen von umfangreichen (und teils diffusen) Schwachstellen wie fehlenden oder unklaren Sicherheitsanforderungen bzw. einem unvollständigen Vorgehensmodell (s. MÜLLER 2018, S. 17) bis hin zu dedizierten Softwarelücken an einer expliziten Stelle des Codes (s. WU ET AL. 2018, S. 4).

Bevor auf konkrete Ansätze und Methoden eingegangen wird, ist an dieser Stelle die Bedeutung vom sogenannten Threat-Modeling hervorzuheben. Es stellt als Prozess eine besondere Form einer Modellbildung dar, die in Kapitel 4.2.2 erläutert wird. Durch die Entwicklung eines Threat-Models sollen Unternehmen in die Lage versetzt werden, potenzielle Bedrohungen und Schwachstellen abzuleiten (s. SHOSTACK 2014, S. xxii). Häufig werden umfangreiche Threat-Models im Rahmen von Systementwicklungen entwickelt und angewandt, um das Prinzip Security-by-Design zu stärken. Daher ist die Anwendbarkeit für produzierende Unternehmen nur bedingt gegeben, wenn auch Grundsätze bei der Entwicklung wertvolle Vorgaben sein können (s. EMPL U. PERNUL 2021, S. 4). Im Threat-Modeling wird nach der Granularität der Schwachstellenanalyse unterschieden. Eine angemessene Granularität ist daher für die spätere Modellanwendung entscheidend.

Im Folgenden soll zwischen nicht-, teil- und vollautomatisierten Ansätzen und Methoden zur Identifikation von Schwachstellen unterschieden werden, wobei der Fokus aufgrund der Anforderungen an das zu entwickelnde Gestaltungsmodell auf den nicht-automatisierten (konzeptionellen) Methoden liegt. Eine umfassende Studie von FATHI U. HIKAL zeigt auf, dass weiter zwischen neun verschiedenen Arten von Identifikations- bzw. Bewertungsmethoden (engl. *assessment methods*) unterschieden wird: *Vulnerability*, *Network*, *Virus Detection*, *Authentication*, *Penetration Testing*, *Human*, *Hardware Threats*, *Policy and Countermeasures* und *Natural Threats* (s. FATHI U. HIKAL 2019, S. 159).

Nicht-automatisierte Ansätze und Methoden

Auf Ebene des Gesamtsystems, also des gesamten Unternehmens, existieren Methoden wie die SWOT-Analyse. Sie kann im Rahmen eines strategischen Planungsprozesses eingesetzt werden (s. PHADERMROD ET AL. 2019, S. 194). Bei der SWOT-Analyse werden zunächst die beiden internen Komponenten Stärken (engl. *strengths*) und Schwächen (engl. *weaknesses*) analysiert, anschließend die beiden externen Komponenten Chancen (engl. *opportunities*) und Risiken (engl. *threats*). Eine Gegenüberstellung der ermittelten Komponenten bietet eine Grundlage zur strukturierten Entwicklung von Strategien (s. HOMBURG 2017, S. 501). Es ergeben sich die vier Handlungsfelder Stärken – Chancen, Schwächen – Chancen, Stärken – Risiken und Schwächen – Risiken, für die sich jeweils unterschiedliche strategische Zielsetzungen ableiten lassen. **Eine SWOT-Analyse hilft zwar, Schwachstellen im Sinne von Schwächen und Risiken auf Gesamtsystemebene zu bestimmen, allerdings nicht dabei, konkrete Schwachstellen von Industrie-4.0-Umgebungen abzuleiten**.

Als ein nützliches Hilfsmittel haben sich Fragenkataloge und Self-Assessments erwiesen. Ihr Ziel ist das Aufzeigen von Lücken zwischen dem, was getan werden sollte und dem, was aktuell in Bezug auf die Informationssicherheit getan wird. Übliche Fragen sind: „Sind sich die Mitarbeiter ihrer Rolle und ihrer Verantwortung bewusst?“ oder „Sind Sicherheitsstandards klar verständlich und umgesetzt?“ (s. FAY U. PATTERSON 2018, S. 143). Um ein Self-Assessment auf Basis eines Fragenkatalogs durchzuführen, bieten sich verschiedene Anwendungen bzw.

Tools an. Rahmenwerke wie CobiT, Tools wie OCTAVE[23] sowie Institutionen wie NIST[24] oder SANS[25], die Checklisten anbieten, können herangezogen werden, um die Identifikation von Schwachstellen zu konkretisieren. Problematisch bei solchen Fragebögen und Assessments ist die Tatsache, dass sie häufig einen Anspruch auf Ganzheitlichkeit erheben und somit nicht zwangsläufig auf konkrete Anwendungsfälle anwendbar sind. Vor dem Hintergrund kleiner und mittlerer Unternehmen, die im Fokus dieser Untersuchung stehen, **sind solche Fragebögen zwar hilfreich, allerdings nicht interpretierbar im Sinne der späteren Umsetzung**. Die Fragen lassen keinen Zusammenhang zwischen aktuellen Gegebenheiten, den sich daraus ergebenen Schwachstellen und den notwendigen Maßnahmen erkennen.

Schränkt man den Betrachtungsbereich auf konkrete Ansätze für Industrie-4.0-Umgebungen ein, zeigt sich, dass die Identifikation von Schwachstellen ein großes Problem in Theorie und Praxis darstellt. Eine Untersuchung bestehender Ansätze durch DESMIT ET AL. zeigt, dass keiner der untersuchten Ansätze zufriedenstellend angewendet werden konnte. Auch die zur Verfügung stehenden Ansätze wie OCTAVE oder das *NIST Cybersecurity Framework* lassen sich nicht ohne weiteres adaptieren. (s. DESMIT ET AL. 2017, S. 340f.) Aus diesem Grund haben die Autoren einen Ansatz entwickelt, der auf der Hypothese beruht, dass Schwachstellen immer an Schnittstellen zwischen Entitäten entstehen, seien es digitale, physische, cyber-physische oder durch Menschen repräsentierte Entitäten. Ziel es ist, den definierten Prozessausschnitt in seiner Gesamtheit abzubilden. Dazu werden alle identifizierten Entitäten aneinandergereiht und jeweils als In- bzw. Output deklariert. In der anschließenden Analyse wird jeder Knotenpunkt anhand von sechs Charakteristika untersucht (Informationsverlust, Inkonsistenz, relative Frequenz, Mangel an Erfahrung, Zeit bis zur Erkennung) und auf einer Skala (schwach, mittel, hoch) bewertet. Die Vorteile des Ansatzes liegen in der Einfachheit und Anwendbarkeit. Diese Art von Vorgehen ist insbesondere für fachfremde Anwendende zuträglich. Weiterhin hilft der Ansatz dabei, Schwachstellen zu identifizieren und sie konkreten Prozessschritten bzw. Entitäten zuzuordnen. Allerdings basieren die Schwachstellen auf den genannten sechs Charakteristika und ermöglichen somit keine Identifikation übergeordneter Schwachstellen wie fehlenden Standards. Diese Ergänzung bleibt dem Methodenanwender überlassen.

Einen ähnlichen Ansatz verfolgen HUTCHINS ET AL., indem Daten- bzw. Informationsflüsse zum einen zwischen fünf Hierarchieebenen und zum anderen zwischen mehreren Entitäten eines Wertschöpfungsnetzwerks untersucht werden (s. Abbildung 3-5). Diese Darstellung ist zwar nicht so detailliert wie die von DESMIT ET AL., bindet aber stärker den Aspekt verschiedener Akteure im Rahmen von Industrie 4.0 ein. Eine Erweiterung des Modells kann in graphenbasierten Ansätzen gesehen werden (vgl. GEORGE U. THAMPI 2018; HÄCKEL ET AL. 2019). Anhand komplexer mathematischer Modelle werden Systeme bzw. Netzwerke beschrieben und Angriffsszenarien simuliert. Das Ergebnis stellen Risikominimierungsmaßnahmen dar. Solche Ansätze bilden den Übergang zu teil-automatisierten Ansätzen. Der Ansatz gibt zwar vor, welche Datentypen zwischen den Knoten ausgetauscht werden, **allerdings ermöglicht er kein direktes Ableiten von sicherheitskritischen Schwachstellen**, welche sich aus den Daten- und Informationsflüssen ergeben können. Er bietet demnach einen guten Ausgangspunkt; allerdings ist die **Anwendbarkeit gerade für KMU nicht gegeben**.

---

[23] *Operationally Critical Threat, Asset, and Vulnerability Evaluation* (s. CARALLI ET AL. 2007)
[24] *Baldrige Cybersecurity Excellence Builder* (s. NIST 2019)
[25] *SysAdmin, Audit, Network, Security* auf Basis der ISO/IEC 27001:2005 (s. SANS INSTITUTE 2006)

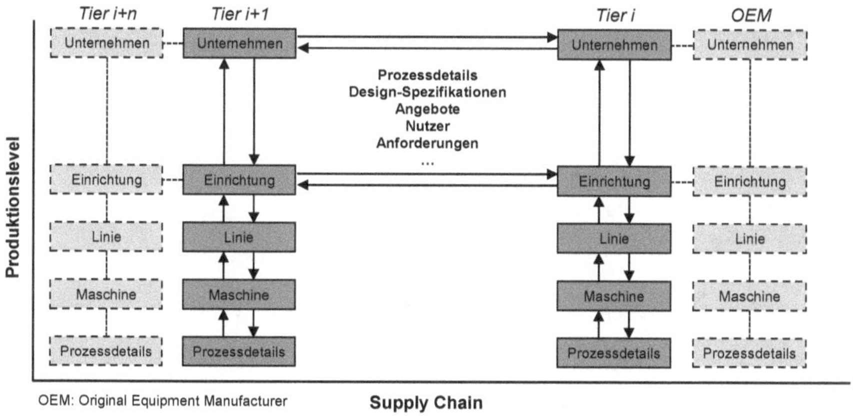

Abbildung 3-5: Daten- und Informationsflüsse zwischen Ebenen und Entitäten (eigene Darstellung i. A. a. HUTCHINS ET AL. 2015, S. 56)

Teil- und voll-automatisierte Ansätze und Methoden

Teil-automatisierte Ansätze zeichnen sich dadurch aus, dass die aufgezeigten Methoden um automatisierte Komponenten ergänzt werden. Dafür stehen Unternehmen zahlreiche, häufig auch kostenfreie Tools oder Datenbanken zur Verfügung, mit denen Schwachstellen automatisiert identifiziert werden können. Die *National Vulnerability Database* (NVD) von NIST ist die wohl umfangreichste Datenbank für Informationssicherheitsschwachstellen. Sie stellt eine Schnittstelle für eine Vielzahl von Anwendungen zur Verfügung (s. Abbildung 3-6), um in Echtzeit über neue Schwachstellen zu informieren. Vermehrt werden Twitter und andere Soziale Medien als Tools eingesetzt, um auf Schwachstellen aufmerksam zu machen. Untersuchungen haben gezeigt, dass Twitter-Nutzer Schwachstellen meist früher als offizielle Entitäten bekannt geben (s. TRABELSI ET AL. 2015, S. 6; JURIC ET AL. 2019, S. 7204). Allerdings handelt es sich bei den genannten Schwachstellen häufig um konkrete Software- oder Firmwarelücken. Sie zu schließen ist Aufgabe des Anbieters. Andere Ansätze kombinieren Machine-Learning-Konzepte mit kollaborativen Gesichtspunkten (vgl. ULLAH ET AL. 2019; NARAYANAN ET AL. 2018). KI-gestützte Algorithmen erkennen Angriffsmuster in Kollaborationsnetzwerken, um so automatisiert auf Bedrohungen und Schwachstellen hinzuweisen, bevor überhaupt klar ist, worum es sich handelt (s. DARKTRACE 2020).

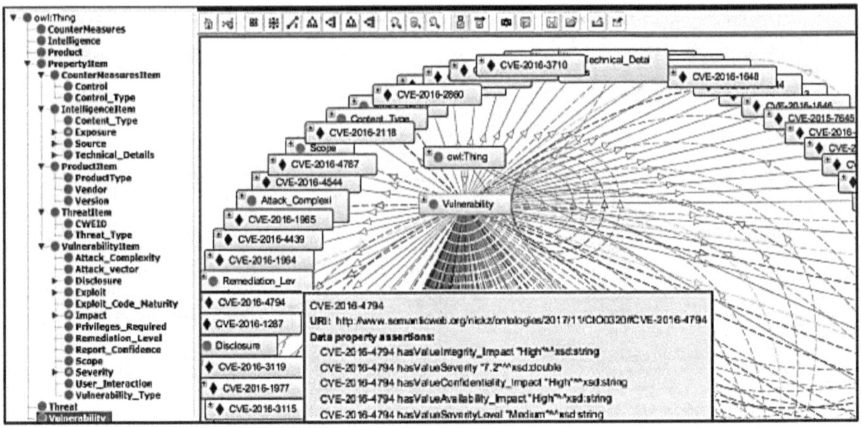

Abbildung 3-6: Schwachstellen-Mapping (SYED 2020, S. 9)

Solche automatisierten Ansätze sind durch auf dem Markt zur Verfügung stehende Produkte wie *Next Generation Firewalls*, *Intrusion Prevention Systems* oder *Advanced Threat Detection* (Erkennung von Zero-Day-Attacken) gegeben. Allerdings stellt die sich ständig verändernde Angriffslandschaft hohe Anforderungen an Anbieter solcher Produkte, weswegen deren Auswahl und Nutzung eines gesonderten Prozesses bedarf. (s. PIRC ET AL. 2016, S. 135ff.)

Es lässt sich festhalten, dass **bestehende Ansätze zur Identifikation von Schwachstellen in Industrie-4.0-Umgebungen vor dem Hintergrund der zu beantwortenden Forschungsfrage unzureichend sind** (vgl. DESMIT ET AL. 2017, S. 340). Gerade die heterogenen Landschaften und technischen Zusammenhänge machen die Erkennung in Intelligenten Fabriken und Industrie-4.0-Umgebungen noch komplexer (s. ALANI U. ALLOGHANI 2019, S. 124). **Das Schwachstellenmanagement in KMU wird meist nur ad hoc angewandt und berücksichtigt die Bedrohungs- und Schwachstellenlandschaft nicht ganzheitlich**. KMU fehlt ein konkreter Ausgangspunkt, um einen Initialaufwand zu tätigen (s. KIESEL ET AL. 2020, S. 15). Aktuelle Studien belegen darüber hinaus, dass die Fähigkeiten zum Patchen von Schwachstellen und zum Konfigurationsmanagement insbesondere bei Industrie-4.0-nahen Kategorien wie ICS (*Industrial Control Systems*) und IoT-Geräten als unreif angesehen werden. Klassische Kategorien wie Netzwerkkomponenten oder Betriebssysteme schneiden deutlich besser ab. (s. HAZAR 2020, S. 12)

3.3 Grundlagen zur Beschreibung von Informationssicherheitsmaßnahmen

Die Umsetzung von Informationssicherheitsmaßnahmen ist maßgeblich an das Verständnis über eine jede Maßnahme und somit an deren Strukturierung und Beschreibung gekoppelt. Daher werden in diesem Kapitel Ansätze aufgezeigt, um Maßnahmen zu strukturieren (s. Kapitel 3.3.1) und zu beschreiben (s. Kapitel 3.3.2). Abschließend werden in Kapitel 3.3.3 Ansätze aufgezeigt, um relevante Maßnahmen abzuleiten und zu priorisieren.

3.3.1 Strukturierung von Informationssicherheitsmaßnahmen

Zur Strukturierung von Informationssicherheitsmaßnahmen werden häufig zwei Dimensionen genutzt. Die erste Dimension beschreibt die Art der Maßnahme, die zweite Dimension den Zeitpunkt der Umsetzung (s. SWANAGAN 2020). Hinsichtlich der Art wird häufig zwischen physischen (engl. *operational*), technischen (engl. *technical*) und organisatorischen (engl. *management*) Maßnahmen unterschieden (s. NIST 2006, S. 6; INSTITUTE FOR DIGITAL BUSINESS 2019). Maßnahmen, die den Menschen und die Sicherheitskultur im Unternehmen betreffen, zählen zu den organisatorischen Maßnahmen. Neben den Arten bestehen Kategorien (oder Familien) und Subkategorien, die die Maßnahmen genauer nach ihrer Funktionsweise unterteilen. Zu den Funktionen zählen bspw. *Asset Management* oder *Identitätsmanagement* und *Zugangskontrollen*, zu den Subkategorien wiederum *Auflistung externer Informationssysteme* oder *Data-at-rest*. (s. NIST 2018, S. 7)

Der Zeitpunkt zur Umsetzung einer Maßnahme kann präventiv / proaktiv, detektiv / aktiv oder korrektiv / reaktiv in Bezug auf einen Vorfall sein (s. WEGENER ET AL. 2016, S. 70f.)[26]. Rahmenwerke wie das *NIST Cybersecurity Framework* unterscheiden genauer zwischen *Identify*, *Protect*, *Detect*, *Respond* und *Recover* (s. NIST 2018, S. 7; SWANAGAN 2020).

Identify adressiert das Sicherheitsbewusstsein, um Risiken in Bezug auf die Informationssicherheit zu managen (bspw. Aufbau eines Informationssicherheitsmanagementsystems). *Protect* umfasst alle präventiven Maßnahmen, um die Bereitstellung notwendiger Prozesse sicherzustellen (bspw. Sensibilisierung und Training). *Detect* beschreibt alle Maßnahmen, die zur Identifizierung von Informationssicherheitsvorfällen dienen (bspw. kontinuierliches Monitoring). Die Kategorie *Respond* beinhaltet reaktive Maßnahmen, wie etwa Kommunikationsstrategien und Analysen eines Vorfalls. Letztlich umfasst *Recover* alle Maßnahmen zur Wiederherstellung und Verbesserung der Informationssicherheit im Unternehmen (bspw. *Recovery Planning*). (s. NIST 2018, S. 7f.; WEGENER ET AL. 2016, S. 70f.)

Für eine grobe Strukturierung von Informationssicherheitsmaßnahmen reicht die beschriebene Herangehensweise in den allermeisten Fällen aus. Allerdings genügt diese nicht, wenn **konkrete Umsetzungspläne zum Aufbau eines Informationssicherheitsmanagementsystems benötigt werden.**

3.3.2 Beschreibungsansätze für Informationssicherheitsmaßnahmen

Eng mit der Strukturierung von Informationssicherheitsmaßnahmen ist ihre Beschreibung verknüpft. Die Relevanz in dieser Untersuchung zur Beschreibung der Maßnahmen ist der Tatsache geschuldet, dass Unternehmen, insbesondere KMU, ohne Expertenwissen im Umgang mit Informationssicherheit vor der Herausforderung stehen, Maßnahmen voneinander abzugrenzen und diese zu priorisieren (s. Kapitel 3.3.3).

In der angewandten Praxis haben sich Maßnahmensteckbriefe zur Beschreibung durchgesetzt. Diese umfassen eine bis wenige Seiten (s. NIST und IT-GRUNDSCHUTZ KOMPENDIUM). In der Norm NIST SP 800-53 werden die Maßnahmen anhand der folgenden Abbildung beschrieben (s. Abbildung 3-7). Eine ID sowie die Bezeichnung der Maßnahme dienen der Übersicht-

[26] Teilweise werden auch abschreckende Maßnahmen genannt (s. WEGENER ET AL. 2016, S. 71).

lichkeit. Es folgen eine (Kurz-)Beschreibung der Maßnahme sowie eine unternehmensspezifische Anpassung. Darüber hinaus werden weitere Maßnahmen genannt, die mit der beschriebenen Maßnahme korrelieren. Anschließend folgen beliebig viele bzw. notwendige Ergänzungen der Maßnahme, um diese weiter zu konkretisieren. Zum Abschluss werden mit der Maßnahme verbundene Standards und Referenzen genannt. Der modulare Aufbau ermöglicht es, den Umfang der Maßnahmenbeschreibung zu variieren.

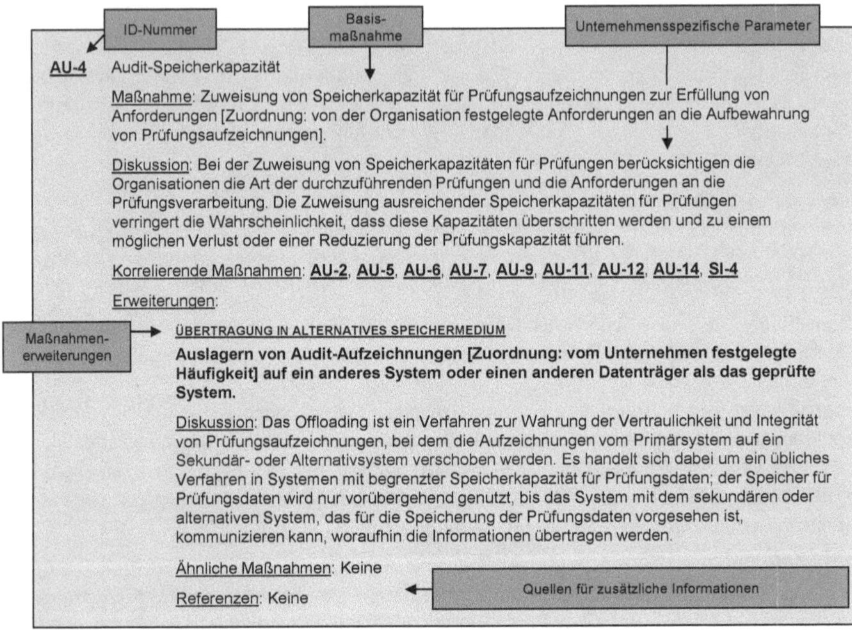

Abbildung 3-7: Beschreibungsstruktur (eigene Darstellung i. A. a. NIST SP 800-53 2020c, S. 9)

Die Beschreibung einer Maßnahme im IT-Grundschutz erfolgt umfangreicher. Neben einer zusätzlichen Einleitung, Zielsetzung (vgl. ISO/IEC 27001 Anhang A) und Abgrenzung der Maßnahme wird auf die Gefährdungslage eingegangen, mit der eine Maßnahme zu assoziieren ist. Im NIST-Framework wäre dies Bestandteil der Maßnahmenerweiterung sein. Darüber hinaus werden schutzniveauspezifische Anforderungen aufgezeigt, die es zur erfolgreichen Realisierung der Maßnahme umzusetzen gilt. Letztlich wird je Maßnahme wissenswertes Zusatzwissen vermittelt. Eine Kreuzreferenztabelle zu elementaren Gefährdungen wird als Anlage mitgereicht. (s. BSI 2020c, S. 1ff.)

Maßnahmen stellen häufig keine bipolaren Elemente dar, die vorhanden, also umgesetzt oder nicht vorhanden sind. Demnach ergibt sich ein Reife- oder auch Umsetzungsgrad einer jeden Maßnahme, der relevant für deren Beschreibung ist. Der Reifegrad kann von „nicht umgesetzt" bis „kontinuierlich verbessert" reichen. Zwischenstufen sind „formlos umgesetzt", „geplant und weiterverfolgt", „gut definiert" und „quantitativ kontrolliert" (s. ISO/IEC 21827:2008). Je höher dieser Grad ist, desto höher ist die Wahrscheinlichkeit, dass die Maßnahme effektiv und sicher greift (s. SCHMITZ U. PAPE 2020, S. 7). Zur Ermittlung der unterschiedlichen Reifegrade können bspw. das CobiT-Framework und verschiedene Fragebögen wie die des VDA und der ISO/IEC 27002 zum Informationssicherheits-Assessment herangezogen werden (VERBAND DER

AUTOMOBILINDUSTRIE (VDA) 2021). Diese haben sich in der Praxis bereits erwiesen. Die Reifegrade sind vergleichbar mit denen anderer Standards, wie bspw. NIST SP 800-30 (NIST SP 800-30), SSE-CMM (ISO/IEC 21827:2008) und CMMI (s. SCHMITZ U. PAPE 2020, S. 7). **Es lässt sich festhalten, dass die beschriebenen Ansätze und Elemente ausreichen, um den Anforderungen nach Anwendbarkeit und Pragmatik gerecht werden zu können.**

3.3.3 Methoden zur Bestimmung von Informationssicherheitsmaßnahmen

Zu einem pragmatischen Umgang mit der Informationssicherheit in Unternehmen zählt es, dass Informationssicherheitsmaßnahmen bzw. die dahinterliegenden Prozesse hinsichtlich ihrer Relevanz für ein spezifisches Unternehmen bzw. einen bestimmten Kontext priorisiert werden müssen (s. WEGENER ET AL. 2016, S. 26f.). Durch die zahlreichen Inputvariablen, die zur Priorisierung notwendig sind, weist dieser Schritt eine enge Verknüpfung zu Risikoanalysen und Informationssicherheitsmanagementsystemen auf. Bei der Auswahl und Priorisierung von Maßnahmen werden verschiedene Aspekte gegenübergestellt. Neben der notwendigen Bedingung der Wirkung zählen etwa entstehende Kosten und Aufwände[27], notwendiges Know-how, Beteiligte und Beschaffungen oder Wechselwirkungen mit anderen Maßnahmen zu den Zielgrößen (vgl. SCHMITZ U. PAPE 2020, S. 11ff.).

Als Teil von Bedrohungs- und Risikoanalysen erfolgt die Bestimmung relevanter Informationssicherheitsmaßnahmen grundsätzlich auf Basis zweier unterschiedlicher Herangehensweisen: Grundschutz- und Wertansatz (s. HOLTHAUS 2000, S. 171f.).

Grundschutzansatz

Bei der ersten Herangehensweise werden Maßnahmen einer festen Anzahl von Sicherheitsniveaus zugeordnet. Die Zuweisung eines Unternehmens zu einem Sicherheitsniveau ergibt automatisch die relevanten Informationssicherheitsmaßnahmen. Vorteilhaft bei dieser Herangehensweise ist die reduzierte Komplexität zur Bestimmung der relevanten Informationssicherheitsmaßnahmen, weil die Zuweisung lediglich auf wenigen Möglichkeiten basiert. Nachteilig hingegen sind die geringen Abgrenzungs- und Fokussierungsmöglichkeiten in Bezug auf weitere Einflussfaktoren. (s. HOLTHAUS 2000, S. 171)

NIST bspw. unterscheidet zwischen geringem, mittlerem und hohem Einfluss von Maßnahmen auf die Absicherung der Informationssicherheit (s. NIST 2020b, S. 6). Der BSI-IT-GRUNDSCHUTZ unterteilt hinsichtlich Kern-, Basis- und Standardabsicherung in Relation zu einem „normalen Schutzbedarf" (s. BSI 2017c, S. 28ff.). Die Maßnahmen der CIS CONTROLS werden in drei Implementierungsgruppen (IGs) unterschieden (s. CIS 2021, S. 5).

Wertansatz

Die zweite Herangehensweise nutzt im Gegensatz zur ersten keine festen Sicherheitsniveaus, sondern eine unternehmensspezifische Auswahl notwendiger Maßnahmen. Gerade hochspezialisierte Systeme, Umgebungen und Unternehmen können nur bedingt auf eine vordefinierte Liste von Maßnahmen zurückgreifen. Die Spezialisierung erfordert eine differenziertere Betrachtung notwendiger Maßnahmen und Schutzgüter in Form einer direkten Wertzuteilung,

[27] Es existieren umfassende Überblicke zur Wirtschaftlichkeitsbetrachtung von Informationssicherheitsmaßnahmen (vgl. KLIPPER 2015, S. 155ff.).

Grundanforderungen als Entscheidungskriterien, unternehmensspezifische sowie gemeinsame oder individuelle Kriterien. (s. HOLTHAUS 2000, S. 171ff.)

Der Vorteil bei dieser Herangehensweise ist eine höhere Passgenauigkeit von System und Maßnahme (Effektivität) und somit eine bessere Kosten-Nutzen-Effizienz bei der Umsetzung (vgl. SCHMITZ U. PAPE 2020, S. 12). Nachteilig ist der höhere Bestimmungsaufwand der Maßnahmen, welcher zusätzliches Expertenwissen bedarf. Unterstützt werden die beiden Herangehensweisen durch die Lösung rein mathematischer Optimierungsprobleme (s. KAVALLIERATOS ET AL. 2021; LEE 2020; YEVSEYEVA ET AL. 2016) und Spieltheorie-Ansätze (s. ZARREH ET AL. 2019).

Zwischenfazit zur Grundschutz- und Wertansatz

Beide Ansätze weisen Vor- und Nachteile in ihrer Anwendung auf. Eine Kombination der beiden Herangehensweisen ist denkbar und wird als kombinierter Ansatz bezeichnet, bei dem die positiven Aspekte der beiden Herangehensweisen zusammengebracht werden. Vorteilhaft ist hier der geringere Aufwand in der Bedrohungs- und Risikoanalyse, da diese nur für schützenswerte Assets durchgeführt werden. Von Nachteil ist allerdings, dass die Werte der Assets dann nicht mehr genauer betrachtet werden. (s. HOLTHAUS 2000, S. 179)

Ergänzende Ansätze zum Grundschutz- und Wertansatz

Der Vollständigkeit halber seien die beiden Ansätze „Ad hoc" und „Do nothing" erwähnt. Bei dem ersten handelt es sich um einen weit verbreiteten, aber unstrukturierten und deswegen ungeeigneten Ansatz (DIN EN ISO/IEC 27005:2018-07). Maßnahmen werden immer nur nach einem Vorfall und ohne strategische Ausrichtung umgesetzt. Der Do-nothing-Ansatz ist durch das Nichtvorhandensein eines Informationssicherheitsmanagements charakterisiert. Das spart zwar Kosten und Aufwände, setzt das Unternehmen jedoch einer großen Gefahr aus. (s. HOLTHAUS 2000, S. 179)

Anbieterauswahl

An die Auswahl einer Maßnahme ist die Anbieterauswahl gekoppelt. Hier stehen Unternehmen vor ähnlichen Herausforderungen. Die Menge der zur Verfügung stehenden Maßnahmen wird von der Menge potenzieller Anbieter übertroffen. Es existieren zwar Studien zu kosten-effektiven Technologien, allerdings fokussieren diese Großunternehmen und fortgeschrittene Technologien (s. COBURN ET AL. 2019, S. 269). Zu solchen Technologien zählen etwa *Advanced Identity and Access Governance* oder *Extensive Deployment of Encryption Technologies* (s. PONEMON INSTITUTE 2017, S. 6). Somit fehlt es auch bei der Anbieterauswahl an einer Unterstützung für KMU.

Pareto-Prinzip

Das Pareto-Prinzip spielt für die Auswahl und Priorisierung notwendiger Maßnahmen eine wichtige Rolle, weil zum einen der Großteil der heutigen Herausforderungen im Kontext von Informationssicherheit durch Ansätze, Technologien und Richtlinien adressiert werden kann, die bereits auf dem Markt existieren[28] (s. SAGER 2018, S. 2). Zum anderen besagt das Prinzip, dass mit 20 % des Inputs 80 % des Outputs generiert werden, was bedeutet, dass wenige gut ausgewählte Maßnahmen und abgestimmte Konzepte den Großteil der Angriffe erfolgreich

[28] s. LEGEZO 2015; KHOUZANI ET AL. 2016.

verhindern können (s. KLIPPER 2015, S. 161). Es ergeben sich jedoch auch negative Aspekte bei der Berücksichtigung des Prinzips. Denn die angesprochenen 80 % reichen nicht aus, um von „Sicherheit der Informationen" sprechen zu können. Ebenso wenig berücksichtigt das Prinzip weitere Faktoren wie Kosten der Maßnahmen oder Unsicherheiten, was die explizite Einsatzbarkeit deutlich reduziert (s. KHOUZANI ET AL. 2016, S. 190). **Es fehlen klar strukturierte und nachvollziehbare Entscheidungsfaktoren zur Auswahl von Maßnahmen für KMU.** Nichtsdestotrotz hat sich das Pareto-Prinzip als zielführendes Hilfsmittel erwiesen, um einem pragmatischen und effizienten Umgang mit Informationssicherheit gerecht werden zu können (s. DAMROW 2017). Für KMU kann der Nutzen als hoch eingestuft werden, um die Kommunikation und Argumentation in Richtung Management zu verbessern und Investitionen dadurch valider begründen zu können.

Zwischenfazit

Es lässt sich festhalten, dass die Strukturierung und Beschreibung von Informationssicherheitsmaßnahmen in Wissenschaft und Praxis keine relevanten Handlungsfelder darstellen. Zwar dienen die Strukturierung und Beschreibung einem besseren Verständnis zum Thema Informationssicherheit, allerdings nutzen Unternehmen gerade hier Standards und Vorarbeiten, die sich als pragmatisch erwiesen haben (s. *NIST Cyber Security Framework* o. ä.). **Die größten Herausforderungen für Unternehmen ergeben sich in Bezug auf die Auswahl und Priorisierung der Maßnahmen.** Da KMU nur begrenzte Ressourcen zur Verfügung stehen, handelt es sich nicht um eine theoretische Zuweisung von Schwachstellen zu Maßnahmen. Vielmehr stellt eine unternehmensspezifische Auswahl und Priorisierung wie aufgezeigt ein betriebswirtschaftliches Optimierungsproblem dar. Aufbauend auf den Schwachstellen, die eine Industrie-4.0-Umgebung aufweist, müssen Maßnahmen hinsichtlich ihrer Wirksamkeit vorausgewählt und anschließend auf Basis spezifischer Entscheidungskriterien priorisiert werden.

3.4 Ansätze zur Realisierung der Informationssicherheit in produzierenden Unternehmen

Die zuvor beschriebenen Kapitel 3.2, 3.3 und Teile des Kapitels 3.1 fließen in gesamtheitlichen Konzepten zur Realisierung der Informationssicherheit produzierender Unternehmen zusammen. Im Folgenden werden auf Standards, Rahmenwerke und Ansätze zur Umsetzung eines Informationssicherheitsmanagementsystems eingegangen. Es werden lediglich die relevantesten Arbeiten für KMU im produzierenden Umfeld berücksichtigt (vgl. FILKINS 2018, S. 11; FILKINS ET AL. 2019, S. 18; TUPTUK U. HAILES 2018, S. 102; OPEN INDUSTRY 4.0 ALLIANCE 2019b, S. 9). Zwar unterscheiden sich die Ansätze in ihren Ausführungen, allerdings nur wenig in ihren Grundsätzen (s. MANSO ET AL. 2015, S. 9f.).

Standards und Normen im Bereich der Informationssicherheit sind seit jeher Objekte zahlreicher Bemühungen. Dennoch zeigen aktuelle Recherchen in einschlägigen Wissensdatenbanken, dass nur wenige Publikationen in Bezug auf KMU unter dem Suchbegriff „Cybersecurity & SME (engl. für KMU) & Standard" zu finden sind (s. OZKAN U. SPRUIT 2019, S. 48). Im Fokus aktueller Standardisierungsbemühungen steht die Norm ISO/IEC 62443. Sie bedient sich explizit an den Ideen und Grundsätzen bestehender Normen. In der folgenden Abbildung sind einige der Bemühungen mit einer Kurzbeschreibung aufgeführt (s. Abbildung 3-8).

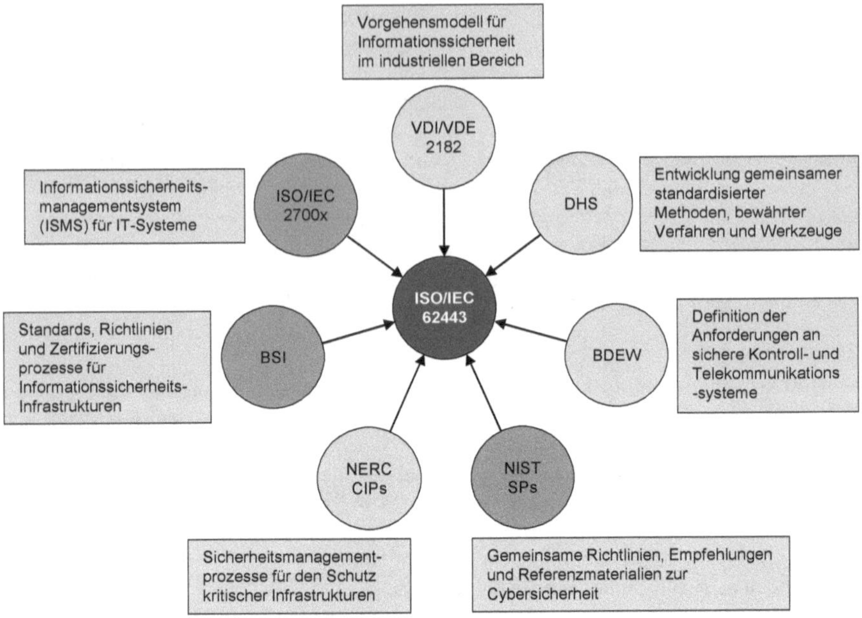

Abbildung 3-8: Aktuelle Standardisierungsbemühungen im Kontext der Informationssicherheit (eigene Darstellung i. A. a. EHRLICH ET AL. 2018, S. 5)

NIST Cyber Security Framework

Das *National Institute of Standards and Technology* (NIST) gibt im Rahmen des aktualisierten *Cyber Security Framework* (CSF, Version 1.1) Empfehlungen heraus. Originär sollen diese Empfehlungen öffentlichen Behörden zugutekommen. Sie können jedoch auch auf produzierende Unternehmen angewandt werden. Das Framework besteht aus drei Teilen, dem *Core* (Kern), *Tiers* (Stufen) und *Profiles* (Profile). Der Kern besteht aus Aktivitäten, erwünschten Ergebnissen und anwendbare Quellen. Er setzt sich aus fünf den Funktionen *Identify*, *Protect*, *Detect*, *Respond* und *Recover* zusammen, denen jeweils Maßnahmen zugeordnet sind. Die Stufen nehmen Bezug zu den in Kapitel 3.3.2 beschriebenen Reifegraden, indem sie auf einer Skala von 1 bis 4 die Umsetzung eines ISMS in Unternehmen repräsentieren. Sie stellen einen progressiven Ansatz dar, von partiell über risikoinformiert, wiederholbar bis hin zu adaptiv. Die Profile tragen dem Umstand Rechnung, dass Normen und Standards häufig von einem optimalen Zielzustand ausgehen. Über die Profile lassen sich Ist- und Zielzustand vergleichen. Darüber hinaus dienen sie zum Self-Assessment und unterstützen die Kommunikation im Unternehmen.

Das Framework bietet einen Ansatz zur Etablierung bzw. Verbesserung von ISMS. Die folgenden Schritte werden der Reihe nach durchgeführt und können beliebig oft wiederholt werden:

- Schritt 1 – Priorisierung und Umfang: Strategische Verankerung des Themas und Zielbestimmung.
- Schritt 2 – Orientierung: Bestimmung relevanter Systeme, Assets, Gefahren und Schwachstellen auf Basis des Umfangs.
- Schritt 3 – Status quo: Ermittlung des Status quo auf Basis des Frameworks.

- Schritt 4 – Risikoermittlung: Bestimmung von Risiken in Bezug auf die identifizierten Assets und Systeme.
- Schritt 5 – Zielzustand: Festhalten des Zielzustands für den festgelegten Umfang.
- Schritt 6 – Handlungsbedarf: Bestimmung bestehender Lücken durch Abgleich von Risiken und Status quo.
- Schritt 7 – Implementierung: Konkrete Planung und Umsetzung eines Aktionsplans mit entsprechenden Maßnahmen.

Zusätzlich bietet das Framework Empfehlungen zum Umgang und der Kommunikation mit Stakeholdern, Kaufentscheidungen und neuen Quellen bzw. Erkenntnissen im Bereich der Informationssicherheit. Ein erweitertes Vorgehen und Handlungsempfehlungen für ein Self-Assessment bilden den Abschluss. (s. NIST 2018)

Das Framework setzt zwar auf eine recht niederschwellige Herangehensweise, allerdings mangelt es vor dem Hintergrund der zu beantwortenden Forschungsfrage an Hilfestellungen und konkreten Methoden für Unternehmen. Nur Unternehmen mit ausreichend Know-how und Expertenwissen können auf Basis des Frameworks ein eigenes Informationssicherheitsmanagementsystem aufbauen.

ISO/IEC 2700X

Ziel der Normreihe ISO/IEC 2700x ist die Vermittlung von Anforderungen an ein ISMS sowie branchenspezifische wie allgemeingültige Anleitungen zur Umsetzung und Bewertung eines ISMS (s. DIN EN ISO/IEC 27000:2020-06, S. 6). Sie lässt sich nach einzelnen Unteraufgaben in Bezug auf ein ISMS in rund 20 Teile unterteilen und stellt ein umfangreiches Rahmenwerk dar (s. KERSTEN ET AL. 2020b, S. 3). Im Folgenden wird auf die vom BSI als wesentlich erachteten Teile eingegangen (s. BSI 2017b, S. 8f.).

Im Normenteil ISO/IEC 27000 werden grundlegende Begriffe erklärt. Der einleitende Teil gibt einen Überblick über ISMS und die Zusammenhänge innerhalb der Norm. Als zentraler Standard hat sich der Teil ISO/IEC 27001 international positioniert (s. Abbildung 3-9). Er befasst sich mit dem Management der Informationssicherheit und ihrer Zertifizierung. In Anlehnung an den PDCA-Zyklus beschreibt die Norm Anforderungen zur Einführung, Umsetzung, Überprüfung, Aufrechterhaltung sowie Verbesserung eines ISMS. Grundlage dafür ist stets die Berücksichtigung von Unternehmensrisiken. Nicht Teil der Norm sind Empfehlungen zur praktischen Umsetzung. Sie verfügt über einen Anhang mit 114 Maßnahmen (s. DIN EN ISO/IEC 27001: 2017-06, S. 5) In der Norm ISO/IEC 27006 werden Anforderungen an Institutionen zur Zertifizierung nach ISO/IEC 27001 genauer beschrieben (s. DIN EN ISO/IEC 27006:2021-05, S. 25). In der ISO/IEC 27002 wird ein Rahmenwerk definiert, mit dem durch Zuhilfenahme von Leitfäden zur Auswahl und Umsetzung von Maßnahmen die Informationssicherheit erreicht werden soll. Es gilt aber festzuhalten, dass die Maßnahmen nur kurz beschrieben werden und sich die Empfehlungen weniger auf konkrete technische Hinweise, sondern mehr auf die Managementebene beziehen. (s. DIN EN ISO/IEC 27002:2017-06, S. 31) Letztlich bietet die Norm ISO/IEC 27005 einen Rahmen und Leitfäden zur Entwicklung eines prozessualen Risikomanagements als integraler Bestandteil eines ISMS (s. DIN EN ISO/IEC 27005:2018-07).

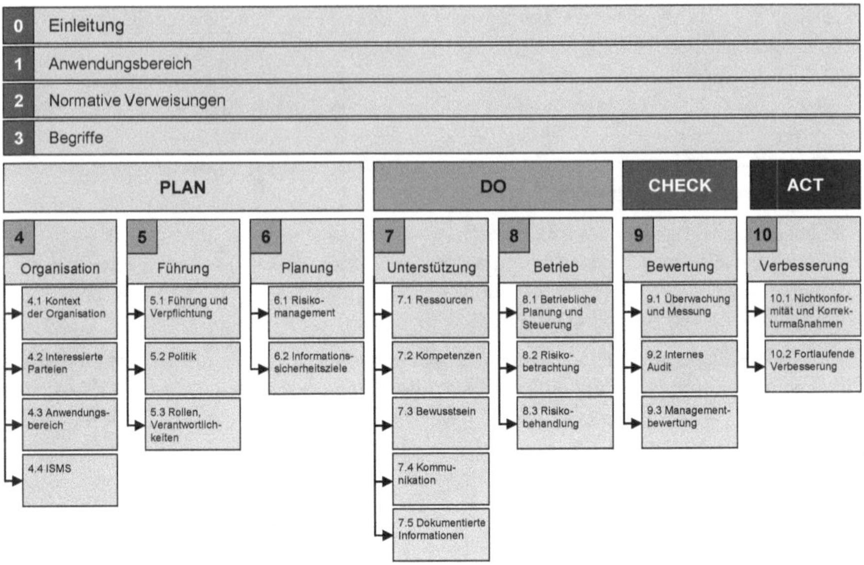

Abbildung 3-9: Abschnitte der ISO/IEC 27001 (eigene Darstellung i. A. a. HANSCHKE 2020, S. 19)

Die Normenreihe ISO/IEC 2700x bildet einen der umfangreichsten Ansätze zum Aufbau eines ISMS und ist an vielen Stellen überladen von Inhalten. **Somit mangelt es dem Ansatz an Praxistauglichkeit gerade für KMU und er ist nur in seltenen Fällen anwendbar.**

NIST Special Publications, 800er-Reihe

Neben dem von NIST veröffentlichten *NIST Cyber Security Framework* existieren verschiedene sogenannte *Special Publications* (SP). NIST als Institution ähnelt dem Deutschen Institut für Normung e. V. und bemüht sich um zahlreiche Aspekte in Bezug auf Informationssicherheit im Zusammenhang mit dem *Federal Information Security Management Act* (FISMA) (s. ALSHBOUL U. STREFF 2015, S. 2), welches in seinen Grundsätzen vergleichbar mit den deutschen Sicherheitsgesetzen ist. Die Publikationen beziehen sich primär auf kritische Infrastrukturen, können aber nach eigener Aussage auf beliebige andere Unternehmen und Sektoren angewandt werden. Im Folgenden wird kurz auf die relevanten Veröffentlichungen im Rahmen dieser Untersuchung eingegangen. Eine Joint-Taskforce-Initiative veröffentlicht und aktualisiert die Publikationen (s. NIST SP 800-30, S. 3):

- SP 800-39, *Managing Information Security Risk: Organization, Mission, And Information System View*[29]
  Die Bestandteile des hier aufgeführten Risikomanagementprozesses sind Risikobereich festlegen (i), Risiko bewerten (ii), Risiko begegnen (iii) und Risiko überwachen (iv). (s. NIST SP 800-30, S. 4)

[29] SP 800-39 ersetzt SP 800-30 als primäre Quelle für Anleitungen zum Informationssicherheitsrisikomanagement.

- SP 800-37, *Guide for Applying the Risk Management Framework to Federal Information Systems: A Security Life Cycle Approach*
  Die Richtlinie definiert ein Risikomanagementframework in Bezug auf den Lebenszyklus von Informationssystemen und entsprechenden Maßnahmen. Es besteht aus den sechs Schritten Kategorisieren *(des Informationssystems),* Auswahl *(der Maßnahmen),* Implementierung *(der Maßnahmen),* Bewertung *(der Maßnahmen),* Autorisierung *(des Informationssystems)* und Überwachung *(der Maßnahmen).* (s. NIST SP 800-30, S. 20f.)
- SP 800-53, *Recommended Security Controls for Federal Information Systems and Organizations*
  Die Veröffentlichung enthält etablierte Maßnahmen für Systeme und Organisationen. Sie gelten für alle Unternehmen, die Informationen verarbeiten, speichern oder weiterleiten. (s. NIST 2020b, S. 1)
- SP 800-53A, *Guide for Assessing the Security Controls in Federal Information Systems and Organizations: Building Effective Security Assessment Plans*
  In Ergänzung zu SP 800-53 bietet die Erweiterung SP 800-53A Richtlinien und Empfehlungen zum Aufbau einer effektiven Informationssicherheitsbewertung. (s. NIST 2014, S. 1)
- SP 800-82, *Guide to Industrial Control Systems Security*
  Letztlich richtet sich die SP 800-82 dezidiert an ICS, SCADA und DCS (engl. *distributed control systems*) in der Produktionsumgebung und stellt damit eine wichtige Richtlinie im Zusammenhang mit Industrie 4.0 dar. Neben einem umfangreichen Überblick betrachtet sie typische Systemtopologien und Architekturen, identifiziert bekannte Gefahren und Schwachstellen dieser Systeme und beinhaltet Empfehlungen, um das Sicherheitsrisiko mit angemessenen Maßnahmen zu minimieren. (s. NIST SP 800-82, S. 1)

Die einzelnen *Special Publications* adressieren zwar relevante Aspekte in Bezug auf die Umsetzung eines ISMS, allerdings sind sie stellenweise **zu umfangreich**, setzen zu viel **Expertenwissen** voraus und stellen **kein abschließendes Dokument** dar. Daher sind sie nur schwer anzuwenden und in den Aufbau eines ISMS zu integrieren.

ISO/IEC 62443

In der Norm ISO/IEC 62443 definiert die *International Electrotechnical Commission* (IEC) einen Sicherheitsstandard für *Industrial Automation and Control Systems* (IACS) (s. EHRLICH ET AL. 2019, S. 1). Sie besteht aus insgesamt vier Teilen mit jeweils mehreren Unterteilen. In der Norm IEC 62443-1-x werden grundlegende Begrifflichkeiten, Konzepte und Modelle, die in den anderen Normen Anwendung finden, beschrieben (s. ISO/IEC 62443-1-1). Anforderungen an die Implementierung von ISMS sind neben dem Patch-Management und den Anforderungen an Installation und Wartung von IACS-Bestandteil der Norm IEC 62443-2-x (s. ISO/IEC 62443-2-1). Die IEC 62443-3-x definiert allgemeine sowie spezifische Sicherheitstechnologien, deren Level und Anforderungen in Bezug auf unterschiedliche Themenkomplexe (s. ISO/IEC 62443-3-3). Letztlich wird in der IEC 62443-4-x die Produktentwicklung adressiert, indem Sicherheitsanforderungen an IACS-Komponenten sowie generelle Anforderungen an den Entwicklungsprozess thematisiert werden (s. ISO/IEC 62443-4-2).

Den sieben Grundanforderungen (GA) der industriellen Automatisierungssicherheit *Zugangskontrolle*, *Verwendungskontrolle*, *Datenintegrität*, *Datenvertraulichkeit*, *Datenfluss einschränken*, *Rechtzeitige Reaktion auf Ereignisse* und *Ressourcenverfügbarkeit*, die im ersten Teil thematisiert werden, werden Systemanforderungen (SA) und darunterliegende Anforderungserweiterungen (AE) zugeordnet. So wird bspw. der GA Zugangskontrolle (GA 1) die SA 1.1

Identifikation und Authentifizierung menschlicher Nutzer zugeordnet, dieser wiederrum Multifaktorauthentifizierung unbekannter Netzwerke (AE 1.1.2) (s. ISO/IEC 62443-3-3, S. 22; 75). Zusammengeführt werden GA, SA und AE in fünf verschiedenen Sicherheitslevels (SL), um diese zu erreichen bzw. beizubehalten. Die SL sind dabei in Rangfolge der Komplexität der Gefahr bzw. der Motivation sowie den Fähigkeiten und Ressourcen der Angreifer gegliedert. Eine Zusammenfassung der SL ist in Tabelle 3-1 zu finden. Die Operationalisierung im Rahmen einer Risikoanalyse erfolgt über drei Typen von SL: SL-Ziel (SL-Z; gewünschtes SL bei Konzeption), SL-erreicht (SL-E; erreichtes SL eines Systems im Betrieb) und SL-fähig (SL-F; erreichtes SL einer Systemkomponente) (s. ISO/IEC 62443-3-3, S. 68).

Tabelle 3-1: Sicherheitslevel der Normreihe IEC 62443 (i. A. a. ISO/IEC 62443-3-3, S. 72f.; EHRLICH ET AL. 2019, S. 3; DELY 2020, S. 2)

SL	Motivation	Fähigkeiten	Ressourcen
0	keine	keine	keine
1	beiläufig/zufällig	keine speziellen	Standard
2	beabsichtigt/niedrig	grundlegend	Standard
3	beabsichtigt/mittel	anspruchsvoll/speziell	hoch
4	beabsichtigt/hoch	anspruchsvoll/speziell	hoch/erweitert

Die ISO/IEC 62443 verfolgt zwar den Ansatz, „das Beste aus allen Welten zu vereinen", allerdings ist die Auslegung der Norm recht **technisch geprägt** und bezieht sich primär auf das **Automatisierungsumfeld**. **Pragmatismus** und eine **effiziente Herangehensweise** zum Aufbau eines ISMS stehen weniger im Fokus.

BSI-Standards zur Informationssicherheit

Die im deutschsprachigen Raum wohl bekanntesten Richtlinien zum Thema Informationssicherheit sind die Publikationen des BSI. Seit 1994 wird das IT-Grundschutzhandbuch entwickelt, welches im Jahr 2005 eine Aktualisierung und Umstrukturierung erfahren hat. Infolgedessen wurde es in die Vorgehensweise nach IT-Grundschutz und in die IT-Grundschutz-Kataloge geteilt (s. Abbildung 3-10).

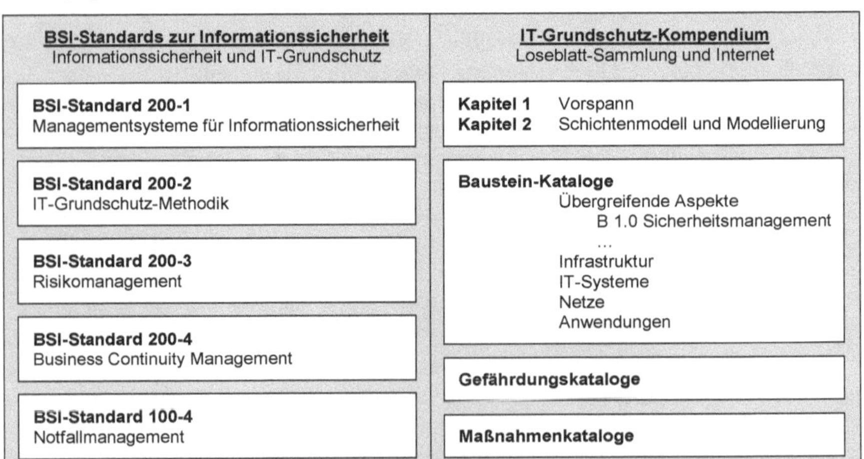

Abbildung 3-10: BSI-Publikationen zum Informationssicherheitsmanagement (eigene Darstellung i. A. a. BSI 2017b, S. 10)

Im Allgemeinen sind die Standards zu großen Teilen kompatibel mit entsprechenden Teilbereichen der ISO/IEC 2700x-Reihe. Die Aufteilung der einzelnen und teilweise erneuerten Standards 200-1, 200-2, 200-3 und 100-4 ergibt sich ähnlich wie in der ISO/IEC 2700x-Reihe nach Bestandteilen eines ISMS. Im BSI-Standard 200-1 werden allgemeine Anforderungen an ein ISMS definiert (s. BSI 2017a). Aufbauend darauf gibt der Standard 200-2 eine Schritt-für-Schritt-Anleitung zur Umsetzung eines ISMS auf Basis dieser Anforderungen. Hier wird anhand von Sicherheitskonzepten aus der Praxis nicht nur auf die Frage eingegangen, *was* umgesetzt werden soll, sondern auch *wie* die Umsetzung gelingen kann. (s. BSI 2017c) Das Risikomanagement ist Bestandteil des BSI-Standards 200-3 (s. BSI 2017d). Letztlich umfasst der Standard 100-4 die Etablierung und Aufrechterhaltung eines Notfallmanagements im Unternehmen (s. BSI 2008).

Die IT-Grundschutz-Kataloge stellen eine Loseblattsammlung dar. In ihrer aktuellen Fassung, der 15. Ergänzungslieferung, umfassen sie mehr als 5.000 Seiten sowie rund 100 Bausteine, 700 Gefährdungen und 1.600 Maßnahmen (s. BSI 2016). Auch wenn die Publikationsreihe durch ihre Modernisierung in ihrer Anwendung flexibler geworden ist und mit ihrer *Basisabsicherung* eine Einsteigervariante für KMU bietet (s. BONHOEFFER 2020), bleibt festzuhalten, dass die Publikationen für KMU häufig zu **komplex**, zu **umfangreich** und somit **ungeeignet** sind (s. REPPNER 2010; WIESNER 2019, S. 1; BACHLECHNER ET AL. 2016, S. 182).

Zwischenfazit

Als Zwischenfazit lässt sich festhalten, dass zahlreiche Standards, Rahmenwerke, Richtlinien und Normen existieren, anhand derer Unternehmen ein ISMS implementieren und kontinuierlich weiterentwickeln können. **Allerdings mangelt es diesen Ansätzen häufig an einer spezifischen Betrachtung von KMU und deren Anforderungen**. Auf der Marktseite existieren zu viele Angebote (s. JOHANNSEN U. KANT 2020, S. 1061), welche die realen Herausforderungen verfehlen und keine konkreten Handlungspfade aufzeigen (s. HEIDT ET AL. 2019, S. 1299; EMPL U. PERNUL 2021, S. 2). Nur in seltenen Fällen fokussieren sie von Beginn die Einsatzfähigkeit und Praxistauglichkeit in KMU (s. MÜLLER 2018, S. 17; SCHMITZ U. PAPE 2020, S. 21). Darüber hinaus werden existierende Ansätze häufig als aufwändig und teuer wahrgenommen (s. ALSHBOUL U. STREFF 2015, S. 2). Eine IT-Governance (s. Kapitel 8.1.2) wird in keinem Rahmenwerk berücksichtigt (s. NEITZEL 2015, S. 5). **Somit sind die zur Verfügung stehenden Normen und Standards für KMU ungeeignet**, ohne sie in umfangreichen Vorhaben anpassen zu müssen (s. ALSHBOUL U. STREFF 2015, S. 7; GAYCKEN ET AL. 2015, S. 2). Dieser Anpassungsprozess wird als *Tailoring* bezeichnet (s. JOHANNSEN U. KANT 2020, S. 1061).

Im folgenden Kapitel werden die relevanten Anforderungen an die Umsetzung eines ISMS von KMU zusammengefasst. Diese dienen im späteren Verlauf der Arbeit als Leitlinien zur Gestaltung des effizienten und pragmatischen Vorgehensmodells.

3.5 Anforderungen an eine effiziente ISMS-Umsetzung in KMU

3.5.1 Definition von und Informationssicherheit in KMU

Mit einer Anzahl von 2,6 Millionen ist der Großteil der deutschen Unternehmen den kleinen und mittleren (mittelständischen) Unternehmen (KMU) zuzuordnen. Rund 56 % aller sozialversicherungspflichtigen Personen in Deutschland sind in KMU beschäftigt, die einen Anteil von 42 % an der Bruttowertschöpfung Deutschlands beanspruchen. (DESTATIS 2021)

Trotz dieser Relevanz sind die Begriffe KMU, Mittelstand und Familienunternehmen nur schwer abzugrenzen. Sie werden häufig synonym verwendet. (s. BECKER ET AL. 2017, S. 17)

Es existieren verschiedene Definitionen für KMU. Häufig wird die Definition der Europäischen Kommission nach EU-Empfehlung 2003/361 herangezogen, die eine rein quantitative Einordnung vornimmt. Unternehmen gehören zur Gruppe der KMU, sofern sie weniger als 250 Personen beschäftigen, einen Jahresumsatz von maximal 50 Millionen Euro erwirtschaften oder eine Bilanzsumme von höchstens 43 Millionen Euro aufweisen. (EUROPÄISCHE UNION 2003)

Nach der Definition des Instituts für Mittelstandsforschung (IfM) Bonn, die sich an der EU-Definition orientiert, sind Unternehmen noch KMU, wenn sie weniger als 500 Beschäftigte haben (IFM BONN 2020). Diese Definition berücksichtigt die speziellen Gegebenheiten der Unternehmen in Deutschland. Hierzulande gibt es zwar deutlich weniger KMU auf 100.000 Einwohner gerechnet (3.039) als im EU-Schnitt (4.875), dafür sind dort aber im Durchschnitt mit 7,6 Beschäftigten fast doppelt so viele angestellt wie im EU-28-Schnitt[30] (IFM BONN 2018).

Eine weitere Unterteilung des IfM Bonn enthält auch qualitative Kriterien des Mittelstands, zu denen auch *Familien-, Eigentümer- und familiengeführte Unternehmen* gehören. 50 % der Unternehmensanteile müssen sich hier in den Händen von maximal zwei natürlichen Personen befinden, die ebenfalls Teil der Geschäftsführung sein müssen.

Im Kontext der Informationssicherheit zeigt sich, dass KMU inkl. der Unternehmen bis 500 Mitarbeiter besonders häufig von Informationssicherheitsvorfällen betroffen sind. Rund drei Viertel aller Unternehmen bis 500 Mitarbeiter sind bereits von Cyber-Angriffen betroffen gewesen, bei weiteren 20 % wird dies vermutet. Dabei ist jedoch zu beachten, dass die Dunkelziffer deutlich höher eingeschätzt wird (s. BUNDESKRIMINALAMT 2022, S. 4) und Unternehmen auch mehrere Male betroffen sind, also eine höhere Prävalenzrate aufweisen (s. DREIßIGACKER ET AL. 2020, S. 27ff.). Zwar ist das Thema für viele KMU von großer Relevanz (<50 MA: 64 %; <500 MA: 83 %), doch nur 20 % bzw. 48 % jener Unternehmen hat bereits eine Risikoanalyse durchgeführt. (s. HENSELER-UNGER U. HILLEBRAND 2018, S. 688) In einer Studie der GOTHAER VERSICHERUNG geben die befragten KMU an, dass sie Hackerangriffe auf Platz 1 der bedrohlichsten Gefahren sehen (s. GOTHAER VERSICHERUNGEN 2019, S. 1).

3.5.2 Anforderungen an ein effizientes und pragmatisches ISMS

KMU stehen aufgrund ihrer Rahmenbedingungen und Charakteristika also vor besonderen Herausforderungen in Bezug auf ihre Informationssicherheit. Großunternehmen sind häufig in der Lage, teure Investitionen zu tätigen, um ihre Informationssicherheit zu realisieren.[31] Darüber hinaus verfügen sie über die notwendigen Ressourcen und Wissensträger. Zu den vielfältigen Herausforderungen in KMU zählen etwa (s. ABOLHASSAN 2017b, S. 3 [i]; BENZ U. CHATTERJEE 2020, S. 2 [ii] ; BSI 2011, S. 8 [iii]; GAYCKEN ET AL. 2015, S. 3 [iv]; HEIDT U. BUXMANN 2018, S. 22 [v]; KURPJUHN 2015, S. 1ff. [vi]; HEIKKILA ET AL. 2016, S. 27f. [vii]; SHOJAIFAR ET AL. 2020, S. 1f. [viii]; SCHRÖDER 2016, S. 12 [ix]; WIESNER 2019, S. 1 [x]; MANSO ET AL. 2015, S. 13ff. [xi]; GÜNTHER 2017 [xii]):

[30] Inkl. Großbritannien.

[31] Was nicht bedeutet, dass nicht auch Großkonzerne erfolgreich angegriffen werden: Ein brisantes Beispiel ist der Hack auf Microsoft. Hier erhielten die Angreifer im Rahmen des Solarwinds-Angriff Zugriff auf den Quellcode des Microsoft-Betriebssystems. (s. SMITH, B. 2020).

- Sicherheit wird als komplex, teuer und aufwendig wahrgenommen [i, vii, x)],
- fehlendes fachliches Know-how [i, v, xi)],
- Ressourcenmangel an Budget, Zeit und Personal [ii, v, vii, xi)],
- mangelndes Bewusstsein für die Relevanz der Informationssicherheit [iii, vii, xi)],
- Verwendung von Fachsprachen in Lagebildern und Empfehlungen [iv)],
- kein strategischer, sondern situativer Umgang mit Informationssicherheit [v, ix)],
- keine methodische und systematische Herangehensweise [vi, viii)],
- ein hohes Maß an IT-Outsourcing und Abhängigkeit von Anbietern [ii)],
- veraltete (Produktions-)IT und Legacy-Systeme im Produktionsumfeld [xii)],
- viel Eigenentwicklung und wenig Standardisierung [ix, xi)]

sowie die vier Grundprobleme der Informationssicherheit: dauerhafte Wissenslücken, Problemkomplexität, Lösungskomplexität sowie interessengebundene Befangenheit (s. GAYCKEN ET AL. 2015, S. 3).

Es lässt sich festhalten, dass KMU für das Management ihrer Informationssicherheit andere, und vor allem spezifischere, Ansätze wählen müssen als Großunternehmen. Ein einfaches Übertragen der Methoden und Ansätze ist nicht möglich. Auch, wenn sich theoretische sowie praktische Ansätze und Angebote explizit an KMU richten, fehlt es diesen häufig an einer pragmatischen Herangehensweise zur Einführung und Umsetzung eines Informationssicherheitsmanagementsystems, sodass KMU häufig auf sich allein gestellt sind. (s. JOHANNSEN U. KANT 2020, S. 1066)

Um die Entwicklung eines Vorgehensmodells zur pragmatischen und effizienten Umsetzung eines ISMS in KMU im Rahmen dieser Arbeit zu ermöglichen und dieses zielgerichtet an KMU auszurichten, wurden konkrete Anforderungen zugrundegelegt. Diese ergeben sich auf Basis der Vorarbeiten in Form einer umfassenden Literaturrecherche und der Ableitung der Forschungslücke, den durchgeführten Experteninterviews, Erfahrungen des Autors durch seine Arbeit am FIR e. V. an der RWTH Aachen sowie der Zielsetzung dieser Arbeit und stellen demnach eine Zusammenfassung der bisherigen Erkenntnisse dar.

Um die Ausrichtung des zu entwickelnden Vorgehensmodells gegenüber den bestehenden Ansätzen besser verdeutlichen zu können, wurden drei rein qualitative Profile entwickelt (s.). Das Anforderungsprofil des Vorgehensmodells ist fett dargestellt und spiegelt den Marktbedarf in Bezug auf ein ISMS in KMU wider. Demgegenüber sind zwei Erfüllungsprofile dargestellt, die zum einen Ad-hoc-Ansätze und zum anderen umfangreiche Rahmenwerke und Standards repräsentieren. In Tabelle 3-2 sind die inhaltlichen sowie formalen Anforderungen an einen effizienten und pragmatischen Aufbau eines ISMS in KMU zusammengefasst (s. für * ZAMMANI U. RAZALI 2016, S. 912). Um die Nachvollziehbarkeit der Entwicklung bzw. der Sammmlung der Anforderungen zu erhöhen, wird für jede Anforderung ihre Herkunft genannt.

Tabelle 3-2: Anforderungen an ein ISMS und Gegenüberstellung der Ansätze (eigene Darstellung)

Kategorie	Aspekt	Anforderung
Personen	Top Management*	Rückhalt durch die Führungsebene
		Führung durch die Führungsebene
	ISM-Team / Mitarbeiter*	Wissen und Fähigkeiten
		Schaffung von Awareness und Commitment
	Industrie-4.0-Team	Umsetzung des ISMS mit begrenztem Know-how
Organisation	IS-Policies / -Prozed.*	Umfangreich, verständlich, kommuniziert, geprüft
	IS-Strategie	Strategischer Aufbau eines ISMS
	Umsetzung eines ISMS	Umsetzung mit limitierten Ressourcen
		Pareto-Prinzip (Effizienz und Pragmatismus)
Prozess	Weiterbildung*	Aufbau und Weiterentwicklung von Awareness
	Ressourcenplanung*	Berücksichtigung pers. / finanzieller Ressourcen
	Risikomanagement*	Risikomanagements sowie Risikobehandlung
	Business Continuity *	Planung / kontinuierliche Tests der Notfallplanung
	IS-Audit*	Audit-Programme sowie Umsetzung PDCA
Vorgehensmodell	Schwachstellen und Maßnahmen	Identifizierung von Schwachstellen ohne Vorwissen
		Priorisierung von Schwachstellen
		Identifikation von geeigneten Gegenmaßnahmen
		Priorisierung der Gegenmaßnahmen
		Darstellung der Wirkzusammenhänge
	Anwendung	Unternehmensspezif. Ziel-Informationssicherheit
		Systematische Herangehensweise
		Definition eines Betrachtungsbereichs
		Erreichung eines hohen Sicherheitslevels
		Nutzung eines Bewertungskatalogs
	Fokussierung bzw. Ausrichtung	Grad der Standardisierung
		Praxistauglichkeit des Vorgehensmodells
		Lebenszyklusorientierung
		Betrieb und Instandhaltung einer I40U
		Planung und Umsetzung eines ISMS
		Reifegradbetrachtung eines ISMS
		Kleine und mittlere Unternehmen
		Unabhängigkeit von Anbietern und Externen
		Produzierende Unternehmen mit I40U
		Berücksichtigung von OT- und IT-Komponenten
		Berücksichtigung von Prinzipien und Best Practices
		Aufzeigen einer Informationssicherheits-Toolbox
		Betrachtung technologischer, organisatorischer, personeller sowie kultureller Einflussfaktoren

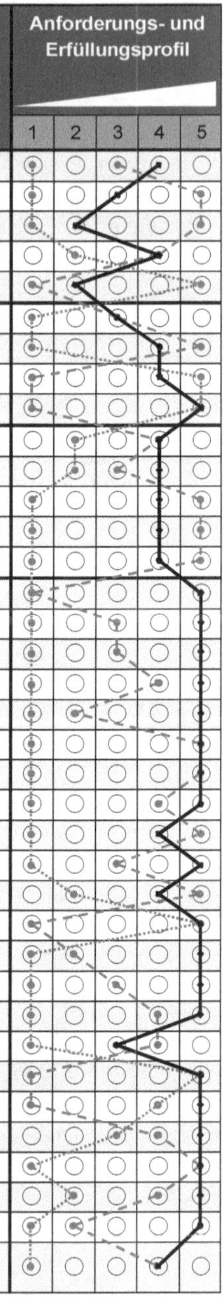

Ad-hoc-Ansätze — Rahmenwerke u. Standards — Entwickeltes Vorgehensmodell

Die erste Gruppe von Anforderungen bezieht sich auf die Personen, die direkt oder indirekt für die Informationssicherheit im Unternehmen verantwortlich sind. Dazu zählen das Top Management (Geschäftsführung), das Informationssicherheitsmanagement-Team (ISM-Team) sowie das Team bzw. die Mitarbeiter, die für die Industrie-4.0-Umgebung verantwortlich sind. Das Vorgehensmodell muss einen Rückhalt bzw. eine Führung durch die Führungsebene erlauben, wodurch dieses zwangsläufig eigebunden werden muss. Ferner gilt es zu beachten, dass das Vorgehensmodell so gestaltet wird, dass das ISM-Team dieses auch ohne umfangreiches Wissen und ohne professionelle Fähigkeiten anwenden kann. Es muss durch das Vorgehensmodell befähigt werden, Awareness und Commitment bei den Mitarbeitern zu schaffen. Letztlich muss auch das Industrie-4.0-Team in der Lage sein, das Vorgehensmodell mit begrenztem fachlichem Know-how anzuwenden[32].

In Bezug auf die Organisation des Unternehmens gilt es sicherzustellen, dass das zu entwickelnde Vorgehensmodell die Erstellung umfangreicher, verständlicher, kommunizierbarer und prüfbarer Informationssicherheits-Policies und -Prozeduren ermöglicht. Darüber hinaus muss das Vorgehensmodell einen strategischen Aufbau eines ISMS (s. Tabelle 3-3) mit limitierten Ressourcen (s. S. 65) unter Berücksichtigung des Pareto-Prinzips (s. S. 33) erlauben.

Für den Prozess zum Aufbau eines ISMS ergibt sich die Anforderung an eine Weiterbildung der Mitarbeiter. Darüber hinaus muss es im Rahmen der Ressourcenplanung möglich sein, personelle sowie finanzielle Restriktionen zu berücksichtigen. Weiterhin muss ein Risikomanagement inkl. einer Risikobehandlung in das ISMS integriert sein. Letztlich ergeben sich Anforderungen nach der Berücksichtigung einer Notfallplanung sowie der Möglichkeit zur Durchführung von Audit-Programmen und der Umsetzung eines PDCA-Zyklus.

Aus der zugrundeliegenden Zielstellung dieser Arbeit und im Vergleich zu bestehenden Ansätzen zum pragmatischen und effizienten Aufbau eines ISMS ergeben sich folgende zentrale Anforderungen, die möglichst vollumfänglich erfüllt werden müssen: Identifizierung von Schwachstellen in Industrie-4.0-Umgebungen ohne Vorwissen, anschließende Priorisierung dieser Schwachstellen hinsichtlich ihrem potenziellen Risiko, Identifikation sowie Priorisierung geeigneter Gegenmaßnahmen sowie eine Darstellung der Wirkzusammenhänge.[33] Für eine erfolgreiche Anwendung des Vorgehensmodells im Unternehmen muss gegeben sein, dass eine unternehmensspezifische Ziel-Informationssicherheit bestimmt werden kann (s. S. 2). Das erfordert weiter eine systematische Herangehensweise (s. S. 65) sowie die Definition eines spezifischen Betrachtungsbereichs im Unternehmen (s. S. 37). Gleichzeitig muss sichergestellt sein, dass ein möglichst hoher Sicherheitslevel erreicht wird[34]. Letztlich ergibt sich die Anforderung zur Nutzung eines Bewertungskatalogs für Informationssicherheitsmaßnahmen (s. S. 75). Die allgemeine Fokussierung bzw. Ausrichtung des Vorgehensmodells[35] umfasst abschließend weitere 13 Anforderungen. Dazu zählen bspw., dass das Vorgehensmodell eine Lebenszyklusorientierung (der Industrie-4.0-Umgebung) aufweisen muss, den Betrieb und die Instandhaltung der Industrie-4.0-Umgebung fokussiert und auf kleine und mittlere Unternehmen ausgerichtet ist.

---

[32] Als Anforderung zur Beschreibung einer Industrie-4.0-Umgebung (s. Kapitel 5.3)

[33] Als Anforderung auf Basis der Zielstellung und des Konzeptansatzes (s. Kapitel 1.2 und Kapitel 4.4)

[34] Als Anforderung zur Erreichung der Zielstellung (s. Kapitel 1.2)

[35] Alle auf Basis des zugrundeliegenden Untersuchungsbereichs (s. Kapitel 2.5) sowie des abgeleiteten Forschungsbedarfs (s. Kapitel 3.6)

Das verallgemeinerte und qualitative Anforderungsprofil von KMU wird in Tabelle 3-2 mit einer durchgezogenen Linie dargestellt und repräsentiert gleichzeitig das Ziel-Erfüllungsprofil des entwickelten Vorgehensmodells zum effizienten und pragmatischen Aufbau eines Informationssicherheitsmanagementsystems. Dem gegenübergestellt sind die verallgemeinerten Erfüllungsprofile von Ad-hoc-Ansätzen (bspw. Umsetzung der Top-10-Maßnahmen im Jahr 2022) sowie der meist-verwendeten Rahmenwerke und Standards wie der BSI IT-Grundschutz oder die ISO 27001. Es wird deutlich, dass die Großzahl der ermittelten Anforderungen durch die beiden anderen Profile nicht erfüllt wird. Eine abschließende Bewertung der Anforderungen hinsichtlich ihres Erfüllungsgrads in dieser Arbeit ist in Kapitel 9.4.1 gegeben.

3.6 Zwischenfazit und Ableitung des Forschungsbedarfs

Es bleibt festzuhalten, dass die genannten Ansätze (s. Tabelle 3-3), welche entweder direkt für den Themenkomplex Informationssicherheit entwickelt oder spezifisch an diesen angepasst (vgl. FLATT ET AL. 2016 S. 1ff.) worden sind, unzureichend vor dem Hintergrund der zu erfüllenden Zielstellung der Untersuchung und der sich daraus ergebenen Anforderungen sind. Es fehlt an einem zusammenhängenden und anwendbaren Lösungsansatz für produzierende KMU. Konkret bedeutet dies:

- **Industrie-4.0-Umgebungen** (I40U) sind in mehrfacher Hinsicht bereits ausführlich und umfangreich beschrieben worden. Eine Zuordnung von Bedrohungen und Schwachstellen zu Elementen dieser Umgebung ist in Ansätzen gegeben, allerdings existiert kein zusammenhängender Ansatz mit Schwachstellenbezug, in welchem technologische, organisatorische, personelle wie kulturelle Einflussfaktoren gleichermaßen berücksichtigt werden.
- **Bedrohungen und Schwachstellen** sind in Literatur und Praxis unterschiedlich belegt. Sie reichen von organisatorischen Versäumnissen und dem Nichtvorhandensein einer Sicherheitsstrategie bis hin zu tagesaktuellen und versionsabhängigen Sicherheitslücken in Software- und Hardwaresystemen. Daher haben sich entsprechend viele Ansätze zur Identifikation solcher Schwachstellen entwickelt. Eine Identifikation auf Basis einer I40U ohne tiefgreifendes sicherheitstechnisches Verständnis der Anwender steht jedoch noch aus.
- Anwendbare Ansätze zur **Strukturierung und Beschreibung** von Maßnahmen existieren. Allerdings sind die Auswahl und Priorisierung relevanter Maßnahmen vor dem Hintergrund einer pragmatischen und effizienten Herangehensweise unzureichend. Eine unternehmensspezifische Herangehensweise ist mit vielen Herausforderungen verbunden.
- Die Zusammenführung der zuvor genannten Aspekte mündet in der Untersuchung existierender Rahmenwerke und Standards zum Aufbau eines **Informationssicherheitsmanagementsystems**. Zwar wurden viele dieser Ansätze in den letzten Jahrzehnten entwickelt, sie sind jedoch oft zu allgemein und generisch gehalten und zu umfangreich, um produzierenden KMU das Ableiten konkreter Handlungsempfehlungen ermöglichen zu können.

Kapitel 4 dient daher der Herleitung des Konzeptansatzes und der Beschreibung der notwendigen Methoden, die notwendig sind, um die aufgezeigten Lücken nachvollziehbar und wissenschaftlich korrekt schließen zu können.

Tabelle 3-3: Übersicht untersuchter Quellen zum Stand der Erkenntnisse (eigene Darstellung)*

Differenzierungsmerkmale	Modellentwicklung														Anwendung																
	Modellierungszweck			*Modellumfang*			*Methodensicht*		*Evaluation*			*Anwendungsdomäne*			*Lebenszyklusphase einer Industrie-4.0-Umgebung*							*Ebenen eines ISMS*				*Phasen eines ISMS*				*Unternehmensgröße*	
◐ Teilw. behandelt ● Behandelt **Untersuchte Quellen** [AUTOR]	Beschreibungsmodell	Erklärungsmodell	Gestaltungsmodell	Perspektive	Unternehmensklasse	Funktionsbereich	Untersuchungsgegenstand	Instrument	Formal	Fallstudien	Reale Nutzung	Produzierende Unt.	Dienstleistungen	sonstige	Projektdefinition	Anforderungsanalyse	Beschaffung	Entwurf	Implementierung und Test	Betrieb und Wartung	Ablösung	Strategie	Richtlinien und Konzepte	Handlungsanweisungen	Maßnahmen	Organisation	Planung	Betrieb	Bewertung	Mikrounternehmen	KMU
1. Beschreibung von Industrie-4.0-Umgebungen																															
RAMI4.0	●			●	●	●	●	◐		●	●	●	◐		●	●	●	●	●	●	●		◐			◐	◐		◐		◐
IIC 2019 (IIRA)	●	◐		●	●		●			●	●	●			●	●	●	●	●	●	●	◐	◐			◐	◐		◐		◐
A.-Pyramide	●				◐	●	●		◐	●	●	●								●							◐			◐	●
OSI-Modell	●				◐	●	●	◐	◐	●	●	◐	◐	◐						●							◐				◐
NOKIA 2018	●					●	●				●	●								●							◐				◐
GUTH ET AL. 2016	●				◐	●	●		●	◐	◐	●								●							◐				◐
CHEN ET AL. 2018	●				◐	●	●		●	◐		●								●							◐				◐
TAO ET AL. 2011	●				◐	●	●		●	◐		●								●							◐				
BRECHER ET AL. 2017	●	◐			●	●	●	◐		●	●	●			◐	◐	◐	◐	◐	◐	◐	◐					◐				◐
OPEN INDUSTRY ALLIANCE 2019a	●				●	◐	●	◐		●	●	●								●		◐					◐				
DIN U. DKE 2020	◐	●	●	◐	●	●	◐	●	●	◐		●			◐	◐	◐	◐	◐	◐		◐				◐					●
VDI 2206	◐	◐	●			●		●		●		●			◐	◐	◐	◐	◐	◐							◐				◐
IC4F 2018			●		◐	◐		●		●	◐	●	◐		◐	◐	◐	◐	◐	◐							◐			◐	●
2. Ansätze zur Identifikation von Schwachstellen																															
Strateg. Ansätze	●	◐	◐	●	●	●		●	●		◐	●	●	●	●	●	●	●	●	●	●	●		◐		◐			◐		◐
Fragebögen / Checklisten	●				◐	●		●	●		●	●	●	●	●	●	●	●	●	●	●	◐	◐	◐	◐	◐			◐	◐	◐
DESMIT ET AL. 2017	●		◐		◐	●		◐	◐		◐	●				◐			◐	◐							◐		◐		◐
HUTCHINS ET AL. 2015	●		◐	◐	◐	●		◐	◐		◐	●				◐			◐	◐							◐		◐		◐
GEORGE U. THAMPI 2018	●		◐	◐	◐	●		◐	◐			●				◐			◐	◐							◐		●		
Datenbankbasierte Tools	●	◐			◐	●		●	◐		●	●	●	●		◐	◐	◐	◐	◐	◐			◐	◐			●	◐	◐	
Ansätze mit Social Media	●			◐	◐	●		◐			●	●	●	●		◐	◐	◐	◐	◐	◐			◐	◐			●	◐		◐
ULLAH ET AL. 2019		●			●		●	◐	◐	●		●				◐	◐	◐	◐	◐	◐							◐	●		
Darktrace etc.		●	●	◐	●	●		●		◐	●	●	●							●		◐		◐	◐			●	●		
3. Grundlagen zur Beschreibung von Informationssicherheitsmaßnahmen																															
NIST CSF	●			●		●		●	◐	◐	●	●	●	◐		◐	◐	◐	◐	◐	◐	◐		◐	●	◐	◐			◐	◐
BSI IT-Grunds.	●			●		●		●	◐	◐	●	●	●	◐	◐	◐	◐	◐	◐	◐	◐	◐		◐	●	◐	◐				◐
ISO/IEC 21827:2008	●	◐				●		●	◐		●	●	●	◐		◐	◐	◐	◐	◐					●	◐	◐		●		◐
Grundschutzansatz	●					●		●	◐	●	●	●	●	●	◐	◐	◐	◐	◐	◐	◐				●		●			◐	●
Wertansatz	●	●	◐	◐	●	●		●	●	◐	●	●	●		◐	◐	◐	◐	◐	◐	◐				●		●			◐	◐
Math. Modelle			●	●				●	●			●	●		◐	◐	◐	◐	◐	◐	◐				●		●		◐		
4. Ansätze zur Realisierung der Informationssicherheit in produzierenden Unternehmen																															
NIST CSF	●	◐	●	◐	●	◐		●			●	◐	●	◐	●	●	●	●	●	●	●	◐		◐	●	●	◐	◐	◐	◐	◐
ISO / IEC 2700x	◐	◐	●		●	●		●	◐		●	●	●	●	●	●	●	●	●	●	●	●	◐		●	●	◐	●	●		
NIST SP 800-x	◐		●		●	●		●	◐		●	●	◐	◐	●	●	●	●	●	●	●	◐	◐		◐	◐	◐	●	◐		◐
IEC 62243-x	◐	◐	●	◐	●	●		●	◐		●	●			●	●	●	●	●	●	●				●			●	◐		◐
BSI IT-Grundschutz	●		●	◐	●	●		●		◐	●	●	●	●	●	●	●	●	●	●	●	●	◐	◐	●	●	●	●	●		

* In der Tabelle sind lediglich die Elemente der Differenzierungsmerkmale in den Spalten aufgeführt, die im Rahmen der Modellanwendung fokussiert werden. Die weiteren Elemente werden nicht im Detail untersucht.

4 Herleitung des Konzeptansatzes

In diesem Kapitel wird der Konzeptansatz der vorliegenden Dissertationsschrift begründet, da ein wissenschaftliches fundiertes Vorgehen (s. SCHNEEWEIß 1992, S. 254; RAFFÉE 1995, S. 11; NACHREINER 1997, S. 87) stets die notwendige Bedingung für eine intersubjektive und nachvollziehbare Forschung bildet. Folglich ist es das Ziel des Kapitels, das methodische Vorgehen zur Gestaltung eines Informationssicherheitsmanagementsystems darzulegen und zu konkretisieren. Eine Definition der formalen und problembezogenen Anforderungen an diese Untersuchung ist in Kapitel 4.1 gegeben. Daraufhin erfolgt eine Beschreibung der Grundlagen zur Modellentwicklung (Kapitel 4.2) sowie die der methodischen Grundlagen (Kapitel 4.3). Abschließend werden die beschriebenen Grundlagen und Methoden in das **Gesamtkonzept** der Untersuchung eingeordnet (Kapitel 4.44.3.2).

4.1 Anforderungen an das zu entwickelnde Gesamtkonzept

Wie bereits im Vorfeld beschrieben, muss der Forschungsprozess explizite Anforderungen erfüllen, um zu gewährleisten, dass die Gestaltung des Vorgehensmodells zielgerichtet ist. Dabei werden Anforderungen als notwendige Merkmale und Eigenschaften definiert. Sie müssen vorhanden sein, um die Validität eines Modells und somit den Einsatzzweck sowie die Erwartungen des Anwenders zu erfüllen. (s. NACHREINER 1997, S. 87f.) Unterschieden wird zwischen inhaltlichen und formalen Anforderungen, die teilweise schon in Kapitel 3.5.2 genannt wurden.

Die dem Entwicklungsprozess zugrundeliegenden inhaltlichen Anforderungen lassen sich aus der in Kapitel 1 dargelegten Problemstellung und Zielsetzung ableiten. Der Untersuchungsbereich aus Kapitel 2.5 grenzt die Anforderungen auf die folgenden ein:

- Beschreibung von Schwachstellen in Industrie-4.0-Umgebungen in produzierenden Unternehmen,
- Beschreibung und Priorisierung von Informationssicherheitsmaßnahmen unter Berücksichtigung KMU-spezifischer Rahmenbedingungen,
- Erklärung und Darstellung der Wirkungszusammenhänge von Schwachstellen und Maßnahmen,
- Gestaltung eines Vorgehensmodells in Form eines Informationssicherheitsmanagementsystems zur Anwendung in produzierenden Unternehmen.

Für die Verwendung und Zusammenstellung der formalen Anforderungen existiert keine einheitliche Vorgehensweise, vielmehr ist die Literatur von lebhaften Diskussionen geprägt (s. ÖSTERLE ET AL. 2010, S. 662). Für diese Untersuchung, als Schnittstelle der Wirtschaftsinformatik, den Ingenieurwissenschaften sowie der Betriebswirtschaftslehre (s. Kapitel 1.3), bieten sich die Anforderungen nach SCHOMBURG an: Reproduzierbarkeit, Praktikabilität, weitgehende Branchenneutralität und wirtschaftliche Einsetzbarkeit (s. SCHOMBURG 1980, S. 24ff.). Weitere häufig verwendete Bezeichnungen für dieselben Anforderungen sind Originalität (innovativer Beitrag), Validität (logische Korrektheit), Reliabilität (Nachweisbarkeit, Wiederholbarkeit, Zuverlässigkeit, Präzision) und Utilität (anwendungsorientierte Forschung) (s. HOFFMANN 2018, S. 74f.).

Die Reproduzierbarkeit eines Konzepts ist erfüllt, wenn bei mehrmaliger Anwendung dieselben Ergebnisse unter gleicher Ausgangssituation und gleichen Rahmenbedingungen erzielt werden. In der anwendungsorientierten Forschung, welcher auch diese Untersuchung zuzuordnen ist, lässt sich die Reproduzierbarkeit jedoch nur schwer nachweisen (s. LASSEN 2006, S. 113).

Zu welchem Maße ein Konzept nützlich, nachvollziehbar und praktisch in seiner Anwendbarkeit ist, beschreibt die Praktikabilität. Sie ist gegeben, wenn durch eine problemlose Anwendung des Nutzenden gestellte Aufgaben im Anwendungskontext erfüllt werden (s. NIENKE 2018, S. 68). Ein selbsterklärendes Modell oder eine ausführliche Anleitung steigern das Maß der Praktikabilität (s. SCHOMBURG 1980, S. 25).

Eine weitgehende Branchenneutralität ist gegeben, wenn ein Konzept nicht nur für eine bestimmte Branche, sondern für den Großteil existierender Branchen valide ist (s. SCHOMBURG 1980, S. 24). Diese Untersuchung ist zwar auf produzierende Unternehmen ausgerichtet, macht aber keinen Unterschied hinsichtlich der konkreten Branchen. Zudem stellt Industrie 4.0 ein fachdomänenübergreifendes Phänomen dar. Das Gesamtkonzept sollte darüber hinaus nicht auf die Bedürfnisse eines Unternehmens zugeschnitten sein, weswegen eine Unternehmensneutralität ebenfalls gegeben sein muss (s. NIENKE 2018, S. 68).

Die Einsetzbarkeit eines Konzepts im wirtschaftlichen Sinne wird durch eine ökonomische Sinnhaftigkeit seiner Anwendung widergespiegelt. Ziel muss es sein, dem Konzeptanwendenden die Anwendung mit möglichst vertretbarem Aufwand zu ermöglichen (s. SCHOMBURG 1980, S. 26). Insbesondere in Bezug auf die pragmatische Herangehensweise zur Realisierung der Informationssicherheit in KMU ist diese Anforderung von großer Bedeutung.

4.2 Grundlagen der Modellentwicklung

Da die systematische Beschreibung von Industrie-4.0-Umgebungen, von Informationssicherheitsmaßnahmen, die Erklärung von Wirkzusammenhängen und das Gestalten eines Vorgehensmodells diese Untersuchung aufspannen, bilden die Systemtheorie und die Modellbildung wichtige Grundlagen.

4.2.1 Systemtheorie

Die Systemtheorie dient als interdisziplinärer Ansatz der Betriebswirtschaftslehre dazu, mithilfe von Systemen ein reales Problem in einem nicht-materiellen System zu definieren, um es im Hinblick auf seine Eigenschaften, Zustände und Verhaltensformen zu abstrahieren (s. FUCHS 1973, S. 33; TELLER 1975, S. 3). Unter einem System wird im Allgemeinen eine Gesamtheit von Einzelelementen verstanden, die unter gegenseitiger Beeinflussung stehen (s. BOOS ET AL. 2011, S. 29). In der Betriebswirtschaftslehre wurde der Begriff insbesondere durch ULRICH U. HILL geprägt, nach denen die Systemtheorie „alle Gestaltungs- und Führungsprobleme von produktiven sozialen Systemen [...] untersucht" (s. ULRICH U. HILL 1976a, S. 308).

In Abbildung 4-1 werden die Grundbegriffe sowie ihr Zusammenhang graphisch dargestellt. Nach HABERFELLNER ET AL. grenzen sich die erwähnten Elemente (vorzustellen als Bausteine des Systems), die ihrerseits miteinander in Beziehung stehen, in ihrer Gesamtheit von der Umwelt ab (an der Systemgrenze). Weiterhin besitzt jedes Element bestimmte Eigenschaften und Funktionen. Neben dem System, in dem sich der Gestaltungsbereich als Untermenge der enthaltenen Elemente befindet, existieren weitere Umsysteme. Ebenso wie Elemente miteinander in Beziehung stehen, können das auch verschiedene Systeme. Ist ein Element nicht Bestandteil eines Systems, so wird es als Umweltelement bezeichnet. (s. HABERFELLNER ET AL., S. 3ff.)

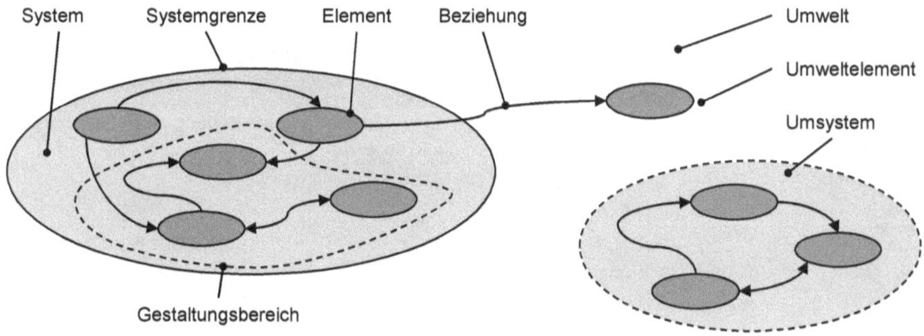

Abbildung 4-1: Grundbegriffe der Systemtheorie (eigene Darstellung i. A. a. HÜBBERS 2011, S. 54; HABERFELLNER ET AL. 2019, S. 5)

Zusammenfassend sind die Kernmerkmale, die das „Wesen" des Begriffs darstellen, die folgenden: (s. WOLF 2020, S. 159f.; BOOS ET AL. 2011, S. 34):

- Eine Vielzahl von Elementen bildet das System,
- eine hierarchische Gliederung besteht zwischen diesen Elementen,
- zwischen den Elementen bestehen vielfältige Beziehungen,
- Zustände und Verhaltensweisen werden durch die Bestandteile bestimmt,
- die Systemstruktur wird das das Beziehungsgefüge bestimmt.

Die Gestaltung, Entwicklung und grundsätzlich das Arbeiten mit Systemen wird als Systemtechnik bzw. Systems-Engineering bezeichnet; sie sind Bestandteile der allgemeinen Systemtheorie (s. WINZER 2013, S. 2; ROPOHL 2012, S. 34). Das Systems-Engineering stellt darüber hinaus ein strukturiertes Vorgehen zur Anwendung des Systemdenkens dar, mit dem die Komplexität bei Planung, Entwurf und Realisierung von Systemen reduziert wird (s. HABERFELLNER ET AL. 2019, S. 11). Der Umgang mit Komplexität ist in der Systemtheorie von großer Bedeutung. Zum einen stellen Systeme, wie bereits erwähnt, lediglich ein Abbild der Realität dar (s. Kapitel 4.2.2). Zum anderen müssen sie aber hinreichend genau sein, um ihren Zweck zu erfüllen. In Anlehnung an das Gesetz der erforderlichen Varietät von ASHBY *„only variety* [...] *can destroy variety"* (ASHBY 1956, S. 207) bedeutet dies für die Systemtechnik, dass nur Systeme mit ausreichender Varietät andere Systeme steuern können. Hieraus wird deutlich, dass ein entsprechend hohes, aber verhältnismäßiges Maß an Komplexität notwendig ist, um sich in einem komplexen Umfeld behaupten zu können (vgl. BEETZ 2014, S. 22).

Da die Systemtheorie in erster Linie einen übergeordneten Denkrahmen liefert, werden in der Literatur verschiedene und konkrete Grundprinzipien beschrieben. Sie dienen der Komplexitätsbewältigung und sollen nachfolgend kurz zusammengefasst werden. Neben ihrer Bedeutung wird exemplarisch auf die Anwendung bzw. Relevanz in dieser Untersuchung eingegangen.

Tabelle 4-1: Grundprinzipien des systemischen Denkens (Inhalte s. WINZER 2013, S. 15ff.)

Grundprinzip	Bedeutung	Exemplarische Anwendung in dieser Untersuchung
Das Grundprinzip des Denkens in Systemen (DAENZER U. HABERFELLNER 2002)	Abstraktion der Realität durch Modelle als Systeme, um die Komplexität handhabbar und die Modelle beschreibbar zu machen	Beschreibung einer Industrie-4.0-Umgebung als System (s. Kapitel 5)
Das Grundprinzip vom Ganzen zum Detail (DAENZER U. HABERFELLNER 2002)	Schrittweise Reduzierung der Komplexität durch die Betrachtung eines Systems anhand eines Top-down-Ansatzes	Entwicklung des Beschreibungsmodells auf Basis von Referenzmodellen (s. Kapitel 5)
Das Grundprinzip der wiederkehrenden Reflexion (BADKE-SCHAUB U. FRANKENBERGER 2004)	Betrachtung von Wechselwirkungen der einzelnen Elemente, um nicht den Blick für das Ganze zu verlieren („Vom Detail zum Ganzen")	Anwendung im Erklärungsmodell durch die Wechselwirkung von Maßnahmen (s. Kapitel 7)
Das Grundprinzip der Strukturierung (ZILAHI-SZABÓ 2002)	Reduktion der Komplexität durch Hierarchisierung, Gruppenbildung, Cluster und Modularisierung	Bildung von Maßnahmen- und Schwachstellenbündel (s. Kapitel 5 und 6)
Das Grundprinzip vom Abstrakten zum Konkreten (BENDER ET AL. 2021)	Iterative Konkretisierung von anfänglich abstrakten Anforderungen oder Faktoren	Entwicklung des Vorgehensmodells zum Aufbau eines ISMS (s. Kapitel 8)
Das Grundprinzip der minimalen Modelle (BÖHM U. FUCHS 2002)	Modellentwicklung mit möglichst wenigen Elementen, um die Komplexität zu bewältigen	Reduktion der Maßnahmen hinsichtlich ihrer Relevanz und ihres Nutzens (s. Kapitel 6)
Das Grundprinzip der Verständlichkeit (BÖHM U. FUCHS 2002)	Modelle müssen jederzeit konsistent, überprüfbar, vollständig und redundanzfrei sein	Validierung der Modelle (alle Kapitel)
Das Grundprinzip der Anwendung mehrerer Sichten (BÖHM U. FUCHS 2002)	Beschreibung eines Modells anhand mehrerer Sichten, um keine relevanten Aspekte zu vernachlässigen	Sichten zur Beschreibung von Industrie-4.0-Umgebungen (s. Kapitel 5)
Das Grundprinzip der Neutralität (OTT 2009)	Strikte Trennung von Anforderungen und Lösungsvarianten, um unvoreingenommen Modelle entwickeln zu können	Entwicklung eines lösungsfreien Ordnungsrahmens (s. Kapitel 5)
Das Grundprinzip der Mehrfachverwendbarkeit (ZILAHI-SZABÓ 2002)	Modelle sind so in Module zu zerlegen, dass diese mehrfach verwendet werden können	Definition einer Industrie-4.0-Umgebung und ihrer Elemente (s. Kapitel 5)
Das Grundprinzip der Standardisierung (OTT 2009)	Dient dem mehrfachen Einsatz eines Modells unter anderen Rahmenbedingungen durch Nutzung von Standards	Einheitliche Beschreibung von Maßnahmen zur Schaffung der Informationssicherheit (s. Kapitel 6)
Das Grundprinzip der Informationskapselung (BING 2001)	Unterstützt die Austauschbarkeit von Systemkomponenten, indem diese interoperabel sind	Mapping von Schwachstellen auf die Schnittpunkte des Ordnungsrahmens (s. Kapitel 5)

Das Grundprinzip des diskursiven Vorgehens (WULF 2002)	Stetige kritische Zielhinterfragung zur kontinuierlichen Optimierung des Systems	Validierung und kontinuierliche Verbesserung des ISMS (s. Kapitel 8)
Das Grundprinzip des Denkens in Alternativen (DAENZER U. HABERFELLNER 2002)	Entwicklung des Modells ermöglicht mehrere Lösungsvarianten mit jeweiligen Vor- und Nachteilen	Entwicklung eines Bewertungskatalogs zur unternehmensspezifischen Priorisierung von Maßnahmen (s. Kapitel 6)
Das Grundprinzip des Modalitätenwechsels (LINDEMANN 2004)	Modellentwicklung unter Berücksichtigung unterschiedlicher Modalitäten (Handlungsstrategien), um Routinen zu vermeiden	Betrachtung verschiedener Best Practices zum Aufbau eines ISMS (s. Kapitel 8)
Das Grundprinzip der Problemzerlegung (DÖRNER 2013)	Zerlegung der Probleme in sinnvolle Teilprobleme, um komplexe Systeme verstehen zu können	Schwachstellenzuweisung zu den einzelnen Modellschnittpunkten (s. Kapitel 5)
Das Grundprinzip der Minimierung von Schnittstellen (DAENZER U. HABERFELLNER 2002)	Trennung bzw. Modularisierung des Systems derart, dass möglichst wenige Schnittstellen entstehen	Entwicklung der Modellsichten mit nur wenigen Abhängigkeiten (s. Kapitel 5)

Bedeutung für diese Arbeit

Die Systemtheorie wurde in jüngerer Zeit zwar intensiv diskutiert und hinterfragt (s. COLLOPY 2015, S. 536; GAYNOR 2016, S. 7; WINZER 2013, S. 10), sie bietet sich jedoch aufgrund ihrer elementaren Eigenschaften für eine Verwendung im Rahmen der vorliegenden Untersuchung an. Da die zentralen Anforderungen nach Praktikabilität und Effizienz an die Entwicklung der Modelle gestellt werden, eignet sich die Systemtheorie durch ihre Grundprinzipien, indem komplexe Systeme variabel abstrahiert werden können, um so die Komplexität punktuell aufzulösen und den zu betrachtenden Ausschnitt möglichst klein und handhabbar zu halten.

4.2.2 Modellbildung

Die Modellbildung und der Modellbegriff im Allgemeinen hängen eng mit der Systemtheorie zusammen (s. SCHÜTZ 2017, S. 17), denn Modelle stellen vereinfachte Abbildungen der Realität bzw. eines Teilaspekts der Realität dar. Mit ihrer idealisierenden und abstrahierenden Form wird ein bestimmter (Erklärungs-)Zweck verfolgt (s. GILL 2004, S. 10; STACHOWIAK 1973, S. 129), indem über die Auswertung des Modells und die Interpretation der Modellergebnisse Rückschlüsse auf das Verhalten in der Realität gezogen werden (s. Abbildung 4-2).

Ähnlich wie bei anderen Begriffen ist auch der Begriff Modell sowohl in der Praxis als auch in der Forschung nicht einheitlich belegt[36]. In der Wissenschaft führt dies häufig zu Kommunikations- und Verständnisproblemen (s. THOMAS 2005, S. 6). Die Doppelbedeutung des Begriffs ergibt sich zum einen durch die Verwendung als Abbild von bzw. Vorbild für etwas, zum anderen durch eine reale, stoffliche Konstruktion (s. STACHOWIAK 1973, S. 129).

[36] S. hierzu THOMAS (2005, S. 29ff.). Der Autor führt über 30 verschiedene Definitionen des Modellbegriffs an.

Um Ungenauigkeiten bei der Modellbildung zu vermeiden, die durch die Subjektivität des Erstellers und Verwenders sowie durch die Verwendung von Annahmen (Prämissen bzw. präferierte Eigenschaften) entstehen (s. JUNG 2016, S. 42), müssen Modelle gewisse Merkmale besitzen, um ihre Gültigkeit zu rechtfertigen. STACHOWIAK definiert die drei folgenden Hauptmerkmale (s. STACHOWIAK 1973, S. 131ff.):

- Abbildungsmerkmal: Modelle stellen eine Abbildung der Realität dar. Ein Modell ist also nie eine vollkommene Repräsentation der Realität.
- Verkürzungsmerkmal: Ersteller und Verwender des Modells verfolgen durch dessen Erstellung und Anwendung einen bestimmten Zweck. Es sind nur jene Attribute des Originals auszuwählen, die relevant für die Erfüllung des Zwecks sind.
- Pragmatisches Merkmal: Modelle nehmen eine Ersatzfunktion für ihre Originale ein. „Modelle sind erstens nicht nur Modelle von etwas, sondern auch Modelle für jemanden. Sie erfüllen zweitens ihre Funktionen in der Zeit. Sie sind drittens Modelle für einen bestimmten Zweck. Diese dreifach pragmatische Relativierung des Modellbegriffs führt dazu, dass eine Modellanalyse nicht nur die Frage beantworten muss, wovon (*Y*) etwas Modell (*X*) ist, sondern auch für wen (*k*), wann (*t*) und wozu (*Z*) etwas Modell ist.“[37] (s. THOMAS 2005, S. 10; GILL 2004, S. 20)

In der Wissenschaftspraxis wird die Klassifizierung von Modellen häufig auf Basis ihres Verwendungszwecks vorgenommen. Man unterscheidet zwischen Beschreibungs-, Erklärungs-, Gestaltungs- und Metamodellen sowie sonstigen Modellen (s. LEHNER ET AL. 2008, S. 30). Beschreibungsmodelle werden genutzt, um möglichst präzise Abbildungen von empirischen Beobachtungen zu erstellen. Ihre Funktion ist rein deskriptiv, also darstellend und nicht analysierend. Erklärungsmodelle hingegen untersuchen Zusammenhänge, Gesetzmäßigkeiten sowie Ursachen und werden auf Basis von Beschreibungsmodellen aufgestellt. Ihre Funktion stellt die Verbesserung von Beschreibungsmodellen durch einen empirischen Ansatz mit entsprechender Datenerhebungen zur Validierung dar. (s. LEHNER ET AL. 2008, S. 31; JUNG 2016, S. 44)

Die höchste Klasse von Modellen bilden Gestaltungsmodelle. Sie unterstützen bei der Erreichung von Zielen, indem Gestaltungsalternativen aufgezeigt und das Modell somit um einen Sinn bzw. um einen Zweck oder ein Ziel ergänzt wird. (s. HOFFMANN 2018, S. 80)

Metamodelle (oder auch Referenzmodelle) verfolgen ein übergeordnetes Ziel und dienen als Hilfsmittel für die Erstellung von weiteren Modellen. Sie fassen als „Modell von Modellen“ verschiedene andere Modelle zusammen (s. LEHNER ET AL. 2008, S. 32). Neben den genannten vier Klassen an Modellen existieren zahlreiche weitere, die unter den sonstigen Modellen zusammengefasst werden. Dazu zählen bspw. Optimierungs- oder Simulationsmodelle. Letztlich können Modelle domänenspezifisch oder domänenunspezifisch sein (s. GILL 2004, S. 11).

Im Rahmen der Modellbildung haben sich sogenannte Grundsätze ordnungsgemäßer Modellierung (GOM) etabliert. Sie sind der Modellqualität bei entsprechender Umsetzung zuträglich. Nach BECKER ET AL. wird zwischen den Grundsätzen der Richtigkeit, Relevanz, Wirtschaftlichkeit, Klarheit, Vergleichbarkeit und des systematischen Aufbaus unterschieden. (s. BECKER ET AL. 1995, S. 437)

---

[37] STACHOWIAK definiert ein Modell wie folgt: *„X ist Modell des Originals Y für den Verwender k in der Zeitspanne t bezüglich der Intention Z“* (STACHOWIAK 1994, S. 219).

Mit ihrer Hilfe können Merkmale abgeleitet werden, anhand derer der Zustand eines Modells hinsichtlich Effizienz und Effektivität beurteilt werden kann (s. VOM BROCKE U. BUDDENDICK 2004, S. 22). In Abbildung 4-2 sind die Grundlagen der Modelltheorie abschließend zusammengefasst.

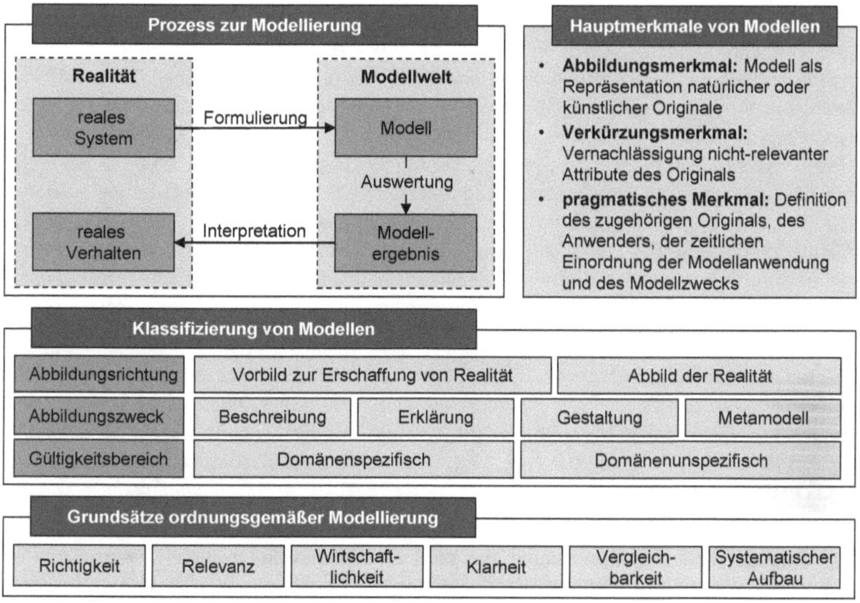

Abbildung 4-2: Grundlagen der Modelltheorie (eigene Darstellung i. A. a. AUERBACH 2010, S. 39; GILL 2004, S. 11; STACHOWIAK 1973, S. 131ff.; BECKER ET AL. 1995, S. 437ff.)

Bedeutung für diese Untersuchung

Im Rahmen der vorliegenden Untersuchung kommen zwei Beschreibungs- sowie jeweils ein Erklärungs- und ein Gestaltungsmodell zum Einsatz. Die Beschreibungsmodelle dienen zum einen der Abstraktion von Industrie-4.0-Umgebungen mitsamt ihren potenziellen Schwachstellen in Bezug auf die Informationssicherheit, zum anderen der einfachen Darstellung von Informationssicherheitsmaßnahmen. Das Erklärungsmodell wird entwickelt, um die Wirkungszusammenhänge zwischen Schwachstellen und Maßnahmen zu erklären. Abschließend dient das Gestaltungsmodell dazu, ein pragmatisches Informationssicherheitsmanagementsystem abzuleiten.

4.3 Methodische Grundlagen

Kapitel 4.3 widmet sich der Beschreibung der im weiteren Verlauf verwendeten Methoden. Die Auswahl der Methoden beruht dabei auf der inhaltlichen Fragestellung der vorliegenden Untersuchung sowie auf den erwarteten Ergebnissen. In den Unterkapiteln erfolgt die jeweilige Beschreibung der Methodenanwendung.

4.3.1 Referenzmodellierung

Referenzmodelle und Vorgehensweise für ihrer Modellierung

Referenzmodelle sind in dieser Untersuchung von besonderer Bedeutung, wie im Vorfeld bereits beschrieben wurde (s. Kapitel 3.1.1). Als Referenzmodell wird eine Beschreibung verstanden, die allgemein genutzt wird, als zweckmäßig anerkannt ist und Empfehlungscharakter besitzt (s. DIN SPEC 91345, S. 8). Ein Referenzmodell verfolgt das Ziel, den Entwurf von Modellen durch die Bereitstellung einer generischen Lösung zu vereinfachen und den Modellierungsprozess zu beschleunigen, indem es ein Repertoire an relevanten Prozessen und Strukturen vorhält (s. ROSEMANN U. VAN DER AALST 2007, S. 3f.; CAMARINHA-MATOS U. AFSARMANESH 2008, S. 38). Zur Systematisierung des Begriffs führen FETTKE U. LOOS mögliche Interpretationen an. Grundsätzlich wird zwischen dem Referenzmodell als einem eigenen Phänomen im Gegenstandsbereich und als einem theoretischen Konstrukt im Aussagenbereich unterschieden. Für letzteres existiert weiter die Unterscheidung nach einem Referenzmodell als terminologischem Apparat, als Menge singulärer Aussagen oder genereller Aussagen, als Technik sowie als Menge normativer Aussagen. (s. FETTKE U. LOOS 2004b, S. 332)

Daneben gibt es in der heutigen Forschung zahlreiche weitere Unterscheidungsmerkmale von Referenzmodellen (vgl. ROSEMANN U. VAN DER AALST 2007, S. 4). Als spezifische Form eines Referenzmodells stellt eine Referenzarchitektur eine *„idealisierte Darstellung der Komponenten eines (Software-)Systems sowie der Beziehungen und der Aufgabenteilung zwischen diesen Komponenten“* dar (s. GROẞMANN U. KOSCHEK 2005, S. 155). Abschließend wird der Prozess der Referenzmodellierung als *„spezielles Arbeitsgebiet der Informationsmodellierung [definiert], in dem Referenzmodelle betrachtet werden“* (s. VOM BROCKE 2015, S. 38).

Zur Anwendung einer Referenzmodellierung stehen verschiedene Vorgehensweisen zur Verfügung (vgl. REIDT 2019, S. 34ff.). Die Entwicklung von Referenzmodellen geht dabei häufig auf SCHÜTTE oder auf eine unstrukturierte Vorgehensweise zurück (s. HAUSER 2008, S. 76). Nach VOM BROCKE stellt die Vorgehensweise von SCHÜTTE auch heute noch die „State-of-the-Art“-Vorgehensweise dar (s. VOM BROCKE 2015, S. 133). Sie gewährleistet außerdem die Sicherstellung der auf den Grundsätzen ordnungsgemäßer Modellierung basierenden allgemeinen Anforderungen an ein Modell (vgl. Kapitel 4.2.2) (s. HAUSER 2008, S. 76). Die Vorgehensweise (s. Abbildung 4-3) unterteilt sich in die folgenden fünf Phasen (s. SCHÜTTE 1998, S. 184ff.).

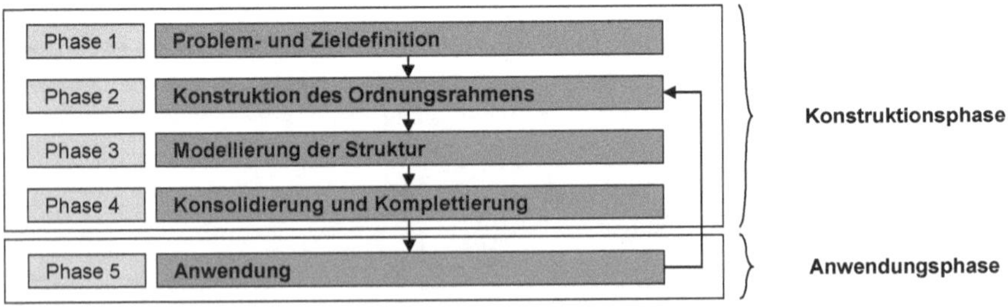

Abbildung 4-3: Vorgehensweise zur Referenzmodellierung nach SCHÜTTE (eigene Darstellung i. A. a. SCHÜTTE 1998, S. 185)

Grundvoraussetzung für die Modellierung eines Referenzmodells ist die Adressierung eines tatsächlich bestehenden Problems durch jenes. Ansonsten entstehen „Fehler der dritten Art“, bei denen Modelle ein Problem adressieren, welches aus Sicht der Anwender kein reales Problem ist. (s. HAUSER 2008, S. 77)

Die dieser Untersuchung zugrundeliegende Problemstellung wurde in Kapitel 1.1 erläutert und durch Kapitel 3 bekräftigt. Darüber hinaus und um dem von SCHÜTTE geforderten *multipersonellen Einigungsprozess* (S. SCHÜTTE 1998, S. 185) Rechnung zu tragen, wurden die Problem- und Zieldefinition im Rahmen mehrerer Interviews (n=17) sowie Workshops spezifiziert (s. Anhang A.1). Andere Modelle legen letztlich fest, ob die Referenzarchitektur eine Standardisierung oder die Erleichterung weiterer Modelle ermöglichen soll sowie klassisch praxisorientiert ist und auf bewährten Ansätzen beruht oder ob sie eine noch nicht existente Lösung beschreibt (S. REIDT 2019, S. 35; ANGELOV ET AL. 2009, S. 4FF.).

Der in Phase 2 zu definierende Ordnungsrahmen für das Modell legt fest, was genau modelliert werden soll. Dieser ist für eine hohe Modellqualität zwingend erforderlich (S. VOM BROCKE 2015, S. 130). In der Literatur werden neben dem Begriff Ordnungsrahmen auch die Begriffe Modellrahmen oder Modellbezugsrahmen genutzt. Der Ordnungsrahmen bildet das „Grundgerüst" eines Referenzmodells, indem Funktionsbereiche und Modellsichten definiert werden (S. HAUSER 2008, S. 78). Es wird durch eine empirische Akquirierung von Daten unterfüttert (VGL. REIDT 2019, S. 35).

Ziel der dritten Phase ist die Konstruktion der zuvor festgelegten Funktionsbereiche und Modellsichten, für welche im Vorfeld ein geeigneter Detaillierungsgrad festgelegt werden muss (s. SCHÜTTE 1998, S. 235). Dabei ist stets darauf zu achten, eine Allgemeingültigkeit des Modells bei gleichzeitiger Flexibilisierung durch die Funktionen und Sichten zu bewahren (s. DANGELMAIER ET AL. 2004, S. 81). Um einen iterativen Charakter in der Modellentwicklung zu verankern, wird empfohlen, dass die Anwender erste Validierungen des Modells vornehmen (s. BECKER ET AL. 1999, S. 33f.; SCHÜTTE 1998, S. 188). Da bei der Entwicklung heutiger Referenzmodelle aufgrund der Vielzahl bereits existierender Modelle in den meisten Fällen einzelne Komponenten vielfach wiederverwendet werden, müssen spezifische Regeln zur Übernahme, Adaption und Ergänzung von Modellinhalten definiert werden (s. VOM BROCKE 2007, S. 68ff.), man spricht hier von Konstruktionstechniken (s. Seite 79).

In der vierten Phase erfolgen die Konsolidierung und Komplettierung, indem die konstruierten Sichten um Verbindungen untereinander ergänzt werden. Man unterscheidet zwischen Querverbindungen innerhalb (*Intra-Referenzmodellbeziehung*) und außerhalb des Referenzmodells (*Inter-Referenzmodellbeziehung*) (s. SCHÜTTE 1998, S. 188). Durch die Untersuchung der Modellierung der Querverbindungen und die Anreicherung um quantitative Aussagen erfolgt zugleich eine Konsistenzprüfung des Modells (s. SCHÜTTE 1998, S. 291f.; HAUSER 2008, S. 79).

Letztlich erfolgt die Anwendung des entwickelten Referenzmodells in der fünften Phase. In seiner Anwendung kann ein Referenzmodell zwei Zwecke erfüllen: Der erste dient dem Bewerten einer Ist-Situation mittels Referenzmodell (Analyse-/Empfehlungscharakter), beim zweiten hingegen dient das Referenzmodell aus Ausgangsbasis, von der aus unternehmensspezifische Situationen beschrieben werden (Verbesserungs-/Ableitungscharakter) (s. SCHÜTTE 1998, S. 310ff.)

Konstruktionstechniken für die Referenzmodellierung

Den zuvor genannten Konstruktionstechniken kommt in dieser Untersuchung eine besondere Rolle zu. Sie unterscheiden sich im Wesentlichen nach dem Umfang des Wiederverwendungsgrads bestehender Modellinhalte. Daher sind die Eigenschaften der verschiedenen Techniken und ihre Auswahl zu beleuchten. Es wird zwischen den folgenden Konstruktionstechniken unterschieden (s. VOM BROCKE 2015, S. 260ff.):

- Konfiguration: Konstruktion eines Ergebnismodells durch Auswahlentscheidungen innerhalb eines Ursprungsmodells.
- Instanziierung: Konstruktion eines Ergebnismodells durch Einbettung eines oder mehrerer Ursprungsmodelle in hierfür vorgesehene generische Stellen eines anderen Ursprungsmodells.
- Aggregation: Konstruktion eines Ergebnismodells durch Integration eines oder mehrerer Ursprungsmodelle in dieses.
- Spezialisierung: Konstruktion eines Ergebnismodells aus einem generellen Modell durch Übernahme sämtlicher Inhalte von diesem sowie deren Änderung und Ergänzung.
- Analogie: Konstruktion eines Ergebnismodells derart, dass es hinsichtlich eines spezifischen Merkmals gegenüber einem Ursprungsmodell als übereinstimmend wahrgenommen wird.

Die beschriebenen Techniken haben sich als geeigneter „Werkzeugkasten“ zur Referenzmodellierung erwiesen. Sie müssen jedoch bedarfsgerecht ausgewählt und ggf. miteinander kombiniert werden. (s. VOM BROCKE U. BUDDENDICK 2004, S. 44f.)

Denn es ergeben sich Unterschiede der jeweiligen Konstruktionstechniken hinsichtlich des Aufwands der Referenzmodellierung *mit* Referenzmodellen und der Konstruktion *von* Referenzmodellen. Ein konfigurierbares Modell ist in seiner eigenen Entwicklung kostenintensiv, verursacht jedoch geringe Kosten bei seiner Verwendung als Referenzmodell. Das Gegenstück bildet die Analogie. Der Konstruktionsaufwand eines „analogiebaren“ Referenzmodells ist gering, wohingegen der Aufwand zur Konstruktion eines Referenzmodells auf dessen Basis hoch ist. Der Aufwand ergibt sich dabei aus den Faktoren Zeit, Kosten und Qualität. Komplexitätstreiber in der Referenzmodellierung sind bspw. die Planbarkeit der Anwendung, die geforderte Modellqualität, der Standardisierungsgrad, die herrschende Dynamik des Umfeldes sowie die Präferenzstruktur zukünftiger Modellnutzer. (s. VOM BROCKE 2007, S. 70)

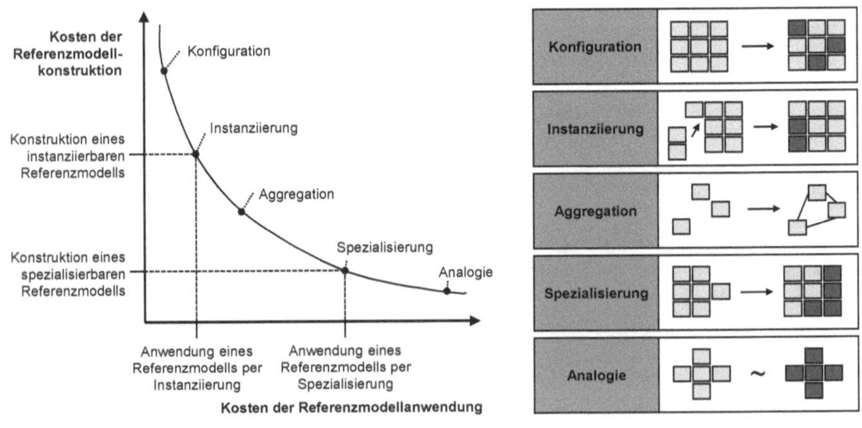

Abbildung 4-4: Vergleich von Konstruktionstechniken für die Referenzmodellierung (eigene Darstellung i. A. a. VOM BROCKE 2015, S. 262; 2007, S. 69)

Unterschiedlich denkbare Kombinationsformen ergeben sich aus situativen Faktoren eines Konstruktionsprozesses (s. VOM BROCKE 2015, S. 315). Es wird zwischen modellspezifischen (mehrere Modelle mit je einer zugewiesenen Technik), aspektspezifischen (einzelnes Modell mit einer Kombination an Techniken) und zeitspezifischen Kombinationen (unterschiedliche Technik je nach Phase im Konstruktionsprozess) unterschieden (s. VOM BROCKE 2007, S. 71f.).

Bedeutung für diese Untersuchung

Die Bedeutung der Referenzmodellierung ergibt sich im Wesentlichen auf Basis zweier Gründe: Zum einen existieren in den beiden Domänen „Industrie 4.0" und „Informationssicherheit" zahlreiche Referenzmodelle und -architekturen, um die Themenkomplexität zu reduzieren und ihre praktische Anwendung greifbar zu machen. Aufgrund der in der Breite bereits erforschten Thematik wird auf bestehende Modelle zurückgegriffen. Zum anderen stellen Referenzmodelle ein geeignetes Mittel dar, Industrie-4.0-Umgebungen vor dem Hintergrund ihrer Informationssicherheitsschwachstellen zu beschreiben (Kapitel 5), die Wechselwirkung von Schwachstellen und Maßnahmen einzuordnen (Kapitel 7) und ein Informationssicherheitsmanagementsystem (Kapitel 8) zu gestalten, indem sie unternehmensspezifisch angepasst werden können. Die Herausforderung in dieser Untersuchung besteht in der geeigneten Kombination bereits bestehender Referenzmodelle, der Bestimmung des Detaillierungsgrades und in der Validierung.

4.3.2 Identifikation und Analyse von Ursache-Wirkungs-Beziehungen

Die Systemtheorie bildet das notwendige Rahmenkonstrukt zur Anwendung des Systems-Engineerings. Die Definition des INTERNATIONAL COUNCIL ON SYSTEM ENGINEERING lautet (in gekürzter Form): *„Systems Engineering ist ein interdisziplinärer Ansatz zur Unterstützung der Realisierung von erfolgreichen Systemen [... und] betrachtet sowohl die wirtschaftlichen als auch die technischen Bedarfe aller Kunden, mit dem Ziel, ein qualitativ hochwertiges Produkt zu schaffen, das den Bedarf des Kunden gerecht wird."* (s. WALDEN ET AL. 2017, S. 15)

Sie kann vereinfacht werden durch eine einer Studie zugrundeliegende Praxisdefinition: *„Systems Engineering ist interdisziplinärer Ansatz zur ganzheitlichen Entwicklung von Systemen."* (vgl. HUTH U. VIETOR 2020, S. 129). Es berücksichtigt als Meta-Disziplin, die den Informationsfluss zwischen einzelnen Disziplinen (Software-, Elektronik-, Mechanik-Entwicklung) durch die Bereitstellung von Schnittstellen und Prozessen gewährleistet (s. HUTH U. VIETOR 2020, S. 127), nicht nur solche technischen Aspekte, sondern auch Aspekte des Projektmanagements (s. HABERFELLNER ET AL. 2019, S. 28) und somit zahlreiche Methoden und Tools.

Dem Systems-Engineering liegen das Denken in Systemen (s. Kapitel 4.2.1) sowie das *vernetzte Denken* zugrunde (s. HUTH U. VIETOR 2020, S. 129; HABERFELLNER ET AL. 2019, S. 15). Mithilfe des letzteren lassen sich Ursache- und Wirkungsbeziehungen identifizieren (s. HABERFELLNER ET AL. 2019, S. 15). Diese Beziehungen können statischer oder dynamischer Natur sein. Als Teildisziplin und eng mit dem vernetzten Denken verbunden adressiert *System-Dynamics* solche dynamischen Relationen. Sie geht auf FORRESTER zurück und definiert die Wirkungszusammenhänge in komplexen dynamischen Systemen als Rückkopplungen (s. FORRESTER 1972, S. 15). Positive Rückkopplungen führen dabei zu einer Stärkung des Effekts durch einen Wachstums- oder einen Schrumpfungsprozess, wohingegen negative Rückkopplungen zu einer Stabilisierung des Systems führen (s. SANDROCK 2006, S. 72).

Bei der Anwendung wird zwischen qualitativen und quantitativen Systemansätzen unterschieden (s. LIEHR 2013, S. 30). Zwar führt FORRESTER an, dass die Anwendung einer qualitativen Analyse die Ergänzung durch eine quantitative Analyse voraussetzt (s. FORRESTER 1972, S. 11), doch SCHEIBMAYER widerlegt diese Aussage, sodass eine alleinige Anwendung eines qualitativen Ansatzes zielorientiert eingesetzt werden kann (s. SCHEIBMAYER 2014, S. 61f.). Dies ist wichtig, da den qualitativen Ansätzen in dieser Untersuchung eine bedeutende Rolle in der Modellentwicklung zukommt. Bei qualitativen Ansätzen wird im Gegensatz zu den quantitativen Ansätzen auf quantifizierbare Variablen und Simulationsanalysen verzichtet (mathematische Modelle), vielmehr steht die Förderung des kognitiven Denkens im Vordergrund (s. HABERFELLNER ET AL. 2019, S. 15f.). Die Darstellung der qualitativen Ansätze erfolgt mithilfe verschiedener Formen. So stellt das Kausaldiagramm ein geeignetes Mittel dar, mit dem Wirkungszusammenhänge simplifiziert dargestellt werden können (s. SCHEIBMAYER 2014, S. 61). Im Bereich der Informationssicherheit stellen *Attack trees* (dt. *Angriffsbäume*) bekannte und spezielle Darstellungsformen von Kausaldiagrammen dar (vgl. SCHMITZ ET AL. 2020, S. 46f.; LALLIE ET AL. 2020a, S. 2).

Neben Kausaldiagrammen sind an dieser Stelle noch Einflussdiagramme und Einflussmatrizen zu nennen (s. Abbildung 4-5). Im Gegensatz zu Kausaldiagrammen stellen Einflussdiagramme ein Wirkungsnetz dar, aus dem sich Ursache-Wirkungs-Beziehungen ergeben (s. SCHULTE-ZURHAUSEN 2010, S. 552ff.). Diese können kurz-, mittel- oder langfristig sowie positiv oder negativ sein (s. HABERFELLNER ET AL. 2019, S. 380ff.).

Eine quantitative Ergänzung erfahren die Zusammenhänge über Einflussmatrizen. Werte einer willkürlich gewählten Skala spiegeln den Einfluss der Elemente aufeinander, wobei diesen durch die Aufsummierung der Zuweisungen jeweils Aktiv- und Passivsummen zugeteilt werden. Die Höhe der Aktivsumme besagt, wie stark das Element das entsprechende andere beeinflusst, wohingegen die Passivsumme darstellt, wie stark das Element selbst beeinflusst wird. Eine hohe Aktivsumme deutet auf eine Einflussnahme des Elements hin, wohingegen eine hohe Negativsumme auf eine Beeinflussbarkeit dieses Elements hindeutet. (s. HABERFELLNER ET AL. 2019, S. 380ff.; PROBST U. GOMEZ 1991, S. 11)

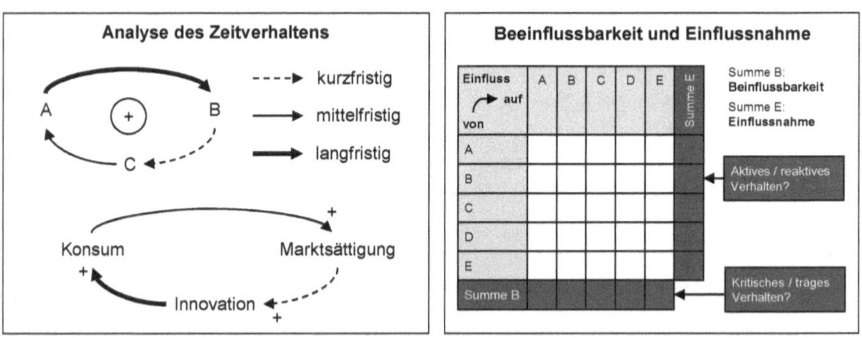

Abbildung 4-5: Einflussdiagramm und Einflussmatrix (eigene Darstellung i. A. a. PROBST U. GOMEZ 1991, S. 12f.)

Bedeutung für diese Untersuchung

Als bewährtes Mittel eignen sich Einflussmatrizen (s. Abbildung 4-5 rechts) in dieser Untersuchung bei der Entwicklung des Erklärungsmodells (Kapitel 7). Im Einzelnen werden die beschriebenen Informationssicherheitsmaßnahmen (Kapitel 6) den sich aus der Industrie-4.0-Umgebung ergebenden sicherheitsrelevanten Schwachstellen (Kapitel 5) zugewiesen.

4.3.3 Ziel-Mittel-Beziehung

Dem Systems-Engineering liegt die Ansicht der Ziel-Mittel-Beziehung zugrunde, die in der Betriebswirtschaftslehre häufig auch als Mittel-Zweck-Beziehung bezeichnet wird (vgl. HABERFELLNER ET AL. 2012, S. 224; HEINEN 1966, S. 103) und Begründungszusammenhänge liefert. Als Ziel wird im Allgemeinen ein angestrebter zukünftiger Zustand definiert (s. HUNGENBERG U. WULF 2015, S. 43; MEUSER 1993, S. 17; SCHMIDT-SUDHOFF 1967, S. 16). Die Kombination mehrerer Ziele wird als Zielsystem beschrieben, welches den folgenden Grundannahmen des Unternehmertums folgt (s. SCHMIDT-SUDHOFF 1967, S. 93):

- Die Anzahl parallel verfolgter Ziele ist n,
- der (Standard-)Gewinn des Unternehmens stellt das Basisziel dar und
- die maximale Erfüllung einzelner Ziele wird vom Unternehmen angestrebt.

Grundsätzlich wird ein solches Zielsystem nicht nur zur Beschreibung bestimmter Zielzustände genutzt. Die Interdependenzen der unterschiedlichen Determinanten sollen ebenfalls erklärt werden. (s. HEINEN 1966, S. 27f.) Eine Strukturierung dieser Ziele ergibt sich durch die Zielhierarchie und die genauere Unterteilung der Ziele in Unter-, Teil- und Oberziele (s. BORNER 2005, S. 70).

Im Rahmen der oben genannten Grundannahmen stellt der Unternehmensgewinn das Oberziel und die einzelnen Ziele die Unterziele dar. Sie dienen demnach als Mittel zur Erreichung des Oberziels. Teilziele stellen die zu erreichenden Ziele auf Zwischenschichten der Zielhierarchie dar. (s. HABERFELLNER ET AL. 2012, S. 224; BAUMGARTNER ET AL. 2006, S. 3; BUSCH ET AL. 2001, S. 108) Gleichzeitig bedeutet das, dass an der Spitze der Hierarchie die Zielsetzung steht, die keinen Mittelzweck erfüllt (s. HEINEN 1984, S. 33). Eine beispielhafte Darstellung ist durch Abbildung 4-6 gegeben.

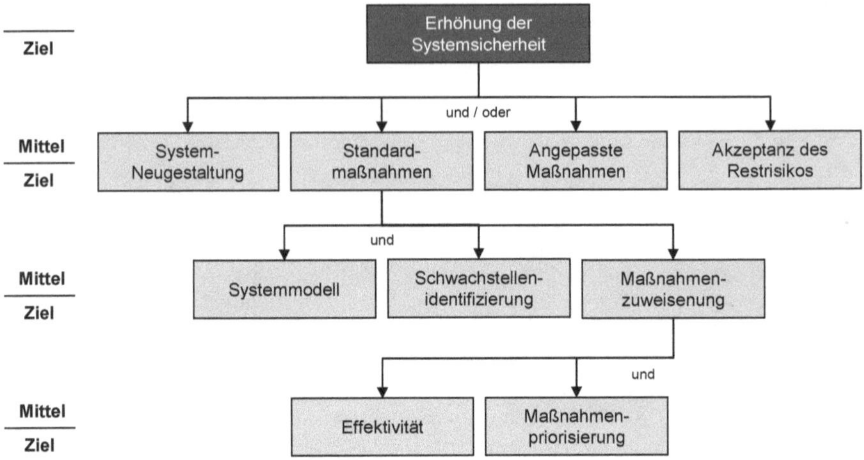

Abbildung 4-6: Exemplarische Ziel-Mittel-Hierarchie (eigene Darstellung i. A. a. HABERFELLNER ET AL. 2012, S. 225)

Bedeutung für diese Untersuchung

Ziel-Mittel-Beziehungen liefern wie aufgezeigt Begründungzusammenhänge für einen Gesamtkontext. Durch die zusätzliche Möglichkeit, ein Mittel kurzfristig auch als Ziel zu definieren, kann der Gesamtzusammenhang zeitweise vernachlässigt werden, wodurch sich eine Komplexitätsreduktion ergibt (s. HABERFELLNER ET AL. 2012, S. 225). Die Methode ist dienlich, um das Erklärungsmodell in eine Ziel-Mittel-Beziehung mit den beiden Beschreibungsmodellen zu setzen und dieses wiederum in eine Ziel-Mittel-Beziehung mit dem Gestaltungsmodell.

4.3.4 Threat-Modeling

In Kapitel 3.2 wurden Ansätze zur Identifikation von Informationssicherheitsschwachstellen beschrieben. Eine Schwachstellenanalyse ist definiert als „formale Beschreibung und Evaluation der Schwachstellen in einem System“ (s. ISO/IEC 62443-2-1, S. 14). Methodisch unterstützt werden viele Ansätze durch eine Bedrohungsmodellierung (engl. *Threat Modeling*, ursprünglich aus der Software-Entwicklung stammend). Als praktischen Prozess stellt sie eine besondere Form der Modellbildung dar. Die Entwicklung eines Threat-Models erhebt dabei Anspruch auf eine einfache Verwendbarkeit und ist somit auch für Nicht-Sicherheitsexperten anwendbar (s. BACHLECHNER ET AL. 2016, S. 86; SHOSTACK 2014, S. 3ff.; MOCKEL U. ABDALLAH 2010, S. 151).

Dabei gilt zu unterscheiden, auf welcher Abstraktionsebene bzw. Granularitätsstufe das Modell entwickelt wird. Eine komponentenorientierte Modellierung stellt die detailreichste und umfangreichste Variante dar. Mit ihr werden Schwachstellen auf Ebene der *Common Vulnerabilites and Exposures*[38] (CVE) modelliert. Die technikorientierte Herangehensweise basiert auf Methoden wie ATT&CK® von MITRE (s. AUER U. SCHMITZ 2021) ohne eine Berücksichtigung

[38] Referenz-System für Sicherheitslücken (https://cve.mitre.org/)

der CVE-Schwachstellen. Letztlich ermöglicht eine konzeptorientierte Bestimmung der Schwachstellen die am wenigsten granulare Herangehensweise auf einer für diese Untersuchung ausreichend abstrakten Ebene. (s. KAMAL 2019, S. 14)

Als Beispiel wird im späteren Verlauf die STRIDE-Methode beschrieben. Es existieren zwar verschiedene Werkzeuge zur Bedrohungsmodellierung, etwa das *Threat Modeling Tool* (TMT) von Microsoft[39], nach SHOSTACK erfolgt der grundsätzliche Aufbau jedoch auf Basis von vier Schritten (s. SHOSTACK 2014, S. xxviii f.):

Im ersten Schritt wird das zu untersuchende System modelliert (s. Abbildung 4-7). Die Art und Weise, wie das System modelliert wird, steht dem Anwender letzten Endes frei. Es stehen allerdings verschiedene Templates zur Verfügung, etwa für Prozesse, Datenflüsse (Datenflussdiagramme (DFD)), externe Akteure, Datenspeicher sowie Systemgrenzen in Form von Vertrauens-. Prozess- und Maschinengrenzen[40]. Die Systemgrenzen sind insofern von Bedeutung, als dass über sie Schwachstellen und Bedrohungen eingegrenzt werden. (s. SHOSTACK 2014, S. 34; BACHLECHNER ET AL. 2016, S. 86; POTTER 2009, S. 16)

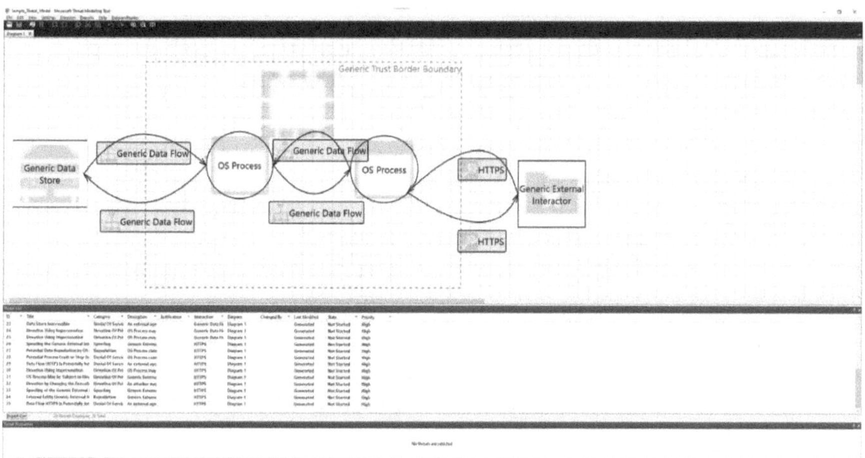

Abbildung 4-7: Exemplarisches Datenflussdiagramm in Microsoft TMT[41]

Im zweiten Schritt werden für die Elemente des Systems mögliche Bedrohungen identifiziert und jenen zugeordnet. Im TMT geschieht dies automatisiert. Genutzt wird dazu die weit verbreitete STRIDE-Methode. STRIDE steht im Englischen für die Begriffe *Spoofing, Tampering, Repudiation, Information Disclosure, Denial of Service* und *Elevation of Privilege*[42] (s. BACHLECHNER ET AL. 2016, S. 86). Durch die ursprünglich als automatisiert ausgelegte Me-

[39] Es wird kostenfrei von Microsoft zum Download bereitgestellt (https://www.microsoft.com/en-us/securityengineering/sdl/threatmodeling, Link zuletzt geprüft: 11.06.2022).

[40] Nutzbar sind ebenfalls Anwendungsfalldiagramme (auch Usecase-Diagramme) als Teil der *Unified Modeling Language* (UML) nach BOOCH ET AL. (1999). Mit ihrer Hilfe können Systeme systematisch anhand ihrer funktionalen Anforderungen beschrieben und visualisiert werden.

[41] https://docs.microsoft.com/en-us/azure/security/develop/threat-modeling-tool-getting-started

[42] https://docs.microsoft.com/de-de/azure/security/develop/threat-modeling-tool

thode können die Zuweisungen reproduzierbar und für Nicht-Experten identifiziert sowie Gegenmaßnahmen abgeleitet werden (s. SHOSTACK 2014, S. 4f.; BACHLECHNER ET AL. 2016, S. 86; POTTER 2009, S. 16). Die Methode lässt sich aufgrund ihrer generalisierten Umsetzung jedoch auch manuell nutzen (s. KAMAL 2019). Als Ergebnis erhält der Anwender eine Liste möglicher Bedrohungen, die je nach Komplexität des Systems Einträge enthält, von denen viele auf den ersten Blick irrelevant erscheinen, ihre Relevanz dann aber über die Untersuchung der Auswirkung im Schadensfall erhalten (s. BACHLECHNER ET AL. 2016, S. 86).

Im dritten Schritt werden für die identifizierten Bedrohungen Maßnahmen zu ihrer Adressierung ausgewählt. Es wird unterschieden zwischen Neugestaltung des Systems, Nutzung von Standardmaßnahmen, Nutzung von speziellen (angepassten) Maßnahmen und Akzeptanz des Restrisikos (s. SHOSTACK 2014, S. 12f.).

Abschließend wird das Modell hinsichtlich Gesamtheit und Effektivität validiert. Dafür stellt das TMT verschiedene Heuristiken zur Verfügung. Graphen und Analysen des modellierten Systems überprüfen dieses und die Abschwächung der vorhandenen Bedrohungen auf Basis der ausgewählten Maßnahmen. (s. SHOSTACK 2014, S. 24f.)

Auch wenn sich diese Schritte als pragmatisch erwiesen haben, sollten zusätzlich wichtige Aspekte zur Anwendung eines Threat-Models berücksichtigt werden. SHOSTACK benennt folgende Regeln und Erkenntnisse (s. SHOSTACK 2014, S. xxxi):

- *There´s More Than One Way to Threat Model*: Die Art der Modeling hängt stets vom Betrachtungsraum ab; es existiert keine Patentlösung.
- *The Right Way is the Way That Finds Good Threats*: Eine “gute” Bedrohung zeigt Raum für OptimierungsPotenzial auf; motiviert dadurch das Team.
- *Threat Modeling Is Like Version Control*: Es bedarf keines speziellen Expertenwissens, die Methode mit einfachen Mitteln funktionsfähig anzuwenden.
- *Threat Modeling Is Also Like Playing a Violin*: Kontinuierliche Verbesserung durch ständiges Lernen.
- *Technique versus Repertoire*: Es kommt nicht nur auf die Technik, sondern auch auf Erfahrungswissen an.
- *“Think Like an Attacker” Considered Harmful*: Die Phrase “Denken wie ein Angreifer“ sollte nicht überstrapaziert werden, da sie zu Fehlannahmen verführen kann.
- *The Interplay of Attacks, Mitigations, and Requirements*: Nicht alle Angriffe können vorhergesehen oder in Bezug auf gesetzte Anforderungen verhindert werden.

Bedeutung für diese Untersuchung

Threat-Modeling trifft im Kern zwei in dieser Untersuchung thematisierten Teilziele und bietet sich somit als Methode in der Modellentwicklung an. Zum einen hilft die Vorgehensweise mitsamt der zur Verfügung stehenden Werkzeuge, Industrie-4.0-Umgebungen vor dem Hintergrund ihrer Schwachstellen zu modellieren. Weiterhin bietet die Methode mit STRIDE das notwendige strukturelle Vorgehen. Die Ermittlung relevanter Maßnahmen wird somit erleichtert. Im Rahmen dieser Untersuchung wird die Methode in ihren Grundzügen und nicht anhand ihres automatisierten Charakters zum Tragen kommen. Die Zuweisung von Schwachstellen und Maßnahmen erfolgt dabei auf Basis von Einflussdiagrammen und -matrizen, die der Methode des vernetzten Denkens von PROBST U. GOMEZ zugrunde liegen (s. PROBST U. GOMEZ 1991, S. 12f.).

4.3.5 Aufwand-Nutzen-Analyse

Eine Aufwand-Nutzen-Analyse (ANA) ist Teil eines Entscheidungsfindungsprozesses, in dem eine Auswahlentscheidung oder eine Priorisierung forciert wird (s. SCHULTE-ZURHAUSEN 2010, S. 211). Ihr liegt das Ziel zugrunde, durch die Verwendung sinnvoller Entscheidungskriterien eine rationale Entscheidung treffen zu können. Im Rahmen der Bewertung *„werden die Auswirkungen der erarbeiteten Problemlösung ermittelt und bezüglich ihrer Zielerreichung bewertet*" (s. SCHULTE-ZURHAUSEN 2010, S. 412). Das Resultat dient lediglich als Entscheidungsunterstützung, da für gewöhnlich keine entwickelte Problemlösung eine optimale Lösung darstellt, sondern vielmehr Vor- und Nachteile einander gegenübergestellt werden müssen. Im Sinne eines Gesamtwerts spricht man von einer *Präferenzordnung* (s. SCHULTE-ZURHAUSEN 2010, S. 411f.). In Abbildung 4-8 sind die Schritte zusammengefasst.

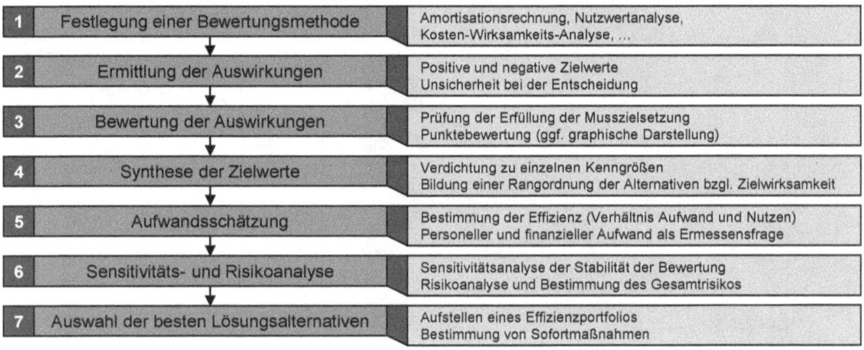

Abbildung 4-8: Schritte der Bewertung (eigene Darstellung i. A. a. SCHULTE-ZURHAUSEN 2010, S. 412)

Der erste Schritt besteht darin, eine geeignete Bewertungsmethode auszuwählen. Die Festlegung hängt dabei von der Vielfalt der Zielkriterien und Zielmaßstäbe sowie den zur Verfügung stehenden Informationen ab. Darunter fallen bspw. Amortisationsrechnungen und Nutzwertanalysen. Im folgenden Schritt werden die jeweiligen Zielwerte je Problemlösung bestimmt, die positiv und negativ sein können. Das resultiert daher, weil die Problemlösungen Vorteile (Erträge, Leistungen) sowie Nachteile (Aufwände, Kosten) mit sich bringen. Diese werden dann im nächsten Schritt hinsichtlich ihres Erfüllungsgrades in Bezug auf die Wunschzielkriterien untersucht, also konkret bewertet. Dazu können Zahlen- oder Notensysteme herangezogen werden. Eine graphische Darstellung fördert die Transparenz und Diskussionsgrundlage. Die Synthese der Zielwerte stellt den nächsten Schritt mit dem Ziel dar, die einzelnen Zielwerte aller Problemlösungen zu einer Kennzahl zu verdichten. Damit werden diese direkt vergleichbar und lassen sich in eine eindeutige Rangordnung bringen. Der bisher bestimmte Nutzwert einer Problemlösung ist stets mit einem Aufwand verbunden, der in Schritt 5 ermittelt bzw. vielmehr geschätzt wird, denn er setzt sich aus verschiedenen Faktoren wie dem personellen, zeitlichen oder finanziellen Aufwand zusammen. Im besten Fall kann der Aufwand als Geldeinheit ausgedrückt werden, um eine möglichst konkrete Entscheidungsgrundlage zu bieten. Dem nächsten Schritt liegt die Tatsache zugrunde, dass Entscheidungen im organisatorischen Kontext immer mit Unsicherheiten belegt sind. Daher sollten Sensitivitäts- und Risikoanalysen während der Entscheidungsfindung berücksichtigt werden. Die Sensitivitätsanalyse gibt an, wie stabil die Bewertung hinsichtlich der Veränderung äußerer Bedingungen ist. Im Fokus steht die Frage, ob solche Veränderungen in der Zukunft eine Verschiebung der Rangordnung hervorrufen könnten. Die Risikoanalyse ergänzt diese Betrachtung um eine Untersuchung möglicher Risiken bzw. potenzieller Probleme, die durch die Umsetzung der Problemlösungen entstehen. Im letzten Schritt erfolgt die Gegenüberstellung von Aufwand und Nutzen in einem Effizienzportfolio (s. Abbildung 4-9), in welches gleichzeitig verschiedene Risikobereiche eingetragen werden. (s. SCHULTE-ZURHAUSEN 2010, S. 413ff.)

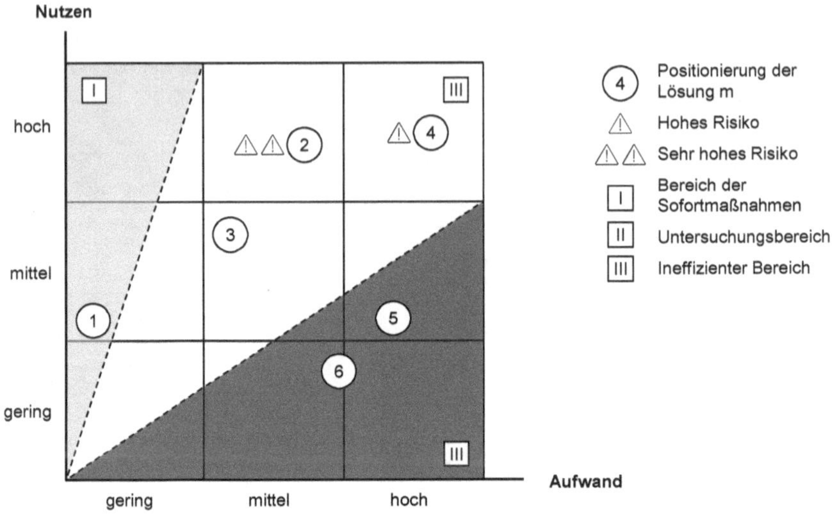

Abbildung 4-9: Effizienzportfolio (eigene Darstellung i. A. a. SCHULTE-ZURHAUSEN 2010, S. 417)

Bedeutung für diese Untersuchung

Ein pragmatisches Informationssicherheitsmanagement setzt stets ein Abwägen zwischen der absoluten Notwendigkeit zur Umsetzung von Maßnahmen und einem bestimmten Restrisiko voraus. Daraus folgt, dass ein realistisches Informationssicherheitsprogramm aus einer in ihrer Anzahl begrenzten Kombination unterschiedlicher Einzelmaßnahmen besteht. Alle Maßnahmen umzusetzen ist nicht effizient bzw. realisierbar. Die Aufwand-Nutzen-Analyse wird daher im Rahmen der Dissertationsschrift zur Priorisierung geeigneter Maßnahmen in Bezug auf die identifizierten Schwachstellen der Industrie-4.0-Umgebung eingesetzt.

4.4 Konkretisierung der Vorgehensweise

Jede wissenschaftliche Untersuchung basiert auf einer Methode, die ein mittel- und zweckgeleitetes planmäßiges Vorgehen darstellt und methodisch fundiert sein muss (s. SCHÜTTE 1998, S. 177). Zu diesem Zweck werden die beschriebenen Methoden den Kapiteln dieser Untersuchung zugeordnet und in eine konkrete Vorgehensweise überführt. Diese wird im Folgenden beschrieben und ist in Abbildung 4-10 als Grob- und Detaildarstellung (Kapitel 5 bis 8) graphisch zusammengefasst.

Das Vorgehen beginnt mit der Konkretisierung der **Problem- und Zielstellung**. Hierzu wurden bereits Ausgangssituation, Problemstellung und Zielsetzung der Untersuchung beschrieben (s. Kapitel 1). Sie legen den Fokus und die Relevanz des Themas dar. Die Konkretisierung erfolgt dabei auf Basis von Praxiserfahrungen, durchgeführten Projekten am FIR an der RWTH Aachen (s. Anhang A.2), darauf aufbauenden Experteninterviews (s. Anhang A.1) und einer abschließenden Literaturanalyse. Es folgt eine umfangreiche Literaturrecherche, um relevante theoretische Grundlagen zu beschreiben und anschließend den Untersuchungsbereich dieser Untersuchung einzugrenzen (s. Kapitel 2). Anschließend wird der aktuelle Stand der Erkenntnisse in Form von Referenzmodellen für Industrie 4.0, Möglichkeiten zur Schwachstellenidentifikation sowie Beschreibungen von Informationssicherheitsmaßnahmen und bestehenden Ansätzen für Informationssicherheitsmanagementsysteme aufgezeigt (s. Kapitel 3). Um sich auf die relevantesten Aspekte beschränken zu können, fließen neben Praxiserfahrungen auch Experteninterviews ein.

Die **Konstruktion des Ordnungsrahmens** erfolgt auf Basis der Festlegung formaler sowie inhaltlicher Anforderungen an diesen. Im Anschluss werden notwendige methodische Grundlagen dargelegt, mithilfe derer ein formal sauberer sowie nachvollziehbarer Forschungsprozess gewährleistet werden kann (s. Kapitel 4).

Die **Modellierung der Struktur** sowie deren **Konsolidierung und Komplettierung** stellen den Kern der vorliegenden Dissertationsschrift dar. Sie sind daher in Anlehnung an den Modellbildungsprozess (s. Kapitel 4.2.2) als Detaildarstellung abgebildet (s. Abbildung 4-10)

Den Ausgangspunkt und damit das reale System bilden Industrie-4.0-Umgebungen bei den Anwenderunternehmen und deren Management durch ein ISMS. In Kapitel 5 wird ein Beschreibungsmodell aus bereits bestehenden Referenzmodellen für Industrie-4.0-Umgebungen entwickelt. Dazu werden diese vorab definiert (s. Kapitel 5.1). Der Prozess zur Referenzmodellentwicklung in Kapitel 5.2 nach SCHÜTTE dient als Orientierung zur Konstruktion des Beschreibungsmodells. Um auf die Anwendbarkeit in Unternehmen einzugehen, wird hier eine Spezifizierung als Konstruktionstechnik eingesetzt (s. Kapitel 5.2). Sie bietet ein angemessenes Verhältnis zwischen der Entwicklung des Referenzmodells (in dieser Untersuchung) und der Anwendung dessen (durch die Anwenderunternehmen). Durch die Vielzahl der existierenden Referenzmodelle in den Bereichen Industrie 4.0 und Informationssicherheit können diese vor dem Hintergrund der zugrundeliegenden Forschungsfrage passend aggregiert und spezifiziert werden. In Kapitel 5.3 wird das entwickelte Beschreibungsmodell angewendet, um eine erste Validierung zu ermöglichen und Schwachstellen in Bezug auf die zu untersuchende Industrie-4.0-Umgebung in das Modell einzuordnen.

In Kapitel 6 folgen die Eingrenzung (s. Kapitel 6.1) und die Beschreibung der im Kontext dieser Untersuchung relevanten Informationssicherheitsmaßnahmen (s. Kapitel 6.2) sowie die Entwicklung eines Bewertungsmodells für jene (s. Kapitel 6.4). Dazu werden vorab die Sicherheitsbedürfnisse produzierender Unternehmen beschrieben (s. Kapitel 6.3).

Die entwickelten Beschreibungsmodelle dienen als Grundlage für die Konsolidierung und Komplettierung und somit für das Erklärungsmodell in Kapitel 7. In diesem werden die Vorgehensweise zur Erklärung der Wirkungszusammenhänge (s. Kapitel 7.1) sowie die einzelnen Wirkungszusammenhänge der identifizierten Schwachstellen einer Industrie-4.0-Umgebung mit den beschriebenen Informationssicherheitsmaßnahmen erklärt (s. Kapitel 7.2). So wird eine Zuordnung der beiden ermöglicht, um fallspezifische und geeignete Maßnahmen zur Absicherung ableiten zu können.

Die Gestaltung eines Informationssicherheitsmanagementsystems erfolgt durch die Zusammenführung der vorangegangenen Modelle in Kapitel 8. Das siebenschrittige Vorgehen ermöglicht eine konkrete Risikobetrachtung einer spezifischen Industrie-4.0-Umgebung. Durch die erklärten Wirkungszusammenhänge und unternehmensspezifische sowie betriebswirtschaftliche Faktoren erfolgen die Bewertung, Auswahl und Priorisierung geeigneter Informationssicherheitsmaßnahmen. Diese Kernschritte bestehen nicht für sich, sondern sind dabei in ein ganzheitliches und strategisches Informationssicherheitsmanagementsystem eingebettet. Folgendes lässt sich festhalten:

> *Das Vorgehensmodell stellt eine aggregierte KMU- bzw. mittelstandsgerechte Vorgehensweise zum pragmatischen, effizienten, aber auch strategischen Umgang mit Informationssicherheit dar. Es bietet notwendige Werkzeuge, um Unternehmen die anschließende Umsetzung des Informationssicherheitsmanagementsystems zu ermöglichen.*

Die **Anwendung** des Modells stellt nach SCHÜTTE den letzten Modellentwicklungsschritt dar. Die **Evaluation** erfolgt auf Basis von Experteninterviews sowie im Rahmen von Fallstudien (s. Kapitel 9) und einer formalen Überprüfung. Damit wird die Modellqualität und -anwendbarkeit sichergestellt.

Die beschriebene Vorgehensweise ermöglicht darüber hinaus eine Zuordnung zu den vier Phasen des Threat-Modelings (s. Kapitel 4.3.4). Die Schritte *Model System* (MT), *Find Threats* (FT) und *Validate* (V) können Kapitel 5 zugeordnet werden. Der Schritt *Address Threats* (AT) erfolgt in Kapitel 6 und Kapitel 7 bzw. ansatzweise in Kapitel 8. Zusätzlich wird das Modell in Kapitel 9 validiert (s. Abbildung 4-10).

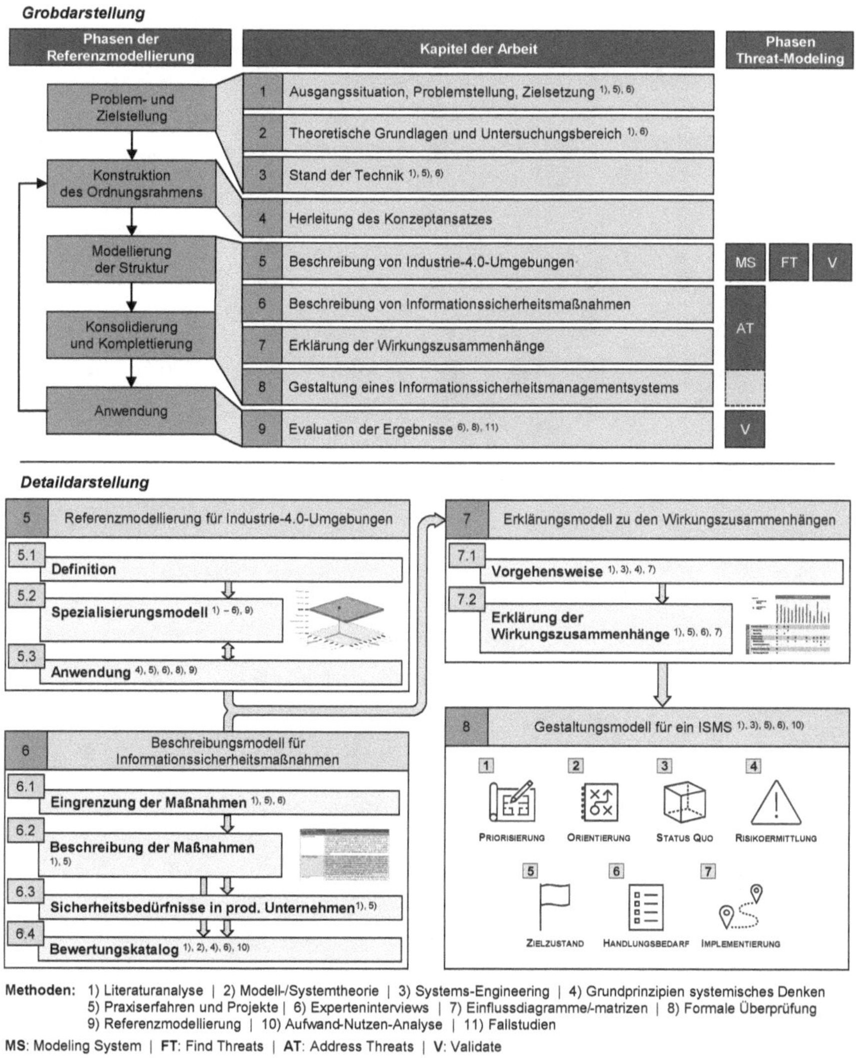

Abbildung 4-10: Konkretisierte Vorgehensweise der Modellentwicklung (eigene Darstellung)

5 BESCHREIBUNG VON INDUSTRIE-4.0-UMGEBUNGEN

Dieses Kapitel dient der Beschreibung von Industrie-4.0-Umgebungen (kurz I40U, auch Umgebungen), die die Ausgangslage aller weiteren Betrachtungen darstellen. Wichtig ist hierbei die Beschreibung aus Sicht des Anwenders bzw. Betreibers der Umgebung. Daher erfolgt die Beschreibung nicht nur auf Basis bestehender Literatur, sondern auch auf Basis von Projekterfahrungen des Autors und zielgerichteten Experteninterviews. Dem Kapitel liegt die folgende Forschungsfrage zugrunde: „**Wie können Industrie-4.0-Umgebungen produzierender Unternehmen vor dem Hintergrund ihrer Informationssicherheitsschwachstellen beschrieben werden?**“.

Da dem Begriff Industrie 4.0 für sich genommen schon zahlreiche Definitionen und unterschiedliche Verständnisweisen zugrunde liegen, erfolgt eine Begriffskonkretisierung einer „Industrie-4.0-Umgebung“ (s. Kapitel 5.1), um den nachgelagerten Aktivitäten ein einheitliches Begriffsverständnis zugrunde legen zu können. Kapitel 5.2 stellt den Kern dieses Kapitels dar, indem das Modell zur Beschreibung einer Industrie-4.0-Umgebung in Anlehnung an den Prozesses nach SCHÜTTE entwickelt wird (s. Kapitel 4.3.1). Es folgt eine erste Anwendung des Modells zur Einordnung relevanter Schwachstellen und zu dessen Validierung (s. Kapitel 5.3). Teile des Kapitel 5 sind bereits in Veröffentlichungen präsentiert worden (s. SCHUH ET AL. 2020b; SCHUH ET AL. 2021). Eine Übersicht der Kapitelstruktur ist in Abbildung 5-1 gegeben.

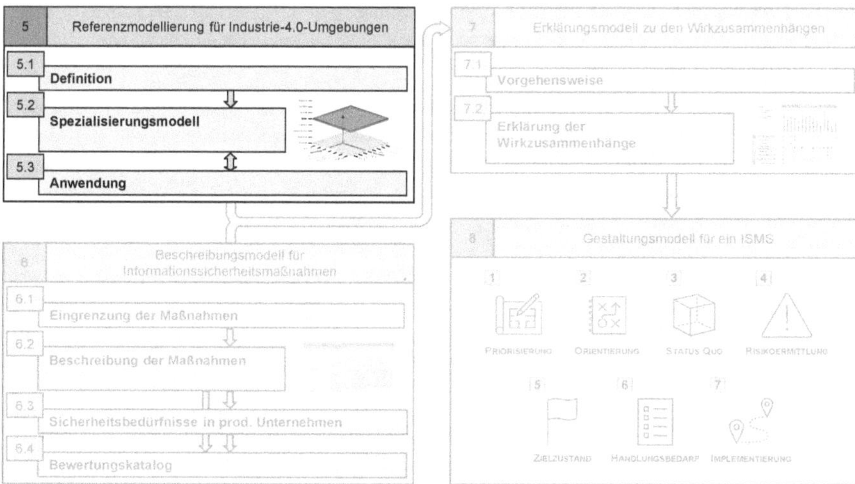

Abbildung 5-1: Übersicht Kapitel 5 im Gesamtkontext (eigene Darstellung)

5.1 Definition des Begriffs Industrie-4.0-Umgebung

Bereits in Kapitel 2.3.1 wurde eine erste Kurzdefinition des Begriffs Industrie-4.0-Umgebung angeführt, um den Lesern ein besseres Verständnis zu ermöglichen. Sie stellt demnach eine solche Umgebung dar, „*in der Industrie-4.0-Anwendungsfälle von Industrieunternehmen zur Erfüllung ihrer Geschäftsprozesse genutzt werden*“ (SCHMITZ 2018, S. 21). In der Literatur ist der Begriff I40U nicht einheitlich definiert. Darüber hinaus existieren nicht viele explizite Definitionen, vielmehr wird der Begriff im jeweiligen Kontext gedeutet. So konstatieren etwa

BRECHT U. STELZER, dass er gleichbedeutend mit einem *Industrie-4.0-Ökosystem* ist, definieren dieses aber nicht weiter (s. BRECHT U. STELZER 2016, S. 9). Die Bezeichnung als Ökosystem deutet jedoch auf wichtige Aspekte hin, etwa die Interaktion mehrerer Entitäten innerhalb des Systems oder die Wechselwirkungen zwischen verschiedenen Ökosystemen (Umgebungen). Im übertragenen Sinne spiegelt sich ersteres in einem Anwendungsfall wider, zweiteres durch Geschäftsprozesse. Im Folgenden wird daher auf die beiden Elemente detailliert eingegangen, um eine abschließende Definition geben zu können. Es gilt zu beachten, dass sie verschiedene Sichten auf das gleiche System darstellen können: Ein Anwendungsfall beschreibt *„die Wortschöpfung der Außenwelt während des dynamischen Interagierens mit dem System*", ein Geschäftsprozess hingegen *„die Wortschöpfung des Systems während der dynamischen Abarbeitung von Anforderungen der Außenwelt*" (UMBACH U. METZ 2006, S. 429).

Anwendungsfälle in Industrie-4.0-Umgebungen

Ein Anwendungsfall (engl. *Use Case*[43]) stellt eine gewisse Funktion bzw. ein Funktionsgefüge dar, mit dem die Artikulation eines Wunsches durch einen Aktor (Mensch, Software, ...) als Systemunterstützung die Aufgaben des Aktors unterstützt (s. UMBACH U. METZ 2006, S. 424). Im Kontext von Industrie 4.0 stellt die Funktionsweise eines Anwendungsfalls den zentralen Baustein eines solchen dar. Das übergeordnete Ziel ist stets die Bedürfnisbefriedigung des Aktors, um messbare Ergebnisse zu erzielen, die dem Aktor einen angestrebten Mehrwert (Wertschöpfung) liefern. Die Granularität und der Umfang eines Anwendungsfalls können je nach Ziel stark variieren. „Klassische" Anwendungsfälle, die häufig als repräsentative Beispiele genutzt werden, sind *Predictive Maintenance* oder *Virtual Reality*, aber auch *Big Data* kann als Anwendungsfall gesehen werden.

Zur Erfüllung einer Funktion werden bestimmte Komponenten benötigt. Im Rahmen von Industrie 4.0 wird häufig von *Assets* gesprochen. Als Assets werden alle Komponenten bezeichnet, die mit dem Anwendungsfall interagieren bzw. mit denen der Anwendungsfall interagiert. Sie können von Sensorik oder Aktorik auf der Produktionsebene bis hin zu Informationssystemen wie ERP- oder ME-Systemen auf der Anwendungsebene reichen. Zu einer Komponente gehören zusätzlich deren Fähigkeiten, bspw. die Bereitstellung von Daten. Um eine ganzheitliche I40U abbilden zu können, werden auch die in der I40U herzustellenden Produkte berücksichtigt (s. HANKEL 2015, S. 1). Darüber hinaus gilt es, Lebenszyklen, Zustände, Modelle oder Pläne derselben zu berücksichtigen (s. BRECHT U. STELZER 2016, S. 38; SCHEER 2015, S. 9).

Es bleibt festzuhalten, dass Anwendungsfälle in Industrie 4.0 verschiedene „Aufgaben" erfüllen, deren Granularität stark variieren kann. Ein einheitliches Verständnis über den umzusetzenden Anwendungsfall ist ebenso von großer Bedeutung wie neue Technologien, die als Befähiger einer I40U dienen (s. BRECHT U. STELZER 2016, S. 16).

Geschäftsprozesse in Industrie-4.0-Umgebungen

Im Vorfeld wurde beschrieben, dass Anwendungsfälle umgesetzt werden, um Geschäftsprozesse zu erfüllen. Die Betrachtung solcher Geschäftsprozesse hebt die Betrachtung einer I40U auf eine höhere Ebene, indem durch sie Unternehmensziele erreicht werden sollen. Aus Sicht des Digitalisierungs- und Informationsmanagements existieren dazu definierte Aufgaben in ei-

---

[43] In diesem Kapitel wird nicht genauer auf die Unterschiede deutscher und englischer Begriffe und deren Bedeutung eingegangen.

ner I40U (vgl. SCHMITZ 2018, S. 91ff., 115ff.). Die Menge aller Geschäftsprozesse stellt Anforderungen dar, die sich aus der Differenz zur Umwelt ergeben und somit nach außen hin befriedigt werden müssen (s. UMBACH U. METZ 2006, S. 429). Dazu sollten verschiedene Aspekte berücksichtigt werden, die sich je nach Quelle stark unterscheiden, aber auf die vier folgenden Punkte reduziert werden können: Fokus auf neue Technologien und auf Fähigkeiten des Unternehmen, Agieren in Netzwerken und die Berücksichtigung der Markt- und Technologiedynamik (s. BRECHT U. STELZER 2016, S. 129). Sie stellen ihrerseits Stellgrößen und Einflussfaktoren einer I40U dar und müssen adäquat adressiert werden. Das Management dieses Umfeldes, welches sich dynamisch und kontinuierlich ändert, stellt eine ganzheitliche Risikobetrachtung im Unternehmen in den Vordergrund, wodurch die Notwendigkeit eines umfassenden Managementsystems gleichsam bedeutender wird (s. BAUMGARTNER ET AL. 2006, S. 166).

Zur Erreichung dessen dienen Geschäftsmodelle. Sie stellen selbst einen Gegenstand aktueller Forschungsaktivitäten dar (s. HELMRICH 2017, S. 1ff.; SCHALLMO U. RUSNJAK 2017, S. 2f.). Sie beinhalten strategische Aspekte, sind jedoch unabhängig von der Unternehmensstrategie zu betrachten (s. SHAFER ET AL. 2005, S. 203). Vielmehr können sie *„als strategisches Instrument zur ganzheitlichen, unternehmensübergreifenden Beschreibung, Analyse und Gestaltung der Geschäftstätigkeit“* verstanden werden (ZOLLENKOP U. LÄSSIG 2017, S. 70). BECKER U. ULRICH definieren Geschäftsmodelle folgendermaßen: *„[...] ein Geschäftsmodell [ist] die (vereinfachende, strukturähnliche oder strukturgebende) Abbildung von ausgewählten Aspekten der Ressourcentransformation des Unternehmens, sowie seiner Austauschbeziehungen mit anderen Marktteilnehmern.“* (BECKER U. ULRICH 2013, S. 13).

Dabei haben sich unterschiedliche Erfolgsfaktoren für eine erfolgreiche Umsetzung von Geschäftsmodellen herausgebildet, die sich in Daten, Produktionssystem, Produkte und Services sowie unternehmensinterne und unternehmensübergreifende Wertschöpfung gruppieren lassen. Beispiele sind hier Kooperationen mit Wertschöpfungspartnern, die Erhöhung der Transparenz, eine detaillierte Analyse der Kundenbedarfe oder die Sicherstellung von Datensicherheit und Datenschutz. (s. SCHNEIDER 2017, S. 1ff.)

Geschäftsprozesse spiegeln also die Geschäftsperspektive wider und beantworten, wofür eine I40U eingesetzt wird. Denn eine Funktion erfüllt nicht nur einen Selbstzweck, sondern adressiert stets eine betriebswirtschaftliche und strategische Zielgröße.

Zusammenfassende Definition einer Industrie-4.0-Umgebung

Es lässt sich festhalten, dass eine Industrie-4.0-Umgebung ein unternehmensspezifisches Konstrukt aus einem oder mehreren Anwendungsfällen in Kombination mit einem oder mehreren Geschäftsprozessen darstellt. Die Zielgrößen einer solchen Umgebung sind durch Industrie-4.0-spezifische Faktoren wie Flexibilität, Interoperabilität oder Automatisierungsgrad gegeben (s. HIPPENMEYER 2016, S. 16).

Zur Erreichung dieser Zielgrößen müssen Industrie-4.0-Umgebungen und ihre Akteure bestimmte Qualifikationen und Kompetenzen aufweisen. Dazu zählen etwa fachlich-methodische Kompetenzen wie IT-Grundlagen oder Data-Analytics und Systems-Engineering, sozial-kommunikative Kompetenzen (bspw. Kooperationsbereitschaft), personale Kompetenzen (bspw. Selbständigkeit und Selbstreflexion) sowie Problemlösungskompetenzen wie eine interdisziplinäre Denkweise. (s. BRECHT U. STELZER 2016, S. 76)

Wie sich zeigt, gehen diese Kompetenzen über das eigene Unternehmen hinaus und beziehen externe Partner mit ein (vgl. BRECHT U. STELZER 2016, S. 129). Bei alldem gilt es stets zu beachten, dass trotz der zunehmenden Fokussierung von Fähigkeiten und Kompetenzen einer

I40U relevante Sicherheitsaspekte berücksichtigt und gewährleistet werden müssen (s. BRECHT U. STELZER 2016, S. 135). Die folgende Definition (graphische Darstellung in Abbildung 5-2) ergibt sich auf Basis der untersuchten Literatur und dem Verständnis, welches dieser Untersuchung zugrunde liegt:

Eine Industrie-4.0-Umgebung stellt ein in seinem Umfang variierendes und soziotechnisches System aus dem ursprünglichen Unternehmen und weiteren Entitäten dar, die in einem Netzwerk durch gegenseitige Wechselwirkungen und unternehmensübergreifende Kompetenzen eine vernetzte Wertschöpfung gegen ein dynamisches Umfeld erzeugen. Dazu werden Anwendungsfälle zur Erfüllung bestimmter Funktionen mit physischen und digitalen Assets unter Berücksichtigung ihres Lebenszyklus umgesetzt, um Geschäftsprozesse zu ermöglichen, die die Realisierung von Unternehmenszielen durch eine dem Geschäftsmodell zugrunde liegende Kombination von Aufgaben gewährleisten.

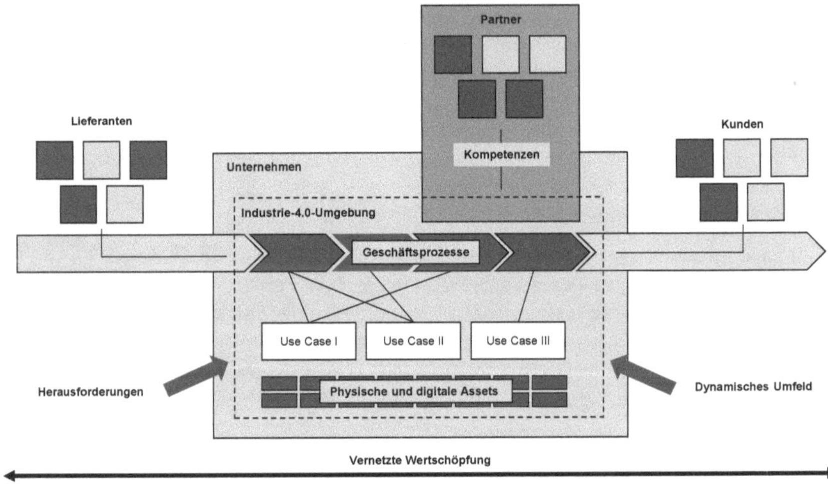

Abbildung 5-2: Definition einer Industrie-4.0-Umgebung (eigene Darstellung)

5.2 Konstruktion des Spezialisierungsmodells

Aufbauend auf der Konkretisierung der Vorgehensweise in Kapitel 4.4 wird in diesem Kapitel die Entwicklung des Beschreibungsmodells für Industrie-4.0-Umgebungen im Kontext der Informationssicherheit beschrieben. Dazu wird zunächst auf die verwendeten Untersuchungsmethoden eingegangen (Kapitel 5.2.1). Im Anschluss werden die Phasen der Vorgehensweise nach SCHÜTTE beschrieben (Kapitel 5.2.2 - 5.2.5), die den Aufbau des Kapitels widerspiegeln (s. SCHÜTTE 1998, S. 185). Dadurch, dass das Beschreibungsmodell mithilfe der Konstruktionstechnik „Spezialisierung" konstruiert wird, ist im Folgenden nicht von „Referenzmodell", sondern von „Spezialisierungsmodell" die Rede.

5.2.1 Untersuchungsmethoden

An dieser Stelle wird auf die verwendeten Untersuchungsmethoden im Rahmen der Modellentwicklung eingegangen (s. Abbildung 5-3). Es ist anzumerken, dass sie ebenfalls für weitere Modelle der Dissertationsschrift Anwendung finden (s. Abbildung 4-10).

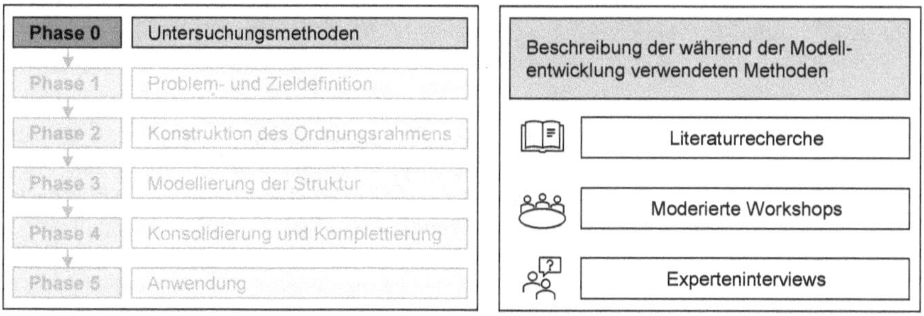

Abbildung 5-3: Einordnung der Phase 0 im Zusammenhang der Modellentwicklung (eigene Darstellung)

Literaturrecherchen

Mit einer Literaturrecherche (engl. *Desk Research*) verfolgt der Autor das Ziel, notwendige Informationen zu beschaffen, ggf. weiterzuverarbeiten und zu interpretieren, um diese in die Untersuchung einfließen lassen zu können. Dazu ist es notwendig, das Thema vorab zu reflektieren und den Untersuchungsgegenstand abzugrenzen. Ferner muss der Bearbeitungsumfang festgesetzt werden, der sich aus Bearbeitungstiefe und -breite ergibt. Innerhalb dieses Umfangs stehen die Dimensionen Verständlichkeit und Vollständigkeit im Gegensatz. Das geeignete Maß muss durch den Autor festgelegt und sachlich begründet werden. (s. BRINK 2013, S. 47ff.)

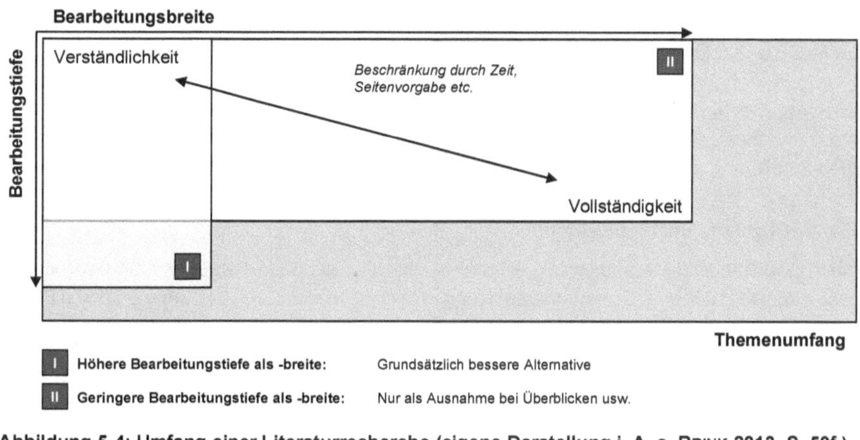

Abbildung 5-4: Umfang einer Literaturrecherche (eigene Darstellung i. A. a. BRINK 2013, S. 50f.)

Die Zusammenhänge sind in Abbildung 5-4 dargestellt. Die Literaturrecherchen für dieses Kapitel bezogen sich insbesondere auf bestehende Ordnungsrahmen, deren Elemente und verschiedenen Sichten.

Moderierte Workshops

Ein Workshop stellt eine stark ergebnisorientierte Methode dar, um gemeinsame Lösungen und Konzepte zu entwickeln. Voraussetzung dafür ist zum einen, dass eine gegebene Aufgabenstellung in einer vorgesehenen Zeit gelöst werden kann. Zum anderen sollte ein Workshop im Sinne der inhaltlichen und organisatorischen Gestaltung gut vorbereitet werden. Ein Moderator gewährleistet, dass ein Workshop wie geplant durchgeführt wird und mögliche Abschweifungen wie Konflikte und Widerstände verhindert werden.[44]

Entlang der Modellentwicklung wurden verschiedene Workshops durchgeführt, um die Modellqualität sicherzustellen und die Erkenntnisse der Literaturrecherchen zu bekräftigen. Für den Schritt 2 „Problem- und Zieldefinition" wurden Workshops im Rahmen des Roundtables *Information Manager* (RIM) des FIR durchgeführt (s. Anhang A.1.2). Der RIM wird halbjährlich vom Bereich Informationsmanagement mit Digitalisierungs- und IT-Verantwortlichen primär produzierender Unternehmen zu unterschiedlichen Themen durchgeführt. Der dritte Schritt „Konstruktion des Ordnungsrahmens" wurde in einem Workshop des RWTH-Zertifikatskurses „Digital Product Manager" adressiert. Der Schwerpunkt des Kurses liegt auf der Identifikation des Erfolgs digitaler Produkte und Services im Markt und der optimalen Gestaltung des Entwicklungsprozesses (s. Anhang A.1.3).

Experteninterviews

Experteninterviews[45] dienen dazu, neue Erkenntnisse zu gewinnen und die theoretischen Überlegungen des Autors durch praxisnahe Erfahrungen zu bekräftigen. Um ein Mindestmaß an Objektivität und intersubjektiver Nachprüfbarkeit zu erreichen, sind folgende Voraussetzungen zu erfüllen: Leitfadenorientierung (schriftlich, teilstandardisiertes Fragenschema), Zweckorientierung (eindeutig festgelegter Zweck), Offenheit (in der Fragestellung), Transparenz (zur Gesprächssituation), Sachlichkeit (sachliche Fragestellungen, keine weltanschaulichen oder persönlichen Belange), Vertraulichkeit (zwischen Experte und Interviewer), Neutralität (des Interviewers), hinreichende Sachkenntnis (Kompetenz des Experten) und Übung (der Experteninterviews im Vorfeld). (s. BRINK 2013, S. 131ff.)

Im Rahmen der Modellentwicklung wurden verschiedene Expertinnen und Experten interviewt (n=17) (s. Anhang A.1.1). Zu Beginn der Erstellung der Untersuchung dienten die Experteninterviews zur Problem- und Zieldefinition. Im späteren Verlauf wurden sie vor allem dazu genutzt, immer wieder den Blick auf die Anwendbarkeit und hohe Praxistauglichkeit zu legen, um die Modellentwicklung in einem iterativen Prozess kontinuierlich zu unterstützen[46].

5.2.2 Problem- und Zieldefinition

Nach SCHÜTTE ist die Adressierung eines tatsächlich bestehenden Problems für die Modellierung eines Modells eine Grundvoraussetzung (s. SCHÜTTE 1998, S. 184). Jene erfolgt in Phase 1 der Modellentwicklung (s. Abbildung 5-5).

---

[44] https://www.umsetzungsberatung.de/seminare/workshop-streitkultur.php

[45] Zwar erfreuen sich Experteninterviews großer Beliebtheit, allerdings steht ihnen heutzutage eine noch lückenhafte und unvollständige theoretisch-methodische Fundierung gegenüber (s. BRINK 2013, S. 131). Daher werden sie im Rahmen der Arbeit nicht allein genutzt.

[46] In Anlehnung an das Grundprinzip der wiederkehrenden Reflexion (s. Kapitel 4.2.1).

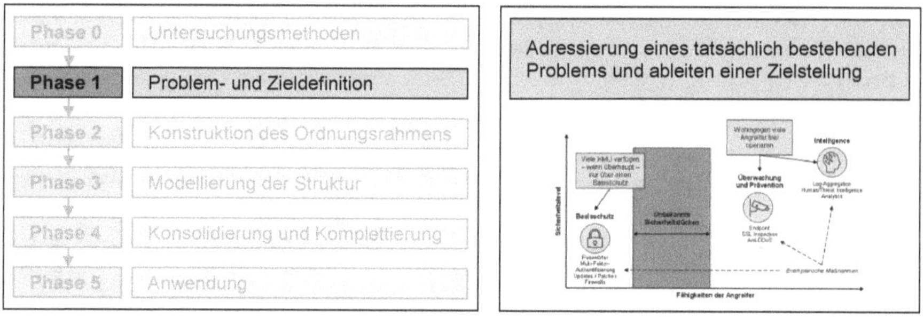

Abbildung 5-5: Einordnung der Phase 1 in Zusammenhang der Modellentwicklung (eigene Darstellung)

Die der Untersuchung und dem in diesem Kapitel zu entwickelnden Modell zugrundeliegende Problemstellung wurde bereits in Kapitel 1.1 hergeleitet, in der Untersuchung des Stands der Technik in Kapitel 3.1 wissenschaftlich aufgearbeitet und in Kapitel 3.5 festgehalten.

Die Zieldefinition lässt sich auf Basis der dem Kapitel zugrundeliegenden Forschungsfrage folgendermaßen festhalten:

> *Die Entwicklung des Beschreibungsmodells für Industrie-4.0-Umgebungen dient dazu, einen zusammenhängenden Ansatz mit Schwachstellenbezug vor dem Hintergrund der Informationssicherheit darzustellen. Dadurch soll eine pragmatische und effiziente Zuordnung von Schwachstellen zu Ordnungsrahmenelementen ohne fundiertes fachliches Wissen ermöglicht werden. Technologische, organisatorische, personelle wie kulturelle Einflussfaktoren sollen gleichermaßen berücksichtigt werden.*

5.2.3 Konstruktion des Ordnungsrahmens

In Anlehnung an den Prozess nach SCHÜTTE wird nun der Ordnungsrahmen entwickelt (s. Abbildung 5-6). Er bildet die oberste Abstraktionsebene des zu entwickelnden Modells (s. BECKER ET AL. 1999, S. 32). Der Ordnungsrahmen dient als Orientierung im Modell und somit zur Beherrschung der Komplexität im Modellierungsprozess sowie als einheitliche Struktur zur Verankerung aller Sichten. (s. HAUSER 2008, S. 86; SCHÜTTE 1998, S. 212ff.; VOM BROCKE 2015, S. 128)

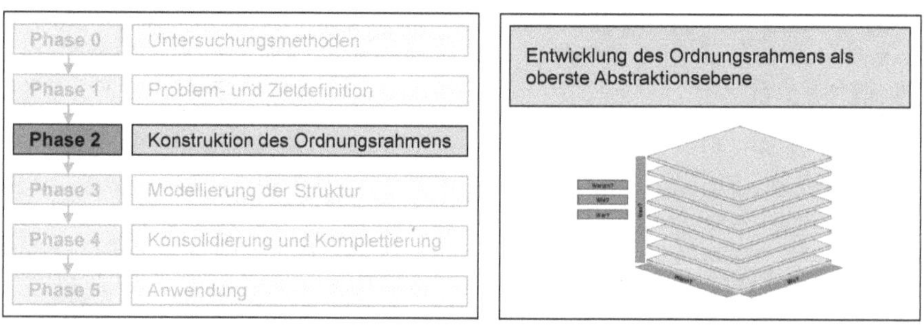

Abbildung 5-6: Einordnung der Phase 2 im Zusammenhang der Modellentwicklung (eigene Darstellung)

Indem ein Ordnungsrahmen eine einheitliche Verständnis- und Begriffsgrundlage bietet, stellt er eine ordnende Rolle gegenüber weiteren Modellen und Sichten mit Relation zum zu entwickelnden Modell dar (s. VOM BROCKE 2015, S. 129). Letztlich lassen sich die folgenden Gestaltungsempfehlungen für die Ordnungsrahmenkonstruktion festhalten:

- Strukturierungselemente sind auf Aufgaben und/oder Funktionen zu beschränken, wobei diese langfristige Anforderungen des Unternehmens darstellen (s. SCHÜTTE 1998, S. 213; BECKER ET AL. 1999, S. 8f.)
- Abstraktion von organisatorischen und technologischen Ausprägungen (Aufgabenträgerunabhängigkeit) (s. SCHÜTTE 1998, S. 215; vgl. VOM BROCKE 2015, S. 129) sowie Technologie- und Organisationsunabhängigkeit (s. SCHÜTTE 1998, S. 214)
- Nutzung von Symbolen oder Strukturmustern, die in Analogie zum Gegenstandsbereich des Modells stehen, um eine (marktliche) Differenzierung des Modells zu erreichen (s. VOM BROCKE 2015, S. 130)
- Kontextspezifische Verwendung und Kombination von Konstruktionstechniken als „Werkzeugkasten" zur Vereinfachung der Modellierung vor dem Hintergrund eines hohen Wiederverwendungsgrads (s. VOM BROCKE U. BUDDENDICK 2004, S. 44f.; VOM BROCKE 2015, S. 260ff.; 2007, S. 49f.).
- Für die wiederverwendeten Modelle gilt: Herkunft aus einer Domäne mit Relevanz für eine breite Anwendung, Eignung der Modelle zur Demonstration einer Wiederverwendung, Fokus der Modelle auf die Problem- und Zielstellung (s. VOM BROCKE 2007, S. 55).

Entwicklung der Vorabversion

Die Festlegung einer Vorabversion des Ordnungsrahmens zu einem frühen Zeitpunkt des Entwicklungsprozesses ist notwendig, um die im nächsten Schritt abzubildenden Sichten zu spezifizieren. Ziel ist es also, früh ein einheitliches Verständnis des Ordnungsrahmens zu ermöglichen. Dazu wurde im Rahmen der Vorstudie dieser Untersuchung und in Vorbereitung auf die Modellentwicklung Literatur zur Beschreibung von Industrie-4.0-Umgebungen durchleuchtet (s. Kapitel 3.1)

Bei dem zu entwickelnden Modell handelt es sich um eine RAMI-4.0-Spezialisierung. RAMI bietet eine geeignete Ausgangslage und hat sich in der Theorie als Referenzarchitektur für Industrie 4.0 durchgesetzt. Jedoch zeigt der Stand der Erkenntnisse, dass RAMI insbesondere in der Praxis keine breite Anwendung findet, weil das Abstraktionsniveau zu hoch ist, um eine konkrete Anwendung zu ermöglichen (s. Kapitel 3.1.1). Die Spezialisierung als Konstruktionstechnik bietet die Möglichkeit, RAMI um weitere, im Rahmen der Untersuchung relevante Aspekte zu erweitern. RAMI strukturiert die Funktionen und Aufgaben einer Industrie-4.0-Umgebung hinsichtlich der Fragestellungen „Was?", „Wann?" und „Wo?". Das „Was?" bezieht sich auf die Assets einer I40U und das „Wo?" auf deren Ort. Um dem Lebenszyklus von Assets sowie einer I40U Rechnung zu tragen, wird die Frage nach dem „Wann?" beantwortet. (DIN SPEC 91345, S. 19ff.) Somit ergibt sich eine dreidimensionale Struktur (s. Abbildung 5-7).

Ergänzt wird RAMI um drei weitere relevante Fragestellungen, um die Praxistauglichkeit zu erhöhen. Bereits in Kapitel 3.1 ist auf die Relevanz des Menschen im Rahmen der Informationssicherheit verwiesen worden (s. FARQUHAR 2010). Die Frage nach dem „Wer?" spiegelt diese Relevanz wider. Eine Betrachtung des Menschen (bzw. Akteurs) im Rahmen der Beschreibung einer I40U berücksichtigt explizit dessen Handlungsfähigkeit und -spielraum, wodurch er sowohl als „Verhinderer" als auch als „Verursacher" von Sicherheitsvorfällen verstanden werden kann (s. NEUMANN 2017, S. 85ff.). Da der Mensch als Querschnittsthema aufgefasst wird, werden die ihn betreffenden Aspekte in unterschiedliche und später zu definierende Sichten eingeordnet.

Mit Fokus auf den abzuleitenden Schwachstellen ist die Fragestellung „Wie?“ von großer Bedeutung (vgl. BMWI 2020, S. 18). Die Vorgehensweise des Threat-Modelings belegt, dass es erst durch eine detaillierte Funktionsbeschreibung eines Systems möglich ist, aus diesem Schwachstellen abzuleiten (s. Kapitel 4.3.4). Da das Modell später genau dazu in der Lage sein soll, ist die Beantwortung der Frage „Wie?“ unerlässlich. Ziel ist es, die spezifischen Unterschiede von I40U auch abbilden zu können, um Rückschlüsse auf spezifische Schwachstellen ziehen zu können. So lässt sich ebenfalls die Rolle eines Assets in der I40U bestimmen (s. DIN SPEC 91345, S. 20).

Letztlich stellt sich bei jeder Informationssicherheitsbetrachtung und jedem Risiko-Assessment die Frage nach der Relevanz des zu untersuchenden Systems (s. SHIRAZI U. KAZEMI 2020, S. 559f.). Es muss also die Frage beantwortet werden, warum das System betrieben wird. Ergibt sich etwa für eine I40U die Antwort, dass sie notwendig für den operativen Produktionsbetrieb und somit essenziell kritisch für den Geschäftserfolg ist, lassen sich an sie höhere Sicherheitsanforderungen stellen als an weniger relevante I40U. Die Geschäftsperspektive ermöglicht eine betriebswirtschaftliche Unterscheidung verschiedener I40U, die letztendlich zur pragmatischen und effizienten Herangehensweise im Umgang mit Informationssicherheit beiträgt (s. BENZ U. CHATTERJEE 2020, S. 532). Die Erfüllung der Geschäftsprozesse durch die Anwendungsfälle einer I40U steht im Fokus (vgl. Definition in Kapitel 5.1). Eine Vorabversion des Modells ist in Abbildung 5-7 graphisch dargestellt.

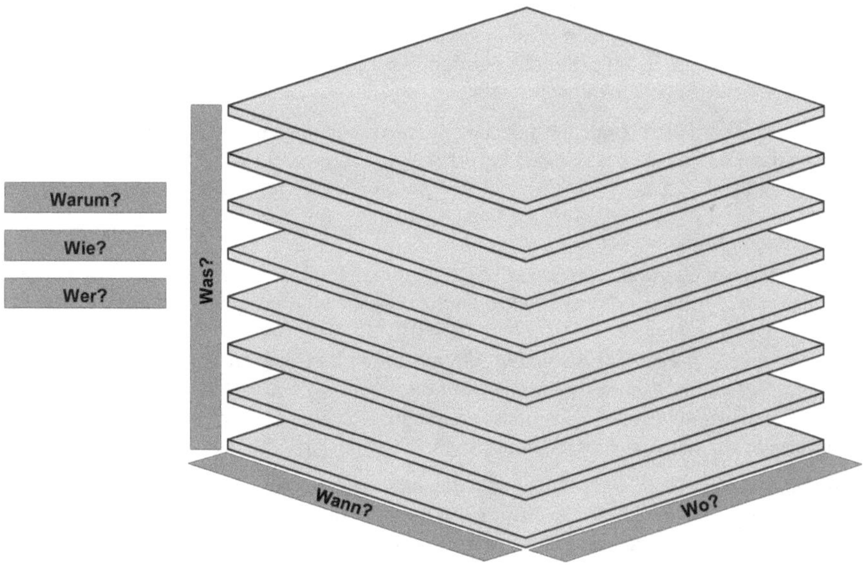

Abbildung 5-7: Ordnende Fragestellungen der Vorabversion des Ordnungsrahmens (eigene Darstellung i. A. a. KAMAL 2019, S. 3)

Die sechs Fragestellungen repräsentieren das von ZACHMAN aufgestellte *Enterprise Architecture Framework* (s. Tabelle 5-1), welches 1987 erstmals unter dem Namen Informationssystemarchitektur veröffentlicht wurde (s. ZACHMAN 1987, S. 285). In der Erweiterung aus dem Jahr

1992 werden die Fragestellungen erstmals im Detail erläutert (s. SOWA U. ZACHMAN 1992, S. 600f.). Die Sichten nach ZACHMAN stellen für viele Referenzmodelle die Ausgangslage dar.

Tabelle 5-1: Sechs-Spalten-Framework (eigene Darstellung i. A. a. SOWA U. ZACHMAN 1992, S. 602)

	What?	How?	Where?	Who?	When?	Why?
Scope	Relevante Assets	Prozesse	Standorte	Organisations-einheiten	Termine und Zyklen	Ziele und Strategien
Enterprise-Model	Entitäten-diagramm	Geschäfts-prozessmodell	Logistiknetz-werk	Organigramm	Geschäftszeit-plan	Businessplan
System-Model	Datenmodell	Datenfluss-diagramm	Verteilte System-architektur	Mensch-Schnittstellen-Architektur	Abhängigkeits-diagramm und Historie	Regelmodell
Technology-Model	Daten-architektur	System-konzept	Hardware-Sys-temarchitektur	Nutzer-Interface	Kontroll-struktur	Regel-konzept
Components	Datendesign	Detailliertes Programm-design	Netzwerk-architektur	Schalt- und Bedienfläche	Timing-Definition	Regel-spezifizierung
Working-Sys-tem	Daten	Programme	Kommunikati-onseinrichtun-gen	Menschen	Aktivitäten und Vorgänge	Durchgesetzte Regeln

Definition der im Modell abzubildenden Sichten

Im Anschluss an die auf der Vorstudie und einem Literaturstudium basierende Entwicklung des Vorabmodells wurde dieses im Rahmen der Experteninterviews diskutiert. Ziel war es, notwendige Sichten zur möglichst vollständigen Beschreibung der Zweckerfüllung zu identifizieren (s. VOM BROCKE 2015, S. 108). Um den Modellierungs- und Anwendungsaufwand einzugrenzen, ist darauf zu achten, eine möglichst geringe Anzahl an Sichten zu definieren (s. BECKER ET AL. 1999, S. 31f.). Studien belegen, dass sich diese zwischen einer und vier und im Mittel auf zwei beschränken (vgl. FETTKE U. LOOS 2004c, S. 34f.).

Im Folgenden wird auf theoretisch mögliche Sichten eingegangen. Dies ist notwendig, um sie im Nachgang auf ihre Zweckerfüllung hinsichtlich des zu entwickelnden Modells zu bewerten (s. HAUSER 2008, S. 89).

Theoretisch mögliche Sichten

Bereits verschiedene Untersuchungen beschäftigten sich mit dem Vergleich und der Konsolidierung unterschiedlicher Sichten von Referenzmodellen im Kontext von Industrie-4.0-Umgebungen (s. FRAILE ET AL. 2019; BADER ET AL. 2019; IIC 2019) Darüber hinaus lassen sich Referenzmodelle und Frameworks finden, die auf bekannten Sichten aufbauen, so etwa das *Security Framework* des *Industrial Internet Consortium* (IIC) (s. IIC 2019, S. 26ff.) Weitere Arbeiten definieren eigene sicherheitsbezogenen Sichten (*Security Viewpoint*) als Querschnittssicht auf Industrie-4.0-Umgebungen (s. MA ET AL. 2017, S. 156).

Die Untersuchung von FRAILE ET AL. bringt das *Industrial Internet Integrated Reference Model* (I3RM) hervor, in dem die Sichten bzw. deren Bestandteile aus bekannten Referenzmodellen für IIoT-Systeme aggregiert und zusammengefasst sind (s. Abbildung 5-8). Als Ordnungsrahmen dient wieder RAMI 4.0. An dieser Stelle gilt es zu erwähnen, dass die dem RAMI 4.0-Modell zugrundeliegende DIN-Norm keine spezifische Ausarbeitung einzelner Sichten enthält. Sie werden lediglich kurz beschrieben.

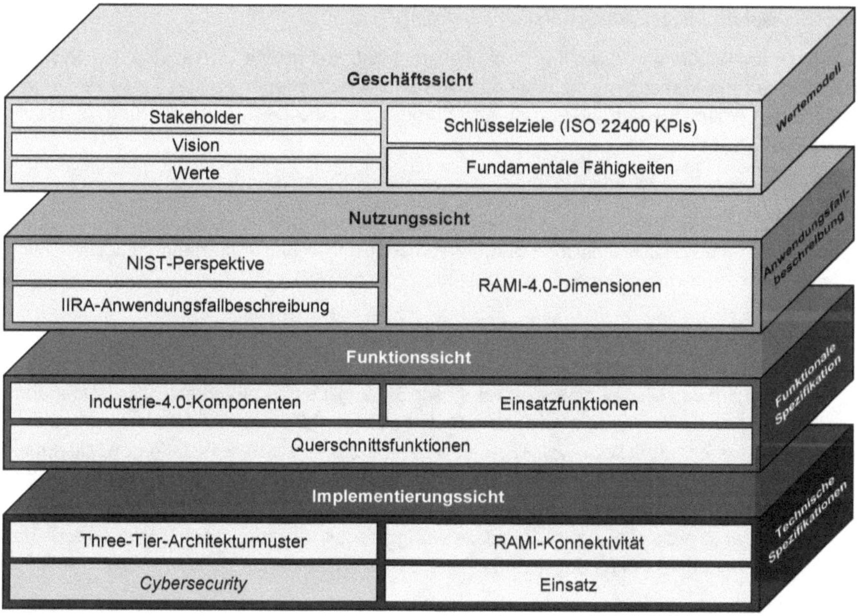

Abbildung 5-8: Sichten im *Industrial Internet Integrated Reference Model* (I3RM) (eigene Darstellung i. A. a. FRAILE ET AL. 2019, S. 18)

Im Folgenden werden die Sichten definiert, bevor im nächsten Schritt ihre modellzweckbasierte Bewertung erfolgt. Auf die einzelnen Bestandteile wird an dieser Stelle nicht explizit eingegangen.

Geschäftssicht (*Business Viewpoint*)

Der Geschäftssicht liegt einer betriebswirtschaftlichen Betrachtung zugrunde. Sie dient der Beschreibung von wertorientierten Geschäftsbelangen, etwa des Geschäftswerts oder des zu erwarteten Return on Investments. Dazu werden die relevanten Stakeholder sowie deren Vision, Werte und Zielstellungen in Bezug auf die Industrie-4.0-Umgebung erfasst. (s. FRAILE ET AL. 2019, S. 18)

Nutzungssicht (*Usage Viewpoint*)

In der Nutzungssicht erfolgt eine Beschreibung des Systems in Form von Anwendungsfallbeschreibungen. Dazu werden Entitäten, Akteure und Workflows identifiziert. Damit können Schnittstellen verschiedener Komponenten und deren Datenaustausch festgehalten werden. (s. FRAILE ET AL. 2019, S. 18)

Funktionssicht (*Functional Viewpoint*)

Aufbauend auf der Nutzungssicht werden die verschiedenen Assets und Workflows in der Funktionsschicht identifiziert und im Modell zugeordnet. Damit stellt die Funktionsschicht genügend Informationen dar, um Haupt- und Nebenfunktionen des Systems zu beschreiben. (s. FRAILE ET AL. 2019, S. 19) Nach FETTKE U. LOOS stellt die Funktionssicht die Basis von nahezu allen Referenzmodellen dar (s. FETTKE U. LOOS 2004a, S. 11ff.).

Implementierungssicht (*Implementation Viewpoint*)

Durch die Implementierungssicht wird die konkrete und technische Umsetzung des Systems in Bezug auf die Infrastruktur beschrieben. Anhand verschiedener Abstraktionslevel können Detailfragen geklärt werden, etwa zur Laufzeitumgebung oder Datenvirtualisierung. (s. FRAILE ET AL. 2019, S. 19)

Sicherheitssicht (*Security Viewpoint*)

In der Sicherheitssicht werden sicherheitsrelevante Aspekte des Systems beschrieben. Dazu zählen etwa das Sicherheitsrisiko, Sicherheitsanforderungen und -maßnahmen sowie Governance- oder Compliance-Aspekte. (s. MA ET AL. 2017, S. 158)

Bewertung der Sichten zur Zweckerfüllung des Spezialisierungsmodells

Im Folgenden wird die Zweckerfüllung der zuvor beschriebenen, theoretisch möglichen Sichten in Bezug auf das Modell bewertet. An dieser Stelle gilt es zu beachten, dass bestehende Ansätze zur Beschreibung von Industrie-4.0-Umgebungen die Informationssicherheit nur als Querschnittsthema betrachten (vgl. THE OPEN GROUP 2021), sie aber nicht in den Mittelpunkt der Betrachtung rücken. Ein auf die Ableitung relevanter Schwachstellen von Industrie-4.0-Umgebungen ausgerichtetes Referenzmodell existiert nicht (s. Kapitel 3.5). Daher erfolgt die Bewertung der Zweckerfüllung im Spezialisierungsmodell für grundsätzlich alle Zwecke des Modells, aber mit dem Fokus auf sicherheitsrelevanten Aspekten.

Geschäftssicht (*Business Viewpoint*)

Ein pragmatischer Umgang mit Informationssicherheit setzt eine betriebswirtschaftliche Auseinandersetzung mit der Thematik voraus (s. SIMIC 2017, S. 3). Die spezifische Situation des Unternehmens führt zu einer spezifischen Risikolage, die anhand betriebswirtschaftlicher Kenngrößen bewertet, entsprechend minimiert und kontrolliert werden muss (s. EBERT 2013, S. 19). Somit ergibt sich für die Geschäftssicht eine hohe Relevanz. Durch sie ist es möglich, der Industrie-4.0-Umgebung eine betriebswirtschaftliche Kenngröße zuzuordnen.

Nutzungssicht (*Usage Viewpoint*)

Industrie-4.0-Umgebungen unterscheiden sich häufig in der Art und Weise ihrer Nutzung. Nur durch eine ausreichende Beschreibung können sie dem spezifischen Kontext angepasst werden (s. OLEFF U. MALESSA 2018, S. 173ff.). Dies hat zur Folge, dass sich je Nutzung der I40U auch andere Schwachstellen in Bezug auf die Informationssicherheit ergeben.

Funktionssicht (*Functional Viewpoint*)

Die Funktionssicht ermöglicht eine detailliertere Beschreibung von Informationen zu spezifischen Assets als die Nutzungssicht. Um eine ausreichend hohe Genauigkeit und Auflösung der zu identifizierenden Schwachstellen zu gewährleisten, müssen in der Funktionssicht alle Assets beschrieben werden, die den Wert der aus der Geschäftssicht stammenden Relevanz erzeugen (s. HANSCHKE 2020, S. 23f.).

Implementierungssicht (*Implementation Viewpoint*)

Um darüber hinaus in der Lage zu sein, auch Verbindungen zwischen den einzelnen Assets beschreiben zu können, ist es notwendig, auf die Implementierungsbeschreibung zurückzugreifen. Denn die gleiche Funktion kann auf unterschiedliche Art und Weise implementiert werden, zu denen sich jeweils unterschiedliche Schwachstellen zuordnen lassen. (s. KEBBEDIES 2021, S. 1ff.)

Sicherheitssicht (*Security Viewpoint*)

Die untersuchten Referenzmodelle mit Sicherheitssicht betrachten diese häufig als einzelne und alleinstehende Sicht. In ihr werden zwar viele Aspekte adressiert, jedoch findet kein Austausch mit den anderen Sichten statt. Da die Informationssicherheit in dieser Untersuchung jedoch als Querschnittsthema verstanden wird, erfolgt deren Verankerung aspektspezifisch innerhalb der anderen Ebenen. Ein Bedarf an einer alleinstehenden Sicherheitssicht ist demnach nicht gegeben.

Zwischenfazit

Es lässt sich festhalten, dass die Geschäfts-, Nutzungs-, Funktions- und Implementierungssicht für das zu entwickelnde Spezialisierungsmodell relevant sind. Die Sicherheitssicht bietet im Rahmen der Modellanwendung als eigenständige Sicht keinen Mehrwert.

5.2.4 Modellierung der Struktur

In der dritten Phase nach SCHÜTTE wird die Modellstruktur erstellt. Im Folgenden wird daher zuerst auf die einzelnen Sichten, im Anschluss auf die Ordnungsrahmenelemente eingegangen. Abschließend wird die besondere Relevanz der „Modellschnittpunkte" beschrieben.

Erläuterung der Sichten[47]

Die Einordnung der Phase 3 im Zusammenhang der Modellentwicklung ist in Abbildung 5-9 dargestellt. In diesem Teilschritt werden die Sichten erläutert.

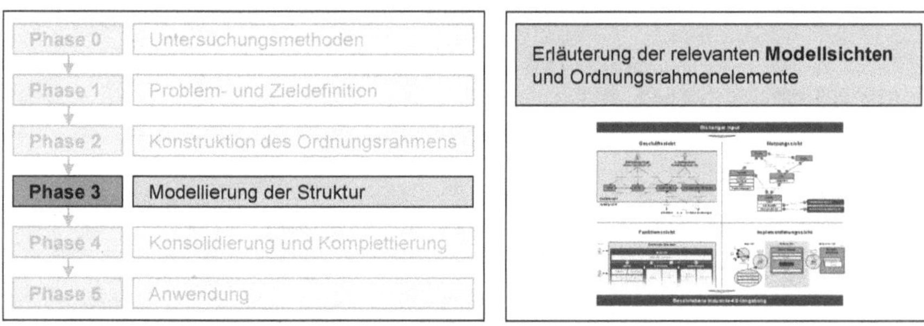

Abbildung 5-9: Einordnung der Phase 3 in Bezug auf die Modellsichten im Zusammenhang der Modellentwicklung (eigene Darstellung)

Geschäftssicht

In der Geschäftssicht werden alle betriebswirtschaftlichen Belange einer Industrie-4.0-Umgebung sowie deren regulatorische Rahmenbedingungen festgehalten. Sie verfolgt somit das Ziel, über die Beschreibung grundlegender Systemeigenschaften, die sich an den Geschäftszielen ausrichten, eine betriebswirtschaftliche Relevanz des Systems ausdrücken zu können.

[47] Die Sichten werden im Wesentlichen anhand des IIRA definiert und im Detail beschrieben. Weitere Ausgestaltungen in bilateralen Länderkooperationen werden aktuell durchgeführt (s. DIN U. DKE 2020, S. 28). Sofern nicht weiter angeführt, gilt das *Volume G1: Reference Architecture* des IIC als zugrundeliegende Quelle (s. IIC 2019).

Dazu werden die Visionen, Werte und Ziele der relevanten Business-Stakeholder einer I40U definiert. (s. IIC 2019, S. 19; HEIDRICH U. LEO 2016, S. 17)

Zu den betriebswirtschaftlichen Belangen zählt etwa der Geschäftswert des Systems, sein erwarteter Return on Investment, die Kosten für Instandhaltung und Aspekte zur Produkthaftung (s. IIC 2019, S. 19). Um diese und ihre Relationen mit den Stakeholdern im Detail festhalten zu können, stehen verschiede Hilfsmittel zur Verfügung, wie etwa das *Business Motivation Model* (BMM) *der Object Management Group* (s. OBJECT MANAGEMENT GROUP 2015, S. 9ff.) Durch eine vorgegebene Struktur bietet es die Möglichkeit, die Motivation hinter dem Geschäftsmodell bzw. einen Geschäftsplan zu entwickeln, bevor das System konzeptioniert und technisch umgesetzt wird. Insofern hilft das BMM bei der Beantwortung der Fragen nach Relevanz und Geschäftskritikalität der I40U. In Abbildung 5-10 ist eine vereinfachte und angepasste Darstellung eines BMM dargestellt.

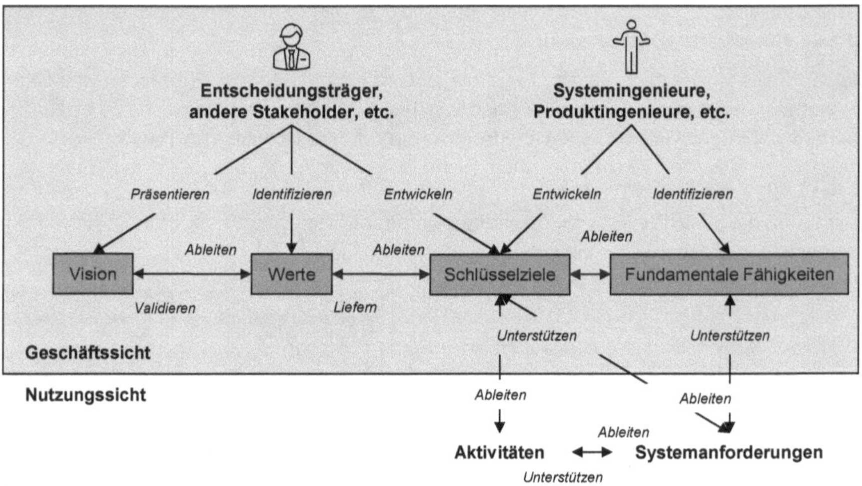

Abbildung 5-10: Geschäftssicht, basierend auf Visionen und Werten (eigene Darstellung i. A. a. IIC 2019, S. 19; OBJECT MANAGEMENT GROUP 2015, S. 12)

Aus Sicht der Informationssicherheit kommt den Stakeholdern eine große Bedeutung zu. Sie müssen dafür sorgen, dass Sicherheitsaspekte bereits bei der Entwicklung des Systems berücksichtigt werden und dass für diese ein ausreichendes Budget zur Verfügung steht, mit dem die Systemanforderungen umgesetzt werden können. Bei den Stakeholdern wird der Grundstein dafür gelegt, dass der Umgang mit der Informationssicherheit eine Managementaufgabe darstellt. Sie muss entsprechend hoch priorisiert und prozessual verankert werden.

Dazu präsentieren sie ihre Vision(en) der zukünftigen Industrie-4.0-Umgebung. Eine Vision beschreibt den gewünschten Zielzustand der I40U, wie etwa der besseren Umsetzung der Kundenbedarfe durch die I40U. Die Vision kann auch als Anwendungsszenario interpretiert werden (s. DIN U. DKE 2020, S. 28).

Die Werte spiegeln dann konkrete Vorstellungen der einzelnen Stakeholder wider, da die Vision erfahrungsgemäß unterschiedlich ausgelegt wird. Durch Schlüsselziele können technische und betriebswirtschaftliche Ergebnisse quantitativ beschrieben werden. Daher sollten sie messbar und zeitlich begrenzt sein. Letztlich dienen die fundamentalen Fähigkeiten dazu, die beschriebenen Geschäftsziele zu erreichen bzw. auf diese einzuzahlen. Sie stellen demnach Anforderungen an die I40U dar, die erfüllt sein müssen, um die Vision, die Werte und die Geschäftsziele erfüllen zu können. (s. IIC 2019, S. 20)

In der beschriebenen Reihenfolge wird der Prozess zur Ausdetaillierung der Geschäftssicht durchgeführt. Daher ist die Einbeziehung der unterschiedlichen Stakeholder in den einzelnen Phasen erfolgsentscheidend. Um sichergehen zu können, dass die ermittelten Anforderungen an die I40U umgesetzt worden sind, sollten quantifizierbare Eigenschaften des Systems festgehalten werden.

Es lässt sich festhalten, dass durch die Geschäftssicht Rückschlüsse auf die Relevanz einer Industrie-4.0-Umgebung und somit auch auf die Priorisierung hinsichtlich ihres Sicherheitsbedarfs gezogen werden können. Die Vision, die Werte und die Geschäftsziele geben wichtige Leitplanken vor, die bei der Bewertung der I40U entscheidend sind. Sollte es sich bspw. um eine unterstützende Funktion des Systems handeln, die bei dessen Ausfall mittel- oder langfristig nicht zur Verfügung stünde, auf die aber im Notfall gut verzichtet werden kann, sind das Sicherheitsniveau und somit die Maßnahmen in Bezug auf diese I40U niedriger zu priorisieren, als wenn es sich um ein geschäftskritisches System handelt, bei dem ein Ausfall einen großen finanziellen Verlust bedeuten würde.

Nutzungssicht

In der Nutzungssicht werden die in der Geschäftssicht ermittelten (fundamentalen) Fähigkeiten des Systems ausdetailliert. Dies geschieht, indem sie in einzelne Aufgaben und Aktivitäten zerlegt werden. Somit spiegelt die Nutzungssicht typischerweise die Erwartungen der Stakeholder an das System in Form von Bedienabläufen wider, die menschliche Interaktion oder logische Verkettungen voraussetzen. (s. FRAILE ET AL. 2019, S. 12)

Die Aktivitäten dienen als Input für die Systemanforderungen (s. IIC 2019, S. 21). Abbildung 5-11 liefert eine beispielhafte graphische Darstellung der Nutzungssicht, die sich an die Darstellung eines Anwendungsfalldiagramms anlehnt.

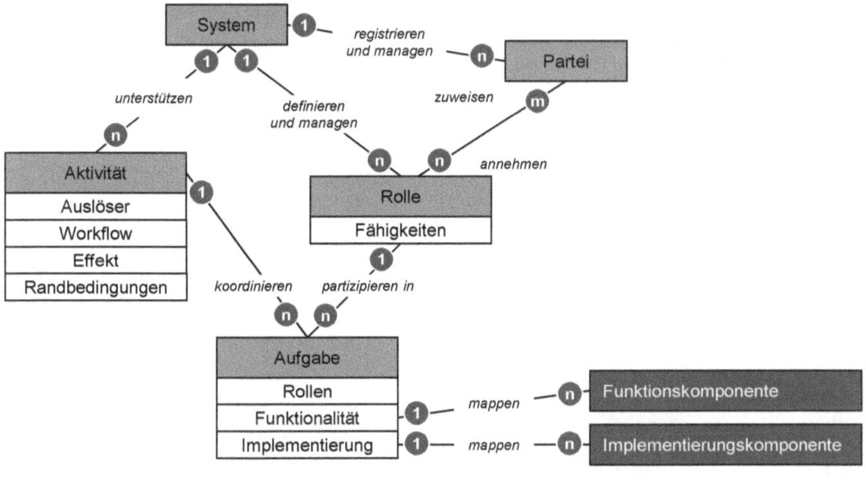

Abbildung 5-11: Usage-Viewpoint mit Rollen, Aktivitäten und Aufgaben (eigene Darstellung i. A. a. IIC 2019, S. 21)

Die kleinste Einheit der Nutzung stellt eine Aufgabe dar. Eine solche kann bspw. die Übertragung bestimmter Informationen oder die Ausführung einer Operation sein. Aufgaben werden stets von Parteien mit einer zugewiesenen Rolle durchgeführt. Eine Rolle wird als Sammlung von Kapazitäten bzw. Kompetenzen verstanden, welche eine Partei aufweisen muss, um eine bestimmte Aufgabe zu erfüllen. Parteien können sowohl durch digitale oder menschliche Agenten repräsentiert werden, die ein bestimmtes Interesse an der Aufgabenerfüllung haben. Dieser Partei können dabei mehrere Rollen (1..n) zugewiesen werden, wobei ebenfalls einer Rolle verschiedene Parteien zugeordnet werden können (1..n). In Bezug auf eine Rolle sollte erwähnt werden, dass sie in erster Linie und unabhängig von sicherheitstechnischen Aspekten einen operationalen Charakter aufweist. Durch ihre praktische Bedeutung in der Nutzung der Industrie-4.0-Umgebung wird die Rolle häufig mit Sicherheitseigenschaften (Privilegien, Befugnissen etc.) assoziiert. Daher kann es ratsam sein, eine Rolle weiter zu spezifizieren und bspw. um Organisationsdiagramme oder Nutzergruppen zu erweitern. (s. IIC 2019, S. 21f.)

Aufgaben werden neben der ausführenden Rolle durch einen Bezug zu Funktionen und zur späteren Implementierung beschrieben. Die Funktionsübersicht zeigt auf, welcher Systemfunktion oder funktionalen Komponente die Aufgabe zugeordnet wird (1..n). Bestandteil dessen sind Input- und Outputgrößen der Aufgabe. Die Implementierungsübersicht hingegen beschreibt eine Aufgabe hinsichtlich der zur Ausführung notwendigen Komponenten. Beide Übersichten können erst konkretisiert werden, wenn die beiden Sichten Funktionssicht und Implementierungssicht beschrieben worden sind. Daraus geht hervor, dass die Sichten stets iterativ und in einem engen Zusammenspiel erstellt werden sollten. Folgende Beispiele sollen die Elemente Aufgabe und Rolle verdeutlichen:

- Registriere ein neues Gerät auf dem Edge-Gateway (Rolle: Administrator)
- Führe eine Testprozedur für passive RFID-Lesegeräte an Produktionslinie X durch (Rolle: Administrator, Qualität)
- Authentifiziere Nutzer-Request (Rolle: Sicherheitsverantwortlicher)

Aktivitäten beschreiben eine bestimmte Koordinierung von Aufgaben, um die Nutzung des Systems zu ermöglichen. Aktivitäten können mehrfach angestoßen werden und beinhalten einen Trigger (dt. *Auslöser*, 1..n), einen Workflow (gezielter Ablauf von Aufgaben), einen Effekt (Unterschied zwischen Start- und Zielzustand) sowie Bedingungen (Datenvertraulichkeit usw.). Als Beispiel dient ein standardisierter Geräte-Registrierungsprozess:

- Trigger: Administrator gibt die Registrierung frei,
- Workflow: Registriere neues Gerät am Edge-Gateway → Registriere neues Gerät in der cloudbasierten Managementplattform → führe Testprozeduren durch.

Zu Beginn einer Systementwicklung ist eine Beschreibung der Aktivitäten in Form einer Kurzzusammenfassung ausreichend. Im späteren Verlauf des Entwicklungsprozesses müssen jene aber ausführlicher beschrieben werden. (s. IIC 2019, S. 22f.)

Durch die Beschreibung der Nutzungssicht einer Industrie-4.0-Umgebung ist der Anwender nun in der Lage, Rollen, Aufgaben und Aktivitäten für die nachfolgende Funktions- und Implementierungssicht auf funktionale und Implementierungskomponenten zu übertragen. Die Nutzungssicht stellt demnach eine (indirekte) Notwendigkeit zur Bestimmung von Schwachstellen der Industrie-4.0-Umgebung dar, indem sie die Beschreibung der benannten Sichten vereinfacht bzw. erst ermöglicht.

Funktionssicht

Durch die Funktionssicht werden funktionale Komponenten eines Systems beschrieben. Entscheidend sind dabei deren Zusammenhänge, Struktur, Schnittstellen und Interaktionen innerhalb des Systems sowie die Interaktionen mit der Umwelt. (s. HEIDRICH U. LEO 2016, S. 28)

Dazu wird das System in Teile zerlegt und anhand von fünf funktionalen Domänen sowie vier Querschnittsfunktionen beschrieben (s. FRAILE ET AL. 2019, S. 13). Auf diese wird im Folgenden eingegangen.

Die Dekomposition einer Industrie-4.0-Umgebung in funktionale Domänen erlaubt eine breite Anwendbarkeit für verschiedene Branchen. Sie stellt den Startpunkt einer Systemkonzeptionierung auf funktionaler Ebene dar. Die Domänen sind Kontrolle, Betrieb, Information, Anwendungen und Business. Zwischen den Domänen finden Informations-, Entscheidungs- und Befehl- bzw. Anfrageflüsse statt. Abbildung 5-12 stellt dar, wie die Domänen über die jeweiligen Flüsse zusammenhängen. Es gilt zu beachten, dass sich die Granularität sowie die zeitlichen Zyklen der Domänen unterscheiden und von unten nach oben zunehmen, ebenso wie die Wertigkeit der Informationen.

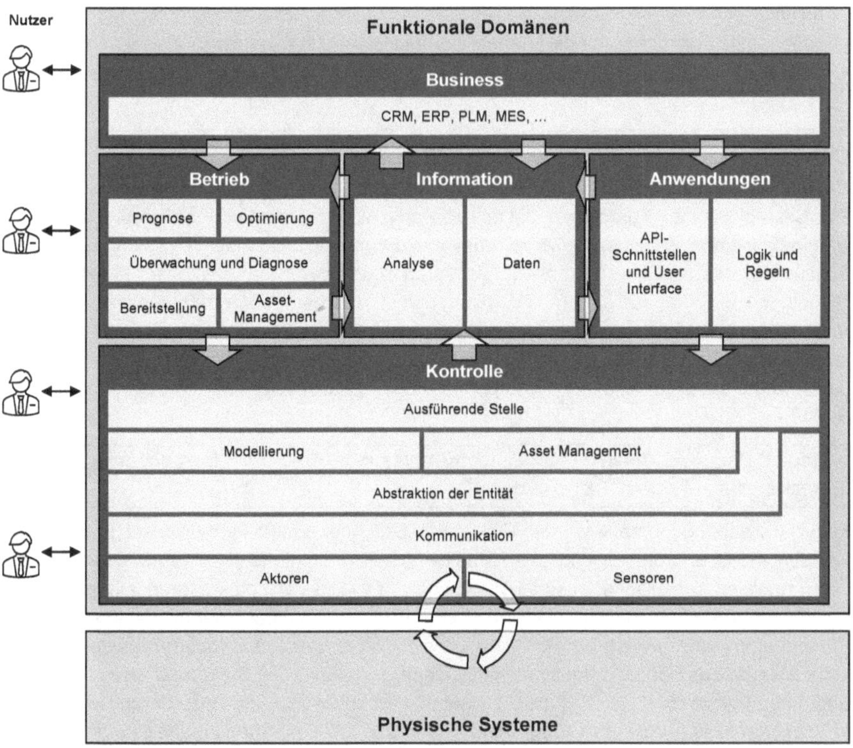

Abbildung 5-12: Funktionale Domänen der Funktionssicht (eigene Darstellung i. A. a. IIC 2019, S. 26)

Die Kontrolldomäne umfasst Funktionen, die von Komponenten und Automatisierungssystemen der Steuerungsebene ausgeführt werden. Dazu zählen bspw. die Datenerfassung durch Sensoren oder die Steuerung durch Aktoren. Die Funktionen werden häufig in geschlossenen

Schleifen ausgeführt, wodurch die Systeme feingranular und akkurat arbeiten müssen. Die Domäne umfasst neben der genannten Sensorik und Aktorik ein Set an gewöhnlichen Funktionen, die sich auf die Kommunikation, Abstraktion auf virtuelle Abbilder, die Modellierung (Zustandsbeschreibung), das Asset-Management sowie den Ausführenden des Systems beziehen. (s. IIC 2019, S. 27ff.)

Beispiel: Ausführen von Arbeitsschritten an einer Fräsmaschine.

Die Betriebsdomäne ist für das Management und den Betrieb der Kontrolldomäne verantwortlich. Die Funktionen in der Domäne sind notwendig, um das System zu beliefern, zu managen, zu überwachen und zu optimieren. Die Subfunktionen lassen sich in die folgenden Kategorien unterteilen:

- Bereitstellung und Einsatz: Funktionen für die Konfiguration, das Onboarding, die Registrierung, das Verfolgen sowie den Einsatz und das Auflösen von Assets im Betrieb.
- Asset-Management: Funktionen für die Steuerung und Reaktion von Assets in der Kontrolldomäne, die in Altsystemen häufig nachgerüstet werden müssen.
- Überwachung und Diagnostik: Funktionen für das Entdecken und Analysieren von Fehlfunktionen.
- Prognostik: Funktionen für die Vorhersage und Bewertung von Ereignissen.
- Optimierung: Funktionen, die die Performanz und die Verlässlichkeit steigern. (s. IIC 2019, S. 29ff.)

Beispiel: Not-Aus einer Maschine, falls ein Fehler bemerkt wird.

Die Informationsdomäne ist für das Management und die Verarbeitung von Daten verantwortlich. Sie repräsentiert Funktionen, die für das Sammeln von Daten erforderlich sind. Nach dem Sammeln werden die Daten weiterverarbeitet und analysiert, um aktuelle (Zustands-)Informationen über das System zu erhalten. Die Verarbeitung der Daten beinhaltet Funktionen zur Einholung von Daten aus anderen Domänen und Qualitätsaufgaben zur syntaktischen wie semantischen Transformation und zur Speicherung sowie zur Verteilung der Daten. Im Gegensatz dazu umfasst die Analyse der Daten bzw. der generierten Informationen Funktionen zu deren weiterführender Nutzung. Dazu gehören bspw. statistische Auswertungen. (s. IIC 2019, S. 31ff.)

Beispiel: Batch-Verarbeitung von Sensor-Daten auf einer IIoT-Plattform und anschließende Bereitstellung auf einem Dashboard.

In der Anwendungsdomäne werden Funktionen beschrieben, die für die Umsetzung einer Anwendungslogik erforderlich sind. Die Sammlung dieser Funktionen und der dahinterliegenden Logik realisiert spezifische Geschäftsfunktionalitäten. Die der Logik zugrundeliegenden Regeln und Modelle lassen sich auf einer höheren Ebene als auf der Kontrolldomäne einordnen. Es sind also keine Regeln zur Steuerung des Systems gemeint, sondern regelbasierte logische Abläufe zur Erfüllung bestimmter Geschäftsaufgaben. Die Steuerung erfolgt wiederum über Informations- und Befehlsflüsse. Erweitert werden Regeln und Logik durch Schnittstellen in Form von APIs (*Application Programming Interface*, dt. *Programmierschnittstelle*) und User-Interfaces. (s. IIC 2019, S. 33)

Beispiel: Automatisierter und zeitlich festgelegter Informationsaustausch zwischen Anwendungssystemen für eine Betriebsdatenerfassung.

Letztlich werden in der Business-Domäne solche Funktionen erfasst, die für die Implementierung der Geschäftslogik notwendig sind. Sie repräsentieren Funktionen zur Erfüllung von Geschäftsprozessen und -aktivitäten. Die Funktionen müssen durch die Industrie-4.0-Umgebung daher Ende-zu-Ende implementiert werden. Die elementaren Funktionen klassischer Anwendungssysteme wie ERP oder MES lassen sich dieser Domäne zuordnen. (s. IIC 2019, S. 33f.)

Beispiel: Fein- und Grobplanung von Aufträgen in der Fertigung.

Neben den beschriebenen funktionalen Domänen existieren Querschnittsfunktionen und Systemcharakteristika. Die Querschnittsfunktionen stellen im Gegensatz zu den funktionalen Domänen keine allgemein zu erfüllenden Funktionen dar, sondern weisen spezifischere Aspekte auf, die je nach Unternehmen oder zeitlichem Kontext variieren können und keine finale „Liste" darstellen. Sie werden als Querschnittsfunktionen bezeichnet, weil sie verschiedene originäre Funktionen miteinander verbinden bzw. auf mehreren dieser Funktionen aufbauen. Als Beispiel können Konnektivität oder weiterführende Analysefunktionen genannt werden, die durch Ansätze der Künstlichen Intelligenz unterstützt werden. Die Systemcharakteristika legen die Annahme zugrunde, dass ein System nicht nur aus der Summe seiner Einzelteile besteht, sondern weitere Aspekte hinzugezogen werden müssen. Hier lassen sich Eigenschaften zu Safety, Sicherheit, Resilienz, Skalierbarkeit etc. einordnen. Die Tatsache, dass die Komplexität von Systemen steigt, indem sie Systeme von Systemen bilden, die auf verschiedenen Ebenen abgesichert werden müssen, rechtfertigt zusätzlich die Annahme, Informationssicherheit als Querschnittsfunktion und -thema beim Umgang mit Industrie-4.0-Umgebungen zu betrachten. (s. IIC 2019, S. 34)

Abschließend lässt sich festhalten, dass die Funktionssicht zahlreiche sicherheitsrelevante Aspekte betrifft, indem die Funktionen einer Industrie-4.0-Umgebung im Detail beschrieben werden. Die Sammlung und Beschreibung der Funktionen lassen eine Eingrenzung auf relevante Schwachstellen zu. Existieren in der Industrie-4.0-Umgebung bspw. keine Schnittstellen zu Umsystemen, kann sie als *„air-gaped"* bezeichnet werden (keine Anbindung an andere Systeme und daher nur von Luft umgeben). Schwachstellen, die eine direkte und somit von Angreifern ausnutzbare Verbindung zum System voraussetzen, können so ausgeschlossen werden.

Implementierungssicht

In der vierten Sicht, der Implementierungssicht, werden notwendige Technologien zur Umsetzung der Industrie-4.0-Umgebung behandelt. Diese Technologien beziehen sich auf funktionale Komponenten, deren Vernetzung und Kommunikationsschnittstellen sowie deren Produktlebenszyklus. (s. HEIDRICH U. LEO 2016, S. 17)

Die Implementierungssicht stellt eine technologische Repräsentation der Umgebung dar. Sie unterliegt Einflussfaktoren aus den anderen drei Sichten. So müssen etwa Kosten und Go-to-Market-Zeiten aus der Geschäftssicht, Aufgaben und Aktivitäten aus der Nutzungssicht und Systemcharakteristika aus der Funktionssicht berücksichtigt werden. Beschrieben werden:

- die generelle Architektur des Systems (Struktur, Komponentenverteilung, Topologie),
- technische Einzelheiten von Komponenten (Schnittstellen, Protokolle, Verhalten und andere Eigenschaften),
- die Zusammenhänge von Aktivitäten mit funktionalen Komponenten sowie funktionalen Komponenten mit Implementierungskomponenten und
- die Zusammenhänge mit den zentralen Systemeigenschaften. (s. IIC 2019, S. 39)

Es wird deutlich, dass der Umfang der Implementierungssicht deutlich größer werden kann als der der anderen Sichten. Das hängt stark von der Granularität des Systems und dessen Grenzen ab. Je nach Systemgrenze bieten sich deshalb verschiedene bekannte Architekturmuster an. Sie stellen eine vereinfachte und abstrakte Sicht auf das System dar, die in ihrer allgemeinen Form stets angepasst werden können und sollten. Auf zwei dieser Architekturmuster wird nachfolgend im Detail eingegangen. (s. IIC 2019, S. 39f.)

Das Dreistufen-Architekturmuster (engl. *Three-tier architecture pattern*) legt eine Teilung eines Systems in die drei Bereiche *Edge*, *Platform* und *Enterprise* zugrunde. Jede dieser Bereiche nimmt dabei eine spezifische Rolle in Bezug auf die Aktivitäten ein. Untereinander sind sie durch Daten- und Kontrollflüsse verbunden (s. Abbildung 5-13).

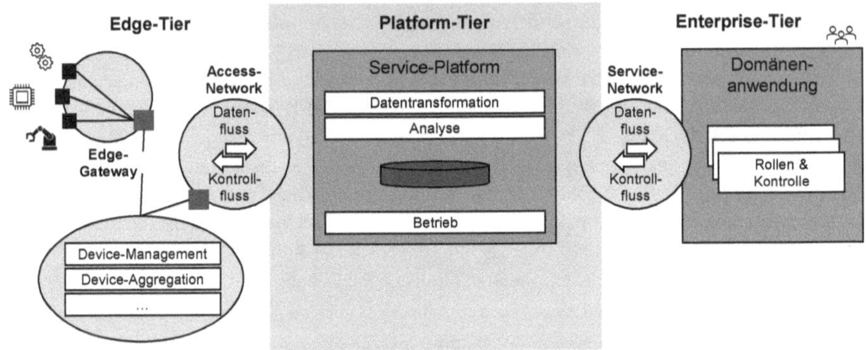

Abbildung 5-13: Three-Tier-Architekturmuster in der Implementierungssicht (eigene Darstellung i. A. a. AL-GUMAEI ET AL. 2018, S. 1419; IIC 2019, S. 42)

In der Edge-Tier werden Daten von Knotenpunkten eines Netzwerks gesammelt. Die Platform-Tier empfängt, verarbeitet und leitet Steuerungsbefehle von der Enterprise-Tier an die Edge-Tier weiter. Darüber hinaus konsolidiert diese Prozesse und analysiert Informationsflüsse. Letztlich werden in der Enterprise-Tier domänenspezifische Anwendungen implementiert, die eine Entscheidungsunterstützung gewährleisten sowie über User-Interfaces dem Nutzenden die Steuerung ermöglichen. Unterschieden wird weiterhin zwischen drei Netzwerken in Abhängigkeit ihrer „Reichweite". Das an der Datenquelle gelegene nahe Netzwerk wird als Proximity-Network bezeichnet (bspw. Verbindung zum Gateway). Das Access-Network stellt die Verbindung zwischen Platform- und Enterprise-Tier sicher (private oder öffentliche Netzwerke, bspw. 4G/5G). Letztlich ermöglicht das Service-Network die Bereitstellung von Funktionen auf der Platform-Tier zur Erfüllung von Geschäftsaktivitäten auf der Enterprise-Tier (bspw. Internet). (s. IIC 2019, S. 41f.)

Das Three-Tier-Architekturmuster ist in der Lage, die verschiedenen Domänen der Funktionssicht einzuordnen. So können die Kontrolldomäne zu großen Teilen in die Edge-Tier, die Betriebs- und die Informationsdomäne in die Platform-Tier und die Anwendungs- sowie Business-Domäne in die Enterprise-Tier eingeordnet werden. In der Realität hängt diese Einordnung jedoch stark vom realen System ab. (s. IIC 2019, S. 42)

Das zweite Architekturmuster ist eine schichtenorientierte Darstellung bzw. Auslegung von Daten- und Informationsflüssen (engl. *layered information flow pattern*) (s. Abbildung 5-14). Sie stellt eine übliche Herangehensweise für Implementierungen von IIoT-Systemen dar, ist in ihrem Detaillierungsgrad ausgereifter als das Three-Tier-Architekturmuster und beinhaltet mehr Informationen zu den einzelnen Informationsflüssen. (s. IIC 2019, S. 45)

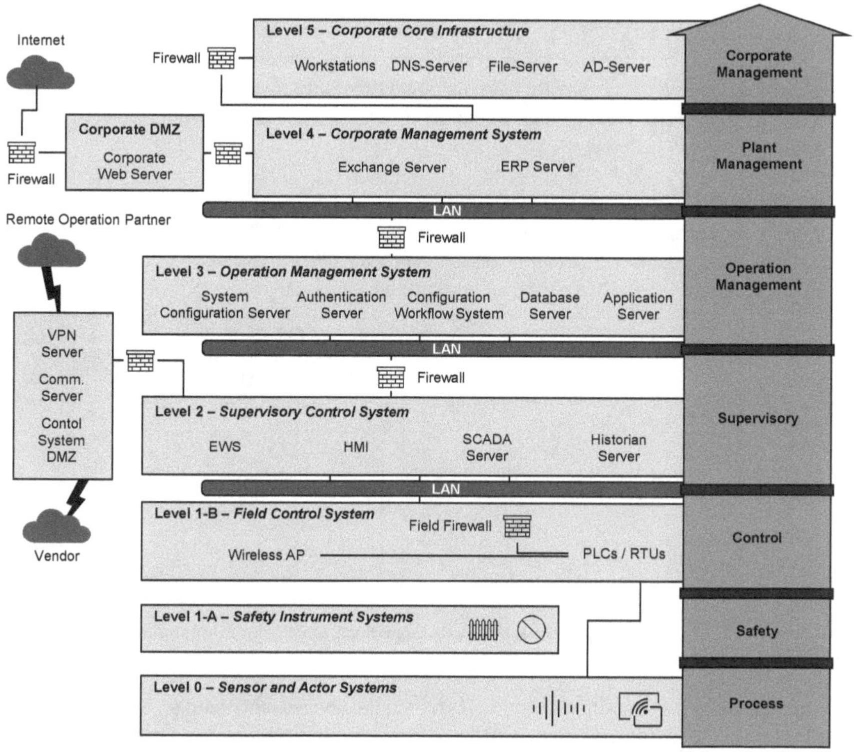

Abbildung 5-14: Datenflussdiagramm in der Implementierungssicht (eigene Darstellung i. A. a. KAMAL 2019, S. 19)

Datenflussdiagramme werden häufig, wie in Kapitel 4.3.4 beschrieben, im Rahmen des Threat-Modelings für die Systemmodellierung genutzt. Die Grundlage bildet die Unterteilung des Systems in räumliche Bereiche und Komponenten. In der Informationssicherheit wird häufig das Purdue-Model zugrunde gelegt (s. GEIGER 2018). Es weist Ähnlichkeiten mit der Automatisierungspyramide auf, fokussiert jedoch primär Unternehmensnetzwerke als solche. Aktuelle Erweiterungen des Modells finden insbesondere „nach oben hin“, zum Internet bzw. zur Cloud, sowie „nach innen hin“ zu Integrationsplattformen statt (vgl. GREENFIELD 2020).[48]

---

[48] „Nach oben hin“ stellt lediglich eine sinnbildliche Beschreibung dar. Die Hierarchieebenen bleiben trotz Cloud unberührt, da keine sechste Ebene benötigt wird. Eine Cloud benötigt keine neue Steuerungsebene im Purdue-Modell, sondern erweitert das Modell in der „horizontalen“, indem neben klassischen Komponenten weitere cloudspezifische Komponenten (Verteilte Server, XaaS, ...) integriert werden. Gleiches gilt für Integrationsplattformen, die die Ebenen lediglich auf eine neue Art und Weise verbinden.

Durch die Kennzeichnung von Informations- und Datenflüssen zwischen einzelnen Komponenten wie Sensoren, Maschinensteuerungen, HMIs, aber auch Firewalls, Gateways und betrieblichen Anwendungssystemen kann feingranular festgehalten werden, welche Komponenten miteinander vernetzt sind. Dies lässt Rückschlüsse auf mögliche Schwachstellen zu. Wie genau ein Datenflussdiagramm ausgestaltet wird, hängt von der spezifischen Situation und dem zu modellierenden System ab. Grundlegende Elemente sind jedoch Prozesse (oder auch Aufgaben, Aktivitäten), Datenflüsse, Speicherorte und externe Entitäten. (s. SHOSTACK 2014, S. 45)

Erläuterung der Ordnungsrahmenelemente

Nachdem im Vorfeld die Modellsichten beschrieben worden sind, wird im Folgenden auf die einzelnen Ordnungsrahmenelemente eingegangen, die die drei Dimensionen des Modells aufspannen. Eine grafische Einordnung ist durch Abbildung 5-15 gegeben.

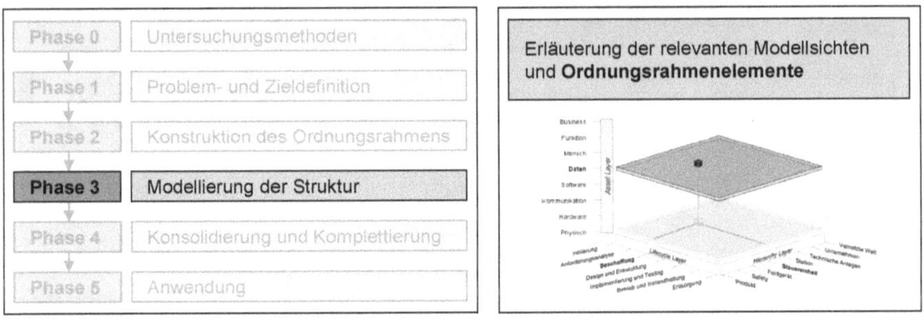

Abbildung 5-15: Einordnung der Phase 3 in Bezug auf die Ordnungsrahmenelemente im Zusammenhang der Modellentwicklung (eigene Darstellung)

Diese werden im Wesentlichen aus dem RAMI-Modell übernommen und an relevanten Stellen ergänzt bzw. gekürzt. So wird etwa der Asset-Layer um die Elemente *Hardware*, *Software*, *Mensch*, *Funktion* und *Business* ergänzt, wobei das Element *Integration* wegfällt. Im Lifecycle-Layer wird nun genauer unterschieden, nämlich insbesondere dann, wenn sicherheitskritische Aspekte berücksichtigt werden müssen. So wird das Element *Auftrag* durch *Initiierung* ersetzt, um einer strategischen Betrachtung Rechnung tragen zu können. Weiterhin wird der Layer um die *Anforderungsanalyse* und die *Beschaffung* ergänzt (bei RAMI folgt direkt die *Herstellung*). Die *Herstellung* wird in die Elemente *Design und Entwicklung* sowie *Implementierung und Testing* unterteilt. Der *Betrieb* (Nutzung), die *Instandhaltung* und die *Entsorgung* bleiben unverändert. Weiterhin wird nicht wie bei RAMI zwischen einem Typen und einer Instanz unterschieden. Entscheidend ist die reale Repräsentation der Industrie-4.0-Umgebung. Letztlich wird der Hierarchy-Layer um das Element *Safety* erweitert. Die Kurzbeschreibung der Ordnungsrahmenelemente erfolgt in Tabelle 5-2 (vgl. Kapitel 3.1.1), zusätzlich dienen Beispiele zur Veranschaulichung. Die Elemente an sich werden im Rahmen der Untersuchung nicht angepasst, sondern lediglich übernommen. Die sechs strukturierenden Fragen des Modells (s. Kapitel 5.2.3) sind kursiv gekennzeichnet.

Tabelle 5-2: Beschreibung der Ordnungsrahmenelemente

Ordnungsrahmen-element	Beschreibung
Asset-Layer *(Was?)*	
physisch	Beinhaltet physische Assets wie Produkte, Roboter, AGVs (*Automated Guided Vehicles*) sowie Maschinen und Anlagen. IIoT-Geräte, Sensorik und Aktorik, die nah am Produktionsprozess gelegen sind, zählen ebenfalls zu physischen Assets. Physische Gebäude, Hallen und Einrichtungen sind physische Assets. (s. DIN SPEC 91345, S. 22)
Hardware	Eingebettete Geräte, Fernbedienungseinheiten (engl. *Remote Terminal Unit*, RTU), speicherprogrammierbare Steuerungen (SPS) sowie Server und Mensch-Maschine-Schnittstellen werden den Hardware-Assets zugeordnet. (s. ENISA 2018, S. 22)
Kommunikation	Umfasst kommunikationsrelevante Assets und Komponenten wie Router, IIoT-Gateways, Switches, Wireless-Access-Points, Netzwerke und Protokolle. (s. DIN SPEC 91345, S. 21)
Software	Umfasst einfache Programme (Code) für Feldgeräte, betriebliche Anwendungssysteme (ERP, MES, CRM), (I)IoT-Plattformen, mobile Apps, Antivirenprogramme sowie Firewalls. Die softwareseitige Betrachtung der Hardware (Server, Historians, ...) wird ebenso berücksichtigt. (s. ENISA 2018, S. 23f.)
Daten	Beinhaltet jegliche Daten bzw. Informationen, die als Assets gewertet werden. Dazu zählen das intellektuelle Eigentum des Unternehmens in Form von Wissen, personenbezogene Daten und auch Produktionsdaten, die etwa durch Malware-Angriffe verschlüsselt werden könnten. (s. ENISA 2018, S. 23)
Mensch *(Wer?)*	Umfasst den Menschen und seine Interaktionen mit dem System. Dazu zählt der direkte physische Zugang, aber auch Remote-Zugänge. Menschen können dabei „passiv" betrachtet werden, wenn es sie zu schützen gilt, oder „aktiv", wenn sie Systeme bewusst oder unbewusst beeinflussen. Dazu zählen Maschinenbediener, Instandhaltungspersonal usw. sowie Dritte, die Zugang zur Industrie-4.0-Umgebung haben. (s. ENISA 2018, S. 24)
Funktion *(Wie?)*	Beschreibt alle (abstrakten) Assets, die eine bestimmte Funktion bzw. Aufgabe darstellen bzw. diese ermöglichen. Dazu zählen bspw. Entscheidungsunterstützungsalgorithmen, bestimmte Dienste oder auch Big-Data-Analytics. (s. DIN SPEC 91345, S. 20)
Business *(Warum?)*	Umfasst geschäftliche Aspekte und spiegelt die Geschäftssicht wider. Zu den Assets können ganze Geschäftsprozesse, die Reputation des Unternehmens, das Kundenvertrauen oder Mitarbeiterloyalität und -erfahrungen gehören. Angriffe auf diese Assets sind seltener, aber in ihrem Effekt hoch kritisch. (s. DIN SPEC 91345, S. 20)
Lifecycle-Layer *(Wann?)*	
Initiierung	In der Initiierungsphase werden die grundsätzlichen Rahmenbedingungen an die zu entwickelnde Industrie-4.0-Umgebung festgelegt. Hier werden Vision, Werte und der Nutzen des Systems repräsentiert. Aus Sicherheitsperspektive ist es entscheidend, bereits hier strategische Leitplanken für die Systementwicklung zu setzen. Dies kann in Form eines Risiko-Assessments oder durch eine strategische Planung geschehen. (s. CSA 2017, S. 15ff.)

Anforderungs-analyse	Ziel der Anforderungsanalyse ist es, (nicht-)funktionale sowie sicherheitsrelevante Anforderungen an das System zu identifizieren, zu bewerten und zu dokumentieren. Anforderungen können bspw. durch SLAs (Service-Level-Agreements) und in Form von Lasten- oder Pflichtenheften formuliert werden. In dieser Phase werden wichtige sicherheitsrelevante Aspekte berücksichtigt. (s. NIST 2008b, S. 25ff.)
Beschaffung	Die Beschaffung umfasst den Prozess der Hard- oder Softwarebeschaffung von Lieferanten. An dieser Stelle ist es entscheidend, die Lieferantenauswahl auch auf Basis sicherheitsrelevanter Fragestellungen durchzuführen. Ein Beispiel stellen Cloud-Provider und deren Sicherheitsmechanismen dar, die vor der Nutzung des Cloud-Dienstes überprüft werden sollten. (s. CSA 2017, S. 20ff.)
Design und Entwicklung	Die Design- und Entwicklungsphase hängt eng mit der Anforderungsanalyse sowie der Beschaffung zusammen. Das System muss kritisch hinsichtlich des Sicherheits-Designs untersucht werden (*Security-by-Design*). Dies kann in unterschiedlichen Umfängen passieren. Wichtig ist jedoch, das System hinsichtlich der Eignung zur Absicherung der Schutzziele zu überprüfen. (s. CSA 2017, S. 24ff.)
Implementierung und Testing	In dieser Phase wird das System implementiert und auf Basis verschiedener Techniken getestet. Komponenten- und Systemtests erfolgen bspw. auf Basis von Akzeptanz- sowie Penetrationstests. Es folgt die Inbetriebnahme. (s. CSA 2017, S. 28ff.)
Betrieb und Instandhaltung	Der Betrieb und die Instandhaltung umfassen in der Regel die längste Zeit der Lebensdauer eines Systems. Jegliches Retrofitting, wie es aktuell häufig gerade in der OT durchgeführt wird, geschieht in dieser Phase. Durch die reale Nutzung des Systems ist der Großteil der Sicherheitsmaßnahmen auf diese Phase ausgelegt, weil das Angriffspotenzial hier am größten ist. Audits und kontinuierliches Überwachen des Systems sind zentrale Maßnahmen. (s. CSA 2017, S. 36ff.)
Entsorgung	Am Ende des System-Lebenszyklus wird dieses entsorgt bzw. stillgelegt. Es muss sichergestellt werden, dass Komponenten, Medienträger und Informationen, durch welche Rückschlüsse auf das System und weitere zu schützende Assets gezogen werden können, sicher entsorgt bzw. gelöscht werden. (s. CSA 2017, S. 42ff.)
Hierarchy-Layer *(Wo?)*	
Produkt	Das Produkt umfasst das zu fertigende Produkt. Als Intelligentes Produkt wird es als kooperierender und kollabierender Bestandteil eines Industrie-4.0-Wertschöpfungsprozesses betrachtet. (s. DIN SPEC 91345, S. 23)
Safety	Die Safety-Zone bezeichnet die Zone bzw. das Umfeld, indem Menschen sicher vor äußeren Einflüssen, etwa Maschinen und Anlagen sind. Je nach Industrie-4.0-Umgebung kann diese Ebene kleiner oder größer ausfallen und muss deswegen als skalierbare Ebene betrachtet werden. Die Safety-Zone umfasst ebenfalls Logiksysteme, die für entsprechende Sicherheit sorgen. (s. KAMAL 2019, S. 19)
Feldgerät	In der Feldgerät-Ebene befinden sich alle IIoT-Devices, Sensoren und Aktoren nah am Produktions- bzw. Fertigungsprozess. (s. DIN SPEC 91345, S. 23; ENISA 2018, S. 22)
Steuereinheit	Der Ebene Steuereinheit werden alle Steuerungen und den damit verbundenen Anwendungssysteme zugeordnet. Zu den Steuer- und Regelsystemen

	zählen bspw. SPSen. Im Fokus stehen die Steuerung und Regelung des Prozesses. (s. SIEPMANN U. GRAEF 2016, S. 50)
Station	Die Stationsebene umfasst alle (Prozess-)Leitsysteme wie SCADA oder HMI zum Bedienen und Beobachten des Prozesses. Darunter fallen ebenfalls die Rezeptverwaltung und Ausführung. (s. ENISA 2018, S. 22)
Technische Anlage	Technische Anlagen befinden sich auf der Ebene der Betriebsleitebene. Hierzu zählen Anwendungssysteme wie MES oder LIMS zur Produktionsfeinplanung und Produktionsdatenerfassung sowie zum Qualitätsmanagement. (s. SIEPMANN U. GRAEF 2016, S. 50)
Unternehmen	Auf der Unternehmensebene lassen sich betriebliche Anwendungssysteme wie ERP, CRM oder Finanzanwendungen einordnen. Ihr Betrachtungs- und Einflussbereich umfasst das gesamte Unternehmen. (s. SIEPMANN U. GRAEF 2016, S. 50)
Vernetzte Welt	Beschreibt den Zusammenhang von Assets und Asset-Verbünden mit denen anderer Anlagen oder Entitäten. Cloud-Infrastrukturen und das Internet sind Teil ebenfalls Teil der vernetzten Welt. (s. DIN SPEC 91345, S. 23)

Beschreibung der Relevanz der Modellschnittpunkte

Im Zentrum des Beschreibungsmodells für Industrie-4.0-Umgebungen stehen die Schwachstellen der Informationssicherheit, die sich aus diesen Umgebungen ableiten lassen. Eine pragmatische Zuordnung, die auch ohne tiefgründiges Fachwissen erfolgen kann, ist durch bestehende Ansätze und Methoden nicht gegeben (s. Kapitel 3.2). Eine Verknüpfung von Industrie-4.0-Umgebung und Schwachstellen ist bisher nur auf generischer Ebene gegeben.

Um einen ersten Ansatz zu liefern, ist das Beschreibungsmodell so aufgebaut, dass sich die Schwachstellen über die einzelnen Modellschnittpunkte ergeben. Als Modellschnittpunkte werden die Ausprägungen bezeichnet, die sich durch eine beliebige Kombination der Ordnungsrahmenelemente ergeben (s. Abbildung 5-16). Diesen Schnittpunkten sind spezifische Schwachstellen zuweisbar. Dabei ist zu beachten, dass sich einzelne Schnittpunkte zu Verbünden zusammenschließen können, sofern sie dieselben potenziellen Schwachstellen aufweisen. Dadurch kann die Anwendungskomplexität des Modells weiter reduziert werden. Durch die Ausdetaillierung der Sichten und eine spezifische Beschreibung der Industrie-4.0-Umgebung werden die Schnittpunkte weiter ausgedünnt, wenn sie im spezifischen Kontext nicht relevant sind.

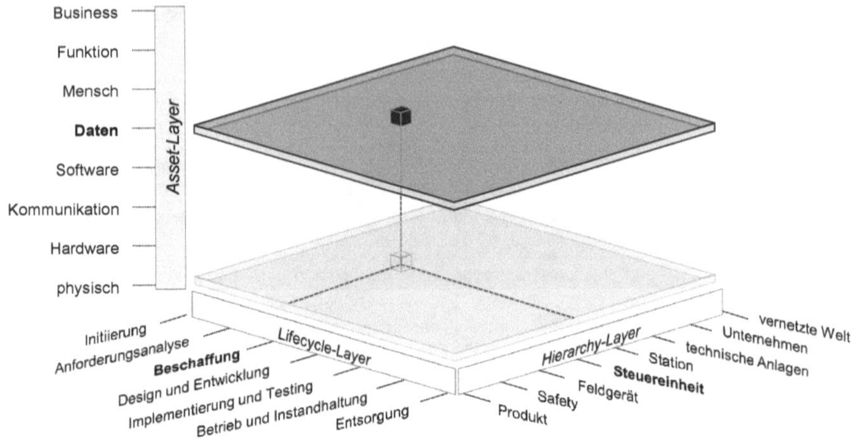

Abbildung 5-16: Schnittpunkte der Ordnungsrahmenelemente im Spezialisierungsmodell (eigene Darstellung)

5.2.5 Konsolidierung und Komplettierung

Aus der Beschreibung der Sichten geht hervor, dass diese nicht unabhängig voneinander sind, sondern miteinander zusammenhängen. Ziel dieses Schritts ist daher die Integration der entwickelten Sichten in das Modell durch das Aufzeigen der Querverbindungen untereinander und die Überprüfung der Modellkonsistenz (s. SCHÜTTE 1998, S. 188ff.). Die Einordung der Phase ist in Abbildung 5-17 dargestellt.

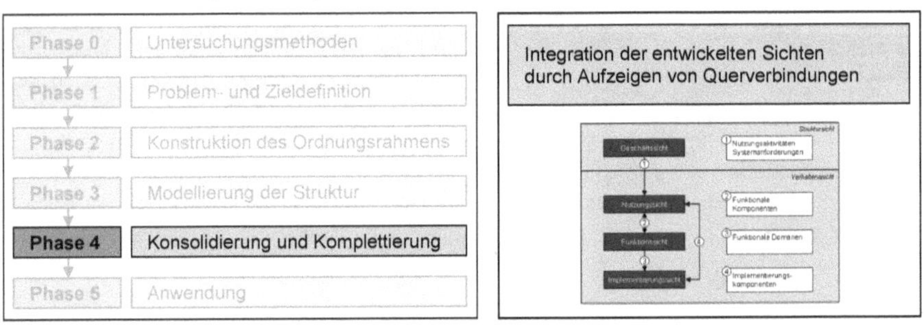

Abbildung 5-17: Einordnung der Phase 4 im Zusammenhang der Modellentwicklung (eigene Darstellung)

Unterschieden wird nach SCHÜTTE zwischen Intra- und Inter-Modellbeziehungen. Erstere bezeichnen Querverbindungen innerhalb des Modells, zweitere zwischen unterschiedlichen Modellen.

Querverbindungen zu anderen Modellen existieren für das Spezialisierungsmodell nicht. Hintergrund ist das „System aus Systemen"-Architekturmuster (vgl. IIC 2019, S. 47). Sollte das Modell auf mehrere Industrie-4.0-Umgebungen angewandt werden, ändert sich die Anwendung der Sichten nicht, lediglich die Systemgrenzen werden verschoben. Somit ist eine Mehrwachanwendung des Modells auf mehrere Systeme ohne Weiteres problemlos möglich. Dies ist eine wichtige Erkenntnis, da Systeme nie losgelöst voneinander betrachtet werden sollten, sie haben stets einen kaskadierenden und umfangreichen Einfluss auf Umsysteme.

Bei der Sichtenintegration liegt der Fokus auf der Herstellung der Beziehungen zwischen der Struktur- und der Verhaltenssicht (s. SCHÜTTE 1998, S. 292ff.). Der Struktursicht lassen sich strukturgebende Sichten zuordnen, in diesem Fall die Geschäftssicht. In der Verhaltenssicht finden sich Nutzungs-, Funktions- und Implementierungssicht wieder (s. Abbildung 5-18).

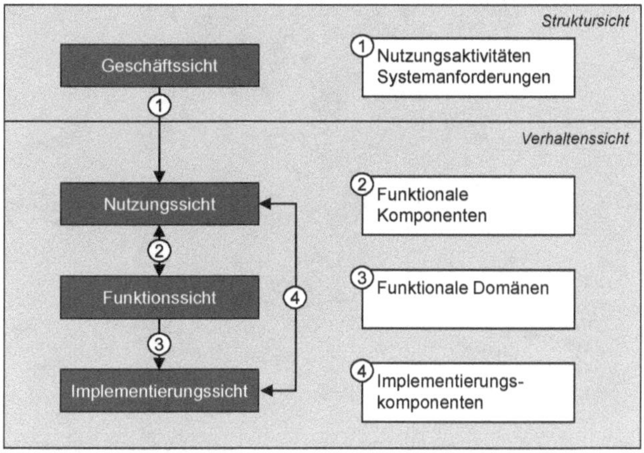

Abbildung 5-18: Intra-Modellbeziehungen (eigene Darstellung)

Theoretisch möglich wären sechs bidirektionale Verbindungen. Allerdings beschränken sich diese in der praktischen Anwendung auf zwei unidirektionale und zwei bidirektionale Beziehungen (Nr. 1-4). Von der Geschäftssicht aus werden die Nutzungsaktivitäten für die Nutzungssicht aus den übergeordneten Zielen der Industrie-4.0-Umgebung abgeleitet. Systemanforderungen lassen sich aus den Zielen und fundamentalen Fähigkeiten ableiten (Nr. 1). In der Nutzungssicht enthalten die Aufgaben eine Übersicht zu den 1-n funktionalen (Nr. 2) sowie den 1-n Implementierungskomponenten (Nr. 4). Die letzte Beziehung (Nr. 3) ist durch die funktionalen Domänen der Funktionssicht gegeben, die in der Implementierungssicht allokiert werden.

5.2.6 Zwischenfazit zur Entwicklung des Beschreibungsmodells

Das Beschreibungsmodell (s. Abbildung 5-19) wurde auf Basis der Vorgehensweise nach Schütte und Anwendung der Konstruktionstechnik Spezialisierung nach vom Brocke entwickelt (s. Kapitel 4.3.1). Die Spezialisierung ist eine spezielle Form der Referenzmodellentwicklung und bietet sich im Rahmen dieser Untersuchung besonders gut an, weil es galt, zahlreiche bereits existierende Referenzmodelle mit ihren wichtigsten Aspekten zusammenzutragen (s. Kapitel 3.1). Die Basis dafür bildete RAMI 4.0.

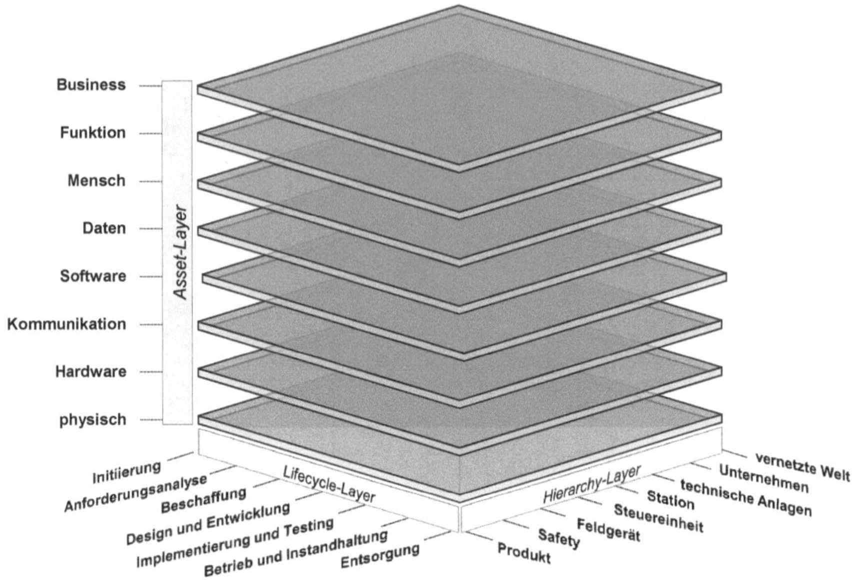

Abbildung 5-19: Darstellung des Ordnungsrahmens und dessen Elemente (eigene Darstellung)

Dem Beschreibungsmodell liegen sechs strukturierende Fragen (Was?, Wann?, Wo?, Warum?, Wer? Wie?) zugrunde (s. Kapitel 5.2.3), aus der sich die drei Dimensionen Asset-Layer, Lifecycle-Layer und Hierarchy-Layer ableiten lassen. Insgesamt 23 Ordnungsrahmenelemente spannen die Dimensionen dabei auf. Ihre Schnittpunkte ergeben einzelne Betrachtungsräume (s. Kapitel 5.2.4), die im weiteren Verlauf der Untersuchung und der Anwendung des Modells eine zentrale Rolle bei der Identifikation der Schwachstellen einer Industrie-4.0-Umgebung spielen (s. Kapitel 5.3). Die vier Sichten des Modells werden durch die Geschäfts-, die Nutzungs-, die Funktions- und die Implementierungssicht repräsentiert (s. Kapitel 5.2.4). Durch seine Struktur ist es auf der einen Seite kompatibel mit internationalen Aktivitäten zur Strukturierung und Vereinheitlichung von Industrie-4.0-Umgebungen. Auf der anderen Seite erfüllt es praktische Anforderungen in Bezug auf den Umgang mit Informationssicherheit. Es wirkt komplexitätsreduzierend und ist dadurch von Nicht-Sicherheitsexperten anwendbar.

5.3 Anwendung des Modells

Der abschließende Schritt nach SCHÜTTE in der Referenzmodellentwicklung stellt die Anwendung des Modells in der Anwendungsphase dar (s. Abbildung 5-20). Die Anwendung verfolgt zwei Ziele. Zum einen werden dadurch relevante Schwachstellen in das Modell integriert (s. Kapitel 5.3.1). Zum anderen erfolgt eine Validierung des Modells, um dessen Qualität und Praxistauglichkeit sicherzustellen (s. Kapitel 5.3.2). Die ermittelten Schwachstellen, die es in das Modell einzuordnen gilt, basieren auf untersuchten Quellen, Projekterfahrung durch die Arbeit am FIR und Experteninterviews. So wurde eng mit Unternehmen der Betrachtungsdomäne zusammengearbeitet, was auf die Praxistauglichkeit des Modells einzahlt. Als Teil des zu entwickelnden Gestaltungsmodells wird das Spezialisierungsmodell zusätzlich in Kapitel 9 evaluiert (inhaltliche Validierung). Die formale Validierung bezieht sich auf die Grundsätze ordnungsgemäßer Modellierung (s. SCHÜTTE 1998, S. 119ff.).

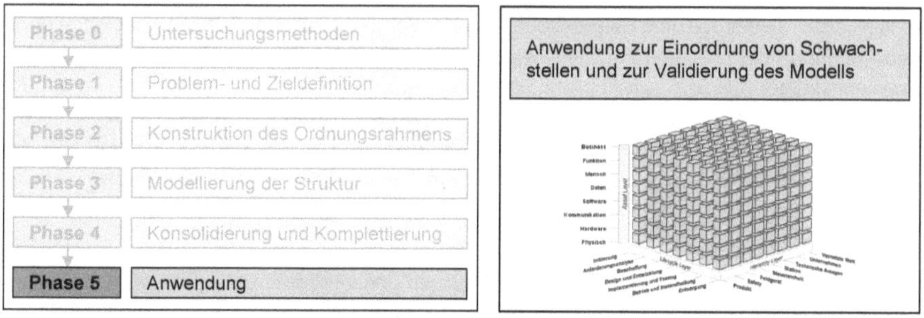

Abbildung 5-20: Einordnung der Phase 5 im Zusammenhang der Modellentwicklung (eigene Darstellung)

5.3.1 Auswahl und Einordnung relevanter Schwachstellen in den Ordnungsrahmen

Wie bereits im Vorfeld beschrieben, dient das entwickelte Spezialisierungsmodell im Rahmen der vorliegenden Dissertationsschrift dazu, Industrie-4.0-Umgebungen so zu beschreiben, dass die sich darin ergebenden Schwachstellen gezielt abgeleitet werden können. Dazu ist es vorab notwendig, eine Auswahl an Schwachstellen durchzuführen und sie in den Ordnungsrahmen (s. Abbildung 5-21) anhand der Modellschnittpunkte einzuordnen (s. Kapitel 5.2.4).

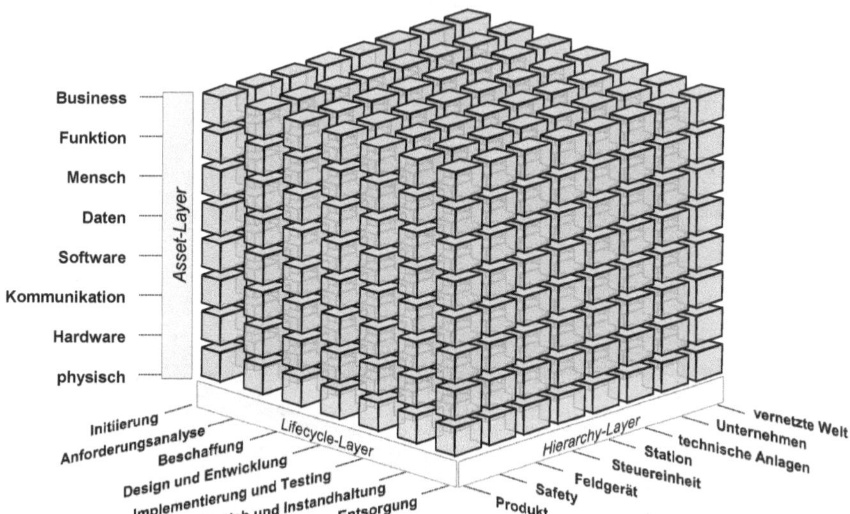

Abbildung 5-21: Ordnungsrahmen für die Einordnung von Schwachstellen (eigene Darstellung)

Im Folgenden wird darauf eingegangen, wie die Auswahl der zu betrachtenden Schwachstellen durchgeführt wurde und auf welchen Annahmen diese beruht. Im Anschluss werden die einzelnen Schwachstellen im Detail beschrieben. Die Einordnung und Gruppierung dieser in den Ordnungsrahmen bildet den Abschluss des Kapitels.

Vorgehen zur Auswahl der zu betrachtenden Schwachstellen

Beschreibung des Vorgehens

Eine Auswahl und somit eine Eingrenzung aller existierenden Schwachstellen stellt einen zentralen Schritt in der Erfüllung der Zielstellung dieser Arbeit dar. Denn die Gesamtsumme aller Schwachstellen in Bezug auf Informationssicherheit ist unmöglich zu beziffern. Zum einen, weil die Zahl nicht greifbar wäre und zum anderen, weil sie sich jeden Tag ändert. Bspw. finden sich allein in der Datenbank der *Common Vulnerabilities and Exposures* (CVE®) rund 190.000 Schwachstellen[49]. In der Praxis und Literatur liegt darüber hinaus keine einheitliche Strukturierung von Schwachstellen vor (vgl. Kapitel 3.2 und THOMAS U. CHOTHIA 2019, S. 105).

Die Auswahl der zur betrachtenden Schwachstellen basierte auf der Untersuchung relevanter Quellen bzw. Literatur sowie auf Experteninterviews und wurde durch eigene (Projekt-)Erfahrung des Autors ergänzt (s. Abbildung 5-22). Die Auswahl erfolgte stets unter Berücksichtigung der Anforderungen „Relevanz für KMU“ und „Pareto-Effizienz“. Im Einzelnen bedeutet das, dass sich die Schwachstellen in den Strukturen eines KMU mit Industrie-4.0-Umgebungen zu hohem Maße wiederfinden müssen. So wird die Handhabbarkeit für KMU ermöglicht. Darüber hinaus wurden die zu erfüllenden Anforderungen in Bezug auf ein pragmatisches und effizientes Informationssicherheitsmanagementsystem (s. Kapitel 3.5.2) zugrunde gelegt. Daraus ergab sich etwa, dass technologische, organisatorische, personelle sowie kulturelle Einflussfaktoren gleichermaßen berücksichtigt werden müssen. Ferner ergibt sich die Anzahl der Schwachstellen als Positionierung zwischen den Anforderungen „Umsetzung des ISMS mit begrenztem Know-how“, „Strategischer Aufbau eines ISMS“, „Erreichung eines hohen Sicherheitslevels“, „Grad der Standardisierung“, „Fokussierung auf Betrieb und Instandhaltung einer Industrie-4.0-Umgebung“ sowie die „Berücksichtigung von OT- und IT-Komponenten“.

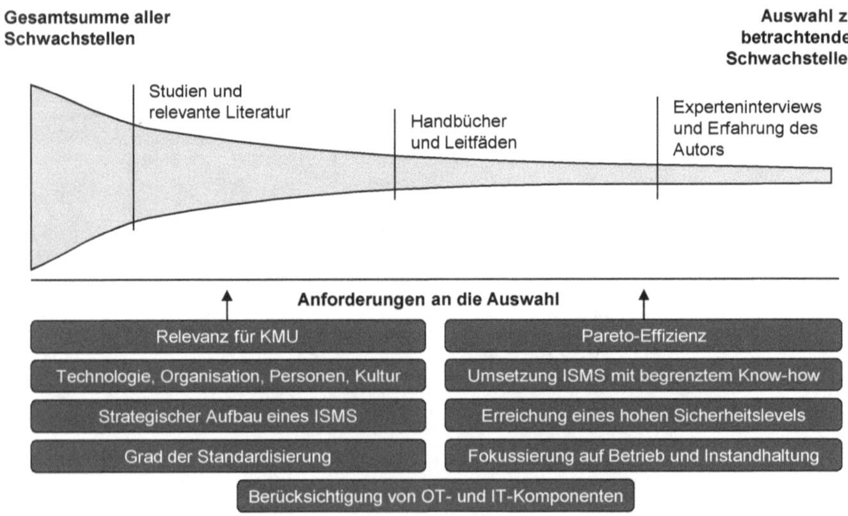

Abbildung 5-22: Vorgehen zur Auswahl von Schwachstellen (eigene Darstellung)

[49] Siehe www. cvedetails.com (zuletzt aktualisiert: 19.12.2022)

Für die erste Eingrenzung der Schwachstellen wurden Studien, Berichte und Reports herangezogen, die sich allgemein mit der Behandlung von Schwachstellen auseinandersetzen. Diese Studien werden häufig von renommierten Organisationen herausgegeben, wie bspw. der Agentur der Europäischen Union für Cybersicherheit (ENISA), dem SANS-Institut, der MITRE-Corporation oder dem National Institute of Standards and Technology (NIST). Die Strukturierung der Schwachstellen in dieser Arbeit basiert auf einer Untersuchung des NIST (s. STOUFFER ET AL. 2013, S. 3–6ff.) sowie auf einer Studie der ENISA (s. ENISA 2018, S. 26ff.). Die einzelnen Kategorien der Schwachstellen werden im weiteren Verlauf der Arbeit als Schwachstellenbündel bezeichnet. Der ersten Quelle liegt eine domänenspezifische Betrachtung in Bezug auf Industrie 4.0 zugrunde, der zweiten Quelle hingegen eine allgemeine Betrachtung unter Berücksichtigung menschlicher Einflüsse. Damit stellt die Kombination der beiden Quellen eine geeignete Strukturierung dar, um technologische, organisatorische, personelle sowie kulturelle Einflussfaktoren einordnen zu können. Die zweite Eingrenzung erfolgte durch spezifische Literatur in Form von Handbüchern, Leitfäden und anderen Untersuchungen, die sich mit der Häufigkeit und Relevanz von Schwachstellen beschäftigen. Im Vordergrund steht häufig die Frage, welche Schwachstellen am meisten verbreitet sind und welche Schwachstellen das größte Schadenspotential bieten (vgl. GONZALEZ ET AL. 2019, S. 35f.). Die dritte Eingrenzung der Schwachstellen erfolgte anhand von Experteninterviews und den Erfahrungen des Autors, indem die Auswahl und insbesondere die Anzwahl der identifizierten Schwachstellen kritisch reflektiert wurde. Denn eine zu hohe Anzahl von Schwachstellen (bspw. mehrere hundert Schwachstellen) würde gleichermaßen zur nicht-Erfüllung der Anforderungen führen wie eine geringe Anzahl von bspw. 20 Schwachstellen.

Abschließend muss darauf hingewiesen werden, dass es sich bei der Auswahl der Schwachstellen lediglich um eine Teilmenge aller existierenden Schwachstellen handelt. Es kann vorkommen, dass weitere Schwachstellen durch den Anwender des Vorgehensmodells als relevant erachtet werden, die nicht in dieser Auswahl genannt werden. Darüber hinaus gilt es, die Auswahl in regelmäßigen Abständen auf ihre Richtigkeit hin zu überprüfen. (s. STOUFFER ET AL. 2013, S. 3–6)

Beschreibung der untersuchten Quellen

Die Agentur der Europäischen Union für Cybersicherheit (ENISA) wurde 2004 gegründet und hat sich zum Ziel gesetzt, ein hohes gemeinsames Maß an Informationssicherheit in der Europäischen Union (EU) zu schaffen. Dazu veröffentlicht ENISA in regelmäßigen Abständen verschiedene Berichte. Die Veröffentlichung *Cloud Computing – Benefits, risks and recommendations for information security* (s. ENISA 2009, S. 53ff.) thematisierte Schwachstellen insbesondere vor dem Hintergrund der Cloud, die zum damaligen Zeitpunkt in vielen Unternehmen Einzug hielt. Neben den cloud-spezifischen Schwachstellen wurden auch allgemeine Schwachstellen aufgeführt, in Summe 53. In der Veröffentlichung *Good Practices for Security of Internet of Things in the context of Smart Manufacturing* (s. ENISA 2018, S. 26ff.) wird eine „Industry 4.0 Threat Taxonomy" (dt. *Bedrohungstaxonomie*) vorgestellt, in welcher potenzielle Bedrohungen und Schwachstellen strukturiert werden. Darüber hinaus wird dargestellt, welche Assets von den jeweiligen Schwachstellen betroffen sein können und welche beispielhaften Angriffe es auf diese Assets geben kann (s. ENISA 2018, S. 32ff.).

Das SANS-Institut (*SysAdmin, Audit, Networking and Security*) ist eine Genossenschaft, die seit 1989 Sicherheitsexperten aus- bzw. weiterbildet. Dazu bietet es Trainings, Zertifizierungen, Weiterbildungen und andere Programme an. Über ein Forum stehen zahlreiche White Paper und Studien zur Verfügung. Die Studien adressieren bspw. die Themen *Industrial IoT*

Security (FILKINS 2018), *OT/ICS Cybersecurity* (FILKINS ET AL. 2019) oder auch das *Schwachstellenmanagement* (HAZAR 2020). Untersucht wurden etwa die am meisten verwundbaren Aspekte einer IIoT-Infrastruktur (s. FILKINS 2018, S. 11), Bedenken in Bezug auf das IIoT (s. FILKINS 2018, S. 16), Bedrohungsquellen und Angriffsvektoren im IIoT (s. FILKINS ET AL. 2019, S. 5, 9) sowie Einflussfaktoren zur Risikoentscheidung von Schwachstellen (s. HAZAR 2020, S. 10).

Die *Common Weakness Enumeration Top 25* (CWE™) ist eine jährlich durch die *MITRE Corporation* veröffentlichte Rangliste der bedrohlichsten Softwareschwachstellen bzw. -angriffsvektoren[50]. Der Wert einer jeden Schwachstelle ergibt sich aus ihrer Häufigkeit und ihrem Schadensausmaß (s. *Common Vulnerability Scoring System* (CVSS)). Die Top-25-Liste wird aus den Datenbanken der *Common Vulnerabilities and Exposures* (CVE®) und der *National Vulnerability Database* (NVD) gespeist.

Das *National Institute of Standards and Technology* (NIST) veröffentlicht in regelmäßigen Abständen *Special Publications*, in denen relevante Schwachstellen im Anhang aufgeführt sind. In der *NIST SP 800-82* werden rund 50 solcher Schwachstellen in Bezug auf ICS beschrieben (s. NIST SP 800-82, S. C–2ff.). Die *NIST SP 800-30* führt im Anhang verschiedene Bedrohungen auf, indem beschrieben wird, wie Bedrohungen erkannt werden können, wie sich klassische Bedrohungen durch verschiedene Taktiken, Techniken und Prozeduren in Angriffsvektoren umwandeln lassen, wie solche Bedrohungen bewertet werden und wie Vorlagen für deren Identifikation und Bewertung aussehen können (s. NIST SP 800-30, S. E–1ff.).

Neben den genannten Quellen öffentlicher bzw. privater Organisationen existieren zahlreiche Studien, die sich mit Informationssicherheitsschwachstellen befassen. Im Folgenden wird lediglich ein kleiner Auszug beschrieben, wohlwissend, dass in der Theorie und Praxis weitaus mehr Quellen zur Sammlung der Schwachstellen zur Verfügung stehen[51]. THOMAS U. CHOTHIA (2019) haben in ihrer Studie untersucht, wie Schwachstellen in Industrie-4.0-Umgebungen strukturiert und kategorisiert werden können. Der Untersuchung liegt die Annahme zugrunde, dass diese Schwachstellen für Experten der Industrie-4.0-Domäne nur schwer greifbar sind. Ihr Ergebnis ist, dass acht Kategorien rund 95 % aller Schwachstellen abdecken (s. THOMAS U. CHOTHIA 2019, S. 100). Insgesamt haben sie 2232 Schwachstellen aus bekannten Datenbanken untersucht. Im Detail wurde zwischen der Häufigkeit ihrer Nennung (engl. *prevelance*) sowie dem Einfluss auf Verfügbarkeit (engl. *availability*) und Integrität (engl. *integrity*) unterschieden. (s. THOMAS U. CHOTHIA 2019, S. 105f.)

GONZALEZ ET AL. (2019) behandelten in ihrer Studie die architekturelle Sicherheit von Industrie-4.0-Umgebungen (ICS), also die Sicherheit, die „von Werk aus" mitgegeben ist, wenn Komponenten und Einzelteile ausgeliefert werden. Dazu wurden die folgenden vier Fragen adressiert:

- Welche ICS-Komponenten sind am stärksten verwundbar?
- Welcher Anteil an Schwachstellen ist auf architekturelle Gründe zurückzuführen?
- Welche sind die meistverbreiteten architekturellen Schwachstellen in ICS?
- Welche architekturellen Implementierungen werden in ICS am häufigsten kompromittiert?

---

[50] https://cwe.mitre.org/top25/archive/2021/2021_cwe_top25.html

[51] s. etwa LEE 2020; TSIKNAS ET AL. 2021; YU, M. ET AL. 2020; ALANI U. ALLOGHANI 2019; HOFFMANN 2019; LOU U. TELLABI 2020; TSOCHEV 2020; RUBIO ET AL. 2018; KENT UNIVERSITY 2020; KOSUTIC 2020; BSI 2020a.

Dazu wurden 988 Schwachstellen-Reports von insgesamt 277 Anbietern untersucht. Die Studie zeigt auf, dass Mensch-Maschine-Schnittstellen (#257), SCADA-Software (#212) und SPSen (#114) zu den am meisten verwundbaren ICS-Komponenten zählen. Von den identifizierten Schwachstellen konnten 62,86 % auf architekturelle Gründe zurückgeführt werden. Die am häufigsten ausgenutzten architekturellen Schwachstellen sind *CWE 20*: Unzureichende Eingabevalidierung (26,29 %), *CWE 79*: *Cross-site scripting*, *CWE 352*: *Cross-site request forgery*, *CWE 89*: *SQL injection* und *CWE 287*: unzureichende Authentifizierung. Letztlich ergab die Studie, dass die Top 3 der kompromittierten Implementierungen Inputvalidierung, Authentifizierung und Autorisierung von Akteuren sind. (s. GONZALEZ ET AL. 2019, S. 35f.)

Im Rahmen des Projekts „Cyberangriffe gegen Unternehmen" des Kriminologischen Forschungsinstituts Niedersachsen e. V., welches Teil der Initiative „IT-Sicherheit in der Wirtschaft" des Bundesministeriums für Wirtschaft und Energie war, wurde eine repräsentative Unternehmensbefragung mit insgesamt 5.000 Unternehmen durchgeführt. Neben der IT-Sicherheitsstruktur in Unternehmen, den Einschätzungen zu IT-Risiken und möglichen Risikofaktoren wurden Cyberangriffe gegen Unternehmen hinsichtlich ihrer Prävalenz- und Inzidenzrate untersucht. Aus der Studie lassen sich somit wichtige Rückschlüsse auf die Relevanz von Schwachstellen, Angriffsvektoren und Bedrohungen ziehen. (s. DREIẞIGACKER ET AL. 2020, S. 106ff., 127ff.)

Es existieren Studien, die Schwachstellen in Bezug auf den Menschen fokussiert untersuchen. Sie tragen dem Umstand Rechnung, dass der Großteil der Angriffe den Menschen als Schwachstelle ausnutzt (vgl. VERIZON 2022, S. 8). Zu den Schwachstellen zählen unter anderem ein Mangel an Kommunikation, Selbstgefälligkeit der Mitarbeiter, Mangel an Wissen, Ablenkung, fehlendes Teamwork oder auch Ermüdung (s. FERRO U. SAPIO 2020, S. 126f.).

Abschließend muss an dieser Stelle betont werden, dass Schwachstellen zwar universal verbreitet und für verschiedene Industrie-4.0-Umgebungen gelten, aber stark unterschiedlich ausfallen können. Gerade in großen und komplexen Systemen können mehrere tausend bis hunderttausend kritische Schwachstellen existieren, sodass auch bei einer Beherrschung einer Vielzahl dieser Schwachstellen immer noch nicht von einer hinreichenden Sicherheit gesprochen werden kann (s. GAYCKEN ET AL. 2015, S. 32). GAYCKEN ET AL. geben daher Indikatoren an, die auf das Maß der Verwundbarkeit eines Systems schließen lassen. Dazu zählen bspw. die Codemenge, Konfigurationsoptionen von Software, die Integration von Sicherheit im Innovationsprozess oder auch die Systemkenntnis in der Sicherheitsindustrie (s. GAYCKEN ET AL. 2015, S. 32ff.). Solche Indikatoren können herangezogen werden, um das erforderliche Sicherheitslevel abzuleiten.

Beschreibung von für KMU relevante Schwachstellen und Bedrohungen

In Tabelle 5-3 werden die ausgewählten Schwachstellen exemplarisch in Kurzform beschrieben (s. Anhang A.5 für eine vollumfängliche Beschreibung). Vorab werden an dieser Stelle die abgeleiteten Schwachstellenbündel zur Strukturierung der Schwachstellen beschrieben.

Unter das Bündel „Policys und Prozeduren" fallen solche Schwachstellen, die strategischer bzw. organisatorischer Art sind. Dazu zählen bspw. unzureichende Sicherheitsrichtlinien oder unklare Rollen und Verantwortlichkeiten (s. NIST SP 800-82, S. C–3f.). Die Bündel „Plattform-Konfiguration", „-Hardware" sowie „-Software" umfassen alle Schwachstellen, die einer Plattform im Sinne eines Zusammenschlusses von Komponenten zu einer Industrie-4.0-Umgebung zuzuordnen sind und unter die jeweilige Kategorie fallen (ungeschützte Daten auf mobilen Endgeräten, unsichere Remote-Zugänge, DDoS-Attacken, ...) (s. STOUFFER ET AL. 2013, S.

3–8). Unter „Malware-Schutz“ fallen Schwachstellen, die durch einen unzureichenden Umgang mit Antiviren-Software entstehen (s. ENISA 2018, S. 28). Schwachstellen, die das Netzwerk betreffen, fallen in die Bündel „Netzwerk-Konfiguration“, „-Hardware“ und „-Parameter“ (Updates von Passwörtern, keine Redundanzen, unsichere Zugänge an Maschinen) (s. STOUFFER ET AL. 2013, S. 3–8). Gesondert betrachtet werden Schwachstellen, die die „Netzwerk-Überwachung“ betreffen. In das Bündel „Kommunikation“ fallen solche Schwachstellen, die sich aus der Übertragung von Daten auf verschiedenen Kommunikationswegen ergeben, bspw. eine unzureichende Verschlüsselung (s. NIST SP 800-82, S. C–9). „Physische“ Schwachstellen sind z. B. durch einen unzureichenden Schutz vor äußeren Einflüssen oder einen Zutritt durch unberechtigte Personen gegeben (s. ENISA 2018, S. 29f.). „Unbeabsichtigtes Verhalten“ umfasst Schwachstellen wie eine falsche Konfiguration oder das unbeabsichtigte Ändern von Daten (s. ENISA 2018, S. 30). Die Bündel „Fehlfunktionen“, „Ausfälle“ und „Katastrophen“ (s. ENISA 2018, S. 30f.) zählen letztlich Schwachstellen auf, die durch äußere Einflüsse und jederzeit auftreten können. Das Eintreten solcher Schwachstellen kann nicht verhindern werden, deswegen müssen entsprechende Notfallpläne bereitstehen. Für eine bessere Zuordenbarkeit werden die einzelnen Schwachstellen mit eineindeutigen Nummern (ID) beziffert.

Tabelle 5-3: Exemplarische Beschreibung ausgewählter Schwachstellen

ID	Schwachstelle	Kurzbeschreibung
Policys und Prozeduren		
PP-1	Keine adäquate Sicherheits-architektur	Akteure aus dem OT-Umfeld besitzen meist keine profunde Sicherheitsausbildung und kein Training. Das ist insbesondere dann ein Problem, wenn Anbieter keine Sicherheitsfunktionalitäten in ihren Produkten integrieren. (s. NIST SP 800-82, S. C–4)
PP-2	Unzureichende Durchführung von Audits in I40U	(Unabhängige) Audits helfen, die Sicherheit von Systemen zu bemessen und Schwachstellen aufzuzeigen. Wenn keine Audits durchgeführt werden, können keine zielgerichteten Maßnahmen eingeleitet werden. (s. NIST SP 800-82, S. C–4)
PP-3	Unzureichende Sicherheits-Policys	Schwachstellen in Industrie-4.0-Umgebungen haben ihren Ursprung häufig in unzureichenden Policys bzw. dem Nichtvorhandensein solcher. (s. NIST SP 800-82, S. C–4)
PP-4	Mangel an Training und Awareness	Die meisten Schwachstellen setzen ein Fehlverhalten oder Unwissenheit voraus. Durch Trainings und Awareness-Schulungen werden Mitarbeiter sichererer im Umgang mit der Informationssicherheit. (s. NIST SP 800-82, S. C–4)
Plattform-Konfiguration		
PK-1	Daten ungeschützt auf mobilen Geräten	Mobile Endgeräte werden häufig in der Produktion eingesetzt. Sind diese als Endpoint mit dem Unternehmensnetzwerk verbunden und die Daten auf dem Gerät ungeschützt, besteht die Gefahr, dass diese Daten abgegriffen werden können. (s. NIST SP 800-82, S. C–7)
PK-2	Standardkonfigurationen werden genutzt	Standardkonfigurationen sollten stets geändert werden, weil diese der Öffentlichkeit zur Verfügung stehen und somit potenzielle Einfallstore darstellen. (s. NIST SP 800-82, S. C–7)
PK-3	Kritische Konfigurationen werden nicht gespeichert	Werden Komponenten im Unternehmen neu konfiguriert und nehmen diese eine kritische Rolle ein (etwa Firewalls, Router, ...), sollten die Konfigurationen gespeichert werden. Andernfalls können sie nach einem Vorfall nicht schnell wiederhergestellt werden. (s. NIST SP 800-82, S. C–7)

Einordnung in den Ordnungsrahmen

Im letzten Teilschritt werden die ausgewählten Schwachstellen in den Ordnungsrahmen eingeordnet[52] (s. Abbildung 5-23). Damit wird es ermöglicht, aus den Charakteristika einer Industrie-4.0-Umgebung Rückschlüsse auf deren Informationssicherheitsschwachstellen ziehen zu können.

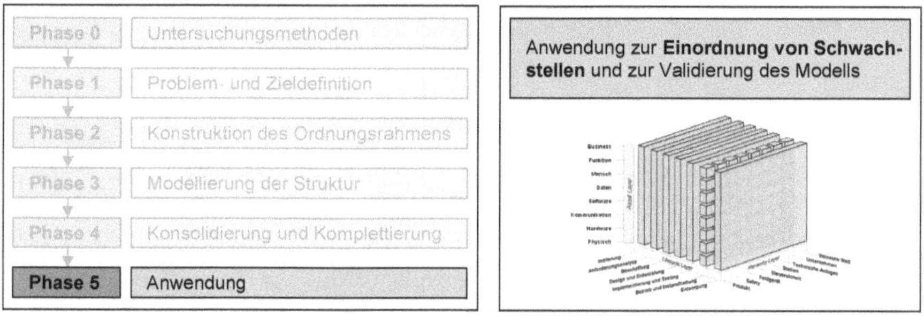

Abbildung 5-23: Einordnung der Phase 5 in Bezug auf die Einordnung der Schwachstellen im Zusammenhang der Modellentwicklung (eigene Darstellung)

Bereits in Kapitel 5.2.4 wurde auf die Besonderheit der Modellschnittpunkte hingewiesen. Diesen lassen sich die identifizierten (sowie weitere unternehmensspezifische) Schwachstellen zuordnen. Aus dem festgelegten Untersuchungsbereich dieser Dissertationsschrift ergibt sich eine Fokussierung von Industrie-4.0-Umgebungen, die sich bereits im realen Betrieb befinden, also in der Lebenszyklusphase Betrieb und Instandhaltung (s. Tabelle 2-3). Dies gilt ungeachtet der Tatsache, dass viele potenzielle Schwachstellen bei der Neuplanung von Systemen adressiert und somit frühzeitig verhindert werden können. Die anderen sechs Lebenszyklusphasen werden zur Einordnung der Schwachstellen jeweils als ein Schnittpunkt bzw. als ein Cluster betrachtet (I – Initiierung, A – Anforderungsanalyse, B – Beschaffung, D – Design und Entwicklung, IT – Implementierung und Testing; E – Entsorgung). Das kann dadurch begründet werden, dass sich die meisten Sicherheitsvorfälle im laufenden Produktionsbetrieb ergeben und dieser die größte Zeit des Lebenszyklus umfasst. Schwachstellen und Maßnahmen in den anderen Phasen sind deswegen nicht weniger relevant, sprechen jedoch auch andere Stakeholder wie Systementwickler und Integratoren an (s. Abbildung 5-24).

[52] Die detaillierte Einordnung erfolgte auf Basis der durchgeführten Experteninterviews (Anhang A.1.1), Workshops (A.1.2 und A.1.3.) und des Forschungsprojekts (Anhang A.2) sowie durch Erfahrung des Autors und Literaturrecherchen. Sie ist in Anhang A.6 zu finden.

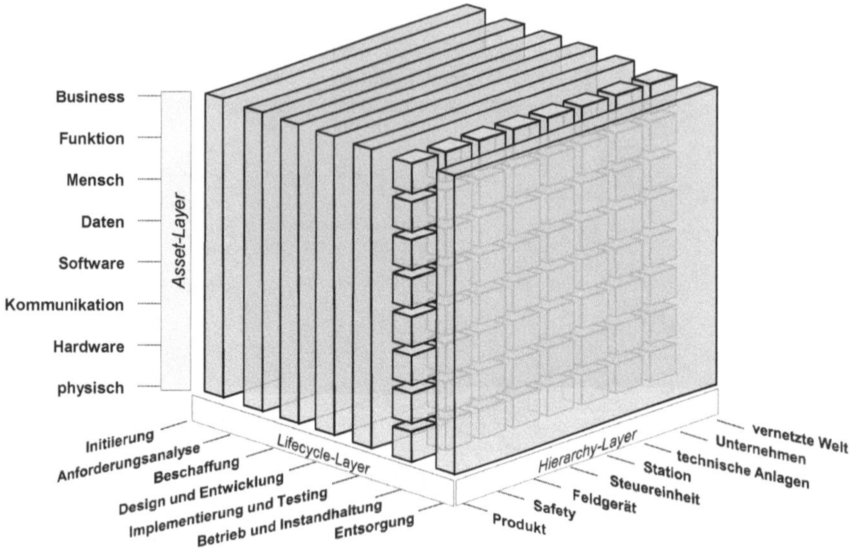

Abbildung 5-24: Mögliche Modellschnittpunkte zur Einordnung der Schwachstellen (eigene Darstellung)

Im Folgenden werden den jeweiligen Bereichen des Ordnungsrahmen Schwachstellen zugeordnet. Für die sechs gebildeten Cluster findet sich eine zusammenfassende Übersicht aller relevanter Schwachstellen in Anhang A.6.

Schwachstellen während der Initiierung

In der Initiierungs- oder auch Projekteinrichtungsphase wird die Notwendigkeit für ein System und seine funktionalen Spezifikationen dokumentiert (s. CSA 2017, S. 7). Daher ist es in dieser Phase besonders entscheidend, sicherheitskritische Aspekte zu berücksichtigen (s. KAPLAN ET AL. 2019), um langfristig eine Transparenz zu schaffen. Auf dem Schwachstellenbündel Policys und Prozeduren liegt in dieser Phase besonderes Augenmerk. Es gilt, wichtige Leitplanken für den Verlauf des Projekts zu setzen, an denen sich die spätere Entwicklung und Umsetzung einer Industrie-4.0-Umgebung ausrichten können. Es ergeben sich Schwachstellen, wenn bspw. keine adäquate Sicherheitsarchitektur gefordert wird oder unklare Rollen und Verantwortlichkeiten vorliegen. Im Allgemeinen führt ein Mangel an strategischer Planung dazu, dass Schwachstellen – wenn überhaupt – erst im Verlauf des Projekts erkannt und behoben werden können, was zu zusätzlichen Kosten und offenen Verwundbarkeiten führt (vgl. MÜLLER 2018, S. 27f.). Vor dem Hintergrund des an Relevanz gewinnenden agilen Projektmanagements und kürzeren Entwicklungszyklen erweist es sich als entscheidender, die Sicherheit von Systemen früh und tief im Entwicklungsprozess zu verankern (s. MOYÓN ET AL. 2020, S. 435f.).

Schwachstellen während der Anforderungsanalyse

Die Anforderungsanalyse dient dem Zweck, Anforderungen an ein System aufzunehmen, zu bewerten und für die Umsetzung entsprechend festzuhalten. Eine Grundvoraussetzung ist daher, dass über die Anforderungen ein gemeinsames Verständnis besteht und diese ausreichend genau definiert werden. Gerade in KMU zeigt sich jedoch, dass sich viele Mitarbeiter mit schnell verändernden Herausforderungen und Anforderungen konfrontiert sehen (s. THOM ET AL. 2015, S. 133f.). Dies spiegelt sich auch in der Tatsache wider, dass in der Anforderungsanalysephase grundsätzlich alle Schwachstellen aller Bündel adressiert werden können[53], denn an alle Elemente des Ordnungsrahmens können entsprechende Anforderungen gestellt werden (s. EL GHAZI ET AL. 2021, S. 761f.). So sollte schon in dieser Phase festgehalten werden, dass Standardpasswörter und -konfigurationen nicht in den laufenden Betrieb übernommen werden. Darüber hinaus können Anforderungen an Geschäftsziele wie Resilienz und Ausfallsicherheit gestellt werden, welche etwa durch die Schwachstelle „Mangel an Redundanzen für kritische Komponenten" (PH-2) repräsentiert werden.

Schwachstellen während der Beschaffung

Die Beschaffungsphase wird unter Sicherheitsaspekten häufig vernachlässigt, da die Beschaffung von Komponenten wie Hardware oder Software insbesondere durch die Fachbereiche getrieben oder gar veranlasst wird. So wird häufig nicht explizit berücksichtigt, dass jede Komponente nur einen kleinen Funktionsbereich hinsichtlich der Sicherheitsanforderungen abdeckt und die Beschaffung einer Komponente einen Auswahlprozess voraussetzt, in dem die herstellerseitigen Sicherheitsmechanismen verglichen werden. (s. PILLER 2017, S. 14ff.)

Darüber hinaus stellen Industrie-4.0-Umgebungen ein System von Systemen dar, welches im Sinne einer Gesamtsicherheit zu managen ist. Dies erfordert besonderes Know-how, welches gerade bei KMU nur selten vorhanden ist. (s. MÖRL 2018, S. 308)

Es wird deutlich, dass in der Beschaffungsphase insbesondere solche Schwachstellen zu berücksichtigen sind, die sich durch den konkreten Einsatz von Komponenten ergeben. Dazu zählen bspw. unzureichende Authentisierungsmöglichkeiten, ungeeignete Firewalls oder auch Möglichkeiten zur Sabotage, die durch geeignete physische Gegenmaßnahmen adressiert werden müssen.

Schwachstellen während des Designs und der Entwicklung

Das Design und die Entwicklung von Industrie-4.0-Umgebungen werden nur in seltenen Fällen von KMU direkt durchgeführt. Vielmehr werden sie spätestens hier von Anbietern oder Beratungen unterstützt. Die Phase ist daher für Entwickler, Anbieter und Hersteller von größerer Bedeutung. Nichtsdestotrotz gilt es für KMU, direkt oder indirekt beteiligt, auf Schwachstellen ihrer zukünftigen Industrie-4.0-Umgebung zu achten. Die Intensität zur Betrachtung korreliert dabei stark mit der Beschaffungsphase. Werden alle Komponenten in „Standardversionen" beschafft, fällt diese Phase kürzer aus und es ergeben sich lediglich zusätzliche Schwachstellen auf der Ebene des Gesamtsystems. Besteht die geplante Industrie-4.0-Umgebung jedoch aus einer Großzahl an Individual- und Eigenentwicklungen, müssen umso mehr Schwachstellen berücksichtigt werden. Zu den üblichen Schwachstellen in dieser Phase zählen etwa die Planung von Backups ohne eigene Stromversorgung, die fehlende Berücksichtigung bereits vorinstallierter Sicherheitsmechanismen oder die Vernachlässigung allgemeiner Gestaltungs-

---

[53] Eine feinere Einordnung der ausgewählten Schwachstellen in die Phase „Anforderungsanalyse" würde durch die hoch unternehmensspezifischen Anforderungen keinen Mehrwert für den Anwender des Vorgehensmodells liefern, weswegen an dieser Stelle darauf verzichtet wird.

und Sicherheitsprinzipien wie Security-by-Design (s. CASOLA ET AL. 2020, S. 3f.), Least Privilege oder Defense-in-Depth.

Schwachstellen während der Implementierung und des Testings

Ähnlich wie in der Design- und Entwicklungsphase werden gerade KMU in der Implementierung und im Testing häufig von Drittanbietern unterstützt. Es gilt, die Komponenten nach Herstellerangaben entsprechend zu implementieren und einzurichten (vgl. BROY U. KUHRMANN 2021, S. 362). Insbesondere bei der schnellen Umsetzung von Piloten wird häufig eine Berücksichtigung von Schwachstellen vernachlässigt. So werden Standardpasswörter genutzt, neue Konfigurationen nicht gespeichert oder Komponenten nur unzureichend konfiguriert. Ähnliche Bedeutung kommt dem Testen der Komponenten bzw. des Gesamtsystems zu. Eine umfangreiche Testphase ist vor der Inbetriebnahme von Industrie-4.0-Umgebungen unerlässlich (s. ABU WARAGA ET AL. 2020, S. 1) und sollte bei jeder Veränderung des Systems durchgeführt werden. So können bspw. Rückschlüsse auf gegebene Schwachstellen durch unzureichende Integritätschecks gezogen werden. Eine fehlende Trennung von Test- und Produktivsystemen kann im schlimmsten Fall zum Versagen und Ausfall der Produktion führen.

Schwachstellen während der Entsorgung

Ein System wird entsorgt, sofern es abgelöst werden soll oder obsolet ist. Mit der Entsorgung ist aber nicht nur die reine physische Entsorgung von Komponenten und Bestandteilen gemeint, sondern im Kontext der Informationssicherheit auch eine ordnungsgemäße Auflösung. So muss bspw. sichergestellt sein, dass sich auf Geräten und Systemen keine Daten mehr befinden bzw. wiederhergestellt werden können, um der Anforderung an eine datenschutzkonforme Entsorgung Rechnung zu tragen. (s. STÖLBER 2021)

Darüber hinaus müssen in dieser Phase Schwachstellen berücksichtigt werden, die prozessual bedingt sind, wie etwa ein undefinierter Prozess zum Ausscheiden von Mitarbeitern. In einem solchen wäre es denkbar, dass Mitarbeiter ihre Zugangsberechtigungen trotz Austritt aus dem Unternehmen behalten und somit weiter auf Unternehmensressourcen und -informationen zugreifen können.

Schwachstellen während des Betriebs und der Instandhaltung

Während des laufenden Betriebs und der Instandhaltung von Industrie-4.0-Umgebungen, denen sich auch kontinuierliche Anpassungen bzw. Änderungen am System zuordnen lassen, ergeben sich für Unternehmen zahlreiche Schwachstellen, die ihre Informationssicherheit gefährden. Zwar können viele dieser Schwachstellen, wie bereits zuvor angedeutet, früh im Lebenszyklus einer Industrie-4.0-Umgebung adressiert und im besten Fall bereits mitigiert werden (s. GAYCKEN ET AL. 2015, S. 30f.), allerdings ergibt sich eine Fokussierung dieser Lebenszyklusphase aus dem festgelegten Untersuchungsbereich sowie weiteren Gründen. Zum einen wurde aufgezeigt, dass Unternehmen, insbesondere KMU, ihre Industrie-4.0-Umgebungen ohne wirkliche Betrachtung von Sicherheitsaspekten entwickeln und schnell in Piloten umsetzen. Auch wenn es sinnvoll ist, bereits früh im Entwicklungsprozess sicherheitskritische Aspekte zu berücksichtigen, orientiert sich diese Untersuchung an der gelebten Praxis und betrachtet insbesondere Schwachstellen, die während des laufenden Betriebs auftreten oder spätestens hier behoben werden müssen. Zum anderen befinden sich aktuell viele solcher Umgebungen bereits im Einsatz. Eine pragmatische und effiziente Herangehensweise, aus diesen Umgebungen bestehende Schwachstellen abzuleiten und deren Mitigierung in ein Informationssicherheitsmanagementsystem zu überführen, welches klare Handlungsempfehlungen aufzeigt, stellt für diese Unternehmen einen großen Mehrwert dar.

Die Schwachstellenbündel wurden so gruppiert, dass sich für die Vielzahl der Bündel eine direkte Einordnung in das Modell ergibt, was eine weitere Reduktion der Modellschnittpunkte mit sich bringt. Diese Einordnung erfolgt über den Asset-Layer. Somit können die Schwachstellen eines Bündels direkt entsprechenden Ebenen des Ordnungsrahmens zugeordnet werden. Eine detaillierte Untersuchung ist somit nur noch mit den Elementen dieser Ebene notwendig. Im Folgenden werden die Schwachstellenbündel im Detail eingeordnet und beschrieben.

Das Schwachstellenbündel „Policys und Prozeduren" wird den Asset-Layern Business, Funktionen und Mensch zugeordnet, da sich die entsprechenden Schwachstellen auf das Gesamtsystem und architekturspezifische Aspekte beziehen (s. NIST SP 800-82, S. C–5) und funktionale Elemente (bspw. Sicherheitsprinzipien) sowie den Menschen betreffende Aspekte (bspw. Mangel an Training und Awareness) adressieren (s. NIST SP 800-82, S. C–3ff.). Durch die Betrachtung des Gesamtsystems können die Schwachstellen der Hierarchie-Ebene als Ganzes zugeordnet werden. Die genaue Zuordnung ist Abbildung 5-25 zu entnehmen.

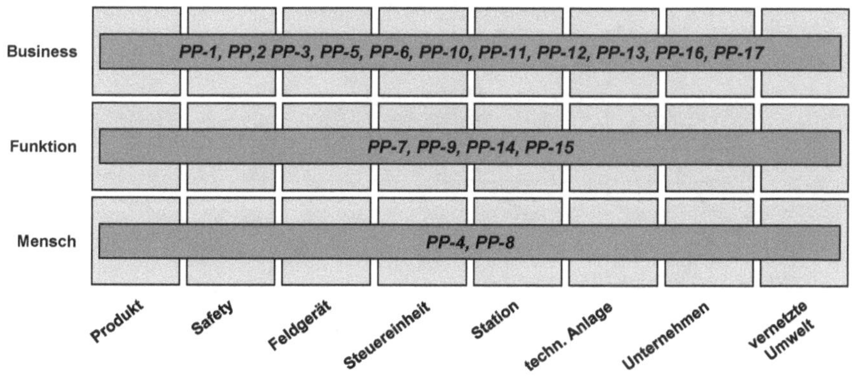

Abbildung 5-25: Schwachstellenbündel „Policys und Prozeduren" (eigene Darstellung)

Das Bündel „Plattform-Hardware" ist dem Asset-Layer Hardware zuzuordnen (s. STOUFFER ET AL. 2013, S. 3–10). Die Schwachstellen PH-1 und PH-6 gelten für alle Hierarchie-Ebenen im Unternehmen, da Sicherheitsänderungen auf allen Ebenen einen Einfluss auf das Gesamtsystem nehmen (s. NAUSE U. HÖWING 2016, S. 59) und sich Assets von allen Ebenen mit dem ICS-Netzwerk verbinden können. PH-2 adressiert insbesondere die redundante Auslegung von Komponenten bis hin zu technischen Anlagen. Die Schwachstelle kann aber auch erweitert werden, wenn bspw. Server (Unternehmen) oder Cloud-Komponenten (Vernetzte Welt) in der Industrie-4.0-Umgebung berücksichtigt werden (s. LEPS 2018, S. 101f.). PH-3 und PH-5 setzen unmittelbar Komponenten als Bestandteil von Maschinen und Anlagen voraus. Letztlich lässt sich die Schwachstelle PH-4 in das Element Unternehmen einordnen, da auf dieser Ebene Backups durchgeführt werden (s. Abbildung 5-26).

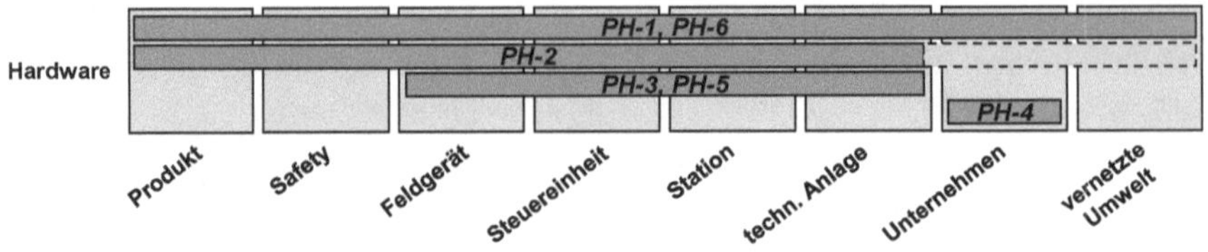

Abbildung 5-26: Schwachstellenbündel „Plattform-Hardware“ (eigene Darstellung)

Ein ähnliches Bild zeichnet sich für die Schwachstellenbündel „Plattform-Software“ und „Malware-Schutz“ ab. Diese sind dem Asset-Layer Software zuzuordnen (s. Abbildung 5-27). Die Schwachstellen PS-3, PS-5, PS-7 und PS-9 wirken auf alle Hierarchie-Ebenen einer Industrie-4.0-Umgebung (s. STOUFFER ET AL. 2013, S. 3–10f.). Ein (Distributed)Denial-of-Service-Angriff (PS-1) setzt eine Konnektivität von angreifbaren Komponenten voraus, die auf allen Ebenen außer Produkt und Safety gegeben sein kann. Dort ist eine Konnektivität je nach Ausgestaltung gegeben und daher im Zweifel ebenfalls zu berücksichtigen (s. KLAIBER ET AL. 2017, S. 104). PS-10 beschränkt sich auf die Komponenten des Shopfloors und trifft somit auf die Elemente Feldgerät, Steuereinheit, Station und technische Anlage zu. Die Schwachstellen PS-2, PS-4, PS-6, PS-8, MS-1, MS-2 und MS-3 beziehen sich auf Unternehmenssoftware und klassische Business-Anwendungen. Letztlich legen die Schwachstellen PS-11 und PS-12 Webanwendungen zugrunde, die der vernetzten Welt zuzuordnen sind.

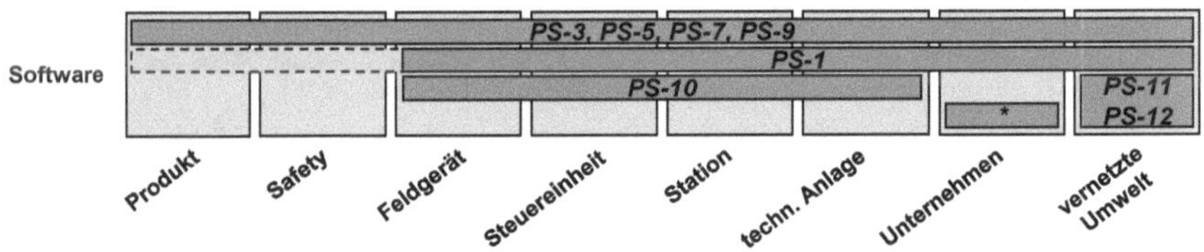

* PS-2, PS-4, PS-6, PS-8 , MS-1, MS-2, MS-3

Abbildung 5-27: Schwachstellenbündel „Plattform-Software“ und „Malware-Schutz“ (eigene Darstellung)

Das Schwachstellenbündel „Netzwerk-Hardware“ umfasst die beiden Schwachstellen NH-1 und NH-2. Sie lassen sich den Asset-Layern Hardware und physisch zuordnen (s. STOUFFER ET AL. 2013, S. 3–12ff.) (s. Abbildung 5-28). NH-1 umfasst dabei kritische Netzwerkkomponenten, die sich von der Safety-Zone bis hin zur vernetzten Welt erstrecken können. NH-2 hingegen beschreibt unsichere Zugänge an Maschinen und Anlagen, die sowohl hardwareseitig als auch physisch auf ein Mindestmaß zu beschränken sind (s. GSCHWEND ET AL. 2019, S. 6; BSI 2013, S. 30).

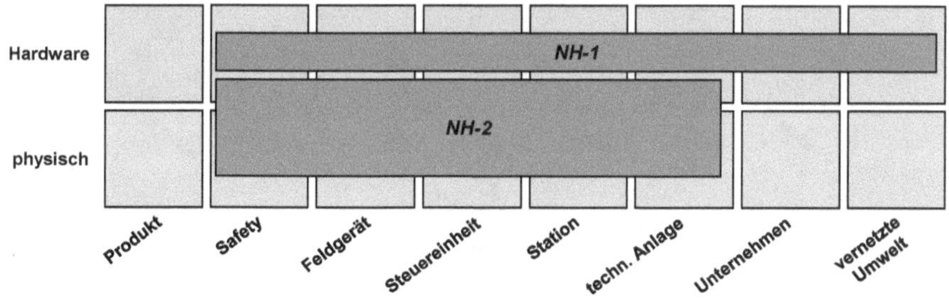

Abbildung 5-28: Schwachstellenbündel „Netzwerk-Hardware" (eigene Darstellung)

Die beiden Schwachstellenbündel „Netzwerk-Parameter" und „Kommunikation" werden den Asset-Layern Daten und Kommunikation zugeordnet (s. STOUFFER ET AL. 2013, S. 3–12) (s. Abbildung 5-29). Die Schwachstelle KO-1 ist dabei für beide Asset-Layer und alle Hierarchie-Ebenen relevant, da die Identifikation kritischer Pfade zum einen voraussetzt, dass kritische Daten identifiziert sind. Zum anderen müssen die kommunikationsseitigen Pfade identifiziert werden (s. HORN ET AL. 2013, S. 2f.). Die Schwachstellen KO-2, KO-4 und KO-5 umfassen insbesondere Authentisierungs- sowie Datenschutzaspekte in Kommunikationsnetzwerken. Letztlich werden die Schwachstellen NP-1, NP-2, NP-3 und KO-3 in die Hierarchie-Ebenen Feldgerät bis Unternehmen eingeordnet, da für diese dedizierte Parameter festgelegt werden können (s. LUNKEIT U. ZIMMER 2021b, S. 4f.).

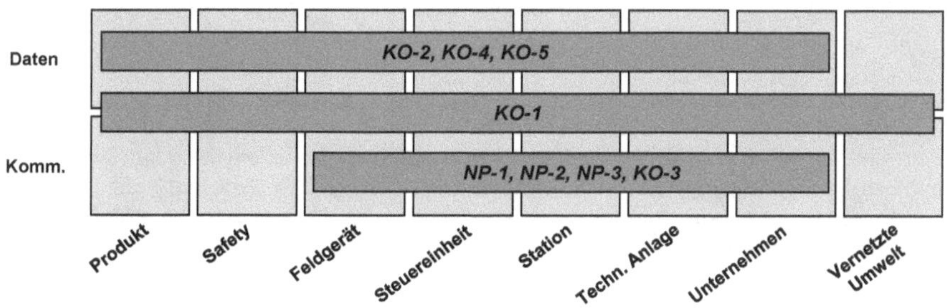

Abbildung 5-29: Schwachstellenbündel „Netzwerk-Parameter" und „Kommunikation" (eigene Darstellung)

Das Bündel „Netzwerk-Überwachung", bestehend aus den Schwachstellen NÜ-1 und NÜ-2, stellt eine Funktion einer Industrie-4.0-Umgebung dar und ist daher in den Asset-Layer Funktion einzuordnen. NÜ-1 gilt für alle Hierarchie-Ebenen, NÜ-2 lässt sich der Unternehmensebene zuordnen, da Firewalls und Router zwischen allen Ebenen eingebunden werden können (s. KAMAL 2019, S. 19).

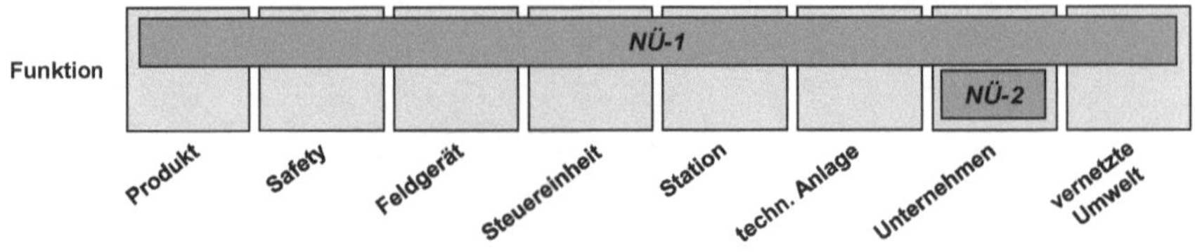

Abbildung 5-30: Schwachstellenbündel „Netzwerk-Überwachung“ (eigene Darstellung)

„Physische“ Schwachstellen sind dem Asset-Layer physisch zuzuordnen. Die Schwachstellen des Bündels beziehen sich auf physische Komponenten und gelten somit für alle Hierarchie-Ebenen bis auf vernetzte Umwelt.

„Unbeabsichtigtes Verhalten“ setzt immer eine menschliche Handlung voraus und ist deswegen dem Asset-Layer Mensch zuzuordnen (s. Abbildung 5-31). Dabei treffen die Schwachstellen UV-1, UV-2 und UV-4 auf alle Hierarchie-Ebenen zu. Die Schwachstelle UV-2 bezieht sich lediglich auf OT-Systeme, wohingegen UV-5 Dritt-Anbieter adressiert, die der Ebene vernetzte Welt zugeordnet werden.

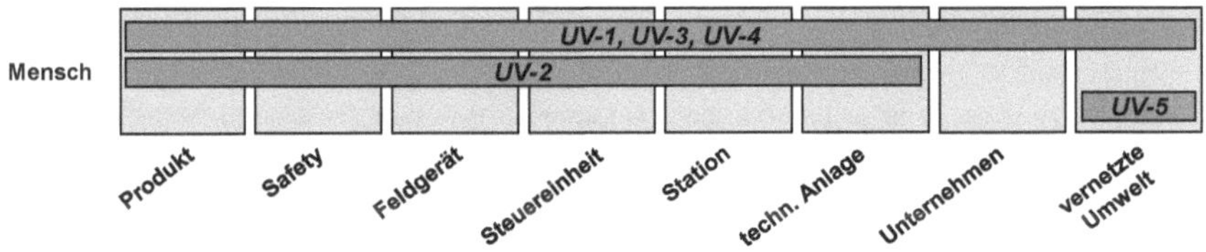

Abbildung 5-31: Schwachstellenbündel „Unbeabsichtigtes Verhalten“ (eigene Darstellung)

Im Folgenden werden die Schwachstellenbündel aufgezeigt, bei denen keine unmittelbare Einordnung in den Ordnungsrahmen möglich ist. Die beiden Schwachstellenbündel „Plattform- und Netzwerk-Konfiguration“ lassen sich den Asset-Layern Business, Daten, Software, Kommunikation und Hardware zuordnen (s. Abbildung 5-32). Bei den Schwachstellen handelt es sich um konfigurationsbedingte Schwachstellen, deswegen umfassen sie meist alle Hierarchie-Ebenen (ausgenommen PK-1), weil Komponenten einer Industrie-4.0-Umgebung grundsätzlich konfiguriert werden müssen (s. WINDER 2010). Die Schwachstellen PK-4, PK-5, PK-7, PK-8 sowie NK-1 und NK-4 sind geschäftlicher Natur und deswegen dem Asset-Layer Business zuzuordnen, wohingegen PK-1 und NK-5 dem Daten-Layer zugeordnet werden. NK-2 beschreibt unsichere Passwörter zwischen Knoten und ist deswegen dem Kommunikations-Layer zuzuordnen. Die Schwachstellen PK-2, PK-3, PK-6 sowie NK-3 und NK-6 hingegen werden allen drei Layern Software, Kommunikation und Hardware als Ganzes zugeordnet (s. LUNKEIT U. ZIMMER 2021b, S. 4f.).

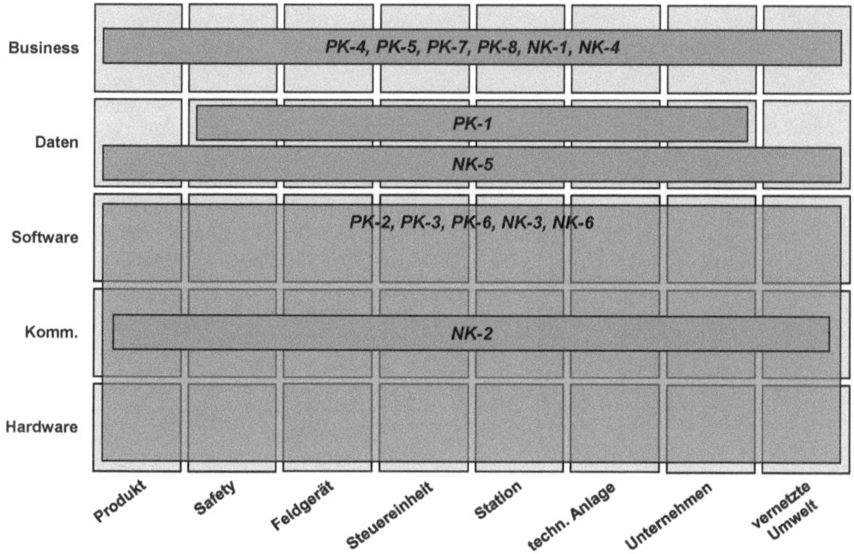

Abbildung 5-32: Schwachstellenbündel „Plattform-Konfiguration“ und „Netzwerk-Konfiguration“ (eigene Darstellung)

„Fehlfunktionen“ und „Ausfälle“ als Schwachstellenbündel können grundsätzlich überall auftreten, wo technische Komponenten im Einsatz sind. Die ausgewählten Schwachstellen, bezogen auf mögliche Fehlfunktionen, beschränken sich jedoch auf Feldgeräte in Form von Sensoren (FF-1) oder Steuereinheiten (FF-2), Fehlfunktionen durch Software-Schwachstellen (FF-3) sowie durch einen Service-Provider (FF-4). Ausfälle wiederum treten häufig bei (Kommunikations-)Netzwerken (AU-1), der Stromversorgung (AU-2) und betrieblichen Anwendungssystemen (AU-3) auf. Die Schwachstellen sind in Abbildung 5-33 zusammengefasst.

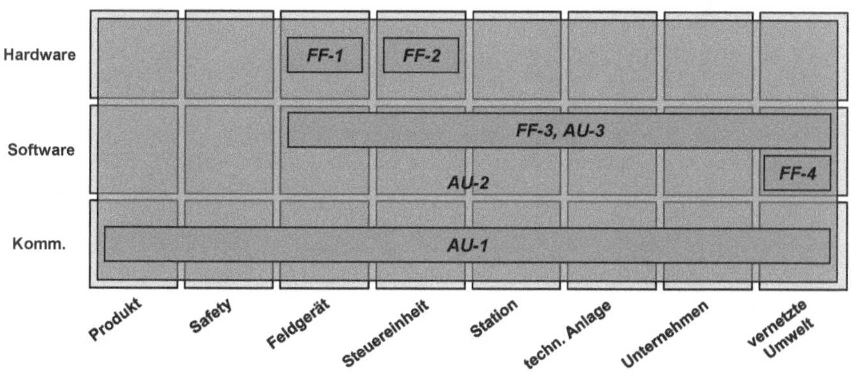

Abbildung 5-33: Schwachstellenbündel „Fehlfunktionen“ und „Ausfälle“ (eigene Darstellung)

Letztlich können natürliche (KA-1) und Umweltkatastrophen (KA-2) einen Einfluss auf alle Komponenten einer Industrie-4.0-Umgebung bzw. eines Unternehmens haben und sollten stets im Rahmen einer Risikobetrachtung berücksichtigt werden. Sie sind somit dem Business-Layer zuzuordnen.

5.3.2 Validierung des entwickelten Modells

Nachdem in Kapitel 5.3.1 die relevanten Schwachstellen ausgewählt und in das Modell eingeordnet worden sind, erfolgt abschließend die Validierung des Modells (s. Abbildung 5-34). Ferner wird zwischen der formalen und der inhaltlichen Validierung des Beschreibungsmodells unterschieden. Die formale Überprüfung erfolgt auf Basis der Grundsätze ordnungsgemäßer Modellierung, die inhaltliche Überprüfung im Rahmen von Fallstudien (s. Kapitel 9).

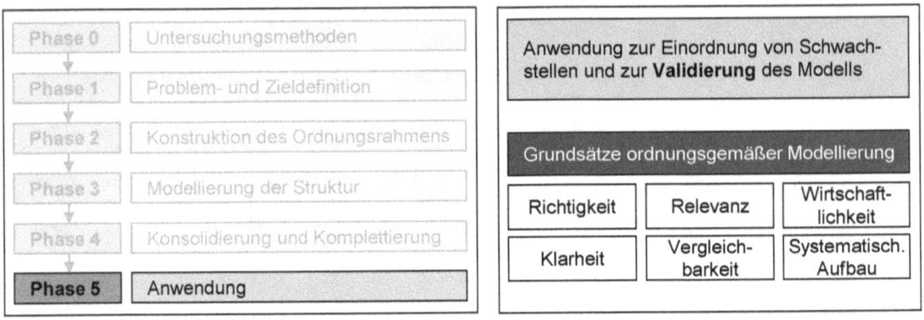

Abbildung 5-34: Einordnung der Phase 5 in Bezug auf die Validierung im Zusammenhang der Modellentwicklung (eigene Darstellung)

Formale Überprüfung des Beschreibungsmodells

Zur formalen Überprüfung des Beschreibungsmodells und der Sicherstellung einer hohen Modellqualität entwickelten BECKER bzw. SCHÜTTE die Grundsätze ordnungsgemäßer Modellierung (GoM) (s. BECKER ET AL. 1995, S. 437; SCHÜTTE 1998, S. 119ff.). Sie wurden bereits in Kapitel 4.2.2 vorgestellt, daher wird im Folgenden die Bewertung in Bezug auf das Modell beschrieben.

Grundsatz der Richtigkeit

In der Modellentwicklung wurde auf die bewährte Methode der Referenzmodellentwicklung nach SCHÜTTE (1998) und die Konstruktionstechniken nach VOM BROCKE (2007) zurückgegriffen. Als Spezialisierung wurden im Modell selbst keine neuen Elemente entwickelt. Es wurde auf bestehende und in der Praxis validierte Elemente zurückgegriffen, die für den Betrachtungsraum passend zusammengestellt wurden. Zudem wurden im gesamten Entwicklungsprozess Experteninterviews durchgeführt, um einen Abgleich zwischen Theorie und Praxis durchzuführen. Daher kann konstatiert werden, dass das Modell gegenüber dem Metamodell formal korrekt ist (syntaktische Richtigkeit) und gegenüber dem Objektsystem (Industrie-4.0-Umgebung) eine Abbildungsfunktion darstellt (semantische Richtigkeit) (s. BECKER ET AL. 1995, S. 437f.).

Grundsatz der Relevanz

Die Relevanz für das entwickelte Beschreibungsmodell ist dadurch gegeben, dass dessen Entwicklung auf einer mit Experten diskutierten Problemdefinition beruht (s. Kapitel 5.2.2). Die Untersuchung des Stands der Erkenntnisse (s. Kapitel 3.1) zeigt zusätzlich auf, dass auch in der Theorie Lücken hinsichtlich des verfolgten Modellzwecks bestehen. Letztlich wird die Relevanz durch die zahlreichen Sicherheitsvorfälle sowie die Lage zum Umgang mit Informationssicherheit untermauert (s. BSI 2020a, S. 79ff.).

Grundsatz der Wirtschaftlichkeit

Der effiziente Umgang mit Informationssicherheit in Anlehnung an das Pareto-Prinzip steht als Paradigma der Modellentwicklung. Daher und durch die Tatsache, dass das entwickelte Modell als Ordnungsrahmen in das spätere Gestaltungsmodell eingebettet wird, ist eine Wirtschaftlichkeit des Modells gegeben. (s. BECKER ET AL. 1995, S. 438)

Grundsatz der Klarheit

Die sich aus dem Modell ergebende Komplexitätsreduktion, welche sich aus der Modellstruktur und den Modellsichten ergibt, führt zu einer Erfüllung des Grundsatzes der Klarheit des Beschreibungsmodells, weil die Anforderungen nach Strukturiertheit, Übersichtlichkeit und Lesbarkeit adressiert werden (s. BECKER ET AL. 1995, S. 438f.).

Grundsatz der Vergleichbarkeit

Die Vergleichbarkeit ist durch die Tatsache gegeben, dass es sich bei dem entwickelten Beschreibungsmodell um eine Spezialisierung des international anerkannten RAMI-4.0-Modells handelt und auf weitere derzeit bekannte Ansätze zurückgreift (syntaktische Vergleichbarkeit). Da sich aus dem Modell ein unternehmensspezifisches Ist-Modell ergibt, welches mit Ist- oder Soll-Modellen verglichen werden kann, ist zusätzlich eine semantische Vergleichbarkeit gegeben. (s. BECKER ET AL. 1995, S. 439)

Grundsatz des systematischen Aufbaus

Der Grundsatz eines systematischen Aufbaus ist durch den gewählten Methodenansatz nach SCHÜTTE und VOM BROCKE gegeben. In der Konsolidierungs- und Komplettierungsphase (s. Kapitel 5.2.5) wurde durch die Verknüpfung der entwickelten Sichten darüber hinaus sichergestellt, dass eine sichten-übergreifende Konsistenz besteht (vgl. HAUSER 2008, S. 142; BECKER ET AL. 1995, S. 439).

Inhaltliche Überprüfung des Beschreibungsmodells

Das Beschreibungsmodell wurde mithilfe von zwei Fallstudien im Rahmen der Validierung der Untersuchung überprüft (s. Kapitel 9). Die Erkenntnisse aus der Validierung sind in das Beschreibungsmodell eingearbeitet worden.

Zusammenfassende Bewertung

Es kann festgehalten werden, dass die Grundsätze ordnungsgemäßer Modellierung im Rahmen der Modellentwicklung berücksichtigt wurden. Besonders die Wahl des Modellierungsansatzes und die enge Einbindung späterer Modellanwender sind der Modellqualität und Praxistauglichkeit zuträglich.

5.4 Zusammenfassung und Ergebnisreflexion

Kapitel 5 diente der Beschreibung von Industrie-4.0-Umgebungen. Dazu wurde einleitend eine Begriffsdefinition einer solchen Umgebung präsentiert (s. Kapitel 5.1). Diese dient in der vorliegenden Untersuchung dazu, in dem komplexen Themengebiet mit den unterschiedlichsten Definitionen ein einheitliches Verständnis zu schaffen. Anschließend wurde anlehnend an die Vorgehensweise nach SCHÜTTE ein Spezialisierungsmodell konstruiert (s. Kapitel 5.2). Es diente im späteren Verlauf der Untersuchung dazu, Schwachstellen in Bezug auf die Informationssicherheit einer Industrie-4.0-Umgebung stellvertretend in dieses einzuordnen (s. Kapitel 5.3) und so auf Basis der unternehmensspezifischen Rahmenbedingungen ein Ableiten geeigneter Maßnahmen zu ermöglichen (s. Kapitel 8). Letztlich wurde das Modell anhand der Grundsätze ordnungsgemäßer Modellierung formal validiert (s. Kapitel 5.3).

Es lässt sich festhalten, dass sich durch das Spezialisierungsmodell beliebig viele Industrie-4.0-Umgebungen beschreiben lassen. Das hat zur Folge, dass sich neben den ausgewählten Schwachstellen auch weitere Schwachstellen einordnen lassen müssen. Allerdings hat sich die Relevanz der beschriebenen Schwachstellen durch das Wissen des Autors und die Einbringung von Expertenwissen ergeben. Die Komplexität des Themas Informationssicherheit im Allgemeinen sowie die Tatsache, dass die Identifikation von Schwachstellen in Industrie-4.0-Umgebungen eine große Herausforderung für Unternehmen darstellt (s. DESMIT ET AL. 2017, S. 340), unterstützen die Notwendigkeit zur Eingrenzung der Schwachstellen in dieser Untersuchung. Weiterhin führt die in ihrer Granularität stark variierende Deutung von Schwachstellen dazu, dass keine einheitlichen Sammlungen und Abgrenzungen von diesen existieren. Letztlich unterliegen Schwachstellen einer ständigen Veränderung, weswegen neue Schwachstellen hinzukommen und aktuell bestehende obsolet werden können. Eine abschließende Zusammenstellung aller denkbaren Schwachstellen war somit nicht möglich. Diese wäre zudem nicht zuträglich für die Effizienz in der Anwendung des Modells bei Unternehmen gewesen und hätte somit nicht zur Zielerreichung beigetragen.

6 Beschreibung von Informationssicherheitsmaßnahmen

Dieses Kapitel dient der Bearbeitung der folgenden Forschungsunterfrage: **„Wie lassen sich die relevantesten Maßnahmen zur Informationssicherheit im Kontext produzierender Unternehmen ermitteln und beschreiben?“.** In diesem Kapitel werden daher bekannte und bewährte Informationssicherheitsmaßnahmen beschrieben, damit die Wirkungsbeziehungen zwischen diesen und den in Kapitel 5 beschriebenen Schwachstellen im nächsten Kapitel erklärt werden können. Dazu findet in Kapitel 6.1 eine Eingrenzung der Maßnahmen in Bezug auf die untersuchten Quellen statt. In Kapitel 6.2 werden die vorausgewählten Maßnahmen im Detail beschrieben. Kapitel 6.3 dient der anschließenden Beschreibung von Sicherheitsbedürfnissen und -niveaus in produzierenden Unternehmen. Diese fließen in die Erstellung eines Bewertungskatalog ein (Kapitel 6.4). Mit dessen Hilfe wird es im Gestaltungsmodell möglich sein, eine unternehmensspezifische Auswahl geeigneter Maßnahmen vor dem Hintergrund einer betriebswirtschaftlichen und somit einer effizienten Betrachtung der Informationssicherheit durchzuführen. Abschließend erfolgt in Kapitel 6.5 eine Zusammenfassung. Eine zusammenfassende Darstellung des Kapitels im Gesamtkontext der Untersuchung ist durch Abbildung 6-1 gegeben.

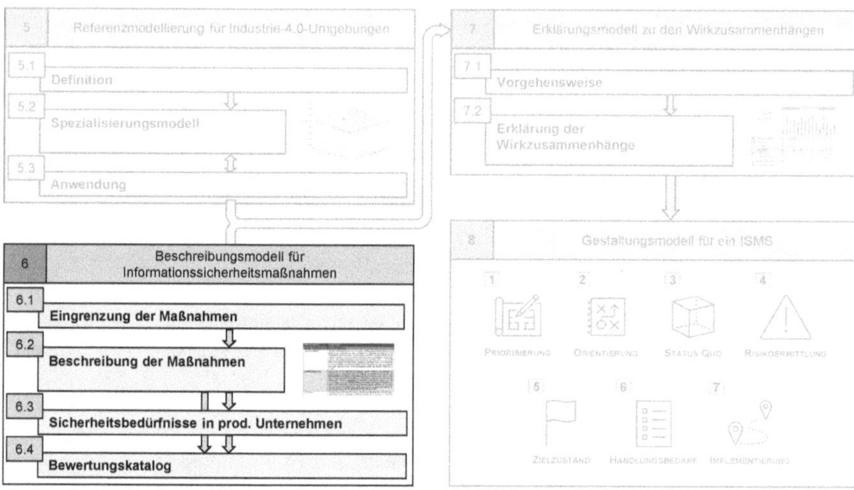

Abbildung 6-1: Übersicht des Kapitel 6 im Gesamtkontext (eigene Darstellung)

6.1 Eingrenzung der zu betrachtenden Maßnahmen

6.1.1 Beschreibung des Vorgehens zur Eingrenzung der Maßnahmen

In Kapitel 2.4.4 wurde bereits festgehalten, dass Maßnahmen als Aktivitäten (technisch, organisatorisch, personell etc.) verstanden werden, die präventiv oder postventiv gegen eine Bedrohung bzw. Schwachstelle und damit für die Minimierung eines Risikos eingesetzt werden. Dabei sind Maßnahmen nie einzeln zu betrachten, sondern als Bündel im Rahmen einer *Risikominimierungsstrategie*. Das übergeordnete Ziel einer Informationssicherheitsmaßnahme ist die Sicherstellung und Gewährleistung der im Vorfeld festgelegten Schutz- und Geschäftsziele (s. ISACA 2017, S. 56f.; DIN EN ISO/IEC 27001: 2017-06, S. 8).

Abbildung 6-2 zeigt die Funktionsweise einer Risikominimierungsstrategie mit der Anwendung einzelner Maßnahmen im Bündel. Gefahren (bzw. Bedrohungen oder Schwachstellen), welchen das Unternehmen aufgrund seiner spezifischen Situation ausgesetzt ist, werden im ersten Schritt durch eine Kombination verschiedener präventiver Maßnahmen adressiert. Sollte es dennoch zu einem erfolgreichen Angriff auf das Unternehmen kommen, greifen postventive Maßnahmen und minimieren den Schaden. (s. ROMEIKE 2018, S. 74f.)

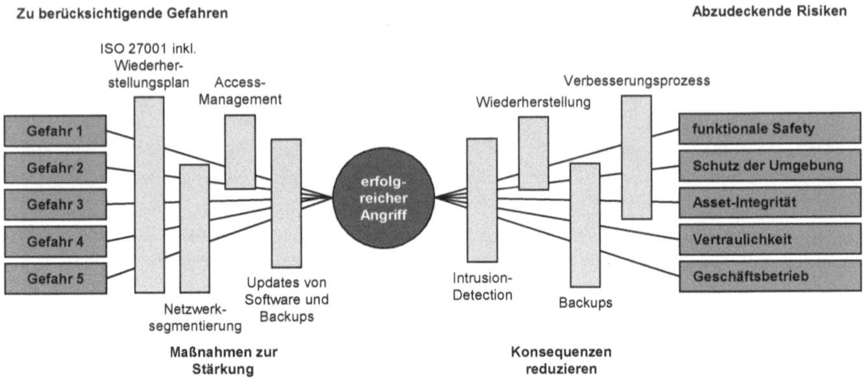

Abbildung 6-2: Funktionsweise einer Risikominimierungsstrategie (eigene Darstellung i. A. a. ROMEIKE 2018, S. 75; RAUSAND 2013, S. 120)

Bedingt durch die Tatsache, dass die Auswahl geeigneter Maßnahmen stets unternehmensspezifisch bzw. sogar anwendungsfallspezifisch geprägt und mit Aufwänden verbunden ist, erfolgt im Rahmen dieses Kapitels eine Eingrenzung der zu betrachtenden Maßnahmen, um die Praxistauglichkeit des eingangs beschriebenen Modellzwecks zu adressieren. Darüber hinaus muss berücksichtigt werden, dass sich aus Risikoanalysen in erster Linie Anforderungen ergeben, die in konkrete, für jedes Unternehmen anzupassende Maßnahmen übersetzt werden müssen. Allgemeingültige Maßnahmen müssen also konkretisiert und in den „Sprachgebrauch" des jeweiligen Unternehmens überführt werden (s. BSI 2017e, S. 62). Es sollte daher nicht das Ziel sein, eine umfangreiche Darstellung aller möglichen Informationssicherheitsmaßnahmen zu bieten. Vielmehr gilt es, die vor dem Hintergrund der Effektivität und Effizienz in KMU adäquatesten Maßnahmen zu ermitteln und zu beschreiben (vgl. KERSTEN U. KLETT 2008b, S. 101).

Das Vorgehen zur Auswahl der Maßnahmen ist analog zu dem der Schwachstellenauswahl (s. Kapitel 5.3.1). Auf Basis der zugrundeliegenden Anforderungen an ein effizientes und pragmatisches Informationssicherheitsmanagementsystem wurden sowohl relevante Studien als auch die durchgeführten Experteninterviews sowie das Erfahrungswissen des Autors zur Auswahl herangezogen. Die Strukturierung der Maßnahmen erfolgte ebenfalls in Form von Bündeln, hier den Maßnahmenbündeln, und nutzt das *NIST Cybersecurity Framework* als Grundlage (s. Kapitel 3.3.1 und NIST 2018, S. 23). Die Maßnahmen wurden dann ausgewählt, wenn deren Umsetzung zur Absicherung einer Industrie-4.0-Umgebung einen Mehrwert für das Unternehmen erzeugt und vor dem Hintergrund einer Aufwand-Nutzen-Betrachtung gerechtfertigt werden kann. Es ist zu beachten, dass die Maßnahmenbündel einzelne Maßnahmen enthalten, die ihrerseits aus einzelnen Aufgaben bestehen (s. Anhang A.7).

6.1.2 Beschreibung der untersuchten Quellen

Meistgenutzte Frameworks für Industrie-4.0-Umgebungen[54]

Regularien, Standards, Frameworks und Best Practices verfügen häufig über Maßnahmenkataloge, weswegen sie zur Auswahl relevanter Maßnahmen unabdingbar sind. Tabelle 6-1 führt die 10 meistgenutzten Rahmenwerke aus dem Jahr 2019 im IIoT-Umfeld (OT/ICS) an. Das *NIST Cyber Security Framework* ist mit 38,1 % das am meisten genutzte Framework. Es fällt auf, dass erst nach der ISO 27000er-Reihe, die sich mit 32,0 % auf dem zweiten Platz befindet, domänenspezifische Rahmenwerke wie die NIST 800-53 oder die ISO / IEC 62443 genannt werden.

Tabelle 6-1: Top 10 Regularien, Standards und Best Practices im Umfeld von OT/ICS (s. FILKINS ET AL. 2019, S. 18)

Top-10-Regularien, -Standards und -Best-Practices im Umfeld von OT/ICS		
Rang	**Quelle**	**Wert**
1	NIST CSF (*Cyber Security Framework*)	38,1 %
2	ISO 27000er-Reihe	32,0 %
3	NIST 800-53	31,4 %
4	NIST 800-52	30,9 %
5	ISO/IEC 62443	30,4 %
6	CIS *Critical Security Controls*	29,9 %
7	NERC CIP	23,7 %
8	GDPR / DSGVO	15,5 %
9	C2M2 (*Cybersecurity Capability Maturity Model*)	10,3 %
10	*NIS Directive* (EU)	8,3 %

Das NIST CSF stellt die Grundlage der zu untersuchenden Maßnahmen dar. Es überzeugt mit seinem verständlichen und übersichtlichen Aufbau. Daran angelehnte Frameworks, wie etwa CIS Controls, werden entsprechend zur Ergänzung eingesetzt. Die ISO-27000er-Reihe deckt insbesondere jene Maßnahmen ab, die den Aufbau eines Informationssicherheitsmanagementsystems adressieren. Letztlich komplettieren die domänenspezifischen Frameworks wie die NIST-800er-Reihe und die ISO/IEC 62443 die Betrachtung relevanter Maßnahmen.

Sich aktuell und in Zukunft am häufigsten im Einsatz befindliche Maßnahmen[55]

Aus Abbildung 6-3 und Tabelle 6-2 wird ersichtlich, welche Maßnahmen aktuell in Industrie-4.0-Umgebungen von Unternehmen auch tatsächlich am häufigsten eingesetzt werden. Darüber hinaus wurde in der entsprechenden Studie abgefragt, welche Maßnahmen nach Ansicht der Befragten in 18 Monaten relevant sein werden.

[54] Untersuchte Studien: FILKINS 2020, S. 8; FILKINS ET AL. 2019, S. 18; FILKINS 2018, S. 11.
[55] Untersuchte Studien: FILKINS 2018, S. 12; FILKINS ET AL. 2019, S. 11; DREIßIGACKER ET AL. 2020, S. 73ff.; FILKINS 2018, S. 17.

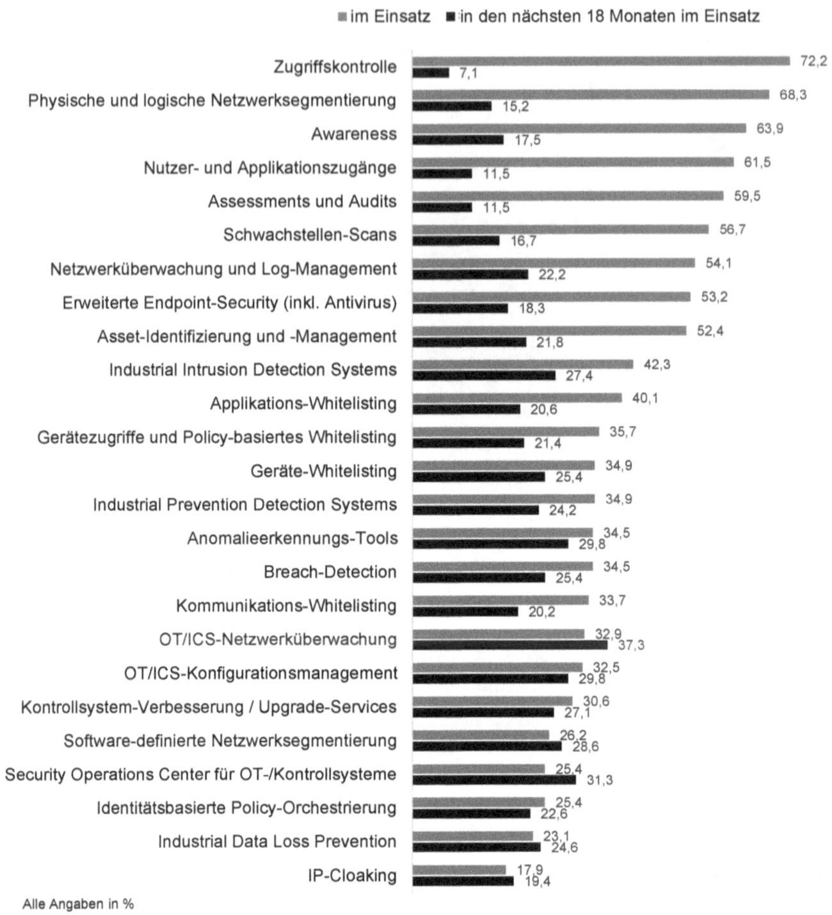

Abbildung 6-3: Maßnahmen aktuell und in 18 Monaten (eigene Darstellung i. A. a. FILKINS ET AL. 2019, S. 11)

Tabelle 6-2: Maßnahmen in Planung oder im Ausbau (s. FILKINS 2018, S. 17)

Maßnahmen in Planung oder im Ausbau	
Maßnahme	**Wert**
Netzwerküberwachung, ungewöhnliche Kommunikationsverhalten überwachen	57,3 %
Mitarbeiterschulungen und Awareness im IIoT-Umfeld	47,6 %
Netzwerksegmentierung durch Firewalls, Datendioden, IT-/OT-Gateways	43,9 %
System- und Endpoint-Security (Identifizierung neu sich verbindender Geräte ohne Befugnis)	37,8 %
Sicherheitsevaluationen und Testing	37,8 %
Policys zur sicheren Nutzung, Betrieb und Management von IIoT-Geräten	34,2 %

Inventar zu physisch und logisch konnektierten Systemen	32,9 %
Verschlüsselung	32,9 %
Patch- und Updateversionen auf IIoT-Geräten pflegen	31,7 %
Standardprozeduren, die die Policys unterstützen	30,5 %
Authentifizierung / Autorisierung von konnektierten IIoT-Geräten ins Netzwerk / System	28,1 %
Restriktion von physischem Zugang zu kritischen Steuerungen und Applikationen	23,2 %
Schutzmethoden für Endpoints	20,7 %
Cloudbasierte Methoden für Überwachung, Management und Steuerung von IIoT-Geräten	18,3 %
Sichere APIs	18,3 %
Sicherheitslösungen für Embedded Systems	11,0 %
Geolokalisierung auf Geräten zum Tracken	11,0 %
Zones-and-Conduits-Sicherheitskonzept	9,8 %
Andere	4,9 %

Maßnahmen in Bezug auf Mitarbeitende

Der Tatsache geschuldet, dass heutige Angriffe in den allermeisten Fällen die „Schwachstelle Mensch“ ausnutzen, wird im Folgenden auf solche Maßnahmen eingegangen, die für die Belegschaft eingesetzt werden können. Aus Tabelle 6-3 wird ersichtlich, dass hier großer Handlungsbedarf bei den Unternehmen besteht. Denn intensivierte Security-Awareness-Schulungen stellen mit 32,1 % die am häufigsten umgesetzte Maßnahme dar. Nur etwa ein fünftel der Unternehmen stellen mehr Mitarbeiter für die Implementierung und die Instandhaltung von sicherheits-bezogenen Tätigkeiten ein. Vermehrte Trainings, Zertifizierungen, Security-Beratungen und Hintergrund-Checks werden in nur weniger als 20 % der Unternehmen umgesetzt.

Tabelle 6-3: Maßnahmen in Bezug auf Mitarbeiter (s. FILKINS ET AL. 2019, S. 21)

Budgetallokation für Mitarbeiter im IIoT-Umfeld	
Maßnahme	**Wert**
Intensivierte Security-Awareness-Schulungen	32,1 %
Mehr Mitarbeiter verantwortlich für die Implementierung und die Instandhaltung von Security	20,6 %
Vermehrtes Training und mehr Zertifizierung für diese Mitarbeiter	19,8 %
Nutzung externer Security-Beratungen und Service-Provider	16,1 %
Intensivierte Hintergrund-Security-Checks der Mitarbeiter	7,0 %
Andere	4,5 %

6.2 Beschreibung ausgewählter Maßnahmen

Im Folgenden werden die konsolidierten Maßnahmenbündel[56] beschrieben (Kapitel 6.2.1). In Kapitel 6.2.2 werden dann wichtige Aspekte zur detaillierten Beschreibung von (Einzel-)Maßnahmen angeführt. Eine exemplarische Beschreibung der einzelnen Maßnahmen erfolgt in Kapitel 6.2.3, die ausführliche Beschreibung findet sich in Anhang A.7.

6.2.1 Beschreibung von Maßnahmenbündeln

Identify – Identifizieren von Risiken, Bedrohungen und Schwachstellen (s. S. 307)

Asset-Management: Ziel des Asset-Managements ist es, dass alle Assets im Unternehmen, die einen Einfluss auf die Erfüllung eines Geschäftsziels haben, identifiziert und hinsichtlich ihrer Relevanz für das Unternehmen gemanagt werden (s. NIST 2018, S. 24). Zu den Assets zählen bspw. physische Geräte wie Maschinen und Anlagen, Hard- und Software-Assets wie Server und betriebliche Anwendungssysteme, aber auch Kommunikations- und Datenflüsse (s. ENISA 2018, S. 21). Darüber hinaus sind externe Informationsquellen zu katalogisieren und Rollen sowie Verantwortlichkeiten für externe Entitäten wie Zulieferer zu etablieren. Für die Bewertung der Relevanz des Assets können Normen wie die ISO/IEC 27005 herangezogen werden (s. DIN EN ISO/IEC 27005:2018-07, S. 32ff.).

Unternehmens- bzw. Informationssicherheitsstrategie: Maßnahmen, die die Unternehmensorganisation als solche betreffen, umfassen Aktivitäten zur Priorisierung von Unternehmenszielen und -aufgaben, zur Schaffung von Bewusstsein über Abhängigkeiten und kritische Funktionalitäten zur Service-Erbringung oder auch zur Ableitung von Anforderungen an die Resilienz des Unternehmens. Ziel es ist, dass die Unternehmensvision, -mission, -ziele und -Stakeholder sowie -aktivitäten identifiziert, verstanden und priorisiert werden. Das ist notwendig, um aus betriebswirtschaftlicher Sicht Rollen und Verantwortlichkeiten zuzuweisen und Entscheidungen auf Basis des Risikomanagements abzuleiten. Für den Aufbau eines Informationssicherheitsmanagementsystems sind die genannten Maßnahmen eine Grundvoraussetzung. (s. DIN EN ISO/IEC 27000:2020-06, S. 21ff.; NIST 2018, S. 25)

Governance: Wichtige Erkenntnisse aus der Kategorie „Unternehmensstrategie" fließen in die Planung und Umsetzung von Governance-relevanten Maßnahmen ein. Als (IS-)Governance wird die konsequente Ausrichtung der Organisation, Steuerung und Kontrolle (der IS) eines Unternehmens an der Unternehmensstrategie verstanden (s. KNOLL U. STRAHINGER 2018, S. 3). Zu den Maßnahmen zählt bspw. die Definition von Rollen, Verantwortlichkeiten und Stellen (IT-Leiter, Datenschutzbeauftragter, IT-Sicherheits-verantwortlicher, ...) (s. JOHANNSEN U. KANT 2020, S. 1065). Studien belegen, dass gerade in KMU das „Jeder macht alles"-Prinzip vorherrscht und keine dezidierte IT-Abteilung vorliegt (s. ALBAYRAK U. GADATSCH 2018, S. 156; HILLEBRAND ET AL. 2017, S. 56).

Compliance: Die Compliance (IT- oder Informationssicherheits-Compliance) umfasst alle internen und externen Vorgaben an das Unternehmen, deren Kenntnis sowie deren Einhaltung (s. KNOLL U. STRAHINGER 2018, S. 6). Dabei existieren verschiedene Compliance-Bereiche, wie etwa die Einhaltung des Datenschutzes, deren Umsetzung und Kontrolle besonders KMU vor eine zentrale Herausforderung stellen (s. HENSCHEL U. HEINZE 2016, S. 157; JOHANNSEN U. KANT 2020, S. 1065). Zu den wohl wichtigsten Gesetzen und Verordnungen zählen bspw.

[56] s. NIST 2018, S. 23.

das Bundesdatenschutzgesetz (BDSG), das IT-Sicherheitsgesetz (in aktuell zweiter Ausführung) und die (EU-)Datenschutz-Grundverordnung (DSGVO).

Risikomanagement: Das Risikomanagement umfasst die Identifikation und Behandlung von Informationssicherheits- und IT-Risiken, die das gesamte Unternehmen betreffen. Dabei kann ein Risiko als komplementärer Begriff sowohl negativ (Risiko im Sinne eines potenziellen Schadens) als auch positiv (Risiko im Sinne einer Chance) verstanden werden (vgl. KNOLL U. STRAHINGER 2018, S. 3f.). In jedem Fall umfasst es ein potenzielles und plötzlich eintretendes, ungewisses Ereignis, welches eine Auswirkung (Business Impact) auf das Unternehmen hat und die Geschäftstätigkeit beeinflusst (s. KNOLL U. STRAHINGER 2018, S. 4; HILES 2010, S. 1).

Supply-Chain-Risikomanagement: Vor dem Hintergrund der fortschreitenden Globalisierung und Vernetzung kommt der Supply-Chain eine bedeutende Rolle zu. Zwischen den involvierten Entitäten existierenden Verknüpfungen und Interdependenzen im Güter- und Informationsfluss, die erhebliche Risiken bedeuten können (s. WREDE ET AL. 2018, S. 418).

Daher wird das Supply-Chain-Risikomanagement gesondert aufgeführt. Die Kategorie enthält jegliche Maßnahmen zur Absicherung der Supply-Chain, die durch die Interaktion notwendig sind. Dazu zählen bspw. ein Lieferantenmanagement oder das Überprüfen eines Managed-Service-Providers. (s. NIST 2018, S. 28f.)

Protect – Schutz vor Schadensereignissen (s. S. 312)

Identitätsmanagement, Authentisierung und Zugangskontrolle: Ziele des Bündels sind die Erfassung, Aufzeichnung und Verwaltung von Benutzeridentitäten und den damit verbundenen Zugriffsberechtigungen, um etwa den Zugriff auf ein System auf den dafür vorgesehenen Benutzerkreis zu beschränken (s. CAMPO ET AL. 2017, S. 68). Dazu zählen auch die Planung, Bereitstellung und das Management von Remote-Zugängen.

Awareness und Training: Maßnahmen dieses Bündels adressieren den Menschen und seine Handlungen im Unternehmen, indem Awareness-Schulungen und Weiterbildungen dabei helfen, ein Informationssicherheitsbewusstsein zu erzeugen und somit vor Bedrohungen schützen zu können. Neben klassischen Schulungen existieren Maßnahmen aus dem Umfeld des Serious Gamings (s. ALQAHTANI ET AL. 2020) oder auch Kampagnen, welche das Verhalten der Mitarbeiter überwachen und ggf. sanktionieren bzw. belohnen (s. BLYTHE ET AL. 2020, S. 81f.). Die Berücksichtigung des Faktors „Mensch" bereits in der Designphase gewinnt zunehmend an Bedeutung (s. ALMOUSA ET AL. 2020, S. 5).

Datensicherheit: Die Datensicherheit verfolgt das Ziel, Informationen und Daten im Unternehmen vor dem Hintergrund der Schutzziele Vertraulichkeit, Integrität und Verfügbarkeit zu managen. Es ist zu erwähnen, dass Datensicherheit je nach Kontext unterschiedlich aufgefasst wird. Als Maßnahmenbündel umfasst sie bspw. Maßnahmen zur Absicherung der Data-at-Rest und Data-in-Transit, zur Vermeidung von Datenlecks oder zur Überprüfung der Integrität in Soft- sowie Firmware. (vgl. AKINDA ET AL. 2020, S. 10; s. NIST 2018, S. 32f.)

Informationsschutzprozess und -prozeduren: Ein Informationsschutzprozess, dazugehörige Prozeduren und definierte Richtlinien verfolgen das Ziel, den Schutz von Informationssystemen und Assets im betrieblichen Ablauf zu gewährleisten. Das Ändern von Standardkonfigurationen (Passwörter etc.) (s. BSI 2013, S. 64), eine Kontrolle von Änderungen an Systemen sowie auch Notfallpläne sind bewährte Maßnahmen.

Wartung und Pflege: Die Wartung, Pflege und Reparatur von OT- sowie IT-Komponenten werden entsprechend den festgesetzten Richtlinien und Prozeduren durchgeführt. Damit wird das

Ziel verfolgt, eine kontrollierte und transparente Instandhaltung durchführen zu können. Die Wartung sollte dabei mit geprüften Tools durchgeführt werden. Sollte eine Fernwartung geplant sein, muss sichergestellt werden, dass nur autorisierte Personenkreise auf Systeme zugreifen können und die Verbindung abgesichert ist. Die jüngste Vergangenheit hat gezeigt, dass gerade unzureichend abgesicherte Fernwartungszugänge häufig genutzt werden, um Systeme zu kompromittieren (vgl. HOFMEIER U. LECHNER 2020, S. 72; NIST 2018, S. 36).

Technologien: In diesem Bündel befinden sich zahlreiche technologische Maßnahmen und Lösungen, die die Sicherheit sowie Resilienz von Systemen und Assets in Übereinstimmung mit Richtlinien, Prozeduren und Vereinbarungen gewährleisten sollen. Dazu zählen die Absicherung der Kommunikationswege und Netzwerke oder die Nutzung der Minimalfunktionen von Systemen, um eine Fehlnutzung zu vermeiden. (s. NIST 2018, S. 36f.)

Detect – Erkennung von Vorfällen (s. S. 320)

Anomalie-Erkennung: Ziel einer Anomalie-Erkennung ist es, Grundlagen zu schaffen, um verdächtige Aktivitäten aufzuzeigen und den Einfluss potenzieller Vorkommnisse zu verstehen. Dazu ist es zum einen notwendig, einen „Normalzustand" in Form von Datenflüssen und Systemen zu definieren, um Abweichungen messen zu können. Zum anderen müssen Daten und Informationen aus verschiedenen Quellen gesammelt und aggregiert werden, um Muster ableiten zu können. (s. HÄNISCH U. ROGGE 2017, S. 94f.)

Kontinuierliche Überwachung: Maßnahmen der kontinuierlichen Überwachung kommen während des laufenden Betriebs zum Einsatz und sind daher von zentraler Bedeutung. Dabei sollte jedes System und jedes Asset überwacht werden, von welchem ein potenzielles Risiko ausgeht bzw. welches es zu schützen gilt. Dazu zählen Netzwerke, physische Umgebungen oder auch menschliche Aktivitäten. Die Verbindungen zu und Aktivitäten von externen Service-Providern werden ebenfalls überwacht (s. PARRY 2021, S. 4f.). Regelmäßige Schwachstellen-Scans können durchgeführt werden, um potenzielle neue Schwachstellen aufzuzeigen (s. AMRO 2020, S. 86).

Prozess zur Erkennung: Neben den Grundlagen und Maßnahmen zur Überwachung gilt es sicherzustellen, dass der Prozess hinter der Erkennung von Vorfällen definiert, angepasst und gelebt wird. Darunter fallen die Definition von Rollen und Verantwortlichkeiten, das Testen eines Prozesses sowie dessen kontinuierliche Verbesserung. (s. NIST 2018, S. 40)

Respond – Reaktion auf Vorfälle (s. S. 322)

Reaktionsplanung: Ziel der Reaktionsplanung ist es, im Ernstfall schnell und geordnet nach festgelegten Prozeduren handeln zu können. Wie die Reaktionen ausfallen, hängt vom Unternehmen und dem konkreten Fall ab. Jedenfalls sollten möglichst viele Eventualitäten berücksichtigt und verschiedene Stufen der Reaktionsplanung definiert sein. (s. NIST 2018, S. 41)

Kommunikation: Im Fall eines Ereignisses ist es von Bedeutung, alle involvierten bzw. betroffenen internen sowie externen Stakeholder zu informieren. Die Art und Weise, wie das Ereignis kommuniziert wird, basiert auf festgelegten Kriterien. Im besten Fall findet ein Austausch mit externen Stakeholdern oder im Netzwerk statt, um eine breitere Awareness zu erzeugen. (s. NIST 2018, S. 41)

Analyse: Die nach dem Vorfall stattfindende Analyse (Forensik) dient dazu, Erkenntnisse aus dem Vorfall zu ziehen, um entsprechende Maßnahmen ableiten zu können und in Zukunft besser geschützt zu sein. Dazu ist es notwendig, die Meldungen zu untersuchen, den Einfluss des Vorfalls zu verstehen und forensische Analysen durchzuführen, um Aufschluss über die genaue Vorgehensweise zu erhalten. (s. GAYCKEN ET AL. 2015, S. 40f.)

Abschwächung: Die Abschwächung umfasst alle Maßnahmen, die notwendig sind, um den Schaden des Vorfalls einzudämmen bzw. zu minimieren (s. NIST 2018, S. 42f.). Mögliche Szenarien sind bspw. das Trennen von kompromittierten Maschinen und Anlagen oder Systeme vom Netz oder das Herunterfahren der Produktion (vgl. ISO/IEC 62443-1-1, S. 15).

Verbesserung: Letztlich werden Maßnahmen ergriffen, die eine Verbesserung der Reaktion auf Vorfälle versprechen. Dazu zählen die Integration von Lessons learned und die Anpassung der Strategie zur Reaktion auf Schadensereignisse. (s. NIST 2018, S. 43)

Recover – Wiederherstellung und Verbesserung (s. S. 324)

Recovery-Planung: Ziel einer Wiederherstellungsplanung ist es, den ursprünglichen Zustand eines Systems nach einem Vorfall wiederherzustellen. Dazu müssen Prozesse angestoßen und Prozeduren ausgeführt sowie überwacht werden. Wichtig ist, dass der Wiederherstellungsplan ausgeführt wird, anstatt unüberlegte Reaktionen anzustoßen. (s. NIST 2018, S. 43)

Verbesserung: Wie auch bei Maßnahmen zur Verbesserung der Reaktionsplanung adressieren Maßnahmen hier die kontinuierliche Verbesserung der Wiederherstellungsplanung (s. NIST 2018, S. 43).

Kommunikation: Eine zielgerichtete Kommunikation nach einem Informationssicherheitsvorfall ist unerlässlich. Sie dient dazu, interne wie externe Parteien über den Vorfall zu informieren. Öffentliche Beziehungen müssen gepflegt werden. Darüber hinaus gilt es, die Reputation des Unternehmens wiederherzustellen, um Schäden durch Reputationsverluste zu vermeiden bzw. zu minimieren. (s. NIST 2018, S. 44; DIN EN ISO/IEC 27005:2018-07, S. 7)

6.2.2 Aspekte zur Beschreibung von Informationssicherheitsmaßnahmen

Bereits in Kapitel 3.3 wurden Ansätze zur Strukturierung und Beschreibung von Informationssicherheitsmaßnahmen beschrieben. Es existieren zwar Aspekte von Maßnahmen, die allgemeingültig sind, bspw. deren Funktionsweise. Allerdings existieren zahlreiche Aspekte, die unternehmens- bzw. anwendungsfallspezifisch sind und deswegen im Einzelfall beschrieben werden müssen. Zu welchem Detailgrad und in welchem Format die Maßnahmen beschrieben werden, hängt auch hier wieder von dem Aufwand-Nutzen-Verhältnis ab und sollte im Vorfeld diskutiert und festgehalten werden. Einflussfaktoren sind die Größe der Organisation, die Komplexität von Prozessen und zu beschreibenden Industrie-4.0-Umgebungen sowie die Kompetenzen der Personen im Unternehmen (s. DIN EN ISO/IEC 27001: 2017-06, S. 12). Im Folgenden wird auf allgemeine (vgl. NIST 2018, S. 24ff.) und spezifische (s. SCHMID ET AL. 2019, S. 363) Aspekte von Informationssicherheitsmaßnahmen eingegangen.

Allgemeingültige Beschreibungselemente

- *Maßnahmenkategorie*: Maßnahmen können einer im Vorfeld festgelegten Kategorie (Bündel) zugeordnet werden. Diese dient insbesondere der Übersichtlichkeit und Strukturierung.
- *Referenz*: Referenzen beziehen sich auf Normen und Standards, in denen die Maßnahmen genannt werden. Eine Referenz sollte in jedem Fall angegeben werden, um eine Nachschlage- und Nachweisfunktion bieten zu können.

- *(Kurz-)Beschreibung*: Die Beschreibung der Maßnahme sollte kurz und prägnant sein. Wichtig ist, dass alle betroffenen Akteure im Unternehmen die Maßnahme gleichermaßen verstehen.
- *Verwandte Maßnahmen*: Oft ist es sinnvoll, verwandte Maßnahmen aufzuzeigen, um Transparenz über die Wechselwirkungen und Abhängigkeiten von Maßnahmen herzustellen.
- *Assets*: Maßnahmen adressieren stets ein Schutzobjekt oder -gut. Die Angabe dieses bzw. dieser Assets ist notwendig, um den Nutzen der Maßnahme bewertbar machen zu können.

Spezifische Beschreibungselemente

- *Unternehmensspezifische Anpassungen*: Maßnahmen sollten zwar stets im Standard implementiert werden, in ihrer konkreten Umsetzung können bzw. müssen sie jedoch unternehmensspezifische Anpassungen aufweisen, die durch eine Diskussion beschrieben werden können.
- *Messkriterien*: Für eine Nutzenbetrachtung einer Maßnahme und deren kontinuierliche Optimierung ist es wichtig, Messkriterien für eine Maßnahme zu definieren (vgl. JELIAZKOV ET AL. 2020, S. 11).
- *Budget*: Maßnahmen sind stets mit Kosten und Aufwänden verbunden. Um eine Transparenz zu gewährleisten, sollten sie stets mit einem dafür vorgesehenen Budget versehen werden.
- *Durchführungsverantwortlichkeit*: Um Verantwortlichkeiten und Rollen klar festzuhalten, ist es notwendig, diese Personen oder Personengruppen in der Maßnahmenbeschreibung mit anzugeben.
- *Zeitplan*: Ebenfalls relevant für die Planung der Maßnahmenumsetzung und die kontinuierliche Überwachung ist die Festlegung eines Zeitplans, innerhalb dessen die Maßnahme umgesetzt bzw. betrieben werden soll.
- *Stakeholder*: Maßnahmen betreffen verschiedene Stakeholder im Unternehmen. Damit jeder Stakeholder von möglichen Implikationen der Maßnahme für seinen Verantwortungs- bzw. Aufgabenbereich erfährt, müssen diese aktiv informiert werden.
- *Beschaffungsprozess*: Teil der Maßnahmenplanung ist der Beschaffungsprozess (von Hard- oder Softwarekomponenten etc.). Er sollte stets dokumentiert werden, um eine Nachvollziehbarkeit zu gewährleisten.

6.2.3 Exemplarische Beschreibung der Einzelmaßnahmen im Detail

Die Beschreibung der einzelnen Maßnahmen erfolgt auf Basis einer Kurzbeschreibung sowie einer Aufzählung der dafür notwendigen Aufgaben. Es erfolgt ferner keine Unterscheidung zwischen „**Kann**"- und „**Muss**"-Anforderungen, alle Aufgaben sind zumindest teilweise zu adressieren.

Asset-Management	
AM-1	**Inventarisierung und Kontrolle von Enterprise-Assets**
Kurzbeschreibung: Ziel einer Inventarisierung ist die Schaffung von Transparenz aller potenziell schadhaften bzw. zu schädigenden Objekte im Unternehmen sowie deren Kontrolle und Anpassung. Sie bezeichnet genauer eine Bestandsaufnahme solcher Objekte. Enterprise-Assets (dt. *Unternehmensobjekte*) sind in Abgrenzung zu den Maßnahmen AM-2 und AM-3 keine physischen Objekte,	

sondern immaterielle Unternehmenswerte wie etwa Daten, Informationsflüsse sowie das Know-how des Unternehmens.

Aufgaben:

(i) Zu Beginn sollten Kommunikationswege sowie Daten- und Informationsflüsse identifiziert, aufgenommen und überwacht werden. Diese sollten auf einem Datenmanagementprozess beruhen, sofern ein solcher vorhanden ist. Eine Aktualisierung sollte jährlich oder bei größeren Änderungen der Asset-Landschaft erfolgen. (s. CIS 2021, S. 17)

(ii) Anschließend sollten interne sowie externe Stakeholder bzw. Beteiligte „inventarisiert" werden. Zum einen wird dadurch eine Zuordnung der Assets mit den Asset-Verantwortlichen ermöglicht, zum anderen lassen sich daraus potenzielle Bedrohungen ableiten sowie unautorisierte und unkontrollierte Zugriffe erkennen. (s. CIS 2021, S. 58)

(iii) Zusätzlich sollte in Ergänzung zu den internen Stakeholdern die interne Rollenverteilung aufgenommen werden. Sie ermöglicht eine dedizierte Zuteilung von Aufgaben und Tätigkeiten, um die Bedrohungen ordnungsgemäß adressieren bzw. das Personal entsprechend schulen zu können. (vgl. CIS 2021, S. 47)

AM-2 Inventarisierung und Kontrolle der Hardware-Assets

Kurzbeschreibung: Die Inventarisierung und Kontrolle der Hardware-Assets verfolgt dasselbe Ziel wie Maßnahme AM-1, fokussiert jedoch Hardware-Assets wie Endnutzer-Geräte oder Netzwerk-Komponenten.

Aufgaben:

(i) Die Inventarisierung und Kontrolle von Hardware-Assets werden durch das Etablieren und Pflegen eines akkuraten, detaillierten und stets aktuellen Inventars erreicht. Es sollten solche Hardware-Assets inventarisiert werden, die potenziell in der Lage sind, Daten zu speichern oder zu verarbeiten. Dazu zählen bspw. Endnutzer-Geräte oder Netzwerk-Komponenten. Als Merkmale bzw. Eigenschaften sollten die statische Netzwerkadresse, Namen, Verantwortliche bzw. Eigentümer und der Geltungsbereich der Assets aufgenommen werden. Darüber hinaus ist der Umstand relevant, ob das Asset mit einem Netzwerk verbunden sein darf oder nicht. (s. CIS 2021, S. 11)

(ii) Verschiedene Tools und Mechanismen unterstützen je nach Umfang des Vorhabens die Inventarisierung. Dazu zählen Active

(iii) sowie Passive Asset Discovery Tools, die es ermöglichen, Assets automatisiert im Unternehmensnetzwerk zu erkennen.

(iv) Abschließend gilt es, die Inventarlisten aktuell zu halten. Durch verschiedene Protokolle wie DHCP oder IP und Logging-Mechanismen auf Hardware-Geräten können die Listen entsprechend aktualisiert werden. (s. CIS 2021, S. 11)

6.3 Besondere Sicherheitsbedürfnisse in produzierenden Unternehmen

Die Absicherung einer Industrie-4.0-Umgebung in produzierenden Unternehmen unterscheidet sich grundsätzlich von weiteren Umgebungen wie Consumer-IoT-Lösungen oder anderen, stärker IT-geprägten Branchen wie Finanzen und Banken (s. SERROR ET AL. 2021, S. 2988). Daraus ergeben sich grundsätzlich besondere Sicherheitsbedürfnisse für produzierende Unternehmen. Ihre Umgebungen zeichnen sich durch langlebige Systeme, eine hohe Anzahl von Geräten, einen hohen Vernetzungsgrad heterogener Komponenten, kritische Produktionsprozesse sowie potenzielles menschliches Fehlverhalten bzw. Sabotage aus (s. SERROR ET AL. 2021, S. 2989ff.). Je nach Ausprägung der Industrie-4.0-Umgebung, die es abzusichern gilt, ergibt sich ein unternehmensspezifisches Sicherheitsbedürfnis.

Um diesen Aspekt adressieren zu können, wird von der Grundgesamtheit möglicher Maßnahmen auf das notwendige Maß reduziert (s. Kapitel 8.1.6) und zusätzlich der variierende (Umsetzungs-)Reifegrad der Maßnahmen unterschieden. Denn durch ihren mehrdimensionalen Charakter werden Maßnahmen nicht schlicht nach „umgesetzt" oder „nicht umgesetzt" unterschieden. Vielmehr ergeben sich für die Vielzahl der Maßnahmen unterschiedliche Reife- bzw. Umsetzungsgrade. In diesem Zusammenhang wird häufig auch von Fähigkeiten gesprochen. Die Reifegrade können in Anlehnung an bestehende Modelle wie das C2M2 (*Cybersecurity Capability Maturity Model*) definiert und ermittelt werden (s. U.S. DEPARTMENT OF ENERGY (DOE) 2021, S. 5ff.).

Die Reifegrade sind in der Lage, unterschiedliche Sicherheitsbedürfnisse zu adressieren. Das Sicherheitsbedürfnis ergibt sich dabei aus verschiedenen Faktoren wie Bekanntheit oder Stellung des Unternehmens, aber auch durch Implikationen aus den zu schützenden Assets. Das Sicherheitsbedürfnis ist nicht einheitlich für das gesamte Unternehmen. Vielmehr setzt es sich aus mehreren einzelnen Bedürfnissen zusammen, die sich teils stark unterscheiden können (vgl. ISO/IEC 62443-1-1, S. 53ff.). Daher ist die Bestimmung der Sicherheitsbedürfnisse im Unternehmen ein zentraler Schritt, um einen effizienten und pragmatischen Umgang mit Informationssicherheit zu ermöglichen.

Nach der ISO/IEC 62443 werden (physische) Zonen im Unternehmen sogenannte *Security Level* zugeordnet (s. Kapitel 3.4), die im Vorfeld definiert worden sind. Es ist aber auch üblich, weitere Gruppierungsmöglichkeiten wie ganze Standorte, Prozesse oder das Schadensausmaß zur Unterscheidung der Security-Level zu wählen. Auch simple Abstufungen nach „niedrig", „mittel" und „hoch" sind durchaus hilfreich und genügen in vielen Situationen. Ziel ist es jedenfalls, die Lücke zwischen dem aktuellen Status quo und einem definierten Zielzustand aufzuzeigen, um eine Maßnahmenplanung anstoßen zu können. (s. ISO/IEC 62443-2-1, S. 67f.)

Die Untersuchung ist so aufgebaut, dass sich der Schutzbedarf des Unternehmens aus der Anwendung des Beschreibungsmodells für Industrie-4.0-Umgebungen ergibt. Die anwendungsfallspezifische Ausarbeitung der entwickelten Sichten führt zu einer Auswahl spezifischer Schwachstellen und Bedrohungen, die sich aus der Industrie-4.0-Umgebung ergeben. Darüber hinaus werden durch die Sichten die schützenswerten Assets aufgezeigt, die Implikationen für den Sicherheitsbedarf des Unternehmens haben (s. Kapitel 8). Um die Maßnahmen aber weiter priorisieren zu können, wird im Folgenden auf die Möglichkeit der Nutzung eines Bewertungskatalogs eingegangen.

6.4 Bewertungskatalog zur Auswahl von Maßnahmen

Bewertungskataloge in Form von Einflussmatrizen (s. Kapitel 4.3.2) dienen der Priorisierung von Informationssicherheitsmaßnahmen und damit der Ableitung einer Umsetzungsstrategie (s. WIESBECK ET AL. 2021c, S. 26). In ihnen werden Maßnahmen und Schwachstellen einander gegenübergestellt. Sie sind damit ein Bestandteil des Risikomanagements und somit auch integraler Bestandteil eines Informationssicherheitsmanagementsystems.

6.4.1 Grundstruktur des Bewertungskatalogs

Nachfolgend wird auf den Aufbau eines Bewertungskatalogs für Informationssicherheitsmaßnahmen in Abhängigkeit von den ermittelten Schwachstellen der untersuchten Industrie-4.0-Umgebung eingegangen. Der in der Untersuchung vorgestellte Bewertungskatalog ermöglicht durch seine flexible Ausgestaltung eine spezifische Anpassung für jeden Anwender. Der Kern des Katalogs (s. Tabelle 6-4) ist an klassische Darstellungsformen und Ansätze angelehnt. In der Tabelle werden die beschriebenen Maßnahmen und die ermittelten Schwachstellen einander gegenübergestellt. Dabei wird je Kombination aufgezeigt, inwiefern eine Maßnahme in der Lage ist, eine Schwachstelle zu beheben bzw. zu mitigieren. Unterschieden wird zwischen umfassend (●), teilweise (◑) und unwirksam ( ). (vgl. KERSTEN U. KLETT 2008a, S. 119)

Tabelle 6-4: Exemplarischer Aufbau eines Bewertungskatalogs

	Nr.	S-1	S-2	S-3	...
Nr.		Schwachstelle	Schwachstelle	Schwachstelle	
M-1	Maßnahme	●	◑		
M-2	Maßnahme	●			
M-3	Maßnahme		◑		
...					

Um nun die Maßnahmen und Schwachstellen nicht nur auf Basis ihrer direkten Wirkungszusammenhänge gegenüberstellen zu können, sondern die Priorisierung der Maßnahmen auf betriebswirtschaftliche Kennzahlen stützen zu können, werden im Folgenden Ansätze einer Risikobetrachtung beschrieben.

6.4.2 Risikobetrachtung

Eine Risikobetrachtung liefert die notwendigen Informationen zur Priorisierung von Maßnahmen (s. WIESBECK ET AL. 2021c, S. 23ff.). Dazu müssen sowohl Maßnahmen als auch Schwachstellen bewertet werden. Vorbereitende Schritte zur Bewertung der Schwachstellen erfolgen, wie im Vorfeld beschrieben, durch die Ausarbeitung der Sichten des entwickelten Beschreibungsmodells (s. auch Geschäftssicht in Kapitel 5.2.4). Das Schadensausmaß eines Vorfalls in Bezug auf zu schützende Assets dient als Grundlage zur Bewertung der Schwachstellen. Für die Bewertung der Maßnahmen steht neben der vorausgesetzten Wirksamkeit (s. Kapitel 7) eine Aufwandsbetrachtung im Fokus. Diese ist notwendig, um einen effizienten und pragmatischen Umgang mit Informationssicherheit in Unternehmen zu ermöglichen.

Begriffe der Risikobetrachtung

Bevor die einzelnen Bausteine der Risikobetrachtung beschrieben werden, wird kurz auf wichtige Begriffe im Rahmen derer eingegangen (s. Tabelle 6-5).

Tabelle 6-5: Wichtige Begriffe in der Risikobetrachtung (s. KÖNIGS 2017, S. 16)

Englischer Begriff	Begriff im deutschsprachigen Raum
Asset	**Risikoobjekt** oder **Schutzobjekt** (= alles, was für ein Unternehmen von Wert ist, z. B. Information, Software, physische Einrichtungen sowie Computer, Services, Personen, immaterielle Werte oder Reputation)
Threat	**Bedrohung** (= potenzielle Ursache für ein ungewolltes Ereignis, das einem System oder Unternehmen schaden könnte)
Control (Safeguard)	**Maßnahme** (= Mittel, einschließlich Policys, Prozeduren, Richtlinien etc., zur Behandlung von Risiken)
Vulnerability	**Verletzlichkeit oder Schwachstelle** (= durch eine oder mehrere Bedrohungen ausnutzbare Schwäche eines Risikoobjekts oder einer Maßnahme)

Impact	**Schadensauswirkung** eines Ereignisses infolge von Zielbeeinträchtigungen von Risikoobjekten (z. B. Beeinträchtigung der Vertraulichkeit, Integrität oder Verfügbarkeit)
Consequence	**Schadensergebnis** infolge eines Ereignisses, bei dem Ziele beeinflusst werden (z. B. Nichterreichen von Geschäftszielen)
Probability	**Wahrscheinlichkeit** des Eintretens eines Ereignisses (= mathematische Variable mit numerischen Werten zwischen 0 und 1)
Frequency (Rate)	**Häufigkeit** des Eintretens von Ereignissen innert einer Zeitperiode
Likelihood	**Wahrscheinlichkeit**, **relative Häufigkeit, Häufigkeit oder Häufigkeit innert einer Zeitperiode** des Eintretens eines Ereignisses
Residual Risk	**Restrisiko** (= Risiko nach der Behandlung mit Maßnahmen)

Risikomatrix

Die Bewertung von Schwachstellen erfolgt auf Basis einer Risikomatrix (s. Abbildung 6-4), bspw. nach KÖNIGS (s. 2017, S. 21) oder nach NOHL im Arbeitsschutz (s. NOHL U. THIEMECKE 1988). In der Informationssicherheit werden als wesentliche Parameter zur Beurteilung die Eintrittswahrscheinlichkeit und das Schadensausmaß herangezogen (vgl. SHAMELI-SENDI ET AL. 2016, S. 18ff.; HÄCKEL ET AL. 2019, S. 539ff.; GALLIGAN ET AL. 2019, S. 11). Je nach Entwurf werden drei oder mehr Ausprägungen je Parameter unterschieden (s. MÖSSNER 2012, S. 62). Die Eintrittswahrscheinlichkeit beschreibt die Wahrscheinlichkeit, mit der eine Schwachstelle ausgenutzt wird. Diese hängt selbstverständlich immer von der spezifischen Bedrohungslage des Unternehmens ab. Jedoch können zur Festlegung der Eintrittswahrscheinlichkeiten Statistiken herangezogen werden. Die Schadenshöhe dagegen bildet einen möglichen Verlust ab. Dieser wird primär monetär bewertet. Aber auch qualitative Aussagen zu Aspekten wie Reputationsschäden können zur Bewertung herangezogen werden.

Ziel des Unternehmens ist es, die Risiken (Nr. 1 – 4 in Abbildung 6-4) so zu minimieren, dass sie unterhalb der Akzeptanzlinie fallen (Nr. 1‘ – 4‘ in Abbildung 6-4). Die Akzeptanzlinie ergibt sich aus der Risikoeinstellung des Unternehmens. Eine risiko-averse Einstellung führt dazu, dass die Linie weiter unten links in der Risikomatrix eingezeichnet wird, wodurch ein geringes Restrisiko akzeptiert wird. Bei risikofreudigen Unternehmen hingegen „wandert“ die Linie weiter nach oben rechts, womit ein höheres Restrisiko akzeptiert wird.

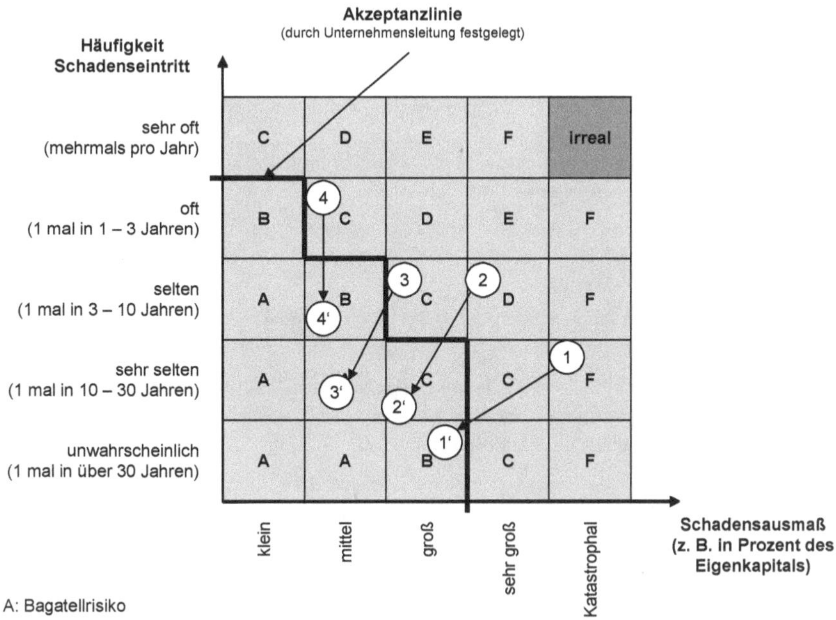

A: Bagatellrisiko
B: kleines Risiko
C: mittleres Risiko
D: großes Risiko
E: Überlebensrisiko
F: Katastrophenrisiko

1: Gebäude-Zerstörungs-Risiko
2: Informationssicherheits- und IT-Betriebsrisiko
3: Marktrisiko
4: Betrugsrisiko

Abbildung 6-4: Risikomatrix (eigene Darstellung i. A. a. Königs 2017, S. 31; VDI/VDE 2182 Blatt 1:2020-01, S. 18)

Aufwandszuweisung

Die Planung, Umsetzung und Überwachung von Maßnahmen veranschlagen primär Zeit und Kosten und erzeugen damit Aufwand. Daher sind Investitionen in Maßnahmen stets zu rechtfertigen. Nur wenn der Nutzen durch die Reduktion potenzieller Schäden die Aufwände für die Maßnahmen übersteigt, sollte diese umgesetzt werden. Der aufwandstreibende Faktor „Kosten" ist in der Literatur und Praxis der am häufigsten genutzte Faktor zur Ermittlung des Aufwands. So zeigt bspw. die Norm VDI/VDE 2182 eine Auflistung möglicher Aufwände in Form von Kosten von Maßnahmen auf (s. VDI/VDE 2182 Blatt 1:2020-01, S. 22):

- Engineering: Kosten im Engineering fallen insbesondere dann an, wenn Maßnahmen individuell angepasst oder gar eigens entwickelt werden.
- Investitionen: Investitionskosten fallen bei einer Vielzahl von Maßnahmen an, insbesondere bei Maßnahmen, die Hardware oder auch Software voraussetzen. Zur Amortisationsberechnung stehen Ansätze wie *ROSI* (engl. *Return on Security Invest*) zur Verfügung (s. Yevseyeva et al. 2016, S. 973).
- Implementierung: Implementierungskosten fallen bspw. durch externe Unternehmen und Partner an, die technische Lösungskomponenten in Betrieb nehmen.

- Betrieb: Während des Betriebs von Maßnahmen fallen Kosten bspw. durch Lizenzen an, aber auch Stromkosten lassen sich den Betriebskosten zuordnen.
- Instandhaltung: Die Instandhaltung von Maßnahmen umfasst Kosten von Wartungs- und Reparaturarbeiten, bspw. der Austausch von Einzelkomponenten oder die Durchführung regelmäßiger (gesetzlich vorgeschriebener) Wartungen.
- Störungsmanagement: Neben zyklischen Wartungsintervallen können auch Kosten durch Störungen und deren Management entstehen.
- Änderungsmanagement: Kosten im Änderungsmanagement fallen an, sofern Maßnahmen nach einem bestimmten Zeitraum verändert und angepasst werden müssen, um weiterhin ihren Nutzen erzielen zu können.
- Schulungen: Letztlich fallen Kosten durch Schulungen und Trainings an, um die der Maßnahme zugrundeliegenden Aktivitäten entsprechend ausführen zu können.

Im Rahmen einer Gesamtbetrachtung ist zu beachten, dass Maßnahmen durchaus mehrere Schwachstellen und Bedrohungen adressieren können. Die Kosten für Maßnahmen fallen jedoch nur einmal an. (s. VDI/VDE 2182 Blatt 1:2020-01, S. 22)

Eine exakte Kalkulation der Kosten und Aufwände von Informationssicherheitsmaßnahmen hat sich in der Praxis als schwierig erwiesen. Eine quantitative Bemessung der Aufwände ist nur in den wenigsten Fällen möglich. Qualitative Ansätze bieten hier eine geeignete Alternative. Denkbar sind einfache Abstufungen wie „gering", „mittel" und „hoch" oder umfangreiche Metriken zur Bestimmung der Aufwände. (vgl. CHEHRAZI ET AL. 2015, S. 1131ff.)

Aufwand-Nutzen-Analyse

Die Betrachtung des Aufwands für eine Maßnahme sowie deren Nutzen im Sinne des Potenzials zur Verhinderung eines Schadens münden in eine Aufwand-Nutzen-Analyse (s. Kapitel 4.3.5). In ihr werden die Aufwände der Maßnahmen ihrem Nutzen gegenübergestellt (s. Abbildung 6-5). Aufwände stellen, wie bereits im Vorfeld beschrieben, eine primär monetäre und möglichst quantitative Größe dar, wohingegen der Nutzen, der sich primär und unter anderem durch die Wirksamkeit einer Maßnahme ergibt, qualitativ zu beurteilen ist.

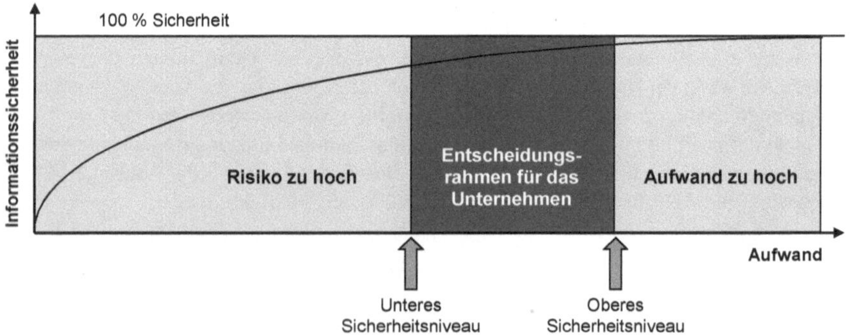

Abbildung 6-5: Aufwand-Nutzen-Analyse (eigene Darstellung i. A. a. BODE 2019)

Die konkrete Herangehensweise zur Priorisierung von Maßnahmen kann je nach Situation und Unternehmen abweichen. Auf der einen Seite bietet es sich an, den identifizierten Schwachstellen aufwandsarme Maßnahmen zuzuweisen. Auf der anderen Seite können risikoreiche

Schwachstellen zuerst betrachtet und mit dagegen wirksamen Maßnahmen adressiert werden, auch wenn diese aufwandsintensiver sind. Neben diesen beiden Extremen sind auch Kombinationen denkbar. Welche Herangehensweise gewählt wird, hängt von der Risikoeinstellung und von den Präferenzen des Unternehmens ab. Letztlich sollte stets die Maximierung der Informationssicherheit im Vordergrund stehen und nicht die Reduzierung des notwendigen Aufwands. Die Tatsache, dass eine solche Analyse immer anfällig gegenüber Subjektivität ist (s. KÖNIGS 2017, S. 20f.), kann insofern berücksichtigt werden, als dass sie lediglich zur Entscheidungsunterstützung herangezogen werden sollte, nicht aber als alleinige Entscheidungsgrundlage (s. KÖNIGS 2017, S. 21f.). Abschließend stellen folgende Prioritätengruppen eine qualitative Priorisierung von Maßnahmen dar (s. AWWA 2019, S. 14f.):

- Priorität 1: Die Maßnahmen sollten sofort umgesetzt werden. Sie erfüllen die Minimalanforderungen an die Informationssicherheit.
- Priorität 2: Durch die Maßnahmen wird eine sofortige und signifikante Verbesserung der Informationssicherheit erreicht.
- Priorität 3: Die Maßnahmen sollten sofort umgesetzt werden, sobald das Budget es zulässt. Sie bewirken eine zusätzliche Sicherheit gegen komplexere Angriffe.
- Priorität 4: Die Maßnahmen adressieren seltenere und professionelle Angriffe.

6.4.3 Einbettung in einen Risikomanagementprozess als Teil eines ISMS

Die Priorisierung der Maßnahmen ist in einen ganzheitlichen Risikomanagementprozess einzubetten und nie losgelöst davon zu betrachten. In Abbildung 6-6 ist ein solcher generischer Risikomanagementprozess, aus dem sich eine Priorisierung der Maßnahmen ergibt, dargestellt. Der Prozess stellt einen zentralen Teilbereich eines Informationssicherheitsmanagementsystems (ISMS) dar und muss in einem solchen eingebettet werden. Dies erfolgt im Detail in Kapitel 8 (s. Kapitel 8.1.4). Untersuchungen zeigen, dass ein ISMS stellenweise selbst als übergreifende Maßnahme klassifiziert wird, wobei sich in diesem Fall für KMU die Notwendigkeit eines „schlanken" ISMS ergibt (s. JOHANNSEN U. KANT 2020, S. 1063f.).

Maßnahmen werden ein- und umgesetzt, um Risiken zu minimieren, indem sie bestimmte Bedrohungen und Schwachstellen adressieren. Die Maßnahmenplanung und -umsetzung ist daher Teil der Risikobehandlung, die selbst Bestandteil des Risikomanagements ist (s. Abbildung 6-6). Das Risikomanagement wiederum ist Teil eines ISMS. Es basiert auf drei Sichten, die durch die Geschäftsführung definiert werden und die Risikostrategie ergeben: *Governance-*, *Risiko-* und *Compliance-Sicht*. Die Governance-Sicht gibt Ziele vor, die unter sich aus der Compliance-Sicht ergebenden Vorgaben erreicht werden sollen. Die Risikosicht bildet die Grundlage zur Bestimmung von Risiken. Der allgemeine Risikomanagementprozess (s. KNOLL 2017, S. 13) beginnt mit der Festlegung des Kontexts, also des zu untersuchenden Systems. Anschließend erfolgt ein Risiko-Assessment in Form einer Risiko-Identifikation (s. Kapitel 5.3.1), eine Risikoanalyse und eine Risikobewertung (s. Kapitel 6.4.2). Danach erfolgt die Risikobehandlung durch eine Auswahl von Optionen (Maßnahmenbündeln) und die konkrete Planung und Umsetzung der Optionen (s. Kapitel 6.4.1). Letztlich werden Akzeptanz- und Iterationsentscheide festgelegt, die die Planung und Umsetzung ergänzen. Parallel zum Risikomanagementprozess werden Risiken und ihre Behandlung im Unternehmen kommuniziert und ggf. externe Beratungen konsultiert. Übergeordnet zum Risikomanagementprozess sollte ein Framework in Anlehnung an den PDCA-Zyklus definiert werden, um den Risikomanagementprozess kontinuierlich zu überwachen und zu verbessern.

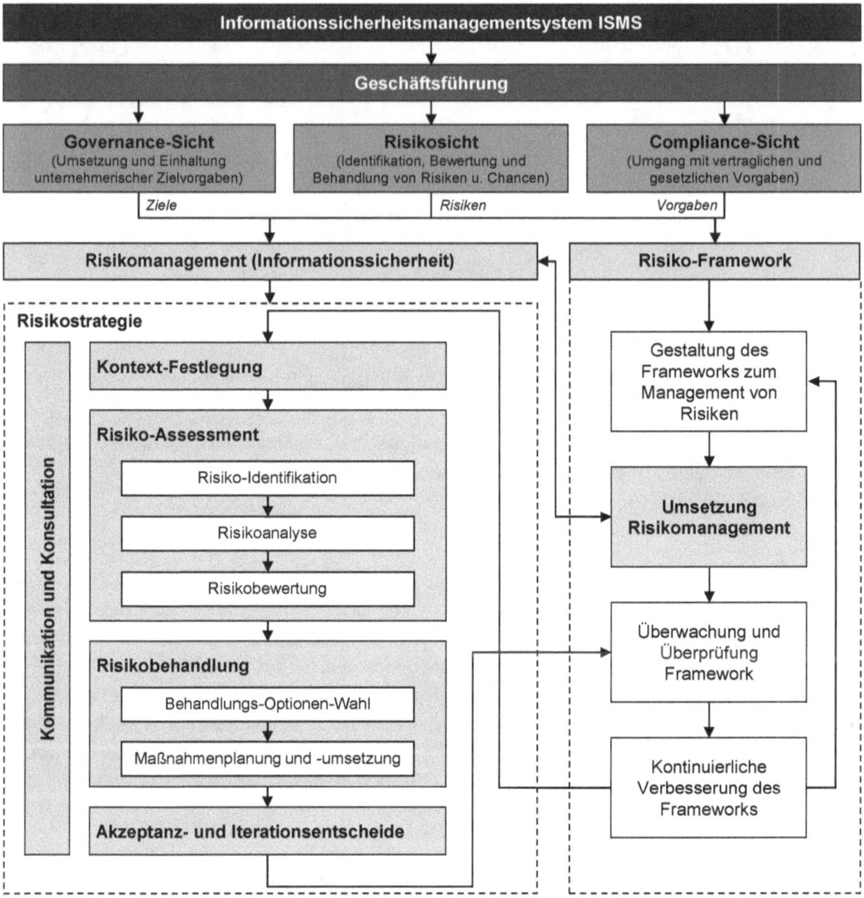

Abbildung 6-6: Risikomanagementprozess (eigene Darstellung i. A. a. KNOLL 2017, S. 13; KÖNIGS 2017, S. 46ff.; DIN EN ISO/IEC 27001: 2017-06, S. 8f.)

An dieser Stelle sei darauf hingewiesen, dass die Risikosicht (IS-Risikomanagement) immer im Dreigespann mit der Governance- (IS-Governance) und Compliance-Sicht (IS-Compliance) betrachtet werden sollte, welche auch als Trias aus Governance, Risk und Compliance bezeichnet werden kann (s. KLOTZ 2009, S. 10).

Sie lassen sich zwar unabhängig definieren, jedoch erzielen sie nur durch eine gemeinsame Betrachtung den maximalen Mehrwert für das Unternehmen. Fehlen bspw. Risikobewusstsein und eine strategische Planung, können Vorgaben nicht konsequent umgesetzt werden. Eine fehlende strategische Betrachtung würde hingegen zur Vernachlässigung oder Nichtbetrachtung von Risiken und der Nichterfüllung von Vorgaben führen. (s. KNOLL U. STRAHRINGER 2018, S. 7)

6.5 Zusammenfassung und Ergebnisreflexion

Mit dem vorliegenden Kapitel wurde das Ziel verfolgt, Informationssicherheitsmaßnahmen im Kontext produzierender Unternehmen auszuwählen, zu beschreiben und eine Möglichkeit zu deren Bewertung abzuleiten. Dazu wurden die zu betrachtenden Maßnahmen eingegrenzt, indem verschiedene Studien und Expertenbefragungen herangezogen wurden, mit denen Rückschlüsse auf die Relevanz der Maßnahmen gezogen werden konnten (s. Kapitel 6.1). Es ist zu konstatieren, dass die vorgenommene Auswahl der Maßnahmen in dieser Untersuchung geeignet ist, um die diesem Kapitel zugrundeliegende Forschungsunterfrage ausreichend beantworten zu können. Anschließend wurden die identifizierten Maßnahmen als Bündel beschrieben. Die detaillierte Beschreibung der einzelnen Maßnahmen ist dem Anhang A.7 zu entnehmen. Darüber hinaus wurden Anforderungen an die Beschreibung der Maßnahmen identifiziert, anhand derer Unternehmen eine Vergleichbarkeit der Maßnahmen in der gelebten Praxis erreichen, wenn sie ihre Bestrebungen in die Umsetzung eines Informationssicherheitsmanagementsystems überführen (s. Kapitel 6.2). Um den speziellen Sicherheitsbedürfnissen produzierender Unternehmen Rechnung zu tragen, wurde in Kapitel 6.3 kurz auf jene eingegangen. Im Anschluss erfolgte eine Darstellung zur Priorisierung von Informationssicherheitsmaßnahmen in Form eines Bewertungskatalogs (s. Kapitel 6.4). Dazu wurden eine geeignete Grundstruktur und eine Risikobetrachtung aufgezeigt, welche sich auf Basis von Literaturrecherchen und durch Expertenbefragungen als geeignet herausgestellt haben. Abschließend wurde der Bewertungskatalog als Teil eines Risikomanagementprozesses in ein Informationssicherheitsmanagementsystem eingebettet. Er wird in Kapitel 8 verwendet, um das Vorgehensmodell für die Umsetzung eines effizienten und pragmatischen Informationssicherheitsmanagementsystems zu entwickeln.

7 Erklärung bestehender Wirkungszusammenhänge

Das vorliegende Kapitel dient dazu, die Wirkungszusammenhänge zwischen denen sich aus der Umsetzung einer Industrie-4.0-Umgebung ergebenden Schwachstellen (Kapitel 5.3.1) und den ermittelten relevanten Gegenmaßnahmen (Kapitel 6.2.3) systematisch zu erklären. Dem Kapitel liegt folglich die dritte Forschungsfrage zugrunde: **„Welche Wirkungszusammenhänge lassen sich für die identifizierten Schwachstellen und ermittelten Maßnahmen erklären?“** (s. Kapitel 1.1). Die zu untersuchenden Wirkungszusammenhänge liegen dem Erklärungsmodell dieser Dissertationsschrift zugrunde und ermöglichen somit die Entwicklung des Gestaltungsmodells in Kapitel 8. Zunächst wird in Kapitel 7.1 die Vorgehensweise erläutert, nach der die Wirkung der Maßnahmen auf die Schwachstellen ermittelt wird. In Kapitel 7.2 werden anschließend die einzelnen Wirkungszusammenhänge erklärt und dargestellt. Letztlich erfolgt in Kapitel 7.3 eine Zusammenfassung des Kapitels (s. Abbildung 7-1).

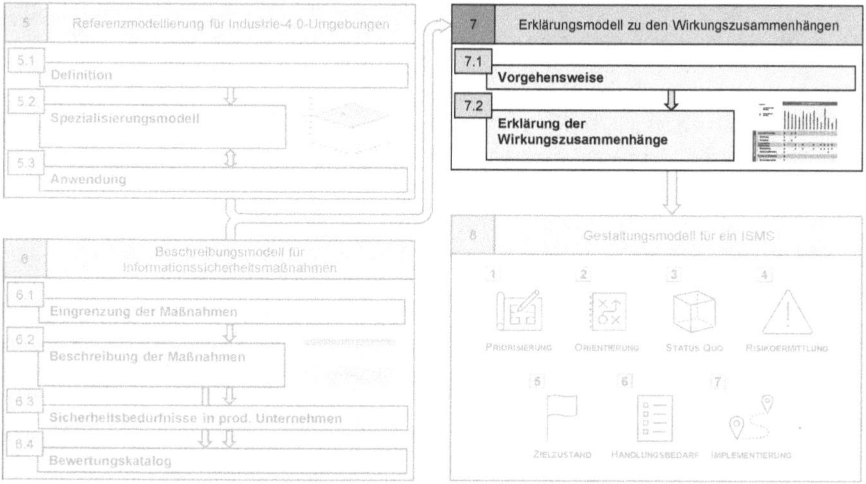

Abbildung 7-1: Übersicht Kapitel 7 im Gesamtkontext (eigene Darstellung)

7.1 Vorgehensweise zur Erklärung der Wirkungszusammenhänge

Die Entwicklung einer Methode zur effizienten und pragmatischen Ableitung von Informationssicherheitsmaßnahmen auf Basis einer gegebenen Industrie-4.0-Umgebung, welche die Zielstellung dieser Dissertationsschrift darstellt, setzt eindeutige, nutzbare und nachvollziehbare Wirkungszusammenhänge (s. Hicking 2020, S. 188) zwischen Informationssicherheitsmaßnahmen und den ermittelten Schwachstellen voraus.

Um die Wirkungszusammenhänge erklären zu können, reicht es jedoch nicht aus, sich auf Herstellerangaben oder Produktdatenblätter zu verlassen. Denn aus dem stark anbietergeprägten Informationssicherheitsmarkt ergeben sich nur in seltenen Fällen direkte Negativmerkmale von Produkten bzw. Funktionen. Vielmehr wird darauf hingewiesen, dass Schwachstellenstellen „naturgemäß bestünden“ und durch die angebotenen Maßnahmen mitigiert würden. (s. Gaycken et al. 2015, S. 31)

Dies hat zur Folge, dass die Erklärung der Wirkungszusammenhänge auf Basis von sachlogischen Herleitungen, Praxiserfahrungen des Autors (Anhang A.2.), Experteninterviews (Anhang A.1.) sowie Literaturrecherchen beruht.

Um nun eindeutige, nutzbare und nachvollziehbare Wirkungszusammenhänge ableiten zu können, müssen zwei Rahmenbedingungen festgehalten werden (s. Kapitel 7.1.1). Zum einen müssen mögliche Ausprägungen der Wirkung definiert werden. Es stellt sich also die Frage, auf welche Art und Weise Maßnahmen auf Schwachstellen wirken können. Dieser Aspekt wurde in Kapitel 6.4.1 bereits angesprochen, soll aber im Folgenden detailliert beschrieben werden. Zum anderen muss festgelegt werden, mit welchem Granularitätsgrad die Wirkung von Maßnahmen auf Schwachstellen erklärt werden soll bzw. hinreichend und mehrwertspendend beschrieben werden kann. Im Anschluss daran erfolgt eine Vorselektion der zu untersuchenden Wirkungszusammenhänge, um sich auf die erklärungsbedürftigen Wirkungszusammenhänge fokussieren zu können (s. Kapitel 7.1.2).

7.1.1 Rahmenbedingungen zur Erklärung der Wirkungszusammenhänge

Faktoren zur Beschreibung der Wirkung einer Maßnahme

Die Wirkung einer Maßnahme auf eine Schwachstelle kann auch als ihre Angemessenheit bezeichnet werden. Der Begriff lässt sich in die folgenden Faktoren unterteilen (s. BSI 2017e, S. 63):

- Wirksamkeit (Effektivität): Wirksame Maßnahmen schützen (effektiv) vor den identifizierten Bedrohungen und Schwachstellen.
- Eignung: Geeignete Maßnahmen müssen in der Praxis umsetzbar sein.
- Praktikabilität: Praktikable Maßnahmen sind leicht verständlich, einfach anzuwenden und wenig fehleranfällig.
- Akzeptanz: Maßnahmen werden akzeptiert, wenn sie keine Personen diskriminieren oder beeinträchtigen.
- Wirtschaftlichkeit: Durch wirtschaftliche Maßnahmen wird ein festgelegtes Schutzniveau mit im Verhältnis dazu stehenden Aufwänden erreicht.

Die Wirksamkeit kann dabei in die Kategorien *wirksam*, *teilweise wirksam* und *unwirksam* unterteilt werden. Eine wirksame Maßnahme auf die Schwachstelle „Fehlende Awareness“ wäre etwa die Durchführung von Awareness-Schulungen oder Trainings. Teilweise wirksam wäre hingegen die Maßnahme „Aufbau eines Informationssicherheitsmanagementprozesses“, sofern in diesem das Thema Awareness berücksichtigt würde. Als unwirksame Maßnahme kann bspw. eine Netzwerksegmentierung genannt werden. (s. BEIßEL 2019, S. 287; KERSTEN U. KLETT 2008a, S. 119).

Die Eignung einer Maßnahme bezieht sich stets auf einen spezifischen Kontext. Sie wird insofern berücksichtigt, als dass durch die Ausdetaillierung der verschiedenen Sichten in der Modellanwendung unternehmensspezifische Faktoren mit in die Auswahl von Maßnahmen einfließen. (s. BACHLECHNER ET AL. 2016, S. 309)

Die Praktikabilität in dieser Untersuchung ergibt sich aus der Vorauswahl der Maßnahmen und der Fokussierung relevanter Maßnahmen im Kontext produzierender KMU und Industrie-4.0-Umgebungen. Für die Praktikabilität ergibt sich eine Anforderung an eine einfache, leicht erklärbare und umzusetzende Maßnahme (s. KERSTEN U. KLETT 2008b, S. 102).

Die Akzeptanz ist naturgemäß zwar ein kritischer Erfolgsfaktor einer Maßnahme, besitzt jedoch keinen direkten Einfluss auf deren Wirkung. Bei der Akzeptanz geht es weniger um die tatsächliche Beeinträchtigung oder Diskriminierung, sondern mehr um eine wahrgenommene im Sinne der Psychologie (s. KERSTEN U. KLETT 2008b, S. 102). Daher ist es umso wichtiger, alle relevanten Stakeholder anzusprechen und das Commitment der Geschäftsführung einzuholen.

Ebenso können wirksame Maßnahmen wirtschaftlich oder nicht wirtschaftlich sein, weswegen der Faktor Wirtschaftlichkeit nicht direkt mit in die Betrachtung der Wirkung einfließt. Bei der Priorisierung der Maßnahmen hingegen kommt die Wirtschaftlichkeit als relevanter Faktor zum Tragen. (s. KERSTEN U. KLETT 2008b, S. 102f.)

Es ist anzumerken, dass sich in der Praxis Defizite bei der Bewertung dieser Angemessenheit zeigen. Zum Teil werden Maßnahmen als angemessen bezeichnet, weil sie in Katalogen aufgeführt werden. Darüber hinaus ist die Stringenz in der Bewertung durch eine Zuordnung von „Informationswerten → Risiken → Maßnahmen → Restrisiko" nicht erkennbar. (s. KERSTEN ET AL. 2020c, S. 98f.)

Für die Erklärung der Wirkungszusammenhänge sind im Rahmen dieser Untersuchung vor allem die „Faktoren", „Wirksamkeit", „Eignung" und „Praktikabilität", relevant. Die Faktoren „Akzeptanz" und „Wirtschaftlichkeit" fließen durch das Gestaltungsmodell (s. Kapitel 8) in die Umsetzung eines Informationssicherheitsmanagementsystems ein. Auf Basis der zuvor beschriebenen Faktoren werden drei möglichen Ausprägungen hinsichtlich der Wirkung einer Maßnahme auf eine Schwachstelle festgelegt (s. Tabelle 7-1):

Tabelle 7-1: Erläuterung der Ausprägungen einer Wirkung (s. KERSTEN U. KLETT 2008a, S. 119)

Darstellung	Ausprägung	Beschreibung
(○)	unwirksam	Aufgrund der Charakteristika der Maßnahme kann keine Wirkung auf die untersuchte Schwachstelle abgeleitet werden. Somit hat die Umsetzung der Maßnahme keinen Einfluss auf die Schwachstelle.
◑	teilweise	Zum einen liegt eine teilweise Wirkung vor, wenn die Umsetzung einer Maßnahme einen indirekten Einfluss auf eine Schwachstelle besitzt. Zum anderen dann, wenn nur in gewissen Ausprägungen der Maßnahme von einer Wirkung auszugehen ist.
●	umfassend	Die Wirkung einer Maßnahme auf eine Schwachstelle ist umfassend, wenn ihre Umsetzung die Schwachstelle zu einem hohen Maße mitigiert und ihre Umsetzung somit obligatorisch für die Erreichung des Schutzniveaus ist.

Bestimmung des Granularitätsgrads zur Erklärung der Wirkungszusammenhänge

Neben der Festlegung der Wirkungsausprägung muss darüber hinaus festgelegt werden, in welchem Granularitätsgrad bzw. auf welchem Detailgrad die Wirkung beschrieben wird. Bereits bei der Beschreibung und Identifikation von Schwachstellen (s. Kapitel 5) sowie Maßnahmen (s. Kapitel 6) wurde darauf hingewiesen, dass die Bestimmung des Granularitätsgrads, bei welchem eine ausreichend genaue und gleichzeitig praktikable Beschreibung beider Elemente und ihrer Wirkungszusammenhänge ermöglicht werden, in der Theorie und Praxis eine bekannte Herausforderung darstellt (s. Anhang A.1.). So ist die Erklärung der Wirkungszusammenhänge etwa auf der Ebene von Schwachstellen- sowie Maßnahmenbündel nicht zielführend und nicht aussagekräftig für eine detaillierte Abteilung von Handlungsempfehlungen, weil eine Erklärung zu oberflächig wäre. Ebenso scheint eine Erklärung auf Ebene der einzelnen Schwachstellen bzw. Aufgaben einer Maßnahme nicht zielführend, weil die Anforderungen an

Pragmatismus und Effizienz (Pareto-Prinzip) sowie an eine Praxistauglichkeit des zu entwickelnden Vorgehensmodells nicht erfüllt wären, da insgesamt mehrere tausend Wirkungszusammenhänge erklärt bzw. berücksichtigt werden müssten. **Daraus ergibt sich, dass die Wirkungszusammenhänge in dieser Arbeit auf Ebene einzelner Schwachstellen und einzelner Maßnahmen erklärt werden** (s. Abbildung 7-2).

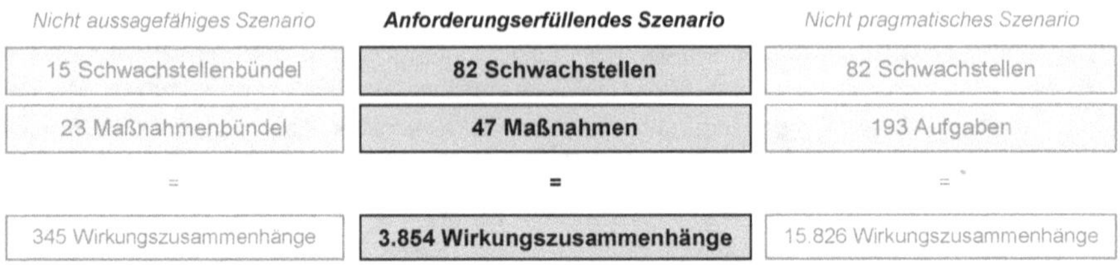

Abbildung 7-2: Szenarien zur Untersuchung der Wirkungszusammenhänge vor der Reduktion (eigene Darstellung)

7.1.2 Reduktion der Wirkungszusammenhänge

Um nun die 3.854 möglichen Wirkungszusammenhänge weiter eingrenzen zu können, erfolgt eine Voruntersuchung derselben. So können die zu untersuchenden Wirkungsbeziehungen auf ein Maß reduziert werden, welches im Rahmen der vorliegenden Dissertationsschrift behandelt werden kann. Dazu werden im Folgenden zwei Schritte erläutert, anhand derer die Reduktion der Wirkungszusammenhänge erfolgt ist.

Schritt 1 – Obligatorisch umzusetzende Maßnahmen

Im ersten Schritt werden alle Maßnahmen untersucht, die in Anlehnung an eine Basisabsicherung unabhängig von der jeweiligen Industrie-4.0-Umgebung respektive ihrer Schwachstellen umzusetzen sind (s. BSI 2020c, S. 1f). Diese Tatsache ergibt sich naturgemäß aus einigen übergreifenden Maßnahmen wie etwa der strategischen Betrachtung der Informationssicherheit oder der Verbesserung der Awareness im Unternehmen. Der Schritt beruht auf den Annahmen, dass die zu untersuchenden Industrie-4.0-Umgebungen eine bestimmte Komplexität aufweisen (s. KANDO 2020) und für einen wirkungsvollen Schutz Gesamtkonzepte benötigt werden (s. KIENER 2019), durch die die Angemessenheit einer „obligatorischen Maßnahme" rechtfertigt wird. Bei der unternehmensspezifischen Ausgestaltung anhand der verschiedenen Sichten im Spezialisierungsmodell ergibt sich für diese Maßnahmen also immer eine Relevanz bzw. Wirkung auf zumindest eine Schwachstelle der Industrie-4.0-Umgebung. Es folgt eine kurze Erläuterung zu den entsprechenden Maßnahmen.

Die Maßnahmen des Bündels „Asset-Management" werden dadurch als obligatorisch erachtet, als dass in jeder Industrie-4.0-Umgebung Enterprise- (AM-1), Hardware- (AM-2) und Software-Assets (AM-3) eingebunden sind und diese stets hinsichtlich ihres Geschäftswerts bewertet werden sollten (AM-4). Darüber hinaus spielen Assets in der Bewertung eines Informationssicherheitsrisikos eine besondere Rolle (s. DIN EN ISO/IEC 27005:2018-07, S. 7), weil sie in den meisten Ansätzen als Ausgangspunkt eines Sicherheits-Assessments dienen. Eine entsprechende Inventarisierung der Assets lässt sich somit als Grundvoraussetzung verstehen.

Strategische Maßnahmen umfassen eine allgemeine strategische Betrachtung (US-1) der Informationssicherheit im Unternehmen und den Aufbau eines Informationssicherheitsmanagementsystems (US-2). Sie können als Querschnittsmaßnahmen verstanden werden, die je nach Ausgestaltung der Industrie-4.0-Umgebung skaliert werden können, grundsätzlich aber adressiert werden sollten (s. ABOLHASSAN 2017a, S. 128f.).

Gleiches gilt für Maßnahmen, die sich der Governance und der Compliance im Unternehmen zuordnen lassen. Geeignete Strukturen (GV-1) und Policys (CO-1) aufzubauen sowie sich rechtlichen Fragen zu widmen, (CO-2) stellen für jede Industrie-4.0-Umgebung relevante Maßnahmen dar. Zumindest sollten Unternehmen sich im Laufe der Realisierung ihrer Industrie-4.0-Umgebung damit auseinandergesetzt haben. (s. KNOLL 2021, S. 239ff.)

Entsprechend lässt sich eine allgemeine Relevanz für das Maßnahmenbündel „Risikomanagement" ableiten. Die unternehmerischen Informationssicherheitsschwachstellen zu managen (RM-1), daraus eine Strategie abzuleiten (RM-2) und die Risikobewertung auf die gesamte Wertschöpfungskette auszuweiten (RM-3), ist für jede Industrie-4.0-Umgebung sinnvoll bzw. notwendig. (s. MULLET ET AL. 2021, S. 23237f.)

Letztlich ist dem Maßnahmenbündel „Awareness und Training" eine allgemeine Relevanz zuzuweisen, da an jeder Industrie-4.0-Umgebung, ungeachtet ihres Umfangs, Menschen beteiligt sind und diese auf diverse Arten und Weisen mit dem System interagieren. Die Realisierung einer allgemeinen und unternehmensweiten Awareness (AT-1) sowie das Training für besondere Rollen und Verantwortlichkeiten (AT-2) sind somit unerlässlich (s. KHANDO ET AL. 2021, S. 2f.). Zusätzlich berücksichtigt die Einordnung die Tatsache, dass der Großteil von Vorfällen in Bezug auf die Informationssicherheit durch Menschen ausgelöst oder ermöglicht worden sind (s. Kapitel 5.2.3).

Weitere Maßnahmenbündel, die nicht in die Betrachtung der konkreten Wirkungszusammenhänge einfließen, sind solche Maßnahmen, die sich den Bündeln „Reaktionsmanagement" (RM-1 bis RM-5) und „Wiederherstellungsmanagement" (WM-1 bis WM-3) zuordnen lassen. Sie sind häufig prozessualer Natur und in jedem Fall umzusetzen, wenn das Unternehmen von einem Informationssicherheitsvorfall betroffen ist. Die Abhängigkeit besteht also nicht zur Industrie-4.0-Umgebung, sondern zu dem Vorliegen eines Vorfalls. Demnach ergibt sich für die Untersuchung der Wirkungszusammenhänge kein Mehrwert in der Methodenanwendung.

Durch die erste Reduktion der Wirkzusammenhänge können 22 Maßnahmen als obligatorisch erachtet werden. Die möglichen Wirkungszusammenhänge reduzieren sich dadurch auf 2.050.

Schritt 2 – Vorabbestimmung möglicher Wirkungszusammenhänge

Im zweiten Schritt wird eine Vorabbestimmung möglicher Wirkungszusammenhänge durch eine sachlogische Erklärung auf Ebene der Schwachstellen- und Maßnahmenbündel durchgeführt (s. Tabelle 7-1). Die Vorabbestimmung basiert dabei auf einer Einflussmatrix nach PROBST U. GOMEZ (s. Kapitel 4.3.2) mit m Maßnahmen- und n Schwachstellenbündeln. Wie im Vorfeld gezeigt, eignet sich die Ebene nicht zur konkreten Bestimmung der Wirkungszusammenhänge, wohl aber zur validen Eingrenzung potenzieller Wirkungspaare und stellt somit ein Mittel zum Zweck dar, um die Anforderungen an ein pragmatisches und effizientes Vorgehensmodell zum Aufbau eines Informationssicherheitsmanagementsystems zu erfüllen. Ein Beispiel für eine solche Vorabbestimmung ist, dass das Maßnahmenbündel „Datensicherheit" offensichtlich keine Wirkung und somit keinen Einfluss auf das Schwachstellenbündel „Fehlfunktionen" hat, da Fehlfunktionen unabhängig von den Aufgaben der entsprechenden Maßnahme (bspw. Einstufung von Daten hinsichtlich ihrer Relevanz, s. Anhang A7, S. 314) auftreten können. Eine detaillierte Untersuchung der einzelnen Wirkungszusammenhänge auf Ebene der Einzel-Schwachstellen und -Maßnahmen wird somit obsolet. Die Vorabbestimmung möglicher Wirkungszusammenhänge ist in Anhang A.8 und exemplarisch in Abbildung 7-3 dargestellt.

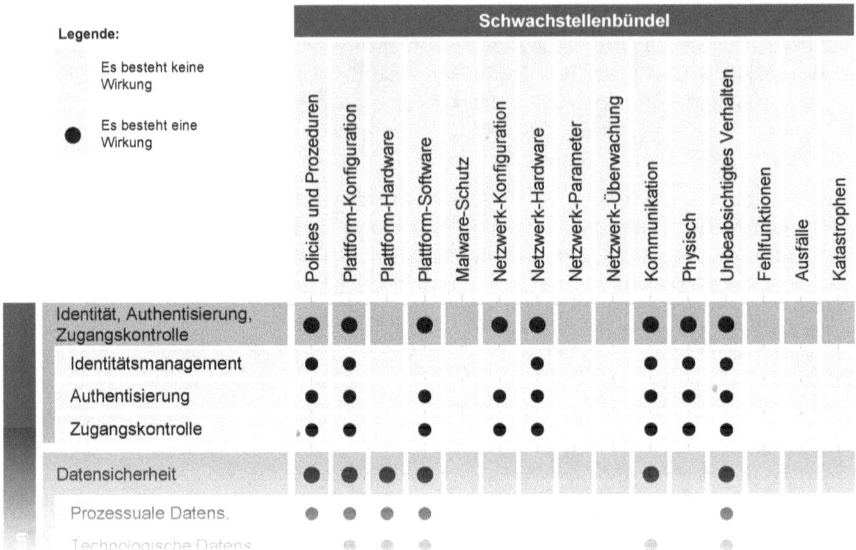

Abbildung 7-3: Exemplarische Darstellung der sachlogischen Wirkungszusammenhänge zwischen Schwachstellen- und Maßnahmenbündeln (eigene Darstellung)

Die zu erklärenden Wirkungszusammenhänge reduzieren sich dadurch auf 875 (s. Abbildung 7-4). Es wird konstatiert, dass die beiden Schritte zur Reduktion der Wirkzusammenhänge zum einen eine ausreichende Aussagefähigkeit erlauben und zum anderen eine Bearbeitung in dieser Dissertationsschrift ermöglichen. Darüber hinaus ist davon auszugehen, dass die Anzahl der nicht offensichtlich zu erklärenden Wirkzusammenhänge deutlich unter dieser ermittelten Zahl von 875 liegt. Das ist damit zu begründen, dass die im weiteren Verlauf zu untersuchenden Maßnahmen spezifisch auf die einzelnen Schwachstellen der abzusichernden Industrie-4.0-Umgebung und ihrer Assets wirken und somit viele Wirkungsbeziehungen sachlogisch ausgeschlossen werden können, weil offensichtlich keine Wirkung besteht.[57] (s. KERSTEN ET AL. 2020b, S. 12ff.; 2020a, S. 26f.; RECHEL 2021; MILOŠEVIĆ ET AL. 2020, S. 4279ff.)

[57] Zusätzlich bestätigt durch Experteninterviews (s. Anhang A.1.)

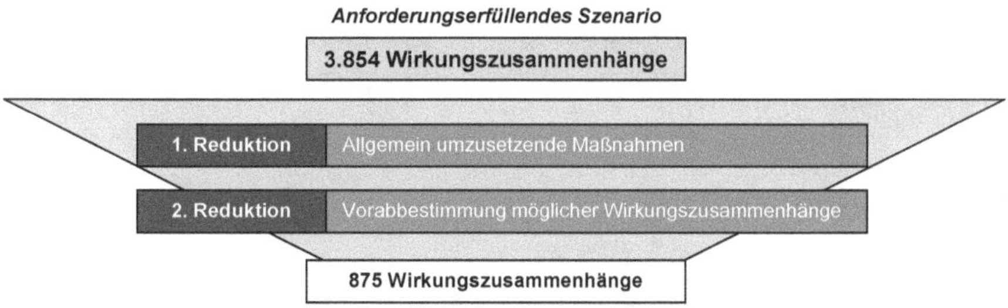

Abbildung 7-4: Reduktion der zu untersuchenden Wirkungszusammenhänge (eigene Darstellung)

7.2 Wirkung von Maßnahmen auf Schwachstellen

Die folgenden Unterkapitel werden nach den Maßnahmenbündeln strukturiert und anhand der einzelnen Maßnahmen durchgearbeitet. Im Detail werden die in Anhang A.8 vorbestimmten Wirkungszusammenhänge erklärt. Die Erklärung erfolgt hauptsächlich auf Basis sachlogischer Herleitungen, daneben dienen Praxiserfahrungen des Autors (s. Anhang A.2), Experteninterviews (s. Anhang A.1) sowie Literaturrecherchen zur Bestimmung der Wirkungszusammenhänge (s. Kapitel 7.1). Um die Lesbarkeit zu erhöhen, werden in den zusammenfassenden Tabellen nur die bestehenden Wirkungszusammenhänge dargestellt. Paarungen, bei denen kein Wirkungszusammenhang besteht, werden nicht dargestellt.

7.2.1 Identität, Authentisierung und Zugangskontrolle

Ziel des Bündels ist die Erfassung, Aufzeichnung und Verwaltung von Benutzeridentitäten und den damit verbundenen Zugriffsberechtigungen, um etwa den Zugriff auf ein System auf den dafür vorgesehenen Benutzerkreis zu beschränken (s. CAMPO ET AL. 2017, S. 68).

Wirkung der Maßnahme „Identitätsmanagement"

Durch ein Identitätsmanagement werden mehrere partielle Identitäten von Subjekten (Personen, Maschinen und Anlagen, ...) gemanagt (s. PETRLIC U. SORGE 2017, S. 67). Somit wirkt das Management teilweise gegen unklare Rollen und Verantwortlichkeiten, da diese im Rahmen des Aufbaus eines Identitätsmanagementsystems definiert werden müssen. Daran anknüpfend wird die Schwachstelle einer unklaren Asset-Zuordnung hinsichtlich Verantwortlichkeiten ebenfalls teilweise adressiert, da die Assets dedizierten Personen bzw. Identitäten im Unternehmen zugeordnet werden können. Weiter wirkt das Identitätsmanagement teilweise auf die Schwachstelle Unzureichende Zugangsberechtigungen auf Ebene des Gesamtsystems, da darüber die Grundlagen und Privilegien umgesetzt werden, die notwendig sind, um Entitäten maximal mit den erforderlichen Berechtigungen auszustatten (s. FUCHS U. PERNUL 2013, S. 88ff.). Die Maßnahme wirkt gegen unsichere Zugänge an Maschinen und Anlagen, indem digitale Identitäten dazu genutzt werden, einzelnen Komponenten eineindeutige Attribute zuzuordnen oder auch Software-Updates und Patches aufzuspielen (s. PHILIPP U. DEFFNER 2020). In Bezug auf den Datenschutz wirkt die Maßnahme ebenfalls gegen eine unzureichende Sicherstellung dessen zwischen Client- und Access-Point (s. JØSANG ET AL. 2007, S. 148). Moderne, technologische und bereits zur Verfügung stehende Lösungen verfolgen das Ziel, eine Autonomie sowie eine individuelle Kontrolle über die Nutzung, Speicherung und den Transfer der eigenen Daten zu erreichen (s. GIANNOPOULOU 2020, S. 2). Ein instanziiertes

Identitätsmanagement ist darüber hinaus notwendig, um nur berechtigten Personen den Zutritt zu bestimmten Bereichen des Unternehmens zu gewährleisten (s. Strohmeier 2008, S. 191ff.), wodurch es gleichzeitig und indirekt gegen Sabotage im Unternehmen wirkt. Letztlich kann unbeabsichtigtem Verhalten, etwa in Form von Änderungen an Daten (s. Lunkeit u. Zimmer 2021, S. 109f.) und OT-Systemen oder einer falschen Nutzung von Admin-Rechten, teilweise vorgebeugt werden, indem Nutzungsrechte und Berechtigungen über die Identitäten eingeschränkt werden. Dadurch wird erreicht, dass bestimmte Aktivitäten nicht mehr oder nur von geschultem Personal ausgeführt werden können.

Wirkung der Maßnahmen „Authentisierung“ und „Zugangskontrolle“

Die Authentisierung beschreibt das (aktive) Nachweisen einer Identität, die Zugangskontrolle (Authentifizierung) hingegen das (passive) Überprüfen selbiger bzw. Gewähren eines Zugangs (s. Perseus 2021). Demnach wirken die Maßnahmen teilweise gegen die Schwachstelle Unklare Rollen und Verantwortlichkeiten, weil jene im Vorhinein definiert werden müssen. Naturgemäß werden unzureichende Zugangsberechtigungen sowie unzureichende Authentisierung und Zugangskontrollen durch diese Maßnahmen adressiert (s. BSI 2020d, S. 1ff.). Weiterhin wirken die Maßnahmen gegen Schwachstellen in Bezug auf Passwörter, denn Passwörter zählen zu einem der wichtigsten Authentisierungsmechanismen (s. Windelband 2015). Im Rahmen einer umfangreichen Authentisierung können unzureichende Passwort-Policies verbessert und unverschlüsselte Passwörter zwischen Netzwerkknoten durch verschiedene Verschlüsselungsverfahren geschützt werden (s. Terentiev 2020, S. 26f.).

Zusammenfassung

Eine zusammenfassende Darstellung der Wirkungen der Maßnahmen auf die Schwachstellen ist in den nachfolgenden Tabellen aufgeführt.

Tabelle 7-2: Wirkung der Maßnahme „Identitätsmanagement“

ID	Schwachstelle	Wirkung
PP-8	Unklare Rollen und Verantwortlichkeiten	●
PP-12	Unklare Asset-Zuordnung hinsichtlich Verantwortlichkeiten	◑
PK-6	Unzureichende Zugangsberechtigungen	◑
NH-2	Unsichere Zugänge an Maschinen und Anlagen	●
KO-5	Unzureichender Datenschutz zwischen Client- und Access-Point	●
PY-3	Unberechtigte Personen haben Zutritt	●
PY-4	Sabotage	◑
UV-1	Unbeabsichtigte Änderung von Daten	◑
UV-2	Unbeabsichtigte Änderung von OT-Systemen	◑
UV-4	Falsche Nutzung von Admin-Rechten	◑

Tabelle 7-3: Wirkung der Maßnahmen „Authentisierung“ und „Zugangskontrolle“

ID	Schwachstelle	Wirkung
PP-8	Unklare Rollen und Verantwortlichkeiten	◑
PK-6	Unzureichende Zugangsberechtigungen	●
PK-8	Unzureichende Passwort-Policy	◑
PS-8	Unzureichende Authentisierung und Zugangskontrolle	●
NK-1	Schwache Netzwerksicherheitsarchitektur	◑
NK-2	Unverschlüsselte Passwörter zwischen Knoten	◑

NH-1	Unsichere Zugänge an Maschinen und Anlagen	◑
KO-2	Authentifizierung von Assets ist unzureichend	●
KO-4	Unzureichende Authentisierung zwischen Client- und Access-Point	◑
PY-1	Vandalismus und Diebstahl	●
PY-3	Unberechtigte Personen haben Zutritt	●
PY-4	Sabotage	●
UV-1	Unbeabsichtigte Änderung von Daten	◑
UV-2	Unbeabsichtigte Änderung von OT-Systemen	◑

7.2.2 Datensicherheit

Die Datensicherheit verfolgt das Ziel, Informationen und Daten im Unternehmen vor dem Hintergrund der Schutzziele Vertraulichkeit, Integrität und Verfügbarkeit zu managen. Schwachstellen in Bezug auf die Datensicherheit lassen sich in die beiden Kategorien prozessual (bzw. menschlich) und technologisch unterteilen (s. Kapitel 6.2).

Wirkung der Maßnahme „Prozessuale Datensicherheit"

Als Maßnahme adressiert die prozessuale Datensicherheit solche Schwachstellen, die sich durch unzureichende Prozesse und menschliches Fehlverhalten ergeben. Im Fokus steht der Schutz aller denkbaren Daten im Unternehmen. Der Aufbau und die Etablierung eines Datenmanagementprozesses sind elementare Bestandteile. Dieser Datenmanagementprozess umfasst Aufgaben, die die Qualität, Konsistenz und Sicherheit der Daten sowie deren Lifecycle sicherstellt (s. LUBER 2019). Daher wirkt die Maßnahme Prozessuale Datensicherheit je nach Umsetzungsgrad auf eine Vielzahl von Schwachstellen, die einen prozessualen bzw. organisationalen und menschlichen Hintergrund aufweisen (s. NIKLAS 2018). Dazu lassen sich naturgemäß alle Schwachstellen des Bündels Policys und Prozeduren zählen, die einen unzureichenden oder einen fehlenden Umgang sowie einen Mangel in bestimmten Aspekten aufweisen (s. FOLLIS 2019). Ähnliches gilt für die Schwachstellen 2, 4, 5, 6, 7 und 8 (s. S. 126f.) des Bündels Plattformkonfiguration, denn die Umsetzung einer prozessualen Datensicherheit umfasst bspw. das Ändern von Standardkonfigurationen oder das sichere Löschen von Daten gegen einen unberechtigten Zugriff (s. CIS 2021, S. 16f.). Softwareseitige Schwachstellen, wie etwa, dass vorhandene Sicherheitsmechanismen nicht genutzt werden oder unnötige Funktionen nicht deaktiviert sind, lassen sich durch angepasste Prozesse im Rahmen der Datensicherheit adressieren (s. STRÜVE 2020, S. 12ff.; BSI 2018b, S. 3).

Das Risiko vor potenziellen Vorfällen, die durch unbeabsichtigtes Verhalten hervorgerufen werden, wird durch eine prozessuale Datensicherheit deutlich reduziert, weil dadurch Möglichkeiten zur Entstehung der Vorfälle eingeschränkt werden (s. EU 2016, S. 36). Dazu zählen Vorfälle durch das unbeabsichtigte Ändern von Daten, falsche Konfigurationen oder eine falsche Nutzung von Admin-Rechten sowie ein potenzieller Schaden durch Dritt-Anbieter.

Wirkung der Maßnahme „Technologische Datensicherheit"

Im Gegensatz zur prozessualen adressiert die technologische Datensicherheit solche Schwachstellen, die durch den Einsatz bestimmter Technologien bzw. technologischen Verfahren behandelt werden. Die Verschlüsselung von Daten auf mobilen Endgeräten sorgt dafür, dass auf diese nicht ungeschützt zugegriffen werden kann (s. ZINKUS ET AL. 2021, S. 1ff.). Ebenso werden durch die Maßnahme unsichere Remote-Zugänge auf ICS-Komponenten, duale Netzwerkadapter sowie das Fehlen von Intrusion-Detection- oder Prevention-Software adressiert (s. Wendzel 2018, S. 199f.), indem verschiedene Erkennungstechniken zum Einsatz kommen, bei denen die fehlgeschlagenen Anmeldeversuche aus externen Umgebungen bewertet werden (s. Kubovič 2020; Control 3.14 in CIS 2021, S. 17). Ein unzureichender Schutz gegen Cross-site-Scripting und weiter auch vor anderen ungültigen Eingaben kann bspw. durch eine Content-Security-Policy erreicht werden. Dadurch wird vorgeschrieben, wie der eingegebene Inhalt auf der Website interagieren kann, sodass er bspw. nur auf die ausführenden Ressourcen zugreifen kann, die für den originären Zweck gedacht sind (s. Yusof u. Khan Phatan 2016, S. 58). Um Daten zwischen Client- und Access-Point zu schützen (engl. *data-in-transit*), existieren verschiedene technologische Möglichkeiten. Die in Industrie-4.0-Umgebungen verwendete und oft veraltete Hardware nutzt bspw. das Modbus-Protokoll, welches anfällig für Manipulationen ist. Weil eine Erneuerung mit Kosten verbunden oder nicht ohne weiteres möglich ist, existieren Lösungen wie Containerisierung, die auf die bestehenden Komponenten aufgesetzt werden (s. Ulybyshev et al. 2021, S. 16). Letztlich können unbeabsichtigte Änderungen (durch Schadsoftware o. ä.) in und an (OT-)Systemen verhindert werden, indem etwa der physische Zugriff auf Maschinen und Anlagen begrenzt und Möglichkeiten zur Interaktion mit diesen (bspw. durch kompromittierte USB-Sticks) minimiert werden (s. ENISA 2018, S. 24).

Wirkung der Maßnahme „Integritätscheck"

Die Sicherstellung der Integrität eines Systems stellt eine der drei grundlegenden Schutzziele der Informationssicherheit dar (s. Kapitel 2.4.1). Sie wird durch Mechanismen in Form von Technologien und Tools erreicht (s. Harley u. Cooper 2021, S. 22). Dafür lassen sich z. B. kryptografische Hash-Funktionen und digitale Signaturen einsetzen (s. Beasley 2019). Im Kern basiert die Maßnahme auf Integritätschecks zur Verifizierung von Software, Hardware sowie Firmware und damit der Prüfung der Informationsintegrität (s. NIST 2018, S. 33). Somit steht der Maßnahme eine große Angriffsfläche gegenüber (s. Sood 2020, S. 10725f.). Durch eine Trennung von Test- und Produktivumgebung der zu verifizierenden Komponenten und einen definierten Prozess zur Implementierung solcher Komponenten wirkt die Maßnahme gegen das fehlende Testen von Updates und Patches, ein unzureichendes Testen von Sicherheitsänderungen (s. JunHee u. Yoojae 2017, S. 1520) und die fehlende Überprüfung der eingesetzten Schnittstellen sowie ICS-Protokolle ggf. schon im Beschaffungsprozess (s. Alladi et al. 2020, S. 24; BSI 2013, S. 65).

Zusammenfassung

Eine zusammenfassende Darstellung der Wirkungen der Maßnahmen auf die Schwachstellen ist in den nachfolgenden Tabellen aufgeführt.

Tabelle 7-4: Wirkung der Maßnahme „Prozessuale Datensicherheit"

ID	Schwachstelle	Wirkung
PP-2	Unzureichende Durchführung von Audits in Industrie-4.0-Umgebungen	●
PP-3	Unzureichende Sicherheits-Policys	◑
PP-4	Mangel an Training und Awareness	●
PP-5	Mangel an Mechanismen zur Stärkung	●
PP-6	Keine spezifische Dokumentation	●
PP-7	Unklare Rollen und Verantwortlichkeiten	●
PP-9	Keine grundlegenden Sicherheitsprinzipien	◑
PP-11	Unzureichendes Asset-Inventar	●
PP-12	Unzureichende Asset-Zuordnung hinsichtlich Verantwortlichkeiten	●

PP-13	Keine Identifikation von Projektanforderungen	◑
PP-14	Unzureichende Anbieterauswahl	●
PP-15	Unzureichender Umgang mit IIoT-Verbindungen	◑
PP-16	Mangel an strategischer Planung	◑
PP-17	Unzureichende Versicherungen	◑
PK-2	Standardkonfigurationen werden genutzt	◑
PK-4	Patches werden nicht gemanagt	◑
PK-5	Patches werden ohne Tests implementiert	◑
PK-6	Unzureichende Zugangsberechtigungen	◑
PK-7	Keine proaktiven Updates	◑
PK-8	Unzureichende Passwort-Policy	◑
PH-6	Undokumentierte Assets mit dem ICS-Netzwerk verbunden	◑
PS-3	Installierte Sicherheitsmechanismen nicht genutzt	◑
PS-5	Unnötige Funktionen nicht deaktiviert	●
PS-7	Keine Überprüfung eingesetzter Schnittstellen	◑
PS-9	Leichte Erreichbarkeit von technischer Dokumentation	●
UV-1	Unbeabsichtigte Änderung von Daten	●
UV-3	Falsche Konfiguration	◑
UV-4	Falsche Nutzung von Admin-Rechten	●
UV-5	Schaden durch Dritt-Anbieter	◑

Tabelle 7-5: Wirkung der Maßnahme „Technologische Datensicherheit“

ID	Schwachstelle	Wirkung
PK-1	Daten ungeschützt auf mobilen Geräten	●
PH-3	Unsicherer Remote-Zugang auf ICS-Komponenten	●
PH-5	Einsatz von dualen Netzwerkadaptern	◑
PS-2	Keine Intrusion-Detection oder Prevention-Software	●
PS-11	Unzureichender Schutz vor Cross-site-Scripting	●
PS-12	Unzureichender Schutz vor ungültigen Eingaben	●
KO-5	Unzureichender Datenschutz zwischen Client- und Access-Point	●
UV-2	Unbeabsichtigte Änderungen in OT-Systemen	◑

Tabelle 7-6: Wirkung der Maßnahme „Integritätschecks“

ID	Schwachstelle	Wirkung
PK-5	Fehlendes Testen von Updates und Patches	◑
PH-1	Unzureichendes Testen von Sicherheitsänderungen	◑
PS-7	Keine Überprüfung eingesetzter Schnittstellen	◑
KO-3	Fehlende Integritätschecks von ICS-Protokollen	●

7.2.3 Informationsschutzprozesse und -prozeduren

Ein Informationsschutzprozess, dazugehörige Prozeduren und definierte Richtlinien verfolgen das Ziel, den Schutz von Informationssystemen und Assets im betrieblichen Ablauf zu gewährleisten. Sie weisen primär einen organisatorischen Charakter auf, werden aber auch durch Technologien unterstützt.

Wirkung der Maßnahme „Konfigurationsmanagement“

Eine Grundvoraussetzung für die gewünschte Verfügbarkeit eines Systems sowie dessen Elemente und Funktionalitäten ist ein gut instanziiertes Konfigurationsmanagement (s. SERRANO U. PEREIRA 2020, S. 8). Zu den Aufgaben zählt etwa, dass Änderungen an Konfigurationen geteilt und Standardkonfigurationen stets abgelöst werden sollten (s. CIS 2021, S. 20). Daher lässt sich die Maßnahme auf das Management sowie alle Schwachstellen mit Komponentenbezug einer Industrie-4.0-Umgebung anwenden, die Möglichkeiten zur Konfiguration bieten (PK-2/PK-3 (s. S. 299), NK-3/NK-6 (s. S. 302), NP-1 (s. S. 303)). Durch die Etablierung eines Prozesses und das Festlegen von Richtlinien werden der Mangel an Mechanismen zur Stärkung, das Fehlen grundlegender Sicherheitsprinzipien und ein unzureichender Umgang mit IIoT-Verbindungen adressiert (s. WENDZEL 2018, S. 316f.; OSTERHAGE 2018, S. 95f.). Ein unzureichendes Testen von Sicherheitsänderungen von Hardware einer Industrie-4.0-Umgebung kann zu Ausfällen der Produktion führen, weswegen diese stets getestet und das Ergebnis kommuniziert und dokumentiert werden sollte. In Bezug auf Software wird durch das prozessuale Konfigurationsmanagement die Notwendigkeit adressiert, vorinstallierte Sicherheitsmechanismen zu nutzen und unnötige Funktionen zu deaktivieren. IT-Sicherheitsfunktionen (z. B. Passwörter, PIN-Eingabe, ...) sollten aktiviert sein und in der Konfiguration von den vorgegebenen Einstellungen bei der Erstinstallation abweichen (s. BSI 2013, S. 64; WENDZEL 2018, S. 313). Die Konfiguration des bzw. der Unternehmensnetzwerke ist ebenso relevant wie die der einzelnen Komponenten. Dazu zählt ebenfalls, sichere Netzwerkparameter für IP-Adressen, DNS-Server oder auch Ports zu wählen. Abschließend kann unbeabsichtigtes Verhalten in Form falscher Konfigurationen oder falscher Nutzung von Admin-Rechten durch die Maßnahme kompensiert werden, indem Konfigurationsmöglichkeiten für Mitarbeitende eingeschränkt werden (s. OSTERHAGE 2018, S. 45).

Wirkung der Maßnahme „Lifecyclemanagement“

Ein Lifecyclemanagement trägt dem Umstand Rechnung, dass sich Systeme über die Zeit verändern, wodurch auch deren Sicherheitsaspekte einer kontinuierlichen Veränderung unterliegen und diese über den kompletten Lebenszyklus betrachtet werden müssen (s. SIMON U. MOUCHA 2019, S. 97). Das gilt sowohl auf Einzelkomponentenebene als auch auf der Ebene des Gesamtsystems (engl. *system of systems*) (s. KOZMA ET AL. 2021, S. 1f.) und somit auch für die gesamte Wertschöpfungskette (s. ANDRONIE ET AL. 2021, S. 4). Durch die Implementierung eines Prozesses für das Lifecyclemanagement wirkt die Maßnahme gegen unzureichende Durchführungen von Audits in Industrie-4.0-Umgebungen sowie den Mangel an Mechanismen zur Stärkung der Informationssicherheit und den Mangel an strategischer Planung (vgl. SHOWAIL 2021, S. 4f.). Ein solcher Prozess sorgt ebenfalls dafür, dass Patches und Updates gemanagt und regelmäßig installiert werden (PK-4/PK-7 (s. S. 299), MS-2 (s. S. 302)). Letztlich sollte im Prozess festgehalten werden, dass Sicherheitsänderungen an der Systemhardware einer Industrie-4.0-Umgebung stets getestet werden.

Wirkung der Maßnahme „Erstellung von Plänen“

Die Erstellung von Plänen stellt im Falle eines Vorfalls eine zentrale Maßnahme dar. Sie dienen dazu, den Normalzustand schnellstmöglich wieder herzustellen. Sie wirkt naturgemäß gegen einen Mangel an Business-Continuity- und Recovery-Planung (s. THIES 2008b, S. 99ff.) und somit auch teilweise gegen einen Mangel an strategischer Planung (s. THIES 2008b, S. 127). Weiterhin können Versicherungen Teil einer solchen Planung sein, um etwaigen finanziellen Schäden vorzubeugen (s. RÜHL 2021, S. 14). Redundant ausgelegte und kritische Komponenten sowie Netzwerke (PH-2 (s. S. 300), NH-1 (s. S. 303)) einer Industrie-4.0-Umgebung sichern bei einem Vorfall den laufenden Betrieb (s. LASZKA ET AL. 2020, S. 1), sodass diese Auslegung in Plänen zur Business-Continuity berücksichtigt werden muss. Dazu zählt ebenfalls eine autarke Stromversorgung von Backups im Unternehmen (s. BRAUNER U. FIEDRICH 2021, S. 238). Im Kern adressieren diese Pläne Vorfälle, die unbeabsichtigt hervorgerufen werden bzw. nicht geplant waren, wodurch die Maßnahme gegen alle Schwachstellen der Bündel Unbeabsichtigtes Verhalten, Fehlfunktionen, Ausfälle und Katastrophen wirkt (s. THIES 2008a, S. 67f.).

Wirkung der Maßnahme „Netzwerkmanagement"

Ein gut ausgelegtes Netzwerk dient dazu, einen effektiven und effizienten Betrieb aller Systeme und Ressourcen sicherzustellen, der an den Zielen des Unternehmens ausgerichtet ist. Das Management des Netzwerks umfasst das der Kommunikationsdienste und Netzwerkkomponenten. (s. STUDER 2010, S. 1f.)

Zu den Aufgaben zählt, die Netzwerkinfrastruktur aktuell zu halten, eine sichere Netzwerkarchitektur aufzubauen und zu managen sowie technologische Lösungen wie VPN einzusetzen (s. CIS 2021, S. 40f.). Die Maßnahme fokussiert also eine planerische Auseinandersetzung mit dem Netzwerk und wirkt somit einer nicht adäquaten (Netzwerk-)Sicherheitsarchitektur (PP-1 (s. S. 126), NK-1 (s. S. 302)), fehlenden grundlegenden Sicherheitsprinzipien und Dokumentationen (PP-6 (s. S. 126), PH-6 (s. S. 300)) sowie einem unzureichenden Umgang mit IIoT-Verbindungen entgegen. Das Gros der Industrie-4.0-Umgebungen besteht aus einer Vielzahl unterschiedlicher Komponenten verschiedener Anbieter und lässt sich somit als Multivendor-Umgebungen bezeichnen. Ein Netzwerkmanagement reduziert die potenzielle Angriffsfläche dieser Umgebung, indem etwa Architekturdiagramme mit allen Komponenten aktuell gehalten werden und unterschiedliche Konfigurationsvorgaben je Anbieter bzw. Komponente existieren (s. CORDOVA ET AL. 2018, S. 1f.). Gleiches zählt auch für die sich im Einsatz befindlichen Sicherheitslösungen selbst (s. ISLAM ET AL. 2019, S. 2f.). In Anlehnung an grundlegende Sicherheitsprinzipien existieren allgemeingültige Gestaltungsempfehlungen für Netzwerke. Neben der Sicherstellung, dass nur berechtigte Personen Zugriff zu wichtigen Netzwerkkomponenten haben, zählen das Management von Remote-Zugriffen, der Einsatz verschlüsselter Passwörter oder auch eine rein zweckbezogene Verwendung der Netzwerke (insbesondere bei kritischen Produktionsnetzwerken für gewünschte Ausfallsicherheit) dazu (s. ALABADY ET AL. 2020, S. 289ff.). Entsprechend wirkt die Maßnahme gegen die Schwachstellen PH-3 (s. S. 300), NK-2 (s. S. 302), NH-2 (s. S. 303), NP-2, NP-3 (s. S. 303) und PY-3 (s. S. 304). Der Einsatz dualer Netzwerkparameter ist per se nicht gefährdend, eröffnet aber Möglichkeiten von Angriffen, sofern diese falsch konfiguriert bzw. genutzt werden (s. NATIONAL INSTRUMENTS 2020). Ein weiterer zentraler Aspekt des Netzwerkmanagements ist die Überwachung des Netzwerks und der Datenflüsse (s. MESHCHERYAKOV ET AL. 2021, S. 302f.). Im Rahmen dessen gilt es, kritische (Kommunikations-)Pfade zu identifizieren, für die die Überwachung stattfinden soll, sofern nicht das gesamte Netzwerk überwacht werden soll oder kann. Durch eine entsprechende Planung und Auslegung der Netzwerkarchitektur kann auch das Risiko durch (Distributed-)Denial-of-Service-Angriffe verringert werden, bspw. durch den Einsatz softwaredefinierter Netzwerke (s. ALSHAMRANI ET AL. 2017, S. 83f.; KHAIRI ET AL. 2018, S. 2724).

Wirkung der Maßnahme „Applikationssicherheit“

Das Erreichen der Sicherheit einer Applikation (im weitesten Sinne eine Softwareanwendung) wird durch unterschiedliche Aufgaben, von einem sicheren Entwicklungsprozess, über das Training von Entwicklern bis hin zur Nutzung geprüfter Sicherheitsmodule und -prinzipien, gewährleistet (s. CIS 2021, S. 54f.). Teil der Maßnahme „Applikationssicherheit“ ist auch das intensive Testen einer Anwendung mitsamt der Erstellung spezifischer Dokumentationen. Naturgemäß wirkt die Maßnahme gegen alle Schwachstellen des Schwachstellenbündels Plattform-Software. So würde ein definierter Sicherheitsprozess bspw. festhalten, dass alle verfügbaren bzw. installierten Sicherheitsmechanismen auch genutzt und unnötige Funktionen deaktiviert werden. Weiterhin hat die Maßnahme einen Einfluss auf unbeabsichtigte und ungeplante Ereignisse. Durch die eingeschränkte Vergabe von Admin-Rechten werden die Rechte der Nutzer und somit potenzielle Gefahrenquellen eingedämmt (s. JOOS U. SCHMITZ 2018). Schäden durch etwaige Dritt-Anbieter von Informationssystemen oder Cloud-Anwendungen sowie der Ausfall betrieblicher Anwendungssysteme können entsprechend antizipiert werden, indem etwa softwareseitige Fallback-Lösungen implementiert werden (IBM 2021). Auch das unbeabsichtigte Ausführen einer Software-Schwachstelle kann bzw. durch CVE-Scans verhindert werden (s. BECKER 2021).

Zusammenfassung

Eine zusammenfassende Darstellung der Wirkungen der Maßnahmen auf die Schwachstellen ist in den nachfolgenden Tabellen aufgeführt.

Tabelle 7-7: Wirkung der Maßnahme „Konfigurationsmanagement“

ID	Schwachstelle	Wirkung
PP-5	Mangel an Mechanismen zur Stärkung	◑
PP-9	Keine grundlegenden Sicherheitsprinzipien	◑
PP-15	Unzureichender Umgang mit IIoT-Verbindungen	◑
PK-2	Standardkonfigurationen werden genutzt	●
PK-3	Kritische Konfigurationen werden nicht gespeichert	●
PH-1	Unzureichendes Testen von Sicherheitsänderungen	◑
PS-3	Installierte Sicherheitsmechanismen sind nicht genutzt	◑
PS-5	Unnötige Funktionen sind nicht deaktiviert	◑
NK-3	Konfigurationen von Netzwerkgeräten werden nicht gespeichert	●
NK-6	Schlecht konfigurierte Netzwerkkomponenten	●
NP-1	Keine sicheren Netzwerkparameter definiert	◑
UV-3	Falsche Konfiguration	●
UV-4	Falsche Nutzung von Admin-Rechten	●

Tabelle 7-8: Wirkung der Maßnahme „Lifecyclemanagement“

ID	Schwachstelle	Wirkung
PP-2	Unzureichende Durchführung von Audits in Industrie-4.0-Umgebungen	◑
PP-5	Mangel an Mechanismen zur Stärkung	◑
PP-16	Mangel an strategischer Planung	◑
PK-4	Patches werden nicht gemanagt	●
PK-7	Keine proaktiven Updates	●
PH-1	Unzureichendes Testen von Sicherheitsänderungen	◑
MS-2	Antiviren-Signaturen werden nicht geupdatet	◑

Tabelle 7-9: Wirkung der Maßnahme „Erstellung von Plänen"

ID	Schwachstelle	Wirkung
PP-10	Mangel an Business-Continuity- und Recovery-Planung	●
PP-16	Mangel an strategischer Planung	◑
PP-17	Unzureichende Versicherung	◑
PH-2	Mangel an Redundanzen für kritische Komponenten	●
PH-4	Backups ohne eigene Stromversorgung	◑
NH-1	Keine Redundanzen für kritische Netzwerke	●
UV-*	*Alle Schwachstellen des Bündels Unbeabsichtigtes Verhalten*	◑
FF-*	*Alle Schwachstellen des Bündels Fehlfunktionen*	●
AU-*	*Alle Schwachstellen des Bündels Ausfälle*	●
KA-*	*Alle Schwachstellen des Bündels Katastrophen*	●

Tabelle 7-10: Wirkung der Maßnahme „Netzwerkmanagement"

ID	Schwachstelle	Wirkung
PP-1	Keine adäquate Sicherheitsarchitektur	●
PP-6	Keine spezifischen Dokumentationen	◑
PP-7	Multivendor-Umgebung	◑
PP-9	Keine grundlegenden Sicherheitsprinzipien	◑
PP-15	Unzureichender Umgang mit IIoT-Verbindungen	◑
PH-3	Unsicherer Remote-Zugang auf ICS-Komponenten	●
PH-5	Einsatz von dualen Netzwerkadaptern	◑
PH-6	Undokumentierte Assets mit dem ICS-Netzwerk verbunden	●
PS-1	(Distributed) Denial of Service	◑
PS-2	Keine Intrusion-Detection- oder Prevention-Software	◑
NK-1	Schwache Netzwerksicherheitsarchitektur	●
NK-2	Unverschlüsselte Passwörter zwischen Knoten	●
NK-5	Möglichkeiten zur Überwachung des Datenflusses sind nicht im Einsatz	●
NH-1	Keine Redundanzen für kritische Netzwerke	●
NH-2	Unsichere Zugänge an Maschinen und Anlagen	●
NP-1	Keine sicheren Netzwerkparameter definiert	●
NP-2	Steuerungsnetzwerke werden für fachfremde Aufgaben genutzt	●
NP-3	Dienste für das Steuerungsnetzwerk befinden sich im Unternehmensnetzwerk	●
KO-1	Kritische Pfade sind nicht identifiziert	◑
NÜ-1	Kein Netzwerkmonitoring	●
PY-3	Unberechtigte Personen haben Zutritt	◑

Tabelle 7-11: Wirkung der Maßnahme „Applikationssicherheit"

ID	Schwachstelle	Wirkung
PP-2	Unzureichende Durchführung von Audits in Industrie-4.0-Umgebungen	◑
PP-6	Keine spezifischen Dokumentationen	◑
PP-9	Keine grundlegenden Sicherheitsprinzipien	●
PS-*	*Alle Schwachstellen des Bündels Plattform-Software*	●
UV-4	Falsche Nutzung von Admin-Rechten	◑
UV-5	Schaden durch Dritt-Anbieter	◑
FF-3	Ausführung einer Software-Schwachstelle	●
AU-3	Ausfall betrieblicher Anwendungssysteme	◑

7.2.4 Wartung und Pflege

Die Wartung, Pflege und Reparatur von OT- sowie IT-Komponenten wird entsprechend den festgesetzten Richtlinien und Prozeduren durchgeführt. Die Wartung und Pflege einer Industrie-4.0-Umgebung beinhalten im Allgemeinen die kontinuierliche Notwendigkeit zur Aufrechterhaltung ihrer einzelnen Komponenten. Durch solche vorbeugenden Arbeiten, wie etwa den Schutz vor Staub auf oder in elektronischen Komponenten und weiteren äußeren Einflüssen, können Kurzschlüsse, Unterbrechungen und Ausfälle verhindert werden (s. KEDING 2017). Die Wartung sollte mit geprüften Tools durchgeführt werden. Grundlegende Bestandteile einer umfassenden Wartung und Pflege sind das Durchführen regelmäßiger Audits sowie eine Dokumentation der Wartungen. Darüber hinaus halten Wartungspläne fest, dass Patches und Updates gemanagt und entsprechend installiert werden. Dadurch wird auch die Wahrscheinlichkeit zum Ausführen von Software-Schwachstellen reduziert. Letztlich können Wartungen und die Pflege von Industrie-4.0-Umgebungen dabei unterstützen, Fehlfunktionen von Sensoren, Aktoren oder auch Steuereinheiten zu vermeiden (s. GERSTNER 2021). In Tabelle 7-12 ist die Wirkung der Maßnahme „Wartung und Pflege" auf die Schwachstellen einer Industrie-4.0-Umgebung zusammengefasst.

Tabelle 7-12: Wirkung der Maßnahme „Wartung und Pflege"

ID	Schwachstelle	Wirkung
PP-2	Unzureichende Durchführung von Audits in Industrie-4.0-Umgebungen	◑
PP-6	Keine spezifischen Dokumentationen	◑
PK-4	Patches werden nicht gemanagt	●
PK-7	Keine proaktiven Updates	●
PY-2	Unzureichender Schutz vor äußeren Einflüssen	●
FF-1	Fehlfunktion eines Sensors / Aktors	◑
FF-2	Fehlfunktion einer Steuereinheit	◑
FF-3	Ausführung einer Software-Schwachstelle	◑

7.2.5 Technologien

Wirkung der Maßnahme „Log-Management"

Ziel eines Log-Managements ist es, Daten zu Aktivitäten von Anwendungen, Systemen und Nutzern zu sammeln und zu analysieren, um daraus Erkenntnisse und Muster abzuleiten. Der Begriff wird auch mit dem *Security Information and Event Management (SIEM)* in Verbindung gebracht, welches einen ganzheitlicheren Ansatz darstellt (s. MEYERS 2020, S. 18). Technologische Lösungen sind häufig direkt in Geräten bzw. Komponenten wie Servern und auch in Verbundsystemen integriert (s. CHUVAKIN ET AL. 2013, S. 243). Somit hilft das Log-Management, die Informationssicherheit langfristig zu stärken. Eine Überwachung von Logs findet insbesondere bei Hardware, Software und im Netzwerk einer Industrie-4.0-Umgebung statt (s. CHEN ET AL. 2020, S. 2), wodurch die Schwachstellen PS-6, PS-10 (s. S. 301), NK-5 (s. S. 302) und NÜ-2 (s. S. 303) adressiert werden.

Wirkung der Maßnahme „Medienträgersicherheit"

(Mobile) Medienträger in Form von USB-Sticks o. ä. zur Übertragung von Daten verlieren durch vollautomatisierte Produktionsumgebungen zwar zunehmend an Bedeutung, sind aber heute noch weit verbreitet und werden durch Smarte Produkte abgelöst, in welche wiederum ein automatisch auslesbarer Datenträger integriert werden kann (s. KAGERMANN 2017, S. 237; SCHLICK ET AL. 2013, S. 14). Die Maßnahme stellt sicher, dass Daten auf Medienträgern verschlüsselt und Autorun- bzw. Autoplay-Funktionalitäten deaktiviert werden.

Darüber hinaus sind viele IIoT-Geräte und -Komponenten heutzutage in der Lage, automatische Malware-Scans durchzuführen, wodurch etwa die Zugänge von Maschinen und Anlagen abgesichert werden. (s. CIS 2021, S. 17, 36; BENIAS U. MARKOPOULOS 2017, S. 80)

Wirkung der Maßnahme „Einsatz von Prinzipien"

In der Informationssicherheit haben sich unterschiedliche (Gestaltungs-)Prinzipien entwickelt bzw. herausgebildet, die in ihrer Art und Weise von einem Best Practice bis hin zu einer zentralen Voraussetzung für die Konstruktion sicherer Systeme und Sicherheitsprozesse reichen[58]. Zu den Prinzipien gehören bspw. *Continuous Improvement, Least Privilege* und *Defense In Depth*, aber auch Folgeschäden zu begrenzen oder grundsätzlich alles in einem System in Frage zu stellen. (s. SALTZER ET AL. 1975; SMITH 2012, S. 20ff., 24; SCHNEIER 2000)

Durch eine strategische Planung und Anwendung geeigneter Prinzipien wird eine adäquate (Netzwerk-)Sicherheitsarchitektur (bspw. durch Netzwerksegmentierung) erreicht und Mechanismen zur Stärkung (Einfachheit der Schutzmechanismen) instanziiert (s. RSI SECURITY 2020). Unzureichende Zugangsberechtigungen, eine unzureichende Authentisierung und Zugangskontrolle sowie ein möglicher Zutritt unberechtigter Personen und die falsche Nutzung von Admin-Rechten können durch rollenspezifische Prinzipien wie das *Erlaubnisprinzip* oder das Prinzip *minimaler Rechte* adressiert werden (s. POGUNTKE 2017, S. 28). Darüber hinaus stellen Sicherheitsprinzipien sicher, dass installierte Sicherheitsmechanismen genutzt und unnötige (System-)Funktionalitäten deaktiviert werden (s. MÜLLER 2018, S. 306f.).

Wirkung der Maßnahme „Stärkung der Resilienz"

Die Stärkung der Resilienz von Industrie-4.0-Umgebungen wird durch bestimmte Mechanismen erreicht, die sich nur teilweise von den im vorherigen Kapitel genannten Prinzipien unterscheiden[59]. Darunter fallen etwa *Failsafe-* und *Load-Balancing-Mechanismen*, Virenpro-

---

[58] Im Folgenden wird sich auf Sicherheitsprinzipien im engeren Sinne beschränkt. Grundsätzlich könnten auch noch weitere Mechanismen als Prinzipien bezeichnet werden, wie etwa die redundante Auslegung von Komponenten.

[59] Darüber hinaus ist sie zu unterscheiden von physischem Schutz.

gramme, die Umsetzung von Mindestanforderungen bei Firewalls und Netzwerksegmentierung durch Datendioden und IT/OT-Gateways (s. ABASS ET AL. 2021, S. 64; LAKHANI U. KOTHARI 2020, S. 234). Dadurch wird sichergestellt, dass entsprechende Sicherheitsarchitekturen umgesetzt werden. Um weiterhin die Funktionsfähigkeit und Ausfallsicherheit einer Industrie-4.0-Umgebung zu gewährleisten, muss sichergestellt werden, dass Redundanzen für kritische Komponenten existieren und wichtige Bestandteile über eine eigene Stromversorgung verfügen (s. ABTS U. MÜLDER 2017, S. 624). Die Wahrscheinlichkeit von Buffer-Overflow-Angriffen kann durch die Nutzung etablierter Sicherheitsmodule minimiert werden (s. RINARD ET AL. 2004, S. 3ff.).

Die eingangs genannten Virenprogramme dienen dazu, Schadprogramme frühzeitig zu erkennen und deren Ausbreitung zu verhindern, wodurch das Schwachstellenbündel Malware-Schutz adressiert wird. Zu beachten ist, dass die Programme und Anwendungen stets auf dem neuesten Stand gehalten werden müssen, um ihren vollen Nutzen zu entfalten. (s. HÄNISCH U. ROGGE 2017, S. 94)

Letztlich wirkt die Stärkung der Resilienz gegen das Schwachstellenbündel Netzwerkparameter, indem Vorgaben zu sicheren Netzwerkparametern existieren. Darüber hinaus werden die Steuerungsnetzwerke nur für ihren originären Zweck genutzt und von anderen Netzwerken getrennt betrieben.

Wirkung der Maßnahme „Web- und Mail-Security"

Unter die Maßnahme fallen bspw. das Unterbinden riskanter Aktionen, die Nutzung sicherer APIs, das Blockieren unsicherer Dokumententypen und das Verwenden von voll supporteten Browsern und E-Mail-Clients (s. CIS 2021, S. 33f.). Als Unterstützung kann eine Intrusion-Detection- bzw. Prevention-Software dienen, die bspw. verdächtige E-Mails erkennt und nur gutartige an den Nutzer weitergibt (s. LI ET AL. 2019, S. 56). Zusätzlich sorgt die fachgerechte Nutzung von voll supporteter Software dafür, dass installierte Sicherheitsmechanismen genutzt werden und das Risiko vor Buffer-Overflow-Attacken reduziert wird (s. SHAHAB ET AL. 2020, S. 3778ff.). Gerade im Web-Umfeld und bei Web-Anwendungen ist darauf zu achten, dass sichere Schnittstellen eingesetzt werden, die letztlich auch gegen Cross-site-Scripting-Angriffe und ungültige Eingaben schützen können (s. KUMAR ET AL. 2021; MADDEN 2021, S. xii, 57f.).

Wirkung der Maßnahme „Malware-Schutz"

Die Maßnahme Malware-Schutz umfasst die Konfiguration, die Nutzung und das Management von Anti-Malware-Lösungen. Demnach wirkt sie gegen alle Schwachstellen des Bündels Malware-Schutz. Insbesondere in Bezug auf das Updaten der Anti-Viren-/Malware-Signaturen und das Testen der Software-Lösungen in Industrie-4.0-Umgebungen ist zu beachten, dass deren Produktivität und Verfügbarkeit aufrechterhalten bleiben und es zu keinen Ausfällen durch Neben- bzw. Seiteneffekte kommt (s. HÄNISCH U. ROGGE 2017, S. 93f.).

Wirkung der Maßnahme „Passwörter und Verschlüsselung"

Sichere Passwörter und eine ausreichende Verschlüsselung nehmen bereits bei den vorangegangenen Maßnahmen eine bedeutende Rolle ein. In Bezug auf das Maßnahmenbündel „Technologie" fokussiert die Maßnahme insbesondere die sorgfältige Auswahl von Sicherheits- bzw. Verschlüsselungsmechanismen (s. BERENS ET AL. 2021, S. 92f.). Diese Auswahl kann durch zuverlässige Prognosen zur Sicherheit kryptographischer Verfahren, allgemeine

Leitlinien zum Umgang und zur Speicherung von Daten sowie zur Entwicklung kryptographischer Systeme untermauert werden (s. BSI 2021b, S. 16f.). Demnach wirkt die Maßnahme indirekt stärkend auf die Umsetzung einer Passwort-Policy im Unternehmen und auf das Ändern von Standardkonfigurationen einzelner Komponenten. Auf die Schwachstelle Unverschlüsselte Passwörter zwischen Netzwerkknoten wirkt die Maßnahme umfassend, da die Auswahl geeigneter symmetrischer oder asymmetrischer Verschlüsselungsverfahren wie SSL oder TLS und der Einsatz sicherer Protokolle wie SSH, SFTP, oder HTTPS die Vertraulichkeit und Integrität der Daten sicherstellt (s. BSI 2013, S. 66f.; s. Mousavi et al. 2021, S. 1521f.). Auch die Verwendung moderner Technologien wie Blockchain kann dazu beitragen, Industrie-4.0-Umgebungen abzusichern (s. El-Masri u. Hussain 2021, S. 1371ff.). Ihr Einsatz sollte allerdings stets evaluiert werden.

Wirkung der Maßnahme „Physischer Schutz“

Der Schutz gegen äußere Einflüsse wie Feuer, Überhitzung und Wasser sowie der vor menschlichen Handlungen wie Vandalismus, Diebstahl oder Sabotage stellt in Industrie-4.0-Umgebungen eine wichtige Rolle dar (s. Yu, S. Y. et al. 2020, S. 27219), um den laufenden Betrieb sicherzustellen und zu gewährleisten, dass kein unternehmensspezifisches Know-how abgegriffen werden kann. Ein wichtiges Element zur Stärkung des physischen Schutzes stellt dabei bspw. die Perimeter-Sicherheit[60] dar, die baulich-technische Befestigungen bzw. Barrieren umfasst (s. Concepture 2017; vgl. Seaman 2021, S. 366ff.). Die Maßnahme wirkt somit gegen alle Schwachstellen des Bündels „Physisch“. Letztlich leistet die Maßnahme einen Betrag zur Absicherung gegen natürliche und Umweltkatastrophen, auch wenn ein gewisses Risiko unter Berücksichtigung einer Kosten-Nutzen-Perspektive stets bestehen bleibt (s. Nunes-Vaz u. Lord 2014, S. 179).

Zusammenfassung

Eine zusammenfassende Darstellung der Wirkungen der Maßnahmen auf die Schwachstellen ist in den nachfolgenden Tabellen aufgeführt.

Tabelle 7-13: Wirkung der Maßnahme „Log-Management“

ID	Schwachstelle	Wirkung
PP-5	Mangel an Mechanismen zur Stärkung	●
PS-6	Unzureichendes Log-Management	●
PS-10	Fehlende Echtzeitüberwachung von Logs und Sensoren	●
NK-5	Möglichkeiten zur Überwachung des Datenflusses sind nicht im Einsatz	●
NÜ-2	Unzureichende Firewall- und Router-Logs	●

Tabelle 7-14: Wirkung der Maßnahme „Medienträgersicherheit“

ID	Schwachstelle	Wirkung
PK-1	Daten ungeschützt auf mobilen Geräten	◑
PS-3	Installierte Sicherheitsmechanismen sind nicht genutzt	◑
NH-2	Unischere Zugänge an Maschinen und Anlagen	●

60 Hier zu trennen von der „cyber-physischen“ Perimeter-Sicherheit durch Firewall- und VPN-Systeme zum Verhindern des Zugriffs aus dem Internet (s. Pohlmann 2019, S. 20).

Tabelle 7-15: Wirkung der Maßnahme „Einsatz von Prinzipien"

ID	Schwachstelle	Wirkung
PP-1	Keine adäquate Sicherheitsarchitektur	◑
PP-5	Mangel an Mechanismen zur Stärkung	◑
PP-9	Keine grundlegenden Sicherheitsprinzipien	●
PP-16	Mangel an strategischer Planung	◑
PK-6	Unzureichende Zugangsberechtigungen	●
PS-3	Installierte Sicherheitsmechanismen sind nicht genutzt	◑
PS-5	Unnötige Funktionen sind nicht deaktiviert	●
PS-8	Unzureichende Authentisierung und Zugangskontrolle	◑
NK-1	Schwache Netzwerksicherheits-Architektur	●
PY-3	Unberechtigte Personen haben Zutritt	◑
UV-4	Falsche Nutzung von Admin-Rechten	◑

Tabelle 7-16: Wirkung der Maßnahme „Stärkung der Resilienz"

ID	Schwachstelle	Wirkung
PP-1	Keine adäquate Sicherheitsarchitektur	◑
PP-5	Mangel an Mechanismen zur Stärkung	◑
PH-2	Mangel an Redundanzen für kritische Komponenten	●
PH-4	Backups ohne eigene Stromversorgung	●
PS-4	BufferOverflow	◑
MS-*	*Alle Schwachstellen des Bündels „Malware-Schutz"*	◑
NK-1	Schwache Netzwerksicherheitsarchitektur	●
NH-1	Keine Redundanzen für kritische Netzwerkkomponenten	●
NP-*	*Alle Schwachstellen des Bündels „Netzwerkparameter"*	◑
AU-*	*Alle Schwachstellen des Bündels „Ausfälle"*	◑

Tabelle 7-17: Wirkung der Maßnahme „Web- und Mail-Security"

ID	Schwachstelle	Wirkung
PS-2	Keine Intrusion-Detection- oder Prevention-Software	◑
PS-3	Installierte Sicherheitsmechanismen sind nicht genutzt	◑
PS-4	Buffer-Overflow	◑
PS-7	Keine Überprüfung eingesetzter Schnittstellen	●
PS-11	Unzureichender Schutz vor Cross-site-Scripting	●
PS-12	Unzureichender Schutz vor ungültigen Eingaben	●

Tabelle 7-18: Wirkung der Maßnahme „Passwörter und Verschlüsselung"

ID	Schwachstelle	Wirkung
PC-2	Standardkonfigurationen werden genutzt	◑
PC-8	Unzureichende Passwort-Policy	◑
NK-2	Unverschlüsselte Passwörter zwischen Knoten	●
NK-4	Passwörter werden nicht regelmäßig geändert	●

Tabelle 7-19: Wirkung der Maßnahme „Physischer Schutz"

ID	Schwachstelle	Wirkung
PY-1	Vandalismus und Diebstahl	●

PY-2	Unzureichender Schutz vor äußeren Einflüssen	●
PY-3	Unberechtigte Personen haben Zutritt	●
PY-4	Sabotage	●
KA-1	Natürliche Katastrophe	●
KA-2	Umweltkatastrophe	◑

7.2.6 Anomalie-Erkennung

Ziel einer Anomalie-Erkennung ist es, Grundlagen zu schaffen, um verdächtige Aktivitäten aufzuzeigen und den Einfluss potenzieller Vorkommnisse zu verstehen. Dazu ist es zum einen notwendig, einen „Normalzustand" in Form von Datenflüssen und Systemen zu definieren, um Abweichungen messen zu können. Zum anderen müssen Daten und Informationen von verschiedenen Quellen gesammelt und aggregiert werden, um Muster ableiten zu lassen (s. HÄNISCH U. ROGGE 2017, S. 94f.).

Wirkung der Maßnahme „Einrichtung der Anomalie-Erkennung"

Die Maßnahme zur Einrichtung der Anomalie-Erkennung ist als kontinuierlicher Prozess zu verstehen. Je nach Ausprägung im Unternehmen und je nach Definition des Normalzustands werden unterschiedlich viele verdächtige Aktivitäten erkannt. Daher ist es zentral, eine Planung voranzustellen und geeignete Mechanismen auszuwählen (s. NEUSCHMIED ET AL. 2021, S. 450). Die Maßnahme wirkt somit indirekt gegen die Schwachstellen Unzureichende Durchführung von Audits in Industrie-4.0-Umgebungen und Unzureichendes Asset-Inventar, weil regelmäßige Audits notwendig sind, um Abweichungen am Status quo des Systems zu erkennen, sich über schützenswerte Assets im Klaren zu sein und auf Basis dessen den Normalzustand anzupassen (s. FABER 2021, S. 155). Die Maßnahme „Anomalie-Erkennung" kann in Form von Intrusion-Detection- oder ggf. Prevention-Software im Unternehmen verankert werden (s. ROSA ET AL. 2021, S. 53). Letztlich können Fehlfunktionen von Sensoren und Aktoren erkannt werden, wenn die verzeichneten Werte unerwarteterweise über den festgelegten Normalzustand geraten.

Wirkung der Maßnahme „Pentesting"

Eine weitere Herangehensweise zur Erkennung von Schwachstellen sind Penetrationstests (engl. *Penetration Tests*, kurz: *Pentesting*). Der Versuch, auf eine Industrie-4.0-Umgebung aktiv Einfluss zu nehmen, stellt eine besondere Art eines Audits in Form einer Validierung dar und wirkt somit gegen die entsprechende Schwachstelle (s. CIS 2021, S. 59). Häufig bietet es sich an, nach größeren Änderungen der Sicherheitseinstellungen ein Pentesting durchzuführen, um Rückschlüsse auf mögliche Fehler und Schwachstellen ziehen zu können.

Die Maßnahme repräsentiert zwar einen Mechanismus zur Stärkung, kann aber aufgrund der potenziell hohen Anzahl an Schwachstellen in der Regel keinen umfassenden Sicherheitsgewinn liefern. Sie wirkt eher gegen die Absicherung spezifischer Angriffsmethoden sowie zur Stärkung der Awareness im Unternehmen. (s. GAYCKEN ET AL. 2015, S. 54f.)

Allerdings muss erwähnt werden, dass der zu erzielende Sicherheitsgewinn stark vom Umfang des Pentestings abhängt, der wiederrum eine Kosten-Nutzen-Frage darstellt. In einer Maximalausprägung könnte so argumentiert werden, dass ein Pentesting gegen alle potenziellen Angriffsmethoden wirkt.

Zusammenfassung

Eine zusammenfassende Darstellung der Wirkungen der Maßnahmen auf die Schwachstellen ist in den nachfolgenden Tabellen aufgeführt.

Tabelle 7-20: Wirkung der Maßnahme zur Einrichtung der Anomalie-Erkennung

ID	Schwachstelle	Wirkung
PP-2	Unzureichende Durchführung von Audits in Industrie-4.0-Umgebungen	◑
PP-11	Unzureichendes Asset-Inventar	◑
PS-2	Keine Intrusion-Detection- oder Prevention-Software	●
FF-1	Fehlfunktion eines Sensors / Aktors	◑

Tabelle 7-21: Wirkung der Maßnahme „Pentesting"

ID	Schwachstelle	Wirkung
PP-2	Unzureichende Durchführung von Audits in Industrie-4.0-Umgebungen	●
PP-4	Mangel an Training und Awareness	●
PP-5	Mangel an Mechanismen zur Stärkung	◑
PH-1	Unzureichendes Testen von Sicherheitsänderungen	◑

7.2.7 Kontinuierliche Überwachung

Maßnahmen der kontinuierlichen Überwachung kommen während des laufenden Betriebs zum Einsatz und sind daher von zentraler Bedeutung für den Betrachtungsbereich dieser Untersuchung. Dabei sollte jedes System und jedes Asset überwacht werden, von welchem ein potenzielles Risiko ausgeht bzw. welches es zu schützen gilt (Netzwerke, physische Umgebungen oder auch menschliche Aktivitäten). Die Verbindungen zu und Aktivitäten von externen Service-Providern werden ebenfalls überwacht (s. PARRY 2021, S. 4f.).

Wirkung der Maßnahme „Überwachung"

Im Gegensatz zur Anomalie-Erkennung umfasst die Überwachung[61] eine allgemeinere, dafür aber auch weiter ausgelegte Untersuchung bestimmter sicherheitskritischer Komponenten in Industrie-4.0-Umgebungen, wie Netzwerke, Hardware, Software und auch Menschen (s. TUNGAL 2021).

Als kontinuierlicher Teil eines Audits wirkt die Maßnahme zur Stärkung der Informationssicherheit in Industrie-4.0-Umgebungen. Softwareseitig erfährt die Maßnahme ihre Ausprägung durch Monitoring-Tools, die in der Lage sind, Echtzeitüberwachungen durchzuführen. Indem Logs und Sensoren sowie der Datenfluss zwischen Komponenten im Netzwerk überwacht wird, können mögliche Angriffe erkannt und frühzeitig entsprechende weitere Gegenmaßnahmen eingeleitet werden. (s. NIST 2018, S. 38f.)

Ferner kann ein ganzheitliches Netzwerk-Monitoring an festgelegten sicherheitsrelevanten Knotenpunkten sowie die Auswertung von Firewall- und Router-Logs dabei unterstützen, re-

[61] Je nach Interpretation und Auslegung der Maßnahme umfasst eine Überwachung auch die nach innen gerichtete Überwachung aller instanziierten Informationssicherheitsmaßnahmen im Unternehmen sowie das Gefahrenmanagement (engl. *threat management*, s. Kapitel 4.3.4) (s. NIST 2020a, S. 8).

produzierbare Fehler zu vermeiden (vgl. Kravets 2020, S. 263). Eine Überwachung physischer Komponenten zielt darauf ab, deren Integrität und Unversehrtheit sicherzustellen, indem Ereignisse wie Vandalismus, Diebstahl und Sabotage erkannt oder gar verhindert werden können (s. Salam 2020, S. 302f.). Um unbeabsichtigte Änderungen an Assets der Industrie-4.0-Umgebungen zu verhindern, gilt es, diese entsprechend zu überwachen. In Bezug auf Daten kann bspw. überwacht werden, ob unautorisierte Personen Daten oder Logs verändern oder gar löschen. Bei Änderungen von OT-Systemen unterstützen zusätzlich Videoaufnahmen, wenn physisch Änderungen vorgenommen worden sind (s. Elifoglu et al. 2018, S. 65f., 70). Analog können Fehlfunktionen von Steuereinheiten sowie alle Arten von Ausfällen erkannt werden, sofern die entsprechenden Komponenten im Vorfeld überwacht worden sind (s. Jiang et al. 2018, S. 47374).

Wirkung der Maßnahme „Schwachstellenscan“

Schwachstellenscans stellen zum einen eine spezifische Art eines Penetrationstests dar, die jedoch einen anderen Umfang als diese aufweisen. (s. Schnieder 2021, S. 32). Zum anderen beziehen sich solche kontinuierlichen Schwachstellenscans insbesondere auf die Überwachung von Software und Hardware, die teil- oder voll-automatisiert durchgeführt werden können (s. Kapitel 3.2), wie bspw. die *National Vulnerability Database* (NVD) von NIST, die als Datenbank zahlreiche und offene Schnittstellen zu Anwendungssystemen bereitstellt und in Echtzeit Informationen zu aktuell bekannt gewordenen Schwachstellen übermittelt. Dadurch können geeignete Gegenmaßnahmen wie das Trennen bestimmter Komponenten vom Netz schnell eingeleitet werden.

Zusammenfassung

Eine zusammenfassende Darstellung der Wirkungen der Maßnahmen auf die Schwachstellen ist in den nachfolgenden Tabellen aufgeführt.

Tabelle 7-22: Wirkung der Maßnahme „Überwachung“

ID	Schwachstelle	Wirkung
PP-2	Unzureichende Durchführung von Audits in Industrie-4.0-Umgebungen	●
PP-5	Mangel an Mechanismen zur Stärkung	◑
PS-10	Fehlende Echtzeitüberwachung von Logs und Sensoren	●
NK-5	Möglichkeiten zur Überwachung des Datenflusses sind nicht im Einsatz	●
NÜ-1	Kein Netzwerkmonitoring	●
NÜ-2	Unzureichende Firewall- und Router-Logs	◑
PY-1	Vandalismus und Diebstahl	◑
PY-4	Sabotage	◑
UV-1	Unbeabsichtigte Änderungen von Daten	◑
UV-2	Unbeabsichtigte Änderungen in OT-Systemen	◑
FF-2	Fehlfunktion einer Steuereinheit	◑
AU-*	*Alle Schwachstellen des Bündel „Ausfälle“*	◑

Tabelle 7-23: Wirkung der Maßnahme „Schwachstellenscans“

ID	Schwachstelle	Wirkung
PP-2	Unzureichende Durchführung von Audits in Industrie-4.0-Umgebungen	◑
FF-3	Ausführen einer Software-Schwachstelle	◑

7.2.8 Erkennungsprozessorganisation

Neben den Grundlagen und Maßnahmen zur Überwachung gilt es sicherzustellen, dass der Prozess hinter der Erkennung von Vorfällen definiert, angepasst und gelebt wird. Darunter fällt die Definition schützenswerter Assets, von Rollen und Verantwortlichkeiten, das Testen des Prozesses sowie dessen kontinuierliche Verbesserung. Daher stellt die Maßnahme einen Mechanismus zur Stärkung der Informationssicherheit dar. (s. NIST 2018, S. 40)

Tabelle 7-24: Wirkung der Maßnahme „Erkennungsprozessorganisation"

ID	Schwachstelle	Wirkung
PP-5	Mangel an Mechanismen zur Stärkung	◑
PP-8	Unklare Rollen und Verantwortlichkeiten	●
PP-11	Unzureichendes Asset-Inventar	◑
PP-12	Unklare Asset-Zuordnung hinsichtlich Verantwortlichkeiten	◑

7.3 Zusammenfassung und Ergebnisreflexion

Das Kapitel diente der Erklärung der Wirkungszusammenhänge zwischen den Schwachstellen einer Industrie-4.0-Umgebung (s. Kapitel 5) und Maßnahmen der Informationssicherheit (s. Kapitel 6). Dazu wurden in Kapitel 7.1 die Vorgehensweise zur Erklärung der Wirkungszusammenhänge sowie deren vorab notwendige Reduktion beschrieben. Anschließend erfolgte die Erklärung der Wirkungszusammenhänge für die resultierenden Wirkungspaare (s. Kapitel 7.2). Das Kapitel setzt somit das Erklärungsmodell in eine Ziel-Mittel-Beziehung mit den zwei vorangegangenen Beschreibungsmodellen, um geeignete Informationssicherheitsmaßnahmen im Rahmen eines Vorgehensmodells zur Absicherung von Industrie-4.0-Umgebungen auf Basis ihrer Schwachstellen ermitteln zu können. Die Erklärung der Wirkungsbeziehungen basiert primär auf sachlogischen Herleitungen, da neben der Berücksichtigung existierender Studien in der Literatur keine eigene quantitative Analyse durchgeführt wurde, die die Wirkung (Wirksamkeit, Eignung, Praktikabilität, Akzeptanz, Wirtschaftlichkeit) einer Maßnahme auf eine Schwachstelle vollständiger und genauer hätte beschreiben können. Die Sachlogik wird gestützt durch das Expertenwissen des Autors, welches er sich im Rahmen seiner Tätigkeit am FIR an der RWTH Aachen durch Forschungs- und Industrieprojekte angeeignet hat (s. Anhang A.1 und A.2). Sekundär dienten Experteninterviews der Ergebnisvalidierung (s. Anhang A.1).

Abschließend sei darauf hingewiesen, dass nur die unmittelbaren Wirkungszusammenhänge von Maßnahmen und Schwachstellen beschrieben worden sind, wodurch der Fakt unberücksichtigt bleibt, dass Maßnahmen sich gegenseitig positiv oder negativ bedingen können bzw. sich bei der Umsetzung der einen Maßnahme die Notwendigkeit zur Umsetzung der anderen Maßnahme erübrigt. Zwar wurden die Maßnahmen so ausgewählt, dass sie möglichst disgruent und überschneidungsfrei sind, jedoch muss sich der Anwender dieser Tatsache bewusst sein, wenn er einen priorisierten Maßnahmenkatalog zur Absicherung einer Industrie-4.0-Umgebung erstellt. Das folgende Gestaltungsmodell greift diesen Aspekt jedoch auf und stellt die systematische Anwendung der beschriebenen Modelle dar (s. Kapitel 8).

8 Gestaltung eines Informationssicherheitsmanagementsystems

Die in den Kapiteln 5 und 6 entwickelten Beschreibungsmodelle für Industrie-4.0-Umgebungen und Informationssicherheitsmaßnahmen sowie das in Kapitel 7 entwickelte Erklärungsmodell fließen für die Entwicklung eines Gestaltungsmodells in diesem Kapitel zusammen. Als normatives Modell zur Problembewältigung dient es zur praktischen Umsetzung von theoretischem Wissen, indem es konkret die Phaseneinteilung eines Vorgehensmodells verkörpert (s. Lehner et al. 2008, S. 31f.), welches durch mehrere Methoden angereichert wird (s. Goeken 2006, S. 52). Das Ziel des Gestaltungsmodells ist somit das Aufzeigen eines Vorgehens zur Gestaltung eines Informationssicherheitsmanagementsystems (ISMS), mit dem eine effiziente Ermittlung der notwendigen Informationssicherheit in Industrie-4.0-Umgebungen (I40U) ermöglicht werden kann. In einer solchen I40U sind verschiedene Unternehmenswerte vorhanden, die es abzusichern gilt. Die entsprechende Forschungsfrage lautet: **„Wie lässt sich auf Basis der identifizierten Wirkungszusammenhänge ein Gestaltungsmodell für ein Informationssicherheitsmanagementsystem zur effizienten Ermittlung der notwendigen Informationssicherheit in produzierenden Unternehmen ermitteln?"** Durch die genannte Zielstellung und in Anlehnung an Kapitel 2.1.3 ist das Vorgehen zum Aufbau eines ISMS gleichzusetzen mit der Entwicklung einer Informationssicherheitsstrategie (als Teil der IT-Strategie). Dieser wird am Ende von Kapitel 8.1.1 gesondert Aufmerksamkeit geschenkt.

Die Gestaltung des Modells orientiert sich dabei ähnlich wie die Dissertationsschrift als solche, wie in Kapitel 4.4 beschrieben, am Threat-Modeling nach Shostack und bedient sich der Begrifflichkeiten und Phasen des *NIST Cybersecurity Framework* aus Kapitel 3.4 (s. Abbildung 8-1). Sie wird im Folgenden vorgestellt und im Detail beschrieben (s. Kapitel 8.1). Anschließend werden ergänzende Hinweise zur Anwendung des Vorgehensmodells erläutert, mit denen die Anwendung vereinfacht bzw. das Ergebnis verbessert werden soll (s. Kapitel 8.2). Eine Zusammenfassung und eine kritische Ergebnisreflexion bilden den Abschluss des Kapitels (s. Kapitel 8.3).

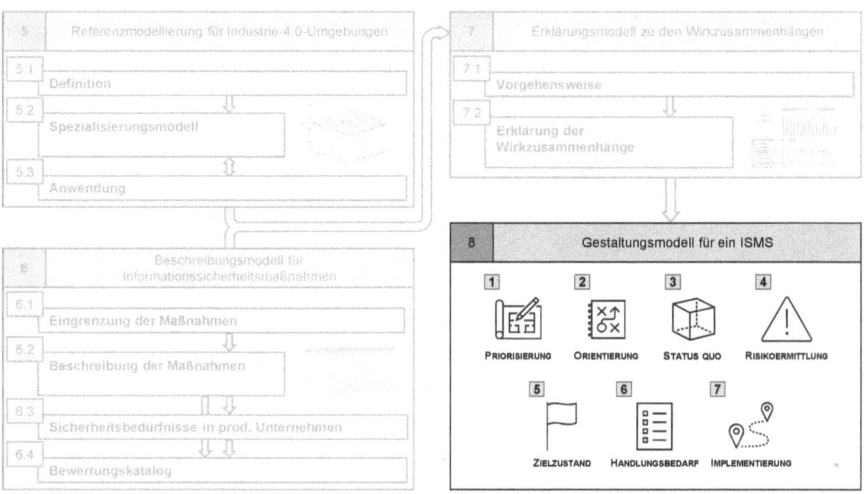

Abbildung 8-1: Überblick des Kapitel 8 im Gesamtkontext (eigene Darstellung)

8.1 Vorgehensmodell zur effizienten Absicherung der Informationssicherheit für Industrie-4.0-Umgebungen in produzierenden Unternehmen

Aus der diesem Kapitel zugrunde liegenden Forschungsunterfrage ergibt sich für das Vorgehensmodell (s. Abbildung 8-2) die zentrale Anforderung, produzierende Unternehmen effizient, pragmatisch und anwendungsnah im Umgang mit ihrer Informationssicherheit zu unterstützen (s. auch Kapitel 4.1). Die Schritte (s. Kapitel 8.1.1 bis 8.1.7), die im Folgenden im Detail vorgestellt werden, orientieren sich an dieser zentralen Anforderung. Darüber hinaus setzen sich die einzelnen Schritte aus Best Practices bekannter Rahmenwerke, aktueller Normen und Standards sowie Erfahrungen des Autors zusammen (s. Anhang A.1 und A.2). Das Vorgehensmodell wurde durch Experteninterviews diskutiert und validiert (s. Anhang A.1).

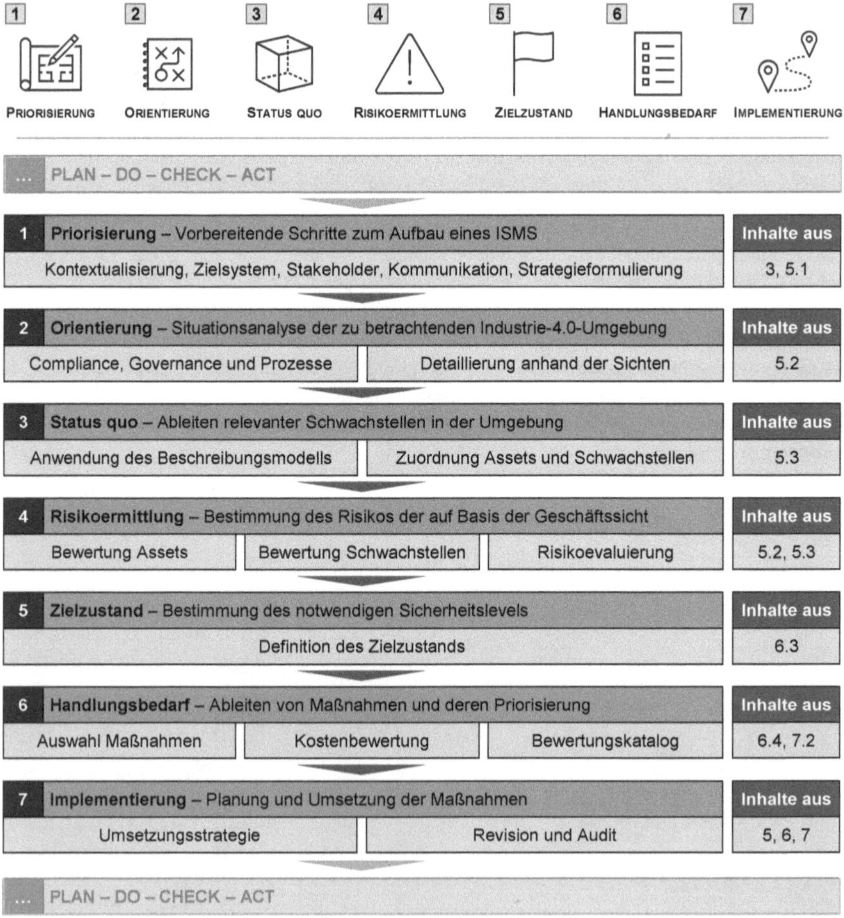

Abbildung 8-2: Vorgehensmodell zur effizienten Absicherung der Informationssicherheit (eigene Darstellung)

Es bleibt festzuhalten, dass das Vorgehensmodell in einer realen Anwendung in Unternehmen stets in einen PDCA-Zyklus integrieren werden sollte. Dies ist gängige Praxis und Bestandteil vieler Normen und Standards zum Aufbau eines ISMS (s. CZERNIK 2017). Nur so können entsprechende Strategien, Programme und einzelne Maßnahmen abgeleitet, implementiert und überwacht bzw. verbessert werden. Das hat zur Folge, dass im Rahmen der Konzeptentwicklung eines Problemlösungszyklus zwischen einem Ist-Zustand-orientierten (Situationsanalyse) und einem Soll-Zustand-orientierten (Zielübernahme) Ansatz unterschieden werden kann (s. VDI 2206, S. 27; HABERFELLNER ET AL. 2019, S. 169; DEINDL 2013a, S. 134; ZELLER 2018, S. 188). Bei der Situationsanalyse steht die Strukturierung einer Ausgangssituation zur Steigerung des Problemverständnisses im Vordergrund; im Anschluss daran werden Ziele formuliert. (s. HABERFELLNER ET AL. 2019, S. 170f.; VDI 2206, S. 27).

Bei der Zielübernahme hingegen werden erst zuvor definierte bzw. vorgegebene Ziele übernommen, um durch eine anschließende Situationsanalyse Abweichungen von diesen Zielen festzustellen (s. HABERFELLNER ET AL. 2019, S. 193f.; VDI 2206, S. 27). Für die Gestaltung des Vorgehensmodells in dieser Untersuchung wird angenommen, dass der Ist-Zustand-orientierte Ansatz besser geeignet ist als der Soll-Zustand-orientierte Ansatz. Das ist dem Umstand geschuldet, dass in Bezug auf den Soll-Zustand der Informationssicherheit in Unternehmen keine vordefinierten Ziele existieren. Ausgenommen davon sind rechtliche Vorgaben, die Unternehmen der kritischen Infrastruktur (KRITIS) in besonderem Maße betreffen oder sich durch Vorgaben der DSGVO[62] oder des IT-Sicherheitsgesetzes 2.0[63] ergeben. Allerdings stellen diese nur Teilaspekte der Informationssicherheit dar und können daher nicht als vollumfängliches Zielsystem interpretiert werden. Vielmehr stellen die Ausgangssituation eines Unternehmens und ein selbst definiertes Zielsystem in Abhängigkeit der zur Verfügung stehenden Ressourcen einen erfolgversprechenden und umsetzbaren Ansatz dar.

8.1.1 Schritt 1 – Priorisierung

Die Priorisierung stellt den ersten Schritt des Vorgehens dar. Sie verfolgt das Ziel, den Aufbau eines Informationssicherheitsmanagementsystems (ISMS) im Unternehmen ausreichend zu fokussieren, um einen möglichst hohen und nachhaltigen Nutzen zu erzielen. Somit stellt die Priorisierung einen vorbereitenden Schritt in Form einer Projektinitiierung dar, indem der *Kontext*, die *Ziele* und die *Stakeholder* des ISMS festgelegt sowie deren *Kommunikation* vorbereitet wird. Die *Mitarbeitersensibilisierung* und die *Formulierung einer Strategie* komplettieren die Priorisierung (s. Abbildung 8-3).

---

[62] s. EUROPÄISCHE UNION 2016
[63] s. BSI 2021c

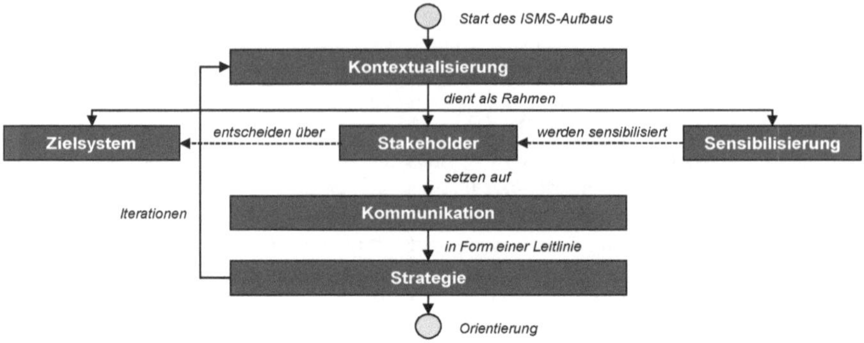

Abbildung 8-3: Ablauf der Priorisierung (eigene Darstellung)

Kontextualisierung

Die *Kontextualisierung* dient dazu, den Aufbau des ISMS im unternehmerischen Kontext zu verankern, also durch Prozesse und Personen zu festigen (s. ISACA 2017, S. 11). Dafür ist es notwendig, zu Beginn der Umsetzung ein eigenständiges Projekt aufzusetzen (s. Abbildung 8-4). Dazu können einschlägige Literatur, bekannte Rahmenwerke und Normen wie die DIN 69901 herangezogen werden. Die Bestimmung relevanter Projektteilnehmer wie Projektleiter oder Projektteam sowie die Definition von Start- und Endzeitpunkt, Zielen des Projekts, den einzelnen Phasen sowie den einzusetzenden Ressourcen und kalkulierten Kosten müssen unternehmensspezifisch auf den Aufbau des ISMS angepasst werden (s. DIN 69901-1, S. 5ff.). Weiterhin sollten Zusammenhänge mit anderen Projekten, Aufgaben, der Unternehmensstrategie sowie der Projektumwelt analysiert werden. Im Rahmen der Kontextualisierung gilt es, möglichst früh die Einwilligung und Unterstützung der Geschäftsführung einzuholen, wenn der Aufbau nicht von dieser selbst initiiert wurde. Ihre Partizipation ist ein zentraler Erfolgsfaktor für den Aufbau, die Umsetzung und den nachhaltigen Betrieb des ISMS (s. Kapitel 1.1).

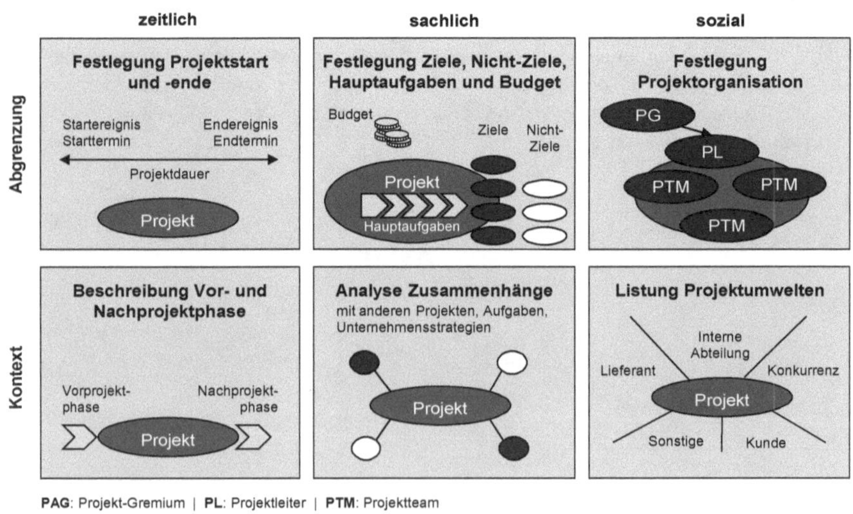

Abbildung 8-4: Kontextualisierung ISMS (eigene Darstellung i. A. a. WIESBECK ET AL. 2021a, S. 4)

Zielsystem

Eine weitere Voraussetzung für den Aufbau eines ISMS sind die Konzeption, Einführung und Weiterentwicklung eines *Zielsystems* sowie die *Kommunikation* der Ergebnisse (s. KRAFT U. STÖWER 2014, S. 148; FILKINS 2020, S. 4). Dieses Zielsystem sollte sich sowohl auf die Einführung als auch auf den Betrieb des ISMS beziehen (s. NIST 2008a, S. 17). Während der Einführung ist das Zielsystem eher projektspezifisch charakterisiert, was bedeutet, dass die Ziele der Kontextualisierung erreicht werden sollen. Exemplarische Ziele sind der Aufbau des ISMS in drei Monaten, das Vergrößern des Sicherheitsteams um zwei neue Mitglieder oder das Bestehen eines anstehenden Audits. Als Ziele können auch die Treiber dienen, die das Unternehmen zur Stärkung der Informationssicherheit veranlasst hat (s. FILKINS 2018, S. 14). In diesem Schritt zum Aufbau eines ISMS ist das Zielsystem relevant, um vor der Geschäftsführung den Fortschritt und erste Erfolge des ISMS darlegen zu können. So kann weiterhin auf eine Unterstützung gezählt werden (s. KRAFT U. STÖWER 2014, S. 151). Im Betrieb dient das Zielsystem dann zur kontinuierlichen Verbesserung des ISMS.

Es existieren verschiedene Standards, in denen (Beispiel-)Kennzahlen[64] sowie Vorgehen für deren Erstellung und Messung für die Informationssicherheit (IS) benannt werden (bspw. ISO/IEC 27004[65], CobiT[66], NIST SP 800-55[67]). Für die Erstellung einer Kennzahl bzw. von Kennzahlsystemen bietet es sich an, sogenannte Kennzahlensteckbriefe zu nutzen. Vorlagen sind frei im Internet verfügbar (s. GRESSNER 2021). Für IS-Zielsysteme und deren Messung können als Orientierung auch Reifegradmodelle herangezogen werden (s. Abbildung 8-5). Nach NIST SP 800-55 wird der Reifegrad in die Dimensionen *Prozesse*, *Betriebsprozeduren*, *Datenverfügbarkeit*, *Schwierigkeit und Automatisierung der Sammlung* unterschieden. Die Reifegradstufen unterscheiden sich grob nach dem Grad ihrer Automatisierung und somit nach dem notwendigen Aufwand zur Messung der Ziele (s. NIST 2008a, S. 12). Der höchste Geschäftsnutzen wird erzeugt, wenn sich die Unternehmensprozesse auf Basis des Zielsystems selbst anpassen.

[64] Beispielkennzahlen s. TORRES ET AL. 2006, S. 534ff.
[65] DIN 2016b, Annex B, S. 19ff.
[66] IT GOVERNANCE INSTITUTE 2004, S. 25
[67] NIST 2008a, S. 9ff.

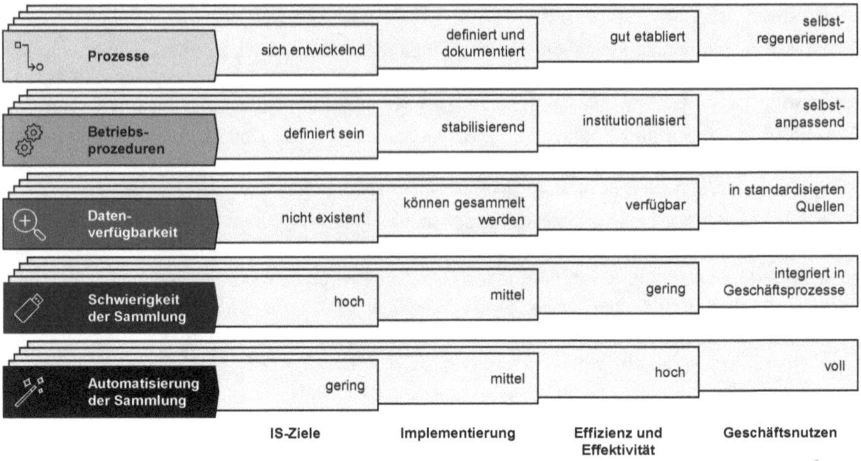

Abbildung 8-5: Reifegrad eines IS-Zielsystems (eigene Darstellung i. A. a. NIST 2008a, S. 12)

Stakeholder

Die Konzeption eines Zielsystems setzt stets die Auseinandersetzung mit den relevanten *Stakeholdern* voraus. Sie sollten in der Priorisierung explizit berücksichtigt und mit einbezogen werden. Dazu zählt zum einen, entsprechende Rollen und Verantwortlichkeiten im Rahmen des ISMS-Aufbaus festzulegen. Zu den üblichen Rollen gehören der Informationssicherheitsbeauftragte (engl. *CISO für Chief Information Security Officer*), der Datenschutzbeauftragte, Mitglieder des ISMS-Projektteams sowie die Mitarbeiter der späteren Funktionseinheit des ISMS-Teams (s. WIESBECK ET AL. 2021c, S. 3). Die Verantwortlichkeiten dehnen sich auf das gesamte Unternehmen aus, sodass auch die Fachbereiche, die IT-Abteilung, das Management und weitere Rollen berücksichtigt werden sollten, um einen lückenlosen Organisationsaufbau gewährleisten zu können (s. FILKINS 2018, S. 13). Die Stakeholder entscheiden wiederum über das Zielsystem.

Sensibilisierung

Eine weitere Aktivität, die frühzeitig im Unternehmen umgesetzt werden sollte, ist die nachhaltige *Schulung* und *Sensibilisierung* der Belegschaft. Mittlerweile steht eine Vielzahl von Möglichkeiten zur Verfügung, um diese entsprechend der Thematik zu schulen und hinsichtlich der Risiken der Digitalisierung zu sensibilisieren. Grundsätzlich gilt es, das Verhalten der Belegschaft zu identifizieren, mithilfe von Interviews zu verstehen, mögliche Schwächen durch Kampagnen abzubauen und diesen Prozess kontinuierlich in den Alltag zu integrieren. (s. WEBER U. SCHÜTZ 2018, S. 1744; WIESBECK ET AL. 2021c, S. 9f.)

Kommunikation

Die *Kommunikation* trägt dazu bei, dass der Aufbau des ISMS sowie dessen Implementierung erfolgreich verläuft. Darüber hinaus dient sie als Projektmarketing zur Darstellung der Ergebnisse. Die projektinterne sowie unternehmensinterne sowie -externe Kommunikation müssen dazu definiert werden. Im Detail wird festgelegt, wer kommuniziert, über welche Kommunikationskanäle bzw. welches Kommunikationsmedium, mit wem, wann und über was bzw. worüber kommuniziert wird. (s. WIESBECK ET AL. 2021b, S. 12)

Die Kommunikation sollte anhand einer Leitlinie erfolgen, die im Vorfeld erstellt wurde. Sie beinhaltet alle relevanten Aspekte zur Priorisierung (Verantwortlichkeiten, Geltungsbereich, Integration in Geschäftsprozesse, Kontext, Ziele, Rollen, ...) (s. WIESBECK ET AL. 2021c, S. 7).

Strategie

Den zusammenführenden Schritt der Priorisierung stellt die Formulierung einer *Informationssicherheitsstrategie*[68] (IS-Strategie) dar (s. FIBÍKOVÁ U. MÜLLER 2013, S. 7ff.). Diese sollte Teil der formulierten IT-Strategie sein (s. Kapitel 2.1.3). Je nach Literatur und Auffassung sind IS-Strategie und ISMS gleichbedeutend, da es sich um einen statischen Plan oder einen dynamischen Prozess handeln kann (s. HORNE ET AL. 2017, S. 1ff.; TORRES ET AL. 2006, S. 2; BASKERVILLE U. DHILLON 2008, S. 15f.).

Die Schritte zur Entwicklung einer IS-Strategie sind demnach mit denen für den Aufbau eines ISMS (Priorisierung, Orientierung, ...) vergleichbar. Im ersten Schritt des Vorgehensmodells werden daher ebenfalls die vorbereitenden Aktivitäten zur Formulierung einer IS-Strategie angestoßen. Komplementiert wird die IS-Strategie durch die vollständige Anwendung des Vorgehensmodells (s. Abbildung 8-6).

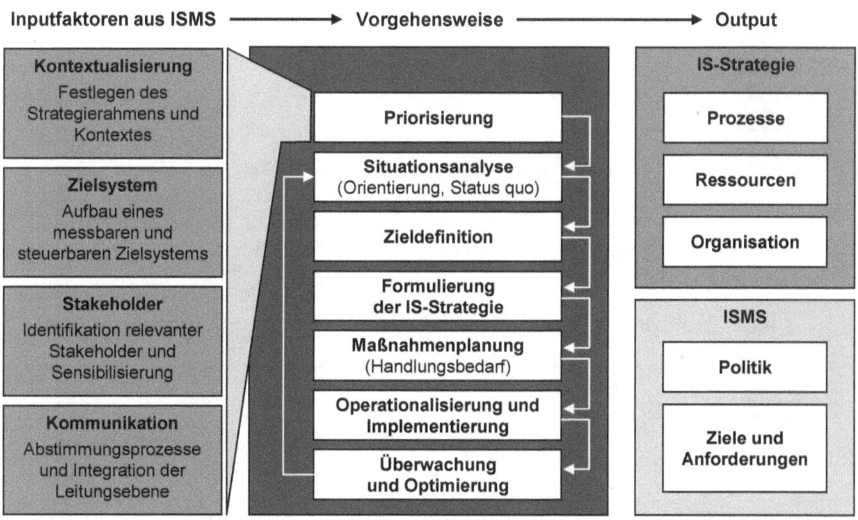

Abbildung 8-6: Formulierung einer Informationssicherheitsstrategie (eigene Darstellung i. A. a. WARD U. PEPPARD 2002, S. 154; HOFMANN U. SCHMIDT 2010, S. 25; HOFFMANN 2018, S. 36; MÜLLER 2018, S. 222)

Eine IS-Strategie ist besonders dann von hoher Relevanz, wenn sich ein ISMS im Aufbau befindet, das Unternehmen größere Veränderungen anstößt bzw. erfährt oder es sich in einer Krisenphase befindet. Sie zeigt auf, welche Beziehungen im Unternehmen vertrauensvoll sind, wie eine ausreichende Resilienz erzeugt wird, um sich vor Angriffen zu schützen, welche Al-

---

[68] s. Kapitel 2.1.3 und Kapitel 4.3.3.

ternativen bestehen, um mit einem Restrisiko umzugehen, und sie unterstützt den Informationssicherheitsbeauftragten dabei, ein Budget zur Realisierung der definierten Anforderungen zu verhandeln. (s. WOODY U. ELLISON 2020, S. 1f.; WOODY U. CREEL 2021, S. 233f.)

Abschließend zeigen aktuelle Entwicklungen, dass die Erweiterung um eine Kollaborationsstrategie für zusätzliche Sicherheit sorgt (s. PEDLEY ET AL. 2020, S. 53f.). Gemeint sind Zusammenschlüsse und Partnerschaften jeglicher Art mit ähnlichen, aber auch komplementären Unternehmen, um Synergieeffekte zu heben und gegenseitig von anderen Herangehensweisen und Vorfällen zu lernen (s. LI ET AL. 2020, S. 35; CHOI ET AL. 2020, S. 5823; SCHUMACHER 2020). Insbesondere die Unternehmen der eigenen Wertschöpfungskette sollten in der Kontextualisierung betrachtet und hinsichtlich ihrer Relevanz bewertet und entsprechend berücksichtigt bzw. integriert werden (s. LUNKEIT U. ZIMMER 2021, S. 109). Das Ergebnis der IS-Strategie sind definierte Prozesse, Ressourcen und eine festgelegte Organisation sowie die Politik, Ziele und Anforderungen für das ISMS.

Ergebnis

Die Priorisierung setzt die ersten wichtigen Leitplanken zum Aufbau eines ISMS. In folgender Tabelle sind die zentralen Ergebnisse, ihr jeweiliger Zweck sowie ihr möglicher Dokumenten-Typ festgehalten (s. Tabelle 8-1).

Tabelle 8-1: Ergebnisse der Priorisierung

Ergebnis	Nutzen	Dokumenten-Typ
Projektorganisation	Strukturierter und nachhaltiger Aufbau eines ISMS zur Steigerung von dessen Erfolgswahrscheinlichkeit im Betrieb.	Gantt-Diagramme, RACI-Matrizen, Finanzpläne
Prozesssteckbriefe	Transparenz über Meldewege, Wirkungszusammenhänge und Schnittpunkte mit anderen Unternehmensprozessen.	Prozessschaubilder (BPMN o. ä.)
Zielsystem	Dient der Messung und somit der kontinuierlichen Verbesserung des ISMS.	Controlling-Sheets, Listen, Kennzahlensteckbriefe, etc.
Kennzahlen-steckbriefe	Erhöhung der Nachvollziehbarkeit in der Berechnung und Messung von Kennzahlen.	Abbildungen, Textdokumente
Organisations-struktur	Funktionierende Aufbau- und Ablaufprozesse zur Steigerung der Wirksamkeit des ISMS.	Organigramme, Kompetenzprofile, Qualifikationsmatrizen
Awareness-Konzept	Steigerung der Awareness der Belegschaft durch Schulung und Sensibilisierung	Abbildungen, Textdokument
Kommunikations-plan	Transparenz über die Vision, Mission und Aufgaben des ISMS, um die Belegschaft zu motivieren.	Textdokumente, Videos
IS-Strategie	Steigerung der Resilienz im Unternehmen in Bezug auf die Informationssicherheit.	Abbildungen, Textdokument
Leitlinie	Zentrales Dokument im Rahmen des Aufbaus, auf welches immer wieder referenziert und zurückgegriffen werden kann.	Abbildungen, Textdokument

8.1.2 Schritt 2 – Orientierung

In der Phase der Orientierung werden erste konkrete Teilaspekte des ISMS umgesetzt. Dazu zählen zum einen die IT-Servicemanagementprozesse Wartung, Störung und Änderung sowie die Erstellung einer Governance. Zum anderen wird die Industrie-4.0-Umgebung spezifiziert, indem die vier Sichten des Spezialisierungsmodells detailliert werden (s. Kapitel 5.2.4).

IT-Servicemanagementprozesse

Zur bestmöglichen Unterstützung der Geschäftsprozesse dienen IT-Servicemanagementprozesse. *Services* stellen dabei bestimmte Funktionen bzw. Dienstleistungen der IT-Abteilung gegenüber den Fachbereichen dar, die deren Wertschöpfung ermöglichen. Im Rahmen der Gestaltung eines ISMS sind die drei Services Wartung, Störung und Änderung von besonderer Bedeutung. Sie können wiederum in konkrete Sub-Services unterteilt werden wie der Prozess zum On- und Offboarding von Mitarbeitenden, Wartungsprozessen von Maschinen und Anlagen, Patch- und Updateprozesse von Soft- oder Firmware, Störungsbearbeitungsprozesse oder der Prozess zur Berechtigungsänderung. (s. WIESBECK ET AL. 2021c, S. 17f.)

Den Sub-Services liegen einzelne Produkte zugrunde wie die Bereitstellung einer Hotline oder eines Servers sowie Lizenzen (s. ZELLER 2018, S. 27). Die Zielerreichung der Services wird durch die Messung der festgelegten Ziele im Zielsystem überprüft.

Compliance und Governance

Bereits in Kapitel 6.4.3 wurde der Trias aus Compliance, Governance und Risiko angeführt. Bei dem Aufbau eines ISMS stellen die drei Faktoren jeweils eine Sicht dar, die immer im Wechselspiel betrachtet werden müssen, weil durch das Fehlen einer Sicht der maximale Nutzen eines ISMS nicht erreicht werden kann (s. Kapitel 6.4.3). In diesem zweiten Schritt zum Aufbau eines ISMS wird auf die Compliance und Governance eingegangen, denn die Risikoermittlung stellt einen eigenständigen Schritt dar (s. Kapitel 8.1.4).

IS-Compliance bezeichnet den Umgang mit vertraglichen und gesetzlichen Vorgaben, genauer die *„Kenntnis und Einhaltung aller die Informationssicherheit des Unternehmens betreffenden Vorgaben"* (s. KNOLL 2017, S. 6). Für KMU gelten zwar geringere Anforderungen an die Compliance als für Großunternehmen, jedoch steigt die Relevanz zur Umsetzung einer Compliance auch für diese kontinuierlich (s. JOHANNSEN U. KANT 2020, S. 1065). Eine IS-Governance[69] hingegen bezeichnet die *„konsequente Ausrichtung der Organisation, Steuerung und Kontrolle der Informationssicherheit eines Unternehmens an der Gesamtstrategie"* (s. JOHANNSEN U. KANT 2020, S. 1065). Zur Ausrichtung an der Gesamt- bzw. Unternehmensstrategie wurde die IS-Strategie abgeleitet. Gesteuert wird die Informationssicherheit durch entsprechende Stakeholder. Die Kontrolle erfolgt anhand des definierten Ziel- und Kennzahlensystems. (s. SCHINAGL U. SHAHIM 2020, S. 269)

In der Literatur und Praxis haben sich zahlreiche Best Practices und Erfolgsfaktoren zur Erstellung und zum Betrieb einer Governance herausgearbeitet, die sich auf die strategische Ausrichtung, die Performance-Messung, die Wertevermittlung, das Risiko- und das Ressourcenmanagement beziehen (s. GASHGARI ET AL. 2017, S. 300). Diese sollten bei der Erstellung einer Governance berücksichtigt werden.

---

[69] Es existieren verschiedene Auffassungen des Begriffs (IS-)Governance (s. SCHINAGL U. SHAHIM 2020, S. 269). Die Begriffe IS-Governance und ISMS sind häufig nicht trennscharf definiert und beeinflussen sich nach Auffassung des Autors gegenseitig. Allerdings lässt sich grob festhalten, dass durch die IS-Governance bestimmt wird, **wer** das ISMS verantwortet und **wie** dieses im Unternehmen verankert ist (s. EDUCAUSE 2021).

Detaillierung anhand der Modellsichten

Den finalen Schritt der Orientierung stellt die Detaillierung der abzusichernden Industrie-4.0-Umgebung (I40U) anhand der zuvor entwickelten Modellsichten dar (s. Kapitel 5.2.4). Bei der Betrachtung mehrerer I40U sollte das Vorgehensmodell entsprechend oft durchgeführt werden. Zwar können so Mehraufwände, Redundanzen und Doppelungen auftreten, allerdings kann so sichergestellt werden, dass alle relevanten Aspekte der Umgebungen bzw. des Unternehmens berücksichtigt worden sind.

Die Sichten sind in Abbildung 8-7 dargestellt. Sie werden auf Basis des bisherigen und eines zusätzlich notwendigen Inputs detailliert und ermöglichen das Beschreiben der I40U (s. Kapitel 5.1). Der Detaillierungsgrad der Sichten hängt stark von der zu beschreibenden I40U ab. Ergibt sich etwa aus der Geschäftssicht, dass der Geschäftsnutzen der Umgebung als gering einzuschätzen ist und ein Ausfall zu keinem großen Schaden führen würde (bspw. bei Testumgebungen), müssen die weiteren Sichten nicht zwangsläufig feindetailliert beschrieben werden. Sollte es sich allerdings um eine unternehmenskritische Umgebung handeln (Produktionsprozesse etc.), empfiehlt es sich, die Detaillierung sehr feingranular auszuführen.

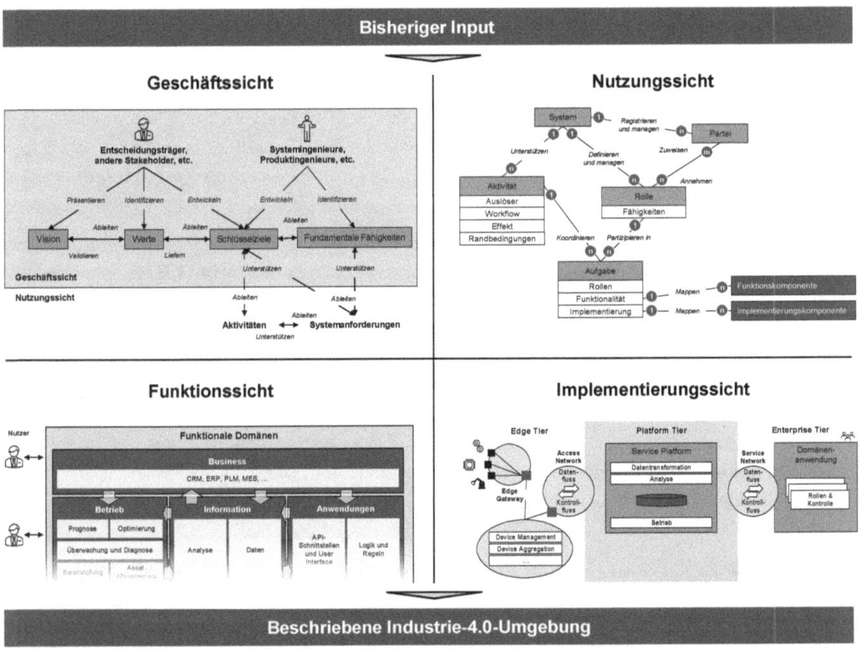

Abbildung 8-7: Ausdetaillierung der vier Sichten (eigene Darstellung)

Den Ausgangspunkt stellt die Ausdetaillierung der Geschäftssicht dar. Durch sie wird der Nutzen (bzw. die Kritikalität) der I40U ausgedrückt. Dieser dient im späteren Verlauf zur Abwägung von Risiken und Aufwänden zur Absicherung der I40U. Es kommt dabei weniger auf eine quantitative Beschreibung dessen an (*zu hoher Aufwand*); von Bedeutung ist eine primär qualitative Ein- bzw. Abschätzung, um Implikationen für umzusetzende Maßnahmen ableiten zu können. Relevante Entscheidungsträger und Stakeholder sowie die System- bzw. Produktingenieure ergeben sich direkt aus der I40U (s. Kapitel 5.1). Die Vision, Werte, Schlüsselziele und fundamentale Fähigkeiten der I40U können leicht in gemeinsamen Workshops festgehalten werden. Wichtig ist, dass die Ergebnisse so festgehalten werden, dass sie für den Fall vergleichbar sind, dass mehrere I40U betrachtet werden.

Die Schlüsselziele und fundamentalen Fähigkeiten stellen den Übergangspunkt zur Nutzungssicht dar, da sich aus ihnen konkrete Aktivitäten und Systemanforderungen ableiten lassen, die jene bzw. ihr Erreichen wiederum unterstützen. Anhand der Nutzungssicht wird die I40U systematisch auf Anwendungsfallebene beschrieben. Dazu werden Aktivitäten, Rollen, Parteien und Aufgaben beschrieben. Die Parteien und Rollen einer I40U lassen Rückschlüsse auf mögliche Schwachstellen zu, die insbesondere in unbeabsichtigtem Verhalten und fehlendem Know-how begründet sind. So ist es von großer Bedeutung, zu identifizieren, welche Akteure an der I40U beteiligt sind. Über Aktivitäten (deren Auslöser, Workflows, Effekte und Randbedingungen) lassen sich die Ursachen und Folgen potenzieller Schwachstellen gut darstellen. Außerdem werden die Zusammenhänge in den Prozessen deutlich. Die Beschreibung der Aufgaben (Rollen, Funktionalität, Implementierung) eröffnet den Übergang zur Funktions- und Implementierungssicht.

Den Funktionalitäten sowie der Implementierung der Aufgaben lassen sich Komponenten zuweisen. Daher bietet es sich an, spätestens an dieser Stelle relevante Assets der I40U zu identifizieren, zu klassifizieren und festzuhalten. Diese umfassen nicht nur physische Assets, sondern auch Anwendungen, Informationen und Personen (s. DELY 2020, S. 6; NISTIR 7692, S. 3). Es sollten möglichst alle Assets identifiziert werden, die im Sinne der Informationssicherheit geschützt werden müssen, weil sie einen bestimmten Wert für das Unternehmen haben. Häufig sind diese Assets zwar bekannt, allerdings nicht dokumentiert. Daher sollten die relevanten Stakeholder herangezogen werden, die bei der Identifikation unterstützen. Ergänzt wird die Asset-Liste um existierende Netzpläne, IT-Strukturdokumente (IT-Systemlandschaftskarten, ...) und sonstige Dokumente, aus denen Assets hervorgehen (vgl. WIESBECK ET AL. 2021c, S. 16). Es ist zu beachten, dass bspw. auch die Reputation des Unternehmens, die Kundentreue oder Mitarbeiterloyalität und -erfahrung als Assets gesehen werden können (s. ENISA 2009, S. 62). Abschließend werden den Assets Verantwortliche bzw. Eigentümer zugeordnet (s. EL GHAZI ET AL. 2021, S. 766).

Durch die Funktionssicht wird die Funktionsweise der zu betrachtenden I40U beleuchtet. Ihre Ausdetaillierung ist zentral, um ein tiefergehendes Verständnis für funktionale Komponenten, deren potenzielle Schwachstellen und möglichen Einfallstoren bzw. Angriffsvektoren zu erlangen. Dazu werden Zusammenhänge, Strukturen, Schnittstellen und Interkationen innerhalb der I40U sowie die Interaktionen mit der Umwelt beschrieben (s. HEIDRICH U. LEO 2016, S. 28). Gleiches gilt für die Implementierungssicht, in der bspw. mithilfe einer Three-Tier-Architektur oder eines Datenflussdiagramms relevante Implementierungskomponenten sowie Daten- und Informationsströme festgehalten werden können. Sie stellt die detaillierteste bzw. konkreteste Sicht in Bezug auf die reale I40U dar und bietet daher großes Potenzial, die Schwachstellen dieser möglichst konkret zu identifizieren. Dies ist elementar, um im späteren Verlauf Maßnahmen abzuleiten, gegeneinander abzugrenzen und zu implementieren.

Ergebnis

Die Ergebnisse liefern ein tiefgehendes Verständnis über die I40U und stellen erste Aspekte des ISMS dar. Zur Darstellung der Ergebnisse stehen verschiedene Möglichkeiten zur Verfügung. Eine einheitliche und regelkonforme Beschreibung sollte aber sichergestellt werden.

Tabelle 8-2: Ergebnisse der Orientierung

Ergebnis	Nutzen	Dokumenten-Typ
IT-Service-managementprozesse	Bestmögliche Prozessunterstützung des ISMS bei Wartungen, Störungen und Änderungen.	Prozessschaubilder (BPMN o. ä.)
IS-Compliance	Kenntnis und Einhaltung aller die Informationssicherheit des Unternehmens betreffenden Vorgaben.	Abbildungen, Textdokumente
IS-Governance	Konsequente Ausrichtung der Organisation, Steuerung und Kontrolle der IS eines Unternehmens an der Gesamtstrategie.	Abbildungen, Textdokumente
Geschäftssicht	Darstellung relevanter Stakeholder und Abwägung des Nutzens und der Kritikalität der I40U zum Ableiten des Handlungsbedarfs.	Abbildungen, Textdokumente (s. Seite 105ff.)
Nutzungssicht	Aufzeigen von Aktivitäten und Systemanforderungen, aus denen sich sicherheitsrelevante Erkenntnisse ableiten lassen.	Abbildungen, Usecase-Diagramme (s. Seite 105ff.)
Funktionssicht	Die Beschreibung funktionaler Domänen ermöglicht eine konkrete Ableitung potenzieller Schwachstellen.	Abbildungen, Textdokument (s. Seite 105ff.)
Implementierungs-sicht	Identifizierung relevanter Implementierungskomponenten sowie von Daten- und Informationsflüssen, um deren Sicherheitsbedarf ableiten zu können.	Abbildungen, Datenflussdiagramme, Three-Tier-Architektur (s. Seite 105ff.)

8.1.3 Schritt 3 – Status quo

Im Status quo werden die potenziellen Schwachstellen der zu untersuchenden I40U durch die Anwendung des in Kapitel 5 entwickelten Beschreibungsmodells identifiziert. Darüber hinaus erfolgt eine Zuordnung der Schwachstellen mit den zuvor identifizierten Assets.

Anwendung des Beschreibungsmodells

Die Anwendung des Beschreibungsmodells erfolgt anhand der folgenden drei Teilschritte:

1) Auswahl der Lebenszyklusphase (*Lifecycle-Layer*): Abhängig vom Lebenszyklus der I40U ergeben sich unterschiedliche potenzielle Schwachstellen. Die Lebenszyklusphasen sind trennscharf voneinander abzugrenzen. Daher wird mit diesem Schritt begonnen.
2) Auswahl des Betrachtungsbereichs (*Hierarchy-Layer*): Hinsichtlich des Betrachtungsbereichs empfiehlt es sich, Ebene für Ebene, startend beim Produkt und endend bei der Vernetzen Welt, einzeln zu betrachten.
3) Auswahl der Assets (*Asset-Layer*): Für jeden ausgewählten Betrachtungsbereich werden dann die Ebenen des Assets-Layer der Reihe nach und einzeln betrachtet. Hier ist es sinnvoll, das Modell von unten nach oben, also von *physisch* nach *Business*, zu betrachten. Dadurch ergibt sich eine strukturierte Abfolge der zu betrachtenden Modellschnittpunkte.

Zu jedem Modellschnittpunkt existiert eine „Liste" potenzieller Schwachstellen, die es zu berücksichtigen gilt (s. Kapitel 5.3.1). Dadurch ergibt sich eine Sammlung der in der I40U potenziell existenten Schwachstellen. Die Liste kann nach Belieben um weitere Schwachstellen ergänzt werden. Dazu bieten sich bspw. Interviews, Szenarioanalysen, Brainstormings, Checklisten oder Business-Impact-Analysen an (s. ISACA 2017, S. 18).

Zuordnung von Assets und Schwachstellen

Das Zwischenergebnis des vorangegangenen Schritts ist eine „Longlist" potenzieller Schwachstellen der I40U in ungekürzter Form. Um eine Risikoermittlung zu ermöglichen und Maßnahmen strukturiert und unter betriebswirtschaftlichen Aspekten ableiten zu können, müssen die ermittelten Schwachstellen den zu schützenden Assets zugeordnet werden. Die Zuordnung kann dabei in Form von Tabellen oder Abbildungen (Datenflussdiagrammen, Netzplänen, Strukturdiagrammen etc.) festgehalten werden, die bereits im Vorfeld erstellt worden sind (vgl. Abbildung 8-8). Ein zusätzlicher Vorteil solcher Abbildungen ist, dass dort auch Gegenmaßnahmen eingezeichnet werden können, wodurch die Transparenz gesteigert wird. Von Nachteil ist die Tatsache, dass ggf. nicht alle Schwachstellen und Maßnahmen in einer Abbildung dargestellt werden können, gerade wenn sich diese auf übergeordnete Themenbereiche beziehen.

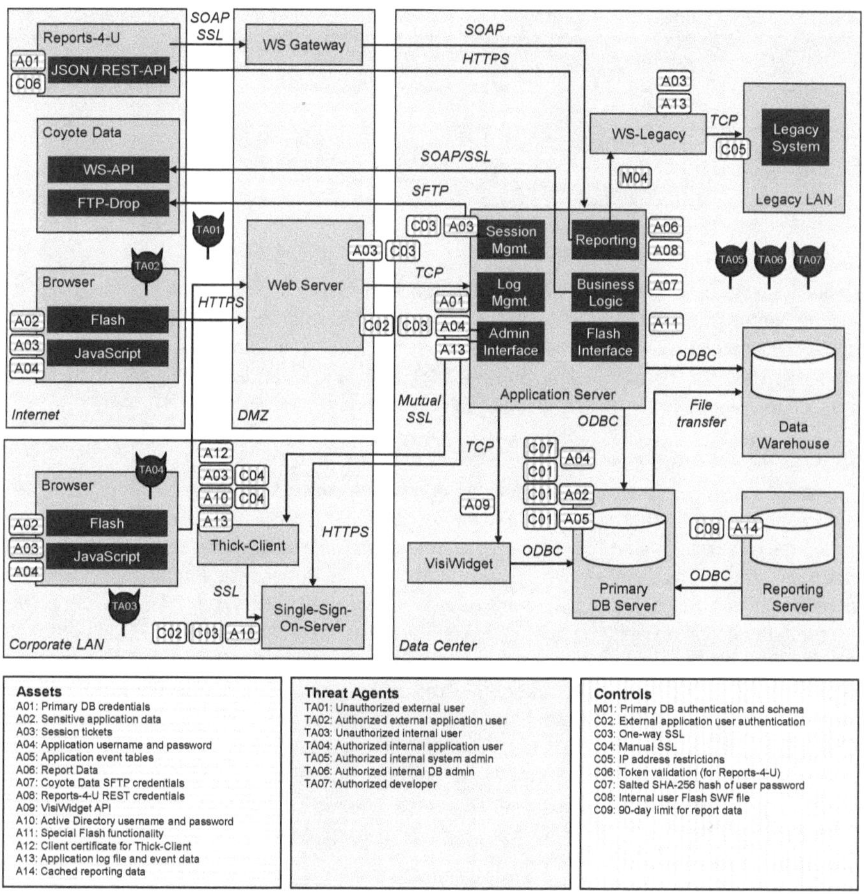

Abbildung 8-8: Beispielhafte Darstellung von Assets, Threat Agents und Maßnahmen (eigene Darstellung i. A. a. SYNOPSYS 2017, S. 6)

In Abbildung 8-8 ist die Struktur eines Systems in Form einzelner Komponenten sowie deren Zusammenhängen dargestellt. Die identifizierten Assets (A) werden entsprechend gekennzeichnet. Es wird deutlich, dass nicht alle Komponenten schützenswerte Assets darstellen, andere wiederum mehrere Assets zugewiesen bekommen können (bspw. Thick-Client). Zusätzlich sind in der Abbildung Threat-Agents (TA) dargestellt. Threat-Agents sind bestimmte Personen oder Personengruppen, von denen eine potenzielle Gefahr ausgeht. Letztlich sind geeignete Gegenmaßnahmen (C) direkt neben den relevanten Assets aufgeführt, um deren Zusammenhang darzustellen.

Ergebnis

Das zentrale Ergebnis dieser Phase stellt eine Liste dar, in der schützenswerte Assets der I40U aufgeführt sind. Zusätzlich werden diesen Assets Schwachstellen zugeordnet.

Tabelle 8-3: Ergebnisse des Status quo

Ergebnis	Nutzen	Dokumenten-Typ
Identifizierte Assets	Verständnis darüber, welche Assets in der I40U vorhanden sind.	Liste, sonstige grafische Darstellung
Asset-Schwachstellen-Zuordnung	Den identifizierten Assets werden potenzielle Schwachstellen zugeordnet, um eine Aussage zum bestehenden Risiko treffen zu können.	Liste, sonstige grafische Darstellung

8.1.4 Schritt 4 – Risikoermittlung

In der Risikoermittlung werden die identifizierten Assets und Schwachstellen hinsichtlich Relevanz, Eintrittswahrscheinlichkeit und Schadenshöhe bewertet (s. Kapitel 6.4.3). Dadurch lassen sich Gegenmaßnahmen unter betriebswirtschaftlichen Aspekten auswählen. Um sicherzustellen, dass die Risikoermittlung effizient erfolgt, sind die vorangegangenen Schritte essenziell, da der Untersuchungsbereich sonst zu unstrukturiert ist (s. ISACA 2017, S. 17).

Bewertung der Assets

Ziel der Asset-Bewertung ist die Ermittlung des Werts eines jeden Assets für die Unternehmung, um daraus Rückschlüsse auf das dementsprechend notwendige Schutzniveau ziehen zu können. In den meisten Fällen ist es nicht machbar und ratsam, konkrete Zahlenwerte für den Wert eines Assets festlegen zu wollen. Zum einen ist der Aufwand dafür sehr hoch, zum anderen ist dies bei einigen Assets schlichtweg nicht möglich, wie etwa bei der Bewertung der Reputation des Unternehmens oder der Mitarbeiterloyalität (s. DIN EN ISO/IEC 27005:2018-07, S. 45ff.). Daher bietet sich eine qualitative Bewertung der Assets an, für die bspw. die Schutzziele CIA (*Confidentiality, Integrity, Availability*) der IS den Ausgangspunkt darstellen können (s. Kapitel 2.4.1). Untersucht wird, welchen Einfluss ein Asset auf die Unversehrtheit dieser Ziele im Falle eines Vorfalls hat. Weitere Kriterien zur Beurteilung des Asset-Werts sind die Anzahl unterstützter Geschäftsprozesse oder die Anzahl der Nutzer (des Assets), die je nach Anwendungsfall bzw. I40U ergänzt werden können (s. ISACA 2017, S. 18; DIN EN ISO/IEC 27005:2018-07, S. 46). Der gesamte Wert eines Assets setzt sich folgendermaßen zusammen (s. KASSA 2017, S. 4):

$$Gesamter\ Wert = Wert\ des\ Assets * Gewichtung\ des\ Assets$$

Der (direkte) Wert des Assets ergibt sich aus der Summe der jeweiligen Schutzzielbewertung. Tabelle 8-4 kann das Bewertungsschema entnommen werden. Der minimale Wert eines Assets ist 3, der maximale 9. Diese Abstufung reicht aus, um Assets gegeneinander abzuwägen und Maßnahmen ableiten zu können.

Tabelle 8-4: Bemessungsgrundlage eines Asset-Werts (s. KASSA 2017, S. 3f.)

Schutzziele der IS	Gering (1)	Mittel (2)	Hoch (3)
Confidentiality (C) Durch eine unautorisierte Bekanntmachung von Informationen / Daten wird erwartet, dass:	Begrenzte nachteilige Auswirkungen auf organisatorische Abläufe, Assets oder Personen.	Ernstzunehmende nachteilige Auswirkungen auf organisatorische Abläufe, Assets oder Personen.	Schwere oder katastrophale Auswirkungen auf organisatorische Abläufe, Assets oder Personen.
Integrity (I) Durch eine unautorisierte **Veränderung bzw. Löschung** von Informationen / Daten wird erwartet, dass:	Begrenzte nachteilige Auswirkungen auf organisatorische Abläufe, Assets oder Personen.	Ernstzunehmende nachteilige Auswirkungen auf organisatorische Abläufe, Assets oder Personen.	Schwere oder katastrophale Auswirkungen auf organisatorische Abläufe, Assets oder Personen.
Availability (A) Durch den Abbruch des Zugangs zu Informationen / Daten wird erwartet, dass:	Begrenzte nachteilige Auswirkungen auf organisatorische Abläufe, Assets oder Personen.	Ernstzunehmende nachteilige Auswirkungen auf organisatorische Abläufe, Assets oder Personen.	Schwere oder katastrophale Auswirkungen auf organisatorische Abläufe, Assets oder Personen.

Confidentiality		Gering (1)			Mittel (2)			Hoch (3)		
	Integrity	G	M	H	G	M	H	G	M	H
Avail.	Gering (1)	3	4	5	4	5	6	5	6	7
Avail.	Mittel (2)	4	5	6	5	6	7	6	7	8
Avail.	Hoch (3)	5	5	7	6	7	8	7	8	9

Ähnliches gilt für die Gewichtung eines Assets. Sie trägt dem Umstand Rechnung, dass identische Assets unterschiedliche Gewichtungen hinsichtlich der Informationssicherheit haben können, wenn es sich bspw. um andere Daten bzw. Informationen handelt, die auf diesen Assets verarbeitet bzw. gespeichert werden (bspw. identische Server hinsichtlich Kapazität und Technologie mit unterschiedlich sensitiven Daten) (s. KASSA 2017, S. 3). Die Gewichtung erfolgt qualitativ auf Basis einer Drei-Stufen-Skala *gering*, *mittel* und *hoch* (s. Tabelle 8-5).

Tabelle 8-5: Gewichtung eines Assets (s. KASSA 2017, S. 4)

Gewichtung	Wert	Beschreibung
Gering	1	Der Wert der Informationen / Daten des Assets ist basierend auf Geschäftszielen und im Vergleich zu anderen Werten als gering bzw. nicht-existent einzuschätzen.
Mittel	2	Der Wert der Informationen / Daten des Assets ist basierend auf Geschäftszielen und im Vergleich zu anderen Werten als mittel einzuschätzen.
Hoch	3	Der Wert der Informationen / Daten des Assets ist basierend auf Geschäftszielen und im Vergleich zu anderen Werten als hoch einzuschätzen.

Aus der Multiplikation des Assets-Werts und dessen Gewichtung ergibt sich der Gesamt-Wert des Assets, der nach der aufgezeigten Metrik einen Wert zwischen 3 (*3*1*) und 27 (*9*3*) annehmen kann. Die untersuchten Assets können so leicht gruppiert werden.

Bewertung der Schwachstellen

Die identifizierten Schwachstellen werden anhand der beiden Dimensionen *Schadenshöhe* und *Eintrittswahrscheinlichkeit* in eine Risiko-Matrix eingeordnet (s. Kapitel 6.4.2). Die Ermittlung der Schadenshöhe lässt sich auf Basis der zugewiesenen Assets (sowie ggf. weiterer

Kriterien) durchführen und sollte durch den Risikoeigentümer (Vorstand, Geschäftsführer, Bereichsleiter, ...) erfolgen (s. ISACA 2017, S. 20). Zur Bestimmung der Eintrittswahrscheinlichkeit sollte eine standardisierte Skala herangezogen werden. Zusätzlich kann auf Studien, Umfragen und externe Beratung zurückgegriffen werden, um die Eintrittswahrscheinlichkeit des Ausnutzens einer Schwachstelle zu bestimmen.

Zum jetzigen Zeitpunkt sollten alle identifizierten Schwachstellen berücksichtigt bzw. bewertet werden. Auch, wenn die Bewertung bereits eine Priorisierung der Schwachstellen ergibt. Die konkrete Auswahl umzusetzender Maßnahmen erfolgt im späteren Verlauf durch die Ableitung des Handlungsbedarfs.

Risikoevaluierung

Die Risikoevaluierung stellt den zusammenfassenden Schritt der Risikoermittlung dar. Dazu werden die in der Risiko-Matrix aufgeführten Schwachstellen um eine Akzeptanzlinie ergänzt, die sich aus Risikoakzeptanzkriterien zusammensetzt. Der Nutzen der Akzeptanzlinie liegt darin, dass eine effiziente und pragmatische Behandlung der Risiken ermöglicht wird, indem die Risiken unterschiedlich behandelt werden können (s. ISACA 2017, S. 18f.). Die Kriterien stehen im Zusammenhang mit den Richtlinien und Zielen des Unternehmens sowie den Interessen der Stakeholder (s. PUTRA U. MUTIJARSA 2021, S. 16). Die Ausprägung der Akzeptanzlinie ist demnach unternehmensspezifisch.

Ergebnis

Das Ergebnis der Risikoermittlung stellt eine Risiko-Matrix dar. In ihr sind die Schwachstellen anhand ihres Schadensausmaßes und ihrer Eintrittswahrscheinlichkeit aufgeführt. Zusätzlich ist eine Risikoakzeptanzlinie integriert, anhand derer unternehmensspezifisch Handlungsbedarfe hinsichtlich der kritischsten Schwachstellen abgeleitet werden können.

Tabelle 8-6: Ergebnisse der Risikoermittlung

Ergebnis	Nutzen	Dokumenten-Typ
Bewertete Assets	Dienen als Ausgangspunkt zur Bewertung der Schwachstellen und zum Ableiten von Schutzbedarfen.	Liste
Bewertete Schwachstellen	Überblick über das dem Unternehmen zugrunde liegende Risiko.	Liste
Risiko-Matrix	Zentrales Ergebnis zum Ableiten von Maßnahmen und Handlungsbedarfen.	Risiko-Matrix (s. S. 153)

8.1.5 Schritt 5 – Zielzustand

Nachdem der Status quo beschrieben und das sich daraus ergebende Risiko ermittelt wurden, muss ein Zielzustand der Informationssicherheit definiert werden, den es mit der Umsetzung konkreter Maßnahmen zu erreichen gilt.

Definition des Zielzustands

Die Risiko-Matrix und zusätzlicher Input aus der Priorisierungsphase bieten die notwendige Grundlage, um einen Zielzustand zu definieren. Er stellt das optimale Sicherheitsniveau der abzusichernden I40U dar. Bis zu diesem Zeitpunkt ist der Zielzustand wertneutral, wodurch er ungeachtet einer betriebswirtschaftlichen Betrachtung definiert wird. Das ist ratsam, um nicht zu früh im Vorgehensmodell Restriktionen hinsichtlich einer realen Umsetzung aufzustellen.

Es bietet sich an, den Zielzustand über die bewerteten Assets herzuleiten, die es zu schützen gilt. Demnach ist der Zielzustand genau das Schutzniveau im Unternehmen, bei dem alle schützenswerten Assets adressiert werden und das Restrisiko vernachlässigbar klein ist. Die formale Definition des Zielzustands ist notwendig, um das ISMS langfristig und nachhaltig verankern zu können. Er dient der Definition des Soll-Zustands und ist für den ständigen Abgleich mit dem Ist-Zustand erforderlich, um kontinuierlich Handlungsbedarfe abzuleiten. Zur Definition bietet es sich an, auf Reifegrade und Sicherheitslevel zurückzugreifen (s. Kapitel 6.3). Diese können im Unternehmen leicht kommuniziert werden, um eine hohe Akzeptanz bei der Belegschaft zu erreichen.

Ergebnis

Der Zielzustand wird als Instrument genutzt, um das angestrebte Sicherheitsniveau zu dokumentieren, zu kommunizieren und letztlich zu erreichen. Er stellt somit einen zentralen Baustein zur Absicherung einer I40U dar.

Tabelle 8-7: Ergebnis des Zielzustands

Ergebnis	Nutzen	Dokumenten-Typ
Zielzustand	Dient der nachhaltigen Verankerung des ISMS und der Erreichung einer ausreichenden Informationssicherheit.	Textdokument, Liste

8.1.6 Schritt 6 – Handlungsbedarf

Durch den aktuellen Status quo, die bewerteten Schwachstellen und den definierten Zielzustand ergibt sich die Möglichkeit eines Soll-Ist-Vergleichs. Dieser ermöglicht es, Handlungsbedarfe in Form konkreter Maßnahmen sowie deren Umsetzungsplanung abzuleiten. (s. WIESBECK ET AL. 2021c, S. 25)

Dieser Schritt ist für die pragmatische und effiziente Umsetzung eines ISMS essenziell. Bis zu diesem Zeitpunkt ergibt sich aufgrund der Gestaltung des Vorgehensmodells bei der Identifikation relevanter Schwachstellen bzw. Maßnahmen kein hoher Aufwand, weswegen möglichst viele Schwachstellen und Maßnahmen im Rahmen der bisherigen Anwendung berücksichtigt werden sollten, um einen vollumfänglichen Eindruck der aktuellen Situation erhalten zu können. Um aber die Handhabbarkeit für die anwendenden Unternehmen sicherzustellen, müssen die Schwachstellen und Maßnahmen auf eine angemessene Anzahl reduziert werden. Dies erfolgt in den nächsten Teilschritten.

Auswahl notwendiger Maßnahmen

Aus der Risiko-Matrix und der eingezeichneten Akzeptanzlinie ergibt sich eine unternehmensspezifische Auswahl von Schwachstellen, die es zu adressieren gilt. Dazu ist es notwendig, den Schwachstellen Maßnahmen zuzuweisen. Die Wirkungszusammenhänge der Schwachstellen und Maßnahmen sind Anhang A.8 zu entnehmen. Es ergibt sich eine Liste aus Schwachstellen und zugewiesenen Maßnahmen. Diese Liste sollte primär nach den Maßnahmen sortiert werden, um leicht sehen zu können, wie viele Schwachstellen durch eine Maßnahme adressiert werden. Anhand der Informationen aus der Asset-Schwachstellen-Zuordnung ist wiederum ein Rückschluss auf die Relevanz der Maßnahmenumsetzung möglich.

Kostenbewertung von Maßnahmen

Zusätzlich zur reinen Betrachtung der Wirkung von Maßnahmen auf Schwachstellen gilt es, deren Kosten zu bewerten, um eine betriebswirtschaftliche Perspektive auf das ISMS zu ermöglichen (s. ISO/IEC 62443-2-1, S. 7). Im ersten Schritt werden den Maßnahmen Kosten zugewiesen, um daraus eine Aufwand-Nutzen-Analyse anstoßen zu können (s. Kapitel 4.3.5 und 6.4.2). Eine explizite Zuweisung von Kosten zu Maßnahmen ist in den meisten Fällen zwar nicht so herausfordernd wie die Werteschätzung von Assets, allerdings ist eine quantitative Bewertung häufig ungenau. Eine qualitative Abschätzung reicht häufig aus, um die Maßnahmen in Relation zueinander setzen zu können (s. HÄNISCH U. ROGGE 2017, S. 95).

Anwendung des Bewertungskatalogs zur Priorisierung

Die ausgewählten und mit Kosten versehenen Maßnahmen werden anschließend den identifizierten Schwachstellen in einem Bewertungskatalog gegenübergestellt (s. Abbildung 8-9 und Kapitel 6.4.1). Auf der vertikalen Achse werden alle Maßnahmen aufgetragen, auf der horizontalen alle Schwachstellen. Die Schnittpunkte stellen die Wirkungszusammenhänge der Maßnahmen in Bezug auf die Schwachstellen dar. Es besteht entweder keine Wirkung, eine teilweise oder eine vollumfängliche Wirkung. Weiterhin erfolgt sowohl für die Maßnahmen als auch für die Schwachstellen eine Abstufung hinsichtlich ihrer Kosten bzw. ihres Schadensausmaßes. Kostengünstige Maßnahmen, die schwerwiegende Schwachstellen adressieren, sollten sofort umgesetzt werden, wohingegen kostenintensive Maßnahmen, die lediglich vernachlässigbare Schwachstellen adressieren, nicht umgesetzt werden sollten. Eine genauere Betrachtung ist im Rahmen eines paarweisen Vergleichs möglich, indem ebenfalls untersucht wird, wie viele Schwachstellen durch eine Maßnahme adressiert werden und zu welchem Grad sie gegen diese wirkt.

Schwachstellen

Maßnahmen	PP-1	PP-11	PP-3	PP-5	PP-9	PP-2	PP-12	PP-4	PP-6	PP-7	PP-8	PP-13	PP-10	...
DS-1		●	◑	●	◑	●	●	●	●	●		◑		
IP-4	◕				◑				◑	◑				
IP-5					●	◑			◑					
TE-3	◑			◑	●									
IP-1				◑	◑									
IP-2				◑		◑								
IAZ-1							◑				◑			
WP-1						◑			◑					
TE-1				●										
IP-3													●	
IAZ-2											◑			
IAZ-3											◑			
DS-2														
DS-3														
TE-2														
...														

Maßnahme sofort umsetzen | Maßnahme bei Budget umsetzen | Maßnahme nicht umsetzen

Abbildung 8-9: Beispielhafter Bewertungskatalog (eigene Darstellung)

Ergebnis

Ein priorisierter Maßnahmenkatalog stellt das Ergebnis des Schritts dar. In ihm sind die umzusetzenden Maßnahmen auf Basis der schützenswerten Assets der I40U, der potenziellen Schwachstellen und einer Wirtschaftlichkeitsbetrachtung aufgeführt. Aus diesem Katalog lässt sich im nächsten Schritt eine Implementierungs- bzw. Umsetzungs-Roadmap ableiten.

Tabelle 8-8: Ergebnisse des Handlungsbedarfs

Ergebnis	Nutzen	Dokumenten-Typ
Relevante Maßnahmen	Um eine effiziente und pragmatische Absicherung der Informationssicherheit zu gewährleisten, werden die relevanten Maßnahmen in Bezug auf die abzusichernde I40U ausgewählt.	Liste, Textdokument
Kostenbewertung der Maßnahmen	Dient der betriebswirtschaftlichen Betrachtung und damit der nachhaltigen Verankerung des ISMS.	Liste, Textdokument
Priorisierter Maßnahmenkatalog	Ausgangslage für die Definition einer Umsetzungs-Roadmap.	Bewertungskatalog, Liste, Textdokument

8.1.7 Schritt 7 – Implementierung

Im letzten Schritt des Vorgehensmodells werden die priorisierten Maßnahmen auf Basis einer Umsetzungsstrategie und Implementierungs-Roadmap im Unternehmen umgesetzt. Um einen nachhaltigen Erfolg des ISMS zu erzielen, findet zum Abschluss eine kontinuierliche Revision statt, anhand derer das ISMS optimiert wird.

Umsetzungsstrategie

Zur Ableitung der Umsetzungsstrategie bzw. Implementierungs-Roadmap müssen die Maßnahmen konsolidiert, budgetiert und terminiert werden. Konsolidieren bedeutet in diesem Zusammenhang, dass ein zusätzlicher Abgleich mit bereits (teilweise) umgesetzten Maßnahmen erfolgen muss. Maßnahmen, die im Rahmen des Handlungsbedarfs nicht abgeleitet worden sind, sich aber schon im Einsatz befinden, sollten in Einzelfallentscheidungen betrachtet werden, so dass sie ggf. abgelöst oder weiterhin betrieben werden. Ziel der *Konsolidierung* ist also die Betrachtung des Wechselspiels der identifizierten und bereits umgesetzten Maßnahmen, um Redundanzen bzw. Interdependenzen zu erkennen, zu verringern und zu dokumentieren. (s. WIESBECK ET AL. 2021c, S. 26)

Für die Budgetierung ist es notwendig, über die grobe Kostenabschätzung hinaus konkrete Ressourcen (personell, finanziell) einzuplanen und einzusetzen. Dabei sollte zwischen konsumtiven und investiven Mitteln sowie zwischen personellen Ressourcen aus Eigen- bzw. Fremdleistung unterschieden werden. Es sollten stets genau die Beschäftigten das Budget ansetzen, die als Wissensträger der Maßnahme dienen. (s. WIESBECK ET AL. 2021c, S. 26)

Weiterhin gilt es zu vermeiden, dass ein Großteil des Budgets auf technologische Maßnahmen fällt und den organisatorischen Maßnahmen nur ein kleiner Teil zugutekommt, obwohl diese in den meisten Fällen das Risiko deutlicher reduzieren können (s. FILKINS ET AL. 2019, S. 20f.). Ziel muss es sein, ein Gleichgewicht aus „harten" und „weichen" Faktoren zu finden (s. Abbildung 8-10), um eine resiliente Umsetzungsstrategie zu entwickeln (s. MAIER U. AENGENHEYSTER 2020, S. 28).

Letztlich gilt für die *Terminierung*, dass realistische Meilensteine gesetzt werden. Dazu zählen konkrete Rollen, Kompetenzen, Verfügbarkeiten sowie eine regelmäßige Berichterstattung. (s. WIESBECK ET AL. 2021c, S. 26f.)

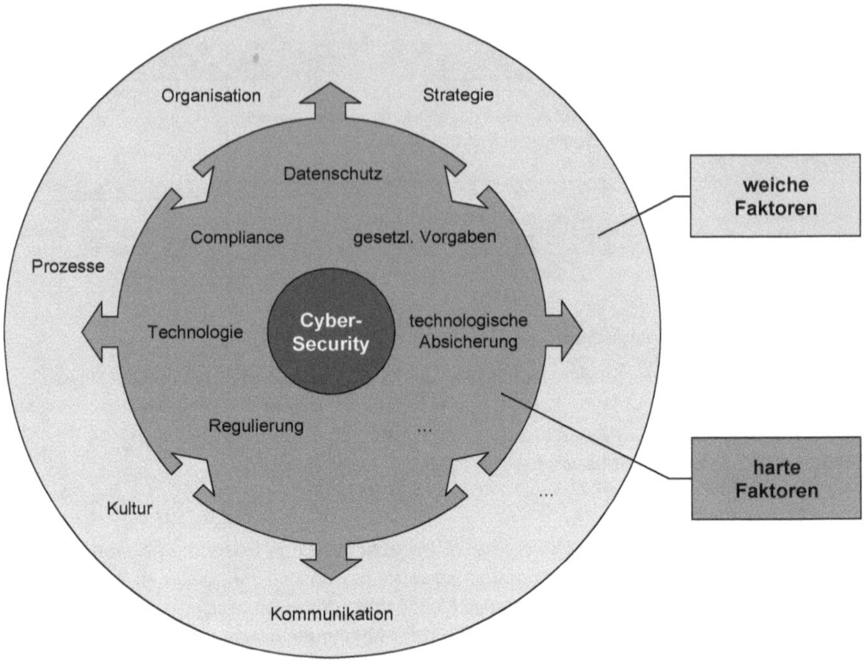

Abbildung 8-10: Resiliente Umsetzungsstrategie von Maßnahmen (eigene Darstellung i. A. a. MAIER U. AENGENHEYSTER 2020, S. 28)

Revision und Audit

Ein ISMS sollte einem kontinuierlichen Verbesserungsprozess unterliegen. Daher ist es essenziell, dass das ISMS anhand der festgesetzten, erreichten und nicht erreichten Ziele stetig überarbeitet, angepasst und verbessert wird (s. HANSCHKE 2020, S. 179). Audits (intern oder extern) sind ein geeignetes Hilfsmittel. Betrachtungsgegenstand eines solchen Audits stellen Systeme, Prozesse, Produkte oder auch Stakeholder dar (s. WIESBECK ET AL. 2021c, S. 28).

Ergebnis

Als Ergebnis der Implementierungsphase werden eine Umsetzungsstrategie, eine Implementierungs-Roadmap sowie ein Revisionsplan festgehalten.

Tabelle 8-9: Ergebnisse der Implementierung

Ergebnis	Nutzen	Dokumenten-Typ
Umsetzungsstrategie	Sie dient dazu, eine konsequente Aufklärung über die Ziele und den Weg bzw. den Zeitplan der Veränderungen zu leisten (s. MAIER U. AENGENHEYSTER 2020, S. 28).	Liste, Textdokument
Implementierungs-Roadmap	In der Implementierungs-Roadmap werden die konsolidierten, budgetierten und terminierten Maßnahmen dargestellt.	Gantt-Diagramme, RACI-Matrizen, Finanzpläne
Revisionsplan	Im Revisionsplan werden konkrete Maßnahmen zur Revision festgehalten, um das ISMS kontinuierlich zu verbessern.	Textdokument

8.2 Hinweise zur Anwendung des Vorgehensmodells

In diesem Kapitel werden abschließend relevante Aspekte bei der Anwendung des Vorgehensmodells angeführt. Dadurch sollen Unternehmen zusätzlich befähigt werden, ein ISMS aufzubauen, um die gewünschte Informationssicherheit im Unternehmen zu erreichen.

8.2.1 Ergänzende Aspekte zur Einführung eines ISMS

Das im vorherigen Kapitel beschriebene Vorgehensmodell zur Einführung eines Informationssicherheitsmanagementsystems umfasst die konkrete Einführung eines solchen. Um diese Einführung in einen unternehmensspezifischen Kontext zu setzen, erfolgt im ersten Schritt eine Priorisierung und damit eine Beschreibung der Vorgehensweise selbst. Nachfolgend sollen weitere, dem Vorgehensmodell nicht direkt zuordenbare Aspekte zur Einführung eines ISMS erläutert werden.

Vielen Unternehmen fehlt die Erfahrung im Aufbau eines ISMS. Daher bietet es sich an, den während der Priorisierung definierten Betrachtungs- bzw. Geltungsbereich so zu wählen, dass er einen nicht zu umfangreichen und nach außen hin abgegrenzten Bereich des Unternehmens umfasst, durch welchen erste Erfahrungen gesammelt werden sollen. Für einen solchen Bereich bietet sich eine nicht-unternehmenskritische Industrie-4.0-Umgebung etwa im Logistikbereich an. Die Schwierigkeit besteht darin, schnell zu lernen, keine zu umfangreichen Probedurchläufe zu planen und nur wenige solcher Bereiche zu Beginn zu definieren, um nicht Gefahr zu laufen, dass die verschiedenen „Pilotbereiche" schon im Detail abgesichert werden, wodurch im späteren Verlauf eine ganzheitliche Betrachtung des Unternehmens zu Redundanzen und negativen Interdependenzen führen kann. Um ein ausgewogenes Maß zu finden, empfiehlt es sich, externe Unterstützung in Form von Beratungsdienstleistungen oder einem Austausch mit Partnerunternehmen in Anspruch zu nehmen, die bereits erste Erfahrungen beim Aufbau eines ISMS gemacht haben.

Darüber hinaus sollte sichergestellt werden, dass das ISMS als Minimum-Viable-Product geplant wird. Ein solches verfolgt das Ziel, nicht den vollumfänglich definierten Leistungsumfang von Beginn des Betriebs an anzubieten. Vielmehr sollen durch teilweise umgesetzte Varianten des ISMS schnell erste Erfahrungen gesammelt werden. Der Ausbau erfolgt dann stufenweise anhand im Vorfeld definierter Anwendungsfälle (sowohl in Bezug auf den Betrachtungsbereich als auch in Bezug auf die Funktionalitäten des ISMS). (s. HANSCHKE 2017, S. 40ff.)

Um ein ISMS erfolgreich betreiben zu können, darf ein solches wie auch die Maßnahmen, die im Rahmen der Einführung nach und nach implementiert werden, kein hohes Maß an Komplexität beinhalten. Ein wichtiger Einflussfaktor dabei ist das „Plug-'n'-Play"-Prinzip. Es beschreibt die Auswahl unmittelbar implementierbarer Standard-Lösungen in die Unternehmensstruktur. Gerade bei Hardware- und Software-Komponenten sowie bei Cloud-Anwendungen sollte möglichst auf die Standardvariante zurückgegriffen werden bzw. es sollten nur solche Lösungen ausgewählt werden, die vom Standard her über ein ausreichendes Maß an Sicherheitsmechanismen verfügen. (vgl. ABOLHASSAN 2017a, S. 131)

Bei der Einführung eines ISMS können große Synergiepotenziale durch ein Enterprise-Architecture-Management (EAM) gehoben werden. Es beschreibt einen systematischen und ganzheitlichen Ansatz zum Verstehen, Kommunizieren, zur Gestaltung und zum Planen der Unternehmensstrukturen in fachlicher und technischer Hinsicht (s. HANSCHKE 2020, S. 145). Im Zusammenhang mit einem EAM ist die Informationssicherheit als Querschnitts-Sicht zu verstehen, die sich auf die gesamte Unternehmensarchitektur bezieht (s. Abbildung 8-11). Das Management der Unternehmensarchitektur ermöglicht einen Blick auf die aktuelle Ausgangssituation, lässt eine Analyse über Auswirkungen und Abhängigkeiten der Architekturelemente zu, ermöglicht das Treffen fundierter und zeitnaher Entscheidungen und gewährleistet das Erreichen des zukünftigen Soll-Zustands. Da ein wesentlicher Bestandteil die Dokumentation von Prozessen und Architekturelementen ist, können hier Synergiepotenziale hinsichtlich der Orientierungs- und Status-quo-Phase des beschriebenen Vorgehensmodells erzielt werden, da durch das EAM eine Transparenz im Unternehmen forciert wird, die ihrerseits eine notwendige Grundvoraussetzung zur Absicherung der Informationssicherheit darstellt. (s. HANSCHKE 2020, S. 147)

Folgende Strukturen bzw. Elemente des EAMs können im Detail für den Aufbau des ISMS genutzt werden (s. HANSCHKE 2020, S. 153):

- Grundbestandteile zur Festlegung des Geltungsbereichs und des Schutzbedarfs (Prozesse, fundamentale (Geschäfts-)Fähigkeiten, Informationen und Geschäftseinheiten),
- Applikationen, technische Bausteine und Infrastruktur zur Modellierung des Systems bzw. der Industrie-4.0-Umgebung (in Bezug auf IT, OT, ICS und (I)IoT),
- logische und technische Schnittstellen sowie Aufbau- und Kommunikationsinformationen nach innen und außen,
- Räume und Gebäude sowie Produktionsumgebungen
- und Abhängigkeiten sowie Auswirkungen zur Analyse der bestehenden Schwachstellen innerhalb der Industrie-4.0-Umgebung.

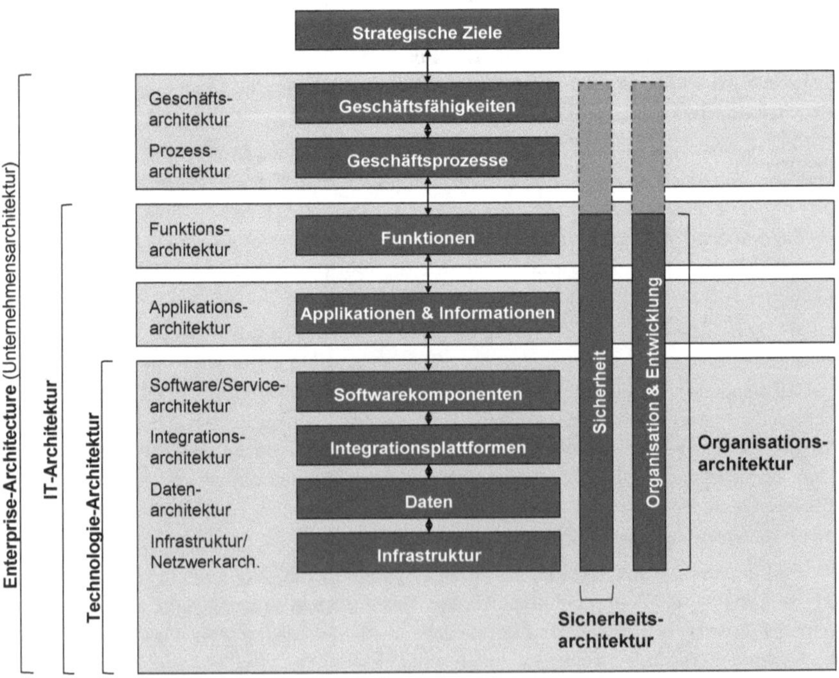

Abbildung 8-11: Komponenten einer Enterprise-Architecture (eigene Darstellung i. A. a. WIDJAJA 2021)

8.2.2 Einführung und Umsetzung relevanter Informationssicherheitsmaßnahmen

In der vorliegenden Dissertationsschrift kommt der Auswahl, Einführung und Umsetzung relevanter Informationssicherheitsmaßnahmen (kurz *Maßnahmen*) eine besondere Bedeutung zu, um die Informationssicherheit im Unternehmen effizient und pragmatisch avisieren zu können. Daher sollen nachfolgend weiterführende Aspekte zur Betrachtung der Maßnahmen genannt werden. Diese beziehen sich auf Sicherheitsprinzipien, „Goldene Regeln" und Best Practices.

Neben diesen Maßnahmen sollten auch allgemeine Gestaltungsprinzipien in kleineren und mittleren Unternehmen in den Fokus gerückt werden. Diese sind generisch, leicht verständlich und können an die spezifische Situation angepasst werden, bieten aber trotzdem eine ausreichende Orientierungshilfe. Bekannte Prinzipien sind bspw. eine *„Default Deny Strategy"*, bei der nur das miteinander kommunizieren kann, was auch kommunizieren soll (s. HÄNISCH U. ROGGE 2017, S. 96) oder *„Security-by-Design"*, durch welches Sicherheitsaspekte bereits bei der Entwicklung von Produkten, Komponenten und Systemen betrachtet werden (s. CASOLA ET AL. 2020, S. 3). Zu beachten ist, dass es eine Vielzahl solcher Prinzipien[70] gibt, die nicht alle bekannt sein und berücksichtigt werden können. Nichtsdestotrotz sollten möglichst viele Prinzipien im Rahmen der Absicherung der Informationssicherheit betrachtet werden, weil sie sich als Best Practices und aus Erfahrungswerten herauskristallisiert haben.

Neben Sicherheitsprinzipien existieren weitere „Goldene Regeln" und Best Practices, die teilweise nicht trennscharf zu unterscheiden sind. Auch hier ergibt sich die Herausforderung, möglichst viele Aspekte zu betrachten. Unternehmen sollten allerdings dezidiert Zeit für die Betrachtung aufwenden und eine Shortlist ableiten, die im weiteren Verlauf der Einführung und des Betriebs des ISMS als Grundlage zur Entscheidungsfindung dient. In Tabelle 8-10 werden einige Regeln und Best Practices angeführt, die der Autor als relevant ansieht (s. HANSCHKE 2020, S. 44, 72f.; MAIER U. AENGENHEYSTER 2020, S. 28f.; NAGEL U. VERFÜRDEN 2021; ELIFOGLU ET AL. 2018, S. 69ff.; SYNOPSYS 2017, S. 8f.; FILKINS ET AL. 2019, S. 22).

Tabelle 8-10: Wichtige goldene Regeln und Best Practices

Goldene Regeln und Best Practices zur Absicherung der Informationssicherheit
Aktuelle Virenscanner und Software benutzen.
Einmalig sichere Passwörter statt häufig wechselnder.
Administrationsrechte beschränken und nur da vergeben, wo sie notwendig sind.
Daten sichern und Backups einrichten (3-2-1-Regel: Drei Kopien, zwei Speichermedien, eine außerhalb des Büros).
Verschlüsselung von allen schützenswerten Daten.
Vorsicht walten lassen bei unbekannten E-Mail-Anhängen, Druckaufträgen und Downloads.
Sensible Informationen nicht leichtsinnig preisgeben.
Arbeitsplatz stets aufräumen und Bildschirme sperren.
Sicherheitsvorfälle unverzüglich melden.
Transparente und konsequente Aufklärung zur Einführung und Betrieb des ISMS.
Kommunikation auf Augenhöhe zwischen Management und Belegschaft.

[70] Verschiedene Longlists von Sicherheitsprinzipien sind frei im Internet zugänglich (s. MARDJAN U. JAHAN 2021)

Maßnahmen und Dokumentation mit hohem persönlichem und praktischem Bezug.
Enge Zusammenarbeit zwischen allen Bereichen (zur Entwicklung ganzheitlicher Lösungen).
Schaffung positiver Erlebnisse.
Kanäle für Feedback und Möglichkeiten zum Austausch etablieren.
Befähigung der Belegschaft in Bezug auf die Nutzung und den Umgang mit neuen Technologien.
Bedrohungen aus dem Netz einschätzen.
Informationssicherheit mit Commitment und Engagement des Managements.
IT-Sourcing mit Verstand (Multiplikation und Synergieeffekte über den Anbieter nutzen).
Ernstfälle und Cybererpressungen durchspielen.
Möglichst kein Lösegeld zahlen (Experten hinzuziehen).
Zugriff auf sensitive und hochwertige Daten einschränken.
Neue Mitarbeitende, Vertragspartner und Partner hinsichtlich Awareness schulen.
Nutzung von Geheimhaltungsvereinbarungen gerade bei Geschäftspartnern und Externen.
Jede Änderung in und von Systemen muss festgehalten und überprüft werden.
Die Nutzung von Social Media sollte reguliert sein.
Der Einsatz von Druckern, Scannern und Faxen sollte überwacht werden.
Datentransfermechanismen sollten begrenzt und überwacht werden.
Verzicht auf mobile Datenträger, wo immer möglich.
Sinnvolles Aufwand-Nutzen-Verhältnis in allen Aspekten.
Gütesiegel und Wettbewerbsfähigkeit durch einen Nachweis der Informationssicherheit.
Transparenz und Nachvollziehbarkeit durch Reporting an alle Anspruchsgruppen.
Reduzierte Verschwendung von Ressourcen durch handhabbare und angemessene Instrumente.
Absicherung und Entlastung der Belegschaft durch klare Vorgaben und definierte Rahmenbedingungen.
Arbeitserleichterung durch adäquate Hilfsmittel wie Fragebögen, Checklisten und Templates (s. Anhang A 4).
Die einmalige Durchführung von Penetrationstests sowie Schwachstellen- bzw. Bedrohungsanalysen reichen nicht aus.
Gerade für sich im Einsatz befindliche Systeme sollte eine Schwachstellenanalyse durchgeführt werden.
Schwachstellen- und Bedrohungsanalysen sollten nicht als zu komplex abgetan werden, es gilt, das richtige Maß zu finden.
Auch ohne Sicherheitsexpertisen sollten Schwachstellen- und Bedrohungsanalysen durchgeführt werden.
Schwachstellen- und Bedrohungsanalysen reichen als Sicherheitsmaßnahmen allein nicht aus.

8.2.3 Informationssicherheit-Toolbox

Für den Aufbau und den Betrieb eines ISMS stehen zahlreiche Tools und Anwendungen mit verschiedenen Funktionalitäten (s. HANSCHKE 2020, S. 154) zur Verfügung (vgl. HANSCHKE 2021), von denen viele auch kostenfrei sind (s. SANS INSTITUTE 2020). Gepaart mit Umsetzungshilfen spricht man hier auch von Werkzeugkästen bzw. Toolboxes. Gerade bei der Professionalisierung eines ISMS bietet es sich an, eine solche Toolbox im Unternehmen zu definieren, die als Management-Unterstützung für kleine und mittlere Unternehmen dient (s. JOHANNSEN U. KANT 2020, S. 1071). Dafür wurden bereits in den Schritten des Vorgehensmodells zur Einführung eines ISMS zentrale Ergebnisse aufgeführt, die Bestandteile einer solchen Toolbox sein können (s. Kapitel 8.1.1 – 8.1.7). Weitere sinnvolle Bestandteile sind der folgenden Tabelle zu entnehmen (s. JOHANNSEN U. KANT 2020, S. 1072).

Tabelle 8-11: Zusätzliche Bestandteile einer ISMS-Toolbox

Kategorie	Muster, Checklisten, Verträge, Richtlinien etc.
IS-Compliance	DSGVO-Datenschutzerklärung für Websites
	Musterverträge im Rahmen der DSGVO
IS-Governance	Empfehlungen zur organisatorischen Verankerung von Sicherheitsrollen
	Leitfaden für IS-Programm- und -Projektmanagement
Sicherheitsbewusstsein	IS-Notfallkarte für ein koordiniertes Notfallverhalten
	Verhaltensregeln zum Thema Social Engineering
	Umgang mit Phishing, Spam und anderen Angriffsmethoden
ISMS	Policy für die Informationssicherheit
	Leitfaden zur Einführung eines ISMS
	Leitfaden für das Notfallmanagement
	Checklisten zur unternehmensspezifischen Anpassung (ISO 27001, CISIS12, BSI-Grundschutz)
Cyber-Sicherheit	Schutz vor gängigen Webschwachstellen (CWE)
	Liste priorisierter Maßnahmen bei Cyber-Angriffen
	Cloud-Richtlinie und Richtlinie zur Nutzung von Cloud-Diensten
	Leitfaden zur E-Mail-Sicherheit im Unternehmen
	Basismaßnahmen der Cyber-Sicherheit (Goldene Regeln, Best Practices, ...)
Mobile Sicherheit	BYOD-Richtlinie und -Betriebsvereinbarung
	Betriebsvereinbarung zu Home-Office und mobilem Arbeiten
	Checkliste für Mobile Sicherheit für Smartphones und Tablets

8.3 Zusammenfassung und Ergebnisreflexion

Mit dem in Kapitel 8 vorgestellten und anwendbaren Gestaltungsmodell wird der Hauptteil der vorliegenden Dissertationsschrift abgeschlossen. Das Gestaltungsmodell orientiert sich an bekannten und erprobten Vorgehensmodellen zur Einführung und Umsetzung eines Informationssicherheitsmanagementsystems. Die einzelnen Phasen des vorgestellten Vorgehensmodells (s. Kapitel 8.1) reichen von der Priorisierung des ISMS bis hin zu dessen Implementierung sowie der Priorisierung der abgeleiteten Maßnahmen und schließen mit der Revision und kontinuierlichen Verbesserung. Da die erstmalige Umsetzung eines ISMS naturgemäß mit Herausforderungen verbunden ist, wurden darüber hinaus nützliche Aspekte wie „Goldene Regeln" und Best Practices angeführt, um die Umsetzung für Unternehmen zu erleichtern (s. Kapitel 8.2.2). Abschließend wurde festgehalten, dass für die pragmatische und effiziente Umsetzung eines ISMS eine Toolbox (s. Kapitel 8.2.3) im Unternehmen erstellt werden sollte, anhand derer konkrete Fragestellungen und Aufgaben schnell und reproduzierbar bearbeitet werden können.

Abschließend ist darauf hinzuweisen, dass die vorgestellten sieben Schritte des Vorgehensmodells zum Aufbau eines Informationssicherheitsmanagementsystems so ausgewählt und ausgestaltet worden sind, dass sie trotz den Anforderungen nach Pragmatismus und Effizienz nutzenstiftend und zweckerfüllend sind. Dieses Abwägen kann in wenigen Fällen dazu führen, dass Elemente des Vorgehensmodells auf der einen Seite zu umfangreich sind und reduziert werden müssen und auf der anderen Seite Elemente fehlen oder zu undetailliert dargestellt sind. Das Vorgehensmodell muss gegebenenfalls, wenn auch weniger als bestehende Ansätze, speziell an ein Unternehmen angepasst werden.

9 EVALUATION

Das vorliegende Kapitel dient dazu, die Validierung der in dieser Dissertationsschrift entwickelten Modelle vorzustellen. Die Evaluation stellt den letzten Schritt der jeweiligen Modellentwicklung dar. Die Modelle werden genauer dahingehend untersucht, ob sie die Anforderungen aus Kapitel 4.1 erfüllen (Reproduzierbarkeit, Praktikabilität, weitgehende Branchenneutralität und wirtschaftliche Einsetzbarkeit). Ferner wird untersucht, ob das entwickelte Vorgehensmodell die Anforderungen aus Kapitel 3.5.2 erfüllt. Die Evaluierung erfolgt dabei im Gesamtzusammenhang und im Rahmen zweier Fallbeispiele bzw. Fallstudien. Sie dienen dazu, die Anforderungen zu evaluieren und kritisch zu reflektieren (s. HESS ET AL. 2014, S. 135).

Zu Beginn des Kapitels werden der Aufbau und die Auswahl der Fallstudien dargestellt (s. Kapitel 9.1). In den Kapiteln 9.2 und 9.3 werden die Fallstudien im Detail beschrieben. In Kapitel 9.4 erfolgt eine konsolidierte Bewertung der Evaluierungsergebnisse, indem die Erfüllung der formalen sowie inhaltlichen Anforderungen kritisch reflektiert wird. Abschließend wird das Kapitel in Kapitel 9.5 zusammengefasst.

Neben einzelnen Teilaspekten der abweichenden Forschungsunterfragen, die in das Gestaltungsmodell aus Kapitel 8 einfließen, überprüft die durchgeführte Evaluation vor allem die Forschungsfrage *„Wie lässt sich auf Basis der identifizierten Wirkungszusammenhänge ein Gestaltungsmodell für ein Informationssicherheitsmanagementsystem zur effizienten Ermittlung der notwendigen Informationssicherheit in produzierenden Unternehmen ermitteln?"*.

9.1 Aufbau und Auswahl der Fallstudien

Schematisch orientiert sich der Aufbau der Fallstudien an dem in Kapitel 8 entwickelten Gestaltungsmodell als Vorgehensmodell zur effizienten Absicherung der Informationssicherheit durch den Aufbau eines Informationssicherheitsmanagementsystems (ISMS). Demnach werden in den beiden Fallstudien die sieben Schritte des Vorgehens sequenziell durchgeführt. Zu Beginn erfolgt die Priorisierung des ISMS-Aufbaus im Gesamtkontext der Unternehmung. Anschließend erfolgen die Orientierung und die Ermittlung des Status quo, durch die die abzusichernde Industrie-4.0-Umgebung des Unternehmens beschrieben und potenzielle Schwachstellen abgeleitet werden. Im Anschluss erfolgt eine Risikoermittlung, um im fünften Schritt den Zielzustand definieren zu können, den das Unternehmen perspektivisch erreichen möchte. Aus dem Abgleich zwischen Ist- und Zielzustand lassen sich Handlungsbedarfe ableiten, die im letzten Schritt in einer konkreten Implementierungsplanung münden.

Das Kapitel 9.2 umfasst die Durchführung und Zusammenfassung der Evaluation mit einem Automobilzulieferer. Getrieben durch eine interne Digitalisierungsstrategie, die sich insbesondere auf den Shopfloor bestehender Standorte bezieht, rückt die Informationssicherheit zunehmend in den Fokus der Betrachtungen und entwickelt sich dort zum zentralen Gestaltungsfeld. Aus Gründen der Verschwiegenheit wird die Evaluation anonymisiert bzw. pseudonymisiert dargestellt. Im Folgenden wird das Unternehmen BlueBox Auto GmbH & Co. KG genannt.

In Kapitel 9.3 werden die Evaluationsergebnisse analog für das Unternehmen Ph-MECHANIK GmbH & Co. KG beschrieben. Das Unternehmen ist Systemlieferant und in den Bereichen Entwicklung und Konstruktion, Teilefertigung, Lieferung von montierten Funktionsbaugruppen sowie Lagerbevorratung tätig. Im Rahmen einer unternehmensweiten digitalen Transformation möchte sich Ph-Mechanik in Bezug auf die Informationssicherheit strategisch aufstellen und für die Zukunft absichern.

9.2 Fallstudie 1: BlueBox Auto GmbH & Co. KG

Die Durchführung der ersten Fallstudie erfolgte mit dem Unternehmen BlueBox Auto GmbH & Co. KG (BlueBox). Als Basis diente ein Austausch zum Thema Informationssicherheit vor dem Hintergrund von deren Systematisierung aufgrund der zunehmenden Digitalisierung des Unternehmens sowie die geplante stärkere Vernetzung des Shopfloors.

9.2.1 Das Unternehmen BlueBox

Das Unternehmen ist heute eine internationale Firmengruppe und befindet sich in Familienbesitz. Mit Standorten in Europa, Nordamerika und Asien entwickelt, fertigt und vertreibt BlueBox Komponenten und Systeme für die Automobilindustrie. Das Unternehmen ist durch Innovationen, Produktdiversifikation und Internationalisierung stetig gewachsen und hat sich dadurch zum führenden Hersteller entwickelt. Die Technologie- und Marktführerschaft basiert dabei auf einer konsequenten „Best Cost Country"-Strategie in einem globalen Produktionsverbund. Die überwiegend kunden- sowie fahrzeugspezifischen Produktlösungen werden aus standardisierten Komponentenbaukästen hergestellt und in enger Verzahnung mit den Kunden vor Ort entwickelt.

Die strategische Ausrichtung des Unternehmens fokussiert eine 100-prozentige Automotive-Orientierung. Diese wird untermauert durch kontinuierliche Innovationen, um Kosten zu senken und den Kundennutzen erlebbarer zu machen. Als Lieferant moderner und serviceorientierter Systeme und Module stehen Kunden und Produktlösungen im Mittelpunkt der Betrachtung. Ziel ist es, das eigene Produktions-, Entwicklungs- und Lieferantennetzwerk kontinuierlich auszubauen, hochwertige sowie robuste Produktlösungen anzubieten und die Produktreife sowie die Qualität der Produkte auf Weltklasse-Niveau ab dem ersten Teil zu halten. Um den Kundenanforderungen und dem stark regulierten Marktumfeld auch weiterhin gerecht werden zu können, setzt das Unternehmen auf eine zunehmende Vernetzung der IT wie auch OT (intern als „*Shopfloor Digitalisation*", kurz SFD, bezeichnet), um eine Transparenz über Prozesse und Vorgänge zu schaffen, ein Verständnis über Wirkungszusammenhänge abzuleiten und letztendlich Maßnahmen und Optimierungsaktivitäten planen bzw. neue Potenziale aufdecken zu können.

9.2.2 Ausgangssituation und zu betrachtende Industrie-4.0-Umgebung

Das Unternehmen hat erkannt, dass durch diese zunehmende Vernetzung auch das Risiko in Bezug auf die Informationssicherheit steigt. Daher und durch die Tatsache, dass das Unternehmen externe Vorgaben erfüllen und umsetzen muss (im Kern die TISAX-Richtlinie), hat sich BlueBox zum Ziel gesetzt, die Informationssicherheit durch den Aufbau eines Informationssicherheitsmanagementsystems (ISMS) auf ein ausreichend hohes sowie verträgliches Maß für das Unternehmen zu heben.

TISAX (*Trusted Information Security Assessment Exchange*) ist ein für die Automobilindustrie spezifischer Standard, der den sicheren Austausch von Informationen zwischen Geschäftspartnern gewährleisten soll. Er stellt seinerseits einen Standard für ein ISMS dar. BlueBox musste bisher nicht nach TISAX zertifiziert werden; allerdings besteht dazu der zunehmende Druck durch die Kundenseite. Die Umsetzung des Standards ist in mehreren Schritten geplant. Nach internen Test-Audits wird zuerst nur ein Standort auditiert, worauf das Ausrollen des Standards auf die weiteren Werke und Ausbaustufen erfolgen soll.

Als erste Maßnahme hat BlueBox zum Jahr 2022 eine Informationssicherheitsrichtlinie erarbeitet und für das gesamte Unternehmen als geltende Vorgabe definiert. Sie fokussiert im Kern den Umgang mit IT-relevanten Aspekten (Nutzung von Systemen, Umgang mit mobilen Endgeräten, Passwort-Richtlinien etc.), berücksichtigt Stand jetzt jedoch noch keine Vorgaben zum Thema OT-Security. Die Informationssicherheitsrichtlinie stellt weiter einen ersten unternehmensinternen Maßnahmenkatalog dar. Zur Umsetzung und Prüfung der Richtlinie dient eine Informationssicherheits-Governance, die als Top-Management-Aufgabe verankert werden soll und sich noch im Aufbau befindet. Bestandteile der Verankerung dieser Richtlinie sind ebenfalls Awareness-Schulungen sowie regelmäßige Austausche und weitere niederschwellige Aktivitäten.

Eine zentrale Herausforderung bei der Umsetzung der Richtlinie ist die Tatsache, dass die Werke historisch gesehen und im Sinne der Prozesse und Abläufe bisher nicht zusammengewachsen sind. IT- und Hardware-Komponenten sind zwar teilweise standardisiert (Netzwerkkomponenten, Firewalls etc.), allerdings besteht gerade bei Software-Komponenten eine große Heterogenität. Einzelne Systeme wurden als Eigenentwicklungen implementiert. Um diese Herausforderungen zu adressieren und dem Ziel der Shopfloor-Digitalisierung (SFD) gerecht zu werden, sollen verschiedene Anwendungsfälle in unterschiedlichen Werken umgesetzt werden. Größtenteils handelt es sich dabei um ein Nachrüsten bereits bestehender Fertigungsschritte und -zellen. Dazu existiert eine technische Spezifikation in Form eines Lastenhefts. In ihm sind allgemeine Ziele, Module und Funktionen der Umgebungen, benötigte IT & Hardware und Daten sowie ein Roll-out-Plan aufgeführt. In Abbildung 9-1 ist eine solche zu digitalisierende Fertigungszelle inkl. eines Fotos (unten links) dargestellt, die die zu betrachtende Industrie-4.0-Umgebung darstellt. Zusätzlich müssen bestehende Sicherheitskonzepte überdacht werden. So galt bis dato die Prämisse: *„Nutze eine ausreichend 'hohe' Firewall und behalte Daten für dich"*. Durch die neuen Anwendungsfälle ist das nicht mehr möglich. Letztlich sei angemerkt, dass das Produktionsnetzwerk bereits vom Unternehmensnetzwerk getrennt ist.

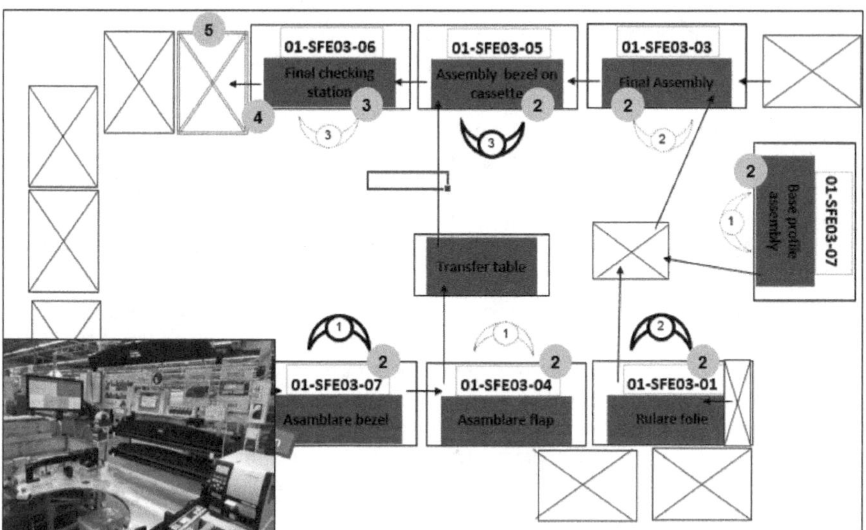

Abbildung 9-1: Materialflusssicht auf eine Fertigungszelle (entnommen aus dem SFD-Lastenheft)

9.2.3 Anwendung des Vorgehensmodells bei BlueBox

Im Folgenden erfolgt die Anwendung des entwickelten Vorgehensmodells, um dieses zu evaluieren und um BlueBox bei der Stärkung ihrer Informationssicherheit zu unterstützen. Auf einige Details der Modellanwendung sowie der Industrie-4.0-Umgebung wird aus Verschwiegenheitsgründen nicht eingegangen.

Schritt 1 – Priorisierung

Die Priorisierung stellt die vorbereitenden Aufgaben zum Aufbau eines ISMS dar und beginnt mit der Kontextualisierung. Das ISMS besteht bei BlueBox schon in Ansätzen, allerdings nicht als systematisch entwickeltes und umgesetztes Managementsystem. Daher ist im Folgenden nicht vom „Aufbau", sondern der „Systematisierung" des ISMS die Rede. Die Systematisierung stellt bei BlueBox zwar kein dezidiert eigenständiges Projekt mit festgelegtem Start- und Endzeitpunkt dar, allerdings orientiert sich jene an der Umsetzung der TISAX-Richtlinie. Durch diese Notwendigkeit existierten bereits früh eine Einwilligung und Unterstützung durch die Geschäftsführung. Durch die enge und strategische Zusammenarbeit mit den Kunden helfen diese auch direkt und indirekt bei der Priorisierung relevanter Handlungsfelder und der Entwicklung ihres Lieferanten BlueBox.

Daraus lässt sich im nächsten Schritt ein Zielsystem ableiten, welches sich sowohl auf die Einführung als auch auf den Betrieb des ISMS bezieht. Zentrale Ziele sind die Umsetzung der TISAX-Richtlinie sowie die Erfüllung der Kundenanforderungen. Indirekte Ziele, die durch die Systematisierung des ISMS erreicht werden sollen, sind die Sicherstellung des unternehmensinternen Know-hows (*IP*, engl. für *Intellectual Property*) sowie die Gewährleistung eines kontinuierlichen Produktionsbetriebs (Betriebsstabilität). Zur Messung und Überwachung dieser Ziele werden im ersten Umsetzungsschritt keine Kennzahlen definiert.

Zu den Stakeholdern des ISMS gehören die Geschäftsführung, der Informationssicherheitsverantwortliche sowie weitere Fachbereiche wie das Engineering und Human-Resource. Die ersten beiden Anspruchsgruppen entscheiden primär über das Zielsystem und sind Nutznießer des ISMS. Für die Fachbereiche ist die problemlose Fortführung ihrer Aufgaben von Relevanz. Im Rahmen eines Organigramms sind Rollen und Verantwortlichkeiten zur Systematisierung des ISMS festgelegt.

Eng zusammen werden bei BlueBox die Aspekte Sensibilisierung und Kommunikation betrachtet. In Bezug auf die Sensibilisierung wurden bereits erste Awareness-Kampagnen durchgeführt, weitere sollen kontinuierlich folgen. Diese werden mit einer entsprechenden Kommunikation umgesetzt. Die Informationssicherheitsrichtlinie wurde bereits intern kommuniziert und im Intranet zur Verfügung gestellt. Durch regelmäßige Mitteilungen der Geschäftsführung wird die Belegschaft top-down zu relevanten Themen informiert.

Die letzte Aufgabe der Priorisierung stellt die Erstellung einer Informationssicherheitsstrategie dar. Diese ist bei BlueBox nicht schriftlich, sondern implizit vorhanden und setzt sich aus den genannten Zielen sowie den Anforderungen zu deren Umsetzung zusammen. Die zentralen Stakeholder entscheiden über die Strategie und überprüfen sie regelmäßig, um ggf. notwendige Maßnahmen abzuleiten und Anpassungen vorzunehmen. Die Betrachtung einer Kollaborationsstrategie in Bezug auf die Informationssicherheit ist durch die Umsetzung der TISAX-Richtlinie und die enge Zusammenarbeit mit Geschäftspartnern ebenfalls im Fokus und Interesse des Unternehmens.

Schritt 2 – Orientierung

Bestandteile der Orientierung sind die Umsetzung eines IT-Servicemanagementprozesses sowie einer Informationssicherheits-Compliance und -Governance. Ersterer dient dazu, Wartungen, Störungen und Änderungen an bestehenden Services durchzuführen, um bspw. die Betriebsstabilität aufrechtzuerhalten. Ein solcher Prozess ist bei BlueBox bereits etabliert. Eine Compliance und eine Governance in Bezug auf die Informationssicherheit werden wie im Vorfeld beschrieben noch entwickelt. So soll sichergestellt werden, dass die Systematisierung des ISMS im Abgleich mit den festgelegten Zielen erfolgt.

Die Ausdetaillierung der vier Sichten auf die Industrie-4.0-Umgebung (I40U) stellt den Kern des Schritts dar. Ziel der Beschreibung ist es, ein tiefergehendes Verständnis über die I40U zu gewinnen, um in den nachfolgenden Schritten in der Lage zu sein, Assets, Risiken und Aufwände abschätzen zu können. Insbesondere größere Teile der Nutzungs-, Funktions- und Implementierungssicht sind bereits durch die technische Spezifikation des vorhandenen Lastenhefts beschrieben. Daher wird im Detail auf die Geschäftssicht eingegangen.

Entscheidungsträger und andere Stakeholder sind wie in einer üblichen Produktionsumgebung die Werks- und Produktionsleitung sowie Linien- und Schichtverantwortliche. Diese präsentieren gegenüber der Geschäftsführung folgende Vision:

„Ziel ist es, einen standardisierten Prozess in jeder Fertigungszelle zu haben, der eine Informationsausgabe, eine digitale Informationseingabe, eine Anwesenheitsverfolgung und andere Module bietet, die typischerweise auch in einem MES zu finden sind. Die Hauptschnittstelle sollte ein mittelgroßes Touchscreen-Panel sein. Es wird ein Panel pro Zelle geben, auf das alle direkten Produktionsmitarbeiter und das Supportpersonal zugreifen können. In Zukunft soll es auch eine direkte Schnittstelle zu den Maschinen geben.

Die Hauptziele des digitalen Shopfloors sind die Abschaffung ineffizienter papierbasierter Aufzeichnungen, die Bereitstellung von Produktionsdaten und die Verfolgung des Know-how-Levels der einzelnen Benutzer. Ein An- und Abmeldeprozess über die RFID-Karte ist ein Schlüsselelement der Systemlogik, das dabei hilft, zu definieren, wer was wann getan hat.

Diese Kombination ermöglicht den Teammitgliedern in den Zellen eine effizientere Arbeitspraxis mit einfacher Bedienung und veranschaulicht die Effizienz der Unterstützungsdienste. Der Datenoutput aus mehreren Zellen wird eine schnellere und bessere Datenqualität liefern, die nach einer automatisierten Analyse dem Management wertvolle Transparenz für die Entscheidungsfindung bietet.“ (entnommen aus SFD-LASTENHEFT)

Daraus haben die Entscheidungsträger Werte identifiziert, die die I40U im Zusammenhang mit der Geschäftsoptimierung aufweist. Darunter fallen folgende Faktoren:

- Steigerung der Effizienz und Transparenz
- Verstehen und Optimieren von Geschäfts- und Unterstützungsprozessen
- Erhöhung der Produkt- und Prozessqualität
- Erhöhung der Datenqualität

Definierte Schlüsselziele wurden in Zusammenarbeit mit Systemingenieuren entwickelt. Sie sollen den Nutzen der Umgebung messbar machen und werden durch fundamentale Fähigkeiten der Umgebung erreicht. So sollen sie bspw. in der Lage sein, KPI bereitzustellen (etwa von Ersatzteilkosten) oder die Qualität von Produkten unter verschiedenen Rahmenbedingungen zu verfolgen. Dazu soll die Fertigung auf Basis der Qualifikation der Mitarbeiter geplant werden. Die Belegschaft soll über verschiedene digitale Medien mit Informationen versorgt werden, um einen möglichst hohen Output zu erzeugen.

Aus Nutzungssicht sind in der Umgebung verschiedene Rollen aktiv, darunter Werker, Qualitätsverantwortliche sowie Logistiker. Weitere Rollen umfassen Schichtleitung sowie indirekte Aufgaben rund um die Instandhaltung. Auf die einzelnen Aktivitäten und Aufgaben der Umgebung wird nicht eingegangen. Weiterhin sind folgende Funktionskomponenten geplant (entnommen aus SFD-LASTENHEFT):

- Visuelle Darstellung von Ereignissen an der Station
- Rollenspezifische Möglichkeit zum Anmelden an der Station zwecks Dokumentation, zum Erstellen von Prüfberichten etc.
- Planung der Fertigung auf Basis von Rückmeldedaten
- Strukturiertes Nachhalten und Verbesserung des Fehlermanagements
- Anzeigen relevanter Kennzahlen auf einen Blick inkl. Reporting-Funktionen
- Ganzheitliches Anlagenmanagement und stärkere Einbindung der Mitarbeiter durch Aufnahme von Verbesserungsvorschlägen
- Planung auf Basis einer Qualifikationsmatrix der Mitarbeiter
- Vermeidung von papierbasierter Dokumentation und digitale Bereitstellung von Informationen
- Aufnahme von Prozess- und Qualitätsdaten zur Sicherstellung einer hohen Produktqualität
- Realisierung eines Kanban-Systems
- Festhalten offener Punkte innerhalb eines Systems sowie Verfügbarmachen relevanter Dokumente

Entsprechende Implementierungskomponenten wie notwendige Hardware, Netzwerkinfrastruktur und grafische Benutzeroberfläche ermöglichen die Umsetzung der genannten Funktionen. Sie spielen in der realen Umsetzung der Umgebung allerdings eine untergeordnete Rolle. Neben einer geforderten Robustheit steht insbesondere eine Kostenbetrachtung möglicher Komponenten im Fokus. Informations- sowie Datenflüsse sind in der technischen Spezifikation bereits definiert.

Es bleibt festzuhalten, dass insbesondere die Betriebsstabilität, das IP (Know-how) und die Compliance zu Kundenanforderungen schützenswerte Assets in der I40U darstellen, die zum Zeitpunkt der Diskussion nur teilweise weiter zu konkreten Bestandteilen in Form von Hardware- oder Software-Komponenten heruntergebrochen werden konnten. Weniger im Fokus stehen wertvolle Maschinen oder Anlagen, weil die montagegeprägte Fertigung keine solchen vorsieht.

Schritt 3 – Status quo

Der dritte Schritt umfasst die Anwendung des Beschreibungsmodells aus Kapitel 5 sowie die Zuordnung von potenziellen Schwachstellen und identifizierten Assets. Die betrachtete Industrie-4.0-Umgebung befindet sich gerade zwischen der Phase Beschaffung sowie Design und Entwicklung.

Anwendung des Beschreibungsmodells

Durch die betrachteten Phasen ergeben sich die in Tabelle 9-1 aufgeführten Schwachstellen, die in einer Longlist gesammelt werden. Es sei darauf hingewiesen, dass es sich bei den genannten Schwachstellen um potenziell auftretende Schwachstellen handelt. Die weiterführend konkrete Ausarbeitung der Industrie-4.0-Umgebung würde eine detailliertere Betrachtung ermöglichen, wodurch einige Schwachstellen vermutlich bereits in diesem Schritt vernachlässigt werden könnten.

Tabelle 9-1: Potenzielle Schwachstellen der Industrie-4.0-Umgebung bei BlueBox

ID	Schwachstelle	Anmerkung
Policys und Prozeduren		
PP-1	keine adäquate Sicherheitsarchitektur	In der Entwicklung der einzelnen Anwendungsfälle und der Umsetzungsplanung muss eine geeignete Sicherheitsarchitektur berücksichtigt werden.
PP-3	unzureichende Sicherheits-Policys	Die Beschaffung oder auch Einbindung von Komponenten muss entsprechend der Informationssicherheitsrichtlinie erfolgen.
PP-4	Mangel an Training und Awareness	Produkt- und Systemingenieure sollten bereits in dieser Phase geschult werden, um eine sicherheitsgeprägte Designmentalität zu stärken.
PP-6	keine spezifischen Dokumentationen	Einzelheiten zur Planung, Umsetzung und Realisierung der geplanten Umgebung müssen entsprechend dokumentiert und verfügbar gemacht werden.
PP-7	Multivendor-Umgebung	Die Zusammensetzung der Umgebung erzeugt eine Multivendor-Umgebung. Es muss sichergestellt werden, dass die Informationssicherheit auch auf oberster Systemebene gewährleistet wird.
PP-8	unklare Rollen und Verantwortlichkeiten	Im Rahmen des Lastenhefts müssen Rollen und Verantwortlichkeiten festgelegt werden.
PP-9	keine grundlegenden Sicherheitsprinzipien	Grundlegende Sicherheitsprinzipien sind in allen zentralen Elementen der Umgebung zu berücksichtigen (bspw. Least-Privilege).
PP-11	unzureichendes Asset-Inventar	Sollten schützenswerte Assets in der Umgebung nicht inventarisiert sein, besteht die Gefahr, dass diese ungeschützt vor möglichen Risiken sind.
PP-13	keine Identifikation von Projektanforderungen	Durch die Definition der Projektanforderungen können Rückschlüsse auf die Relevanz und Kritikalität der Umgebung und somit auf ihren Geschäftswert gezogen werden.
PP-14	unzureichende Anbieter-auswahl	Während der Beschaffung sollten Komponenten und Systeme stets von vertrauenswürdigen Anbietern ausgewählt sind, auch wenn damit erhöhte Kosten verbunden sind.
PP-15	unzureichender Umgang mit IIoT-Verbindungen	Durch die in Zukunft vernetzten Umgebungen müssen auch etwaige IIoT-Verbindungen (bspw. durch mobile Endgeräte) frühzeitig und sicher implementiert werden.
Plattform-Konfiguration		
PK-1	Daten ungeschützt auf mobilen Geräten	Durch die perspektivische Einbindung mobiler Endgeräte in die Umgebung muss sichergestellt werden, dass die darauf zutreffenden Vorgaben aus der Informationssicherheitsrichtlinie umgesetzt bzw. eingehalten werden.
PK-2	Standardkonfigurationen werden genutzt	Bei der Entwicklung der Umgebung ist darauf zu achten, dass mögliche Standardkonfigurationen vor Inbetriebnahme durch unternehmensspezifische Anpassungen abgelöst werden.

PK-3	kritische Konfigurationen werden nicht gespeichert	Sollten kritische Konfigurationen nicht gespeichert oder verloren gehen, können diese im Zweifelsfall nicht schnell wiederhergestellt werden, wodurch die Betriebssicherheit gefährdet wird.
PK-4	Patches werden nicht gemanagt	Bereits bei der Entwicklung muss darauf geachtet werden, dass Zeiträume und Strukturen bedacht werden, auf Basis derer die Patches ordnungsgemäß installiert werden können.
PK-6	unzureichende Zugangsberechtigungen (Least-Privilege)	Gleiches gilt für das Planen von Zugangsberechtigungen. In der Entwicklungsphase muss festgelegt werden, welche Person bzw. Rolle welche Art von Zugang zu welchem System hat.
PK-8	unzureichende Passwort-Policy	Zum einen muss die bestehende Passwort-Policy bei der Beschaffung von Komponenten beachtet werden. Zum anderen muss diese ggf. bereits bei der Entwicklung der Umgebung implementiert oder zumindest berücksichtigt werden.
Plattform-Hardware		
PH-2	Mangel an Redundanzen für kritische Komponenten	Sollten kritische Komponenten identifiziert werden, die bspw. bei Ausfall einen Betriebsstillstand oder ähnliches verursachen würden, müssen diese redundant ausgelegt werden.
PH-3	unsicherer Remote-Zugang auf ICS-Komponenten	Da Fernwartungsoptionen in der betrachteten Umgebung eine Rolle spielen, müssen sichere Möglichkeiten eruiert und implementiert werden.
PH-4	Backups ohne eigene Stromversorgung	Mögliche Backups, bspw. für Dokumentationszwecke und Nachweispflichten, sollten über eine eigene Stromversorgung verfügen.
Plattform-Software		
PS-1	(Distributed) Denial of Service (DDoS)	In Abhängigkeit von der konkreten Ausprägung der Umgebung muss bereits bei der Beschaffung auf sichere Standardmodule, -komponenten und -konzepte zurückgegriffen werden, um die Wahrscheinlichkeit eines DDoS-Angriffs verringern zu können.
PS-2	keine Intrusion-Detection- oder Prevention-Software	Da die Umgebung über mehrere Netzwerkanschlüsse verfügen wird, kann es sich lohnen, eine Intrusion-Detection- bzw. Prevention-Software einzusetzen, die das Ausbreiten eines Angriffes verhindern würde.
PS-4	Buffer-Overflow	Bei der Beschaffung von Software-Komponenten sollte auf zertifizierte und getestete Komponenten zurückgegriffen werden, um einen möglichen Angriff durch einen Buffer-Overflow zu vermeiden.
PS-6	unzureichendes Log-Management	Logs helfen bei der Aufklärung von Ursachen in Problemfällen. Daher sollte bereits bei der Entwicklung berücksichtigt werden, dass Logs gespeichert und gemanagt werden können.
PS-7	keine Überprüfung eingesetzter Schnittstellen	Die Vielzahl der am Markt zur Verfügung stehenden Lösungen erhöht das Risiko, unsichere Schnittstellen einzusetzen. Bei der Beschaffung ist stets auf eine Überprüfung der eingesetzten bzw. vorhandenen Schnittstellen zu achten.
PS-8	unzureichende Authentisierung und Zugangskontrolle	Die eingesetzte Software muss über ausreichende Authentisierungsmöglichkeiten verfügen, damit nur berechtigte Nutzer Zugriff auf das System oder bestimmte Funktionalitäten haben.

PS-10	fehlende Echtzeitüberwachung von Logs und Sensoren	Gerade zur Sicherstellung einer hohen Betriebsstabilität ist es zentral, Logs und Sensoren in Echtzeit zu überwachen, um Vorfälle möglichst frühzeitig zu bemerken und Gegenmaßnahmen einleiten zu können.
PS-11	unzureichender Schutz vor Cross-site-Scripting	Da die zu entwickelnde Lösung ggf. auf Datenbanken zugreifen wird, muss sichergestellt werden, dass ein ausreichender Schutz vor Cross-site-Scripting durch die Nutzung von Standardmodulen und das Ändern von Standardkonfigurationen ermöglicht werden kann.
PS-12	unzureichender Schutz vor ungültigen Eingaben	Gleiches gilt für den Schutz vor ungültigen Eingaben, um die Sabotage des Systems von innen sowie möglicherweise von außen verhindern zu können.
Malware-Schutz		
MS-1	Antiviren-Software ist nicht installiert	Auf mit dem Internet verbundenen Komponenten sollte eine Antiviren-Software installiert sein, auch wenn durch die Trennung des Unternehmens- mit dem Produktionsnetzwerk das größte Risiko minimiert werden kann.
Netzwerkkonfiguration		
NK-1	schwache Netzwerksicherheitsarchitektur	Bei der Entwicklung ist darauf zu achten, dass die Netzwerksicherheitsarchitektur gängigen Standards entspricht. Durch die Netzsegmentierung wird hier bereits ein zentraler Faktor adressiert.
NK-2	unverschlüsselte Passwörter zwischen Knoten	Im Rahmen der Benutzeranmeldung ist darauf zu achten, dass etwaige Passwörter zwischen verschiedenen Knoten nicht unverschlüsselt übermittelt werden. Hier muss auf gängige Verschlüsselungsmethoden zurückgegriffen werden.
NK-5	Möglichkeiten zur Überwachung des Datenflusses sind nicht im Einsatz	Sollten Firewalls, Switches und weitere Netzwerkhardware-Komponenten über Überwachungsmöglichkeiten des Datenflusses verfügen, sollten diese auch genutzt werden.
Netzwerk-Hardware		
NH-1	keine Redundanzen für kritische Netzwerke	Um die Betriebsstabilität zu erhöhen bzw. diese im Ernstfall aufrechtzuerhalten, müssen kritische Netzwerkhardware-Komponenten wie Firewalls oder Router etc. redundant ausgelegt sein.
NH-2	unsichere Zugänge an Maschinen und Anlagen	Für den Fall, dass Maschinen und Anlagen bzw. ihre Steuerungen selbst über Zugänge und Schnittstellen zum Netzwerk verfügen, müssen diese abgesichert werden, damit sie bspw. nicht direkt aus dem Internet zugänglich sind und manipuliert werden können.
Netzwerkparameter		
NP-1	keine sicheren Netzwerkparameter definiert	Bei der Planung eines Netzwerks muss berücksichtigt werden, dass die Netzwerkparameter (IP-Adresse, Gateways, ...) sicher sind, d. h. dass bspw. Standard-IPs geändert werden, die durch technische Datenblätter für jeden einsehbar sind.
NP-2	Steuerungsnetzwerke werden für fachfremde Aufgaben genutzt	Steuerungsnetzwerke sowie Produktionsnetzwerke sollten stets für ihre originären Aufgaben und nicht zweckentfremdet werden. Die Netzwerksegmentierung unterstützt dieses Ziel.

NP-3	Dienste für das Steuerungsnetzwerk befinden sich in dem Unternehmensnetzwerk	In Ergänzung zu NP-2 müssen sich auch Dienste, die für Steuerungsaufgaben zuständig sind, im Steuerungs- bzw. Produktionsnetz befinden. So kann verhindert werden, dass die Produktion ausfällt oder manipuliert wird.
Kommunikation		
KO-2	Authentifizierung von Assets ist unzureichend	In der Kommunikation der einzelnen Komponenten und Endgeräte muss sichergestellt sein, dass sie über eine ausreichende Authentifizierung verfügen.
KO-3	fehlende Integritätschecks von ICS-Protokollen	Bei der Entwicklung der Umgebung gilt es zu berücksichtigen, dass Integritätschecks von ICS-Protokollen eingeplant und durchgeführt werden.
KO-4	unzureichende Authentisierung zwischen Client und Access-Point	Kommunikationsseitig müssen Clients und Access-Points durch Authentisierungsmöglichkeiten ausreichend abgesichert sein. Ziel es ist, nur zugelassene Geräte in die Umgebung einzulassen.
KO-5	unzureichender Datenschutz zwischen Client und Access-Point	Da die Umgebung die Einbeziehung von Mitarbeiterqualifikationen und somit von personenbezogenen Daten vorsieht, muss auch der Datenschutz im Netzwerk und in der Kommunikation betrachtet und abgesichert werden.
Netzwerk-Überwachung		
NÜ-1	kein Netzwerkmonitoring	Moderne Firewalls verfügen häufig über Monitoringlösungen, die in der betrachteten Umgebung eingesetzt werden sollten. So können Rückschlüsse auf verdächtige Netzwerkaktivitäten geschlossen werden.
NÜ-2	unzureichende Firewall- und Router-Logs	Die Umgebung sollte so ausgestaltet sein, dass die Möglichkeit besteht, Logs von Routern und Firewalls aufzunehmen und zu speichern. Netzwerkkomponenten müssen entsprechend beschafft werden.
Physisch		
PY-1	Vandalismus und Diebstahl	Die Umgebung ist bereits in der Beschaffungs- und Entwicklungsphase gegen Vandalismus und Diebstahl zu schützen. Wertvolle Assets könnten bspw. getrackt werden.
PY-2	unzureichender Schutz vor äußeren Einflüssen	Je nach Lage des Standorts und möglichen Witterungseinflüssen müssen die Umgebungen durch äußere Einflüsse wie Sonneneinstrahlung und Wärme geschützt werden.
PY-3	unberechtigte Personen haben Zutritt	Die Umgebungen müssen so entwickelt werden, dass nur berechtigte Personen Zutritt zu diesen haben. Dies gilt allein schon aus Datenschutzgründen.
PY-4	Sabotage	Relevante Bestandteile, gerade solche, die zu Dokumentationszwecken genutzt werden, müssen vor Sabotage geschützt werden (geeichte Messinstrumente, Prüfungen etc.)
Unbeabsichtigtes Verhalten		
UV-5	Schaden durch Drittanbieter	Sollten Komponenten von Drittanbietern eingesetzt werden, wie bspw. RFID-Chips und -Lesegeräte, muss sichergestellt werden, dass diese von vertrauenswürdigen Anbietern beschafft werden. Gleiches gilt für Software-Komponenten wie Datenbanken.

Fehlfunktionen		
FF-4	Fehler durch den Service-Provider	Sofern bestimmte Services von Fremdanbietern genutzt werden, etwa für die Zutrittskontrolle der Industrie-4.0-Umgebung, sollte bereits in der Entwicklungsphase mit etwaigen Fehlern gerechnet werden, um geeignete Gegenmaßnahmen ableiten zu können.

Zuordnung der Assets zu den Schwachstellen

Für die Zuordnung der Assets zu den Schwachstellen wird der geplante Instandhaltungsprozess exemplarisch hervorgehoben. Zusätzlich zu planbaren internen Wartungen sind Remote-Wartungen durch externe Dienstleister geplant. An dem Prozess sind neben dem MES ein ERP, die Instandhaltungsplanung, der Instandhaltungsmanager, der Maschinenbediener und weitere IT-Systeme sowie externe Dienstleister beteiligt.

Die Maschinendatenbank soll das Ziel verfolgen, relevante technische Informationen zu Maschinen, Ausstattung, Workstations und anderer Werkzeuge zur Verfügung zu stellen. Somit wirkt sie positiv auf die Betriebsstabilität, indem Such- und Anlernaufwände reduziert werden können. Neben der reinen Datenbank, einem User-Interface und einem Benutzermanagement sollen auch externe Tools und Datenbanken angebunden werden, um auf weiterführende Informationen wie Ersatzteilkataloge zugreifen zu können. In Tabelle 9-2 findet sich eine exemplarische Auflistung relevanter Schwachstellen in Bezug auf diese Maschinen-Datenbank.

Tabelle 9-2: Exemplarische Asset-Schwachstellen-Zuordnung in Bezug auf die Maschinen-Datenbank

Schwachstelle	Anmerkung
unklare Rollen und Verantwortlichkeiten (PP8)	Im Rahmen des Benutzermanagements müssen klare Rollen und Verantwortlichkeiten definiert werden, um unbefugte Zugriffe zu vermeiden.
unzureichende Anbieterauswahl (PP14)	Bei der Einbindung externer Datenbanken sollte in jedem Fall überprüft werden, welche Sicherheitsmechanismen der Anbieter umgesetzt hat, um seinen eigenen Service abzusichern.
unzureichender Schutz vor ungültigen Eingaben (PS12)	Das selbstentwickelte User-Interface sowie das dahinterliegende Backend müssen über geeignete Mechanismen verfügen, die verhindern, dass ungültige Eingaben zu Fehlern oder unerwünschten Folgen führen.

Zusätzlich wird die Instandhaltungsplanung als weitere Datenbank eingesetzt, mit der die einzelnen Instandhaltungsaktivitäten geplant und getrackt werden sollen. Dafür ist eine Integration in die Maschinendatenbank sowie weitere IT-Systeme notwendig. Die Instandhaltungsaufträge werden bis auf Verantwortungsebene heruntergebrochen, um dedizierten Personen Aufgaben zuweisen zu können. Sofern externe Dienstleister und Spezialisten Teil der Wartung sind, können diese entweder vor Ort oder remote (sofern die Umgebung über einen Remote-Zugang verfügt) auf die Anlage zugreifen, um sie zu warten.

Tabelle 9-3: Exemplarische Asset-Schwachstellen-Zuordnung in Bezug auf die Instandhaltungsplanung

Schwachstelle	Anmerkung
Mangel an Redundanzen für kritische Komponenten (PH2)	Da es sich um Instandhaltungsarbeiten handelt und somit nicht gefertigt wird, sind kritische Komponenten nicht von hoher Bedeutung für die Betriebsstabilität. Jedoch sollte darauf geachtet werden, das zentrale Hardware (Ersatzfestplatten, Wartungsgeräte etc.) in ausreichendem Maße vorhanden sind.
Unsicherer Remote-Zugang zu ICS-Komponenten (PH3)	Für den Remote-Zugriff für Wartungsarbeiten an den Maschinen müssen sichere Alternativen implementiert werden, insbesondere dann, wenn Steuerungen und andere ICS-Komponenten mit dem Netzwerk verbunden werden soll.

Schritt 4 – Risikoermittlung und Schritt 5 – Zielzustand

Im vierten Schritt wird eine Risikoermittlung durchgeführt. Ziel ist es, Assets und Schwachstellen zu bewerten und einen Zielzustand zu definieren, sodass sich im nachfolgenden Schritt Maßnahmen unter betriebswirtschaftlichen Aspekten auswählen lassen.

Bewertung der Assets

Bei der Bewertung der Assets wird untersucht, welchen Einfluss ein Asset auf die Unversehrtheit der Schutzziele Vertraulichkeit (C), Integrität (I) und Verfügbarkeit (A) im Falle eines Vorfalls nimmt. Im Rahmen der Fallstudie wurden lediglich diese drei Schutzziele betrachtet. Zu beachten ist, dass auch weitere Faktoren mit in die Bewertung einfließen können. Nach Anwendung der Bemessungsgrundlage ergeben sich die folgenden Asset-Werte:

- Benutzermanagement: C = 2; I = 2; A = 3 → Asset-Wert = 7
- Externe Datenbank: C = 1; I = 1; A = 1 → Asset-Wert = 3
- User-Interface / Backend: C = 1; I = 2; A = 2 → Asset-Wert = 5
- Ersatzteile: C = 1; I = 1; A = 3 → Asset-Wert = 5
- Steuerungen: C = 2; I = 2; A = 3 → Asset-Wert = 7

Ergänzend zur Bewertung der Assets müssen diese gewichtet werden (s. Tabelle 8-5). Die Gewichtung erfolgt beispielhaft auf Basis des übergeordneten Ziels der Betriebssicherheit. Für Steuerungen und Ersatzteile ergibt sich eine hohe Gewichtung (3), da ein Ausfall bzw. ein Nichtvorhandensein derer zu einem Produktionsstillstand führen würden. Sollten das Benutzermanagement oder das User-Interface kurzzeitig nicht erreichbar sein, könnte die Produktion trotzdem kurzzeitig fortgeführt werden, wodurch sich eine mittlere Gewichtung (2) ergibt. Der Wegfall einer externen Datenbank zum Abrufen von Dokumenten hat einen geringen Einfluss auf die Betriebsstabilität und wird deswegen gering gewichtet (1).

Somit ergeben sich die folgenden Gesamtwerte für die betrachteten Assets:

- Benutzermanagement: Gesamt-Wert = 14 → Priorität 3
- Externe Datenbank: Gesamt-Wert = 3 → Priorität 5
- User-Interface / Backend: Gesamt-Wert = 10 → Priorität 4
- Ersatzteile: Gesamt-Wert = 15 → Priorität 2
- Steuerungen: Gesamt-Wert = 21 → Priorität 1

Bewertung der Schwachstellen | Definition des Zielzustands

Die anschließende Bewertung der Schwachstellen erfolgt mithilfe einer Risikomatrix, in der Eintrittswahrscheinlichkeit, Schadensausmaß und Risiko-Akzeptanzlinie eingetragen werden. In Abbildung 9-2 sind die im Vorfeld exemplarisch genannten Schwachstellen bewertet worden. Es wird ersichtlich, dass nur die Schwachstelle „Unzureichende Anbieterauswahl" (PP14) aufgrund der Bewertung nicht weiter behandelt werden muss. Alle anderen Schwachstellen sind so einsortiert worden, dass sie ein nicht-akzeptables Risiko darstellen und daher mit entsprechenden Gegenmaßnahmen adressiert werden müssen. So soll bspw. die Eintrittswahrscheinlichkeit der Schwachstelle „Unzureichender Schutz vor ungültigen Eingaben" (PS12) reduziert werden; das Schadensausmaß hingegen bleibt dasselbe für den Fall eines Vorfalls. Bei der Schwachstelle „Unsicherer Remote-Zugang auf ICS-Komponenten" (PH3) hingegen kann nichts an der Eintrittswahrscheinlichkeit geändert werden, da es sich um eine externe Bedrohung handelt; wohl aber am Schadensausmaß, wenn bspw. Netzwerksegmentierungen vorgenommen werden.

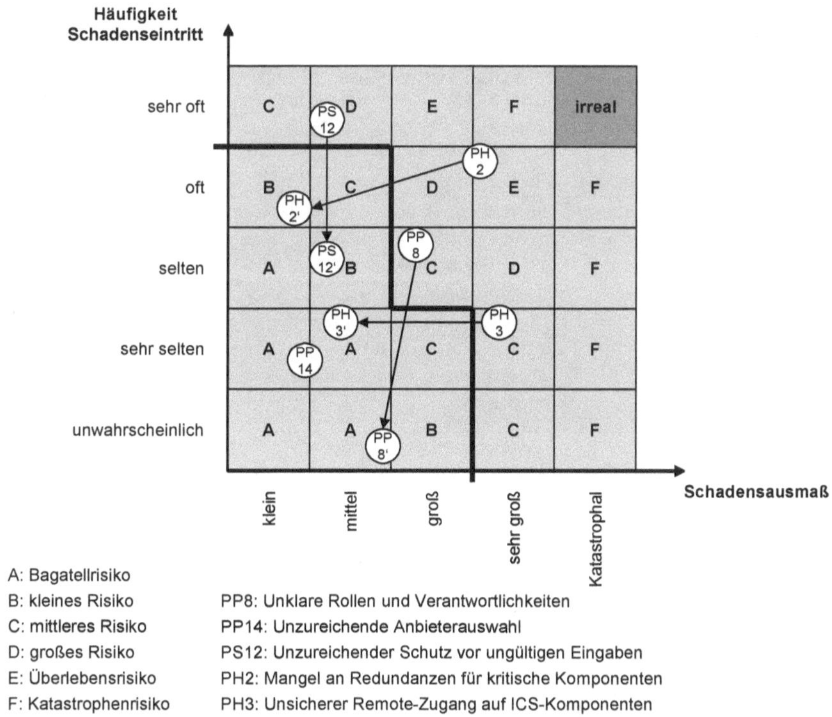

Abbildung 9-2: Risikomatrix für die Schwachstellen der Industrie-4.0-Umgebung (eigene Darstellung i. A. a. KÖNIGS 2017, S. 31; VDI/VDE 2182 Blatt 1:2020-01, S. 18)

Aus der Bewertung ergibt sich ein exemplarischer und teilweise definierter Zielzustand für die betrachtete Industrie-4.0-Umgebung bei BlueBox. Um diesen erreichen zu können, müssen im nachfolgenden Schritt konkrete Handlungsbedarfe abgeleitet werden.

Schritt 6 – Handlungsbedarf

In diesem Schritt werden auf Basis eines Soll-Ist-Vergleichs konkrete Maßnahmen und Handlungsbedarfe abgeleitet, damit diese in eine Umsetzungsplanung (Schritt 7) überführt werden können. Nach einer Auswahl notwendiger Maßnahmen erfolgen eine Kostenbetrachtung sowie eine Priorisierung der Maßnahmen in Form eines Bewertungskatalogs. Es ist anzumerken, dass die Maßnahmen, die allgemein umzusetzen sind, nicht im Detail betrachtet und als Voraussetzung gesehen werden. Diese fließen wiederum in die Umsetzungsplanung ein.

Auswahl notwendiger Maßnahmen

Durch das Erklärungsmodell (s. Kapitel 7) ist der Anwendende in der Lage, den identifizierten Schwachstellen geeignete Gegenmaßnahmen zuzuordnen. Eine solche Auswahl geeigneter und zur Absicherung der Umgebung notwendiger Maßnahmen findet sich in Tabelle 9-4. Zudem wird die Auswahl um eine kurze Erläuterung in Bezug auf die Industrie-4.0-Umgebung bei BlueBox ergänzt.

Tabelle 9-4: Notwendige Maßnahmen zur Absicherung der Industrie-4.0-Umgebung bei BlueBox

Schwachstelle	Maßnahme	Kurze Erläuterung	Wirkung
PP8 – Unklare Rollen und Verantwortlichkeiten	Identitäts-management	Durch die Maßnahme werden verschiedene Identitäten / Rollen und ihre Befugnisse der Industrie-4.0-Umgebung identifiziert, überwacht und im Zweifelsfall angepasst.	●
	Authentisierung und Zugangskontrolle	Um Authentisierungsmöglichkeiten und Zugangskontrollen einsetzen zu können, müssen Rechte, Rollen und Profile definiert.	◑
	Erkennungsprozessorganisation	Um einen Prozess zur Erkennung von Vorfällen im Unternehmen zu etablieren, müssen Rollen und Verantwortlichkeiten definiert werden. Zusätzlich muss der Prozess allen geltenden Compliance-Anforderungen entsprechen.	●
PP14 – Anbieterauswahl	Prozessuale Datensicherheit	In Bezug auf die Datensicherheit muss ein Datenmanagementprozess festgelegt werden, der vorgibt, inwiefern eine Anbieterauswahl erfolgen soll.	●
PS12 – Unzureichender Schutz vor ungültigen Eingaben	Technologische Datensicherheit	Durch eine Segmentierung von Datenverarbeitung und Datenspeicherung kann verhindert werden, dass ungültige Eingaben unerwünschte Folgen mit sich ziehen.	●
	Applikations-sicherheit	Die Berücksichtigung von Designprinzipien schützt vor der Eingabe ungültiger Befehle.	●
	Web- und Mail-Security	Riskante Aktionen, die durch ungültige Eingaben ausgeführt werden könnten, können durch die Maßnahme Web-Security verhindert werden, indem bspw. das automatische Ausführen verhindert wird.	●

PH2 – Mangel an Redundanzen für kritische Komp.	Erstellung von Plänen	Indem Incident-Response- und Business-Continuity-Pläne erstellt werden, werden kritische Komponenten adressiert. Dadurch wird eine schnelle Reaktionsfähigkeit erzielt.	●
	Stärkung der Resilienz	Der Ausfall kritischer Komponenten kann durch bestimmte Mechanismen verhindert oder zumindest kompensiert werden. Dazu gehören etwa das Failsafe-Prinzip oder Firewall-Mindestanforderungen.	●
PH3 – Unsicherer Remote-Zugang zu ICS-Komp.	Technologische Datensicherheit	Bei der Verbindung mit mobilen Endgeräten wird durch eine technologische Datensicherheit bspw. festgelegt, dass Daten auf diesen Geräten verschlüsselt werden müssen.	●
	Netzwerk-management	Die Realisierung einer sicheren Netzwerkarchitektur, bspw. durch die Verwendung von VPN, verringert die Gefahr eines Angriffs durch eine Remote-Verbindung auf Maschinen und Anlagen.	●

Kostenbewertung und Priorisierung der Maßnahmen

Die Kostenbewertung der ausgewählten Maßnahmen erfolgte bei BlueBox auf Basis eines paarweisen Vergleichs. Eine qualitative Bewertung wurde als ausreichend betrachtet, wohingegen der Aufwand und die Komplexität einer ROI-Berechnung als zu hoch erachtet wurden. Darauf aufbauend und das verfügbare Budget berücksichtigend ergab sich eine Priorisierung der umzusetzenden Maßnahmen.

Für die exemplarisch vorgestellten Maßnahmen und Schwachstellen ergibt sich der folgende Bewertungskatalog (s. Tabelle 9-5). Die Priorisierung hat ergeben, dass alle Maßnahmen – zumindest in Ansätzen – umgesetzt werden sollen. Für das Unternehmen BlueBox hat sich ein umfangreicher Katalog ergeben, der in den nächsten Schritten mit der technischen Spezifikation der Industrie-4.0-Umgebung abgeglichen werden soll, um eine detaillierte Umsetzungsplanung zu ermöglichen. Es gilt anzumerken, dass viele Maßnahmen bereits bei der Entwicklung berücksichtigt worden sind und daher nicht mehr in die Planung integriert werden müssen.

Tabelle 9-5: Priorisierte Maßnahmen der exemplarischen Betrachtung

	PP-8	PP-14	PS-12	PH-2	PH-3
Erstellung von Plänen				●	
Prozessuale Datensicherheit		●			
Stärkung der Resilienz				●	
Identitätsmanagement	●				
Erkennungsprozessorganisation	●				
Technologische Datensicherheit			●		●
Netzwerkmanagement					●
Applikationssicherheit			●		
Web- und Mail-Security			●		
Authentisierung / Zugangskontrolle	◑				

Schritt 7 – Implementierung

Der letzte Schritt des entwickelten Vorgehensmodells stellt die Entwicklung einer Umsetzungsstrategie bzw. einer Implementierungs-Roadmap dar. Da sich die betrachtete Industrie-4.0-

Umgebung bei BlueBox gerade zwischen den Phasen *Beschaffung und Design* sowie *Entwicklung* befindet, kann die Implementierung auf einfache Art und Weise in den Entwicklungsprozess, das Vorhaben zur Shopfloor-Digitalisierung sowie die TISAX-Umsetzung integriert werden. Die Konsolidierung, Budgetierung und Terminierung der Maßnahmenumsetzung werden in Abstimmung mit den relevanten Stakeholdern erfolgen. So können mögliche Redundanzen und Interdependenzen verhindert werden.

Die Maßnahmen lassen sich gut in den BlueBox-internen Terminplan zur TISAX-Zertifizierung einarbeiten. Nachdem die Richtlinie fertiggestellt und auf Unternehmensebene definiert worden ist, kann diese im nächsten Schritt auf konkrete Richtlinien auf Prozess-, Anwendungs- und Infrastrukturebene heruntergebrochen werden. Im Anschluss sollen Schulungen durchgeführt und Nachweise geprüft werden. Bevor das externe Audit stattfindet, wird ein internes Audit durchgeführt, aus dem sich mögliche Abweichungen ergeben, die daraufhin abgearbeitet werden können.

Um die Reife und Ausbaustufe der Informationssicherheit kontinuierlich zu verbessern, soll nach bestandenem TISAX-Audit und der damit einhergehenden Zertifizierung eine regelmäßige Revision des Informationssicherheitsmanagementsystems erfolgen. Somit stellt BlueBox ebenfalls sicher, dass die durch TISAX gestellten Anforderungen erfüllt bleiben.

Zusammenfassung der Evaluation bei der BlueBox GmbH & Co. KG

Die Durchführung der Fallstudie bei BlueBox hat dazu beigetragen, das Vorgehensmodell auf eine mittelstandsgerechte Ebene zu heben. Auch wenn nur punktuelle Ausschnitte in dieser Dissertationsschrift erläutert werden konnten, sieht sich BlueBox in einer guten Ausgangslage, um das TISAX-Audit durch die Zuhilfenahme des Modells zu bestehen. Selbstverständlich dient die Methode im ersten Schritt nur als Abgleich, da das Unternehmen bereits viele Maßnahmen umgesetzt und relevante Aktivitäten angestoßen hat. Nichtsdestotrotz haben sich relevante Erkenntnisse ergeben, mit denen die Umsetzung der Industrie-4.0-Umgebung sicherer im Sinne der Informationssicherheit erfolgen und ein systematisiertes Informationssicherheitsmanagementsystem etabliert werden kann.

9.3 Fallstudie 2: Ph-Mechanik

9.3.1 Das Unternehmen Ph-MECHANIK GmbH & Co. KG

Die Ph-MECHANIK GmbH & Co. KG (im Folgenden Ph) wurde 1990 gegründet und ist seitdem als Systemlieferant für diverse Kunden aus verschiedenen Branchen tätig. Mit rund 25 Mitarbeitern gehört das Unternehmen zur Gruppe der KMU. Das Leistungsangebot umfasst alle Aufgaben von der Entwicklung und Konstruktion über die Teilefertigung (Beispiele der Produkte in Abbildung 9-3) bis hin zur Lieferung von montierten Funktionsbaugruppen. Zusätzlich unterstützt das Unternehmen bei der Lagerbevorratung sowie der Erstellung technischer Dokumentation und der Übernahme des Ersatzteilmanagements. Ph hat sich als Ziel gesetzt, für die Kunden als strategischer Partner aufzutreten, um im gesamten Bereich des Maschinenbaus gemeinschaftliche Projekte umzusetzen. Der Großteil der Kundenbeziehungen besteht daher seit vielen Jahren.

Abbildung 9-3: Beispielhafte Darstellung von Produkten von Ph-MECHANIK[71]

Als kleines und spezialisiertes Unternehmen möchte Ph auch weiterhin in der Lage sein, die Anforderungen der Kunden zu erfüllen. Daher vollzieht das Unternehmen seit mehreren Jahren eine digitale Transformation, um Transparenz und Visibilität über interne Abläufe zu schaffen, damit daraus kontinuierliche Verbesserungsprozesse abgeleitet werden können. Neben einzelnen eigenständig getriebenen Initiativen setzt das Unternehmen auf die Unterstützung und Beratung aus dem Umfeld der RWTH Aachen und hat bereits mehrere Forschungsprojekte erfolgreich durchgeführt. Gemeinsam mit dem FIR an der RWTH Aachen wurde das Forschungsprojekt BaSys4Dash (Förderkennzeichen 01IS19006A) bearbeitet, in dem eine Dashboard-gestützte und teilautomatisierte Entscheidungsunterstützung auf Basis der Open-Source-BaSys-Architektur realisiert worden ist. Zwar wurden Informationssicherheitsaspekte in dem Projekt nur indirekt thematisiert, allerdings haben sich zahlreiche Fragestellungen als Anreiz erwiesen, sich systematischer mit der Thematik auseinanderzusetzen.

9.3.2 Ausgangssituation und zu betrachtende Industrie-4.0-Umgebung

Für Ph stehen zwei Aspekte im Vordergrund, um sich systematischer mit dem Aufbau eines Informationssicherheitsmanagementsystems (ISMS) zu beschäftigen: Zum einen fertigt das Unternehmen Teile, die einer teils besonderen Geheimhaltungspflicht seitens Kunden unterliegen. Informationen sowie Produktdetails, die diese Teile betreffen, dürfen nur auf festgelegte Art und Weise übermittelt werden. Dazu wurden bspw. eigene „Leitungen" für E-Mails umgesetzt. Zusätzlich bestehen für einzelne Aufgabenstellungen Anforderungen an eine Nachweispflicht für eine „Stand-alone"-Eigenschaft bestimmter Maschinen und Anlagen. So soll sichergestellt werden, dass die darauf gefertigten Teile unter keinen Umständen manipuliert werden bzw., dass keine schützenswerten Informationen abgegriffen werden können.

Zum anderen befindet sich Ph in einer digitalen Transformation. Im Kern steht dabei die Fähigkeit, die Produktion besser überwachen zu können, um Optimierungen anzustoßen. Diese Optimierungen beziehen sich vor allem auf Serienfertigungen. Dazu wurden und werden nach und nach verschiedene Anwendungsfälle umgesetzt. Durch die zunehmende Digitalisierung und den damit einhergehenden Grad der Vernetzung steigen in gleichem Maße die Anforderungen an die Informationssicherheit.

Ein zentraler und mehrfach umgesetzter Anwendungsfall bei Ph ist das Retrofitting des Maschinenparks. Es bezeichnet das Nachrüsten älterer Bestandsmaschinen und -anlagen mit mechanischen, aber auch digitalen Komponenten wie Sensorik oder Steuerungen, um aus und mit ihnen etwa Betriebskennzahlen aufnehmen zu können. Ein Retrofitting kann dabei von

[71] Quelle: http://www.ph-mechanik.de/index.php/systemlieferant.html

der reinen Anbringung einfacher Sensorik wie Türsensoren bis hin zu einer umfangreichen Smartifizierung inkl. neuer Steuerung reichen (s. BOSHOFF ET AL. 2022, S. 86). Neben den genannten Beweggründen zur Digitalisierung des Unternehmens spielt auch das Thema Nachhaltigkeit bei Ph eine große Rolle. Ein umfangreiches Retrofitting verlängert die Lauf- und Lebenszeit von Maschinen und nimmt somit positiven Einfluss auf die Nachhaltigkeit des Unternehmens. In Abbildung 9-4 ist eine Fräsmaschine dargestellt, die einem Retrofit unterzogen worden ist.

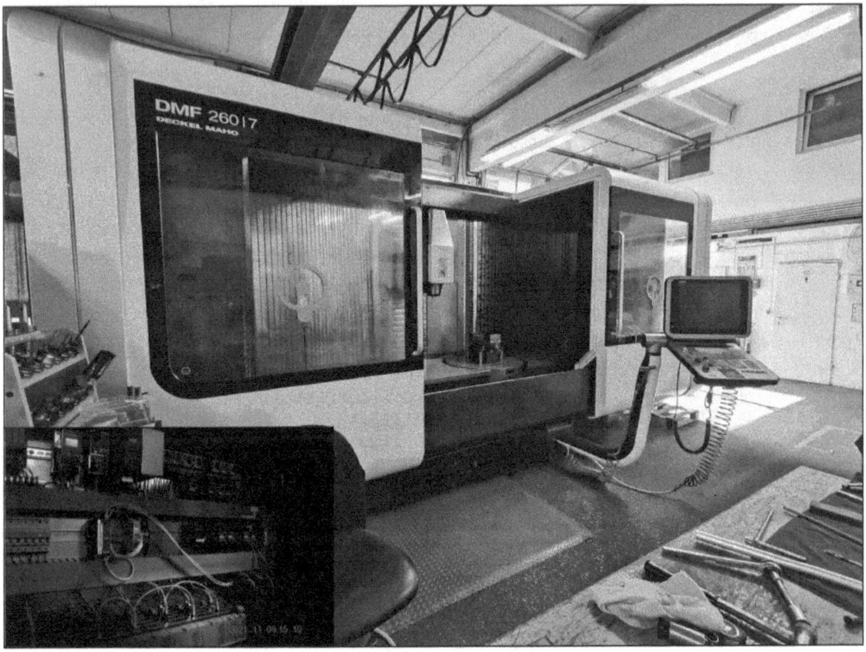

Abbildung 9-4: Fräsmaschine bei Ph-MECHANIK inkl. Darstellung von Lösungskomponenten

Die Fräsmaschine verfügt herstellerseitig zwar über eine anbindbare Steuerung, allerdings ist es nicht möglich, Daten abzugreifen, wenn der Hauptschalter der Maschine auf „Aus" steht. Da die Maschine sich anderweitig in keinem Maschinenverbund befindet und die Erstellung bestimmter Produktionskennzahlen das Abrufen aller Zustände der Maschine voraussetzt, wurde sie mit einem OPC-UA-Gateway nachgerüstet. Dieses Gateway wird auch bei ausgeschaltetem Hauptschalter über ein 24V-Spannungsversorgungsmodel versorgt (Abbildung unten links). Das Gateway wiederum ist mit der BaSys-Infrastruktur verbunden, um die Informationen von der Maschine zum Dashboard des Produktionsleiters zu übertragen.

Weiterhin verfügt die Werkzeugmaschine über die Möglichkeit, ferngewartet zu werden. Aus Sicherheitsgründen wurden hier bereits zwei pragmatische Maßnahmen getroffen: Die erste ist die Trennung des Produktions- von dem weiteren Unternehmensnetzwerk. Der Austausch von Konstruktions- und CAD-Dateien erfolgt über einen geteilten Ordner im Intranet. Die zweite ist die grundsätzliche hardware- bzw. kabelseitige Trennung der Maschine vom Netz.

Erst für den Fall, dass eine Fernwartung geplant ist, wird für die Maschine eine direkte Netzanbindung hergestellt. So wird der Zeitraum für mögliche Vorfälle und damit auch das Risiko deutlich minimiert.

Neben der genannten Fräsmaschine wurden weitere Maschinen und Anlagen primär mit Sensorik ausgestattet. Die Daten fließen auf ähnliche Art und Weise in dem Dashboard zusammen.

9.3.3 Anwendung des Vorgehensmodells bei Ph

Nachfolgend wird die sequenzielle Anwendung des Vorgehensmodells bei Ph-MECHANIK beschrieben. Da Ph als KMU zu werten ist, in welchem lediglich eine Person zum Teil für IT-Themen hauptverantwortlich ist, erfolgt die Anwendung unter bestimmten Rahmenbedingungen. Auf die zentralen Rahmenbedingungen, die der Praxistauglichkeit zuträglich sind und einen Einfluss auf die Durchführung hatten, wird im Folgenden eingegangen:

- Standardmäßige Berücksichtigung der Security in jeder Projektierungsphase:
  Bei Ph wird von Projekt zu Projekt und somit von Auftrag zu Auftrag stets über mögliche Sicherheitsrisiken diskutiert. Die Berücksichtigung der Informationssicherheit ist somit fester Bestandteil einer jeden Projektierungsphase. Diese Regelmäßigkeit durch gelebte Prozesse führt dazu, dass der Aufbau eines systematisierten Informationssicherheitsmanagementsystems in Teilen obsolet wird. Aus betriebswirtschaftlicher Sicht und aufgrund der Unternehmensstruktur als KMU ergibt sich außerdem keine Notwendigkeit, ein umfangreiches ISMS einzuführen. Dieser Umstand leitet über zur nächsten Rahmenbedingung.
- Einleitende Bestandsaufnahme und Verkürzung des Vorgehensmodells:
  Als Voraussetzung für die Anwendung bei Ph hat sich eine einleitende Bestandsaufnahme erwiesen, die eine Verkürzung des Vorgehensmodells mit sich zieht. Damit ist die Notwendigkeit gemeint, zu untersuchen, welche Schritte des Vorgehens möglicherweise schon umgesetzt worden sind. Zusätzlich wurde geprüft, welche Schritte „verträglich" und umsetzbar hinsichtlich des zu investierenden Aufwands und Know-how für das Unternehmen sind. Letztlich hat Ph für sich entschieden, dass die bestehenden Prozesse durch die Umsetzung der Ergebnisse nicht geändert werden. Daher müssen etwaige Handlungsfelder in bestehende Prozesse integrierbar sein.
- Motivation zum Aufbau eines Informationssicherheitsmanagementsystems:
  Für den Aufbau und die Realisierung eines Informationssicherheitsmanagementsystems spielt für Ph die Motivation eine besondere Rolle. Das Unternehmen verfolgt eine klare Kooperations- und Partnerschaftsstrategie. Es setzt auf zahlreiche Unterstützungen in dem Themenfeld, bspw. bei der Anbieter- oder Technologieauswahl.

Im Anschluss wird auf die einzelnen mit Ph durchgeführten Schritte eingegangen. Der Umfang und Detailgrad einiger Schritte weicht aufgrund der beschriebenen Rahmenbedingungen vom originären Vorgehensmodell ab.

Schritt 1 – Priorisierung

Die Implementierung des ISMS erfolgt bei Ph nicht als dezidiertes Projekt, sondern kontinuierlich in Abhängigkeit von konkreten Kundenprojekten, die eine Relevanz dafür erzeugen. Risiken in Bezug auf die Informationssicherheit werden darüber hinaus im Rahmen verschiedener Zertifizierungen, wie etwa der DIN EN ISO 9001:2015, ermittelt und entsprechend behandelt. Daraus ergibt sich auch für das Zielsystem, dass keine Ziele für das Umsetzung des ISMS selbst abgeleitet werden, sondern sich diese auf konkrete Projekte beziehen. Projektbezogene Ziele sind bspw. die Sicherstellung der Kommunikation zwischen Kunde und Ph, wenn für dieses Projekt besondere Geheimhaltungsverpflichtungen bestehen. Als Teil der Zertifizierungen werden Stakeholder ermittelt, die in gleichem Maße Stakeholder für ein ISMS darstellen. Ph hat bereits mehrere Kampagnen gestartet und Maßnahmen umgesetzt, um die Sensibilisierung in der Belegschaft zu fördern. Allerdings hat das Unternehmen keine explizite Informationssicherheitsstrategie verfasst. Die flachen und einfachen Hierarchien ermöglichen es, im Falle eines Vorfalls schnell zu kommunizieren und die Informationssicherheit zumindest nach internen Mindestanforderungen umzusetzen.

Schritt 2 – Orientierung

In der Orientierungsphase stand insbesondere die Betrachtung der Geschäftssicht im Fokus, um eine Aufwand-Nutzen-Betrachtung möglicher Maßnahmen und des ISMS als solches durchführen zu können. Die betrachtete Industrie-4.0-Umgebung (hier die angebundene Fräsmaschine) hat einen hohen Wert für das Unternehmen. Der Ausfall der Maschine stellt jedoch kein fatales Schadensereignis dar. Die Manipulation von Prozessparametern oder das Abgreifen vertrauenswürdiger Daten ist aufgrund der bereits getroffenen Maßnahmen sehr unwahrscheinlich bzw. von außen nicht möglich. Den Geschäftswert seiner Assets macht Ph außerdem davon abhängig, ob Wechselwirkungen zwischen Betrieb und Sicherheit überhaupt relevant für das Unternehmen sind.

Schritt 3 – Status quo

Der dritte Schritt umfasst die Anwendung des Beschreibungsmodells aus Kapitel 5, um potenzielle Schwachstellen der Indsutrie-4.0-Umgbeung abzuleiten. Die Umgebung befindet sich aktuell in der Betriebsphase. In Bezug auf den Asset-Layer wurde ausschließlich die Business-Ebene betrachtet, da hier die größten Risiken gesehen wurden. Daraus ergeben sich die folgenden Schwachstellen für die Umgebung (s. Tabelle 9-6):

Tabelle 9-6: Potenzielle Schwachstellen der Industrie-4.0-Umgbeung bei Ph

ID	Schwachstelle	Anmerkung
Policys und Prozeduren		
PP-1	keine adäquate Sicherheitsarchitektur	Durch eine unzureichend geplante Sicherheitsarchitektur können im Betrieb Schwachstellen ausgenutzt werden. Durch die umgesetzte BaSys-Infrastruktur wurde dieser Punkt bereits adressiert.
PP-2	unzureichende Durchführung von Audits in I40U	Das nicht oder nur unzureichende Durchführen von Audits kann dazu führen, dass Schwachstellen unentdeckt bleiben. Durch die projektbezogene Berücksichtigung sicherheitskritischer Aspekte ist dieser Aspekt allerdings adressiert.
PP-3	unzureichende Sicherheitsrichtlinien	Für die Anbindung von Maschinen und Anlagen existieren bei Ph wie beschrieben verschiedene Vorgaben.
PP-5	Mangel an Mechanismen zur Stärkung	Durch die klaren Verantwortlichkeiten und Strukturen wird sichergestellt, dass die Informationssicherheit nachhaltig gestärkt wird.
PP-6	keine spezifischen Dokumentationen	Technische Änderungen an Maschinen und Anlagen werden bei Ph stets dokumentiert, damit diese auch für weitere Personen nachvollziehbar sind.

PP-10	Mangel an Business-Continuity- und Recovery-Planung	Bei Ph existieren keine formalisierten Pläne in Bezug auf Business-Continuity und Recovery, allerdings sorgen die flachen Hierarchien und die enge Zusammenarbeit dafür, dass der Betrieb schnellstmöglich wieder hergestellt werden kann.
PP-11	unzureichendes Asset-Inventar	Ph verfügt über kein dezidiertes Asset-Inventar, allerdings ist ein solches durch die geringe Komplexität der Produktionsumgebung und die gute Dokumentation nicht von Nöten.
PP-12	unklare Asset-Zuordnung hinsichtlich Verantwortlichkeiten	Für Assets, die sich in der Produktion befinden, ist der Produktionsleiter verantwortlich.
PP-13	keine Identifikation von Projektanforderungen	Sicherheitskritische Projektanforderungen werden bei jeder Projektinitiierung aufgenommen.
PP-16	Mangel an strategischer Planung	Die Geschäftsleitung von Ph hat strategische Überlegungen angestrengt, aus denen sich die Relevanz und Notwendigkeit für den Aufbau eines ISMS ergeben.
PP-17	unzureichende Versicherungen	Zurzeit existieren bei Ph keine Versicherungen in Bezug auf die Informationssicherheit. Durch die geringe Dichte an verzeichneten Vorfällen und das zu erwartende geringe Schadensausmaß ist jedoch auch nicht von einer Notwendigkeit auszugehen.
Netzwerk- und Plattformkonfiguration		
PK-4	Patches werden nicht gemanagt	Für die verwendeten Hardware- und Softwarekomponenten und das eingesetzte OPC-UA-Gateway werden regelmäßige Patches eingespielt.
PK-5	Patches werden ohne Tests implementiert	Herstellerseitige Patches werden entsprechend eingeplant und getestet, Patches in Bezug auf das OPC-UA-Gateway hingegeben nicht, weil mögliche Fehler keinen Ausfall der Produktion zur Folge hätten.
PK-7	keine proaktiven Updates	Durch verhältnismäßig lange Stillstandzeiten der Industrie-4.0-Umgebung und bedingt durch den hohen Grad an Einzelteilfertigungen können Updates ohne Probleme regelmäßig und rechtzeitig eingespielt werden.
PK-8	unzureichende Passwortrichtlinien	Für alle Komponenten in der Umgebung wurden Standard-Passwörter abgelöst und durch sichere Passwörter ersetzt.
NK-1	Schwache Netzwerksicherheitsarchitektur	*In dieser Umgebung deckt sich diese Schwachstelle mit der Schwachstelle PP-1 und ist damit adressiert.*
NK-4	Passwörter werden nicht regelmäßig geändert	Passwörter von Netzwerkkomponenten wie Router und Switches werden in regelmäßigen Abständen geändert.

Schritt 4 – Risikoermittlung

Die Risikoermittlung dient dazu, aus den ermittelten Schwachstellen Risiken in Bezug auf die schützenswerten Assets abzuleiten. Dieser Schritt wurde im Rahmen der Fallstudie aus den folgenden beiden Gründen übersprungen: Zum einen beschränkt sich die betrachtete Industrie-4.0-Umgebung auf lediglich eine Werkzeugmaschine. Daher ist es nicht notwendig, Assets gegeneinander abzuwägen, um in den nachgelagerten Schritten Maßnahmen unter betriebswirtschaftlichen Aspekten auswählen zu können. Zum anderen erfolgt eine Risikoermittlung kontinuierlich im Vorfeld der Zertifizierungs-Audits anhand einer komplexen Risiko-Matrix. Diese erfolgt rein qualitativ und in Bezug auf die Produkte, die in Serie gefertigt werden. Bei

Einzelteil- oder Kleinserienfertigungen lohnen sich aufgrund der geringen Marge keine weiteren Risikoermittlungen zu Einflussfaktoren wie Betriebsstabilität etc.

Schritt 5 – Zielzustand und Schritt 6 – Handlungsbedarf

Die Definition des Zielzustands erfüllt den Zweck, konkrete Maßnahmen durch die Differenz zwischen dem Ist- und dem Zielzustand ableiten zu können. Bei Ph wurde der Zielzustand auf Basis von absoluten Standard- bzw. Mindestanforderungen erstellt. Dazu zählen bspw. das Vorhandensein einer Firewall, das Updaten von Systemen sowie das Ändern von Passwörtern. Insofern ist der Zielzustand unmittelbar über konkrete Maßnahmen beschrieben worden. Dabei halfen die beiden Zielgrößen Prozesssicherheit und Kostenreduktion bei der Priorisierung der Maßnahmen. Letztlich sind auch keine methodischen Ansätze wie die Berechnung eines Return-on-Investment herangezogen worden, da der Nutzen den Aufwand nicht gerechtfertigt hätte.

Die sich aus dem Erklärungsmodell ergebenden Maßnahmen haben sich im Großen und Ganzen mit denen gedeckt, die Ph bereits umgesetzt bzw. eingeplant hat (s. Tabelle 9-7). Insbesondere die Maßnahme Prozessuale Datensicherheit nimmt auf viele identifizierte Schwachstellen Einfluss und ist daher zur Umsetzung priorisiert worden. Die Maßnahme wird vor allem dadurch repräsentiert, dass sicherheitskritische Aspekte prozessual gesehen bei allen Projektinitiierungen berücksichtigt werden. Die beiden Maßnahmen Lifecyclemanagement sowie Wartung und Pflege sind besonders vor dem Hintergrund des Anwendungsfalls Retrofitting zentral umzusetzen. Die Erstellung von Plänen hilft im Ernstfall, den Betrieb schnellstmöglich wieder aufzunehmen, indem entsprechende Rollen und Verantwortlichkeiten sowie Aktivitäten definiert werden. Letztlich gewährleisten ein Netzwerk- und Logmanagement einen sicheren Produktionsbetrieb und ermöglichen die Analyse von Fehlern. Die sechs Maßnahmen, die der Priorisierung „bei Bedarf" zugeordnet worden sind, werden dann betrachtet, wenn sich die jetzige Produktion ändert, bspw., indem neue Maschinen und Anlagen integriert oder neue Software-Eigenentwicklungen implementiert werden. Abschließend wurden sieben Maßnahmen identifiziert, die Ph nicht umsetzen wird, zumindest im engeren Sinne. Denn Ansätze des Identitätsmanagements und der Authentifizierung sowie Zugangskontrolle sind bereits vorhanden.

Tabelle 9-7: Notwendige Maßnahmen zur Absicherung der Industrie-4.0-Umgebung bei Ph

	umsetzen						bei Bedarf						nicht umsetzen						
	Prozessuale Datensicherheit	Lifecyclemanagement	Wartung und Pflege	Erstellung von Plänen	Netzwerkmanagement	Logmanagement	Einsatz von Prinzipien	Resilienz	Kontinuierliche Überwachung	Applikationssicherheit	Konfigurationsmanagement	Passwörter und Verschlüsselung	Penetrationstests	Integritätschecks	Anomalieerkennung	Schwachstellenscans	Identitätsmanagement	Authentisierung / Zugangskontrolle	Erkennungsprozessorganisation
PP-1																			
PP-2	●	◑	◑						●	◑			●		◑	◑			
PP-3	◑																		
PP-5						●	◑	◑	◑		◑		◑						◑
PP-6	●		◑		◑	●				◑									
PP-10				●															
PP-11	●														◑				
PP-12	●																◑		
PP-13	◑																		
PP-16	◑	◑		◑			◑												
PP-17	◑			◑															
PK-4	◑	●	●																
PK-5	◑													◑					
PK-7	◑	●	●																
PK-8	◑																	◑	
NK-1					●			●										◑	
NK-4												●							

Schritt 7 – Implementierung

Die Implementierungsumsetzung bei dem Unternehmen knüpft eng an das interne „Sicherheitsvorgehen“ bzw. an die internen Leitlinien an. So werden Maßnahmen, wenn der Bedarf erkannt ist, zeitnah und effizient umgesetzt. Umfangreiche Projekte werden in kleine Pakete heruntergebrochen, wodurch sich Grob- und Detailplanungen sowie Verantwortlichkeiten und Meilensteine ergeben. Die Projekte bzw. das Vorgehen zur Umsetzung von Maßnahmen werden niederschwellig im Unternehmen kommuniziert. Abschluss der Projekte bilden Nachkalkulationen, Retroperspektiven und Managementreviews zur Ableitung von Optimierungspotenzialen.

Zusammenfassung der Evaluation bei der Ph-MECHANIK GmbH & Co. KG

Es kann festgehalten werden, dass die Durchführung der Fallstudie bei Ph-MECHANIK auf einem deutlichen geringen Detailgrad stattgefunden hat als die der ersten Fallstudie. Das Vorgehensmodell wurde in seinen Ansätzen genutzt und teilweise stark vereinfacht betrachtet. Die Struktur des Modells hat dies ermöglicht. Die Erkenntnisse der Fallstudie fließen insbesondere in die Anwendbarkeit der Methode für kleine und mittlere Unternehmen ein. Ihnen muss ein pragmatischer und effizienter Umgang mit der Methode ermöglicht werden, ohne aber auf den Mehrwert verzichten zu müssen. Die Fallstudie hat gezeigt, dass die Methode dazu geeignet ist.

9.4 Konsolidierte Bewertung der Evaluierungsergebnisse

Die zusammenfassende Bewertung der Evaluierung bewertet die in dieser Dissertationsschrift entwickelten Modelle nach den in Kapitel 4.1 aufgestellten inhaltlichen sowie formalen Anforderungen. Das entwickelte Vorgehensmodell wird im Detail hinsichtlich der Erfüllung der in Kapitel 3.5.2 gestellten Anforderungen bewertet.

9.4.1 Erfüllung inhaltlicher Anforderungen

Bewertung der entwickelten Modelle

Diese Dissertationsschrift diente dem Ziel, ein Vorgehensmodell zur effizienten Absicherung der Informationssicherheit für Industrie-4.0-Umgebungen in produzierenden Unternehmen zu entwickeln. Diese Zielstellung wurde insbesondere vor dem Hintergrund bearbeitet, dass sich Unternehmen, gerade kleine und mittlere Unternehmen (KMU), vor Herausforderungen in Bezug auf den Umgang mit der Informationssicherheit gestellt sehen. In der Realität mangelt es an effizienten und pragmatischen Herangehensweisen. Der Ansatz, aus der Beschreibung einer Industrie-4.0-Umgebung Informationssicherheitsschwachstellen abzuleiten, diese mit geeigneten Gegenmaßnahmen zu versehen und in ein integrierendes Informationssicherheitsmanagementsystem einzubetten, soll Unternehmen dabei unterstützen.

Die erste inhaltliche Anforderung adressiert den Ansatz, aus einer durch das Unternehmen zu beschreibenden Industrie-4.0-Umgebung Schwachstellen in Bezug auf die Informationssicherheit ableiten zu können. Es kann festgehalten werden, dass diese Anforderung erfüllt ist. Zuerst wurde dazu das Verständnis für den Begriff „Industrie-4.0-Umgebung“ (I40U) durch eine Definition vereinheitlicht (s. Kapitel 5.1). Auf Basis dessen ermöglicht das entwickelte Beschreibungsmodell, I40U im Unternehmen systematisch zu beschreiben, zu spezifizieren und mit diesen Erkenntnissen Schwachstellen abzuleiten. Dazu wurde ein Referenzmodell in Form eines Spezialisierungsmodells entwickelt. In dieses konnten die Schwachstellen eingeordnet und so für den Anwendenden des Modells identifizierbar gemacht werden.

Die Beschreibung und Priorisierung von Informationssicherheitsmaßnahmen unter Berücksichtigung KMU-spezifischer Rahmenbedingungen erfolgten auf Basis einer Eingrenzung der in dieser Untersuchung zu berücksichtigenden Maßnahmen, deren allgemeingültiger Beschreibung sowie eines Bewertungskatalogs zu deren Auswahl und Priorisierung. Diese Anforderung konnte in den beiden Fallstudien als erfüllt bewertet werden.

Die dritte inhaltliche Anforderung wurde mit der Entwicklung des Erklärungsmodells aus Kapitel 7 adressiert. Es verfolgt das Ziel, die Wirkungszusammenhänge zwischen den potenziellen Schwachstellen der I40U und den zur Verfügung stehenden Gegenmaßnahmen zu erklären. Durch die Möglichkeit, einer Schwachstelle Maßnahmen nach dem Grad ihrer Wirkung zuzuordnen, kann die Anforderung als erfüllt betrachtet werden. Dies hat sich in den beiden Fallstudien bestätigt.

Letztlich konnte auch die vierte inhaltliche Anforderung in Form einer Gestaltung eines Vorgehensmodells zum Aufbau eines Informationssicherheitsmanagementsystems in produzierenden Unternehmen adressiert und erfüllt werden. Eine detaillierte Beschreibung erfolgt im folgenden Unterkapitel

Bewertung des entwickelten Vorgehensmodells

Das Vorgehensmodell zur pragmatischen und effizienten Absicherung der Informationssicherheit in einem Unternehmen wurde so entwickelt, dass es die abgeleiteten Anforderungen aus Kapitel 3.5.2 möglichst vollumfänglich abdeckt. Die Bewertung des Erfüllungsgrads ist rein qualitativ, weswegen das Anforderungsprofil (s. Tabelle 3-2) lediglich eine Tendenz der Positionierung zwischen den Extrema bestehender weiterer Ansätze darstellt. Es folgt eine tabellarische Bewertung des Erfüllungsgrads (s. Tabelle 9-8).

Tabelle 9-8: Bewertung des entwickelten Vorgehensmodells

Anforderung	Bewertung
Personen	
Rückhalt durch die Führungsebene	Der Rückhalt durch die Führungsebene ist durch den Schritt der Priorisierung gegeben (s. Kapitel 8.1.1). Durch diesen Schritt wird sichergestellt, dass der Aufbau des ISMS ausreichend im Unternehmen fokussiert wird.
Führung durch die Führungsebene	Die Führung durch die Führungsebene wird im zweiten Schritt berücksichtigt. Die Orientierung beinhaltet den Aufbau und die prozessuale Verankerung einer Compliance sowie einer Governance. Die konkrete Umsetzung erfolgt nicht durch die Führungsebene, sondern durch andere Mitarbeiter.
Wissen und Fähigkeiten	Das ISM-Team und entsprechende Mitarbeiter sind mit dem Vorgehensmodell in der Lage, mit begrenztem Wissen über die unternehmensspezifische Situation und begrenzten Fähigkeiten konkrete Handlungsbedarfe abzuleiten.
Schaffung von Awareness und Commitment	Im Rahmen der Kontextualisierung (s. Kapitel 8.1.1) wird die Sensibilisierung der Mitarbeiter konkret adressiert. Eine kontinuierliche Kommunikation erzeugt darüber hinaus ein Commitment der Belegschaft.
Umsetzung des ISMS mit begrenztem Know-how	Die verantwortlichen Mitarbeiter können ein ISMS aufgrund der Ausrichtung des Vorgehensmodells mit begrenztem Know-how umsetzen.
Organisation	
IS-Policies und -Prozeduren	Die Erstellung umfangreicher, verständlicher, kommunizierbarer und prüfbarer Policies und Prozeduren in Bezug auf die Informationssicherheit wird in Schritt 2 des Vorgehensmodells, der Orientierung, berücksichtigt (s. Kapitel 8.1.2).
Strategischer Aufbau eines ISMS	Zur Erfüllung dieser Anforderung wurde das Vorgehensmodell um die Möglichkeit erweitert, eine Informationssicherheitsstrategie für das Unternehmen zu entwickeln. Dies erfolgt im ersten Schritt des Vorgehensmodells (s. Kapitel 8.1.1).
Umsetzung mit limitierten Ressourcen	Durch die Anpassbarkeit des Vorgehensmodells hinsichtlich der Tiefe und des Umfangs der Anwendung, kann es auch mit limitierten Ressourcen angewandt werden. Auch die Umsetzung der Maßnahmen und die Ableitung der Handlungsbedarfe ist durch die Priorisierung der Maßnahmen realisierbar für KMU.

Pareto-Prinzip	Das Pareto-Prinzip lag bei der Entwicklung aller Schritte des Vorgehensmodells zugrunde und stellt eine zentrale Anforderung dar. Durch die Abgrenzung und Fokussierung des Vorgehensmodells kann sie als erfüllt angesehen werden.
Prozess	
Aufbau und Weiterbildung von Awareness	Durch die Kontextualisierung und prozessuale Verankerung des ISMS (Schritte 1 und 2) kann der Aufbau und die Weiterbildung in Bezug auf Awareness im Unternehmen integriert werden. Ferner stellen Weiterbildungsaktivitäten konkrete Maßnahmen dar.
Berücksichtigung personeller / finanzieller Ressourcen	Die Berücksichtigung personeller sowie finanzieller Ressourcen bzw. Restriktionen findet in der Auswahl und Priorisierung umzusetzender Maßnahmen statt (s. Kapitel 8.1.6). Hier können diese als Input-Faktoren dienen, die einen Einfluss auf die Auswahl und die Umsetzung der Maßnahmen haben.
Risikomanagement sowie Risikobehandlung	Diese Anforderung wird sowohl in Schritt 4 als auch Schritt 6 bzw. 7 des Vorgehensmodells adressiert.
Planung und kontinuierliche Tests der Notfallplanung	Das Business Continuity Management stellt eine Maßnahme in der Modellanwendung dar und wird somit ausreichend berücksichtigt. Ferner kann dieses bei der Implementierung(-splanung) berücksichtigt werden.
Audit-Programme sowie Umsetzung PDCA	In Schritt 7 wird berücksichtigt, dass ein ISMS stets einem kontinuierlichem Verbesserungsprozess unterliegt bzw. in einem solchen eingebunden werden muss.
Vorgehensmodell	
Die Anforderungen „Identifizierung von Schwachstellen ohne Vorwissen", „Priorisierung von Schwachstellen", „Identifikation von geeigneten Gegenmaßnahmen", „Priorisierung von Gegenmaßnahmen" und „Darstellung der Wirkzusammenhänge" werden im Kern durch die entwickelten Beschreibungs- sowie das Erklärungsmodell adressiert und sind demnach als erfüllt anzusehen.	
Unternehmensspezifische Ziel-Informationssicherheit	Da jedes Unternehmen eine unterschiedliche Ausgangssituation (Schritt 3 – Status quo), einen spezifischen Zielzustand (Schritt 5 – Zielzustand) und unterschiedliche Implementierungsbestrebungen (Schritt 7 – Implementierung) aufweist, müssen und werden diese im entwickelten Vorgehensmodell berücksichtigt.
Systematische Herangehensweise	Diese Anforderung ist durch den schrittweise Aufbau des Vorgehensmodells als erfüllt anzusehen.
Definition eines Betrachtungsbereichs	Sowohl im Rahmen der Kontextualisierung als auch während der Anwendung des Beschreibungsmodells für Industrie-4.0-Umgebungen ist es möglich, einen spezifischen Betrachtungsbereich festzulegen.
Erreichung eines hohen Sicherheitslevels	Ziel und Ausrichtung des Vorgehensmodells ist es nicht, eine möglichst 100-prozentige Informationssicherheit zu erreichen, wohl aber eine möglichst hohe Informationssicherheit in Bezug auf einen möglichst geringen Aufwand.
Nutzung eines Bewertungskatalogs	Ein Bewertungskatalog für die Priorisierung von Schwachstellen und Maßnahmen ist in Schritt 6 des Vorgehensmodells integriert.
Grad der Standardisierung	Wichtig für die Anwendung des Vorgehensmodells ist es, dass dieses auf relevanten Standards und Rahmenwerken beruht, um eine Vergleichbarkeit zu schaffen. Daher dienten zentrale Standards als Ausgangslage und Strukturierungsrahmen für das Vorgehensmodell.

Praxistauglichkeit des Vorgehensmodells	Die Praxistauglichkeit wurde durch die beiden Fallstudien überprüft und nachgewiesen.
Lebenszyklus-orientierung	Der Lebenszyklus einer Industrie-4.0-Umgebung wurde im Beschreibungsmodell und somit in Schritt 3 des Vorgehensmodells sowie in der Fokussierung für den Betrieb und die Instandhaltung einer solchen Umgebung berücksichtigt.
Planung und Umsetzung eines ISMS	Es wurde konkret der Aufbau, also die Planung und Umsetzung eines ISMS fokussiert. Weniger im Fokus stand die Anpassung bestehender Instanzen in Unternehmen.
Reifegradbetrachtung eines ISMS	Der Reifegrad eines ISMS wird bspw. bei der Ermittlung eines IS-Zielsystems in Schritt 1 des Vorgehensmodells berücksichtigt. Bedingt durch die Tatsache, dass das Vorgehensmodell als kontinuierlicher Prozess ausgelegt werden kann, wird der Reifegrad ebenfalls berücksichtigt.
Fokussierung auf KMU	Das Vorgehensmodell ist explizit auf KMU ausgerichtet, auf die die beschriebenen Anforderungen ausgerichtet sind. Größere Unternehmen können das Vorgehensmodell zwar problemlos anwenden, allerdings haben diese andere Ansprüche an das zu erreichende Sicherheitsniveau und verfügen über mehr Ressourcen.
Unabhängigkeit von Anbietern und Externer	Durch die Ausrichtung des Vorgehensmodells auf eine Anwendung mit limitierten Ressourcen und begrenztem fachlichen Know-how kann dieses auch ohne Externe und ohne System- bzw. Technologieanbieter angewandt werden.
Produzierende Unternehmen mit Industrie-4.0-Umgebungen	Die Industrie-4.0 stellt besondere Anforderungen an die Informationssicherheit im Unternehmen. Diesem Umstand wurde durch das Beschreibungsmodell sowie die ermittelten relevanten Schwachstellen und Maßnahmen mit Fokus auf industrielle Produktionsumgebungen Rechnung getragen.
Berücksichtigung von OT- und IT-Komponenten	Maschinen und Anlagen auf dem Shopfloor können gleichermaßen berücksichtigt werden wie betriebliche Anwendungssysteme. Dies wird durch das Beschreibungsmodell und Schritt 3 des Vorgehensmodells ermöglicht.
Berücksichtigung von Prinzipien und Best Practices / Tool-Box	Prinzipien und Best Practices fanden nicht direkt Einzug in das Vorgehensmodell, wurden aber in den Kapiteln 8.2.1 und 8.2.2 angesprochen und können im Rahmen der Anwendung herangezogen werden. Kapitel 8.2.3 zeigt eine Informationssicherheits-Toolbox auf, die Unternehmen als Zielbild dienen kann.
Betrachtung technologischer, organisatorischer, personeller sowie kultureller Einflussfaktoren	An mehreren Stellen des Vorgehensmodells wurde berücksichtigt, dass das Modell keine übermäßige Technologiefokussierung wie viele andere Ansätze aufweist. Es wurde darauf hingewiesen, dass auch organisatorische, personelle sowie kulturelle Einflussfaktoren gleichermaßen auf die erfolgreiche Umsetzung eines ISMS und damit auf die Absicherung der Informationssicherheit wirken.

9.4.2 Erfüllung formaler Anforderungen

Die Erfüllung der formalen Anforderungen (s. Kapitel 4.1) wird für die in den Kapiteln 6, 7 und 8 entwickelten Modelle geprüft. Das Beschreibungsmodell aus Kapitel 5 wurde in Kapitel 5.3.2 formal validiert, da dies den letzten Schritt der Referenzmodellierung darstellt (s. Kapitel 4.3.1)

Die Reproduzierbarkeit der Ergebnisse, die durch die Anwendung des entwickelten Vorgehensmodells zur effizienten Absicherung der Informationssicherheit in Industrie-4.0-Umgebungen produzierender Unternehmen erzielt werden, wird dadurch bestätigt, dass das Vorgehensmodell schrittweise und auf Basis standardisierter Elemente aufgebaut ist. Somit erfolgt die Modellanwendung unter definierten und zeitlich konstanten Rahmenbedingungen. Die Praktikabilität ergibt sich direkt aus der zugrundeliegenden Forschungsfrage, die eine hohe Effizienz und ein hohes Maß an Pragmatismus voraussetzt (s. Kapitel 1.2). Sie wurde im Rahmen der Fallstudien von Unternehmensvertretern (s. Kapitel 9.2 und 9.3) sowie anhand der durchgeführten Experteninterviews (s. Anhang A.1) bestätigt. Auch die Anforderung hinsichtlich einer weitgehenden Branchenneutralität kann als erfüllt betrachtet werden, da die Anwendung des Vorgehensmodells das Querschnittsthema Industrie 4.0 in produzierenden Unternehmen fokussiert. Die Betrachtung einer spezifischen Branche fand deswegen im Rahmen der Modellentwicklungen keine Berücksichtigung. Darüber hinaus sind die genutzten Modelle, Methoden und Ansätze universell einsetzbar und somit größtenteils branchenneutral. Die Vorgehensweise ermöglicht es, notwendige Aktivitäten zur Absicherung der Informationssicherheit mit geringem Aufwand abzuleiten und gleichzeitig damit einen großen Nutzen für das Anwenderunternehmen zu erzeugen. Durch die Möglichkeit, nach der Beschreibung der Industrie-4.0-Umgebung Schwachstellen abzuleiten und diese durch das Erklärungsmodell in 1:1-Beziehungen mit Maßnahmen bringen zu können, erhält das Anwenderunternehmen einen schnellen Überblick über die relevantesten Handlungsfelder. Somit konnte die wirtschaftliche Einsetzbarkeit des entwickelten Vorgehensmodells bestätigt werden.

9.5 Zusammenfassung und Ergebnisreflexion

Zusammenfassend lässt sich konstatieren, dass die inhaltlichen sowie formalen Anforderungen (s. Kapitel 3.5 und Kapitel 4.1) durch die Ergebnisse der Evaluation als erfüllt anzusehen sind. Nichtsdestotrotz sind der Anwendung des Vorgehensmodells Grenzen gesetzt. Erstens sind zur Beschreibung der Industrie-4.0-Umgebungen verschiedene Kompetenzen im Unternehmen zusammenzuziehen. Die ausreichend genaue Beschreibung ist elementar für den Wert der Ergebnisse. Diese Kompetenzen sind ggf. nur bedingt verfügbar und binden bei der Beschreibung Kapazitäten aus dem Tagesgeschäft. Zweitens ist die Zuordnung der Schwachstellen zu einer beschriebenen Industrie-4.0-Umgebung zwar methodisch möglich, allerdings muss diese, sofern eine interne Expertise nicht vorhanden ist, weiterhin mit externer Unterstützung durchgeführt werden, um eine zielgerichtete und möglichst unternehmensspezifische Sammlung potenzieller Schwachstellen zu erhalten. Drittens beruht die Anwendung des Vorgehensmodells auf einer im Vorfeld definierten und festen Auswahl von Schwachstellen und Maßnahmen, welche in dieser Untersuchung als relevant erachtet worden sind. Zum einen erfasst die Anwendung daher nicht alle Schwachstellen, zum anderen wird sich die Relevanz von Schwachstellen und Maßnahmen voraussichtlich ändern, sodass in Zukunft Anpassungen der Auswahl notwendig sind.

10 Zusammenfassung und Ausblick

10.1 Zusammenfassung

> *„Das Cyber-Risikomanagement hat mit der Verbreitung digitaler und analytischer Verfahren nicht Schritt gehalten, und viele Unternehmen sind sich nicht sicher, wie sie digitale Risiken erkennen und managen sollen."* – (Boehm et al. 2022)

Die digitale Transformation produzierender Unternehmen ermöglicht neue Produkte, Prozesse und Geschäftsmodelle und verändert diese grundlegend. Auf dem Weg zum Unternehmen der Zukunft ergeben sich neben Potenzialen aber auch Risiken. Denn die Digitalisierung und Vernetzung von Unternehmen, besonders von Industrie-4.0-Umgebungen, vergrößern die potenzielle Angriffsfläche von Unternehmen durch die Anbindung von Komponenten und erhöhen damit die Risiken. Unternehmen forcieren daher die Stärkung ihrer Resilienz, um gegen die Risiken abgesichert zu sein. Sie wollen unternehmenskritische Assets und Informationen schützen. In der Vergangenheit wurde dieser Schutz durch das Prinzip der Abschottung erreicht. Heute werden Informationen und Prozesse allerdings mit externen Akteuren geteilt, weswegen eine solche Abschottung nicht mehr zielführend ist.

Es bedarf zielgerichteter Ansätze, welche von Unternehmen eigenständig implementiert werden können. Ein Informationssicherheitsmanagementsystem (ISMS) beschreibt etwa den Ansatz, die Informationssicherheit systematisch und nachhaltig im Unternehmen zu verankern. Gerade kleine und mittlere (KMU) sowie mittelständische Unternehmen stehen vor Herausforderungen bei der Umsetzung eines solchen ISMS. Zum einen steigt die Komplexität des Themas Informationssicherheit durch neue Technologien, was einen pragmatischen Umgang mit ihr erschwert. Zum anderen wird die Informationssicherheit häufig nicht als integraler Bestandteil in der Planung und Umsetzung von Industrie-4.0-Projekten berücksichtigt. Zwar existieren marktseitige Ansätze und Lösungsangebote, allerdings verfehlen sie die KMU-spezifischen Anforderungen beim effizienten und pragmatischen Aufbau und Betrieb eines ISMS. Daher ergab sich für die Arbeit das Ziel, für **produzierende Unternehmen ein pragmatisches und effizientes Vorgehensmodell zur Absicherung ihrer Informationssicherheit zu entwickeln**. Das entwickelte Modell bietet den Entscheidern im Unternehmen eine praxisnahe Möglichkeit, ihre Informationssicherheit ganzheitlich und systematisch aufzubauen und nachhaltig zu verankern.

Das Fundament dafür wurde durch die Definition relevanter Begriffe im Kontext der Informationssicherheit und deren Management vor dem Hintergrund der Industrie 4.0 bereitet. Zusätzlich wurde der sich daraus ergebende relevante Untersuchungsbereich abgegrenzt. Aufbauend auf dieser Abgrenzung wurden bestehende Ansätze aus der Wissenschaft und Praxis beschrieben und hinsichtlich der zugrundeliegenden Zielstellung bewertet. Es wurde aufgezeigt, dass die untersuchten Ansätze alle nur teilweise zur Zielstellung der Untersuchung beitragen. Es fehlt an einem zusammenhängenden und anwendbaren Lösungsansatz für produzierende kleine und mittlere sowie mittelständische Unternehmen. Die konkreten Anforderungen, die für die Entwicklung des Vorgehensmodells herangezogen wurden, sind abschließend benannt worden.

Um die Zielstellung zu erfüllen, wurden insgesamt vier Teilmodelle entwickelt, davon zwei Beschreibungs-, ein Erklärungs- sowie ein Gestaltungsmodell. Ihre Entwicklung wurde durch inhalts- sowie strukturgebende Methoden unterstützt. Für erstere stehen stellvertretend Literaturrecherche und Experteninterviews. Insbesondere die Referenzmodellierung sowie das Threat-Modeling fanden im Rahmen der Entwicklung strukturgebend Anwendung.

Das erste Teilmodell wurde entwickelt, um das abzusichernde Gesamtsystem zu beschreiben. Dazu wurde zunächst der Begriff „Industrie-4.0-Umgebung“ konkretisiert. Die Entwicklung des Beschreibungsmodells in Form eines Spezialisierungsmodells erfolgte auf Basis eines Referenzmodellentwicklungsprozesses. Im ersten Schritt wurden die genutzten Untersuchungsmethoden beschrieben. Die anschließende Problem- und Zieldefinition diente als Grundlage, um das Modell zielorientiert entwickeln zu können. Sie ermöglichte es, die relevanten Aspekte für eine praktische Umsetzung herauszuarbeiten. Durch die Anwendung des dritten Schritts wurde der Ordnungsrahmen für das Modell entwickelt. Er diente als erster grober Ausgangspunkt für die weitere Entwicklung. Diese erfolgte durch die Modellierung der Struktur durch insgesamt vier Sichten und die Beschreibung der einzelnen Modellbestandteile. Abschließend wurde das Modell konsolidiert und komplettiert, indem mögliche Intra- und Inter-Modellbeziehungen beschrieben und bewertet wurden. Um die zentrale Anforderung zu adressieren, aus der zu beschreibenden Industrie-4.0-Umgebung Schwachstellen in Bezug auf die Informationssicherheit ableiten zu können, wurde das Modell im Nachgang angewandt und validiert. Dadurch konnten relevante Schwachstellen in das Modell eingeordnet und spezifischen Bestandteilen zugeordnet werden. Dem Anwender ist es damit möglich, durch die Beschreibung der Umgebung deren Schwachstellen zu identifizieren. Die Vielzahl existierender und unterschiedlich granularer Schwachstellen wurden auf Basis relevanter Studien und Untersuchungen auf ein in dieser Untersuchung fixes Maß reduziert, um die Handhabbarkeit des Ansatzes zu gewährleisten. Diesem Schritt liegt der Grundgedanke des Pareto-Prinzips zugrunde, mit möglichst wenig Aufwand einen möglichst hohen Nutzen zu erreichen.

Zur Behandlung dieser Schwachstellen müssen Unternehmen Informationssicherheitsmaßnahmen auswählen und umsetzen. Dazu wurde das zweite Beschreibungsmodell entwickelt. Es ermöglicht die Beschreibung und Priorisierung von Maßnahmen. Zunächst wurden in Analogie zur Betrachtung der Schwachstellen relevante Maßnahmen vor dem Hintergrund der zugrundeliegenden Zielstellung ausgewählt und beschrieben. Ergänzend wurde auf die besonderen Sicherheitsbedürfnisse produzierenden Unternehmen eingegangen. Abschließend wurde ein Bewertungskatalog beschrieben, der eine Priorisierung und somit eine Auswahl von Maßnahmen ermöglicht. Dieser Bewertungskatalog dient dem Anwender als nützliches und entscheidungsunterstützendes Instrument zur Absicherung der Informationssicherheit.

Eine pragmatische Herangehensweise setzt voraus, dass die Wirkung von Maßnahmen auf Schwachstellen auf einen Blick ersichtlich ist. Daher wurde das dritte Teilmodell als Erklärungsmodell entwickelt. Es zeigt die Wirkung einer Maßnahme auf eine Schwachstelle mithilfe von Wirkungsmatrizen. Bevor die einzelnen Wirkungsbeziehungen erklärt wurden, wurde die Vorgehensweise zu ihrer Erklärung beschrieben. Dazu wurden Rahmenbedingungen an die Erklärung aufgestellt und die Anzahl der potenziell möglichen Wirkungszusammenhänge reduziert. Durch die Reduktion konnte die Machbarkeit dieser Untersuchung gewährleistet werden.

Im Anschluss wurden die Erkenntnisse in ein Gestaltungsmodell überführt, welches ein Vorgehensmodell zum Aufbau eines Informationssicherheitsmanagementsystems darstellt. Dieses Vorgehensmodell schließt die aufgezeigten methodischen Lücken bestehender Ansätze vor dem Hintergrund der zu bearbeitenden Zielstellung und den abgeleiteten Anforderungen. Das Vorgehensmodell ist spezifisch anpassbar und wird sequenziell von den Unternehmen angewandt, um eine effiziente Absicherung der Informationssicherheit zu erreichen. Darüber hinaus wurden Hinweise zur Anwendung des Modells aufgeführt. Diese adressieren relevante Aspekte, die im Modell selbst nicht betrachtet werden können und sollen somit den Nutzen maximieren.

Abschließend wurde das Vorgehensmodell in zwei Fallstudien angewandt. Dadurch erfolgte die Evaluation der Untersuchung. In den Fallstudien konnten Anwendbarkeit und Nutzen durch die Anwendenden bestätigt werden. Somit wurden die inhaltlichen wie auch die formalen Anforderungen an die Teilmodelle erfüllt.

Daraus ableitend lassen sich der wissenschaftliche Beitrag sowie der praktische Nutzen festhalten. Ersterer ergibt sich auf Basis von drei Ergebnissen: Erstens wurde ein Beschreibungsmodell entwickelt, mit dem es möglich ist, Industrie-4.0-Umgebungen zu beschreiben und diesem gleichzeitig konkrete Schwachstellen zuzuordnen. Zweitens ermöglicht die Erklärung der Wirkungszusammenhänge, dass auch Nicht-Experten passende Maßnahmen auf Basis des Bewertungskatalogs bewerten und priorisieren können. Drittens wurde durch das Vorgehensmodell eine pragmatische und effiziente Methode zur Absicherung der Informationssicherheit entwickelt, indem Unternehmen dazu befähigt werden, ein spezifisches Informationssicherheitsmanagementsystem aufzubauen und nachhaltig zu verankern. Der praktische Nutzen ergibt sich aus der Tatsache, dass produzierende Unternehmen erstmals und mit möglichst wenig externer Unterstützung Informationssicherheitsrisiken identifizieren und eine geeignete Mitigationsstrategie ableiten können. Dabei werden sie methodisch unterstützt und können zielorientiert handeln. Ergänzend zeigen die Hinweise zur Anwendung des Vorgehensmodells Restriktionen und Rahmenbedingungen auf. Sofern diese verinnerlicht worden sind, kann das Modell spezifisch angepasst und mit maximalem Nutzen angewandt werden. Neben der initialen Einführung eines Informationssicherheitsmanagementsystems kann es darüber hinaus als kontinuierliches Werkzeug eingesetzt werden und unterstützt Unternehmen durch die Möglichkeit einer prozessualen Integration.

10.2 Ausblick

Bei der vorliegenden Dissertationsschrift handelt es sich um eine Monografie, die nur einen ersten Einstieg in die Thematik gewährleisten kann. Es wurde davon abgesehen, an zentralen Stellen in weitere Vertiefungen einzusteigen. Damit wurde der Umgang der Arbeit handhabbar gestaltet. Darüber hinaus ergibt sich aus den Ergebnissen ein weiterer Forschungs- und Entwicklungsbedarf, für die nachfolgend Empfehlungen ausgesprochen werden.[72]

Um Unternehmen noch besser zu unterstützen, sollte das Ableiten von Informationssicherheitsschwachstellen in Industrie-4.0-Umgebungen möglichst automatisiert werden. Dadurch wird das Ziel adressiert, den Unternehmen ohne tiefgreifendes Know-how in Bezug auf die Informationssicherheit die Identifikation und den Umgang mit digitalen Risiken zu ermöglichen. Heute ist das der zentrale Grund dafür, dass Unternehmen auf externe Hilfe und Unterstützung zurückgreifen oder die Informationssicherheit im schlimmsten Fall dem Zufall überlassen. Darüber hinaus müssen Ansätze in der Zukunft intensiver psychologische, organisationale und kulturelle Faktoren berücksichtigen. Viele der bestehenden Hilfestellungen basieren auf einer

[72] Die Empfehlungen decken sich mit den Erkenntnissen einer von OZKAN U. SPRUIT durchgeführten Studie zu Cyber-Security-Standards für KMU aus dem Jahr 2019 (s. OZKAN U. SPRUIT 2019, S. 61).

primär technologischen Betrachtung und lassen erfolgsentscheidende und unscharfe Faktoren unberücksichtigt. Ihre Berücksichtigung und die Entwicklung geeigneter Ansätze würden enorm zu einer erfolgreichen Absicherung der Informationssicherheit beitragen. Weiterhin müssen mehr nützliche Standards spezifisch für KMU entwickelt werden. Für bestehende Standards sollten Möglichkeiten entwickelt werden, die eine Anpassung für KMU erlauben. Dazu zählt es auch, die finanziellen Hürden bei der Anwendung solcher Standards sowie bei der Realisierung einer hohen Informationssicherheit bei KMU zu überwinden. An jenen scheitern Unternehmen nach wie vor und verfolgen als einzig übrigbleibende Alternative das Motto „Es wird schon gutgehen“. Letztlich sollten relevante und einflussnehmende Behörden sowie Entitäten ihre Zusammenarbeit auch auf internationaler Ebene stärken. Institutionen wie die *Stiftung Neue Verantwortung* geben regelmäßig wichtige Impulse wie bspw. zur staatlichen Cybersicherheitsarchitektur und dienen als Thinktank für die Gesellschaft im technologischen Wandel.

Die Wirkung der Einflussfaktoren auf die unternehmerische Informationssicherheit wird in den nächsten Jahren noch dynamischer und komplexer werden. Seit jeher wird die Informationssicherheit als Moving Target bezeichnet. Daran wird sich auch in Zukunft nichts ändern. Das hat zur Folge, dass Methoden und Ansätze zur Absicherung der Informationssicherheit implizit nur eine begrenzte Lebensdauer aufweisen können. Sie müssen kontinuierlich angepasst und weiterentwickelt werden, um zeitgemäß zu bleiben und dem dynamischen Umfeld gerecht zu werden.

11 LITERATURVERZEICHNIS

AAMODT, A.; NYGÅRD, M.: Different roles and mutual dependencies of data, information, and knowledge — An AI perspective on their integration. In: Data & Knowledge Engineering 16 (1995) 3, S. 191 – 222.

ABASS, O. A.; DAWODU, A. A.; YISAU, N. B.: Towards SDG-9: An IoT Architecture for Converging OT-IT in Industry 4.0 and Digital Economy Era. In: Journal of Science and Logics in ICT Research 6 (2021) 2 | ISSN: 2714-3627, S. 57 – 67.

ABOLHASSAN, F.: Fazit. In: Security Einfach Machen. IT-Sicherheit als Sprungbrett für die Digitalisierung. Hrsg.: F. Abolhassan. Springer Gabler, Wiesbaden 2017, S. 127 – 131. [=2017a]

ABOLHASSAN, F.: Security: Die echte Herausforderung für die Digitalisierung. In: Security Einfach Machen. IT-Sicherheit als Sprungbrett für die Digitalisierung. Hrsg.: F. Abolhassan. Springer Gabler, Wiesbaden 2017, S. 1 – 11. [=2017b]

ABRAMOVICI, M.: Engineering smarter Produkte und Services. ‚Plattform Industrie 4.0 STUDIE'. Hrsg.: acatech – Deutsche Akademie der Technikwissenschaften, München [u. a.] 2018. https://www.acatech.de/publikation/engineering-smarter-produkte-und-services/download-pdf?lang=de (Link zuletzt geprüft: 16.06.2022)

ABTS, D.; MÜLDER, W.: Informationssicherheit. In: Grundkurs Wirtschaftsinformatik. Hrsg.: D. Abts; W. Mülder. Springer, Wiesbaden [u. a.] 2017, S. 601 – 635.

ABU WARAGA, O.; BETTAYEB, M.; NASIR, Q.; ABU TALIB, M.: Design and implementation of automated IoT security testbed. In: Computers & Security 88 (2020) 101648, S. 1 – 17.

ACETO, G.; PERSICO, V.; PESCAPE, A.: A Survey on Information and Communication Technologies for Industry 4.0: State-of-the-Art, Taxonomies, Perspectives, and Challenges. In: IEEE Communications Surveys & Tutorials 21 (2019) 4, S. 3467 – 3501.

AHLEMANN, F.; SCHRÖDER, C.; TEUTEBERG, F.: Kompetenz- und Reifegradmodelle für das Projektmanagement. Grundlagen, Vergleich und Einsatz. ISPRI-Arbeitsbericht; Bd. 2005,01. ISPRI, Osnabrück 2005.

AKINADE, S. K.; SWAR, B.; ZAVARSKY, P.: Database as a service: Security and privacy issues, and appropriate controls. Project report, April 2020. Edmonton, Univ., Master-Arb., 2020. https://era.library.ualberta.ca/items/2e0befbc-8065-4b24-a0a8-1b02ffe2bf06/download/445fad25-14fe-41b7-8519-83c79afb3e7e (Link zuletzt geprüft: 16.06.2022)

ALABADY, S. A.; AL-TURJMAN, F.; DIN, S.: A Novel Security Model for Cooperative Virtual Networks in the IoT Era. In: International Journal of Parallel Programming 48 (2020) 2, S. 280 – 295.

ALANI, M. M.; ALLOGHANI, M.: Security Challenges in the Industry 4.0 Era. In: Industry 4.0 and engineering for a sustainable future. Hrsg.: M. Dastbaz; P. Cochrane. Springer, Cham [u. a.] 2019, S. 117 – 136.

ALBAYRAK, C. A.; GADATSCH, A.: Digitalisierung für kleinere und mittlere Unternehmen (KMU): Anforderungen an das IT-Management. In: IT-GRC-Management – Governance, Risk und Compliance. Grundlagen und Anwendungen. Hrsg.: M. Knoll; S. Strahringer. Springer Vieweg, Wiesbaden 2018, S. 151 – 166.

AL-GUMAEI, K.; SCHUBA, K.; FRIESEN, A.; HEYMANN, S.; PIEPER, C.; PETHIG, F.; SCHRIEGEL, S.: A Survey of Internet of Things and Big Data integrated Solutions for Industrie 4.0. In: 2018 IEEE 23rd International Conference on Emerging Technologies and Factory Automation (ETFA). IEEE, New York [u. a.] 2018, S. 1417 – 1424.

ALI, R. F.; DOMINIC, P. D. D.; ALI, S. E. A.; REHMAN, M.; SOHAIL, A.: Information Security Behavior and Information Security Policy Compliance: A Systematic Literature Review for Identifying the Transformation Process from Noncompliance to Compliance. In: Applied Sciences 11 (2021) 8, 3383, 38 S.

ALLADI, T.; CHAMOLA, V.; SIKDAR, B.; CHOO, K.-K. R.: Consumer IoT: Security Vulnerability Case Studies and Solutions. In: IEEE Consumer Electronics Magazine 9 (2020) 2, S. 17 – 25.

ALMOUSA, M.; KESHAVARZ, M.; ANWAR, M.: Awareness and Working Knowledge of Secure Design Principles: A User Study. In: HCI for Cybersecurity, Privacy and Trust. Second international conference. Hrsg.: A. Moallem. Lecture Notes in Computer Science. Springer, Cham [u. a.] 2020, S. 3 – 15.

ALPAR, P.; ALT, R.; BENSBERG, F.; GROB, H. L.; WEIMANN, P.; WINTER, R.: Phasenmodelle in der Systementwicklung. In: Anwendungsorientierte Wirtschaftsinformatik. Hrsg.: P. Alpar; R. Alt; F. Bensberg; H. L. Grob; P. Weimann; R. Winter. Springer, Wiesbaden [u. a.] 2014, S. 315 – 359.

ALQAHTANI, H.; KAVAKLI-THORNE, M.; ALROWAILY, M.: The Impact of Gamification Factor in the Acceptance of Cybersecurity Awareness Augmented Reality Game (CybAR). In: HCI for Cybersecurity, Privacy and Trust. Second international conference. Hrsg.: A. Moallem. Springer, Cham [u. a.] 2020, S. 16 – 31.

ALSHAMRANI, A.; CHOWDHARY, A.; PISHARODY, S.; LU, D.; HUANG, D.: A Defense System for Defeating DDoS Attacks in SDN based Networks. In: Proceedings of the 15th ACM International Symposium on Mobility Management and Wireless Access. Hrsg.: A. Cuevas. ACM Digital Library, New York 2017, S. 83 – 92.

ALSHBOUL, Y.; STREFF, K.: Analyzing Information Security Model for Small-Medium Sized Businesses. In: 21st Americas Conference on Information Systems (AMCIS 2015). Fajardo, Puerto Rico, 13 – 15 August 2015. Hrsg.: Association for Information Systems. Association for Information Systems, Atlanta (GA) 2015, S. 1 – 9.

AMRO, A.: IoT Vulnerability Scanning: A State of the Art. In: Computer security. Esorics 2020 international workshops, Cyber ICPS, SECPRE, and ADIoT. Guildford, UK, September 14 – 18, 2020: revised selected papers. Hrsg.: S. K. Katsikas. Springer, Cham [u. a.] 2020, S. 84 – 99.

ANDERL, R.; DEUSE, J.; DOERING, M.; FUNK, M.; HEINZE, F.; HENGSTEBECK, A.; JÄNICKE, L.; KETTNER, R.; KOSCH, T.; KUHLENKÖTTER, B.; ROßMANN, J.; SCHMIDT, A.; TSCHIRNER-VINKE, G.; TUNK, M.; ULLRICH, C.; SEIFERT, I.: Softwarearchitekturen für Industrie 4.0. RAMI und IIRA aus Sicht der Projekte im Technologieprogramm Autonomik für Industrie 4.0. Hrsg.: Begleitforschung AUTONOMIK für Industrie 4.0VDI/VDE Institut für Innovation und Technik. Berlin, Juni 2016. https://www.digitale-technologien.de/DT/Redaktion/DE/Downloads/Publikation/autonomik-softwarearchitekturen%20studie.pdf?__blob=publicationFile&v=4 (Link zuletzt geprüft: 16.06.2022)

ANDRONIE, M.; LĂZĂROIU, G.; ȘTEFĂNESCU, R.; UȚĂ, C.; DIJMĂRESCU, I.: Sustainable, Smart, and Sensing Technologies for Cyber-Physical Manufacturing Systems: A Systematic Literature Review. In: Sustainability 13 (2021) 5495, S. 1 – 23.

ANGELOV, S.; GREFEN, P.; GREEFHORST, D.: A classification of software reference architectures: Analyzing their success and effectiveness. In: 2009 Joint Working IEEE/IFIP Conference on Software Architecture & European Conference on Software Architecture. IEEE, Piscataway (NJ) 2009, S. 141 – 150.

ANTUNES, M.; MAXIMIANO, M.; GOMES, R.; PINTO, D.: Information Security and Cybersecurity Management: A Case Study with SMEs in Portugal. In: Journal of Cybersecurity and Privacy 1 (2021) 2, S. 219 – 238.

ASHBY, W. R.: An introduction to cybernetics. Chapman & Hall, London 1956.

AUER, M.; SCHMITZ, P.: Anwendung des MITRE ATT&CK-Frameworks. Security-insider.de, 18.05.2021. https://www.security-insider.de/anwendung-des-mitre-attck-frameworks-a-1024607/?cmp=nl-36&uuid=3cd8a0acb41d4c024512fc280b80d64d (Link zuletzt geprüft: 16.06.2022)

AUERBACH, M.: Gestaltung von IT-Systemen zur mobilen Informationsbereitstellung im Infrastrukturmanagement. Schriftenreihe Rationalisierung; Bd. 100. RHrsg.: G. Schuh. Apprimus, Aachen 2010. – Zugl.: Aachen, Techn. Hochsch., Diss., 2010.

AWWA (HRSG.): Water Sector Cybersecurity Risk Management Guidance. American Water Work Association, Denver (CO) 2019. https://www.awwa.org/Portals/0/AWWA/ETS/Resources/AWWACybersecurityGuidance2019.pdf?ver=2019-09-09-111949-960 (Link zuletzt geprüft: 16.06.2022)

BACHLECHNER, D.; BEHLING, T.; BOLLHÖFER, E.; DEXHEIMER, T.; BORGES, G.; GRÖNE, M.; HANDEL, P.; HENKEL, T.; POST, J.; STILLER, M.; SUTSCHET, G.; USLÄNDER, T.; VOETH, M.; WEBER, H.; WIGGER, A.: [Studie im Auftrag des Bundesministeriums für Wirtschaft und Energie] IT-Sicherheit für die Industrie 4.0. Produktion, Produkte, Dienste von morgen im Zeichen globalisierter Wertschöpfungsketten. Abschlussbericht. Hrsg.: Bundesministerium für Wirtschaft und Energie. Berlin, Januar 2016. https://www.bmwk.de/Redaktion/DE/Publikationen/Studien/it-sicherheit-fuer-industrie-4-0.pdf?__blob=publicationFile&v=4 (Link zuletzt geprüft: 16.06.2022)

BADER, S. R.; MALESHKOVA, M.; LOHMANN, S.: Structuring Reference Architectures for the Industrial Internet of Things. In: Future Internet 11 (2019) 7, S. 151.

BADKE-SCHAUB, P.; FRANKENBERGER, E.: Management Kritischer Situationen. Produktentwicklung erfolgreich gestalten. Springer, Berlin [u. a.] 2004.

BASKERVILLE, R.; DHILLON, G.: Information Systems Security Strategy: A Process View. In: Information security. Policy, processes, and practices. Hrsg.: D. W. Straub; R. Baskerville; S. E. Goodman. Taylor and Francis, Milton Park [u. a.] 2008, S. 15 – 45.

BAUMGARTNER, R. J.; BIEDERMANN, H.; KLÜGL, F.; SCHNEEBERGER, T.; STROHMEIER, G.; ZIELOWSKI, C.: Generic management. Unternehmensführung in einem komplexen und dynamischen Umfeld. Dt. Univ.-Verl., Wiesbaden 2006.

BEASLEY, J.: De-mystifying Integrity Checking Controls. Tracesecurity online, 24.06.2019. https://www.tracesecurity.com/blog/articles/de-mystifying-integrity-checking-controls (Link zuletzt geprüft: 16.06.2022)

BECKER, J.; DELFMANN, P.; KNACKSTEDT, R.; KUROPKA, D.: Konfigurative Referenzmodellierung. In: Wissensmanagement mit Referenzmodellen. Hrsg.: J. Becker; R. Knackstedt. Physica, Heidelberg 2002, S. 25 – 144.

BECKER, J.; ROSEMANN, M.; SCHÜTTE, R.: Grundsätze ordnungsgemäßer Modellierung. In: Wirtschaftsinformatik 37 (1995) 5, S. 435 – 445.

BECKER, J.; ROSEMANN, M.; SCHÜTTE, R.: Referenzmodellierung. State-of-the-Art und Entwicklungsperspektiven. Physica, Heidelberg 1999.

BECKER, P.: Umfassende CVE-Scans aus drei Perspektiven durchführen. Enginsight online, 15.01.2021. https://enginsight.com/de/blog/umfassende-cve-scans-aus-drei-perspektiven-durchfuehren/ (Link zuletzt geprüft: 16.06.2022)

BECKER, W.; ULRICH, P.: Geschäftsmodelle im Mittelstand. Kohlhammer, Stuttgart 2013. Jahr muss im Kurzverweis noch angepasst werden

BECKER, W.; ULRICH, P.; BOTZKOWSKI, T.: Industrie 4.0 im Mittelstand. Best Practices und Implikationen für KMU. Springer Gabler, Wiesbaden [u. a.] 2017.

BEETZ, K. R.: Wirkung von IT-Governance auf IT-Komplexität in Unternehmen. Beeinflussung der IT-Redundanz durch Verantwortungsteilung im IT-Projektportfoliomanagement. Springer Gabler, Wiesbaden 2014. – Zugl.: Göttingen, Univ., Diss., 2013.

BEIßEL, S.: Evaluation von Security-Awareness-Maßnahmen. In: DuD – Datenschutz und Datensicherheit 43 (2019) 5, S. 287 – 291.

BENDER, B.; GERICKE, K.; PAHL, G.; BEITZ, W. (Hrsg.): Pahl/Beitz Konstruktionslehre. Methoden und Anwendung erfolgreicher Produktentwicklung. 9. Auflage. Springer Vieweg, Berlin [u. a.] 2021

BENIAS, N.; MARKOPOULOS, A. P.: A review on the readiness level and cyber-security challenges in Industry 4.0. In: South-East Europe Design Automation, Computer Engineering, Computer Networks and Social Media Conference. 23-25 September 2017, Kastoria,Greece. IEEE, Piscataway (NJ) 2017, S. 76 – 80.

BENZ, M.; CHATTERJEE, D.: Calculated risk? A cybersecurity evaluation tool for SMEs. In: Business Horizons 63 (2020) 4, S. 531 – 540.

BERENS, B.; GHIGLIERI, M.; KULYK, O.; MAYER, P.; VOLKAMER, M.: Human Factors in Security. In: Sicherheitskritische Mensch-Computer-Interaktion. Interaktive Technologien und Soziale Medien im Krisen- und Sicherheitsmanagement. Hrsg.: C. Reuter. 2., aktualis. Auflage. Springer Vieweg, Wiesbaden [u. a.] 2021, S. 89 – 110.

BERGHEL, H.: A Farewell to Air Gaps, Part 1. In: Computer 48 (2015) 6, S. 64 – 68.

BERTHEL, J.: [Definition] Information. In: Handwörterbuch der Betriebswirtschaft. Hrsg.: E. Grochla; E. Wittmann. Schäffer-Poeschel, Stuttgart 1975, S. 1860 – 1880.

BING, T.: Zeitduplexbasierte Mobilkommunikation, untersucht am Beispiel eines TD-CDMA-Mobilfunksystems. Forschungsberichte Mobilkommunikation; Bd. 8. Univ. Kaiserslautern, Kaiserslautern 2001. – Zugl.: Kaiserslautern, Univ., Diss., 2001.

BLEIDER, M.; HOFFMANN, J.: [Whitepaper] Developing IT Strategies. Hrsg.: G. Schuh; V. Stich. FIR an der RWTH Aachen, Aachen 2019. https://www.fir.rwth-aachen.de/fileadmin/publikationen/whitepaper/fir-whitepaper-developing-it-strategies-whitepaper.pdf (Link zuletzt geprüft: 16.06.2022)

BLYTHE, J. M.; GRAY, A.; COLLINS, E.: Human Cyber Risk Management by Security Awareness Professionals: Carrots or Sticks to Drive Behaviour Change? In: HCI for Cybersecurity, Privacy and Trust. Second international conference. Hrsg.: A. Moallem. Springer, Cham [u. a.] 2020, S. 76 – 91.

BMWI (HRSG.): Sino-German White Paper on Functional Safety for Industrie 4.0 and Intelligent Manufacturing. Berlin, Juli 2020. https://www.bmwk.de/Redaktion/DE/Publikationen/Industrie/industrie-4-0-sino-german-white-paper-on-functional-safety-for-industry-4-0-and-intelligent-manufacturing.pdf?__blob=publicationFile&v=12 (Link zuletzt geprüft: 16.06.2022)

BODE, A.: Digitalisierung im mittelständischen Unternehmen – aber sicher! 12.08.2019. https://alexander-bode.de/2019/08/digitalisierung-im-mittelstaendischen-unternehmen-aber-sicher-copy/ (Link zuletzt geprüft: 16.06.2022)

BOEHM, J.; DIAS, D.; LEWIS, C.; LI, K.; WALLANCE, D.: Cybersecurity trends: Looking over the horizon. Hrsg.: McKinsey's Risk & Resilience Practice. McKinsey online, 10.03.2022. https://www.mckinsey.com/business-functions/risk-and-resilience/our-insights/cybersecurity-trends-looking-over-the-horizon (Link zuletzt geprüft: 16.06.2022)

BÖHM, R.; FUCHS, E.: System-Entwicklung in der Wirtschaftsinformatik. 5., vollst. überarb. Auflage. vdf Hochschulverlag AG an der ETH Zürich, Zürich 2002.

BONHOEFFER, T.: Nachgefragt: Was bringt der IT-Grundschutz des BSI? Genau online, 13.08.2020. https://www.genua.de/knowledgebase/nachgefragt-was-bringt-der-it-grundschutz-des-bsi (Link zuletzt geprüft: 16.06.2022)

BOOCH, G.; RUMBAUGH, J.; JACOBSON, I.: The unified modeling language user guide. Addison-Wesley, Reading (MA) 1999.

BOOS, W.; VÖLKER, M.; SCHUH, G.: Grundlagen des Managements produzierender Unternehmen. In: Strategie und Management produzierender Unternehmen. Reihe Handbuch Prodution und Management, Bd. 1. Hrsg.: G. Schuh; A. Kampker. Springer Vieweg, Berlin [u. a.] 2011, S. 1 – 61.

BORCHERT, J.; GOOS, P.; STRAHLER, B.: Forschungsansätze. Arbeitsbericht; Nr. 25/2004. Hrsg.: M. Schumann. Institut für Wirtschaftsinformatik der Georg-August-Universität Göttingen, Göttingen 2004. https://docplayer.org/7505817-Forschungsansaetze-arbeitsbericht-nr-25-2004-institut-fuer-wirtschaftsinformatik-hrsg-matthias-schumann.html (Link zuletzt geprüft: 16.06.2022)

BORNER, R.: Prozessmodell für projekt- und erfolgsorientiertes Wissensmanagement zur kontinuierlichen Verbesserung in Bauunternehmen. vdf Hochschulverl., Zürich 2005. – Zugl.: Zürich, Techn. Hochsch., Diss., 2004.

BOSHOFF, M.; MIRO, M.; KUHLENKÖTTER, B.: Anforderungen für den Einsatz von 5G in Produktionsumgebungen. In: ZWF – Zeitschrift für wirtschaftlichen Fabrikbetrieb 117 (2022) 1-2, S. 84 – 87.

BRABETZ, S.: Penetrationstest vs. Schwachstellenscan: der Leitfaden. Industry of things online, 01.11.2016. https://www.industry-of-things.de/penetrationstest-vs-schwachstellen-scan-der-leitfaden-a-556419/?cmp=go-ta-art-trf-IOT_DSA-20210414&gclid=Cj0KCQiA2ZCOBhDiARIsAMRfv9JDmtUEh7zs6Cxi1pwGI-olF00XfEH8VTUuUetIKMg_0c_LiKPcJKvlaAu3tEALw_wcB (Link zuletzt geprüft 16.06.2022)

BRAUNER, F.; FIEDRICH, F.: Kritische Infrastrukturen und Business Continuity Management. In: Sicherheitskritische Mensch-Computer-Interaktion. Interaktive Technologien und Soziale Medien im Krisen- und Sicherheitsmanagement. Hrsg.: C. Reuter. 2., aktualis. Auflage. Springer Vieweg, Wiesbaden [u. a.] 2021, S. 229 – 252.

BRECHER, C.; KLOCKE, F.; SCHMITT, R. (Hrsg.): Internet of Production für agile Unternehmen. AWK Aachener Werkzeugmaschinen-Kolloquium, 18. bis 19. Mai 2017. Apprimus, Aachen 2017.

BRECHT, L.; STELZER, B.: Industrie 4.0 und resultierende Anforderungen an das Produktmanagement. Theorie und Empirie. ITOP-Schriftenreihe; Bd. 6. Universität Ulm, Ulm 2017.

BREMER, M.; ENGLÄNDER, J.; KAMINSKI, L.; HEIMES, P.; ZELLER, V.; HICKING, J.; BEUTING, T.; PERAU, M.; SCHMID, T.: Marktstudie IT-Komplexität. Umgang mit IT-Komplexität in produzierenden Unternehmen im Kontext von Industrie 4.0. Hrsg.: G. Schuh, V. Stich. FIR an der RWTH Aachen, Aachen 2020.

BRESSEN, A.: RITA - The Reliable Internetwork Troubleshooting Agent. Cohesive Network Systems, 01.04.1998. https://datatracker.ietf.org/doc/html/rfc2321 (Link zuletzt geprüft: 16.06.2022)

BRINK, A.: Anfertigung wissenschaftlicher Arbeiten. Ein prozessorientierter Leitfaden zur Erstellung von Bachelor-, Master- und Diplomarbeiten. 5., überarb. u. aktualis. Auflage. Springer Gabler, Wiesbaden 2013.

BROY, M.; KUHRMANN, M.: Implementierung von Softwaresystemen. In: Einführung in die Softwaretechnik. Hrsg.: M. Broy; M. KuhrmannSpringer, Berlin [u. a.] 2021, S. 427 – 462.

BSI-Standard 100-4. Notfallmanagement. Hrsg.: Bundesamt für Sicherheit in der Informationstechnik BSI, Bonn 2008.

BSI (HRSG,): Studie zur IT-Sicherheit in kleinen und mittleren Unternehmen. Grad der Sensibilisierung des Mittelstandes in Deutschland. Bundesamt für Sicherheit in der Informationstechnik BSI, Bonn 2011. https://www.bsi.bund.de/SharedDocs/Downloads/DE/BSI/Publikationen/Studien/KMU/Studie_IT-Sicherheit_KMU.pdf?__blob=publicationFile (Link zuletzt geprüft: 23.06.2022)

BSI (HRSG.): Leitfaden Informationssicherheit. IT-Grundschutz kompakt. Bundesamt für Sicherheit in der Informationstechnik BSI, Bonn 2012. https://www.ihk-trier.de/ihk-trier/Integrale?MODULE=Frontend.Media&ACTION=ViewMediaObject&Media.PK=12706&Media.Object.ObjectType=full (Link zuletzt geprüft: 23.06.2022)

BSI (HRSG.): ICS-Security-Kompendium. Version 1.23. Bundesamt für Sicherheit in der Informationstechnik BSI, Bonn 2013. https://www.bsi.bund.de/SharedDocs/Downloads/DE/BSI/ICS/ICS-Security_kompendium_pdf.pdf?__blob=publicationFile (Link zuletzt geprüft: 23.06.2022)

BSI (HRSG.): IT-Grundschutz-Kataloge. 15. Ergänzungslieferung, 2016. Bundesamt für Sicherheit in der Informationstechnik BSI, Bonn 2016. https://download.gsb.bund.de/BSI/ITGSK/IT-Grundschutz-Kataloge_2016_EL15_DE.pdf (Link zuletzt geprüft: 23.06.2022)

BSI-Standard 200-1: Managementsysteme für Informationssicherheit (ISMS). Hrsg.: Bundesamt für Sicherheit in der Informationstechnik, Bonn, 2017. [=2017a]

BSI-Standard 200-1: Managementsysteme für Informationssicherheit (ISMS). Hrsg.: Bundesamt für Sicherheit in der Informationstechnik (BSI), Bonn 2017. [=2017b}

BSI-Standard 200-2: IT-Grundschutz-Methodik. Hrsg.: Bundesamt für Sicherheit in der Informationstechnik (BSI), Bonn 2017. [=2017c]

BSI-Standard 200-3: Risikoanalyse auf der Basis von IT-Grundschutz. Hrsg.: Bundesamt für Sicherheit in der Informationstechnik, Bonn 2017. [=2017d]

BSI (HRSG.): Leitfaden zur Basis-Absicherung nach IT-Grundschutz. In drei Schritten zur Informationssicherheit. Bundesamt für Sicherheit in der Informationstechnik BSI, Bonn, Oktober 2017. https://www.bsi.bund.de/SharedDocs/Downloads/DE/BSI/Publikationen/Broschueren/Leitfaden_zur_Basis-Absicherung.pdf?__blob=publicationFile&v=3 (Link zuletzt geprüft: 23.06.2022) [=2017e]

BSI (HRSG.): Die Lage der IT-Sicherheit in Deutschland. Bundesamt für Sicherheit in der Informationstechnik. BSI, Bonn, September 2018. https://www.bsi.bund.de/SharedDocs/Downloads/DE/BSI/Publikationen/Lageberichte/Lagebericht2021.pdf?__blob=publicationFile&v=3 (Link zuletzt geprüft: 23.06.2022) [=2018a]

BSI (HRSG.): Erfahrungen aus der industriellen Sicherheitsberatung. Empfehlungen: IT in der Produktion. BSI-CS 122, Version 2.0 vom 11.07.2018. Bundesamt für Sicherheit in der Informationstechnik BSI, Berlin 2018. https://www.allianz-fuer-cybersicherheit.de/SharedDocs/Downloads/Webs/ACS/DE/BSI-CS/BSI-CS_122.pdf?__blob=publicationFile&v=1 (Link zuletzt geprüft: 23.06.2022) [=2018b]

BSI (HRSG.): Glossar der Cyber-Sicherheit. https://www.bsi.bund.de/DE/Themen/Unternehmen-und-Organisationen/Informationen-und-Empfehlungen/Glossar-der-Cyber-Sicherheit/Functions/glossar.html (Link zuletzt geprüft: 23.06.2022)

BSI (HRSG.): Die Lage der IT-Sicherheit in Deutschland 2020. Bundesamt für Sicherheit in der Informationstechnik BSI, Bonn, September 2020. https://www.bsi.bund.de/SharedDocs/Downloads/DE/BSI/Publikationen/Lageberichte/Lagebericht2020.pdf?__blob=publicationFile&v=2 (Link zuletzt geprüft: 23.06.2022) [=2020a]

BSI (HRSG.): Umsetzungshinweise zum Baustein: ORP.4. Identitäts- und Berechtigungsmanagement. BSI, Bonn, 07.10.2020. https://www.bsi.bund.de/SharedDocs/Downloads/DE/BSI/Grundschutz/Umsetzungshinweise/Umsetzungshinweise_2021/Umsetzungshinweis_zum_Baustein_ORP_4_Identitaets_und_Berechtigungsmanagement.pdf?__blob=publicationFile&v=1 (Link zuletzt geprüft: 23.06.2022) [=2020b]

BSI (HRSG.): IT-Grundschutz-Kompendium. Reguvis Bundesanzeiger Verlag; Bundesanzeiger Verlag, Köln 2020. https://www.bsi.bund.de/SharedDocs/Downloads/DE/BSI/Grundschutz/Kompendium/IT_Grundschutz_Kompendium_Edition2020.pdf?__blob=publicationFile&v=1 (Link zuletzt geprüft: 23.06.2022) [=2020c]

BSI (HRSG.): Die Lage der IT-Sicherheit in Deutschland 2021. Lagebericht Cybersicherheit 2021. Bundesamt für Sicherheit in der Informationstechnik BSI, Bonn 2021. https://www.bmi.bund.de/SharedDocs/downloads/DE/publikationen/themen/it-digitalpolitik/bsi-lagebericht-cybersicherheit-2021.pdf?__blob=publicationFile&v=3 (Link zuletzt geprüft: 23.06.2022) [=2021a]

BSI (HRSG.): Kryptographische Verfahren: Empfehlungen und Schlüssellängen. BSI - Technische Richtlinie. Bundesamt für Sicherheit in der Informationstechnik BSI, Berlin 2021. [=2021b] https://www.bsi.bund.de/DE/Themen/Unternehmen-und-Organisationen/Standards-und-Zertifizierung/Technische-Richtlinien/TR-nach-Thema-sortiert/tr02102/tr02102_node.html

BSI (HRSG.): Zweites Gesetz zur Erhöhung der Sicherheit informationstechnischer Systeme. IT-Sicherheitsgesetz 2.0 | Teil I Nr. 25 2021. [=2021c] https://www.bsi.bund.de/DE/Das-BSI/Auftrag/Gesetze-und-Verordnungen/IT-SiG/2-0/it_sig_2-0.html

BUNDESKRIMINALAMT (HRSG.): Cybercrime. Bundeslagebild 2021. 65173 Wiesbaden 2022.

BUNDESKRIMINALAMT (HRSG.): Sonderauswertung Cybercrime in Zeiten der Corona-Pandemie. Wiesbaden, September 2020. https://www.bka.de/SharedDocs/Downloads/DE/Publikationen/JahresberichteUndLagebilder/Cybercrime/cybercrimeSonderauswertungCorona2019.pdf;jsessionid=035E45A6E9009FCE80C1700DC85E9063.live301?__blob=publicationFile&v=3 (Link zuletzt geprüft: 16.06.2022)

BUSCH, R.; DÖGL, R.; UNGER, F.: Integriertes Marketing. Strategie, Organisation, Instrumente. 3., vollst. überarb. Auflage. Gabler, Wiesbaden 2001.

CAMARINHA-MATOS, L.; AFSARMANESH, H. (HRSG.): Collaborative Networks: Reference Modeling. Springer, New York April 2008.

CAMPO, M. A.; DRANSFELD, H.; HEUER, F.: Deutscher Security-Markt: Auf der Suche nach den Rundum-sorglos-Diensten. In: Security Einfach Machen. IT-Sicherheit als Sprungbrett für die Digitalisierung. Hrsg.: F. Abolhassan. Springer Gabler, Wiesbaden 2017, S. 65 – 77.

CAPAUL, R.; STEINGRUBER, D.: Betriebswirtschaft verstehen. Das St. Galler Management-Modell. 2. Auflage. Cornelsen, Berlin 2013.

CARALLI, R.; STEVENS, J. F.; YOUNG, L. R.; WILSON, W. R.: Introducing OCTAVE Allegro: Improving the Information Security Risk Assessment Process. Technical Report CMU/SEI-2007-TR-012; ESC-TR-2007-012. Mai 2007. https://resources.sei.cmu.edu/asset_files/TechnicalReport/2007_005_001_14885.pdf (Link zuletzt geprüft: 16.06.2022)

CASOLA, V.; BENEDICTIS, A. DE; RAK, M.; VILLANO, U.: A novel Security-by-Design methodology: Modeling and assessing security by SLAs with a quantitative approach. In: Journal of Systems and Software 163 (2020) 110537, 21 S.

CHEHRAZI, G.; SCHMITZ, C.; HINZ, O.: Quantsec – Ein Modell zur Nutzenquantifizierung von IT-Sicherheitsmaßnahmen. In: Proceedings der 12. Internationalen Tagung der Wirtschaftsinformatik. Wirtschaftsinformatik Proceedings 2015, Osnabrück, March 4 – 6. Hrsg.: O. Thomas; F. Teuteberg; O. Thomas. Universität St. Gallen, St. Gallen 2015, S. 1131 – 1145.

CHEN, B.; WAN, J.; SHU, L.; LI, P.; MUKHERJEE, M.; YIN, B.: Smart Factory of Industry 4.0: Key Technologies, Application Case, and Challenges. In: IEEE Access 6 (2018) 6, S. 6505 – 6519.

CHEN, L.; YANG, M.; WIMMER, H.; WILBERT, B.: A Practical Low-Cost Security Solution for Log Management and File Integrity Monitoring. In: Proceedings of the 13th EAI International Conference on Mobile Multimedia Communications, Mobimedia 2020, 27 – 28 August 2020, Cyberspace. Hrsg.: L. Yun; T. Ya; W. Meiyu. EAI 2020, S. 1 – 9.

CHOI, E. W.; ÖZER, Ö.; ZHENG, Y.: Network Trust and Trust Behaviors Among Executives in Supply Chain Interactions. In: Management Science 66 (2020) 12, S. 5823 – 5849.

CHUVAKIN, A.; SCHMIDT, K.; PHILLIPS, C.: Tools for Log Analysis and Collection. In: Logging and log management. The authoritative guide to understanding the concepts surrounding logging and log management. Hrsg.: A. A. Chuvakin; C. Phillips; K. J. Schmidt; P. Moulder. Syngress, Waltham (MA) 2013, S. 243 – 266.

CIS: CIS Controls. V8 2021.

COBURN, A.; LEVERETT, E.; WOO, G.: Solving cyber risk. Protecting your company and society. Wiley, Hoboken (NJ) 2019.

COLLOPY, P. D.: Systems engineering theory: What needs to be done. In: 2015 Annual IEEE Systems Conference (SysCon) Proceedings. IEEE, Piscataway (NJ) 2015, S. 536 – 541.

CONCEPTURE (HRSG.): Perimetersicherheit und Freigeländeüberwachung – Concepture. https://concepture.de/objektsicherheit/perimetersicherheit-und-freigelaendeueberwachung/ (Link zuletzt geprüft: 16.06.2022)

CORDOVA, R. F.; MARCOVICH, A. L.; SANTIVANEZ, C. A.: An Efficient Method for Ontology-Based Multi-Vendor Firewall Misconfiguration Detection: A Real-Case Study. In: 2018 IEEE ANDESCON. Conference proceedings, 22nd Aug – 24th Aug 2018, Cali, Colombia. Hrsg.: J. D. Cely Callejas. IEEE, Piscataway (NJ) 2018, S. 1 – 3.

CSA (HRSG.): Security-by-Design Framework. Singapur, November 2017. https://www.csa.gov.sg/-/media/csa/documents/legislation_supplementary_references/security_by_design_framework.pdf (Link zuletzt geprüft: 16.06.2022)

CWE (Hrsg.): Top 25 Most Dangerous Software Weaknesses. Bedford (MA) [u. a.] 2021. https://cwe.mitre.org/top25/archive/2021/2021_cwe_top25.html (Link zuletzt geprüft: 16.06.2022)

Czernik, A.: DSGVO & ISMS: Der PDCA-Zyklus. Dr. Datenschutz online, 20.01.2017. https://www.dr-datenschutz.de/dsgvo-isms-der-pdca-zyklus/ (Link zuletzt geprüft: 16.06.2022)

Daenzer, W. F.; Haberfellner, R. (Hrsg.): Systems Engineering. Methodik und Praxis. 11., durchges. Auflage. Verl. Industrielle Organisation, Zürich 2002.

Damrow, A.: VdS 3473 – Cyber-Security für kleine und mittlere Unternehmen. https://blog.teamatwork.de/vds-3473-cyber-security-fuer-kleine-und-mittlere-unternehmen-992/ (Link zuletzt geprüft: 16.06.2022)

Dangelmaier, W.; Emmrich, A.; Gajewski, T.; Heidenreich, J.: Ordnungsrahmen des zu erstellenden Referenzmodells, S. 81 – 84. Teil des Kapitels: Ein Referenzmodell zur Beschreibung der Geschäftsprozesse von After-Sales-Dienstleistungen. In: Referenzmodellierung. Grundlagen, Techniken und domänenbezogene Anwendung. Hrsg.: J. Becker; P. Delfmann. Physica, Heidelberg 2004, S. 73 – 98.

Deindl, M.: Gestaltung des Einsatzes von intelligenten Objekten in Produktion und Logistik. Schriftenreihe Rationalisierung; Bd. 118. RHrsg.: G. Schuh. Apprimus, Aachen 2013. – Zugl.: Aachen, Techn. Hochsch., Diss., 2013. [=2013a]

Deindl, M.: Anwendungsorientiertes Informationsmanagement. Aufgaben und Methoden der Informationsmanagementforschung im RWTH Aachen Campus-Cluster Logistik. Vortrag im Rahmen der Doktorprüfung am 16.09.2013, FIR e. V. an der RWTH Aachen, Aachen 2013, 52 Folien. [in Bibliothek des FIR an der RWTH Aachen verfügbar] [=2013b]

Dely, J.: Effective ICS Cybersecurity Using the IEC 62443 Standard. Hrsg.: SANS Institute. Bethesda (MD), November 2020. https://www.fortinet.com/content/dam/fortinet/assets/analyst-reports/report-sans-cybersecurity-iec-62443.pdf (Link zuletzt geprüft: 16.06.2022)

DeSmit, Z.; Elhabashy, A. E.; Wells, L. J.; Camelio, J. A.: An approach to cyber-physical vulnerability assessment for intelligent manufacturing systems. In: Journal of Manufacturing Systems 43 (2017) 2, S. 339 – 351.

Statistisches Bundesamt (Hrsg.): Unternehmen. Kleine und mittlere Unternehmen. Destatis online, 2021. https://www.destatis.de/DE/Themen/Branchen-Unternehmen/Unternehmen/Kleine-Unternehmen-Mittlere-Unternehmen/_inhalt.html (Link zuletzt geprüft: 16.06.2022)

Dillinger, F.; Messmer, C.; Reinhart, G.: Industrie-4.0-Technologiekreis für produzierende Unternehmen. In: ZWF – Zeitschrift für wirtschaftlichen Fabrikbetrieb 116 (2021) 9, S. 639 – 643.

DIN 69901-1: Projektmanagement – Projektmanagementsysteme – Teil 1: Grundlagen. ICS 03.100.40. Beuth, Bonn, 2009.

DIN; BITKOM (HRSG.): Kompass der IT-Sicherheitsstandards. Auszüge zum Thema Elektronische Identitäten. Berlin, Februar 2014. http://docplayer.org/4945317-Kompass-der-it-sicherheitsstandards-auszuege-zum-thema-elektronische-identitaeten.html (Link zuletzt geprüft: 24.06.2022)

DIN SPEC 91345:2016-04: Referenzarchitekturmodell Industrie 4.0 (RAMI4.0). ICS 03.100.01, 25.040.01, 35.240.50. Beuth, Berlin, April 2016. [=2016a]

DIN EN ISO/IEC 27001:2017-06: Informationstechnik – Sicherheitsverfahren – Informationssicherheitsmanagementsysteme – Anforderungen (ISO/IEC 27001:2013 einschließlich Cor 1:2014 und Cor 2:2015); Deutsche Fassung EN ISO/IEC 27001:2017. ICS 03.100.70, 35.030. Beuth, Berlin, Juni 2017.

DIN EN ISO/IEC 27002:2017-06: Informationstechnik – Sicherheitsverfahren – Leitfaden für Informationssicherheitsmaßnahmen (ISO/IEC 27002:2013 einschließlich Cor 1:2014 und Cor 2:2015); Deutsche Fassung EN ISO/IEC 27002:2017. —ICS 03.100.70, 35.030. Beuth, Berlin, Juni 2017.

ISO/IEC 27005:2018-07: Informationstechnik – IT-Sicherheitsverfahren – Informationssicherheits-Risikomanagement. ICS 03.100.70, 35.030. Beuth, Berlin, Juli 2018.

DIN EN IEC 62443-4-2:2019-12; VDE 0802-4-2:2019-12: IT-Sicherheit für industrielle Automatisierungssysteme – Teil 4-2: Technische Sicherheitsanforderungen an Komponenten industrieller Automatisierungssysteme (IACS) (IEC 62443-4-2:2019); Deutsche Fassung EN IEC 62443-4-2:2019 ICS 25.040.40; 35.030; 35.240.50. Beuth; VDE, Berlin, Dezember 2019.

DIN EN ISO/IEC 27000:2020-06: Informationstechnik – Sicherheitsverfahren – Informationssicherheitsmanagementsysteme – Überblick und Terminologie (ISO/IEC 27000:2018); Deutsche Fassung EN ISO/IEC 27000:2020 ICS 01.040.03; 01.040.35; 03.100.70; 35.030. Beuth, Berlin, Juni 2020.

DIN EN ISO/IEC 27006:2021-05: Informationstechnik - IT-Sicherheitsverfahren - Anforderungen an Institutionen, die Audits und Zertifizierungen von Informationssicherheits-Managementsystemen anbieten (ISO/IEC 27006:2015, einschließlich Amd 1:2020); Deutsche Fassung EN ISO/IEC 27006:2020. Beuth, Berlin, Mai 2021

DIN; DKE (Hrsg.): Deutsche Normungsroadmap Industrie 4.0. Standardization Council Industrie 4.0. Version 4, Berlin, März 2020. https://www.din.de/resource/blob/95954/fef3e0c46a3b5d042f25078c50547f0d/aktualisierte-roadmap-i40-data.pdf (Link zuletzt geprüft: 24.06.2022)

DONG, K.; ALI, R. F.; DOMINIC, P. D. D.; ALI, S. E. A.: The Effect of Organizational Information Security Climate on Information Security Policy Compliance: The Mediating Effect of Social Bonding towards Healthcare Nurses. In: Sustainability 13 (2021) 5, S. 1 – 25.

DÖRNER, D.: Die Logik des Misslingens. Strategisches Denken in komplexen Situationen. Erweiterte Neuausgabe, 15. Auflage. Rowohlt, Reinbek bei Hamburg 2013.

DREIßIGACKER, A.; SKARCZINSKI, B. VON; WOLLINGER, G. R.: Cyberangriffe gegen Unternehmen in Deutschland. Ergebnisse einer repräsentativen Unternehmensbefragung 2018/2019. Kriminologisches Forschungsinstitut Niedersachsen e. V. (KFN), Hannover 2020. https://www.researchgate.net/profile/Arne-Dreissigacker/publication/339948163_Cyberangriffe_gegen_Unternehmen_in_Deutschland_Ergebnisse_einer_reprasentativen_Unternehmensbefragung_20182019/links/5e6f55bb458515e5557fd0a0/Cyberangriffe-gegen-Unternehmen-in-Deutschland-Ergebnisse-einer-repraesentativen-Unternehmensbefragung-2018-2019.pdf (Link zuletzt geprüft: 16.06.2022)

DÜNNEBACKE, D.: Beschreibung und Typisierung der IT-Unterstützung im Maschinen- und Anlagenbau. Schriftenreihe Rationalisierung; Bd. 136. RHrsg.: G. Schuh. Apprimus, Aachen 2016. Zugl.: Aachen, Techn. Hochsch., Diss., 2015.

EBERT, C.: Risikomanagement kompakt. Risiken und Unsicherheiten bewerten und beherrschen. 2., überarb. u. erw. Auflage. Springer Vieweg, Berlin [u. a.] 2013.

ECKERT, C.: IT-Sicherheit. Konzepte – Verfahren – Protokolle. 4., überarb. Auflage. Oldenbourg, München [u. a.] 2006.

EDUCAUSE (HRSG.): Information Security Governance. Educause online, 2021. https://library.educause.edu/topics/cybersecurity/information-security-governance (Link zuletzt geprüft: 16.06.2022)

EHRLENSPIEL, K.: Integrierte Produktentwicklung. Denkabläufe, Methodeneinsatz, Zusammenarbeit. 4., aktualis. Auflage. Hanser, München [u. a.] 2009.

EHRLICH, M.; GERGELEIT, M.; SIMKIN, K.; TRSEK, H.: Automated Processing of Security Requirements and Controls for a common Industrie 4.0 Use Case. In: 2019 International Conference on Networked Systems (NetSys). IEEE, Piscatawax (NJ) 2019, 6 S.

EHRLICH, M.; WISNIEWSKI, L.; TRSEK, H.; JASPERNEITE, J.: Modelling and automatic mapping of cyber security requirements for industrial applications: Survey, problem exposition, and research focus. In: WFCS 2018. 2018 14th IEEE International Workshop on Factory Communication Systems: a historial prestigious conference : 13-15 June 2018, Imperia, Italy. IEEE, Piscataway (NJ) 2018, 9 S.

EL GHAZI, S.; MASKANI, I.; BOUTAHAR, J.: A Security Requirement Engineering Case Study: Challenges and Lessons Learned. In: Intelligent Computing. Hrsg.: K. Arai. Lecture Notes in Networks and Systems; Bd. 285. Springer, Cham [u. a.] 2021, S. 761 – 783.

ELIFOGLU, I. H.; ABEL, I.; TASSEVEN, Ö.: Minimizing insider threat risk with behavioral monitoring. In: Review of Business: Interdisciplinary Journal on Risk and Society 38 (2018) 2, S. 61 – 73.

EL-MASRI, M.; HUSSAIN, E. M. A.: Blockchain as a mean to secure Internet of Things ecosystems – a systematic literature review. In: Journal of Enterprise Information Management 34 (2021) 5, S. 1371 – 1405.

EL-SOFANY, H.: A New Cybersecurity Approach for Protecting Cloud Services against DDoS Attacks. In: International Journal of Intelligent Engineering and Systems 13 (2020) 2, S. 205 – 215.

EMPL, P.; PERNUL, G.: A flexible Security Analytics Service for the Industrial IoT. In: Proceedings of the 2021 ACM Workshop on Secure and Trustworthy Cyber-Physical Systems. Hrsg.: M. Gupta; M. Abdelsalam; S. Mittal. ACM, New York 2021, S. 1 – 10.

ENGLÄNDER, J.; BLEIDER, M.; HOFFMANN, J.: Methodology to Identify the Most Relevant Information Management Principles for Manufacturing Companies Based on their Business Model. In: Proceedings of the 2019 the 5th International Conference on e-Society, e-Learning and e-Technologies – ICSLT 2019. Hrsg.: ICIMP. ACM Press, New York 2019, S. 116 – 121.

ENGLÄNDER, J.; FREHEN, L.; SCHUBA, M.: Informationssicherheitsmanagement. In: Digitalisierungs- und Informationsmanagement. Reihe Handbuch Produktion und Management Bd. 9. Hrsg.: G. Schuh; V. Zeller; V. Stich. Springer, Berlin [u. a.] 2022, S. 373 – 398.

ENGLÄNDER, J.; GÖTZEN, R.: Gestaltung eines Ansatzes zur Nutzung von Schatten-IT in KMU. Nutzenaspekte und Risiken von Schatten-IT systematisch bewerten und gewinnbringend einsetzen. In: UdZForschung 21. (2020) 2, S. 38 – 40.

ENGLÄNDER, J.; HEIMES, P.: IT-Sicherheit im Internet of Production. Anwendungsfallbezogene Verortung. In: Atp-Magazin: Automatisierungstechnische Praxis (2020) 4, S. 48 – 51.

ENISA (HRSG.): Cloud Computing: Benefits, risks and recommendations for information security. Athen [u. a.], November 2009. https://www.enisa.europa.eu/publications/cloud-computing-risk-assessment/@@download/fullReport (Link zuletzt geprüft: 16.06.2022)

ENISA (HRSG.): Good Practices for Security of Internet of Things. in the context of Smart Manufacturing. 2018.

ESSLER, W. K.: Wissenschaftstheorie, Teil 3: Wahrscheinlichkeit und Induktion. Alber, Freiburg 1973.

EU (HRSG.): Verordnung (EU) 2016/679 des Europäischen Parlaments und des Rates vom 27. April 2016 zum Schutz natürlicher Personen bei der Verarbeitung personenbezogener Daten, zum freien Datenverkehr und zur Aufhebung der Richtlinie 95/46/EG (Datenschutz-Grundverordnung). In: Amtsblatt der Europäischen Union / L (2016) OJ L 119, S. 1 – 88. https://eur-lex.europa.eu/legal-content/DE/TXT/PDF/?uri=CELEX:32016R0679&from=de (Link zuletzt geprüft: 16.06.2022)

EUROPÄISCHE KOMMISSION (HRSG.): NACE Rev. 2. Statistical classification of economic activities in the European Community. Luxemburg 2008. https://ec.europa.eu/eurostat/documents/3859598/5902521/KS-RA-07-015-EN.PDF (Link zuletzt geprüft: 16.06.2022)

EUROPÄISCHE UNION (HRSG.): Empfehlung der Kommission vom 6. Mai 2003 betreffend die Definition der Kleinstunternehmen sowie der kleinen und mittleren Unternehmen. K(2003) 1422 | (2003/361/EG). Brüssel, 20.05.2003. https://eur-lex.europa.eu/legal-content/DE/TXT/PDF/?uri=CELEX:32003H0361&from=DE (Link zuletzt geprüft: 16.06.2022)

EUROPÄISCHE UNION (HRSG.): Verordnung (EU) 2016/679 des Europäischen Parlaments und des Rates vom 27. April 2016 zum Schutz natürlicher Personen bei der Verarbeitung personenbezogener Daten, zum freien Datenverkehr und zur Aufhebung der Richtlinie 95/46/EG (Datenschutz-Grundverordnung). DSGVO | L119/1 2016. Brüssel 2016. https://eur-lex.europa.eu/legal-content/DE/TXT/PDF/?uri=CELEX:32016R0679&from=de (Link zuletzt geprüft: 16.06.2022)

FABER, E. VON: IT-Verfahren, Abläufe und Prozesse. In: IT und IT-Sicherheit in Begriffen und Zusammenhängen. Hrsg.: E. von Faber. Springer Gabler, Wiesbaden 2021, S. 133 – 159.

FARQUHAR, I.: Engineering Security Solutions at Layer 8 and Above. Speaking of Security. https://web.archive.org/web/20130524214239/http://blogs.rsa.com/engineering-security-solutions-at-layer-8-and-above/ (Link zuletzt geprüft: 16.06.2022)

FATHI, S.; HIKAL, N.: A Review of Cyber-security Measuring and Assessment Methods for Modern Enterprises. In: International Journal on Informatics Visualization 3 (2019) 2, S. 157 – 176. https://www.researchgate.net/publication/335105910_A_Review_of_Cyber-security_Measuring_and_Assessment_Methods_for_Modern_Enterprises (Link zuletzt geprüft: 16.06.2022)

FAY, J.; PATTERSON, D.: Contemporary security management. 4. Auflage. Butterworth-Heinemann, Oxford 2018.

FERRO, L. S.; SAPIO, F.: Another Week at the Office (AWATO) – An Interactive Serious Game for Threat Modeling Human Factors. In: HCI for Cybersecurity, Privacy and Trust. Second international conference. Hrsg.: A. Moallem.Springer, Cham [u. a.] 2020, S. 123 – 142.

FETTKE, P.; LOOS, P.: Entwicklung eines Bezugsrahmens zur Evaluierung von Referenzmodellen. Langfassung eines Beitrags. In: Working Papers of the Research Group Information Systems & Management Paper; Nr. 20. Lehrstuhl für Wirtschaftsinformatik und BWL der Universität Mainz, Mainz 2004. (Link zuletzt geprüft: 16.06.2022) [=2004a]

FETTKE, P.; LOOS, P.: Referenzmodellierungsforschung. In: Wirtschaftsinformatik 46 (2004) 5, S. 331 – 340. [=2004b]

FETTKE, P.; LOOS, P.: Systematische Erhebung von Referenzmodellen. Ergebnisse einer Voruntersuchung. Working Papers of the Research Group Information Systems & Management; Nr. 19. Lehrstuhl für Wirtschaftsinformatik und BWL der Universität Mainz, Mainz 2004. https://www.uni-saarland.de/fileadmin/upload/lehrstuhl/loos/ALT/isym_paper_019.pdf (Link zuletzt geprüft: 16.06.2022) [=2004c]

FIBÍKOVÁ, L.; MÜLLER, R.: Entwicklung einer Informationssicherheitsstrategie im Rahmen von ISO 27002. In: DuD – Datenschutz und Datensicherheit 37 (2013) 1, S. 7 – 13.

FILKINS, B.: The 2018 SANS Industrial IoT Security Survey. Shaping IIoT Security Concerns. Hrsg.: SANS Institute. Bethesda (MD) [u. a.] Juli 2018. (Link zuletzt geprüft: 16.06.2022)

FILKINS, B.: Improving the Bottom Line with Effective Security Metrics. A SANS Survey. Hrsg.: SANS Institute. Bethesda (MD) [u. a.] August 2020. (Link zuletzt geprüft: 16.06.2022)

FILKINS, B.; WYLIE, D.; DELY; JASON FLOOD, A. K.: SANS 2019 State of OT/ICS Cybersecurity Survey. Hrsg.: SANS Institute. Bethesda (MD) [u. a.] Juni 2019. (Link zuletzt geprüft: 16.06.2022)

FLATT, H.; SCHRIEGEL, S.; JASPERNEITE, J.; TRSEK, H.; ADAMCZYK, H.: Analysis of the Cyber-Security of industry 4.0 technologies based on RAMI 4.0 and identification of requirements. In: 2016 IEEE 21st International Conference on Emerging Technologies and Factory Automation (ETFA). IEEE 06.09.2016, S. 1 – 4.

FLEXERA (HRSG.): 2020 Flexera CIO Priorities Report. CIO perspectives on the impact of digital transformation, the shifting technology landscape and IT's changing role in the business. Chicago (IL) 2020. https://resources.flexera.com/web/pdf/Report-SLO-CIO-Priorities-2020.pdf?elqTrackId=fa70ae9a194a4629895bb5ba2136c115&elqaid=5515&elqat=2 (Link zuletzt geprüft: 17.06.2022)

FLUCHS, S.: Why OT has different needs than IT. Too basic to write down? Fluchsfriction online, 01.03.2020. https://fluchsfriction.medium.com/why-ot-has-different-needs-than-it-18ba9baa36e7 (Link zuletzt geprüft: 17.06.2022)

FOLLIS, E.: Must-Have Elements in Your Data Security Policy to Protect Customer Data. Blog netwrix, 30.07.2019, aktualis. 13.01.2022. (Link zuletzt geprüft: 17.06.2022)

FORRESTER, J. W.: Grundzüge einer Systemtheorie. Ein Lehrbuch = (Principles of systems). [Nachdr. der Ausg. 1972]. Gabler, Wiesbaden 1972.

FRAILE; SANCHIS; POLER; ORTIZ: Reference Models for Digital Manufacturing Platforms. In: Applied Sciences 9 (2019) 20, S. 1 – 25.

FUCHS, H.: Systemtheorie und Organisation. Die Theorie offener Systeme als Grundlage zur Erforschung und Gestaltung betrieblicher Systeme. Gabler, Wiesbaden 1973.

FUCHS, L.; PERNUL, G.: Qualitätssicherung im Identity- und Access Management. In: HMD – Praxis der Wirtschaftsinformatik 50 (2013) 1, S. 88 – 97.

FUCHS-KITTOWSKI, K.: Wissens-Ko-Produktion. Verarbeitung, Verteilung und Entstehung von Informationen in kreativlernenden Organisationen. Universität Hamburg, 2005. https://www.informatik.uni-leipzig.de/~graebe/Texte/Fuchs-02.pdf (Link zuletzt geprüft: 17.06.2022)

GALLAGHER, S.; BRANDT, A.: Facing down the myriad threats tied to COVID-19. Editor's note, Sophos online, 14.04.2020. (Link zuletzt geprüft: 17.06.2022)

GALLIGAN, M. E.; HERRYGERS, S.; RAU, K.: Managing Cyber Risk in a Digital Age. Governance and Enterprise Risk Management. 2019. https://www.coso.org/Shared%20Documents/COSO-Deloitte-Managing-Cyber-Risk-in-a-Digital-Age.pdf (Link zuletzt geprüft: 17.06.2022)

GASCHEN, M.: Cyber Sicherheit - Wann wird die Gefahr real? Institute for Digital Buiness online, 17.06.2019. https://www.hwzdigital.ch/cyber-sicherheit-wann-wird-die-gefahr-real/ (Link zuletzt geprüft: 18.06.2022)

GASHGARI, G.; WALTERS, R.; WILLS, G.: A Proposed Best-practice Framework for Information Security Governance. In: Proceedings of the 2nd International Conference on Internet of Things, Big Data and Security. Hrsg.: M. Lazaar; Y. Tabii; M. Chrayah; M. Al Achhab. SCITEPRESS – Science and Technology Publications 2017, S. 295 – 301.

GAYCKEN; SANDRO; HUGHES, R.: Cyberreadiness in kleinen und mittleren Unternehmen. Hrsg.: Studie Digital Society Institute Berlin im Auftrag des DIHK. Berlin, November 2015. https://www.ihk-nuernberg.de/de/media/repository/attachments/cyberreadiness-in-kmus.pdf (Link zuletzt geprüft: 17.06.2022)

GAYNOR, G. H.: Solving Problems. In: IEEE Engineering Management Review 44 (2016) 4, S. 6 – 8. https://ieeexplore.ieee.org/stamp/stamp.jsp?tp=&arnumber=7792399 (Link zuletzt geprüft: 17.06.2022)

GEIGER, M.: Purdue Reference Model: komplexe Automationsnetze klar strukturiert. https://www.sichere-industrie.de/purdue-model/ (Link zuletzt geprüft: 17.06.2022)

GEORGE, G.; THAMPI, S. M.: A Graph-Based Security Framework for Securing Industrial IoT Networks From Vulnerability Exploitations. In: IEEE Access (2018) 6, S. 43586 – 43601. https://ieeexplore.ieee.org/stamp/stamp.jsp?tp=&arnumber=8430731 (Link zuletzt geprüft: 17.06.2022)

GERCKE, M.: Red Teaming und Wargaming: Wie lassen sich Vorstände und Aufsichtsräte stärker in das Thema Cyber Security involvieren? Eine klassische militärische Methodik auf die Strategieentwicklung im Bereich Cyber Security übertragen. In: Security Einfach Machen. IT-Sicherheit als Sprungbrett für die Digitalisierung. Hrsg.: F. Abolhassan. Springer Gabler, Wiesbaden 2017, S. 31 – 40.

GERSTNER, D.: IT-Wartung – Service & Wartung. https://www.dgit-info.de/it-dienstleistungen/it-wartung/ (Link zuletzt geprüft: 17.06.2022)

GIANNOPOULOU, A.: Data Protection Compliance Challenges for Self-Sovereign Identity. In: SSRN Electronic Journal AISC (2020) 1238, S. 1 – 10.

GILL, C.: Architektur für das Service-Engineering zur Entwicklung von technischen Dienstleistungen. Schriftenreihe Rationalisierung und Humanisierung; Bd. 59. RHrsg.: H. Luczak; W. Eversheim. Shaker, Aachen 2004. – Zugl.: Aachen, Techn. Hochsch., Diss., 2003.

GOEKEN, M.: Entwicklung von Data-Warehouse-Systemen. Anforderungsmanagement, Modellierung, Implementierung. Dt. Univ.-Verl., Wiesbaden 2006. – Zugl.: Marburg, Univ., Diss., 2006.

GOELZ, C.: SME Cyber Security is both necessary and affordable. Riela Cyber online, 28.01.2021. (Link zuletzt geprüft: 17.06.2022)

GÖLZER, P.: Big Data in Industrie 4.0. Eine strukturierte Aufarbeitung von Anforderungen, Anwendungsfällen und deren Umsetzung. Friedrich-Alexander-Universität Erlangen-Nürnberg, Erlangen 2017. Zugl.: Erlangen, Univ., Diss., 2016. https://opus4.kobv.de/opus4-fau/files/8106/PhilippGoelzerDissertation.pdf (Link zuletzt geprüft: 17.06.2022)

GONZALEZ, D.; ALHENAKI, F.; MIRAKHORLI, M.: Architectural Security Weaknesses in Industrial Control Systems (ICS) an Empirical Study Based on Disclosed Software Vulnerabilities. In: 2019 IEEE International Conference on Software Architecture. Proceedings: 25 – 29 March 2019, Hamburg, Germany. IEEE Computer Society, Conference Publishing Services, Los Alamitos (CA) 2019, S. 31 – 40.

GOTHAER VERSICHERUNGEN: Gothaer KMU Studie 2019 2019.

GREENFIELD, D.: Is the Purdue Model Still Relevant? Automationworld online, 12.05.2020. (Link zuletzt geprüft: 17.06.2022)

GRESSNER, C. H.: Kennzahlen für die Informationssicherheit. https://www.nesec.de/themen/security-kpi/ (Link zuletzt geprüft: 17.06.2022)

GROẞMANN, M.; KOSCHEK, H.: Referenzarchitektur. In: Unternehmensportale. Grundlagen, Architekturen, Technologien. Hrsg.: M. Großmann; H. Koschek. Springer, Berlin [u. a.] 2005, S. 155 – 181.

GRUBER, M.; HOFFMANN, J.; KARLA, J.: Methoden zum Management der IT-Komplexität. In: INFORMATIK 2017. Gesellschaft für Informatik. Hrsg.: M. Eibl; M. Gaedke. Gesellschaft für Informatik e. V., Bonn 2017, S. 1601 – 1615.

GSCHWEND, T.; PREISINGER, M.; SCHELTER, C.; HLLER, G.; TRÄGLER, T.; RODLER, R.: [Whitepaper] Anforderungen für die IT-/OT-Sicherheit bei Planung und Betrieb von Industrie 4.0 Anlagen. Arbeitskreis: Sichere Industrie 4.0. Version 1.5. Hrsg.: Sicherheitsnetzwerk München. München, 26.06.2019. https://www.iks.fraunhofer.de/content/dam/iks/documents/whitepaper-sicherheit-industrie-40.pdf (Link zuletzt geprüft: 17.06.2022)

GÜNTHER, M.: Veraltete IT in KMU wird zur Existenzbedrohung. Investitionsstau bei der Infrastruktur. Haufe online, 15.05.2017. (Link zuletzt geprüft: 17.06.2022)

GUTH, J.; BREITENBUCHER, U.; FALKENTHAL, M.; LEYMANN, F.; REINFURT, L.: Comparison of IoT platform architectures: A field study based on a reference architecture. In: 2016 Cloudification of the Internet of Things (CIoT). Hrsg.: Institute of Architecture of Application Systems. IEEE 2016, 6 S. https://www.iaas.uni-stuttgart.de/publications/INPROC-2016-48-Comparison-of-IoT-Platform-Architectures.pdf (Link zuletzt geprüft: 17.06.2022)

HABERFELLNER, R.; WECK, O. DE; FRICKE, E.; VÖSSNER, S.: Systems engineering. Fundamentals and applications. Springer, Cham [u. a.] 2019.

HABERFELLNER, R.; WECK, O. DE; FRICKE, E.; VÖSSNER, S.; BÜCHEL, A.; NAGEL, P.; VON MASSOW; HEINRICH; BECKER, M.: Systems Engineering. Grundlagen und Anwendung. 12., völlig neu bearb. u. erw. Auflage. Orell Füssli, Zürich 2012.

HACKATHOM, R.: [Figure] Minimizing Action Distance. 2003. https://www.researchgate.net/figure/Hackathorn-R-Minimizing-Action-Distance-2003-http-wwwtdancom-viewarticles-5132_fig2_261173868/download (Link zuletzt geprüft: 17.06.2022)

HÄCKEL, B.; HÄNSCH, F.; HERTEL, M.; ÜBELHÖR, J.: Assessing IT availability risks in smart factory networks. In: Business Research 12 (2019) 2, S. 523 – 558.

HÄNISCH, T.; ROGGE, S.: IT-Sicherheit in der Industrie 4.0. In: Industrie 4.0. Wie cyber-physische Systeme die Arbeitswelt verändern. Hrsg.: V. P. Andelfinger; T. Hänisch. Springer Gabler, Wiesbaden 2017, S. 91 – 98.

HANKEL, M.: Industrie 4.0. Das Referenzarchitekturmodell Industrie 4.0 (RAMI 4.0). Hrsg.: ZVEI – Zentralverband Elektrotechnik- und Elektronikindustrie e. V., Frankfurt am Main 2015.

HANSCHKE, I.: Enterprise Architecture Management – einfach und effektiv. Ein praktischer Leitfaden für die Einführung von EAM. 2., überarb. Auflage. Hanser, München [u. a.] 2016.

HANSCHKE, I.: Agile in der Unternehmenspraxis. Fallstricke erkennen und vermeiden, Potenziale heben. Springer Vieweg, Wiesbaden 2017.

HANSCHKE, I.: Informationssicherheit und Datenschutz – einfach und effektiv. Integriertes Managementinstrumentarium systematisch aufbauen und verankern. Hanser, München [u. a.] 2020.

HANSCHKE, I.: LeanISMS Starter & Complete | Lean ISMS. https://leanisms.de/isms-tools (Link zuletzt geprüft: 17.06.2022)

HARLEY, K.; COOPER, R.: Information Integrity. In: ACM Computing Surveys 54 (2021) 2, S. 1 – 35.

HASAN, S.; ALI, M.; KURNIA, S.; THURASAMY, R.: Evaluating the cyber security readiness of organizations and its influence on performance. In: Journal of Information Security and Applications 58 (2021) 102726, S. 1 – 16.

HAUSER, A.: Ein Referenzmodell zur Modellierung wissensintensiver Prozesse bei Ingenieurdienstleistungen zur kooperativen Planung verfahrenstechnischer Anlagen. Schriftenreihe Rationalisierung und Humanisierung; Bd. 88. RHrsg.: G. Schuh. Shaker, Aachen 2008. – Zugl.: Aachen, Techn. Hochsch., Diss., 2008.

HAZAR, D.: SANS Vulnerability Management Survey 2020. Hrsg.: SANS Institute. November 2020.

HEIDRICH, M.; LEO, J. J.: Industrial Internet of Things. Referenzarchitektur für die Kommunikation. Hrsg.: Fraunhofer Institut für Eingebettete Systeme und Kommunikationstechnik ESK. Fraunhofer ESK, München 2016. https://www.iks.fraunhofer.de/content/dam/iks/documents/whitepaper-iot.pdf (Link zuletzt geprüft: 17.06.2022)

HEIDT, M.; BUXMANN, P.: IT-Sicherheitsinvestitionen in kleinen und mittleren Unternehmen. Qualitative Studie in hessischen KMUs. Hrsg.: IT FOR WORK. Technische Universität Darmstadt 2018.

HEIDT, M.; GERLACH, J. P.; BUXMANN, P.: Investigating the Security Divide between SME and Large Companies: How SME Characteristics Influence Organizational IT Security Investments. In: Information Systems Frontiers 21 (2019) 6, S. 1285 – 1305.

HEIKKILA, M.; RATTYA, A.; PIESKA, S.; JAMSA, J.: Security challenges in small- and medium-sized manufacturing enterprises. In: 2016 International Symposium on Small-scale Intelligent Manufacturing Systems (SIMS). IEEE, Piscataway (NJ) 2016, S. 25 – 30.

HEINEN, E.: Das Zielsystem der Unternehmung. Grundlagen betriebswirtschaftlicher Entscheidungen. Die Betriebswirtschaft in Forschung und Praxis; Bd. 1. Gabler, Wiesbaden 1966.

HEINEN, E.: Führung als Gegenstand der Betriebswirtschaftslehre. In: Betriebswirtschaftliche Führungslehre Grundlagen – Strategien – Modelle. Ein entscheidungsorientierter Ansatz. Hrsg.: E. Heinen. 2. Auflage. Gabler, Wiesbaden 1984, S. 21 – 54.

HEINRICH, L. J.; RIEDL, R.; STELZER, D.: Informationsmanagement. Grundlagen, Aufgaben, Methoden. 11., vollst. überarb. Auflage. Oldenbourg, München [u. a.] 2014.

HELFRICH, H.: Wissenschaftstheorie für Betriebswirtschaftler. Springer Gabler, Wiesbaden 2016.

HELMRICH, K.: Wie die Digitalisierung Geschäftsmodelle und Kundenbeziehungen der Industrie verändert. In: CSR und Digitalisierung. Hrsg.: A. Hildebrandt. Springer, Berlin [u. a.] 2017, S. 85 – 100.

HENSCHEL, T.; HEINZE, I.: Governance, Risk und Compliance im Mittelstand. Praxisleitfaden für gute Unternehmensführung. Erich Schmidt Verlag, Berlin 2016.

HENSELER-UNGER, I.; HILLEBRAND, A.: Aktuelle Lage der IT-Sicherheit in KMU. In: DuD – Datenschutz und Datensicherheit 42 (2018) 11, S. 686 – 690.

HESS, T.; MATT, C.; HILBERS. KONRAD: Bekannte und weniger bekannte Wege zu praxisrelevanter Forschung in der Wirtschaftsinformatik. In: Wirtschaftsinformatik in Wissenschaft und Praxis. Hrsg.: W. Brenner; T. Hess. Springer, Berlin [u. a.] 2014, S. 129 – 139.

HEUTMANN, T.; ZHOU, B.; KIESEL, R.; SCHMITT, R. H.: Entscheidungshilfe für IT-Sicherheitsinvestitionen. In: ZWF – Zeitschrift für wirtschaftlichen Fabrikbetrieb 116 (2021) 3, S. 180 – 183.

HICKING, J.: Spezifikation von intelligenten Produkten im Maschinenbau. Schriftenreihe Rationalisierung; Bd. 175. RHrsg.: G. Schuh. Apprimus, Aachen 2020. – Zugl.: Aachen, Techn. Hochsch., Diss., 2020.

HICKING, J.; WENGER, L.; ABBAS, M.; BENNING, J.; BREMER, M.; CLEMENS, F.; ENGLÄNDER, J.; HEIMES, P.; HENKE, L.; KAMINSKI, L.; KREMER, S.; NIEDERAU, M.; SEELMANN, V.; STROH, M.-F.; WALTER, T.: [Positionspapier] Aachener Digital-Architecture-Management. Wegweiser zum digital vernetzten Unternehmen. Hrsg.: G. Schuh; V. Stich. FIR e. V. an der RWTH Aachen, Aachen 2020. [über Bibliothek des FIR an der RWTH Aachen verfügbar]

HILES, A.: The definitive handbook of business continuity management. 3. Auflage. Wiley, Hoboken (NJ) 2010.

HILL, W.; FEHLBAUM, R.; ULRICH, P.: Organisationslehre; Teil 1: Ziele, Instrumente und Bedingungen der Organisation sozialer Systeme. 5., überarb. Auflage. Haupt, Bern [u. a.] 1994.

HILLEBRAND, A.; NIEDERPRÜM, A.; SCHÄFER, S.; THIELE; SONJA: Aktuelle Lage der IT-Sicherheit in KMU. Kurzfassung der Ergebnisse der Repräsentativbefragung. Hrsg.: Wissenschaftliches Institut für Infrastruktur und Kommunikationsdienste. Bundesministerium für Wirtschaft und Energie, Berlin, Dezember 2017. https://www.wik.org/fileadmin/Sonstige_Dateien/IT-Sicherheit_in_KMU/Aktuelle_Lage_der_IT-Sicherheit_in_KMU_-_WIK.pdf (Link zuletzt geprüft: 17.06.2022)

HIPPENMEYER, H.: Automatische Identifikation für Industrie 4.0. Springer Vieweg, Berlin [u. a.] 2016.

HOFFMANN, F.: Industrial Internet of Things Vulnerabilites and Threats. What Stakeholder Need to Consider. In: Isses in Information Systems 20 (2019) 1, S. 119 – 133.

HOFFMANN, J.: Informationssystem-Architekturen produzierender Unternehmen bei software-definierten Plattformen. Schriftenreihe Rationalisierung; Bd. 158. RHrsg.: G. Schuh. Apprimus, Aachen 2018. Zugl.: Aachen, Techn. Hochsch., Diss., 2018.

HOFMANN, J.; RICCI, C.; SCHWARZ, R.; WIENKEN, V.: Erfolgskriterien betrieblicher Digitalisierung. Hrsg.: Bertelsmann-Stiftung. Gütersloh, September 2020. https://www.iao.fraunhofer.de/content/dam/iao/images/iao-news/studie-betriebliche-digitalisierung-iao-bertelsmann.pdf (Link zuletzt geprüft: 17.06.2022)

HOFMANN, J.; SCHMIDT, W.: Masterkurs IT-Management. Grundlagen, Umsetzung und erfolgreiche Praxis für Studenten und Praktiker. 2., aktualis. u. erw. Auflage. Vieweg + Teubner, Wiesbaden 2010.

HOFMEIER, M.; LECHNER, U.: Schwachstellen und Angriffsketten in der Wertschöpfungskette der Fleischproduktion. 2020.

HOLTHAUS, M.: Management der Informationssicherheit in Unternehmen. Zürich, Univ., Diss., 2000. https://www.merlin.uzh.ch/contributionDocument/download/2678 (Link zuletzt geprüft: 17.06.2022)

HOMBURG, C.: Marketingmanagement. Strategie – Instrumente – Umsetzung – Unternehmensführung. 6., überarb. u. erw. Auflage. Springer Gabler, Wiesbaden 2017.

HORN, W.; MEYER, J.; MOLT, T.: Systems Engineering im Rahmen der funktionalen Sicherheit. In: Tag des Systems Engineering. Hrsg.: M. Maurer; S.-O. Schulze. Hanser, München [u. a.] 2013, S. 95 – 106.

HORNE, C. A.; MAYNARD, S. B.; AHMAD, A.: Organisational Information Security Strategy: Review, Discussion and Future Research. In: Australasian Journal of Information Systems (2017) 21, S. 1 – 17.

HÜBBERS, M.: Modell zur Kapazitätsplanung von Dienstleistungsressourcen in Leistungssystemen. Schriftenreihe Rationalisierung; Bd. 111. RHrsg.: G. Schuh. Apprimus, Aachen 2011. – Zugl.: Aachen, Techn. Hochsch., Diss., 2011.

HÜBNER, I.: Referenzarchitekturmodell Industrie 4.0. RAMI 4.0. In: Industrie 4.0 im internationalen Kontext. Kernkonzepte, Ergebnisse, Trends. Hrsg.: C. Manzei; L. Schleupner. VDE-Verlag GmBH; Beuth, Berlin 2017, S. 83 – 87.

HUNGENBERG, H.; WULF, T.: Grundlagen der Unternehmensführung. 5., aktualisierte Auflage. Springer Gabler, Berlin [u. a.] 2015.

HUTCHINS, M. J.; BHINGE, R.; MICALI, M. K.; ROBINSON, S. L.; SUTHERLAND, J. W.; DORNFELD, D.: Framework for Identifying Cybersecurity Risks in Manufacturing. In: Procedia Manufacturing (2015) 1, S. 47 – 63.

HUTH, T.; VIETOR, T.: Systems Engineering in der Produktentwicklung: Verständnis, Theorie und Praxis aus ingenieurswissenschaftlicher Sicht. In: Gruppe. Interaktion. Organisation. Zeitschrift für Angewandte Organisationspsychologie (GIO) 51 (2020) 1, S. 125 – 130.

IBM (HRSG.): Understanding fallback. https://www.ibm.com/docs/en/zos/2.3.0?topic=fallback-understanding (letzter Zugriff: 16.10.2021).

IC4F (HRSG.): [Whitepaper] Building Blocks for a Secure Real-Time Communication and Computing Infrastructure for Industry 4.0. Hrsg.: E. Zielinski; F. Beierle; H.-W. Bitzer et al. Berlin, April 2018. https://www.ic4f.de/whitepaper/IC4F-WP-Building-Blocks.pdf (Link zuletzt geprüft: 18.06.2022)

IEC 62443-2-1. IEC ISO/IEC 62443-2-1: Industrial communication networks – Network and system security – Part 2-1: Establishing an industrial automation and control system security program. Edition 1.0. 25.040.40; 35.100.05. IEC Central Office, Geneva, November 2010.

IFM BONN (HRSG.): Mittelstand im Einzelnen. KMU im EU-Vergleich. Bonn, o. J. https://www.ifm-bonn.org/statistiken/mittelstand-im-einzelnen/kmu-im-eu-vergleich (Link zuletzt geprüft: 18.06.2022)

IFM BONN (HRSG.): KMU-Definition des IfM Bonn. Bonn 2021. https://www.ifm-bonn.org/definitionen-/kmu-definition-des-ifm-bonn#130 (Link zuletzt geprüft: 18.06.2022)

IIC (HRSG.): The Industrial Internet of Things. Volume G1: Reference Architecture. Version 1.9. Boston (MA), 19.06.2019. https://www.iiconsortium.org/pdf/IIRA-v1.9.pdf (Link zuletzt geprüft: 18.06.2022)

ISACA (HRSG.): Implementation Guideline ISO/IEC 27001:2013. A practical guideline for implementing an ISMS in accordance with the international standard ISO/IEC 27001:2013. Hrsg.: ISACA Germany Chapter e. V.; Berlin, April 2017. https://www.isaca.de/sites/default/files/isaca_2017_implementation_guideline_isoiec27001_screen.pdf (Link zuletzt geprüft: 18.06.2022)

ISLAM, C.; BABAR, M. A.; NEPAL, S.: A Multi-Vocal Review of Security Orchestration. In: ACM Computing Surveys 52 (2019) 2, S. 1 – 45.

ISO/IEC 21827:2008: Capability Maturity Model / Model der Ablauftauglichkeit. IEC Central Office, Geneva, 15.10.2008.

ISO/IEC 27004:2016: Information technology — Security techniques — Information security management — Monitoring, measurement, analysis and evaluation. ICS > 35 > 35.030. IEC Central Office, Geneva 2016.

ISO / IEC 62443-1-1. IEC/TS ISO/IEC 62443-1-1: Industrial communication networks – Network and system security – Part 1-1: Terminology, concepts and models. 25.040.40; 33.040.040; 35.040. IEC Central Office, Geneva, Juli 2009.

ISO / IEC 62443-3-3. IEC ISO/IEC 62443-3-3: Industrial communication networks – Network and system security - Part 3-3: System security requirements and security levels 25.040.40, 35.110. IEC Central Office, Geneva, August 2013.

ISO/IEC 7498-1:1994: Information technology – Open Systems Interconnection – Basic reference model: The basic model ISO/IEC 7498 7498-1, Wien, 1994.

IT GOVERNANCE INSTITUTE (HRSG.): CobiT 4.0. Control Objectives. Management Guidelines. Maturity Model. Rolling Meadows (IL) 2004. http://www.risikomanagement-in-it-projekten.de/08Literatur/CObIT4_Deutsch.pdf (Link zuletzt geprüft: 18.06.2022)

JELIAZKOV, N.; KIRCHNER, A.; MEISSNER, D.; MÜLLER, N.; RUPPRICH, A.; SCHMID, M.; SCHRADER, H.: Bewertung der Leistung eines ISMS durch Schlüsselindikatoren. Praxisleitfaden für ein zielorientiertes IS-Kennzahlensystem nach ISO/IEC 27004:2016. Hrsg.: ISACA Germany Chapter e. V. Berlin, November 2020. https://www.isaca.de/sites/default/files/attachements/isaca_germany_-_kpi_leitfaden.pdf (Link zuletzt geprüft: 18.06.2022)

JIANG, Y.; YIN, S.; KAYNAK, O.: Data-Driven Monitoring and Safety Control of Industrial Cyber-Physical Systems: Basics and Beyond. In: IEEE Access (2018) 6, S. 47374 – 47384.

JOHANNSEN, A.; KANT, D.: IT-Governance, Risiko- und Compliance-Management (IT-GRC) – Ein Kompetenz-orientierter Ansatz für KMU. In: HMD – Praxis der Wirtschaftsinformatik 57 (2020) 5, S. 1058 – 1074.

JOOS, T.; SCHMITZ, P.: Benutzer ohne Admin-Rechte. Security Insider online, 31.07.2018. https://www.security-insider.de/benutzer-ohne-admin-rechte-a-733845/ (Link zuletzt geprüft: 18.06.2022)

JØSANG, A.; ALZOMAI, M.; SURIADI, S.: Usability and Privacy in Identity Management Architectures. In: ACSW Frontiers 2007: Proceedings of 5th Australasian Symposium on Grid Computing and e-Research. Hrsg.: J. Warren; J. Roddick; C. Steketee; L. Brankovic; P. Coddington; A. Wendelborn. Australian Computer Society, Sydney, 2007, S. 143 – 152.

JUNG, H.: Allgemeine Betriebswirtschaftslehre. 13., aktualis. Auflage De Gruyter Oldenbourg, München [u. a.] 2016.

JUNHEE, K.; YOOJAE, W.: Patch Integrity Verification Method Using Dual Electronic Signatures. In: Journal of Information Processing Systems 13 (2017) 6, S. 1516 – 1526.

JURIC, R.; MCCLENAGHAN, K. M.; MOHOLTH, O. C.: Detecting Cyber Security Vulnerabilities through Reactive Programming. In: Proceedings of the 52nd Hawaii International Conference on System Sciences, 2019, S. 7204 – 7213. https://scholarspace.manoa.hawaii.edu/server/api/core/bitstreams/6334a51d-5b81-4430-9f4c-58442b6abbf7/content (Link zuletzt geprüft: 18.06.2022)

KAGERMANN, H.: Chancen von Industrie 4.0 nutzen. In: Handbuch Industrie 4.0; Bd.4. Hrsg.: B. Vogel-Heuser; T. Bauernhansl; M. ten Hompel. Springer, Berlin [u. a.] 2017, S. 237 – 248.

KAMAL, M.: ICS [Whitepaper] Layered Threat Modeling. Hrsg.: SANS Institute. Bethesda (MD) 2019. https://sansorg.egnyte.com/dl/fztutwiK5J (Link zuletzt geprüft: 18.06.2022)

KANDO, E.: Sicherheit bis in den letzten Winkel des industriellen IoT. Manage IT online, 01.06.2020. https://ap-verlag.de/sicherheit-bis-in-den-letzten-winkel-des-industriellen-iot/60809/ (Link zuletzt geprüft: 18.06.2022)

KANNUS, K.; MELLIN, T.: Predicting the future of Cyber Security in Finnish Manufacturing. Cyber Secure Manufacturing in 2021. Hrsg.: Deloitte. Tampere 2018. https://www.readkong.com/page/cyber-secure-manufacturing-in-2021-deloitte-8618646 (Link zuletzt geprüft: 18.06.2022)

KAPLAN, J.; RICHTER, W.; WARE, D.: Cybersecurity: Linchpin of the digital enterprise. McKinsey online, 19.07.2019. https://www.mckinsey.com/business-functions/risk-and-resilience/our-insights/cybersecurity-linchpin-of-the-digital-enterprise (Link zuletzt geprüft: 18.06.2022)

KASSA, S. G.: IT Asset Valuation, RIsk Assessment and Control Implementation Model. Hrsg.: ISACA. 2017.

KAVALLIERATOS, G.; SPATHOULAS, G.; KATSIKAS, S.: Cyber Risk Propagation and Optimal Selection of Cybersecurity Controls for Complex Cyberphysical Systems. In: Sensors 21 (2021) 5, S. 1691 – 1711. https://mdpi-res.com/d_attachment/sensors/sensors-21-01691/article_deploy/sensors-21-01691-v2.pdf?version=1614744356 (Link zuletzt geprüft: 18.06.2022)

KEBBEDIES, J.: Security-Engineering nach Common Criteria. Hrsg.: TrustKBB GmbH. Berlin 2021. https://trustkbb.de/wp-content/uploads/2021/09/SecurityEngineering-nachCC_v1.1-.pdf (Link zuletzt geprüft: 18.06.2022)

KEDING (HRSG.): IT Wartung & Pflege ist Prävention in Sicherheit. 29.11.2020. https://www.rechenzentrumreinigung.eu/ueber-uns/it-themen/it-wartung-pflege-ist-praevention-in-sicherheit.html (Link zuletzt geprüft: 18.06.2022)

KENT UNIVERSITY (HRSG.): General Cyber Security Taxonomy. https://cyber.kent.ac.uk/research/cyber_taxonomy/app/taxonomy/visualization?t=hyper_tree&n=Cyber+Security&st=true (Link zuletzt geprüft: 18.06.2022)

KERSTEN, H.; KLETT, G.: Das Sicherheitskonzept. In: Der IT Security Manager. Hrsg.: H. Kersten; G. Klett. Vieweg+Teubner, Wiesbaden 2008, S. 105 – 124. [=2008a]

KERSTEN, H.; KLETT, G.: Grundsätzliches zu Sicherheitsmaßnahmen. In: Der IT Security Manager. Hrsg.: H. Kersten; G. Klett. Vieweg+Teubner, Wiesbaden 2008, S. 99 – 103. [=2008b]

KERSTEN, H.; KLETT, G.; REUTER, J.; SCHRÖDER, K.-W.: Die Anforderungen an ein ISMS. In: IT-Sicherheitsmanagement nach der neuen ISO 27001. ISMS, Risiken, Kennziffern, Controls. Hrsg.: H. Kersten; G. Klett; J. Reuter; K.-W. Schröder. Morgan Kaufmann, Burlington (MA) [u. a.] 2020, S. 17 – 38. [=2020a]

KERSTEN, H.; KLETT, G.; REUTER, J.; SCHRÖDER, K.-W.: Einführung. In: IT-Sicherheitsmanagement nach der neuen ISO 27001. ISMS, Risiken, Kennziffern, Controls. Hrsg.: H. Kersten; G. Klett; J. Reuter; K.-W. Schröder. Morgan Kaufmann, Burlington (MA) [u. a.] 2020, S. 1 – 16. [=2020b]

KERSTEN, H.; KLETT, G.; REUTER, J.; SCHRÖDER, K.-W.: Interne und externe Audits. In: IT-Sicherheitsmanagement nach der neuen ISO 27001. ISMS, Risiken, Kennziffern, Controls. Hrsg.: H. Kersten; G. Klett; J. Reuter; K.-W. Schröder. Morgan Kaufmann, Burlington (MA) [u. a.] 2020, S. 75 – 101. [=2020c]

KHAIRI, M. H. H.; ARIFFIN, S. H. S.; ABDUL LATIFF, N. M.; ABDULLAH, A. S.; HASSAN, M. K.: A Review of Anomaly Detection Techniques and Distributed Denial of Service (DDoS) on Software Defined Network (SDN). In: Engineering, Technology & Applied Science Research 8 (2018) 2, S. 2724 – 2730.

KHANDO, K.; GAO, S.; ISLAM, S. M.; SALMAN, A.: Enhancing employees information security awareness in private and public organisations: A systematic literature review. In: Computers & Security 106 (2021) 102267, S. 1 – 22.

KHOUZANI, M.; MALACARIA, P.; HANKIN, C.; FIELDER, A.; SMERALDI, F.: Efficient Numerical Frameworks for Multi-objective Cyber Security Planning. In: Computer security — ESORICS 2016. 21st European Symposium on Research in Computer Security, Heraklion, Greece, September 26-30, 2016, proceedings. Hrsg.: I. Askoxylakis; S. Ioannidis; S. K. Katsikas; C. Meadows. LNCS sublibrary. SL 4, Security and cryptology; Bd. 9879. Springer, Cham [u. a.] 2016, S. 179 – 197.

KIENER, W.: Schutz gegen Cyberattacken: Mitarbeiter in Unternehmen sind das schwächste Glied in der Abwehrkette. https://www.digital-manufacturing-magazin.de/schutz-gegen-cyberattacken-8-experten-ueber-it-security-in-der-produktion/ Link zuletzt geprüft: 18.06.2022)

KIESEL, R.; HEUTMANN, T.; DERING, J.; KIES, A.; VOLLMER, THOMAS, THOMAS; SCHMITT, R.: [Whitepaper] Cybersecurity in der vernetzten Produktion. Fraunhofer IPT, Aachen 2020.

KIESEL, R.; KIES, A.; KREPPEIN, A.; SCHMITT, R. H.: IT-Sicherheit in der vernetzten Produktion. In: ZWF – Zeitschrift für wirtschaftlichen Fabrikbetrieb 116 (2021) 6, S. 442 – 447.

KLAIBER, T.; KÜHNER, M.; MAIER, M.; ZIEGLER, S.: Visualisierung der IT-Sicherheitslage. In: Industrie 4.0. Wie cyber-physische Systeme die Arbeitswelt verändern. Hrsg.: V. P. Andelfinger; T. Hänisch. Springer Gabler, Wiesbaden 2017, S. 99 – 109.

KLIPPER, S.: Information Security Risk Management. Risikomanagement mit ISO/IEC 27001, 27005 und 31010. 2., überarb. Auflage. Springer Gabler, Wiesbaden 2015.

KLOTZ, E.: Wandel erfahren und Wandel gestalten – Industrie 4.0 am Beispiel von Festo. In: Smart City - Made in Germany. Die Smart-City-Bewegung als Treiber einer gesellschaftlichen Transformation. Hrsg.: C. Etezadzadeh. Springer Vieweg, Wiesbaden [u. a.] 2020, S. 851 – 860.

KLOTZ, M.: IT-Compliance. Ein Überblick. dpunkt.verlag, Heidelberg 2009.

KNOLL, M.: IT-Risikomanagement im Zeitalter der Digitalisierung. In: HMD – Praxis der Wirtschaftsinformatik 54 (2017) 1, S. 4 – 20.

KNOLL, M.: Offenheit in der IT: Herausforderung und Chance zu Veränderungen. In: HMD – Praxis der Wirtschaftsinformatik 58 (2021) 2, S. 228 – 245.

KNOLL, M.; STRAHRINGER, S.: T-GRC-Management im Zeitalter der Digitalisierung. In: IT-GRC-Management – Governance, Risk und Compliance. Grundlagen und Anwendungen. Hrsg.: M. Knoll; S. Strahringer. Springer Vieweg, Wiesbaden [u. a.] 2018, S. 1 – 24.

KOLBERG, D.; HERMANN, J.; MOHR, F.: [Whitepaper] SmartFactoryKL System Architecture for Industrie 4.0 Production Plants. Whitepaper SF-1.2: 04/2018. Hrsg.: SmartFactoryKL. Kaiserslautern 2018. https://smartfactory.de/wp-content/uploads/2018/04/SF_WhitePaper_SystemArchitecture_1-2_EN_XS.pdf (Link zuletzt geprüft: 18.06.2022)

KÖNIGS, H.-P.: IT-Risikomanagement mit System. Praxisorientiertes Management von Informationssicherheits- und IT-Risiken. 5., überarb. u. erw. Auflage. Springer Vieweg, Wiesbaden [u. a.] 2017.

KOPPER, A.; FÜRSTENAU, D.; ZIMMERMANN, S.; KLOTZ, S.; RENTROP, C.; ROTHE, H.; STRAHRINGER, S.; WESTNER, M.: Shadow IT and Business-Managed IT. In: International Journal of IT/Business Alignment and Governance 9 (2018) 2, S. 53 – 71.

KOPPER, A.; WESTNER, M.; STRAHRINGER, S.: Kontrollierte Nutzung von Schatten-IT. In: HMD – Praxis der Wirtschaftsinformatik 54 (2017) 1, S. 97 – 110.

KOSUTIC, D.: Catalogue of threats & vulnerabilities. Free List of Information security threats and vulnerabilities. https://advisera.com/27001academy/knowledgebase/threats-vulnerabilities/ (Link zuletzt geprüft: 18.06.2022)

KOZMA, D.; VARGA, P.; LARRINAGA, F.: System of Systems Lifecycle Management – A New Concept Based on Process Engineering Methodologies. In: Applied Sciences 11 (2021) 8, S. 3386 – 3415. https://mdpi-res.com/d_attachment/applsci/applsci-11-03386/article_deploy/applsci-11-03386-v2.pdf?version=1618204262 (Link zuletzt geprüft: 18.06.2022)

KRAFT, R.; STÖWER, M.: Kennzahlen im Informationssicherheitsmanagement. Konzeption, Einführung, Weiterentwicklung. In: D-A-CH Security 2014. Bestandsaufnahme, Konzepte, Anwendungen, Perspektiven; Arbeitskonferenz; Graz, 16. – 17.9.2014. Hrsg.: P. Schartner. IT security & IT management. syssec, Frechen 2014, S. 148 – 156.

KRAVETS, A. G.: Cyber-Physical Systems. Springer, Cham [u. a.] 2020.

KRCMAR, H.: Informationsmanagement. 6., überarb. Auflage. Gabler, Berlin 2015.

KUBICEK, H.: Heuristische Bezugsrahmen und heuristisch angelegte Forschungsdesign als Elemente einer Konstruktionsstrategie empirischer Forschung. Inst. für Unternehmensführung, Berlin 1976.

KUBOVIČ, O.: Risiko Remote-Zugang: Brute-Force-Attacken auf RDP nehmen zu. 29.06.2020. https://www.welivesecurity.com/deutsch/2020/06/29/risiko-remote-zugang-brute-force-attacken-auf-rdp-nehmen-zu/ (Link zuletzt geprüft: 18.06.2022)

KUMAR, A.; GUPTA, A.; MITTAL, P.; KUMAR GUPTA, P.; VARGHESE, S.: Prevention of XSS attack using Cryptography & API integration with Web Security. International Conference on Innovative Computing & Communication (ICICC) 2021, 6 S. https://tinyurl.com/ykh9t2y9 (Link zuletzt geprüft: 18.06.2022)

KUMARAN, N.; LUGANI, S.: Protecting against cyber threats during COVID-19 and beyond. 16.04.2020. https://cloud.google.com/blog/products/identity-security/protecting-against-cyber-threats-during-covid-19-and-beyond (Link zuletzt geprüft: 18.06.2022)

KURPJUHN, T.: The SME security challenge. In: Computer Fraud & Security 2015 (2015) 3, S. 5 – 7.

LAKHANI, G.; KOTHARI, A.: Coordinator Controller Election Algorithm to Provide Failsafe Through Load Balancing in Distributed SDN Control Plane. In: Computing Science, Communication and Security. Hrsg.: N. Chaubey; S. Parikh; K. Amin. Springer, Singapur [u. a.] 2020, S. 234 – 250.

LALLIE, H. S.; DEBATTISTA, K.; BAL, J.: A review of attack graph and attack tree visual syntax in cyber security. In: Computer Science Review (2020) 35, S. 100219. [=2020a]

LALLIE, H. S.; SHEPHERD, L. A.; NURSE, J. R. C.; EROLA, A.; EPIPHANIOU, G.; MAPLE, C.; BELLEKENS, X.: Cyber Security in the Age of COVID-19: A Timeline and Analysis of Cyber-Crime and Cyber-Attacks during the Pandemic. 22.06.2020.https://arxiv.org/pdf/2006.11929 (Link zuletzt geprüft: 18.06.2022) [=2020b]

LASSEN, S.: Gestaltung der Informationsflüsse der Auftragskoordination in Lieferketten mit hybriden Produktionsstrukturen. Schriftenreihe Rationalisierung und Humanisierung; Bd. 80. RHrsg.: G. Schuh. Shaker, Aachen 2006. Zugl.: Aachen, Techn. Hochsch., Diss., 2006.

LASSING, M.; STABAUER, P.; ANDREA, M.; KRANZER, S.; LANGEWORT, M.; REISER, W.; SCHIRL, M.; SCHWENDINGER, V.; ZEISLER, A.: Studienkatalog zu Industrie 4.0 und digitaler Transformation mit Fokus auf klein- und mittelständische Unternehmen im Grenzraum Bayern-Österreich. Mai 2018. https://www.berchtesgadener-land.de/cdn/uploads/kmu40-studienkatalog-mai2018.pdf (Link zuletzt geprüft: 18.06.2022)

LASZKA, A.; ABBAS, W.; VOROBEYCHIK, Y.; KOUTSOUKOS, X.: Integrating redundancy, diversity, and hardening to improve security of industrial internet of things. In: Cyber-Physical Systems 6 (2020) 1, S. 1 – 32.

LEE, I.: Internet of Things (IoT) Cybersecurity: Literature Review and IoT Cyber Risk Management. In: Future Internet 12 (2020) 9, S. 157. https://www.researchgate.net/publication/345207580_Internet_of_Things_IoT_Cybersecurity_Literature_Review_and_IoT_Cyber_Risk_Management/fulltext/609bc6f492851c9eaae1473b/Internet-of-Things-IoT-Cybersecurity-Literature-Review-and-IoT-Cyber-Risk-Management.pdf (Link zuletzt geprüft: 18.06.2022)

LEGEZO, D.: How to mitigate 85% of threats with only four strategies. Securelist online, 12.05.2015. https://securelist.com/how-to-mitigate-85-of-threats-with-only-four-strategies/69887/ (Link zuletzt geprüft: 18.06.2022)

LEHNER, F.; WILDNER, S.; SCHOLZ, M.: Wirtschaftsinformatik. Eine Einführung. 2. Auflage. Hanser, München [u. a.] 2008.

LEIMEISTER, J. M.: Einführung in die Wirtschaftsinformatik. 12., vollst. neu überarb. u. aktualis. Auflage. Springer Gabler, Wiesbaden [u. a.] 2015.

LEPS, O.: Modellierung und Implementierung hybrider Testumgebungen für cyber-physische Sicherheitsanalysen. In: Hybride Testumgebungen für Kritische Infrastrukturen. Hrsg.: O. Leps. Springer Vieweg, Wiesbaden [u. a.] 2018, S. 69 – 119.

LEVITAN, K. B.: Information resources as “Goods” in the life cycle of information production. In: Journal of the American Society for Information Science 33 (1982) 1, S. 44 – 54.

LI, H.; GAI, K.; ZHU, L.; JIANG, P.; QIU, M.: Reputation-Based Trustworthy Supply Chain Management Using Smart Contract. In: Algorithms and Architectures for Parallel Processing. 20th International Conference, ICA3PP 2020, New York City, USA, October 2–4, 2020, Proceedings, Part III. Hrsg.: M. Qiu. 1st ed. 2020.Springer, Cham [u. a.] 2020, S. 35 – 49.

LI, W.; MENG, W.; TAN, Z.; XIANG, Y.: Design of multi-view based email classification for IoT systems via semi-supervised learning. In: Journal of Network and Computer Applications 128 (2019) 1, S. 56 – 63.

LIEHR, M.: Komponentenbasierte Systemmodellierung und Systemanalyse. Erweiterung des System-Dynamics-Ansatzes zur Nutzung im strategischen Management. Deutscher Universitätsverlag, Wiesbaden 2013. – Zugl.: Mannheim, Univ., Diss., 2003.

LINDEMANN, U.: Methodische Entwicklung technischer Produkte. Methoden flexibel und situationsgerecht anwenden. Springer, Berlin [u. a.] 2004.

LOMEN, H.: Die zweite Verteidigungslinie – Cyber-Versicherung. Versicherungsschutz für Risiken aus der Sphäre von Industrie 4.0. In: Industrie 4.0. Wie cyber-physische Systeme die Arbeitswelt verändern. Hrsg.: V. P. Andelfinger; T. Hänisch. Springer Gabler, Wiesbaden 2017, S. 111 – 135.

LOU, X.; TELLABI, A.: Cybersecurity Threats, Vulnerability and Analysis in Safety Critical Industrial Control System (ICS). In: Recent developments on industrial control systems resilience. Hrsg.: E. Pricop; J. Fattahi; N. Dutta; M. Ibrahim. Studies in Systems, Decision and Control; Bd. 255. Springer, Cham [u. a.] 2020, S. 75 – 97.

LU, Y.; DA XU, L.: Internet of Things (IoT) Cybersecurity Research: A Review of Current Research Topics. In: IEEE Internet of Things Journal 6 (2019) 2, S. 2103 – 2115.

LUBER, S.; EHNEß, J.: Was ist Data Management / Datenmanagement? 31.07.2019. https://www.storage-insider.de/was-ist-data-managementdatenmanagement-a-850258/ (Link zuletzt geprüft: 18.06.2022)

LUBER, S.; SCHMITZ, P.: Was ist Informationssicherheit? Definition Informationssicherheit. 24.01.2018. https://www.security-insider.de/was-ist-informationssicherheit-a-677316/#:~:text=Bei%20der%20IT%2DSicherheit%20handelt,Teilbereich%20der%20Sicherheit%20von%20Informationen.&text=W%C3%A4hrend%20sich%20die%20IT%2DSicherheit,auf%20digitale%20Formen%20von%20Informationen (Link zuletzt geprüft: 18.06.2022)

LUNKEIT, A.; ZIMMER, W.: Security Engineering ist Systems Engineering. In: Security by Design. Hrsg.: A. Lunkeit; W. Zimmer. Springer, Berlin [u. a.] 2021, S. 79 – 115.

LUNKEIT, A.; ZIMMER, W.: Was ist das Problem? In: Security by Design. Hrsg.: A. Lunkeit; W. Zimmer. Springer, Berlin [u. a.] 2021, S. 1 – 14. [=2021b]

MA, Z.; HUDIC, A.; SHAABAN, A.; PLOSZ, S.: Security Viewpoint in a Reference Architecture Model for Cyber-Physical Production Systems. In: 2nd IEEE European Symposium on Security and Privacy workshops. EUROS & PW 2017: Proceedings: 26–28 April 2017, Paris, France. IEEE, Piscataway (NJ) 2017, S. 153 – 159.

MADDEN, N.: API Security in Action. Manning Publications, Shelter Island (NY) 2021.

MAIER, S.; AENGENHEYSTER, S.: Geschäftsrisiko Cyber-Security. Leitfaden zur Etablierung eines resilienten Sicherheits-Ökosystems. Springer Gabler, Wiesbaden 2020.

MALONE, T. W.; CROWSTON, K.: The interdisciplinary study of coordination. In: ACM Computing Surveys 26 (1994) 1, S. 87 – 119.

MANSO, C. G.; REKLEITIS, E.; PAPAZAFEIROPOLOUS, F.; MARITSAS, V.: Information security and privacy standards for SMEs. Recommendations to improve the adoption of information security and privacy standards in small and medium enterprises. Hrsg.: European Union Agency For Network And Information Security. Athen, Dezember 2015. https://www.enisa.europa.eu/publications/standardisation-for-smes/@@download/fullReport (Link zuletzt geprüft: 18.06.2022)

MANTRAVADI, S.; SCHNYDER, R.; MOLLER, C.; BRUNOE, T. D.: Securing IT/OT Links for Low Power IIoT Devices: Design Considerations for Industry 4.0. In: IEEE Access (2020) 8, S. 200305 – 200321.

MARDJAN, M.; JAHAN, A.: Security Principles. Open Reference Architecture for Security and Privacy. Release 2021-Q1. https://www.ismsforum.es/ficheros/descargas/open-reference-architecture-for-security-and.pdf (Link zuletzt geprüft: 18.06.2022)

MCFARLAN, F. W.; MCKENNEY, J. L.; PYBURN, P.: The Information Archipelago – Plotting a Course. In: Harvard Business Review61(1983)1, S. 145 – 156.

MERKEL, W.: Systemtransformation. Eine Einführung in die Theorie und Empirie der Transformationsforschung. 2., überarb. u. erw. Auflage. VS, Verl. für Sozialwiss, Wiesbaden 2010.

MESHCHERYAKOV, R.; ISKHAKOV, S.; ISKHAKOV, A.: Security Providing for Cyber-Physical Systems Based on the Analysis of Service Dataflow. In: Cyber-Physical Systems. Digital Technologies and Applications. Hrsg.: A. G. Kravets; A. A. Bolshakov; M. V. Shcherbakov. Springer, Cham [u. a.] 2021, S. 301 – 320.

MEUDT, T.; POHL, M.; METTERNICH, J.: Die Automatisierungspyramide. Ein Literaturüberblick. Technische Universität Darmstadt, Darmstadt, 07.06.2017. https://www.researchgate.net/profile/Tobias-Meudt/publication/318788885_Die_Automatisierungspyramide_-_Ein_Literaturuberblick/links/619f8d18b3730b67d5679e63/Die-Automatisierungspyramide-Ein-Literaturueberblick.pdf (Link zuletzt geprüft: 18.06.2022)

MEUSER, T.: Das allgemeine unternehmerische Zielsystem als Leitgröße der Führungsfunktionen. In: Umweltschutz und Unternehmensführung. Ein Konzept aktiver Integration. Hrsg.: T. Meuser. Deutscher Universitätsverlag, Wiesbaden 1993, S. 16 – 38.

MEYERS, R.: Data highway and the digital transformation: arguments for secure, centralised log management. In: Network Security (2020) 10, S. 17 – 19.

MILOŠEVIĆ, J.; TEIXEIRA, A.; TANAKA, T.; JOHANSSON, K. H.; SANDBERG, H.: Security measure allocation for industrial control systems: Exploiting systematic search techniques and submodularity. In: International Journal of Robust and Nonlinear Control 30 (2020) 11, S. 4278 – 4302.

MITNICK, K. D.; SIMON, W. L.: The art of intrusion. The real stories behind the exploits of hackers, intruders & deceivers. Wiley, Indianapolis (IN) [u. a.] 2005.

MOCKEL, C.; ABDALLAH, A. E.: Threat modeling approaches and tools for securing architectural designs of an e-banking application. In: 2010 Sixth International Conference on Information Assurance and Security (IAS 2010). IEEE, Piscataway (NJ) 2010, S. 149 – 154.

MÖRL, R.: Die Komplexität der IT-Security meistern. In: Cybersecurity best practices. Lösungen zur Erhöhung der Cyberresilienz für Unternehmen und Behörden. Hrsg.: M. Bartsch; S. Frey. Springer Vieweg, Wiesbaden 2018, S. 299 – 337.

MÖSSNER, T.: Risikobeurteilung im Maschinenbau. Forschung Projekt F 2216. BAuA Bundesanstalt für Arbeitsschutz und Arbeitsmedizin. Dortmund [u. a.] 2012. https://www.baua.de/DE/Angebote/Publikationen/Berichte/F2216.pdf?__blob=publicationFile&v=1 (Link zuletzt geprüft: 18.06.2022)

MOUSAVI, S. K.; GHAFFARI, A.; BESHARAT, S.; AFSHARI, H.: Security of internet of things based on cryptographic algorithms: a survey. In: Wireless Networks 27 (2021) 2, S. 1515 – 1555.

MOYÓN, F.; SOARES, R.; PINTO-ALBUQUERQUE, M.; MENDEZ, D.; BECKERS, K.: Integration of Security Standards in DevOps Pipelines: An Industry Case Study. In: Product-Focused Software Process Improvement. Hrsg.: M. Morisio; M. Torchiano; A. Jedlitschka. Lecture Notes in Computer Science; Bd. 12562. Springer, Cham [u. a.] 2020, S. 434 – 452.

MÜLLER, K.-R.: IT-Sicherheit mit System. Integratives IT-Sicherheits-, Kontinuitäts- und Risikomanagement – Sichere Anwendungen – Standards und Practices. 6., erw. u. überarb. Auflage. Springer Vieweg, Wiesbaden 2018.

MULLET, V.; SONDI, P.; RAMAT, E.: A Review of Cybersecurity Guidelines for Manufacturing Factories in Industry 4.0. In: IEEE Access 9 (2021) 20324258, S. 23235 – 23263.

NACHREINER, F.: Methoden empirischer Forschung in der Arbeitswissenschaft. In: Handbuch Arbeitswissenschaft. Hrsg.: W. Volpert; T. Müller. Schäffer-Poeschel, Stuttgart 1997, S. 87 – 124.

NAGEL, L.-M.; VERFÜRDEN, M.: Schutz vor Hackerangriffen – acht Grundregeln, die Unternehmen beachten sollten. Digitale Sicherheit. Handelsblatt online, 23.10.2021. https://hbapp.handelsblatt.com/cmsId/27725666.html (Link zuletzt geprüft: 18.06.2022)

NARAYANAN, S.; GANESAN, A.; JOSHI, K.; OATES, T.; JOSHI, A.; FININ, T.: Early Detection of Cybersecurity Threats Using Collaborative Cognition. IEEE 4th International Conference on Collaboration and Internet Computing. 2018, 10 S. https://www.researchgate.net/publication/329064578_Early_Detection_of_Cybersecurity_Threats_Using_Collaborative_Cognition (Link zuletzt geprüft: 18.06.2022)

NATIONAL INSTRUMENTS (HRSG.): Best Practices bei Verwendung mehrerer Netzwerkkarten mit Produkten von NI. 04.02.2020. https://www.ni.com/de-de/support/documentation/supplemental/11/best-practices-for-using-multiple-network-interfaces--nics--with.html (Link zuletzt geprüft: 18.06.2022)

NAUSE, M.; HÖWING, F.: Funktionale Sicherheit als Vorbild Softwareentwicklung in Automotive Security. In: ATZ elektronik 11 (2016) 3, S. 58 – 61.

NEITZEL, E.: Ein informationssicherheitsoptimiertes Geschäftsprozessmanagement-Rahmenwerk für föderierte Organisationsstrukturen. Magdeburg, Univ., Diss., 2015. https://opendata.uni-halle.de/bitstream/1981185920/11910/1/01%20-%202015-02-24-Diss-Neitzel.pdf (Link zuletzt geprüft: 18.06.2022)

NEUMANN, L.: Menschliche Faktoren in der IT-Sicherheit. In: Security Einfach Machen. IT-Sicherheit als Sprungbrett für die Digitalisierung. Hrsg.: F. Abolhassan. Springer Gabler, Wiesbaden 2017, S. 85 – 99.

NEUSCHMIED, H.; WINTER, M.; HOFER-SCHMITZ, K.; STOJANOVIC, B.; KLEB, U.: Two Stage Anomaly Detection for Network Intrusion Detection. In: Proceedings of the 7th International Conference on Information Systems Security and Privacy. Hrsg.: P. Mori; G. Lenzini; S. Furnell. Scitepress – Science and Technology Publications, Setúbal 2021, S. 450 – 457.

NIENKE, S.: Ontologie für Energieinformationssysteme produzierender Unternehmen. Schriftenreihe Rationalisierung; Bd. 156. RHrsg.: G. Schuh. Apprimus, Aachen 2018. – Aachen, Techn. Hochsch., Diss., 2018.

NIKLAS, C.: Digitaler PM-Assistent, schreib das Protokoll! 31.05.2018. https://www.projektmagazin.de/meilenstein/projektmanagement-blog/digitaler-pm-assistent-schreib-das-protokoll_1129338 (Link zuletzt geprüft: 18.06.2018).

NIST SP 800-53: Recommended Security Controls for Federal Information Systems. Special Publication. National Institute of Standards and Technology, Gaithersburg 2006.

NIST SP 800-55: Performance Measurement Guide for Information Security. Special Publication. National Institute of Standards and Technology, Gaithersburg 2008. [=2008a]

NIST SP 800-64 - Security Considerations in the System Development Life Cycle. Special Publication. National Institute of Standards and Technology, Gaithersburg 2008. [=2008b]

SP 800-30 Rev. 1: Guide for Conducting Risk AssessmentsInformation Security NIST SP 800-30. National Institute of Standards and Technology, Gaithersburg, September 2012.

SP 800-53A Rev. 4: Assessing Security and Privacy Controls in Federal Information Systems and Organizations. Building Effective Assessment Plans. National Institute of Standards and Technology, Gaithersburg, 18.12.2014.

SP 800-82 Rev. 2: Guide to Industrial Control Systems (ICS) Security. National Institute of Standards and Technology, Gaithersburg, Mai 2015.

NIST (HRSG.): Framework for Improving Critical Infrastructure Cybersecurity: Version 1.1. National Institute of Standards and Technology, Gaithersburg (MD), 16.04.2018. https://nvlpubs.nist.gov/nistpubs/cswp/nist.cswp.04162018.pdf (Link zuletzt geprüft: 18.06.2022)

NIST (HRSG.): Baldrige Cybersecurity Excellence Builder. Key questions for improving your organization's cybersecurity performance. Version 1.1. National Institute of Standards and Technology, Gaithersburg (MD), März 2019. https://www.nist.gov/system/files/documents/2019/03/24/baldrige-cybersecurity-excellence-builder-v1.1.pdf (Link zuletzt geprüft: 18.06.2022)

NIST SP 800-137A: Assessing Information Security Continuous Monitoring (ISCM) Programs: Developing an ISCM Program Assessment. National Institute of Standards and Technology, Gaithersburg (MD), Mai 2020. [=2020a]

NIST SP 800-53: Control Baselines for Information Systems and Organizations. National Institute of Standards and Technology, Gaithersburg (MD), 29.10.2020. [=2020b]

NIST SP 800-53 Rev. 5: Security and Privacy Controls for Information Systems and Organizations. National Institute of Standards and Technology, Gaithersburg (MD), September 2020. [=2020c]

NISTIR 7693: Specification for Asset Identification 1.1 –. Authors: John Wunder (MITRE), Adam Halbardier (BAH), David Waltermire (NIST). National Institute of Standards and Technology, Gaithersburg (MD), Juni 2011.

NOHL, J.; THIEMECKE, H.: Systematik zur Durchführung von Gefährdungsanalysen, Teil I: Theoretische Grundlagen. Schriftenreihe der Bundesanstalt für Arbeitsschutz / Forschung; Fb Nr. 536. Wirtschaftsverl. NW Verl. für Neue Wiss, Dortmund 1988.

NOKIA (HRSG.): The Coming of Age of IoT Botnets. Espoo 2018. http://www.utcamericalatina.org/novoSite/wp-content/uploads/2020/10/Nokia_The_coming_of_age_of_IoT_botnets_white_paper_EN.pdf (Link zuletzt geprüft: 18.06.2022)

NUNES-VAZ, R.; LORD, S.: Designing physical security for complex infrastructures. In: International Journal of Critical Infrastructure Protection 7 (2014) 3, S. 178 – 192.

OBERMAIER, R.: Industrie 4.0 und Digitale Transformation als unternehmerische Gestaltungsaufgabe. In: Handbuch Industrie 4.0 und Digitale Transformation. Betriebswirtschaftliche, technische und rechtliche Herausforderungen. Hrsg.: R. Obermaier. Springer Gabler, Wiesbaden 2019, S. 3 – 46.

OBJECT MANAGEMENT GROUP (HRSG.): Business Motivation Model. Version 1.3. Mai 2015. https://www.omg.org/spec/BMM/1.3/PDF (Link zuletzt geprüft: 18.06.2022)

OEDEKOVEN, D.: Nutzenpotenziale harmonisierter Stammdaten in den Prozessen der Auftragsabwicklung von Auftragsfertigern. Schriftenreihe Rationalisierung; Bd. 110. RHrsg.: G. Schuh. Apprimus, Aachen 2011. Zugl.: Aachen, Techn. Hochsch., Diss., 2011.

OLEFF, A.; MALESSA, N.: Strategischer Ansatz zur Industrie 4.0-Transformation. In: ZWF – Zeitschrift für wirtschaftlichen Fabrikbetrieb 113 (2018) 3, S. 173 – 177.

OPEN INDUSTRY 4.0 ALLIANCE (HRSG.): Open Industry 4.0 Alliance General White Paper. Hrsg.: c/o Endress+Hauser Process Solutions AG. 2019. https://openindustry4.com/fileadmin/Dateien/Downloads/2019_11_20_OI4_Whitepaper_General.pdf (Link zuletzt geprüft: 18.06.2022) [=2019a]

OPEN INDUSTRY 4.0 ALLIANCE (HRSG.): Industrial Cybersecurity Design Principles. End-to-End Protection of Industrial Assets in a Multi-vendor Scenario. Version 1.4.Hrsg.: c/o Endress+Hauser Process Solutions AG. 2019. https://www.hannovermesse.de/apollo/hannover_messe_2021/obs/Binary/A1088578/Whitepaper_Industrial%20Cyber-Security%20Design%20Principles.pdf (Link zuletzt geprüft: 18.06.2022) [=2019b]

OSTERHAGE, W. W.: Sicherheitskonzepte in der mobilen Kommunikation. Drahtlose Kommunikation – Protokolle und Gefahren. Springer Vieweg, Berlin [u. a.] 2018.

ÖSTERLE, H.; BECKER, J.; FRANK, U.; HESS, T.; KARAGIANNIS, D.; KRCMAR, H.; LOOS, P.; MERTENS, P.; OBERWEIS, A.; SINZ, E. J.: Memorandum zur gestaltungsorientierten Wirtschaftsinformatik. In: Schmalenbachs Zeitschrift für betriebswirtschaftliche Forschung 62 (2010) 6, S. 664 – 672.

OTT, S.: Konzept zur methodischen System-Modellierung in der anforderungsgerechten Produktentwicklung. Berichte zum Generic-Management; Bd. 2009,3. Shaker, Aachen 2009. – Zugl.: Wuppertal, Univ., Diss., 2009.

OZKAN, B. Y.; SPRUIT, M.: Cybersecurity Standardisation for SMEs. In: International Journal of Standardization Research 17 (2019) 2, S. 41 – 72.

PANTFÖRDER, D.; MAYER, F.; DIEDRICH, C.; GÖHNER, P.; WEYRICH, M.; VOGEL-HEUSER, B.: Agentenbasierte dynamische Rekonfiguration von vernetzten intelligenten Produktionsanlagen – Evolution statt Revolution. In: Industrie 4.0 in Produktion, Automatisierung und Logistik. Anwendung, Technologien, Migration. Hrsg.: T. Bauernhansl; M. ten Hompel; B. Vogel-Heuser. Springer Gabler, Wiesbaden 2014, S. 145 – 158.

PARRY, R.: An assessment of the risk of service supplier bankruptcies as a cybersecurity threat. IntechOpen, 20.01.2021. https://www.intechopen.com/chapters/74885 (Link zuletzt geprüft: 19.06.2022)

PAWŁOWSKI, T.: Begriffsbildung und Definition. Nachdruck 2016. De Gruyter, Berlin [u. a.] 1980.

PEDLEY, D.; BORGES, T.; BOLLEN, A.; NAVIN SHAH, J.; DONALDSON, S.; FURNELL, S. CROZIER, D.: Cyber security skills in the UK labour market 2020. Hrsg.: Department for Digital, Culture, Media & Sport | GOV.UK 2020. https://www.gov.uk/government/publications/cyber-security-skills-in-the-uk-labour-market-2020/cyber-security-skills-in-the-uk-labour-market-2020

PELINO, M.; HEWITT, A.: The Forrester Wave. IoT Software Platforms. https://slidex.tips/download/res136087-de (Link zuletzt geprüft: 19.06.2022)

PERSEUS (HRSG.): [Glossar] Authentisierung, Authentifizierung und Autorisierung. https://www.perseus.de/wissen/glossar/glossarbegriff/authentisierung-authentifizierung-und-autorisierung/ (Link zuletzt geprüft: 19.06.2022)

PETRLIC, R.; SORGE, C.: Identitätsmanagement. In: Datenschutz. Einführung in technischen Datenschutz, Datenschutzrecht und angewandte Kryptographie. Hrsg.: R. Petrlic; C. Sorge. Springer Vieweg, Wiesbaden 2017, S. 67 – 75.

PHADERMROD, B.; CROWDER, R. M.; WILLS, G. B.: Importance-Performance Analysis based SWOT analysis. In: International Journal of Information Management 44 (2019) 1503, S. 194 – 203.

PHILIPP, A.; DEFFNER, V.: Identitäten für Maschinen und Steuerungen. Sicherheit in IIoT-Umgebungen. 18.05.2020. https://www.industry-of-things.de/identitaeten-fuer-maschinen-und-steuerungen-a-929425/ (Link zuletzt geprüft: 19.06.2022)

PICOT, A.; REICHWALD, R.; WIGAND, R. T.: Information, organization and management. Springer, Berlin [u. a.] 2008.

PILLER, E.: Beschaffung unter Berücksichtigung der IT-Sicherheit. Wichtigkeit, Herausforderungen und Maßnahmen. Springer Vieweg, Wiesbaden 2017.

PIRC, J.; DESANTO, D.; DAVISON, I.: Threat Forecasting. Leveraging big data for predictive analysis. Elsevier Science, Cambridge (MA) 2016.

POGUNTKE, W.: Basiswissen IT-Sicherheit. Das Wichtigste für den Schutz von Systemen und Daten. 3. Auflage. Springer Campus, Berlin [u. a.] 2017.

POHLMANN, N.: Cyber-Sicherheit. Das Lehrbuch für Konzepte, Prinzipien, Mechanismen, Architekturen und Eigenschaften von Cyber-Sicherheitssystemen in der Digitalisierung. Springer Vieweg, Wiesbaden 2019.

PONEMON INSTITUTE (HRSG.): Cost of cyber crime study. Insights on the security investments that make a difference. Hrsg.: Accenture. 2017. https://www.accenture.com/_acnmedia/pdf-81/accenture-health-cost-of-cyber-crime-study.pdf (Link zuletzt geprüft: 19.06.2022)

POPPER, K.: Logik der Forschung. Zur Erkenntnistheorie der Modernen Naturwissenschaft. Springer, Wien [u. a.] 1935.

POTTER, B.: Microsoft SDL Threat Modelling Tool. In: Network Security 2009 (2009) 1, S. 15 – 18.

PROBST, G. J. B.; GOMEZ, P.: Vernetztes Denken. Ganzheitliches Führen in der Praxis. 2., erw. Auflage. Gabler, Wiesbaden 1991.

PUTRA, I. M. M.; MUTIJARSA, K.: Designing Information Security Risk Management on Bali Regional Police Command Center Based on ISO 27005. In: The 3rd 2021 East Indonesia Conference on Computer and Information Technology (EIConCIT). 9–11 April 2021, Surabaya, Indonesia, (virtual conference). Hrsg.: R. Alfred. IEEE, Piscataway (NJ) 2021, S. 14 – 19.

RAFFÉE, H.: Grundprobleme der Betriebswirtschaftslehre. 9., unveränd. Nachdr. der 1. Auflage. Vandenhoeck und Ruprecht, Göttingen 1995.

RAPTIS, T. P.; PASSARELLA, A.; CONTI, M.: Data Management in Industry 4.0: State of the Art and Open Challenges. In: IEEE Access (2019) 7, S. 97052 – 97093.

RAUSAND, M.: Risk Assessment. Theory, Methods, and Applications. Wiley, Hoboken (NJ) 2013.

RECHEL, V.: Cybersicherheit: Wo anfangen und wo aufhören? https://www.informatik-aktuell.de/betrieb/sicherheit/cybersicherheit-wo-anfangen-und-wo-aufhoeren.html (Link zuletzt geprüft: 19.06.2022)

REFERENTENENTWURF DES BUNDESMINISTERIUMS DES INNERN, FÜR BAU UND HEIMAT (HRSG.): Entwurf eines Zweiten Gesetzes zur Erhöhung der Sicherheit informationstechnischer Systeme. Zweites IT-Sicherheitsgesetz – IT-SiG 2.0. Berlin, 16.12.2020. https://www.bmi.bund.de/SharedDocs/gesetzgebungsverfahren/DE/entwurf-zweites-it-sicherheitsgesetz.html (Link zuletzt geprüft: 19.06.2022)

REIDT, A.: Referenzarchitektur eines integrierten Informationssystems zur Unterstützung der Instandhaltung.Universitätsbibliothek der TU München, München 2019. – Zugl.: München, Techn. Univ., Diss., 2019.

REINHART, G.; ZÜLKE, D.: Von CIM zu Industrie 4.0. In: Handbuch Industrie 4.0. Geschäftsmodelle, Prozesse, Technik. Hrsg.: G. Reinhart. Hanser, München [u. a.] 2017, S. XXXI – XL.

REPPNER, M.: BSI-Grundschutz: zu komplex, zu aufwändig, zu deutsch. ZDnet online, 11.01.2010. https://www.zdnet.de/41525300/bsi-grundschutz-zu-komplex-zu-aufwaendig-zu-deutsch/ (Link zuletzt geprüft: 19.06.2022)

RESCHKE, S.: Industrie 4.0. Das Fraunhofer-Institut für Naturwissenschaftlich-Technische Trendanalysen berichtet über neue Technologien. In: Europäische Sicherheit & Technik 65 (2016) 5, S. 85.

RINARD, M.; CADAR, C.; DUMITRAN, D.; ROY, D. M.; LEU, T.: A Dynamic Technique for Eliminating Buffer Overflow Vulnerabilities (and Other Memory Errors). In: Proceedings / 20th Annual Computer Security Applications Conference. 6 - 10 December 2004, Tucson, Arizona. IEEE Computer Society, Los Alamitos (CA) 2004, S. 82 – 90.

ROMEIKE, F.: Risikomanagement. Springer Gabler, Wiesbaden 2018.

ROPOHL, G.: Allgemeine Systemtheorie. Einführung in transdisziplinäres Denken. Edition Sigma, Berlin 2012.

ROSA, L.; CRUZ, T.; FREITAS, M. B. DE; QUITÉRIO, P.; HENRIQUES, J.; CALDEIRA, F.; MONTEIRO, E.; SIMÕES, P.: Intrusion and anomaly detection for the next-generation of industrial automation and control systems. In: Future Generation Computer Systems 119 (2021) 1, S. 50 – 67.

ROSEMANN, M.; VAN DER AALST, W.: A configurable reference modelling language. In: Information Systems 32 (2007) 1, S. 1 – 23.

RSI SECURITY (HRSG.): Cybersecurity Architecture Principles: What you need to know. 10.06.2020. https://blog.rsisecurity.com/cybersecurity-architecture-principles-what-you-need-to-know/ (Link zuletzt geprüft: 19.06.2022)

RUBIO, J. E.; ROMAN, R.; LOPEZ, J.: Analysis of Cybersecurity Threats in Industry 4.0: The Case of Intrusion Detection. In: [Proceedings] 12th International Conference, CRITIS 2017, Lucca, Italy, October 8–13, 2017, Revised Selected Papers. . Hrsg.: G. D'Agostino; A. Scala. Lecture Notes in Computer Science; Bd. 10707. Springer, Cham [u. a.] 2018, S. 119 – 130.

RÜEGG-STÜRM, J.; GRAND, S.: Das St. Galler Management-Modell. 4. Generation – Einführung. Haupt, Bern [u. a.] 2014.

RÜHL, U.: Die Ziele von Business-Continuity-Management. In: Quick Guide Erfolgreiches Business-Continuity-Management. Wie Sie Geschäftsunterbrechungen überleben und gestärkt in die Zukunft gehen. Hrsg.: U. Rühl. Quick Guide. Springer Gabler, Berlin [u. a.] 2021, S. 13 – 25.

SAGER, T.: Auditing, Assessing, Analyzing. A Prioritized Approach using the Pareto Principle. Hrsg.: CIS Controls – Center for Internet Security. East Greenbush (NY) 2018. https://www.cisecurity.org/wp-content/uploads/2018/01/Pareto-Principle.pdf

SALAM, A.: Internet of Things for Sustainability: Perspectives in Privacy, Cybersecurity, and Future Trends. In: Internet of Things for Sustainable Community Development: Wireless Communications, Sensing, and Systems. Hrsg.: A. Salam. Springer, Cham [u. a.] 2020, S. 299 – 327.

SALTZER, J. H.; SCHRODER, M. D.; SCHROEDER, M. D.: The protection of information in computer systems. In: Proceedings of the IEEE. Communications of the ACM. ACM Press, New York 1975, S. 1278 – 1308.

SANDROCK, J.: System Dynamics in der strategischen Planung. Zur Gestaltung von Geschäftsmodellen im E-Learning. Deutscher Universitäts-Verlag, Wiesbaden 2006. – Zugl.: Karlsruhe, Techn. Hochsch., Diss., 2005.

SANS INSTITUTE (HRSG.): SCORE. Checklists & Step-by-Step Guides. https://www.sans.org/score/checklists (Link zuletzt geprüft: 19.06.2022)

SANS INSTITUTE (HRSG.): SANS Faculty Free Tools. Bethesda (MD) 2020. https://www.sans.org/img/free-faculty-tools.pdf (Link zuletzt geprüft: 19.06.2022)

SCHALLMO, D.; RUSNJAK, A.: Roadmap zur Digitalen Transformation von Geschäftsmodellen. In: Digitale Transformation von Geschäftsmodellen. Grundlagen, Instrumente und Best Practices. Hrsg.: D. Schallmo; A. Rusnjak; J. Anzengruber; T. Werani; M. Jünger. Springer Gabler, Wiesbaden 2017, S. 1 – 31.

SCHEBEK, L.; KANNENGIEßER, J.; CAMPITELLI, A.; FISCHER, J. ET AL.: Ressourceneffizienz durch Industrie 4.0. Potenziale für KMU des verarbeitenden Gewerbes. VDI Zentrum Ressourceneffizienz GmbH, Berlin, Juni 2017. https://www.ressource-deutschland.de/fileadmin/Redaktion/Bilder/Newsroom/Studie_Ressourceneffizienz_durch_Industrie_4.0.pdf (Link zuletzt geprüft: 19.06.2022)

SCHEER, A.-W.: Industrie 4.0. Von der Vision zur Implementierung. Whitepaper; Nr. 5. Mai 2015. https://www.researchgate.net/profile/August-Wilhelm-Scheer/publication/281117017_Industrie_40_Von_der_Vision_zur_Implementierung/links/55d7109508aeb38e8a849ec5/Industrie-40-Von-der-Vision-zur-Implementierung.pdf (Link zuletzt geprüft: 19.06.2022)

SCHEIBMAYER, M.: Bestimmung von Zielgrößen für die Produktstammdatenqualität in produzierenden Unternehmen. Schriftenreihe Rationalisierung; Bd. 130. RHrsg.: G. Schuh. Apprimus, Aachen 2014. Zugl.: Aachen, Techn. Hochsch., Diss., 2014.

SCHINAGL, S.; SHAHIM, A.: What do we know about information security governance? In: Information & Computer Security 28 (2020) 2, S. 261 – 292.

SCHLICK, J.; STEPHAN, P.; LOSKYLL, M.; LAPPE, D.: Industrie 4.0 in der praktischen Anwendung. In: Industrie 4.0 in Produktion, Automatisierung und Logistik. Hrsg.: T. Bauernhansl; M. ten Hompel; B. Vogel-Heuser. Springer Vieweg, Wiesbaden 2014, S. 57 – 84.

SCHLICK, J.; STEPHAN, P.; ZÜHLKE, D.: Produktion 2020. Auf dem Weg zur 4. industriellen Revolution. In: Industrie 4.0: Wie sehen Produktionsprozesse im Jahr 2020 aus? Hrsg.: A.-W. Scheer. IMC AG, Saarbrücken 2013, S. 12 – 21. https://www.researchgate.net/profile/August-Wilhelm-Scheer/publication/277717764_Industrie_40_-_Wie_sehen_Produktionsprozesse_im_Jahr_2020_aus/links/55ee9e5608ae0af8ee1a1d72/Industrie-40-Wie-sehen-Produktionsprozesse-im-Jahr-2020-aus.pdf (Link zuletzt geprüft: 19.06.2022)

SCHMID, L.; GRÄFE, A.; MICHALSKI, T.: IT-Sicherheit Basics. Modul-Handbuch. OTH mind – BMBF-Verbundprojekt. Ostbayerische Technische Hochschule, Amberg-Weiden 2019. https://www.oth-aw.de/files/oth-aw/Forschung/Forschungsprojekte/OTH_mind/Kursunterlagen/modulare_Weiterbildung/IT-Sicherheit_Basics/Modulhandbuch_IT-Sicherheit_Basics_final.pdf (Link zuletzt geprüft: 19.06.2022)

SCHMIDT-SUDHOFF, U.: Unternehmerziele und unternehmerisches Zielsystem. Betriebswirtschaftliche Beiträge; Bd. 10. Gabler, Wiesbaden 1967.

SCHMITZ, C.; PAPE, S.: LiSRA: Lightweight Security Risk Assessment for decision support in information security. In: Computers & Security 90 (2020) 101656, S. 1 – 27.

SCHMITZ, C.; SEKULLA, A.; PAPE, S.: Asset-Centric Analysis and Visualisation of Attack Trees. In: Graphical Models for Security. Hrsg.: Harley Eades III, Olga Gadyatskaya. Springer, Cham [u. a.] 2020, S. 45 – 64.

SCHMITZ, S.: Bewertbarkeit des Reifegrads vom Informationsmanagement in produzierenden Unternehmen in Industrie-4.0-Umgebungen. Schriftenreihe Rationalisierung; Bd. 159. RHrsg.: G. Schuh. Apprimus, Aachen 2018. Zugl.: Aachen, Techn. Hochsch., Diss., 2018

SCHNEEWEIß, C.: Planung; Teil 2: Konzepte der Prozeß- und Modellgestaltung. Springer, Berlin [u. a.] 1992.

SCHNEIDER, B.: Erfolgsfaktoren für Geschäftsmodelle in Industrie 4.0. Arbeitsbericht. Universität Stuttgart, Stuttgart 2017. https://docplayer.org/69183146-Erfolgsfaktoren-fuer-geschaeftsmodelle-in-industrie-arbeitsbericht.html (Link zuletzt geprüft: 19.06.2022)

SCHNEIER, B.: The Process of Security. Schneier on Security. April 2000. https://www.schneier.com/essays/archives/2000/04/the_process_of_secur.html (Link zuletzt gepüft: 19.06.2022)

SCHNIEDER, L.: Systematik des Entwurfs und der Implementierung angriffssicherer Systeme. In: Schutz Kritischer Infrastrukturen im Verkehr. Security Engineering als ganzheitlicher Ansatz. Hrsg.: L. Schnieder. 3. Auflage. Springer Vieweg, Wiesbaden 2021, S. 27 – 35.

SCHOMBURG, E.: Entwicklung eines betriebstypologischen Instrumentariums zur systematischen Ermittlung der Anforderungen an EDV-gestützte Produktionsplanungs- und -steuerungssysteme im Maschinenbau. Aachen, Techn. Hochsch., Diss., 1980.

SCHRÖDER, C.: The challenges of industry 4.0 for small and medium-sized enterprises. Friedrich-Ebert-Stiftung, Division for Economic and Social Policy, Bonn 2016. https://library.fes.de/pdf-files/wiso/12683.pdf (Link zuletzt geprüft: 19.06.2022)

SCHUH, G.; ANDERL, R.; DUMITRESCU, R.; KRÜGER, A.; MICHAEL, T. H. (Hrsg.): Industrie 4.0 Maturity Index. Die digitale Transformation von Unternehmen gestalten – UPDATE 2020. Acatech – Deutsche Akademie der Technikwissenschaften e. V, München 2020. https://www.acatech.de/publikation/industrie-4-0-maturity-index-update-2020/download-pdf/?lang=de (Link zuletzt geprüft: 19.06.2022) [=2020a]

SCHUH, G.; BLEIDER, M.; HOFFMANN, J.; HARTARD, E.; HEISENBERGER, P.; ZELLER, V.: Systematic Analysis of IT Complexity Challenges Hindering the Implementation of Industrie 4.0 Roadmaps. In: Proceedings of the 2019 the 5th International Conference on e-Society, e-Learning and e-Technologies – ICSLT 2019. Hrsg.: ICIMP. ACM Press, New York 2019, S. 104 – 108.

SCHUH, G.; ENGLÄNDER, J.; KAMINSKI, L.; HICKING, J.; BÜLSKÄMPER, M.: Derivation Of Counter-Measures For Industry 4.0 Environments And Cyber-Physical Production Systems Based On Their Cyber-Security Vulnerabilities. In: Proceedings of the 2nd Conference on Production Systems and Logistics (CPSL 2021). Hrsg.: D. Herberger; M. Hübner. Institutionelles Repositorium der Leibniz Universität Hannover; Hannover 2021, S. 394 – 404.

SCHUH, G.; HICKING, J.; ENGLÄNDER, J.; ZELLER, V.; PERAU, M.: Helping companies to evaluate their status quo in information security with a serious gaming-based economical quantification approach. In: Procedia CIRP 93 (2020) 1, S. 587 – 592. [=2020b]

SCHUH, G.; HOFFMANN, J.; GRUBER, M.; ZELLER, V.: Managing IT-Complexity in the Manufacturing Industry. An Agenda for Action. In: Journal on Systemics, Cybernetics and Informatics 15 (2017) 2, S. 61 – 65. [=2017a]

SCHUH, G.; STICH, V.; BASSE, F. H.; FRANZKOCH, B.; HARZENETTER, F.; LUCKERT, M.; PROTE, J.-P.; RESCHKE, J.; SCHMITZ, S.; TÜCKS, G.; WEIßKOPF, J.: Change Request im Produktionsbetrieb. In: Internet of Production für agile Unternehmen: AWK Aachener Werkzeugmaschinen-Kolloquium 2017, 18. bis 19. Mai 2017, Aachen. Hrsg.: C. Brecher; F. Klocke; R. Schmitt; G. Schuh. Apprimus, Aachen 2017, S. 109 – 131. [=2017b]

SCHUH, G.; STICH, V.; ZELLER, V.: Einleitung – Digitalisierungs- und Informationsmanagement für produzierende Unternehmen. In: Digitalisierungs- und Informationsmanagement. Reihe Handbuch Produktion und Management; Bd. 9. Hrsg.: G. Schuh; V. Zeller; V. Stich. Springer, Berlin [u. a.] 2022, S. 1 – 15.

SCHULTE-ZURHAUSEN, M.: Organisation. 6., überarb. u. aktualis. Auflage. Vahlen, München 2010.

SCHULZ, T.: Referenzarchitektur und Industrie-4.0-Komponente. In: Normen und Standards für die digitale Transformation. Werkzeuge, Praxisbeispiele und Entscheidungshilfen für innovative Unternehmen, Normungsorganisationen und politische Entscheidungsträger. Hrsg.: A. Mangelsdorf; P. Weiler. De Gruyter Oldenbourg, München [u. a.] 2019, S. 37 – 52.

SCHUMACHER, T.: Innovation schützt. Skalieren. Schulen. Zusammenarbeiten. Wie Sie mehr aus Cybersecurity.Investitionen herausholen. Hrsg.: Accenture. 2020. https://www.accenture.com/_acnmedia/PDF-130/Accenture-State-of-Cyber-Resilience-AT.pdf (Link zuletzt geprüft: 19.06.2022)

SCHÜTTE, R.: Grundsätze ordnungsmäßiger Referenzmodellierung. Konstruktion konfigurations- und anpassungsorientierter Modelle. Neue betriebswirtschaftliche Forschung; Bd. 233. Gabler Verlag, Wiesbaden 1998. – Zugl.: Münster (Westfalen), Univ., Diss., 1997.

SCHÜTZ, A.: Komplexität von IT-Architekturen. Konzeptualisierung, Quantifizierung, Planung und Kontrolle. Springer Gabler, Wiesbaden 2017.

SCHWEGLER, R.: Moralisches Handeln von Unternehmen. Eine Weiterentwicklung des neuen St. Galler Management-Modells und der Ökonomischen Ethik. Gabler / GWV Fachverlage, Wiesbaden 2009. Zugl.: Aachen, Techn. Hochsch., Diss., 2007.

SEAMAN, J.: Physical Security. In: Protective Security. Creating Military-Grade Defenses for Your Digital Business. Hrsg.: J. Seaman. Apress, New York 2021, S. 357 – 399.

SERRANO, J. P.; PEREIRA, R. F.: Improvement of IT Infrastructure Management by Using Configuration Management and Maturity Models: A Systematic Literature Review and a Critical Analysis. In: Organizacija 53 (2020) 1, S. 3 – 19.

SERROR, M.; HACK, S.; HENZE, M.; SCHUBA, M.; WEHRLE, K.: Challenges and Opportunities in Securing the Industrial Internet of Things. In: IEEE Transactions on Industrial Informatics 17 (2021) 5, S. 2985 – 2996.

SHAFER, S. M.; SMITH, H. J.; LINDER, J. C.: The power of business models. In: Business Horizons 48 (2005) 3, S. 199 – 207.

SHAHAB, A.; ALENEZI, M.; NADEEM, M.; ASIF, R.: An automated approach to fix buffer overflows. In: International Journal of Electrical and Computer Engineering (IJECE) 10 (2020) 4, S. 3778 – 3788.

SHAMELI-SENDI, A.; AGHABABAEI-BARZEGAR, R.; CHERIET, M.: Taxonomy of information security risk assessment (ISRA). In: Computers & Security 57 (2016) 1, S. 14 – 30.

SHIRAZI, A.; KAZEMI, M.: A New Model for Information Security Risk Management. In: ICT for an Inclusive World. Industry 4.0–Towards the Smart Enterprise. Hrsg.: Y. Baghdadi ; A. Harfouche; M. Musso. Springer, Cham [u. a.] 2020, S. 551 – 566.

SHOJAIFAR, A.; FRICKER, S. A.; GWERDER, M.: Elicitation of SME Requirements for Cybersecurity Solutions by Studying Adherence to Recommendations. 16.07.2020. https://arxiv.org/pdf/2007.08177 (Link zuletzt geprüft: 19.06.2022)

SHOSTACK, A.: Threat modeling. Designing for security. Wiley, Indianapolis (IN) 2014.

SHOWAIL, A. J.: Internet of Things Security and Privacy. In: Internet of Things. Cases and Studies. Hrsg.: F. Pedro García Márquez; B. Lev. Springer, Cham [u. a.] 2021, S. 1 – 14.

SIEPMANN, D.; GRAEF, N.: Industrie 4.0 – Grundlagen und Gesamtzusammenhang. In: Einführung und Umsetzung von Industrie 4.0. Grundlagen, Vorgehensmodell und Use Cases aus der Praxis. Hrsg.: A. Roth. Springer Gabler, Berlin [u. a.] 2016, S. 17 – 82.

SIKOS, L. F.: OWL Ontologies in Cybersecurity: Conceptual Modeling of Cyber-Knowledge. In: AI in cybersecurity. Hrsg.: L. F. Sikos. Intelligent Systems Reference Library; Bd. 151. Springer, Cham [u. a.] 2019, S. 1 – 17.

SILIC, M.; BACK, A.: Shadow IT – A view from behind the curtain. In: Computers & Security 45 (2014) 1, S. 274 – 283.

SIMIC, D.: IT-Sicherheitsanalysen. Ein prozessorientiertes Vorgehensmodell. De Gruyter Oldenbourg, Berlin [u. a.] 2017. – Zugl.: Koblenz-Landau, Univ., Diss., 2017.

SIMON, K.; MOUCHA, C.: Sicherheit und Datenschutz im Lebenszyklus von Informationssystemen. In: DuD – Datenschutz und Datensicherheit 43 (2019) 2, S. 97 – 101.

SMITH, B.: A moment of reckoning: the need for a strong and global cybersecurity response. 17.12.2020. https://blogs.microsoft.com/on-the-issues/2020/12/17/cyberattacks-cybersecurity-solarwinds-fireeye/ (Link zuletzt geprüft: 19.06.2022)

SMITH, J.: 35 Best Log Management Tools & Software (Dec 2021 List). 06.06.2022. https://www.guru99.com/log-management-software.html (Link zuletzt geprüft: 19.06.2022)

SMITH, R.: A contemporary look at Saltzer and Schroeder's 1975 design principles. In: IEEE Security & Privacy Magazine 10 (2012) 6, S. 20 – 25.

SOLOW, R. M.: We'd Better Watch Out. In: New York Times, 12.07.1987, S. 36. http://digamo.free.fr/solow87.pdf (Link zuletzt geprüft: 19.06.2022

SOOD, S. K.: Mobile fog based secure cloud-IoT framework for enterprise multimedia security. In: Multimedia Tools and Applications 79 (2020) 15-16, S. 10717 – 10732.

SOWA, A.: Management der Informationssicherheit. Kontrolle und Optimierung. Springer Vieweg, Wiesbaden [u. a.] 2017.

SOWA, J. F.; ZACHMAN, J. A.: Extending and formalizing the framework for information systems architecture. In: IBM Systems Journal 31 (1992) 3, S. 590 – 616.

STACH, M.; HEINZLER, S.; PFEIFER, J.: Der Digitale Zwilling kann auch steuern. In: ZWF – Zeitschrift für wirtschaftlichen Fabrikbetrieb 116 (2021) 9, S. 619 – 621.

STACHOWIAK, H.: Allgemeine Modelltheorie. Springer, Wien [u. a.] 1973.

STACHOWIAK, H.: Modell. In: Handlexikon der Wissenschaftstheorie. Hrsg.: H. Seiffert; G. Radnitzky. 2. Auflage. dtv Wissenschaft; Bd. 4586. Deutscher Taschenbuch Verl., München 1994, S. 219 – 222.

STÖLBER, R.: Entsorgungskonzept für IT-Systeme. https://www.it-sicherheit.uni-bayreuth.de/de/Entsorgungskonzept-fuer-IT-Systeme/index.html (Link zuletzt geprüft: 19.06.2022)

STOUFFER, K.; FALCO, J.; SCARFONE, K.: Guide to Industrial Control Systems (ICS) Security : Supervisory Control and Data Acquisition (SCADA) Systems, Distributed Control Systems (DCS), and Other Control System Configurations such as Programmable Logic Controllers (PLC) 2013.

STROHMEIER, S.: Informationssysteme im Personalmanagement. Architektur, Funktionalität, Anwendung. Vieweg + Teubner, Wiesbaden 2008.

STRÜVE, J.: Richtlinie nach § 75b SGB V über die Anforderungen zur Gewährleistung der IT-Sicherheit. Hrsg.: KBV – Kassenärztliche Bundesvereinigung, Berlin, 16.12.2020. https://www.kbv.de/media/sp/RiLi___75b_SGB_V_Anforderungen_Gewaehrleistung_IT-Sicherheit.pdf (Link zuletzt geprüft: 19.06.2022)

STUDER, B.: Netzwerkmanagement und Netzwerksicherheit. Ein Kompaktkurs für Praxis und Lehre. vdf Hochschverl. an der ETH, Zürich 2010.

SWANAGAN, M.: The 3 Types Of Security Controls. https://purplesec.us/security-controls/#:~:text=There%20are%20three%20main%20types,or%20act%20as%20a%20deterrent. (letzter Zugriff: 07.02.2022)

SYED, R.: Cybersecurity vulnerability management: A conceptual ontology and cyber intelligence alert system. In: Information & Management 57 (2020) 6, S. 1 – 17.

SYNOPSYS (HRSG.): The 6 Most Common Threat Modeling Misconceptions. Plus tips to get your bearings straight. 2017. https://www.synopsys.com/content/dam/synopsys/sig-assets/ebooks/threat-modeling-misconceptions.pdf (Link zuletzt geprüft: 19.06.2022)

TALABIS, M. R. M.; MARTIN, J.: Information security risk assessments toolkit. Practical assessments throughdata collection and data analysis. Syngress, Waltham [u. a.] 2013.

TAO, F.; ZHANG, L.; VENKATESH, V. C.; LUO, Y.; CHENG, Y.: Cloud manufacturing: a computing and service-oriented manufacturing model. In: Proceedings of the Institution of Mechanical Engineers, Part B: Journal of Engineering Manufacture 225 (2011) 10, S. 1969 – 1976.

TELLER, K.-J.: Die Allgemeine Systemtheorie als Basis für Richtlinien zur Gestaltung von Management-Informationssystemen. Aachen, Techn. Hochsch., Diss., 1975.

TERENTIEV, A.: Fernwartung? Aber sicher. In: CITplus 23 (2020) 4, S. 25 – 27.

THE OPEN GROUP (HRSG.): Developing Architecture Views. TOGAF. https://pubs.opengroup.org/architecture/togaf8-doc/arch/chap31.html (Link zuletzt geprüft: 19.06.2022)

THIES, K. H. W.: Das IT-Security & Contingency Management. In: Management operationaler IT- und Prozess-Risiken. Hrsg.: K. H. W. Thies. Springer, Berlin [u. a.] 2008, S. 67 – 80. [=2008a]

THIES, K. H. W.: Präventiv-, Notfall-, K-Fall-Planung. In: Management operationaler IT- und Prozess-Risiken. Hrsg.: K. H. W. Thies. Springer, Berlin [u. a.] 2008, S. 99 – 127. [=2008b]

THOM, A.; MEIER, S.; HEIDMANN, P.: Anforderungsanalyse bei IT-Experten mittels Experience-Sample-Methode. In: Mensch und Computer 2015 – Usability Professionals. Hrsg.: A. Endmann; H. Fischer; M. Krökel. De Gruyter Oldenbourg, Berlin [u. a.] 2015, S. 133 – 143.

THOMAS, O.: Das Modellverständnis in der Wirtschaftsinformatik. Historie, Literaturanalyse und Begriffsexplikation. IWI, Saarbrücken 2005.

THOMAS, R. J.; CHOTHIA, T.: Learning from Vulnerabilities - Categorising, Understanding and Detecting Weaknesses in Industrial Control Systems. In: 2019 IEEE International Conference on Software Architecture. Proceedings: 25 – 29 March 2019, Hamburg, Germany. IEEE Computer Society, Conference Publishing Services, Los Alamitos (CA) 2019, S. 100 – 116.

THOMMEN, J.-P.; ACHLEITNER, A.-K.; GILBERT, D. U.; HACHMEISTER, D.; KAISER, G.: Allgemeine Betriebswirtschaftslehre. 8., vollst. überarb. Auflage. Springer Gabler, Wiesbaden 2017.

TIEDEMANN, J.: Digitalisierung der industriellen Dinge. In: Datenschutz und Datensicherheit - DuD – Datenschutz und Datensicherheit 45 (2021) 2, S. 83 – 89.

TORRES, J. M.; SARRIEGUI, J. M.; SANTOS, J.: Information Security Strategy Map: A holistic approach to manage and measure information security. In: Information security. 9th international conference, ISC 2006, Samos Island, Greece, August 30 – September 2, 2006: Proceedings. Hrsg.: D. Hutchison; T. Kanade; J. Kittler; J. M. Kleinberg; F. Mattern; J. C. Mitchell; M. Naor; O. Nierstrasz; C. Pandu Rangan; B. Steffen; M. Sudan; D. Terzopoulos; D. Tygar; M. Y. Vardi; G. Weikum; S. K. Katsikas; J. López; M. Backes; S. Gritzalis; B. Preneel. Springer, Berlin [u. a.] 2006, S. 1 – 16.

TRABELSI, S.; PLATE, H.; ABIDA, A.; BEN AOUN, M. M.; ZOUAOUI, A.; MISSAOUI, C.; GHARBI, S.; AYARI, A.: Mining social networks for software vulnerabilities monitoring. In: 2015 7th International Conference 2015. IEEE Press, Piscataway (NJ) 2015, S. 1 – 7.

TSCHERSICH, T.: Cyber Security – What´s next? In: Security Einfach Machen. IT-Sicherheit als Sprungbrett für die Digitalisierung. Hrsg.: F. Abolhassan. Springer Gabler, Wiesbaden 2017, 113 – 125.

TSIKNAS, K.; TAKETZIS, D.; DEMERTZIS, K.; SKIANIS, C.: Cyber Threats to Industrial IoT: A Survey on Attacks and Countermeasures. In: IoT 2 (2021) 1, S. 163 – 186.

TSOCHEV, G.: Some Security Problems and Aspects of the Industrial Internet of Things. In: 2020 International Conference on Information Technologies (InfoTech). IEEE, Piscataway (NJ) 2020, S. 1 – 5.

TUNGAL, A. T.: What is Continuous Security Monitoring? 07.06.2022. https://www.upguard.com/blog/continuous-security-monitoring (Link zuletzt geprüft: 19.06.2022)

TUPTUK, N.; HAILES, S.: Security of smart manufacturing systems. In: Journal of Manufacturing Systems 47 (2018) 1, S. 93 – 106.

U.S. DEPARTMENT OF ENERGY (DOE) (HRSG.): Cybersecurity Capability Maturity Model (C2M2). Version 2.0. Juli 2021. https://www.energy.gov/sites/default/files/2021-07/C2M2%20Version%202.0%20July%202021_508.pdf (Link zuletzt geprüft: 19.06.2022)

U.S. GOVERNMENT PUBLISHING OFFICE (HRSG.): Title 44 – Public Printing and Documents | Chapter 35 - Coordination of Federal Information Policy | Subchapter III – Information Security 44 U.S.C. Sec 3542U. 2011. https://www.govinfo.gov/content/pkg/USCODE-2011-title44/html/USCODE-2011-title44-chap35-subchapIII-sec3542.htm (Link zuletzt geprüft: 19.06.2022)

ULLAH, F.; NAEEM, J.; JABBAR, S.; KHALID S.; AHSAN LATIF, M.; AL-TURJMAN, F.; MOSTARDA, L.: Cyber Security Threats Detection in Internet of Things Using Deep Learning Approach. IEEE Access 2019. https://www.researchgate.net/publication/335424191_Cyber_Security_Threats_Detection_in_Internet_of_Things_Using_Deep_Learning_Approach (Link zuletzt geprüft: 19.06.2022)

ULRICH, H.; KRIEG, W.: St. Galler Management-Modell. 3., verbess. Auflage. Haupt, Bern [u. a.] 1974.

ULRICH, P.: Die Betriebswirtschaftslehre als anwendungsorientierte Sozialwissenschaft. In: Die Führung des Betriebes. Herrn Professor Dr. Dr. h.c. Curt Sandig zu seinem 80. Geburtstag gewidmet. Hrsg.: C. Sandig; M. N. Geist; R. Köhler. Poeschel, Stuttgart 1981, S. 1 – 25.

ULRICH, P.; HILL, W.: Wissenschaftstheoretische Grundlagen der Betriebswirtschaftslehre (Teil I). In: WiSt Wirtschaftswissenschaftliches Studium 5 (1976) 7, S. 304 – 309. [=1976a]

ULRICH, P.; HILL, W.: Wissenschaftstheoretische Grundlagen der Betriebswirtschaftslehre (Teil II). In: WiSt – Wirtschaftwissenschaftliches Studium 5 (1976b) 8, S. 345 – 350. [=1976b]

ULYBYSHEV, D.; YILMAZ, I.; NORTHERN, B.; KHOLODILO, V.; ROGERS, M.: Trustworthy Data Analysis and Sensor Data Protection in Cyber-Physical Systems. In: Proceedings of the 2021 ACM Workshop on Secure and Trustworthy Cyber-Physical Systems. Hrsg.: M. Gupta; M. Abdelsalam; S. Mittal. ACM, New York 2021, S. 13 – 22.

UMBACH, H.; METZ, P.: Use Cases vs. Geschäftsprozesse Das Requirements Engineering als Gewinner klarer Abgrenzung. In: Informatik-Spektrum 29 (2006) 6, S. 424 – 432.

VARIAN, R. H.: Economic Scene; IT may or may not matter; it depends on how you use IT. 06.05.2004. https://www.nytimes.com/2004/05/06/business/economic-scene-it-may-or-may-not-matter-it-depends-on-how-you-use-it.html?_r=0 (Link zuletzt geprüft: 19.06.2022)

VDI 2206:2004-06: Entwicklungsmethodik für mechatronische Systeme. ICS 03.100.40; 31.220. Beuth, Berlin, Juni 2004.

VDI/VDE 2182 BLATT 1:2020-01: Informationssicherheit in der industriellen Automatisierung – Allgemeines Vorgehensmodell. ICS 25.040.40, 35.030, 35.080. Beuth, Berlin, Januar 2020.

VDI/VDE-GESELLSCHAFT MESS- UND AUTOMATISIERUNGSTECHNIK (HRSG.): VDI-Statusreport Industrie 4.0. Gegenstände, Entitäten, Komponenten. VDI/VDE-Gesellschaft Mess- und Automatisierungstechnik (GMA), Düsseldorf, April 2014.

VERBAND DER AUTOMOBILINDUSTRIE (VDA) (HRSG.): Information security assessment. https://docplayer.org/191908344-Information-security-assessment.html (Link zuletzt geprüft: 19.06.2022)

VERIZON (HRSG.): Data Breach Investigations Report. 2022. https://www.verizon.com/business/resources/reports/2022/dbir/2022-data-breach-investigations-report-dbir.pdf (Link zuletzt geprüft: 19.06.2022)

VESELOVAC, D.; KLOCKE, F.: Industrie 4.0. Eine Chance für die Produktionstechnologie? In: Industrie 4.0. Die intelligente Fabrik der Zukunft. Tagungsband. 2. Wiener Produktionstechnik Kongress 2014, 7. – 8. Mai 2014. Hrsg.: F. Bleicher. Schriftenreihe des Instituts für Fertigungstechnik und Hochleistungslasertechnik der TU Wien; Bd. 2. Klein, Wien 2014, S. 121 – 130.

VOM BROCKE, J.: Design Principles for Reference Modeling-Reusing Information Models by Means of Aggregation, Specialization, Instantiation, and Analogy. In: Reference Modeling for Business Systems Analysis. Hrsg.: P. Fettke; P. Loos. IGI Global 2007, S. 47 – 76.

VOM BROCKE, J.: Referenzmodellierung. Gestaltung und Verteilung von Konstruktionsprozessen. 2., unveränd. Auflage. Advances in information systems and management science; Bd. 4. Logos, Berlin 2015. – Zugl.: Münster (Westfalen), Univ., Diss., 2002.

VOM BROCKE, J.; BUDDENDICK, C.: Systematisierung, S. 19 – 25. Teil des Kapitels: Konstruktionstechniken für die Referenzmodellierung – Systematisierung, Sprachgestaltung und Werkzeugunterstützung. In: Referenzmodellierung: Grundlagen, Techniken und domänenbezogene Anwendung. Hrsg.: J. Becker; P. Delfmann. Physica, Heidelberg 2004, S. 19 – 50.

VOM BROCKE, J.; BUDDENDICK, C.: Ergebnis, S. 44. Teil des Kapitels: Konstruktionstechniken für die Referenzmodellierung – Systematisierung, Sprachgestaltung und Werkzeugunterstützung. In: Referenzmodellierung: Grundlagen, Techniken und domänenbezogene Anwendung. Hrsg.: J. Becker; P. Delfmann. Physica, Heidelberg 2004, S. 19 – 50.

VOROBIEV, A.; BEKMAMEDOVA, N.: An Ontological Approach Applied to Information Security and Trust. In: ACIS Proceedimgs 114 (2007) 1, S. 865 – 874.

WALDEN, D. D.; ROEDLER, G. J.; FORSBERG, K.; HAMELIN, R. D.; SHORTELL, T. M.; KAFFENBERGER, R. (Hrsg.): INCOSE Systems Engineering Handbuch. Ein Leitfaden für Systemlebenszyklus-Prozesse und -Aktivitäten. 4. Auflage. GfSE – Gesellschaft für Systems Engineering e. V., München 2017.

WARD, J.; PEPPARD, J.: Strategic planning for information systems by Joe Ward & Joe Peppard. 3. Auflage. John Wiley & Sons, Hoboken (NJ) 2002.

WEBER, K.; SCHÜTZ, A.: ISIS12-Hack: Mitarbeiter sensibilisieren statt informieren. In: Multikonferenz Wirtschaftsinformatik 2018. Hrsg.: P. Drews; B. Funk; P. Niemeyer; L. Xie. Leuphana Universität Lüneburg, Lüneburg 2018, S. 1737 – 1748.

WEBER, W.; KABST, R.; BAUM, M.: Einführung in die Betriebswirtschaftslehre. 10., aktualis. u. überarb. Auflage. Springer Gabler, Wiesbaden [u. a.] 2018.

WEGENER, C.; MILDE, T.; DOLLE, W.: Informationssicherheits-Management. Springer Vieweg, Berlin [u. a.] 2016.

WENDZEL, S.: IT-Sicherheit für TCP/IP- und IoT-Netzwerke. Grundlagen, Konzepte, Protokolle, Härtung. Springer Vieweg, Wiesbaden [u. a.] 2018.

WENGER, L.; CLEMENS, F.; BENNING, J.; NIENKE, S.: Informationslogistikmanagement. In: Digitalisierungs- und Informationsmanagement. Reihe Handbuch Produktion und Management; Bd. 9. Hrsg.: G. Schuh; V. Zeller; V. Stich. Springer, Berlin [u. a.] 2022, S. 165 – 174.

WIDJAJA, M.: What is IT Architecture & Types of Architectures. https://www.ita-rch.info/2020/05/what-is-it-architecture-and-different.html (Link zuletzt geprüft: 19.06.2022)

WIESBECK, S.; MOSES, F.; REHBOHM, T.; KRIPPEL, H.; MARX, A.; HEILMEYR, E.: CISIS1S-Vorgehensmodell: Compliance und Informationssicherheit in 12 Schritten. Ein Vorgehensmodell zum strukturierten Aufbau und zur Etablierung von Managementsystemen in beliebigen Organisationen. Hrsg.: IT-Sicherheitscluster e.V., Regensburg 2021

WIESNER, M.: Informationssicherheit für kleine und mittlere Unternehmen. BIEG-Leitfaden. Hrsg.: BIEG Hessen GbR – Beratungs und Informationszentrum elektronischer Geschäftsverkehr Hessen GbRc/o IHK Frankfurt am Main 2019. https://www.bieg-hessen.de/fileadmin/customer/documents/Leitfaeden/BIEG-Leitfaden_Informationssicherheit_WEB.pdf (Link zuletzt geprüft: 19.06.2022)

WIGAND, R.; PICOT, A.; REICHWALD, R.: Information, Organization and Management. Expanding markets and corporate boundaries. 2. Auflage. John Wiley & Son, Chichester [u. a.] 1998.

WILD, J.: Informationskostenrechnung auf der Grundlage informationeller Input-, Output- und Prozeßanalysen. In: ZfB – Zeitschrift für betriebswirtschaftliche Forschung 22 (1970) 1, S. 218 – 240.

WILDE, T.; HESS, T.: Forschungsmethoden der Wirtschaftsinformatik. In: Wirtschaftsinformatik 49 (2007) 4, S. 280 – 287.

WILTSCHECK, R.: Was bedeutet eigentlich Cyber Security? Channelpartner online, 26.03.2021. https://www.channelpartner.de/a/was-bedeutet-eigentlich-cyber-security,3047653 (Link zuletzt geprüft: 19.06.2022)

WINDELBAND, D.: Zugangskontrolle – TOM und der Datenschutz Teil 2. 07.05.2015. (Link zuletzt geprüft: 19.06.2022)

WINDER, D.: ABC der Netzwerk-Sicherheit: Standard-Einstellungen für Router und Netzwerk-Härtung. https://www.computerweekly.com/de/tipp/ABC-der-Netzwerk-Sicherheit-Standard-Einstellungen-fuer-Router-und-Netzwerk-Haertung (letzter Zugriff: 13.02.2022).

WINZER, P.: Generic Systems Engineering. Ein methodischer Ansatz zur Komplexitätsbewältigung. Springer Vieweg, Berlin 2013.

WITTMANN, W.: Unternehmung und Unvollkommene Information. Unternehmerische Voraussicht – Ungewißheit und Planung. Westdt. Verl., Köln [u. a.] 1959.

WÖHE, G.; DÖRING, U.; BRÖSEL, G.: Einführung in die allgemeine Betriebswirtschaftslehre. 26., überarb. u. aktualis. Auflage. Vahlen, München 2016.

WOLF, J.: Organisation, Management, Unternehmensführung. Theorien, Praxisbeispiele und Kritik. 6., überarb. u. erw. Auflage. Springer Gabler, Wiesbaden 2020.

WOODY, C.; CREEL, R.: Lessons Learned in Building and Implementing an Effective Cybersecurity Strategy. In: Proceedings of the Eighteenth Annual Acquisition Research Symposium. Hrsg.: Calhoun. Dudley Know Library 2021, S. 233 – 242. https://dair.nps.edu/bitstream/123456789/4364/1/SYM-AM-21-057.pdf (Link zuletzt geprüft: 19.06.2022)

WOODY, C.; ELLISON, R.: Building a Cybersecurity Strategy. Carnegie Mellon University, Pittsburgh (PA) 2020. http://www.iiisci.org/journal/pdv/sci/pdfs/IP111LL20.pdf (Link zuletzt geprüft: 19.06.2022)

WREDE, D.; FREERS, T.; GRAF VON DER SCHULENBURG, J.-M.: Herausforderungen und Implikationen für das Cyber-Risikomanagement sowie die Versicherung von Cyberrisiken – Eine empirische Analyse. In: Zeitschrift für die gesamte Versicherungswissenschaft 107 (2018) 4, S. 405 – 434.

WU, D.; REN, A.; ZHANG, W.; FAN, F.; LIU, P.; FU, X.; TERPENNY, J.: Cybersecurity for digital manufacturing. In: Journal of Manufacturing Systems 48 (2018) 1, S. 1 – 12.

WULF, J. E.: Elementarmethoden zur Lösungssuche. München, Techn. Univ., Diss., 2002. https://mediatum.ub.tum.de/doc/601869/601869.pdf (Link zuletzt geprüft: 19.06.2022)

XU, H.; YU, W.; GRIFFITH, D.; GOLMIE, N.: A Survey on Industrial Internet of Things: A Cyber-Physical Systems Perspective. In: IEEE Access 6 (2018) 1, S. 78238 – 78259.

YEVSEYEVA, I.; FERNANDES, V. B.; VAN MOORSEL, A.; JANICKE, H.; EMMERICH, M.: Two-stage Security Controls Selection. In: Procedia Computer Science 100 (2016) 1, S. 971 – 978.

YU, M.; ZHUGE, J.; CAO, M.; SHI, Z.; JIANG, L.: A Survey of Security Vulnerability Analysis, Discovery, Detection, and Mitigation on IoT Devices. In: Future Internet 12 (2020) 2, S. 27.

YU, S. Y.; MALAWADE, A. V.; CHHETRI, S. R.; AL FARUQUE, M. A.: Sabotage Attack Detection for Additive Manufacturing Systems. In: IEEE Access 8 (2020) 1, S. 27218 – 27231.

YUSOF, I.; KHAN PHATAN, A.-S.: Mitigating Cross-Site Scripting Attacks with Content Security Policy. In: Computer 49 (2016) 3, S. 56 – 63.

ZACHMAN, J. A.: A framework for information systems architecture. In: IBM Systems Journal 26 (1987) 3, S. 276 – 292.

ZAMMANI, M.; RAZALI, R.: An Empirical Study of Information Security Management Success Factors. In: International Journal on Advanced Science, Engineering and Information Technology 6 (2016) 6, S. 904 – 913. https://www.researchgate.net/profile/Mazlina-Zammani-2/publication/312421095_An_Empirical_Study_of_Information_Security_Management_Success_Factors/links/5d443e66299bf1995b5ef1e7/An-Empirical-Study-of-Information-Security-Management-Success-Factors.pdf (Link zuletzt geprüft: 19.06.2022)

ZARREH, A.; WAN, H.; LEE, Y.; SAYGIN, C.; JANAHI, R. A.: Risk Assessment for Cyber Security of Manufacturing Systems: A Game Theory Approach. In: Procedia Manufacturing 38 (2019) 1, S. 605 – 612.

ZELEWSKI, S.: Grundlagen. In: Betriebswirtschaftslehre. Hrsg.: H. Corsten; M. Reiß. 4., vollst. überarb. u. wesentl. erw. Auflage. Lehr- und Handbücher der Betriebswirtschaftslehre; Bd. 1. RHrsg.: H. Corsten; M. Reiß. Oldenbourg, München [u. a.] 2008, S. 1 – 97.

ZELLER, V.: Systematische Verbesserung von Prozessen für IT-Dienstleistungen. Schriftenreihe Rationalisierung; Bd. 154. RHrsg.: G. Schuh. Apprimus, Aachen 2018. Zugl.: Aachen, Techn. Hochsch., Diss., 2018.

ZELLER, V.; HOFFMANN, J.; GRUBER, M.; SCHUH, G.: GradeIT – Prozessqualität bei kleinen und mittleren IT-Service-Providern. In: HMD – Praxis der Wirtschaftsinformatik 53 (2016) 2, S. 200 – 212.

ZELLER, V.; SEELMANN, V.: Ordnungsrahmen Digitalisierungs- und Informationsmanagement. In: Digitalisierungs- und Informationsmanagement. Reihe Handbuch Produktion und Management; Bd. 9. Hrsg.: G. Schuh; V. Zeller; V. Stich. Springer, Berlin [u. a.] 2022, S. 27 – 37.

ZILAHI-SZABÓ, M.: Prinzipien des Software-Engineering. Universität Gießen, Gießen 2002. http://www.informatik.uni-giessen.de/Sommersemester/SE/Software_Engineering_Prinzipien.ppt (Link zuletzt geprüft: 19.06.2022)

ZINKUS, M.; JOIS, T. M.; GREEN, M.: Data Security on Mobile Devices: Current State of the Art, Open Problems, and Proposed Solutions. 26.05.2021. https://arxiv.org/pdf/2105.12613.pdf (Link zuletzt geprüft: 19.06.2022)

ZOLLENKOP, M.; LÄSSIG, R.: Digitalisierung im Industriegütergeschäft. In: Digitale Transformation von Geschäftsmodellen. Grundlagen, Instrumente und Best Practices. Hrsg.: D. Schallmo; A. Rusnjak; J. Anzengruber; T. Werani; M. Jünger. Springer Gabler, Wiesbaden 2017, S. 59 – 95.

ZUBOFF, S.: In the age of the smart machine. The future of work and power. Basic Books, New York 1988.

ZUR MÜHLEN, M.; SHAPIRO, R.: Business Process Analytics. In: Handbook on Business Process Management; Bd. 2: Strategic Alignment, Governance, People and Culture. Hrsg.: J. vom Brocke; M. Rosemann. Springer, Berlin [u. a.] 2010, S. 137 – 157.

Anhang

Verzeichnis der Anlagen

A.1 Partizipierende Expertinnen und Experten

A.1.1 Übersicht Interviews

Expertin / Experte	Position / Berufsbezeichnung	Unternehmen	Datum
Wolf, Martin Prof.	Executive Director	Institut für Digitalisierung Aachen	10.09.2019
Schuba, Marko Prof.	Professor für Netzwerke, IT-Sicherheit und Forensik	FH Aachen – University of Applied Sciences	02.10.2019
Krug, Esther	Director IT	Hahn Group	23.10.2019
von Detten, Markus Dr.	Leiter Systems Engineering und Softwareentwicklung	Janz Tec AG	30.10.2019
Korbanek, Olaf	Head of IT and Organisation	KTR Systems GmbH	13.11.2019
Debets, Ernest	Vice President Information Technology and Digitalization	e.GO Mobile AG	21.02.2020
Henkel. Thorsten Dr.	Divison Director Industrial Security Solutions	Fraunhofer SIT	28.02.2020
Hoffmann, Jörg Dr.	Manager Application Development	BOS GmbH & Co. KG	08.05.2020
Prinz, Wolfgang Prof.	Mitglied des Vorstands	Fraunhofer FIT	14.05.2020
Buchwald, Frederik	Senior Security Consultant	MHP Management- und IT-Beratung	21.09.2020
Duque Anton, Simon	Wissenschaftlicher Mitarbeiter	DFKI	29.09.2020
Herpig, Sven Dr.	Leiter Internationale Cybersicherheitspolitik	Stiftung Neue Verantwortung	19.10.2020
Franke, Florian	Geschäftsführer	Phlowsec	24.11.2020
Oberthür, Simon Dr.	CoC Manager SICP Mobile & Cloud Systems	University of Paderborn – Software Innovation Campus Paderborn (SICP)	10.12.2020
Zinelis, Alex	Geschäftsführer	securious UG	20.01.2021
Plesnik, Walter Dr.	Geschäftsführer	Ingenieurbüro Dr. Plesnik GmbH	21.01.2021
Wenker, Stefan	Teamleiter IT-Security	Krone Business Center GmbH & Co. KG	22.06.2021

A.1.2 Roundtable Information Manager

Der *Roundtable Information Manager* (RIM) bietet Digitalisierungs- und IT-Verantwortlichen eine Plattform zum aktiven Austausch und zum Wissenstransfer. Während des RIM am 3. Dezember 2019 stellte der Autor seine konzeptionelle Vorgehensweise vor. Im Rahmen von Workshops wurden insbesondere die Praktikabilität der Vorgehensweise im realen Kontext sowie mögliche Ansätze zur Bestimmung von Schwachstellen in Industrie-4.0-Umgebungen diskutiert. Im Folgenden werden die teilnehmenden Experten und Unternehmen dargestellt. Eine inhaltliche Zusammenfassung erfolgt im Nachgang.

Expertin / Experte	Position / Berufsbezeichnung	Unternehmen
Holzapfel, Thomas Dr.	Projektmanager Informations-management	Innogy SE
Gerhardus, Simon	Leiter IT	Robert Thomas Metall- und Elektrowerke GmbH & Co. KG
Günther, Norbert	Chief Information Officer (CIO)	Hettich Holding GmbH & Co. oHG
Markt, Sebastian	Head of IT – Stabilus Business Unit Vibration & Velocity Control	ACE Stoßdämpfer GmbH
Huffschmid, Ottmar	Bereichsleiter IT & IT-Consulting	Hammer Group
Hanke, Udo	Head of Architecture and Services	Zentis Group
Stelter, Peter	Leiter IT	Zentis Group
Ising, Jens	Leiter IT	Thomas Magnete GmbH
Sanfleber, Helmut	Leiter Informationstechnologie	GKD – Gebr. Kufferath AG
Thesling, Heinrich	Leiter IT	Saint-Gobain Deutsche Glas und SG Glass Deutschland

Thematischer Schwerpunkt des RIM-Treffens war der Umgang mit Informationssicherheit in produzierenden Unternehmen. Dabei wurden folgende Fragen behandelt:

- Worin liegen die größten Potenziale und Herausforderungen der Informationssicherheit?
- Wie ist der aktuelle Stand der Informationssicherheit zu bewerten?
- Wie sollte die Informationssicherheit gestaltet sein und was bedarf es dazu?

Der Großteil der Diskussionen und Workshops konzentrierte sich auf die Fragestellung, wie ein modernes Informationssicherheitsmanagement pragmatisch und effizient umgesetzt werden kann. Das einheitliche Verständnis war, dass Informationssicherheit heute schon und noch mehr in naher Zukunft ein Must-have-Topic darstellt. Heute mangelt es noch an einer schnellen Umsetzung von Maßnahmen und einer allgemeinen Awareness. Die Handlungen der Geschäftsführung sind häufig von Naivität und Ignoranz geprägt. Für einen pragmatischen Ansatz sind eine Informationssicherheitspolitik, verschiedene Level an Sicherheit und Standards notwendig. Ferner bedarf es der grundsätzlichen und uneingeschränkten Aufmerksamkeit der Geschäftsführung. Für den Entscheider bzw. die Entscheiderin sind Kennzahlen in Echtzeit grundlegend, um Entscheidungen datenbasiert und schnell treffen zu können. Das Informationssicherheitsmanagement sollte dabei geräuschlos im Hintergrund vonstattengehen. Die durchgängigen und ausnahmslos geltenden Regeln müssen lebbar sein. Beim Einsatz von Methoden und Maßnahmen kommt es insbesondere darauf an, die Komplexität zu reduzieren und auf wenige und zentrale Aspekte zu setzen. Sie müssen in ein ganzheitliches Risiko- sowie Change-Management eingebettet werden.

A.1.3 RWTH-Zertifikatskurs „Digital Product Manager"

Der RWTH-Zertifikatskurs „Digital Product Manager" vermittelt den Teilnehmern relevantes Methoden- und Fachwissen, um ein modernes digitales Produktmanagement und eine digitale Produktentwicklung umzusetzen. Dazu werden Tools und Prozesse vorgeführt, die dazu dienen, die in den Unternehmen zur Verfügung stehenden Ressourcen strategisch einzusetzen und die unterschiedliche Domänenexpertise zusammenzubringen.

Bestandteil des Zertifikatskurses, der am 12. November 2021 durchgeführt wurde, war das Modul „Cyber-Security". In einem Workshop wurden verschiedene Ordnungsrahmen zur Beschreibung digitaler Produkte sowie von Industrie-4.0-Umgebungen diskutiert. Ziel war es, pragmatische und praxisnahe Herangehensweisen zur Identifikation potenzieller Schwachstellen zu diskutieren und Best Practices abzuleiten. Im Folgenden werden die teilnehmenden Unternehmen dargestellt.

Expertin / Experte	Position / Berufsbezeichnung	Unternehmen
Gutmann, Michael	Digital Product Manager	SEW-Eurodrive GmbH & Co KG
Schulte, Dagmar	Digital Product Manager	Miele & Cie. KG
Spirer, Alexander	Product Manager Connectivity	GEZE GmbH
Ladwein, Benjamin	Digital Product Manager	BOMAG GmbH
Lange, Florian	Digital Product Manager	BOMAG GmbH
Töpfer, Felix	Digital Product Manager	Continental AG
Roser, Dominik	Digital Product Manager	Liebherr-Werk Biberach GmbH
Benesch, Hannah	Digital Product Manager	Liebherr-Werk Biberach GmbH
Schwestka, Manuel	Digital Product Manager	TRUMPF GmbH + Co. KG
Wiltschek, Patrick	Digital Product Manager	Makino GmbH
Gerlach, Daniel	Digital Product Manager	Fresenius SE & Co. KGaA
Derado, Ivo	Digital Product Manager	AVL List GmbH
Pick, Andreas	Digital Product Manager	Oerlikon Metco AG

A.2 Forschungsprojekt CyberSecurity 4.0 – Strategische und fallbezogene Cyber-Security für Industrie 4.0 in KMU

Forschungsziel ist die Entwicklung eines KMU-kompatiblen Rahmenwerks (inkl. Reifegradmodell), einer Werkzeug- & Tool-Übersicht von Richtlinien sowie einer speziell für KMU ausgelegten Lernumgebung für die derzeit wenig adressierten Cyber-Security-Bereiche im Kontext von Industrie 4.0: Operational-Technologie, Supply-Chain und Datenaustausch (siehe Abbildung A.2-1). KMU soll es, unter Beachtung ihrer begrenzten Ressourcen, ermöglicht werden, eine angemessene Cyber-Sicherheit für ihre vernetzten Produktionssysteme und Industrie-4.0-Umgebungen zu realisieren. Das Konsortium besteht aus dem Forschungsinstitut für Rationalisierung (FIR) e. V. an der RWTH Aachen (DE), der Fachhochschule Aachen, dem Institut für Digitalisierung (DE) und Sirris (BE). Folgende Teilziele werden verfolgt:

- Industrie-4.0-Cybersecurity-Reifegradmodell (i. A. a. den *Industrie 4.0 Maturity Index*)
- Rahmenwerk mit technischen Lösungen und praktischen Leitlinien zur Erreichung der Cybersicherheitsziele
- Modularer Cybersecurity-Demonstrator, der repräsentative Anwendungsfälle einer vernetzten Produktionsumgebung und simulierte Angriffsszenarien integriert
- Web-Plattform für Cybersecurity-Anleitung, -Planung, -Berichterstattung und eine KI-basierte Risikoanalyse
- Lernumgebung mit Gamification-Ansatz für die Modellierung von Bedrohungen, die auf die Bedürfnisse von KMU zugeschnitten ist

Das unter der IGF-Antrags-Nr. 03274/21 gelistete Vorhaben hat eine Laufzeit von 24 Monaten und startete am 01.01.2022. Der projektbegleitende Ausschuss, der dafür sorgt, dass die Ergebnisse möglichst praxisnah entwickelt werden, setzt sich aus 19 Unternehmen zusammen, von denen 12 KMU sind. Zwei weitere Verbände dienen dem breitenwirksamen Transfer der Ergebnisse in die Industrie.

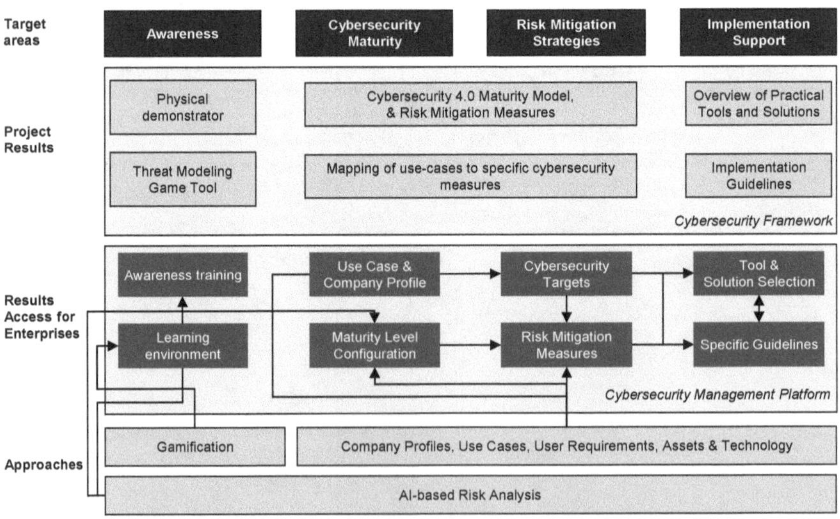

Abbildung A.2-1: Zielbild des Forschungsvorhabens (eigene Darstellung)

A. 3 Standards der Informationssicherheit

Standards spielen in der Informationssicherheit eine große Rolle. In Abbildung A.3-1 ist eine Einordnung relevanter Standard-Arten aus dem Kompass der IT-Sicherheitsstandards dargestellt.

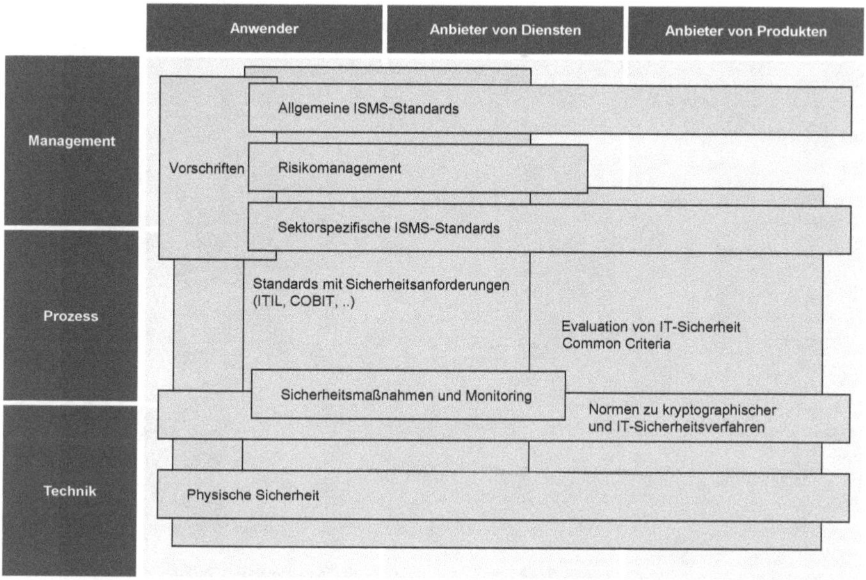

Abbildung A.3-1: Einordnung von Standards (eigene Darstellung i. A. a. DIN 2014, S. 10)

Neben dieser Einordnung führt der Kompass eine **ausführliche Tabelle** mit besonders relevanten Standards und Vorschriften der IT-Sicherheit auf (s. DIN 2009, S. 12f.). Vier Klassifikationsbereiche (Art des Unternehmens, Rolle innerhalb des Unternehmens, Merkmal des Standards/der Vorschrift, Quelle des Standards) ermöglichen eine Bewertung der **Relevanz**. Diese wird unterteilt in in **hoch** (●), **partiell** (⊖) und **niedrig** (○). Die Kosten werden nach **kostenpflichtig** (▲) und **kostenlos** (△) unterschieden. Letztlich werden in der Tabelle **Zertifizierungsmöglichkeiten** gekennzeichnet (◆). Das + gibt an, **woher** der Standard kommt.

	Grundlegende Standards zum IT-Sicherheits- und Risikomangement															Standards mit IT-Sicherheitsaspekten			Vorschriften				
	Informations-sicherheits-Management-systeme (ISMS)				Sektor-Spezifische SMS			Sicherheit-maßnahmen und Monitoring						Risikomanagement		Standards mit IT-Sicherheits-aspekten			Vorschriften				
	ISO/IEC 27001	ISO/IEC 27002	ISO/IEC 27006	IT-GS	Richtlinie VDI/VDE2182	ISO/IEC 27011	PCI DSS	ISO/IEC 18028	ISO/IEC TR 18044	ISO/IEC 18043	ISO/IEC 15816	ISO/IEC 24762	BS 25777:2008	ISO/IEC 27005	MaRisk / MaRisk VA	Cobit	ITIL	IDW PS 330	KonTraG	Basel II	SOX	EURO-SOX	BDSG
Art des Unternehmens																							
Banken/Versicherungen	●	●		●			●	⊖	⊖	⊖		⊖	⊖	⊖	●	●	●		●	●	⊖	⊖	●
Behörden/Verwaltungen	●	●		●				⊖		⊖		⊖	⊖	⊖		●	●	●	○	○	○	○	●
Beratung	○	○	⊖	●	○	○	○	⊖	⊖	⊖		⊖	⊖	⊖		●	●	y	○	○	○	○	⊖
HW/SW-Hersteller	⊖	⊖		●	⊖			⊖	⊖	⊖	●	⊖	⊖	⊖		⊖	●	y	○	○	○	○	●
IT-Dienstleister	●	●	⊖	●	⊖	⊖	⊖	⊖	⊖	⊖	●	⊖	⊖	⊖	⊖	●	●	⊖	⊖	⊖	○	○	●
Gesundheitswesen*	●	●		●				⊖	⊖	⊖		⊖	⊖	⊖		⊖	●	●	○	○	○	○	●
Kanzleien*	●	●		●				⊖	⊖	⊖		⊖	⊖	⊖		⊖	○	●	○	○	○	○	●
Handwerk und Industrie	⊖	⊖		●	●			⊖	⊖	⊖		⊖	⊖	⊖		●	●	●	⊖	⊖	⊖	⊖	●
Dienstleister	⊖	⊖		●				⊖	⊖	⊖	●	⊖	⊖	⊖		●	●	●	⊖	⊖	⊖	⊖	●
internat. Ausrichtung	●	●	●	⊖		●	●	●		●	●	●	●	●		●	●		⊖	⊖	●	●	●
Rolle innerhalb des Unternehmen																							
Management	●	●	○	●	●	●	⊖					⊖		●	●	●	●	○	●	●	●	●	●
Revisoren	⊖	⊖	⊖	⊖	⊖	⊖								⊖	●	●	○	●	○	○	○	○	●
IT-Sicherheitsbeauftragte	●	●	⊖	●	●	●	●	●	●	●			●	●	●	⊖	●	●	⊖	⊖	⊖	⊖	●
IT-Leitung	●	●	○	●	●	●	●	●	●	●		●	●	●	●	●	●	●	⊖	⊖	⊖	⊖	⊖
Administratoren	⊖	⊖		●	⊖	⊖		⊖	⊖	⊖		●		⊖	⊖		⊖	⊖	○	○	○	○	⊖
Projektmanagement	●	●		⊖	●	●	⊖					⊖	⊖	○	○	⊖	⊖		○	○	○	○	○
Entwicklung	⊖	⊖		⊖	⊖	⊖	⊖				●		⊖	○	○				○				
Merkmale des Standards/ der Vorschrift																							
produktorientiert				⊖							●												
systemorientiert	●	●		●	●	●	⊖	⊖	⊖	⊖		⊖				●		⊖					●
technisch				●			●	●	●	●	●		○				○	⊖					⊖
organisatorisch	●	●	●	●	●	●	●					●	●	●	●	⊖	●	●	●	●	●	●	⊖
strategisch	●	●	●	●	●	●						●	⊖	⊖	⊖	●	●	●	⊖	⊖	⊖	⊖	
konzeptionell	●	●		●	●	●	●				●		●	●	●	●	●	●	○	○	○	○	
operationell				●			●					●		⊖	⊖	●	●	⊖		○	○	○	
Zertifizierung	◆			◆			◆										◆	◆					
Umfang (selten)	34	115	36	2k	14	44	78	166	50	46	20	67	42	55	44	75	1K	30	-	-	66	-	-
Kosten	▲	▲	▲	△	▲	▲	△	▲	▲	▲	▲	▲	▲	▲	△	△	▲	▲	△	△	△	△	△
Quelle des Standards																							
Nationale Normungsorg.					+								+		+								
Europäische Normungsorg.																							
Internat. Normungsorg.	+	+	+			+		+	+	+	+	+		+									
Andere nat. Regelwerke				+			+									+	+	+					

Evaluierung von IT-Sicherheit									Normen zu Kryptographie und IT-Sicherheitstechniken																		Physische Sicherheit					
			Common Criteria und andere Evaluations kriterien					Schutzprofile			Verschlüsselung			Digitale Signaturen			Hash-Funktionen			Authentifizierung		PKI-Dienste	Schlüsselmanagement	Kommunikationsnachw.	Zeitstempeldienste	BSI Technische Leitlinie		Brandschutz			Einbruchshemmung	Gehäuse
ISO/IEC 15408 (CC)	ISO/IEC TR 15443	ISO/IEC 18045	ISO/IEC TR 19791	ISO/IEC 19790 (FIPS 140-2)	ISO/IEC 24759	ISO/IEC 19792	ISO/IEC 21827 (SSE-CMM)	ISO/IEC TR 15446	ISO/IEC 7064	ISO/IEC 18033	ISO/IEC 10116	ISO/IEC 19772	ISO/IEC 9796	ISO/IEC 14888	ISO/IEC 15946	ISO/IEC 10118	ISO/IEC 18031	ISO/IEC 18032	ISO/IEC 9798	ISO/IEC 9797	ISO/IEC 15945	ISO/IEC TR 14516	ISO/IEC 11770	ISO/IEC 13888	ISO/IEC 18014	TL 03400	DIN 4102	DIN 18095	DIN EN 1047	DIN EN 1143-1	DIN V ENV 1627	DIN EN 60529
⊖	○		○	⊖	⊖	⊖	●	○	⊖	⊖	⊖	⊖	⊖	⊖	⊖	⊖	⊖	⊖	⊖	⊖	⊖		⊖	⊖	⊖	⊖	●	●	●	●	●	
⊖	○		○	⊖	⊖	⊖	●	○	⊖	⊖	⊖	⊖	⊖	⊖	⊖	⊖	⊖	⊖	⊖	⊖	⊖		⊖	⊖	⊖	●			●	⊖	⊖	
	○	○	○	○	○	○	⊖	○	○	○	○	○	○	○	○	○	○	○	○	○	○		○	○	○				⊖			
●	○	●	○	●	●	●	⊖	●	●	●	●	●	●	●	●	●	●	●	●	●	●	⊖	●	●	●	●			●			
	○		○	○	○	○	⊖	○	○	○	○	○	○	○	○	⊖	○	○	○	○	○	⊖	○	○	○				●			
⊖	○		○	○	○	⊖	⊖	○	○	○	○	○	⊖	⊖	⊖	⊖	⊖	⊖	⊖	⊖	○		○	○	⊖		●		●	●	●	
○	○		○	○	○	○	○	○	○	○	○	○	⊖	⊖	⊖	⊖	⊖	⊖	⊖	⊖	○		○	⊖	⊖			●	⊖	●	●	
○	○		○	○	○	○	⊖	○	○	○	○	○	○	○	○	⊖	○	○	○	○	○		○	○	○	●			⊖			
	○		○	○	○	○	○	○	○	○	○	○	○	○	○	⊖	○	○	○	○	○	●	○	○	○				⊖			
●	○		○	●	●	●	●	○	●	●	●	●	●	●	●	●	●	●	●	●	●		●	●	●				⊖	⊖	⊖	⊖
○	○			○	○	○	●	○	○	○	○	○	○	○	○	○	○	○	○	○	○		○	○	○				●			
○	○			○	○	○	⊖		○	○	○	○	○	○	○	○	○	○	○	○	○		○	○	○							
○	⊖		○	○	○	⊖	●	⊖	○	○	○	○	○	○	○	○	○	○	○	○	○		○	○	○		●	●	●	●	●	●
○	○			○	○	○	⊖	○	○	○	○	○	○	○	○	○	○	○	○	○	○		○	○	○				●	●	●	
○	○			○	○	○		○	○	○	○	○	○	○	○	⊖	⊖	⊖	⊖	⊖	⊖		○	○	○							
○	○			○	○	○	●	○	○	○	○	○	○	○	○	○	○	○	○	○	○		○	○	○				●			
●	○			●	●	●		●	●	●	●	●	●	●	●	●	●	●	●	●	●	●	●	●	●							
●		●		●	●	●		●	●	●	●	●	●	●	●	●	●	●	●	●	●		●	●	●	●	●	●		●	●	
			●						⊖	⊖	⊖	⊖	⊖	⊖	⊖	⊖	⊖	⊖	⊖	⊖	⊖		⊖	⊖	⊖				●			●
●				●	●	●		●	●	●	●	●	●	●	●	●	●	●	●	●	●		●	●	●	●	⊖	●		●	●	⊖
							●															●										
							●																						●			
	●							●																								
																													●	●	●	●
◆				◆																												
430	154	285	165	51	103	37	144	125	13	247	41	29	120	149	30	155	124	18	108	30	53	33	164	32	84	61	14	20	51	39	29	38
△	▲	△	▲	△	▲	▲	▲	△	▲	▲	▲	▲	▲	▲	▲	▲	▲	▲	▲	▲	▲	▲	▲	▲	▲	△	▲	▲	▲	▲	▲	▲
																											+	+				
																													+	+	+	+
+	+	+	+	+	+	+	+	+	+	+	+	+	+	+	+	+	+	+	+	+	+	+	+	+	+							
																										+						

A.4 Checkliste zum Informationssicherheitsmanagement[73]

	Informationssicherheitsmanagement
☐	Hat die Unternehmensleitung die Informationssicherheitsziele festgelegt und sich zu ihrer Verantwortung für die Informationssicherheit bekannt? Sind alle gesetzlichen oder vertragsrechtlichen Gesichtspunkte berücksichtigt worden?
☐	Gibt es einen IT-Sicherheitsbeauftragten?
☐	Werden Sicherheitserfordernisse bei allen Projekten frühzeitig berücksichtigt (z. B. bei Planung eines neuen Netzes, Neuanschaffungen von IT-Systemen und Anwendungen, Outsourcing- und Dienstleistungsverträgen)?
☐	Besteht ein Überblick über die wichtigsten Anwendungen und IT-Systeme und deren Schutzbedarf?
☐	Gibt es einen Handlungsplan, der Sicherheitsziele priorisiert und die Umsetzung der beschlossenen Sicherheitsmaßnahmen regelt?
☐	Ist bei allen Sicherheitsmaßnahmen festgelegt, ob sie einmalig oder in regelmäßigen Intervallen ausgeführt werden müssen (z. B. Update des Viren-Schutzprogramms)?
☐	Sind für alle Sicherheitsmaßnahmen Zuständigkeiten/Verantwortlichkeiten festgelegt?
☐	Gibt es geeignete Vertretungsregelungen für Verantwortliche und sind die Vertreter mit ihren Aufgaben vertraut? Sind die wichtigsten Passwörter für Notfälle sicher hinterlegt?
☐	Sind die bestehenden Richtlinien und Zuständigkeiten allen Zielpersonen bekannt?
☐	Gibt es Checklisten, was beim Eintritt neuer Mitarbeiter und beim Austritt von Mitarbeitern zu beachten ist (Berechtigungen, Schlüssel, Unterweisung etc.)?
☐	Wird die Wirksamkeit von Sicherheitsmaßnahmen regelmäßig überprüft?
☐	Gibt es ein dokumentiertes Sicherheitskonzept?

	Sicherheit von IT-Systemen
☐	Werden nicht benötigte sicherheitsrelevante Programme und Funktionen konsequent deinstalliert bzw. deaktiviert?
☐	Werden Handbücher und Produktdokumentationen frühzeitig gelesen?
☐	Werden ausführliche Installations- und Systemdokumentationen erstellt/aktualisiert?

	Vernetzung und Internet-Anbindung
☐	Gibt es eine Firewall?
☐	Werden Konfiguration und Funktionsfähigkeit der Firewall regelmäßig kritisch überprüft und kontrolliert?
☐	Gibt es ein Konzept, welche Daten nach außen angeboten werden müssen?
☐	Ist festgelegt, wie mit gefährlichen Zusatzprogrammen (Plug-ins) und aktiven Inhalten umgegangen wird?
☐	Sind alle unnötigen Dienste und Programmfunktionen deaktiviert?
☐	Sind Web-Browser und E-Mail-Programm sicher konfiguriert?
☐	Sind die Mitarbeitenden ausreichend geschult?

[73] BSI 2012, S. 77ff.

Beachtung von Sicherheitserfordernissen	
☐	Werden vertrauliche Informationen und Datenträger sorgfältig aufbewahrt?
☐	Werden vertrauliche Informationen vor Wartungs- oder Reparaturarbeiten von Datenträgern oder IT-Systemen gelöscht?
☐	Werden Mitarbeitende regelmäßig in sicherheitsrelevanten Themen geschult?
☐	Gibt es Maßnahmen zur Erhöhung des Sicherheitsbewusstseins der Mitarbeitenden?
☐	Werden bestehende Sicherheitsvorgaben kontrolliert und Verstöße geahndet?

Wartung von IT-Systemen: Umgang mit Updates	
☐	Werden Sicherheits-Updates regelmäßig eingespielt?
☐	Gibt es einen Verantwortlichen, der sich regelmäßig über Sicherheitseigenschaften der verwendeten Software und relevanter Sicherheits-Updates informiert?
☐	Gibt es ein Testkonzept für Softwareänderungen?

Passwörter und Verschlüsselung	
☐	Bieten Programme und Anwendungen Sicherheitsmechanismen wie Passwortschutz oder Verschlüsselung? Sind die Sicherheitsmechanismen aktiviert?
☐	Wurden voreingestellte oder leere Passwörter geändert?
☐	Sind alle Mitarbeitenden in der Wahl sicherer Passwörter geschult?
☐	Werden Arbeitsplatzrechner bei Verlassen mit Bildschirmschoner und Kennwort gesichert?
☐	Werden vertrauliche Daten und besonders gefährdete Systeme wie Notebooks ausreichend durch Verschlüsselung oder andere Maßnahmen geschützt?

Notfallvorsorge	
☐	Gibt es einen Notfallplan mit Anweisungen und Kontaktadressen?
☐	Werden alle notwendigen Notfallsituationen behandelt?
☐	Kennt jeder Mitarbeitende den Notfallplan und ist dieser gut zugänglich?

Datensicherung	
☐	Gibt es eine Backupstrategie?
☐	Ist festgelegt, welche Daten wie lange gesichert werden?
☐	Bezieht die Sicherung auch tragbare Computer und nicht vernetzte Systeme mit ein?
☐	Werden die Sicherungsbänder regelmäßig kontrolliert?
☐	Sind die Sicherungs- und Rücksicherungsverfahren dokumentiert?

Infrastruktursicherheit	
☐	Besteht ein angemessener Schutz der IT-Systeme gegen Feuer, Überhitzung, Wasserschäden, Überspannung und Stromausfall?
☐	Ist der Zutritt zu wichtigen IT-Systemen und Räumen geregelt? Müssen Besucher, Handwerker, Servicekräfte etc. begleitet bzw. beaufsichtigt werden?
☐	Besteht ein ausreichender Schutz vor Einbrechern?
☐	Ist der Bestand an Hard- und Software in einer Inventarliste erfasst?

Informationssicherheitsmanagement	
☐	Hat die Unternehmensleitung die Informationssicherheitsziele festgelegt und sich zu ihrer Verantwortung für die Informationssicherheit bekannt? Sind alle gesetzlichen oder vertragsrechtlichen Gesichtspunkte berücksichtigt worden?
☐	Gibt es einen IT-Sicherheitsbeauftragten?
☐	Werden Sicherheitserfordernisse bei allen Projekten frühzeitig berücksichtigt (z. B. bei Planung eines neuen Netzes, Neuanschaffungen von IT-Systemen und Anwendungen, Outsourcing- und Dienstleistungsverträgen)?
☐	Besteht ein Überblick über Anwendungen und IT-Systeme und deren Schutzbedarf?
☐	Gibt es einen Handlungsplan, der Sicherheitsziele priorisiert und die Umsetzung der beschlossenen Sicherheitsmaßnahmen regelt?
☐	Ist bei allen Sicherheitsmaßnahmen festgelegt, ob sie einmalig oder in regelmäßigen Intervallen ausgeführt werden müssen (z. B. Update des Viren-Schutzprogramms)?
☐	Sind für alle Sicherheitsmaßnahmen Zuständigkeiten/Verantwortlichkeiten festgelegt?
☐	Gibt es geeignete Vertretungsregelungen für Verantwortliche und sind die Vertreter mit ihren Aufgaben vertraut? Sind die wichtigsten Passwörter für Notfälle sicher hinterlegt?
☐	Sind die bestehenden Richtlinien und Zuständigkeiten allen Zielpersonen bekannt?
☐	Gibt es Checklisten, was beim Eintritt neuer Mitarbeiter und beim Austritt von Mitarbeitern zu beachten ist (Berechtigungen, Schlüssel, Unterweisung etc.)?
☐	Wird die Wirksamkeit von Sicherheitsmaßnahmen regelmäßig überprüft?
☐	Gibt es ein dokumentiertes Sicherheitskonzept?

Sicherheit von IT-Systemen	
☐	Werden nicht benötigte sicherheitsrelevante Programme und Funktionen konsequent deinstalliert bzw. deaktiviert?
☐	Werden Handbücher und Produktdokumentationen frühzeitig gelesen?
☐	Werden ausführliche Installations- und Systemdokumentationen erstellt/aktualisiert?

Vernetzung und Internet-Anbindung	
☐	Gibt es eine Firewall?
☐	Werden Konfiguration und Funktionsfähigkeit der Firewall regelmäßig kritisch überprüft und kontrolliert?
☐	Gibt es ein Konzept, welche Daten nach außen angeboten werden müssen?
☐	Ist festgelegt, wie mit gefährlichen Zusatzprogrammen (Plug-ins) und aktiven Inhalten umgegangen wird?
☐	Sind alle unnötigen Dienste und Programmfunktionen deaktiviert?
☐	Sind Web-Browser und E-Mail-Programm sicher konfiguriert?
☐	Sind die Mitarbeitenden ausreichend geschult?

Beachtung von Sicherheitserfordernissen	
☐	Werden vertrauliche Informationen und Datenträger sorgfältig aufbewahrt?
☐	Werden vertrauliche Informationen vor Wartungs- oder Reparaturarbeiten von Datenträgern oder IT-Systemen gelöscht?
☐	Werden Mitarbeitende regelmäßig in sicherheitsrelevanten Themen geschult?
☐	Gibt es Maßnahmen zur Erhöhung des Sicherheitsbewusstseins der Mitarbeitenden?
☐	Werden bestehende Sicherheitsvorgaben kontrolliert und Verstöße geahndet?

Wartung von IT-Systemen: Umgang mit Updates	
☐	Werden Sicherheits-Updates regelmäßig eingespielt?
☐	Gibt es einen Verantwortlichen, der sich regelmäßig über Sicherheitseigenschaften der verwendeten Software und relevanter Sicherheits-Updates informiert?
☐	Gibt es ein Testkonzept für Softwareänderungen?

Passwörter und Verschlüsselung	
☐	Bieten Programme und Anwendungen Sicherheitsmechanismen wie Passwortschutz oder Verschlüsselung? Sind die Sicherheitsmechanismen aktiviert?
☐	Wurden voreingestellte oder leere Passwörter geändert?
☐	Sind alle Mitarbeitenden in der Wahl sicherer Passwörter geschult?
☐	Werden Arbeitsplatzrechner bei Verlassen mit Bildschirmschoner und Kennwort gesichert?
☐	Werden vertrauliche Daten und besonders gefährdete Systeme wie Notebooks ausreichend durch Verschlüsselung oder andere Maßnahmen geschützt?

Notfallvorsorge	
☐	Gibt es einen Notfallplan mit Anweisungen und Kontaktadressen?
☐	Werden alle notwendigen Notfallsituationen behandelt?
☐	Kennt jeder Mitarbeitende den Notfallplan und ist dieser gut zugänglich?

Datensicherung	
☐	Gibt es eine Backupstrategie?
☐	Ist festgelegt, welche Daten wie lange gesichert werden?
☐	Bezieht die Sicherung auch tragbare Computer und nicht vernetzte Systeme mit ein?
☐	Werden die Sicherungsbänder regelmäßig kontrolliert?
☐	Sind die Sicherungs- und Rücksicherungsverfahren dokumentiert?

Infrastruktursicherheit	
☐	Besteht ein angemessener Schutz der IT-Systeme gegen Feuer, Überhitzung, Wasserschäden, Überspannung und Stromausfall?
☐	Ist der Zutritt zu wichtigen IT-Systemen und Räumen geregelt? Müssen Besucher, Handwerker, Servicekräfte etc. begleitet bzw. beaufsichtigt werden?
☐	Besteht ein ausreichender Schutz vor Einbrechern?
☐	Ist der Bestand an Hard- und Software in einer Inventarliste erfasst?

A.5 Ausgewählte Schwachstellen einer Industrie-4.0-Umgebung

ID	Schwachstelle	Kurzbeschreibung
Policys und Prozeduren		
PP-1	Keine adäquate Sicherheits-architektur	Akteure aus dem OT-Umfeld besitzen meist keine profunde Sicherheitsausbildung und kein Training. Das ist insbesondere dann ein Problem, wenn Anbieter keine Sicherheitsfunktionalitäten in ihre Produkten integrieren. (s. NIST SP 800-82, S. C–4)
PP-2	Unzureichende Durchführung von Audits in I40U	(Unabhängige) Audits helfen, die Sicherheit von Systemen zu bemessen und Schwachstellen aufzuzeigen. Wenn keine Audits durchgeführt werden, können keine zielgerichteten Maßnahmen eingeleitet werden und man bleibt weiter unwissend. (s. NIST SP 800-82, S. C–4)
PP-3	Unzureichende Sicherheits-Policys	Schwachstellen in Industrie-4.0-Umgebungen haben ihren Ursprung häufig in unzureichenden Policys bzw. dem Nichtvorhandensein solcher. (s. NIST SP 800-82, S. C–4)
PP-4	Mangel an Training und Awareness	Die meisten Schwachstellen setzen ein Fehlverhalten oder Unwissenheit voraus. Durch Trainings und Awareness-Schulungen werden Mitarbeiter sichererer im Umgang mit der Informationssicherheit. (s. NIST SP 800-82, S. C–4)
PP-5	Mangel an Mechanismen zur Stärkung	Wenn keine Mitarbeiter Verantwortung für die Dokumentation von Sicherheitsrichtlinien und -prozeduren übernehmen, kann die Informationssicherheit nicht nachhaltig gestärkt werden. (s. NIST SP 800-82, S. C–4)
PP-6	Keine spezifischen Dokumentationen	Bestehen keine oder nur unzureichende Dokumentationen über Systeme, Infrastruktur, Organisation etc., verfügt das Unternehmen über keine Transparenz und verfehlt im schlimmsten Fall gesetzliche Anforderungen. (s. NIST SP 800-82, S. C–5)
PP-7	Multivendor-Umgebung	Eine Multivendor-Umgebung zeichnet sich durch eine heterogene und nichtstandardisierte System- und Asset-Landschaft aus. Mit der Zahl unterschiedlicher Elemente steigt die Zahl der Schnittstellen und gleichzeitig die potenzielle Angriffsfläche des Unternehmens. (s. ENISA 2018, S. 40)
PP-8	Unklare Rollen und Verantwortlich-keiten	Rollen und Verantwortlichkeiten sind entlang des gesamten Zyklus eines ISMS elementar. Sollten sie im Unternehmen nicht oder unzureichend definiert sein, eröffnen sich potenzielle Schwachstellen und Bedrohungen werden ggf. übersehen. (s. ENISA 2009, S. 60)
PP-9	Keine grundlegen-den Sicherheits-prinzipien	Die Betrachtung grundlegender Sicherheitsprinzipien wie *Defense in Depth* oder *Least Privilege* erfordert keinen immensen Aufwand, kann aber zahlreichen potenziellen Schwachstellen vorbeugen. (s. ENISA 2009, S. 60)
PP-10	Mangel an Business-Continuity und Recovery-Planung	Die Planung der Business-Continuity (dt. *Betriebliches Kontinuitätsmanagement*) und einer Recovery-Strategie verhindert im Ernstfall den unkontrollierten Anstieg des Schadensausmaßes. (s. ENISA 2009, S. 61)
PP-11	Unzureichendes Asset-Inventar	Sind (schützenswerte) Assets im Unternehmen nicht oder nur unzureichend erfasst und inventarisiert, können zahlreiche Folgeaktivitä-

		ten nicht durchgeführt werden. Eine Asset-Inventarisierung stellt somit eine grundlegende Maßnahme dar, mit der zahlreiche Schwachstellen adressiert werden können. (s. ENISA 2009, S. 61)
PP-12	Unklare Asset-Zuordnung hinsichtlich Verantwortlichkeiten	Es bietet sich an, insbesondere schützenswerte und kritische Assets bestimmten Personen im Unternehmen zuzuordnen, um diese besser managen zu können. (s. ENISA 2009, S. 61)
PP-13	Keine Identifikation von Projektanforderungen	Werden im Rahmen von Projekten (jeglicher Art) keine expliziten Sicherheitsanforderungen identifiziert und aufgenommen, bleiben viele Schwachstellen und Bedrohungen unberücksichtigt, die mit geringem Aufwand identifiziert werden könnten. (s. ENISA 2009, S. 61)
PP-14	Unzureichende Anbieterauswahl	Erfolgt keine Anbieterauswahl (von Geräten, Informationssystemen, Maschinen und Anlagen, ...) in der Beschaffungsphase, bleiben potenzielle Schwachstellen unentdeckt oder werden gemeinsam mit der Beschaffung ins Unternehmen „geholt". (s. ENISA 2009, S. 61)
PP-15	Unzureichender Umgang mit IIoT-Verbindungen	Gerade IIoT-Komponenten und -Geräte werden häufig und ohne Berücksichtigung der Sicherheitsanforderungen mit anderen Komponenten oder gar direkt mit dem Internet verbunden. Hierdurch eröffnen sich zahlreiche Einfallstore im Unternehmen. (s. ENISA 2018, S. 16)
PP-16	Mangel an strategischer Planung	Der effiziente Umgang mit Informationssicherheit erfordert eine strategische Planung. Gerade organisatorische und elementare Schwachstellen können durch einen solchen strategischen Prozess identifiziert und adressiert werden. (s. HILLEBRAND ET AL. 2017, S. 81)
PP-17	Unzureichende Versicherungen	Versicherungen gegen Cyber-Bedrohungen bieten sich gerade für KMU an. Dennoch sollte die spezifische Situation des Unternehmens als Ausgangspunkt dienen, auf Basis derer abgewogen wird, ob sich eine Versicherung anbietet. (s. DREIßIGACKER ET AL. 2020, S. 84f.)

Plattform-Konfiguration		
PK-1	Daten ungeschützt auf mobilen Geräten	Mobile Endgeräte werden heute häufig in der Produktion eingesetzt. Sind diese als Endpoint mit dem Unternehmensnetzwerk verbunden und die Daten auf dem Gerät ungeschützt, besteht die Gefahr, dass diese Daten abgegriffen werden können. (s. NIST SP 800-82, S. C–7)
PK-2	Standardkonfigurationen werden genutzt	Standardkonfigurationen sollten stets geändert werden, weil diese der Öffentlichkeit zur Verfügung stehen und somit potenzielle Einfallstore darstellen. (s. NIST SP 800-82, S. C–7)
PK-3	Kritische Konfigurationen werden nicht gespeichert	Werden Komponenten im Unternehmen neu konfiguriert und nehmen diese eine kritische Rolle ein (etwa Firewalls, Router, ...), sollten die Konfigurationen gespeichert werden. Andernfalls können sie nach einem Vorfall nicht schnell wiederhergestellt werden. (s. NIST SP 800-82, S. C–7)
PK-4	Patches werden nicht gemanagt	Patches von Komponenten und Systemen kommt eine besondere Wichtigkeit zu. Sie schützen vor Schwachstellen und Einfallstoren. Werden sie nicht gemanagt, werden sie ggf. zu spät eingespielt oder es herrscht keine Transparenz darüber, welche Komponenten und Systeme sich auf dem neuesten Stand befinden und welche nicht. (s. NIST SP 800-82, S. C–7)

PK-5	Patches werden ohne Tests implementiert	Gerade im laufenden Betrieb ist es wichtig, Patches vorher zu testen, um die Auswirkungen auf Prozesse abschätzen zu können. Denn nicht immer läuft das Patchen von Systemen ohne Probleme. Das Nichtdurchführen von Tests kann im schlimmsten Fall zu Produktionsstillständen führen. (s. NIST SP 800-82, S. C–7)
PK-6	Unzureichende Zugangsberechtigungen (*Least Privilege*)	Das Managen von Zugangsberechtigungen stellt einen wichtigen Teil eines jeden ISMS dar. Das Privileg "*Least Privilege*" bezeichnet den Aspekt, dass Personen im Unternehmen, Geräte und Komponenten, aber auch externe Dienstleister nur maximal mit den erforderlichen Berechtigungen ausgestattet sind. So kommt es nicht vor, dass Nutzer im Unternehmen mehr Berechtigungen haben, als es sein sollte. (s. NIST SP 800-82, S. C–7)
PK-7	Keine proaktiven Updates (erst nach einem Vorfall)	Updates sollten ähnlich wie Patches immer möglichst zeitnah eingespielt werden, gerade wenn es sich um sicherheitskritische Updates handelt. So werden potenzielle Schwachstellen schnell geschlossen. (s. NIST SP 800-82, S. C–7)
PK-8	Unzureichende Passwort-Policy	Unsichere Passwörter oder fehlende Richtlinien dafür sind immer wieder der Grund für Cybersicherheits-Vorfälle in Unternehmen. Mit einer handhabbaren Passwort-Policy können viele Vorfälle verhindert werden. (s. NIST SP 800-82, S. C–7)

Plattform-Hardware		
PH-1	Unzureichendes Testen von Sicherheitsänderungen	Änderungen in der Konfiguration oder Auslegung von Netzwerken, Hardware-Komponenten usw., die deren Sicherheit betreffen, sollten im Vorfeld stets getestet werden, um die Funktionsfähigkeit gewährleisten zu können. (s. NIST SP 800-82, S. C–7)
PH-2	Mangel an Redundanzen für kritische Komponenten	Für den Fall, dass bestimmte Komponenten kompromittiert werden und somit nicht mehr zur Verfügung stehen, sollten zumindest die kritischen Komponenten (bspw. im Produktionsprozess) redundant ausgelegt werden. (s. NIST SP 800-82, S. C–5)
PH-3	Unsicherer Remote-Zugang auf ICS-Komponenten	ICS-Komponenten, die mit dem Internet verbunden sind und über einen Remote-Zugang verfügen (etwa für Instandhaltungszwecke an Werkzeugmaschinen), sollten stets abgesichert und überwacht werden. (s. NIST SP 800-82, S. C–7)
PH-4	Backups ohne eigene Stromversorgung	Backups wichtiger Daten und Informationen sollten stets über eine eigene Stromversorgung betrieben werden, die autark vom Stromnetz existiert. (s. NIST SP 800-82, S. C–8)
PH-5	Einsatz von dualen Netzwerkadaptern	Infrastruktur-Komponenten sollten sich nie in zwei Netzwerken gleichzeitig befinden, um das Verbreiten von Schadsoftware zu verhindern. Duale Netzwerkadapter trennen zwar zwei Netzwerke auf einer Netzwerkkarte, können aber trotzdem ausgenutzt werden, weil eine physische Verbindung besteht. (s. NIST SP 800-82, S. C–8)
PH-6	Undokumentierte Assets mit dem ICS-Netzwerk verbunden	Assets, die sich mit einem industriellen Netzwerk verbinden und dort unbekannt bzw. undokumentiert sind, stellen grundsätzlich ein Risiko dar. (s. BSI 2013, S. 62)

Plattform-Software		
PS-1	(Distributed) Denial of Service (DDoS)	Ziel eines (D)DoS-Angriffs ist es, Systeme (meistens Server) mit so vielen Anfragen anzusteuern, dass sie diese nicht alle verarbeiten können und im schlimmsten Fall zusammenbrechen. Im Fall eines (D)DoS-Angriffs werden die Anfragen nicht zentral gesendet, sondern von verschiedenen verteilten Systemen, etwa von Botnetzen. (s. NIST SP 800-82, S. C–8)
PS-2	Keine Intrusion-Detection- oder Prevention-Software	Intrusion-Detection-Systeme sind in der Lage, durch die Überwachung des Datenverkehrs von IT-Systemen und Netzwerken Ereignisse aufzuspüren, die auf einen Angriff hindeuten. Intrusion-Prevention-Systeme versuchen, sie zusätzlich zu verhindern. (s. NIST SP 800-82, S. C–8)
PS-3	Installierte Sicherheitsmechanismen sind nicht genutzt	Häufig verfügen IT-Systeme, Geräte und Komponenten über vorinstallierte Sicherheitsmechanismen, die schlicht nicht genutzt werden. Die Nutzung dieser Mechanismen beugt mit wenig Aufwand der Entstehung von Sicherheitsvorfällen vor. (s. NIST SP 800-82, S. C–9)
PS-4	Buffer-Overflow	Angriffe, die auf einen Buffer-Overflow abzielen, versuchen, einem Speicherbereich mehr Daten zuzuweisen als dieser verarbeiten kann. Solche Angriffe reichen vom Absturz des Systems bis zum Einschleusen eines Schadprogramms durch die Ausführung der Shell. (s. NIST SP 800-82, S. B–2)
PS-5	Unnötige Funktionen sind nicht deaktiviert	IT-Systeme, Komponenten und Geräte verfügen häufig über mehr Funktionen, als eigentlich genutzt werden. Diese sollten deaktiviert werden, um mögliche Einfallstore zu schließen und eine bessere Übersicht über die existieren Schwachstellen im Unternehmen zu erzielen. (s. BSI 2013, S. 68)
PS-6	Unzureichendes Log-Management	Im Falle eines Vorfalls können Logs dazu dienen, diesen zu rekonstruieren und mögliche Schwachstellen aufzudecken und zu schließen. (s. NIST SP 800-82, S. C–8)
PS-7	Keine Überprüfung eingesetzter Schnittstellen	Viele Protokolle im industriellen Umfeld, gerade veraltete Protokolle, übertragen Daten in Rohform und unverschlüsselt. Werden die sich im Einsatz befindlichen Schnittstellen und Protokolle nicht untersucht, bleibt dies meistens unentdeckt. (s. BSI 2013, S. 31)
PS-8	Unzureichende Authentisierung und Zugangskontrolle	Software und Applikationen im Unternehmen stellen durch die grundsätzliche Möglichkeit zur unsachgemäßen Behandlung ein Risiko in Unternehmen dar. Daher sollten eine Authentisierung und Zugangskontrollen ausreichend ausgeschöpft werden. (s. NIST SP 800-82, S. C–9)
PS-9	Leichte Erreichbarkeit von technischer Dokumentation	Die technische Dokumentation von ICS-Software und -Protokollen ist leicht zugänglich bzw. erreichbar und kann Angreifer bei der Planung gezielter Angriffe unterstützen. (s. NIST SP 800-82, S. C–7)
PS-10	Fehlende Echtzeitüberwachung von Logs und Sensoren	Durch die Überwachung von Logs und Sensoren auf dem Shopfloor in Echtzeit können Anomalien früh erkannt und Vorfälle schnell eingedämmt werden. (s. STOUFFER ET AL. 2013, S. 3–11)
PS-11	Unzureichender Schutz vor Cross-site-Scripting	Cross-site-Scripting bezeichnet eine spezielle und gängige Art eines Angriffs auf eine Web-Anwendung. Hierdurch können sensible Daten eingesehen werden. (s. CWE 2021)

PS-12	Unzureichender Schutz vor ungültigen Eingaben	Ähnlich wie beim Cross-site-Scripting können in Eingabefeldern von Web-Anwendungen gültige Eingaben gemacht werden, mit denen bestimmte Funktionalitäten ausgeführt werden können. Ein bekanntes Beispiel ist etwa SQL-Injection, bei der Datenbankbefehle durch das Eingabefeld eingeschleust werden. (s, NIST SP 800-82, S. C–9)

Malware-Schutz		
MS-1	Antiviren-Software ist nicht installiert	Das Vorhandensein einer Antiviren-Software gehört zur absoluten Mindestausstattung eines Unternehmens. Diese Lösungen schützen das Unternehmen vor einer Großzahl bekannter Viren. (s. NIST SP 800-82, S. C–8)
MS-2	Antiviren-Signaturen werden nicht geupdatet	Eine Antiviren-Software muss stets auf dem aktuellen Stand sein, um maximalen Schutz bieten zu können. Das liegt daran, dass Antiviren-Software nur gegen solche Virenarten hilft, die bekannt sind. Neuartige Viren werden erst einmal nicht erkannt. (s. NIST SP 800-82, S. C–8)
MS-3	Antiviren-Software in ICS-Umgebungen ohne Testung	Eine Antiviren-Software nimmt je nach Konfigurationen einen großen Einfluss auf die Infrastruktur (Performance, Kompatibilität, ...). Daher sollte getestet werden, wie sie mit anderen Sicherheitskomponenten zusammenspielt und ob diese noch arbeiten. (s. NIST SP 800-82, S. C–8)

Netzwerk-Konfiguration		
NK-1	Schwache Netzwerksicherheits-Architektur	Bei der Entwicklung einer Netzwerksicherheits-Architektur können verschiedene Gestaltungsprinzipien (Security-in-Depth, Mikrosegmentierung etc.) herangezogen werden. Dabei gilt es stets, diese von Beginn an zu betrachten und unternehmensspezifisch auszugestalten. (s. NIST SP 800-82, S. C–6)
NK-2	Unverschlüsselte Passwörter zwischen Knoten	Bei veralteten Netzwerkprotokollen können Passwörtern nicht verschlüsselt werden und werden somit in Klartext übertragen. (s. NIST SP 800-82, S. C–7)
NK-3	Konfigurationen von Netzwerkgeräten werden nicht gespeichert	Für den Fall, dass Netzwerkgeräte ausfallen oder ersetzt und neu konfiguriert werden müssen, sollten Konfigurationen gespeichert und dann dafür abrufbar gemacht werden. So kann verhindert werden, dass bei der Neueinrichtung wichtige Konfigurationsparameter falsch gesetzt werden. (s. NIST SP 800-82, S. C–7)
NK-4	Passwörter werden nicht regelmäßig geändert	Sobald sich Netzwerkkomponenten im Feld befinden, werden ihre Passwörter häufig nicht mehr geändert. In diesem Fall sollte zumindest sichergestellt sein, dass das Passwort ausreichend sicher ist. (s. NIST SP 800-82, S. C–7)
NK-5	Möglichkeiten zur Überwachung des Datenflusses sind nicht im Einsatz	Die Überwachung des Datenverkehrs an den wichtigsten Punkten im Netzwerk hilft dabei, schnell Anomalien erkennen zu können. (s. NIST SP 800-82, S. C–8)
NK-6	Schlecht konfigurierte Netzwerkkomponenten	Netzwerkkomponenten stellen eine Schwachstelle für Angriffe dar, wenn sie unzureichend konfiguriert sind. Dazu zählt auch, dass die

		Standard-Konfiguration immer angepasst werden sollte. (s. NIST SP 800-82, S. C–7)

Netzwerk-Hardware		
NH-1	Keine Redundanzen für kritische Netzwerke	Kritische Netzwerke, zu denen etwa Produktionsnetzwerke gehören, sollten stets redundant ausgelegt sein, damit es zu keinem Produktionsstillstand kommen kann. (s. NIST SP 800-82, S. C–5)
NH-2	Unsichere Zugänge an Maschinen und Anlagen	Ein heterogener und veralteter Maschinen- und Anlagenpark bietet eine Vielzahl unsicherer Zugänge. Ziel sollte es sein, diese auf ein Mindestmaß zu beschränken und da, wo es nicht möglich ist, weitere Sicherheitsmechanismen zu nutzen. (s. NIST SP 800-82, S. C–7)

Netzwerk-Parameter		
NP-1	Keine sicheren Netzwerkparameter definiert	Neben der Konfiguration von Netzwerkgeräten sollten auch die Netzwerke an sich richtig konfiguriert werden. Dazu zählt die Definierung von IP-Adressen, DNS-Servern oder auch Port-Adressen. (s. NIST SP 800-82, S. C–6)
NP-2	Steuerungsnetzwerke werden für fachfremde Aufgaben genutzt	Insbesondere kritische Produktions- und Steuerungsnetzwerke sollten in ihrer Aufgabe nicht zweckentfremdet werden. So sollte es bspw. nicht möglich sein, über ein kritisches Netzwerk auf das Internet zuzugreifen. (s. NIST SP 800-82, S. C–6)
NP-3	Dienste für das Steuerungsnetzwerke befinden sich dem Unternehmensnetzwerk	Zentrale Dienste wie etwa DHCP sollten sich nie im zentralen Unternehmensnetzwerk befinden, sondern immer dezentral je Netzwerk. (s. NIST SP 800-82, S. C–6)

Kommunikation		
KO-1	Kritische Pfade sind nicht identifiziert	Bei der Kommunikation im Netzwerk sollten die kritischen Pfade identifiziert und überwacht werden, um schnell auf Vorfälle reagieren zu können. (s. NIST SP 800-82, S. C–9)
KO-2	Authentifizierung von Assets ist unzureichend	Gerade im IIoT-Umfeld werden Assets mit dem Netzwerk verbunden, ohne auf Sicherheitsaspekte zu achten. Häufig ist die Standard-Authentifizierung auf solchen Geräten unzureichend oder gar nicht vorhanden. (s. NIST SP 800-82, S. C–9)
KO-3	Fehlende Integritätschecks von ICS-Protokollen	Eine Vielzahl an ICS-Protokollen bietet keine Integritätschecks. Das hat zur Folge, dass Nachrichten kompromittiert übertragen werden können. (s. NIST SP 800-82, S. C–9)
KO-4	Unzureichende Authentisierung zwischen Client und Access-Point	Gerade in Produktionsnetzwerken muss sichergestellt werden, dass alle Clients schon am Access-Point authentisiert werden, damit sich kompromittierte Nachrichten nicht unkontrolliert verbreiten können. (s. NIST SP 800-82, S. C–9)
KO-5	Unzureichender Datenschutz zwischen Client und Access-Point	Eine datenschutzkonforme Kommunikation im Netzwerk setzt tiefgehende Sicherheitsmechanismen voraus, die zusätzlich zu den standardmäßig implementierten Mechanismen eingesetzt werden müssen. (s. NIST SP 800-82, S. C–9)
Netzwerk-Überwachung		

NÜ-1	Kein Netzwerk-monitoring	Ein umfassendes Netzwerkmonitoring, also die Überwachung des Datenverkehrs im Unternehmensnetzwerk (oder zumindest an ausgewählten relevanten Stellen), hilft dabei, Anomalien zu erkennen, Vorfälle somit schnellstmöglich einzudämmen und größere Schäden zu vermeiden. (s. BSI 2013, S. 77)
NÜ-2	Unzureichende Firewall- und Router-Logs	Logs dienen dazu, Unklarheiten durch Untersuchungen aufzulösen. Sie sind somit ein wichtiges Instrument zur Vermeidung von reproduzierbaren Fehlern. (s. NIST SP 800-82, S. C–9)

Physisch		
PY-1	Vandalismus und Diebstahl	Industrie-4.0-Umgebungen sind zu einem Teil stets physischen Einflüssen ausgesetzt. Daher müssen sie auch vor Vandalismus und Diebstahl geschützt werden. (s. ENISA 2018, S. 29)
PY-2	Unzureichender Schutz vor äußeren Einflüssen	Äußere Einflüsse wie etwa Witterungseinflüsse können teils starken Einfluss auf Industrie-4.0-Umgebungen haben, weswegen es gilt, sie vor schadhaftem Einfluss zu schützen. (s. NIST SP 800-82, S. C–8)
PY-3	Unberechtigte Personen haben Zutritt	Grundsätzlich sollten keine unberechtigten Personen Zutritt zum Unternehmensgelände im Allgemeinem oder zu den Industrie-4.0-Umgebungen im Speziellen haben. Somit kann das Risiko signifikant verringert werden, durch einen physischen Zugriff Schaden am System hervorzurufen. (s. NIST SP 800-82, S. C–8)
PY-4	Sabotage	Sabotage stellt das absichtliche Verändern einer Komponente oder eines Systems mit dem Ziel dar, auf dieses einen negativen Einfluss zu nehmen. Mitunter fallen solche Sabotagen, die häufig durch Mitarbeiter initiiert werden, wenn überhaupt erst nach Wochen oder gar Monaten auf. (s. ENISA 2018, S. 30)

Unbeabsichtigtes Verhalten		
UV-1	Unbeabsichtigte Änderung von Daten	Bei der Arbeit mit Systemen (IT-Systeme, Komponenten, Maschinen und Anlagen, ...) kann es vorkommen, dass Daten unbeabsichtigt verändert werden, was verschiedene Folgen haben kann. Daten sollten daher nur eingeschränkt und vom entsprechenden Personal veränderbar sein. (s. ENISA 2018, S. 30)
UV-2	Unbeabsichtigte Änderungen in OT-Systemen	Die Änderung von OT-Systemen kann direkten Einfluss auf den betrieblichen Ablauf haben und sollte daher möglichst unterbunden werden. Die Folgen reichen von Bauteilen mangelnder Qualität bis hin zum Produktionsstillstand. (s. ENISA 2018, S. 30)
UV-3	Falsche Konfiguration	Sind Systeme und Komponenten falsch konfiguriert, bieten sie häufig ein Einfallstor für Angriffe. Gerade bei sicherheitskritischen Komponenten sollte deswegen stets überprüft werden, wie sie richtig konfiguriert sind. (s. ENISA 2018, S. 31)
UV-4	Falsche Nutzung von Admin-Rechten	Admin-Rechte erlauben einen höheren Freiheitsgrad an und in Systemen, deswegen sollten sie stets auf ein Minimum reduziert sein, auch wenn dies im Umkehrschluss ggf. größeren organisatorischen Aufwand bedeutet. (s. ENISA 2018, S. 31)
UV-5	Schaden durch Dritt-Anbieter	Durch die Integration von Dritt-Anbietern in das Unternehmen und den stärkeren Einzug der Cloud lassen sich immer mehr Angriffe

		auf diese Dritt-Anbieter verzeichnen. Daher gilt es zu beachten, auch hier einen validen Auswahlprozess anzustoßen und notwendige Sicherheitsmaßnahmen umzusetzen. (s. ENISA 2018, S. 30)

Fehlfunktionen		
FF-1	Fehlfunktion eines Sensors / Aktors	Technik im Allgemeinen und insbesondere in industriellen Produktionsumgebungen ist stets fehleranfällig. Daher muss damit gerechnet werden, dass Komponenten ausfallen. Zum einen sollte dies schnellstmöglich erkannt werden, zum anderen darf der Ausfall nicht unmittelbar einen großen Einfluss auf die Produktion haben. (s. ENISA 2018, S. 30)
FF-2	Fehlfunktion einer Steuereinheit	Eine Fehlfunktion in einer Steuereinheit kann gravierende Folgen haben. Daher spielt die regelmäßige Wartung von Maschinen und Anlagen eine wichtige Rolle. (s. ENISA 2018, S. 30)
FF-3	Ausführung einer Software-Schwachstelle	Das Ausführen einer nicht gepatchten Software-Schwachstelle sollte grundsätzlich vermieden werden. Daher sollte sichergestellt werden, dass gerade sicherheitskritische Updates und Patches schnellstmöglich aufgespielt werden. (s. ENISA 2018, S. 31)
FF-4	Fehler durch den Service-Provider	Fehler durch Service-Provider liegen zwar außerhalb des eigenen Handlungsspielraums, allerdings sollten für solche Fälle Gegenmaßnahmen und Pläne definiert werden, um schnell wieder in den Normalbetrieb übergehen zu können. (s. ENISA 2018, S. 31)

Ausfälle		
AU-1	Ausfall des (Kommunikations-)Netzwerks	Der mögliche Ausfall eines Netzwerks bzw. einer Kommunikation setzt stets voraus, dass der Normalbetrieb für einen bestimmten Zeitraum fortgesetzt werden kann. (s. ENISA 2018, S. 31)
AU-2	Ausfall der Stromversorgung	Spannungsspitzen und andere Einflüsse können dazu führen, dass die Stromversorgung partiell oder gesamt ausfällt. Für diesen Fall sollten zumindest sicherheitskritische Anwendungen, Server sowie Maschinen und Anlagen über eine Notstromversorgung verfügen. (s. ENISA 2018, S. 31)
AU-3	Ausfall betrieblicher Anwendungssysteme	Der Ausfall betrieblicher Anwendungssysteme kann durch redundante Systeme aufgefangen werden und sollte stets in die Risikokalkulation einbezogen werden. Andernfalls stehen wichtige Funktionen nicht mehr zur Verfügung. (s. ENISA 2018, S. 31)

Katastrophen		
KA-1	Natürliche Katastrophe	Natürliche Katastrophen sollten in jeder Risikobetrachtung berücksichtigt werden. Zu ihnen zählen bspw. Hochwasser oder Stürme. Da man auf sie keinen Einfluss nehmen kann, muss zumindest sichergestellt sein, dass entsprechende Gegenmaßnahmen eingesetzt werden. (s. ENISA 2018, S. 31)
KA-2	Umweltkatastrophe	Umweltkatastrophen sind menschengemacht und weniger vorhersehbar als natürliche Katastrophen. Gegen sie kann man sich nur in gewissen Maßen schützen. (s. ENISA 2018, S. 31)

A.6 Einordnung der Schwachstellen in das Beschreibungsmodell

Initiierung	
Schwachstellen	PP-1; PP-3; PP-4; PP-5; PP-6; PP-7; PP-10; PP-13; PP-16; PP-17; PK-8; NK-1

Anforderungsanalyse	
Schwachstellen	*Grundsätzlich alle*[74]

Beschaffung	
Schwachstellen	PP-1; PP-3; PP-4; PP-6; PP-7; PP-8;PP-9; PP-11; PP-13; PP-14; PK-1; PK-6; PK-8; PH-2; PH-3; PH-5; PS-2; PS-6; PS-7; PS-8; PS-10; PS-11; PS-12; MS-1; NK-2; NK-5; NH-1; NH-2; KO-2; KO-4; KO-5; NÜ-1; NÜ-2; PY-1; PY-2; PY-4; UV-5

Design und Entwicklung	
Schwachstellen	PP-1; PP-3; PP-4; PP-6; PP-7; PP-8; PP-9; PP-11;PP-13; PP-14; PP-15; PK-1; PK-2; PK-3; PK-4; PK-6; PK-8; PH-2; PH-3; PH-4; PH-5; PS-1; PS-2; PS-4; PS-6; PS-7; PS-8; PS-10; PS-11; PS-12; NK-1; NK-2; NK-5; NH-1; NP-1; NP-2; NP-3; KO-2; KO-3; KO-4; KO-5; NÜ-2; PY-1; PY-2; PY-3; PY-4; FF-4;

Implementierung und Testing	
Schwachstellen	PP-1; PP-2; PP-3; PP-4; PP-5; PP-6; PP-7; PP-8; PP-9; PP-10; PP-11; PP-13; PP-15; PK-2; PK-3; PK-4; PK-5; PK-6; PK-8; PH-3; PH-4; PS-1; PS-3; PS-4; PS-5; PS-7; PS-8; PS-11; PS-12; MS-1; MS-3; NK-1; NK-2; NK-3; NK-5; NK-6; NP-1; NP-2; NP-3; KO-2; KO-3; KO-4; KO-5; NÜ-2; PY-4; UV-3; FF-3;

Entsorgung	
Schwachstellen	PP-1; PP-2; PP-3; PP-4; PP-6; PP-7; PP-8; PP-10; PP-11; PK-1; PK-6; PK-8; PS-8; NK-2; KO-5; PY-3

[74] Eine feinere Einordnung der ausgewählten Schwachstellen in die Phase „Anforderungsanalyse" würde durch die hoch unternehmensspezifischen Anforderungen keinen Mehrwert für den Anwender der Methodik liefert, weswegen an dieser Stelle darauf verzichtet wird.

A.7 Beschreibung der Einzelmaßnahmen im Detail

A.7.1 Maßnahmen der Kategorie „Identify“

Asset-Management	
AM-1	**Inventarisierung und Kontrolle von Enterprise-Assets**
Kurzbeschreibung: Ziel einer Inventarisierung ist die Schaffung von Transparenz aller potenziell schadhaften bzw. zu schädigenden Objekte im Unternehmen sowie deren Kontrolle und Anpassung. Sie bezeichnet genauer eine Bestandsaufnahme solcher Objekte. Enterprise-Assets (dt. *Unternehmensobjekte*) sind in Abgrenzung zu den Maßnahmen AM-2 und AM-3 keine physischen Objekte, sondern immaterielle Unternehmenswerte wie etwa Daten, Informationsflüsse sowie das Know-how des Unternehmens. **Aufgaben:** (i) Zu Beginn sollten **Kommunikationswege sowie Daten- und Informationsflüsse** identifiziert, aufgenommen und überwacht werden. Diese sollten auf einem Datenmanagementprozess beruhen, sofern ein solcher vorhanden ist. Eine Aktualisierung sollte jährlich oder bei größeren Änderungen der Asset-Landschaft erfolgen. (s. CIS 2021, S. 17) (ii) Anschließend sollten **interne sowie externe Stakeholder** bzw. Beteiligte „inventarisiert“ werden. Zum einen wird dadurch eine Zuordnung der Assets mit den Asset-Verantwortlichen ermöglicht, zum anderen lassen sich daraus potenzielle Bedrohungen ableiten sowie unautorisierte und unkontrollierte Zugriffe erkennen. (s. CIS 2021, S. 58) (iii) Zusätzlich sollte in Ergänzung zu den internen Stakeholdern die **interne Rollenverteilung** aufgenommen werden. Sie ermöglicht eine dedizierte Zuteilung von Aufgaben und Tätigkeiten, um die Bedrohungen ordnungsgemäß adressieren bzw. das Personal entsprechend schulen zu können. (vgl. CIS 2021, S. 47)	
AM-2	**Inventarisierung und Kontrolle der Hardware-Assets**
Kurzbeschreibung: Die Inventarisierung und Kontrolle der Hardware-Assets verfolgt dasselbe Ziel wie Maßnahme AM-1, fokussiert jedoch Hardware-Assets wie Endnutzer-Geräte oder Netzwerk-Komponenten. **Aufgaben:** (i) Die **Inventarisierung und Kontrolle von Hardware-Assets** werden durch das Etablieren und Pflegen eines akkuraten, detaillierten und stets aktuellen Inventars erreicht. Es sollten solche Hardware-Assets inventarisiert werden, die potenziell in der Lage sind, Daten zu speichern oder zu verarbeiten. Dazu zählen bspw. Endnutzer-Geräte oder Netzwerk-Komponenten. Als Merkmale bzw. Eigenschaften sollten die statische Netzwerkadresse, Namen, Verantwortliche bzw. Eigentümer und der Geltungsbereich der Assets aufgenommen werden. Darüber hinaus ist der Umstand relevant, ob das Asset mit einem Netzwerk verbunden sein darf oder nicht. (s. CIS 2021, S. 11) (ii) Verschiedene Tools und Mechanismen unterstützen je nach Umfang des Vorhabens die Inventarisierung. Dazu zählen ***Active*** (iii) sowie ***Passive Asset Discovery Tools***, die es ermöglichen, Assets automatisiert im Unternehmensnetzwerk zu erkennen. (iv) Abschließend gilt es, die **Inventarlisten aktuell zu halten**. Durch verschiedene Protokolle wie DHCP oder IP und Logging-Mechanismen auf Hardware-Geräten können die Listen entsprechend aktualisiert werden. (s. CIS 2021, S. 11)	
AM-3	**Inventarisierung und Kontrolle der Software-Assets**
Kurzbeschreibung: Die Inventarisierung und Kontrolle der Software-Assets verfolgt dasselbe Ziel wie Maßnahme AM-1, fokussiert jedoch Software-Assets wie betriebliche Anwendungssysteme oder XaaS-Lösungen.	

Aufgaben:

(i) Die Inventarisierung und Kontrolle von Software-Assets werden nach **interner**

(ii) sowie **externer Software** unterschieden. Das Inventar muss eine Dokumentation über den Namen, den Anbieter, das ursprüngliche Installations- bzw. Nutzungsdatum sowie über den Geschäftszweck aller lizensierten Software-Anwendungen enthalten. (s. CIS 2021, S. 13) Diese Aufgabe sollte parallel zu einer Anbieterauswahl durchgeführt werden.

(iii) Analog zu den Asset-Discovery-Tools sollten Möglichkeiten wie ***Automated Software Inventory Tools*** genutzt werden, um Software automatisiert zu identifizieren und zu inventarisieren.

(iv) In Ergänzung dazu bietet es sich an, für bestimmte **Software, Bibliotheken und Skripte sog. Allowlists** (dt. *Erlaubnislisten*) einzusetzen. Eine technologische Überwachung solcher Listen ermöglicht es, dass nur autorisierte Anwendungen ausgeführt werden. (s. CIS 2021, S. 14)

AM-4 Bewertung der Assets

Kurzbeschreibung: Eine Bewertung der identifizierten Assets hinsichtlich ihres Geschäftswerts ermöglicht eine nachgelagerte Ableitung spezifischer Schutzbedarfe und somit eine effiziente Absicherung der Informationssicherheit im Unternehmen.

Aufgaben:

(i) Zur Bewertung des Gesamtwerts eines Assets stehen verschiedene Herangehensweisen zur Verfügung, die je nach Umfang bzw. Wert der Assets angepasst werden sollten. Grundsätzlich bieten sich qualitative Vergleichsanalysen an, bei denen die Assets jeweils miteinander in Relation gesetzt werden, um einen relativen Geschäftswert ableiten zu können (s. Kapitel 8.1.4). Die erste Aufgabe besteht darin, den (i) **Wert der Assets** festzulegen.

(ii) Die zweite Aufgabe dient der Zugrundelegung einer **Gewichtung** für die identifizierten Assets.

(iii) Daraus ergibt sich ein **Gesamtwert des Assets**, der als Bewertungsgrundlage für weitere Aktivitäten wie der Risikoermittlung dient. (s. KASSA 2017, S. 1ff.)

Unternehmens- bzw. Informationssicherheitsstrategie

US-1 Strategische Betrachtung

Kurzbeschreibung: Die Relevanz der strategischen Betrachtung aller das Unternehmen betreffenden Risiken sowie Chancen der Informationssicherheit steigt stetig. Trends wie Cloud-Computing und eine zunehmende Auslagerung von IT-Diensten und Infrastrukturen in die Cloud verstärken die Relevanz insbesondere für KMU (s. JOHANNSEN U. KANT 2020, S. 1066).

Aufgaben:

(i) Zu den Aufgaben einer strategischen Informationssicherheitsbetrachtung zählt die **Erstellung einer ganzheitlichen IT- bzw. IS-Strategie mitsamt periodischer Planung** (s. JOHANNSEN U. KANT 2020, S. 1067). Durch die Etablierung einer Strategie wird die Informationssicherheit nachhaltig im Unternehmen verankert und verbessert. Der Abgleich mit den Unternehmenszielen bzw. der Unternehmensstrategie ermöglicht dabei eine betriebswirtschaftliche Argumentation bei Investitionsentscheidungen.

(ii) Um eine stärkere Integration in bestehende Prozesse und Abläufe ermöglichen können, sollten ein **IT/IS-Investitions- und IT/IS-Projektmanagement etabliert werden**, sofern diese nicht schon im Unternehmen vorhanden sind.

(iii) Als Teil dessen sollten notwendige **Ressourcen** zur Absicherung der Informationssicherheit **überwacht und ggf. gesteuert** werden.

(iv) Vor dem Hintergrund von Industrie 4.0 sollten ebenfalls **Regelungen für Entscheidungsfindungsprozesse** festgelegt werden, damit an allen Entscheidungspunkten sicherheitskritische Aspekte berücksichtigt werden. (s. JOHANNSEN U. KANT 2020, S. 1067)

US-2	Aufbau eines Informationssicherheitsmanagementsystems

Kurzbeschreibung: Der Aufbau eines Informationssicherheitsmanagementsystems (s. Kapitel 8.1) stellt den systematischen und strukturierten Ansatz dar, die Informationssicherheit im Unternehmen ganzheitlich und nachhaltig zu gewährleisten. Es definiert Prozesse, Verantwortlichkeiten sowie Tools und dient als Instrument zur kontinuierlichen Verbesserung der IS.

Aufgaben:

(i) Zuerst sollte eine **IS-Leitlinie definiert werden**, auf Basis derer unternehmerische Entscheidungen sowie Entscheidungen der Belegschaft im Alltag getroffen werden können bzw. anhand derer diese sich orientieren können.

(ii) Dazu zählt es ebenfalls, eine Richtlinie zur **IT-Nutzung durch Mitarbeitende** zu erstellen.

(iii) Beide Richtlinien müssen, ebenso wie Zuständigkeiten in diesem Zusammenhang, **im Unternehmen bekannt** sein.

(iv) Für den Fall, dass das Unternehmen in irgendeiner Hinsicht kompromittiert worden ist, muss ein Notfallplan bereitstehen, der durch die **Etablierung eines Notfallmanagements** manifestiert wird.

(v) Weiterhin sind **Datensicherungs-, Berechtigungs- sowie (physische) Sicherheitskonzepte** zu erstellen, mit denen ein Grundmaß an Informationssicherheit erzielt werden kann.

(vi) Letztlich sollte das ISMS als **PDCA-Zyklus** ausgelegt werden, um dieses kontinuierlich zu verbessern und somit nachhaltig im Unternehmen verankern zu können. (s. JOHANNSEN U. KANT 2020, S. 1067)

Governance	
GV-1	Aufbau einer Governance-Struktur

Kurzbeschreibung: Eine IS-Governance dient dazu, die im Vorfeld definierte IS-Strategie an der Unternehmensstrategie auszurichten, indem diese mit Elementen der Governance-Struktur kontrolliert, überwacht und gesteuert wird.

Aufgaben:

(i) Zum Aufbau einer Governance-Struktur ist es notwendig, **IT-Verantwortliche** (CIO, CDO, ...), **Informationssicherheitsrollen** (CISO, ...) und **weitere Entscheidungsträger** im Unternehmen (CEO, ...) sowie **IT-Steuerungsfunktionen** im Sinne der Aufbau- und Ablautorganisation **festzulegen**.

(ii) Um valide Entscheidungen auf Basis konkreter Fakten treffen zu können, sollte ein **schlankes Kennzahlensystem installiert** werden, welches die Ermittlung von Abweichungen hinsichtlich einer definierten Zielerreichung ermöglicht und Verbesserungsempfehlungen ableiten lässt. (s. JOHANNSEN U. KANT 2020, S. 1067)

Compliance	
CO-1	Policys

Kurzbeschreibung: Policys (dt. Richtlinien) dienen dazu, gesetzte Vorgaben des Unternehmens (hier hinsichtlich der Informationssicherheit) zu kennen und entsprechend einzuhalten.

Aufgaben:

(i) Zum einen sollten **unternehmensethische Richtlinien aufgestellt, umgesetzt und eingehalten werden**, die eher das freiwillige, aber grundlegende Selbstverständnis des Unternehmens sowie des Umgangs miteinander widerspiegelt.

(ii) Dazu ist es nützlich, **interne Regelwerke und Verfahrensanweisungen umzusetzen**, die in bestimmten Situationen eine regelkonforme Handlung ermöglichen.

(iii) Zum anderen müssen **relevante externe Normen und Standards identifiziert und umgesetzt werden**, die im Rahmen der Informationssicherheit von großer Bedeutung für die Unternehmung und die Absicherung jener sind. (s. JOHANNSEN U. KANT 2020, S. 1067)

(iv) Für produzierende Unternehmen ist die Erstellung und Umsetzung einer **Richtlinie für die sichere Nutzung, den sicheren Betrieb und das Management von (I)IoT-Geräten** empfehlenswert (s. SERROR ET AL. 2021, S. 2985).

CO-2 Recht

Kurzbeschreibung: In Ergänzung zu Vorgaben, die sich das Unternehmen selbst setzt, müssen auf gleiche Art und Weise gesetzliche und rechtliche Vorgaben erfüllt werden. Eine entsprechende Compliance stellt dies sicher.

Aufgaben:

(i) Zu den Aufgaben zählt es, dass **Gesetze, Rechte und Regulatorien verstanden und im Unternehmen adressiert sind**, damit diese auch erfüllt werden können.

(ii) Dies sollte stets im Abgleich mit **allgemeinen gesetzlichen Vorgaben** geschehen.

(iii) Teil der Maßnahme ist die **Umsetzung der DSGVO**. (s. JOHANNSEN U. KANT 2020, S. 1067)

Risiko-Management

RM-1 Schwachstellenmanagement

Kurzbeschreibung: Das Schwachstellenmanagement ist dazu notwendig, Schwachstellen im und Bedrohungen des Unternehmens zu identifizieren, zu kontrollieren und zu bewerten.

Aufgaben:

(i) Die zentralen Aufgaben des Schwachstellenmanagements beziehen sich auf **Asset-Schwachstellen** und **interne sowie externe Bedrohungen** des Unternehmens. Für ersteres ist es notwendig bzw. von Vorteil, auf die Asset-Inventare (Enterprise-, Hardware- und Software-Assets) zurückgreifen zu können. Erst, wenn alle Assets im Unternehmen bekannt sind, die zum einen geschützt werden sollen und von denen zum anderen ein potenzielles Risiko ausgeht, können diese entsprechend ihren potenziellen Schwachstellen bewertet werden. Dadurch ergibt sich im Umkehrschluss die Möglichkeit zur Bewertung unternehmens- bzw. sicherheitskritischer Schwachstellen im Unternehmen, aus der sich konkrete Handlungsbedarfe ableiten lassen. Gleiches gilt für Bedrohungen, die erstens bekannt und zweitens dokumentiert sein müssen, um eine ausreichend hohe Transparenz zur Gefährdungslage erreichen zu können. (s. NIST 2018, S. 25f.)

(ii) Im Rahmen des Aufbaus eines Schwachstellenmanagements empfiehlt es sich zusätzlich, **die Sicherheitsarchitektur im Unternehmen** zu untersuchen, ggf. anzupassen und kontinuierlich zu verbessern (s. CSA 2017, S. 25).

RM-2 Risikostrategie

Kurzbeschreibung: Die Formulierung einer Risikostrategie dient dazu, das Risiko, das sich aus den identifizierten Schwachstellen und Bedrohungen ergibt, bewerten zu können. Je nach strategischer Ausrichtung werden diese dann unterschiedlich behandelt, sodass sich ein unterschiedlich hohes Restrisiko im Unternehmen ergibt.

Aufgaben:

(i) Zu Beginn ist es notwendig, eine Transparenz über relevante Faktoren im Rahmen der Risikoermittlung (s. Kapitel 8.1.4) zu schaffen. Dazu zählt zum einen die **Bewertung der Bedrohungen und Schwachstellen hinsichtlich eines möglichen Business-Impacts sowie ihrer Eintrittswahrscheinlichkeiten,**

(ii) zum anderen die **Berechnung des sich daraus ergebenden Risikos** für das Unternehmen.

(iii) In Ergänzung dazu ist es notwendig, die **Risikotoleranz** im Unternehmen zu identifizieren bzw. festzulegen und kontinuierlich an die sich ändernden Rahmenbedingungen anzupassen.

(iv)	Um das Risikomanagement im Unternehmen verankern zu können, müssen **Prozesse mitsamt ihren Verantwortlichkeiten definiert und etabliert** sein. (s. NIST 2018, S. 26f.)

RM-3 Supply-Chain

Kurzbeschreibung: Durch die zunehmende Vernetzung produzierender Unternehmen entlang der Wertschöpfungskette (engl. *Supply-Chain*) müssen Schwachstellen und Bedrohungen auch außerhalb des Unternehmens evaluiert werden. Daher stellt das Supply-Chain-Management eine zentrale Rolle im Rahmen des Risikomanagements dar.

Aufgaben:

(i) Um die gesamte Wertschöpfungskette des Unternehmens im Rahmen des Risikomanagements berücksichtigen zu können, müssen mehrere Aufgaben umgesetzt werden. Auf der einen Seite müssen **externe Akteure**, seien es Lieferanten, Kunden oder Drittanbieter von Informationssystemen bzw. Anwendungen, **identifiziert und hinsichtlich ihres Risikos** für das Unternehmen **bewertet** werden. Neue Akteure sollten stets einen Evaluierungsprozess durchlaufen.

(ii) Die **gesetzten Anforderungen an diese Akteure sollten vertraglich festgehalten werden**, um im Zweifelsfall Ansprüche geltend machen zu können.

(iii) Zum anderen müssen **Prozesse etabliert und überwacht** werden, die diese Anforderungen adressieren.

(iv) Die Risiken der Supply-Chain sollten darüber hinaus **kontinuierlich bewertet** werden.

(v) Letztlich bietet es sich an, **die Reaktions- und Wiederherstellungsplanung auch auf externe Akteure auszuweiten**. (s. NIST 2018, S. 28f.)

A.7.2 Maßnahmen der Kategorie „Protect“

Identitätsmanagement, Authentisierung, Zugangskontrollen
IAZ-1 Identitätsmanagement
Kurzbeschreibung: Ein Identitätsmanagement dient dazu, die verschiedenen Identitäten und die damit verknüpften Rollen im Unternehmen zu kennen, zu kontrollieren und anzupassen. Die Maßnahme umfasst primär den organisatorischen Prozess. **Aufgaben:** (i) Zentral für die Umsetzung eines Identitätsmanagements ist es, **die verschiedenen Identitäten** (Mitarbeitende, Hardware- sowie Software-Assets, ...) im Unternehmen **zu identifizieren, zu überwachen und bei Bedarf anzupassen** (s. WIESBECK ET AL. 2021a, S. 136ff.). (ii) Dabei unterstützt eine **Zentralisierung des Account-Managements**, etwa in Form eins zentralen Directorys. (iii) Neben dem Zugriff durch die Belegschaft auf Ressourcen des Unternehmens sollten auch der **physische Zugriff** sowie die Möglichkeiten von **Fernzugriffen** gemanagt werden. (iv) Weiterhin umfasst die Maßnahme die Etablierung eines **Prozesses zur Einstellung bzw. zum Austritt von Mitarbeitenden** (v) sowie eines **Prozesses zur regelmäßigen Überprüfung der Accounts** (s. CIS 2021, S. 23, 25). So soll sichergestellt werden, dass jede Entität im Unternehmen nur über die ihr zugewiesenen Zugriffsrechte verfügt. Das Management der Identitäten bzw. Accounts sollte ausschließlich durch Personen mit Administrator-Rechten erfolgen (s. WIESBECK ET AL. 2021a, S. 137).
IAZ-2 Authentisierung
Kurzbeschreibung: Durch eine Authentisierung erfolgt der Nachweis über eine bestimmte Identität. **Aufgaben:** (i) Für alle sich ergebenden Fälle des Identitätsnachweises gilt es, **geeignete Authentisierungsmöglichkeiten auszuwählen** (ii) und alle Entitäten entsprechend ihren **Rechten, Rollen und Profilen** zu überprüfen. Gerade für KMU bietet es sich an, auf einfache Methoden zurückzugreifen, die im besten Fall bereits mehrere solche Fälle abdecken. (iii) Die **Multi-Faktor-Authentisierung** (MFA) stellt eine solche Methode dar, die ebenso verpflichtend für alle externen Anwendungen eingesetzt werden sollte. (s. CIS 2021, S. 25f.)
IAZ-3 Zugangskontrollen
Kurzbeschreibung: Analog zur Authentifizierung umfasst die Zugangskontrolle, expliziter das Management von Zugangsberechtigungen zu bestimmten Bereichen bzw. Ressourcen des Unternehmens. **Aufgaben:** (i) Zu den Aufgaben zählen das **Management von Zugangsberechtigungen** (ii) und der **Einsatz von Prinzipien**, wie dem Least-Privilege-Prinzip (dt. *geringste Befugnisse*). (iii) Durch technologische und organisatorische Maßnahmen bzw. eine Kombination derer, etwa in Form von **Segmentierungen**, wird darüber hinaus die **Integrität** der jeweiligen Bereiche gewährleistet. (s. CIS 2021, S. 40)

Awareness und Training
AT-1 Allgemeine Awareness
Kurzbeschreibung: Die Schaffung einer allgemeinen Awareness im Unternehmen umfasst alle Mitarbeitenden im und unter gegebenen Umständen auch außerhalb des Unternehmens. Ziel ist es,

durch die Schaffung von Awareness den Umgang mit Informationssicherheit zu erleichtern und kritische Schwachstellen bzw. Bedrohungen zu minimieren.

Aufgaben:

(i) Zu Beginn der Awareness-Schaffung gilt es, deren **aktuellen Stand** in Form eines **Sensibilisierungsgrads** zu erheben.
(ii) Daraus lassen sich **Maßnahmen ableiten und evaluieren**, die notwendig sind, um die Awareness in der Belegschaft zu erhöhen. Dazu zählt insbesondere die Schulung der Mitarbeitenden hinsichtlich Social-Engineering-Angriffen. (s. CIS 2021, S. 46)
(iii) Jeder Mitarbeitende sollte **informiert bzw. geschult** sein,
(iv) **Informationen zu aktuellen Geschehnissen erhalten**
(v) sowie **Kenntnis über Meldewege und Maßnahmen bei Vorfällen**
(vi) und über **Konsequenzen bei Verstößen** besitzen. (s. JOHANNSEN U. KANT 2020, S. 1067)
(vii) Ferner sollten **Verhaltensregeln** bekannt und umgesetzt sein wie etwa die Einhaltung eines sauberen Arbeitsplatzes oder das Sperren des Rechners (s. BSI 2012, S. 50, 58).

AT-2 Besondere Rollen und Verantwortlichkeiten

Kurzbeschreibung: Einige Akteure des Unternehmens nehmen in Bezug auf die Informationssicherheit eine besondere Rolle ein, die entsprechend gesondert geschult werden müssen.

Aufgaben:

(i) Ausgangspunkt der Maßnahme ist die **Identifizierung der besonderen Rollen und Verantwortlichkeiten**. Zu diesen zählen in der Regel IS-Mitarbeitende, die Geschäftsführung, Key-User und auch externe Stakeholder.
(ii) Für diese Rollen müssen **spezifische Awareness-Schulungen** erstellt bzw. genutzt werden, damit diese ihre Rolle verstehen und entsprechend handeln können. (s. CIS 2021, S. 47)
(iii) Da sie häufig als Ansprechpartner fungieren, müssen **Meldestellen** definiert sein (s. JOHANNSEN U. KANT 2020, S. 1067).

Datensicherheit

DS-1 Prozessuale Datensicherheit

Kurzbeschreibung: Die prozessuale Datensicherheit umfasst alle Maßnahmen zum sicheren Umgang mit und zur sicheren Handhabung von Daten auf prozessualer Ebene.

Aufgaben:

(i) Die übergeordnete Aufgabe zur Realisierung einer prozessualen Datensicherheit ist die **Etablierung eines Datenmanagementprozesses**. Durch diesen können die weiteren Aufgaben adressiert und nachhaltig verankert werden.
(ii) In Ergänzung zu den bisherigen Inventaren sollte ein **Dateninventar angelegt**
(iii) und ein **Klassifikationsschema entwickelt** werden. Dieses Schema dient dazu, Daten hinsichtlich ihres Geschäftswerts schnell klassifizieren zu können und so jedem Mitarbeitenden einen sicherheitsorientierten Umgang mit den Daten zu ermöglichen.
(iv) Entsprechende **Listen**, in denen erlaubte **Datenzugriffe** festgehalten sind, schaffen zusätzliche Transparenz.
(v) Vor dem Hintergrund des Lebenszyklus von Daten sollten **Richtlinien für eine Vorratsdatenspeicherung**
(vi) sowie für die **Entsorgung von Daten** aufgestellt werden. Die Entsorgung sollte darüber hinaus streng überwacht werden. (s. CIS 2021, S. 16f.)
(vii) Als Prinzip der prozessualen Datensicherheit gilt die Maxime, **die nach außen angebotenen Daten auf ein Mindestmaß zu beschränken** (s. BSI 2012, S. 47).

DS-2	Technologische Datensicherheit

Kurzbeschreibung: Die technologische Datensicherheit umfasst technologische Mechanismen zum Schutz der Daten.

Aufgaben:

(i) Grundsätzlich ist bei Wahl einer geeigneten Technologie bzw. eines geeigneten (Verschlüsselungs-)Verfahrens zwischen **ruhenden Daten** (engl. *data-at-rest*)

(ii) und **sich bewegenden Daten** (engl. *data-in-transit*) zu unterschieden.

(iii) Durch die zunehmende Verbreitung mobiler Endgeräte sollte sichergestellt sein, dass die sich darauf befindlichen Daten ebenfalls **verschlüsselt** und somit wertlos für unbefugte Personen sind.

(iv) Als weitere Aufgabe gilt es, eine **Segmentierung von Datenverarbeitung und Datenspeicherung** zu etablieren.

(v) **Sensitive Daten** dürfen nicht auf als nicht-sensitiv eingestuften Assets verarbeitet bzw. gespeichert werden. (s. CIS 2021, S. 16f.)

DS-3	Integritätschecks

Kurzbeschreibung: Integritätschecks dienen dazu, die Datenintegrität zu überprüfen.

Aufgaben:

(i) Integritätschecks zur **Verifizierung können bei Hardware**

(ii) sowie **Software, Firmware und jeglichen Arten von Informationen** durchgeführt werden. Dafür lassen sich z. B. kryptografische Hash-Funktionen und digitale Signaturen einsetzen (s. Beasley 2019).

(iii) Um darüber hinaus die Integrität der Daten sicherstellen zu können, sollten **Testumgebungen stets von denen des produktiven Betriebs getrennt werden**. (s. NIST 2018, S. 33)

Informationsschutzprozesse und -prozeduren

IP-1	Konfigurationsmanagement

Kurzbeschreibung: Eine unternehmensspezifische Informationssicherheit zu erreichen setzt voraus, dass unternehmensspezifische Konfigurationen von und in Systemen umgesetzt werden. Diese beziehen sich gleichermaßen auf alle Arten von Hardware, Software sowie Netzwerke und IoT-Komponenten.

Aufgaben:

(i) Als erste Aufgabe eines Konfigurationsmanagements müssen Anforderungen an Konfigurationen erhoben werden, indem ein **Mindestmaß an internen Standards** definiert

(ii) und **nicht-genutzte Funktionalitäten und Dienste deaktiviert** werden.

(iii) Von besonderer Bedeutung im Rahmen von Industrie 4.0 und der schnellen Umsetzung von Piloten ist die **Ablösung von Standardkonfigurationen** (s. BSI 2012, S. 28), etwa durch selbst gesetzte Passwörter oder die Nutzung sicherer Protokolle (SSH, HTTPS, ...). So kann gewährleistet werden, dass keine unbefugten Personen die Standardkonfigurationen ausnutzen, die häufig frei im Internet recherchierbar sind, sofern die einzelnen Komponenten bekannt sind.

(iv) Zu den weiteren Aufgaben gehören die **Nutzung automatischer Sitzungs-Logouts** (etwa nach 15 Minuten),

(v) der **Einsatz von vertrauenswürdigen DNS-Servern** bei Assets,

(vi) die Möglichkeit zur **Remote-Löschung** auf mobilen Endgeräten für den Fall, dass diese gestohlen worden sind

(vii) sowie die **Trennung der Work- und Private-Spaces** auf Rechnern und mobilen Endgeräten. Diese Aufgaben sind als Sicherheitsvorkehrungen zu verstehen, um den Schutz der Informationssysteme zu erhöhen.

(viii) Teil des Konfigurationsmanagement ist es, auf Servern und (mobilen) Endgeräten, die sensitive Daten verarbeiten bzw. sich in kritischen Unternehmensnetzwerken befinden, **Firewalls** einzurichten.
(ix) Letztlich sollte das Konfigurationsmanagement als **kontinuierlicher Prozess verstanden und etabliert** werden,
(x) um **Änderungen an Konfigurationen zu erfassen**
(xi) und die **Effektivität von Schutztechnologien teilen** zu können, wodurch sich die Akzeptanz bei den Mitarbeitenden erhöhen lässt. (s. CIS 2021, S. 20; NIST 2018, S. 35)

IP-2 Lifecyclemanagement

Kurzbeschreibung: Alle Komponenten im Unternehmen befinden sich in einem Lebenszyklus, den es in angemessener Art und Weise und unter sicherheitskritischen Aspekten zu berücksichtigen bzw. zu kontrollieren gilt.

Aufgaben:

(i) Zentral für die Umsetzung eines Lifecyclemanagements ist die **Implementierung eines Systementwicklungslebenszyklus für alle sicherheitskritischen Komponenten** im Unternehmen (s. NIST 2018, S. 33). Dieser Zyklus umfasst verschiedene Phasen, von der Initiierung über die Beschaffung von Komponenten bis hin zur Nutzung und der Entsorgung (s. CSA 2017, S. 6). In allen Phasen müssen unterschiedliche Sicherheitsaspekte berücksichtigt werden. Allerdings sollten nicht nur physische und logische Komponenten entlang ihres Lebenszyklus betrachtet werden, auch Daten und Informationen müssen analog betrachtet werden (s. CIS 2021, S. 15).
(ii) Dazu zählt es, dass **Daten entsprechend den Vorgaben am Ende ihres Lebenszyklus vernichtet**
(iii) und **Backups für Daten eingesetzt, gepflegt und getestet** werden.
(iv) Letztlich unterliegen auch Mitarbeitende einem Lebenszyklus. Daher sollten sicherheitsrelevante Aspekte bereits im **Prozess des Personalwesens integriert** werden. (s. CIS 2021, S. 38, 46; NIST 2018, S. 35)

IP-3 Erstellung von Plänen

Kurzbeschreibung: Die Erstellung und Nutzung von Plänen erleichtern die Handhabung und Reaktion auf bestimmte Ereignisse, indem schnell und entsprechend den Vorgaben gehandelt werden kann.

Aufgaben:

(i) Beim Aufbau eines ISMS sollten diverse Pläne erstellt werden. Elementar sind Reaktions- und Wiederherstellungspläne. Um die Reaktionsfähigkeit zu steigern, werden ***Incident Response und Business Continuity Plans*** erstellt. Diesen sind Vorgaben zu entnehmen, wie sich im Falle eines Angriffs bzw. eines Vorfalls verhalten werden sollte, um die Kontinuität des Geschäftsbetriebs aufrecht erhalten zu können.
(ii) Da solche Vorfälle jedoch nie zu 100 % abgefangen werden können, greifen Wiederherstellungspläne in Form von ***Incident* und *Disaster Recovery Plans***. Mit ihrer Hilfe ist es möglich, den ursprünglichen Ausgangszustand schnell und strukturiert wiederherzustellen. (s. NIST 2018, S. 35)

IP-4 Netzwerkmanagement

Kurzbeschreibung: Das Netzwerkmanagement umfasst alle Aufgaben, um die Unternehmensnetzwerke abzusichern und vor äußeren Einflüssen zu schützen. Als zentrale und verbindende Komponente in Unternehmen kommt den Netzwerken häufig eine bedeutsame Rolle zu.

Aufgaben:

(i) Im Rahmen der Erstellung von Informationsschutzprozessen und -prozeduren umfassen die Aufgaben zum Netzwerkmanagement vor allem strategische und planerische Tätigkeiten. Dazu zählt es, schon von Beginn an eine **sicherere Netzwerkarchitektur** zu wählen, indem man sich an Prinzipien, Best Practices und Standards orientiert.

(ii) Die **Etablierung von Architekturdiagrammen** unterstützt diesen Prozess.

(iii) Darüber hinaus sollte die **Netzwerkinfrastruktur kontinuierlich kontrolliert** und **möglichst aktuell gehalten** werden.

(iv) Dazu sind regelmäßig Austausche der Komponenten sowie der **Einsatz sicherer Kommunikationsprotokolle** notwendig.

(v) Als zusätzliche Aufgabe sollten **VPN** umfangreich implementiert und genutzt werden. (s. CIS 2021, S. 40f.) Durch die zunehmende Home-Office-Arbeit wird die Sicherheit von VPN bzw. von VPN-Servern immer wichtiger (s. BUNDESKRIMINALAMT 2020, S. 17).

IP-5 Applikationssicherheit

Kurzbeschreibung: Betriebliche Anwendungssysteme, Informationssysteme im Allgemeinen sowie weitere Applikationen, etwa auf Endgeräten, kommen in einem Großteil der betrieblichen Prozesse und Tätigkeiten zum Einsatz. Es muss sichergestellt werden, dass die Arbeit mit diesen Anwendungen, seien sie eigenentwickelt, gehostet bzw. zugekauft, sicher ist.

Aufgaben:

(i) Aufgaben zur Gewährleistung der Applikationssicherheit beziehen sich insbesondere auf den Entwicklungsprozess. Es ist zentral, einen solchen **sicheren Entwicklungsprozess für Anwendungen** zu etablieren,

(ii) indem bspw. **sichere Design-Prinzipien** berücksichtigt,

(iii) **geprüfte Sicherheitsmodule** integriert

(iv) und das **Entwickler-Team unter Sicherheitsaspekten trainiert** wird.

(v) Zusätzlich sollten Anwendungen vor dem Roll-out in Form von **Code-Level-Security-Checks**

(vi) und **Threat Modelings** getestet werden.

(vii) Um die Sicherheit im laufenden Betrieb zu gewährleisten, sollten **Test- und Produktivsysteme** getrennt voneinander betrieben werden.

(viii) Ein **Inventar für Third-Party-Softwarekomponenten** erhöht die Transparenz im Entwicklungsprozess.

(ix) Letztlich sollten Anwendungen immer so entwickelt werden, dass sie über solche **Standard-Härtungs-Konfigurationen** verfügen, die sich in der Industrie bewiesen haben. So stellen Eigenentwicklungen kein Einfallstor für Angriffe dar. (s. CIS 2021, S. 51ff.)

Wartung und Pflege

WP-1 Wartung und Pflege

Kurzbeschreibung: Die Wartung und Pflege von Assets bzw. Komponenten im Unternehmen umfasst vor allem das Patch- und Updatemanagement, um stets die aktuellen und somit sichersten Versionen in Betrieb haben zu können.

Aufgaben:

(i) Zentraler Baustein der Wartung und Pflege von Systemen ist das **Update-Management für Informationssystemen**

(ii) und ein (im besten Fall) **automatisiertes Patch-Management**.

(iii) Zusätzlich sollten **regelmäßige Recherchen zu Software und Firmware** angestoßen und durchgeführt werden.

(iv) Die Wartungen und die Pflege von Systemen sollte mit **erlaubten und kontrollierten Tools verzeichnet** werden (s. BSI 2012, S. 54), um einen Überblick über die geleisteten Wartungen behalten zu können.

(v) Durch die steigende Anzahl an Remote-Zugängen, gerade in industriellen Produktionsumgebungen, steigt die Relevanz, diese über einen **etablierten Prozess freizugeben, zu dokumentieren und vor unbefugter Nutzung zu schützen**. (s. CIS 2021, S. 36)

Technologien	
TE-1	**Logmanagement**
Kurzbeschreibung: Ein Logmanagement unterstützt dabei, Vorfälle frühzeitig zu erkennen, zu verstehen und schnell den Ausgangszustand wiederherzustellen. Dazu ist es notwendig, Logs zu sammeln, zu untersuchen und ggf. zu archivieren. **Aufgaben:** (i) Zu Beginn ist es notwendig, einen entsprechenden **Prozess für das Logmanagement** zu etablieren. Dieser definiert, welche Anforderungen bestehen, welche Logs gesammelt, untersucht und archiviert werden sollten. (ii) Die **Sammlung von Audit-Logs** umfasst alle relevanten bzw. sicherheitskritischen Assets im Unternehmen. (iii) Eine **Untersuchung der gesammelten Audit-Logs** hilft dabei, Anomalien zu erkennen und auf potenzielle Bedrohungen aufmerksam zu machen. (s. CIS 2021, S. 31) Um eine effiziente Herangehensweise zu ermöglichen, sollten möglichst nur Logs relevanter Assets gesammelt und untersucht werden. Im besten Fall unterstützen automatisierte Tools diesen Prozess (s. SMITH, J. 2020).	
TE-2	**Medienträgermanagement**
Kurzbeschreibung: Medienträger sind ein beliebtes Mittel für Angriffe. Ihre Absicherung ist leicht zu realisieren. **Aufgaben:** (i) Um Medienträger abzusichern, sollten die darauf vorhanden **Daten stets verschlüsselt** werden (s. CIS 2021, S. 17). (ii) Zusätzlich sind **Autorun- und Autoplay-Funktionalitäten zu deaktivieren**, um automatische Ausführungen von Schadsoftware zu verhindern. (iii) Letztlich bietet es sich an, (iii) **automatische Scans zur Erkennung von Schadsoftware durchzuführen**, sobald Medienträger mit Systemen verbunden werden. (s. CIS 2021, S. 36)	
TE-3	**Einsatz von Prinzipien**
Kurzbeschreibung: Informationssicherheitsprinzipien (s. Tabelle 8-10) ermöglichen in vielerlei Hinsicht einen erleichterten Umgang mit sicherheitskritischen Aspekten, indem sie als Orientierungs- und Gestaltungsleitlinien herangezogen werden können. Einige sind obligatorisch, andere Prinzipien eher optional. **Aufgaben:** (i) Wichtig für den Einsatz von Prinzipien ist es, dass diese **bekannt** sind (ii) und **im Hinblick auf das eigene Unternehmen bzw. den konkreten Anwendungsfall bewertet** werden. (iii) Dafür eignen sich die **Etablierung eines Prozesses** (iv) und **die Schulung von Mitarbeitenden** zur Berücksichtigung und zum Einsatz von Prinzipien. (vgl. NIST 2018, S. 37)	
TE-4	**Stärkung der Resilienz**
Kurzbeschreibung: Die Stärkung der Resilienz dient dazu, ausgewählte Systeme und Bereiche so auszulegen, dass ihre Funktionstüchtigkeit auch im Falle eines Angriffs zumindest teilweise erhalten bleibt. Sie sollte nur für sicherheitskritische Umgebungen bzw. schützenswerte Assets durchgeführt werden, weil sie grundsätzlich mit zusätzlichem Aufwand verbunden ist. **Aufgaben:** (i) In Bezug auf Hardware-Komponenten sollte sichergestellt sein, dass **Resilienzmechanismen wie *failsafe*** (dt. ausfall- bzw. versagenssicher)**, *load balancing*** (dt. Lastverteilung) **und *hot***	

	swap (dt. heißes Tauschen; Tauschen von Komponenten im laufenden Betrieb) **integriert** sind (s. NIST 2018, S. 37).
(ii)	Außerdem sollten **Firewalls stets den gesetzten Mindestanforderungen** entsprechen und sicher konfiguriert sein.
(iii)	**Virenprogramme** stärken die Resilienz von Software-Anwendungen, indem diese Viren schnell erkennen, eindämmen und die Systeme lauffähig halten. (s. BSI 2012, S. 46f.)
(iv)	Für **Wiederherstellungsdaten sowie sensitive Daten sollten isolierte Instanzen existieren**
(v)	Letztlich müssen **IT- bzw. OT-Netzwerke mittels Firewalls oder Datendioden segmentiert werden**, um die Ausbreitung von Schadprogrammen verhindern und auf ein Mindestmaß beschränken zu können. (s. CIS 2021, S. 38).

TE-5 Web- und Mail-Security

Kurzbeschreibung: Web-Anwendungen und E-Mail-Programme stellen ein beliebtes Angriffsziel dar und sind in jedem Unternehmen weit verbreitet. Ihnen muss eine gesonderte Aufmerksamkeit geschenkt werden.

Aufgaben:

(i) Grundsätzlich sollten **riskante Aktionen** wie das automatische Ausführen von Web-Anwendungen, Skripten oder Downloads **unterbunden** (s. BSI 2012, S. 48)

(ii) **und unnötige bzw. unbekannte Dokumententypen blockiert** werden.

(iii) **Dazu** empfiehlt es sich, nur auf **voll-supportete Browser und E-Mail-Clients** zurückzugreifen.

(iv) Für E-Mail-Clients sollte die Nutzung der **DMARC-Spezifikation** evaluiert und ggf. realisiert werden.

(v) Für die Anbindung an externe Dienste sollten immer **sichere API** genutzt werden.

(vi) **Die Nutzung von DNS-Filter-Services**

(vii) **sowie** ein **Inventar von Service-Providern** erhöht zusätzlich die Web- und Mail-Security. (s. CIS 2021, S. 33f., 49)

TE-6 Malware-Schutz

Kurzbeschreibung: Um der zunehmenden Bedrohung von Malware-Angriffen gerecht zu werden, müssen konkrete Maßnahmen ergriffen werden. So kann sichergestellt werden, dass die Großzahl der Malware-Angriffe abgewehrt wird.

Aufgaben:

(i) Die **Nutzung einer Anti-Malware-Lösung** ist essenziell für die Erhöhung des Malware-Schutzes (s. CIS 2021, S. 34).

(ii) Bei solchen Lösungen sollte darauf geachtet werden, dass ein **zentrales Management** etabliert ist

(iii) und **verhaltensbasierte Lösungen genutzt** werden. Der Vorteil von verhaltensbasierten Anti-Malware-Lösungen ist, dass sie auch neue Malware-Angriffe erkennen können, die noch in keiner signaturbasierten Lösung aufgeführt sind.

(iv) Auf höherwertigen IoT-Geräten, die sich in der Produktionsumgebung befinden, sollten **automatische Signaturprüfungen konfiguriert** sein. (s. CIS 2021, S. 36)

TE-7 Passwörter und Verschlüsselung

Kurzbeschreibung: Ein ausreichender Passwortschutz und Verschlüsselungen gehören zu den Mindestanforderungen an die Informationssicherheit. Sie sollten in ausreichendem Maße im Unternehmen angewendet werden.

Aufgaben:

(i) Passwörter sollten stets ein **Mindestmaß an Komplexität** aufweisen, damit diese als sicher gelten. Effektiver als das häufige Wechseln der Passwörter ist das einmalige Verwenden starker Passwörter.

(ii) Dafür sollte eine **Passwort-Richtlinie** im Unternehmen erstellt werden.

(iii) Darüber hinaus sollten **Standard- bzw. vorinstallierte Passwörter immer geändert werden**.

(iv) Mechanismen zur Verschlüsselung von Daten in den unterschiedlichen Einsatzzwecken sollten **sorgfältig ausgewählt** werden. (s. BSI 2012, S. 56ff.)

TE-8 Physischer Schutz

Kurzbeschreibung: Produzierende Unternehmen verfügen naturgemäß über eine Vielzahl physischer Umgebungen wie Produktionsbereiche und Bürogebäude. Ihr physischer Schutz ist gleichermaßen sicherzustellen wie der Cyber-Schutz

Aufgaben:

(i) Ein physischer Schutz wird durch verschiedene Maßnahmen erreicht. Zum einen sollten physische Umgebungen gegen **natürliche Einflüsse wie Feuer, Überhitzung, Wasserschäden etc. geschützt** werden.

(ii) Zum anderen müssen sie vor beabsichtigten Änderungen durch Mitarbeitende oder unbefugte Personen geschützt werden. Darunter fallen Maßnahmen gegen **Einbrüche**

(iii) und **Sabotagen** wie Zäune, Absperrungen oder Zugangskontrollen zu bestimmten Bereichen. (s. ENISA 2018, S. 29f.)

A.7.3 Maßnahmen der Kategorie „Detect“

Anomalie-Erkennung

AE-1 Einrichtung

Kurzbeschreibung: Um Anomalien erkennen zu können, muss eine erstmalige Einrichtung durchgeführt werden. Sie bietet die notwendige Ausgangslage zur kontinuierlichen Überwachung und Erkennung.

Aufgaben:

(i) Zuallererst muss eine **Basis-Linie** für verschiedene Aktivitäten definiert werden, um einen Normalzustand festlegen zu können.
(ii) Zusätzlich müssen **Ober- und Untergrenzen** definiert und ggf. im späteren Verlauf angepasst werden.
(iii) Für die Erfassung der Aktivitäten sollten **verschiedene Datenquellen herangezogen** werden.
(iv) Abschließend werden die erfassten Aktivitäten hinsichtlich ihres **Abweichungsgrads untersucht und hinsichtlich ihres möglichen Einflusses bewertet**. (s. NIST 2018, S. 37f.)

AE-2 Pentesting

Kurzbeschreibung: Penetrationstests bieten Sicherheitsüberprüfung einzelner Systeme oder auch des gesamten Unternehmens, wobei die Sicherheit einzelner Bestandteile überprüft wird. Der Umfang eines Penetrationstest variiert stark.

Aufgaben:

(i) Für den Fall, dass Penetrationstests durchgeführt werden sollen, empfiehlt es sich, ein **Pentesting-Programm** im Sinne eines Rahmenplans für das Unternehmen aufzustellen. Aus diesem kann entnommen werden, wann welche Systeme in welchem Umfang auf welche Aspekte hin getestet werden.
(ii) Grundsätzlich bietet es sich an, neben internen auch **periodisch externe Penetrationstests** durchzuführen. So bleiben die geprüften Systeme möglichst auf dem sichersten Stand.
(iii) Die Erkenntnisse, die sich aus der Durchführung eines Penetrationstests ergeben, sollten gesammelt und in **konkrete Handlungspläne bzw. Verbesserungsmaßnahmen** übertragen werden. (s. CIS 2021, S. 61)

Kontinuierliche Überwachung

KÜ-1 Überwachung

Kurzbeschreibung: Die Überwachung von Systemen stellt eine der zentralen Maßnahmen zur Erhöhung der Informationssicherheit dar. Nur Systeme, die kontinuierlich überwacht werden, können ausreichend abgesichert werden.

Aufgaben:

(i) Ausgangspunkt für eine Überwachung von Systemen stellt die **Etablierung eines Prozesses** dar, durch den definiert wird, welche Systeme wie überwacht werden. Je nach Betrachtungsgegenstand kommen unterschiedliche Überwachungstechniken zum Einsatz.
(ii) Folgende Elemente sollten im Unternehmen überwacht werden: **Netzwerke**,
(iii) **physische Umgebungen**,
(iv) **Nutzerverhalten**,
(v) **Aktivitäten von externen Service-Providern**
(vi) sowie **unbefugte bzw. unberechtigte Personen, Verbindungen, Geräte und Software**. (s. NIST 2018, S. 38f.; CIS 2021, S. 50)

KÜ-2 Schwachstellenscans

Kurzbeschreibung: Schwachstellenscans ähneln den Penetrationstests, allerdings sind diese weniger aufwendig, somit auch für eine deutlich breite Anwendung geeignet und automatisierbar. Sie verfolgen das Ziel, Schwachstellen in Software, Hardware, Architekturen etc. aufzuspüren. Sie sind in der Lage, fehlerhafte Konfigurationen zu erkennen, auf schwache Passwörter hinzuweisen und zu alarmieren, sofern bestimmte Services nicht mehr wie gewünscht funktionieren (vgl. BRABETZ 2016).

Aufgaben:

(i) Eine nachhaltige Verankerung von Schwachstellenscans setzt die **Etablierung eines Prozesses** voraus. Durch diesen wird festgelegt, welche Systeme im Unternehmen auf Schwachstellen hin untersucht werden sollen und wie häufig bzw. zu welchem Automatisierungsgrad dies erfolgen soll. Um einen effizienten Umgang mit der Informationssicherheit zu ermöglichen, sollte möglichst nur auf automatisierte Lösungen zurückgegriffen werden.

(ii) Nach der Durchführung der Schwachstellenscans müssen die identifizierten Punkte durch **adäquate Maßnahmen adressiert werden**. (s. CIS 2021, S. 29)

Prozess zur Erkennung

PE-1 Prozessorganisation

Kurzbeschreibung: Damit die Erkennung nachhaltig im Unternehmen verankert und ihren Mehrwert liefern kann, muss zusätzlich zu den vorangegangenen Maßnahmen eine Prozessorganisation definiert werden.

Aufgaben:

(i) Für die **Etablierung des Erkennungsprozesses** ist es notwendig,

(ii) **Rollen und Verantwortlichkeiten** zu definieren

(iii) und **den Prozess an sich regelmäßig zu testen**.

(iv) So kann sichergestellt werden, dass eine **kontinuierliche Anpassung** erfolgt. Die Prozessaktivitäten müssen **allen geltenden Compliance-Anforderungen entsprechen**.

(v) Ein festgelegter **Kommunikationsplan** gibt Auskunft darüber, wie Informationen zur Erkennung im Unternehmen geteilt werden und an welche Stellen diese zu richten sind. (s. CIS 2021, S. 47f.; NIST 2018, S. 40)

A.7.4 Maßnahmen der Kategorie „Respond“

Reaktionsmanagement

RE-1 Reaktionsplanung

Kurzbeschreibung: Die Reaktionsplanung legt fest, wie auf bestimmte Vorfälle reagiert wird. Sie stellt das zentrale Element zur Schaffung einer hohen Reaktionsfähigkeit dar.

Aufgaben:

(i) Eine Reaktionsplanung umfasst die Aufgaben der **Definition** derselben

(ii) sowie die **Ausführung der Maßnahmen**, die in der Planung für konkrete Einzelfälle festgehalten worden sind. Während der Definition muss festgehalten werden, welche Maßnahmen ergriffen werden sollen, welche Verantwortlichkeiten definiert sind und welche Konsequenzen das Nichtbefolgen des Plans mit sich zieht. Bei der Ausführung der Maßnahmen ist darauf zu achten, dass genau nach Plan gehandelt und nicht davon abgewichen wird. (vgl. NIST 2018, S. 41)

RE-2 Kommunikation

Kurzbeschreibung: Im Falle eines Vorfalls regelt die Kommunikation, wie notwendige Aktivitäten zwischen internen und externen Stakeholdern koordiniert werden und welche Stellen über den Vorfall zu informieren sind.

Aufgaben:

(i) Dazu ist es notwendig, dass **die involvierten Personen ihre Rolle und Verantwortung bzw. Aufgaben kennen**

(ii) und den Vorfall **entsprechend festgelegten Kriterien kommunizieren**.

(iii) Interne sowie externe Stakeholder, die ein berechtigtes Interesse an dem Hergang, Verlauf und Ausgang des Vorfalls haben, gilt es **gleichermaßen zu informieren**.

(iv) Um das Maß der Informationssicherheit kontinuierlich zu erhöhen und von dem Vorfall zu lernen, bietet es sich an, in einen **freiwilligen Informationsaustausch mit externen Akteuren** zu gehen. So können die Erkenntnisse für andere Unternehmen nutzbar gemacht werden. (s. CIS 2021, S. 57f.; NIST 2018, S. 41)

RE-3 Analyse

Kurzbeschreibung: Die Analyse eines Vorfalls dient dem Aufbau eines grundlegenden Verständnisses und ermöglicht das Ableiten konkreter Maßnahmen zur Abschwächung des Vorfalls bzw. Verbesserung der Informationssicherheit.

Aufgaben:

(i) Teil der Analyse ist es, **etwaige Benachrichtigungen von Systemen zu untersuchen**

(ii) und den **Einfluss zu verstehen**, der sich aus den jeweiligen Faktoren ergibt.

(iii) Neben dieser kurzfristigen Aufgabe sollten bei größeren Vorfällen **forensische Untersuchungen** durchgeführt werden, um den genauen Hergang des Angriffs verstehen und einen erneuten vergleichbaren Vorfall in der Zukunft vermeiden zu können.

(iv) Darüber hinaus sollten **die Vorfälle entsprechend der Reaktionsplanung kategorisiert** werden. (s. NIST 2018, S. 42)

RE-4 Abschwächung

Kurzbeschreibung: Die Abschwächung (auch Mitigation) eines Vorfalls dient dazu, das entstehende Schadensausmaß auf ein Mindestmaß zu beschränken.

Aufgaben:

(i) Es ist notwendig, **Vorfälle möglichst weitgehend abzuschotten**, um so ihre Verbreitung zu vermeiden.

(ii) Zusätzlich müssen die negativen Auswirkungen auf den bzw. die betroffenen Bereiche **möglichst weit minimiert werden**, um eine Schadensbegrenzung sicherstellen zu können.

(iii)	Sofern ein Vorfall nicht in voller Gänze abgeschwächt werden kann, muss entschieden werden, wie in Zukunft mit dem **Restrisiko umgegangen** werden soll.
(iv)	Der fallspezifische Ansatz zur Abschwächung solcher Vorfälle muss stets **dokumentiert** werden. (s. NIST 2018, S. 42f.)

RE-5	**Verbesserung**

Kurzbeschreibung: Aus den gesammelten Erkenntnissen sollten in jedem Fall konkrete Handlungen zur Verbesserung der aktuellen Situation und damit der Informationssicherheit abgeleitet werden. Nur so kann eine ausreichend hohe Informationssicherheit im Unternehmen erreicht werden.

Aufgaben:

(i) Zum einen ergeben sich aus den Erkenntnissen **konkrete Handlungsempfehlungen**, die es zeitnah umzusetzen gilt.

(ii) Zum anderen sollten der im Vorfeld **erstellte Reaktionsplan**

(iii) und die **vorhandene Reaktionsstrategie** vor dem Hintergrund eines Vorfalls angepasst werden.

(iv) Dadurch wächst der **Anteil der Lessons learned im Reaktionsplan** kontinuierlich. (s. NIST 2018, S. 43)

A.7.5 Maßnahmen der Kategorie „Recover"

Wiederherstellungsmanagement
WM-1 Wiederherstellungsplanung
Kurzbeschreibung: Neben der Reaktionsplanung muss eine Wiederherstellungsplanung im Unternehmen durchgeführt werden und verfügbar sein. Sie ermöglicht es, nach einem Vorfall schnellstmöglich wieder den Ausgangszustand zu erreichen. **Aufgaben:** (i) Zur Erstellung eines anwendbaren Wiederherstellungsplans müssen **Prozesse, Prozeduren, Rollen und Verantwortlichkeiten definiert werden**. Sie ermöglichen einen reibungslosen und reproduzierbaren Ablauf zur Behandlung von Vorfällen. (s. NIST 2018, S. 43)
WM-2 Verbesserung
Kurzbeschreibung: Die Verbesserung des Wiederherstellungsmanagements im Unternehmen stellt sicher, dass die definierten Prozesse und Prozeduren nach einem Vorfall kontinuierlich angepasst werden. **Aufgaben:** (i) Dazu müssen der **Wiederherstellungsplan um Lessons learned ergänzt** (ii) und die **Wiederherstellungsstrategie angepasst** werden. (s. NIST 2018, S. 43)
WM-3 Kommunikation
Kurzbeschreibung: Als zentraler Bestandteil der Wiederherstellung muss eine Kommunikation erfolgen, die es ermöglicht, über den Vorfall zu informieren und so Transparenz für interne und externe Stakeholder zu schaffen. **Aufgaben:** (i) Um weiteren möglichen negativen Auswirkungen eines Vorfalls vorzubeugen, sollten **öffentliche Beziehungen** zu externen Partnern, Kunden, Stakeholdern etc. **gepflegt** werden. So soll glaubhaft vermittelt werden, dass das Unternehmen den Ausgangszustand wieder erreichen konnte. Zusätzlich kann verhindert werden, dass sie das Vertrauen in das Unternehmen verlieren. (ii) Die **Wiederherstellungsmaßnahmen sollten intern sowie extern kommuniziert** werden. (iii) Durch geeignete Kampagnen soll sichergestellt werden, dass die **Reputation des Unternehmens** nicht leidet bzw. wiederhergestellt werden kann. (s. NIST 2018, S. 44)

A.8 Sachlogische Wirkungszusammenhänge zwischen Schwachstellen- und Maßnahmenbündeln

Legende:

- (leer): Es besteht keine Wirkung
- ●: Es besteht eine Wirkung

Maßnahmen und Bündel	Policys und Prozeduren	Plattform-Konfiguration	Plattform-Hardware	Plattform-Software	Malware-Schutz	Netzwerk-Konfiguration	Netzwerk-Hardware	Netzwerk-Parameter	Netzwerk-Überwachung	Kommunikation	Physisch	Unbeabsichtigtes Verhalten	Fehlfunktionen	Ausfälle	Katastrophen
Identität, Authentisierung, Zugangskontrolle	●	●		●		●	●			●	●	●			
Identitätsmanagement	●	●					●			●	●	●			
Authentisierung	●	●		●		●	●			●	●	●			
Zugangskontrolle	●	●		●		●	●			●	●	●			
Datensicherheit	●	●	●	●						●		●			
Prozessuale Datens.	●	●	●	●								●			
Technologische Datens.		●	●	●						●		●			
Integritätschecks		●	●	●						●					
Informationsschutzprozess und -prozeduren	●	●	●	●	●	●	●	●	●	●	●	●	●	●	●
Konfigurationsmgmt.	●	●	●	●		●		●				●			
Lifecyclemanagement	●	●	●		●										
Erstellung von Plänen	●		●				●					●	●	●	●
Netzwerkmanagement	●		●	●		●	●	●	●	●	●				
Applikationssicherheit	●			●								●	●	●	
Wartung und Pflege	●	●									●				
Wartung und Pflege	●	●									●				
Technologien	●	●	●	●	●	●	●	●	●		●	●		●	●
Log-Management	●			●		●			●						
Medienträgersicherheit		●	●				●								
Einsatz von Prinzipien	●	●		●		●						●			
Stärkung der Resilienz	●		●	●	●	●	●	●						●	
Web-/Mail-Security				●											
Malware-Schutz					●										
Passwörter / Verschlüss.	●					●									
Physischer Schutz											●				●

(Spaltenkopf: Schwachstellenbündel)

Legende:

- (leer) Es besteht keine Wirkung
- ● Es besteht eine Wirkung

Maßnahmen und Bündel	Schwachstellenbündel														
	Policies und Prozeduren	Plattform-Konfiguration	Plattform-Hardware	Plattform-Software	Malware-Schutz	Netzwerk-Konfiguration	Netzwerk-Hardware	Netzwerk-Parameter	Netzwerk-Überwachung	Kommunikation	Physisch	Unbeabsichtigtes Verhalten	Fehlfunktionen	Ausfälle	Katastrophen
Anomalie-Erkennung	●		●	●											
Einrichtung	●			●											
Pentesting	●		●												
Kontinuierliche Überwachung	●			●		●			●		●	●	●	●	
Überwachung	●			●		●			●		●	●	●	●	
Schwachstellenscans	●												●		
Prozess zur Erkennung	●														
Prozessorganisation	●														

In der Reihe **Schriftenreihe Rationalisierung** zuletzt erschienen:

Engländer, Jacques:
Gestaltungsmodell eines Informationssicherheitsmanagementsystems für produzierende Unternehmen in Industrie-4.0-Umgebungen
ISBN: 978-3-98555-185-9
Erscheinungsdatum: 18.12.2023

Leiting, Tobias:
Konfiguration und Preisbildung von Subskriptionsleistungssystemen für die produzierende Industrie
ISBN: 978-3-98555-162-0
Erscheinungsdatum: 04.07.2023

Defèr, Florian:
Datenbasierte zuverlässigkeitsorientierte Instandhaltung von Produktionsanlagen
ISBN 978-3-98555- 137-8
Erscheinungsdatum: 09.01.2023

Götzen, Rafael Frank:
Ordnungsrahmen für die softwarebasierte Automatisierung administrativer Prozesse
ISBN: 978-3-98555-103-3
Erscheinungsdatum: 25.08.2022

Fischer, Markus:
Implementierung von Manufacturing Execution Systems basierend auf Industrie-4.0-Reifegradmodellen
ISBN: 978-3-98555-048-7
Erscheinungsdatum: 22.03.2022

Müller, Jonas:
Soziotechnische Gestaltungsinstrumente für den Einsatz von Business-Analytics
ISBN: 978-3-98555-182-8
Erscheinungsdatum: 27.11.2023

Schacht, Maximilian:
Digitaler Schatten der Kundeninteraktionen produzierender Unternehmen
ISBN 978-3-98555-132-3
Erscheinungsdatum: 09.01.2023

Bach, Thies:
Gestaltungsmodell zur lernunterstützenden Erweiterung von Produktionsplanungs- und -steuerungssystemen
ISBN 978-3-98555-127-9
Erscheinungsdatum: 14.12.2022

Scholz, Svenja:
Bewertungsmetrik leistungsbestimmender Faktoren von Supply-Chains in Industriebetrieben
ISBN: 978-3-98555-049-4
Erscheinungsdatum: 11.04.2022

Holst, Lennard:
Referenzmodell für das Customer-Success-Management im Subskriptionsgeschäft des Maschinen- und Anlagenbaus
ISBN: 978-3-98555-033-3
Erscheinungsdatum: 21.02.2022

Edition Wissenschaft
Apprimus

Külschbach, Andreas:
Systematische Bewertung von Änderungsanfragen in der Produktion
ISBN: 978-3-98555-024-1
Erscheinungsdatum: 20.12.2021

Voswinckel, Carl Themo:
Blockchainbasierte Maschinen- und Anlagenanbindungen für datenbasierte Dienstleistungen
ISBN: 978-3-86359-990-4
Erscheinungsdatum: 12.08.2021

Frey, Dominik:
Simulationsbasierte Bewertung der Häufigkeit von Planungsläufen in der Produktionsplanung und -steuerung
ISBN: 978-3-86359-937-9
Erscheinungsdatum: 11.02.2021

Frank, Jana:
Reifegradbasierte Gestaltung der Unternehmenskultur am Beispiel der Instandhaltung
ISBN: 978-3-86359-928-7
Erscheinungsdatum: 28.01.2021

Hicking, Jan:
Spezifikation von intelligenten Produkten im Maschinenbau
ISBN: 978-3-86359-904-1
Erscheinungsdatum: 20.10.2020

Wieninger, Simon:
Vertrauen in Unternehmensnetzwerken durch Blockchain-Technologie
ISBN: 978-3-86359-880-8
Erscheinungsdatum: 24.08.2020

Birkmeier, Martin:
Messung und Darstellung der Qualität von betrieblichen Informationsflüssen
ISBN: 978-3-86359-866-2
Erscheinungsdatum: 01.07.2020

Krechting, Denis:
Methodennavigator für Business-Analytics produzierender Unternehmen
ISBN: 978-3-86359-860-0
Erscheinungsdatum: 02.06.2020

Feige, Boris Alexander:
Präferenzstrukturen von neuen Fahrzeug- und Mobilitätsangeboten für latente Bedürfnisse privater Nutzer
ISBN: 978-3-86359-857-0
Erscheinungsdatum: 02.06.2020

Holtkemper, David:
Blockchain-Applikation für das Supply-Chain-Management
ISBN: 978-3-86359-854-9
Erscheinungsdatum: 18.05.2020

Edition Wissenschaft
Apprimus

FSC
www.fsc.org
MIX
Papier | Fördert gute Waldnutzung
FSC® C083411

Zeitfracht Medien GmbH
Ferdinand-Jühlke-Straße 7
99095 Erfurt, Deutschland
produktsicherheit@kolibri360.de